Probability at Saint-Flour

For further volumes:
http://www.springer.com/series/10212

Saint-Flour Probability Summer School

Founded in 1971, the Saint-Flour Probability Summer School is organised every year by the mathematics department of the Université Blaise Pascal at Clermont-Ferrand, France, and held in the pleasant surroundings of an 18th century seminary building in the city of Saint-Flour, located in the French Massif Central, at an altitude of 900 m.

It attracts a mixed audience of up to 70 PhD students, instructors and researchers interested in probability theory, statistics, and their applications, and lasts 2 weeks. Each summer it provides, in three high-level courses presented by international specialists, a comprehensive study of some subfields in probability theory or statistics. The participants thus have the opportunity to interact with these specialists and also to present their own research work in short lectures.

The lecture courses are written up by their authors for publication in the LNM series.

The Saint-Flour Probability Summer School is supported by:

- Université Blaise Pascal
- Centre National de la Recherche Scientifique (C.N.R.S.)
- Ministère délégué à l'Enseignement supérieur et à la Recherche

For more information, see back pages of the book and http://math.univ-bpclermont.fr/stflour/

Jean Picard
Summer School Chairman
Laboratoire de Mathématiques
Université Blaise Pascal
63177 Aubière Cedex
France

Albert Badrikian • Jørgen Hoffmann-Jørgensen
Jim Kuelbs • Xavier Fernique

Probability in Banach Spaces at Saint-Flour

Springer

Albert Badrikian (1933–1994)

Jørgen Hoffmann-Jørgensen
Department of Mathematical Sciences
University of Aarhus
Aarhus, Denmark

Jim Kuelbs
Department of Mathematics
University of Minnesota
Madison, WI, USA

Xavier Fernique
Institut de Recherche
Université Louis Pasteur et C.N.R.S.
Strasbourg, France

This book contains reprints of lectures originally published in the Lecture Notes in Mathematics volumes 480 (1975), 539 (1976), 598 (1977) and 976 (1983).

ISBN 978-3-642-25276-1
Springer Heidelberg Dordrecht London New York

Library of Congress Control Number: 2011943167

Mathematics Subject Classification (2010): 60F15; 60B05; 60B11; 60B12; 60G50; 60G15; 60G17; 60-02

Printed on acid-free paper

Springer is part of Springer Science+Business Media (www.springer.com)

Preface

The *École d'Été de Saint-Flour*, founded in 1971 is organised every year by the *Laboratoire de Mathématiques* of the *Université Blaise Pascal* (Clermont-Ferrand II) and the *CNRS*. It is intended for PhD students, teachers and researchers who are interested in probability theory, statistics, and in applications of stochastic techniques. The summer school has been so successful in its 40 years of existence that it has long since become one of the institutions of probability as a field of scholarship.

The school has always had three main simultaneous goals:
1. to provide, in three high-level courses, a comprehensive study of 3 fields of probability theory or statistics;
2. to facilitate exchange and interaction between junior and senior participants;
3. to enable the participants to explain their own work in lectures.

The lecturers and topics of each year are chosen by the Scientific Board of the school. Further information may be found at http://math.univ-bpclermont.fr/stflour/

The published courses of Saint-Flour have, since the school's beginnings, been published in the *Lecture Notes in Mathematics* series, originally and for many years in a single annual volume, collecting 3 courses. More recently, as lecturers chose to write up their courses at greater length, they were published as individual, single-author volumes. See www.springer.com/series/7098. These books have become standard references in many subjects and are cited frequently in the literature.
As probability and statistics evolve over time, and as generations of mathematicians succeed each other, some important subtopics have been revisited more than once at Saint-Flour, at intervals of 10 years or so .

On the occasion of the 40th anniversary of the *École d'Été de Saint-Flour,* a small ad hoc committee was formed to create selections of some courses on related topics from different decades of the school's existence that would seem interesting viewed and read together. As a result Springer is releasing a number of such theme volumes under the collective name "Probability at Saint-Flour".

Jean Bertoin, Erwin Bolthausen and K. David Elworthy

Jean Picard, Pierre Bernard, Paul-Louis Hennequin
(current and past Directors of the *École d'Été de Saint-Flour*)

September 2011

Table of Contents

REGULARITE DES TRAJECTOIRES DES

FONCTIONS ALEATOIRES GAUSSIENNES

PAR X. FERNIQUE

Originally published in: *Ecole d'Eté de Probabilités de Saint-Flour IV – 1974*, Lecture Notes in Mathematics, Vol. **480**, 1–96, DOI: 10.1007/BFb0080190, © Springer-Verlag Berlin Heidelberg 1975, Reprint by Springer-Verlag Berlin Heidelberg 2012

0.

INTRODUCTION

Ce cours a pour objet l'étude des trajectoires des fonctions aléatoires gaussiennes. Soient T un ensemble et $(\Omega, \mathcal{G}, P)$ un espace d'épreuves P-complet, on considère une famille $X = (X_t, t \in T)$ de variables aléatoires sur $(\Omega, \mathcal{G}, P)$ indexée par T telle que pour toute partie finie T_0 de T, la famille $(X_t, t \in T_0)$ soit un vecteur gaussien centré à valeurs dans $\mathbb{R}^{T_0}$; c'est une fonction aléatoire gaussienne sur T_0 ; à tout élément ω de Ω, on associe la ω-trajectoire de X, c'est-à-dire l'application : $t \to X_t(\omega) = X(\omega, t)$. La loi de la famille X dans $(\mathbb{R}^t, \underset{t \in T}{\otimes} \mathcal{B}_{\mathbb{R}_t})$ étant complètement définie par la fonction sur $T \times T : (s,t) \to \Gamma(s,t) = E\{X_s X_t\}$ qui est la covariance de X, on se propose d'étudier en fonction de cette covariance Γ, la régularité des trajectoires de X.

Exemple 0.1.

Supposons les trajectoires de X partiellement majorées au sens suivant :

$$\exists \varepsilon > 0, \ \exists M \in \mathbb{R}^+ : P\{\omega \in \Omega : \forall t \in T, |X(\omega, t| \leq M\} \geq \varepsilon ;$$

on voit immédiatement que pour tout couple (s,t) d'éléments de T, $\Gamma(s,t)$ est majoré par $M^2/\Phi^2(\varepsilon)$ où Φ est la fonction inverse de : $x \to \sqrt{\frac{2}{\pi}} \int_0^x e^{-\frac{u^2}{2}} du$; Γ est bornée sur $T \times T$. Par contre, supposons que $X = (X_t, t \in T)$ soit une famille indépendante de variables aléatoires gaussiennes centrées réduites ; alors les seuls sous-ensembles de T sur lesquels les trajectoires de X soient partiellement majorées sont les ensembles finis puisqu'une famille strictement dénombrable de variables aléatoires indépendantes de même loi n'est partiellement majorée (lemme de Borel-Cantelli) que si le support de cette loi est compact, ce qui n'est pas le cas de $\mathcal{N}(0,1)$. La majoration de Γ sur $T \times T$ n'est donc pas une condition suffisante pour que les trajectoires de X soient partiellement majorées, même dans le cas simple où T est dénombrable.

Exemple 0.2.

Supposons que T soit un espace topologique et que les trajectoires de X soient partiellement continues en un point t_0 de T au sens suivant :

$$\exists h > 0,\ \forall \varepsilon > 0,\ \exists V \in \mathcal{V}(t_0) :$$

$$P\{\omega \in \Omega : \forall t \in V, |X(\omega,t) - X(\omega,t_0)| \leq \varepsilon\} \geq h ;$$

on voit immédiatement que pour tout élément t de V, on a :

$$\Gamma(t,t) - 2\Gamma(t,t_0) + \Gamma(t_0,t_0) \leq \varepsilon^2/\Phi^2(h),$$

X est continu en probabilité en t_0 et Γ est continue en (t_0,t_0). Par contre, supposons que $T = \bar{\mathbb{N}}$ muni de la topologie usuelle et que $X = (X_t, t \in T)$ soit une famille indépendante de variables aléatoires gaussiennes centrées de variances respectives :

$$\sigma_n^2 = \frac{1}{\log n}, \quad \sigma_\infty^2 = 0,$$

4

on constate que X est continu en probabilité à $l'\infty$, que Γ est continu à (∞,∞) mais le lemme de Borel-Cantelli montre que pour tout $V \in \mathcal{V}(\infty)$, on a :

$$P\{\omega\in\Omega : \forall t \in V, |X(\omega,t) - X(\omega,\infty)| < 1\} = 0 ,$$

les trajectoires de X sont donc presque sûrement non continues à $l'\infty$. La continuité de Γ n'est pas une condition suffisante pour que les trajectoires de X soient presque sûrement continues, même dans le cas simple où T est dénombrable.

Exemple 0.3.

Soit T un ensemble fini, alors on majore facilement les trajectoires de X sur T ; on a en effet :

$$P\{\omega\in\Omega : \sup_T |X(\omega)| \geq M\} \leq \sqrt{\frac{2}{\pi}} \int_M^\infty \Big(\sum_T \frac{1}{\sqrt{\Gamma(t,t)}}\, e^{-\frac{x^2}{2\Gamma(t,t)}}\Big) dx$$

$$\leq [\text{Card } (T)] \sqrt{\frac{2}{\pi}} \int_{M/\sup_T \sqrt{\Gamma(t,t)}}^\infty e^{-\frac{x^2}{2}} dx ;$$

dans la plupart des cas, cette majoration est trop grossière pour être utile. Dans le cas extrême où X_t est indépendant de t, le facteur $\text{Card}(T)$ est superflu. Les utilisateurs ont donc besoin d'évaluations faisant intervenir la structure de Γ plutôt que le nombre d'éléments de T.

Ces exemples présentent la nature des problèmes étudiés dans ce cours : caractériser les fonctions aléatoires gaussiennes à trajectoires majorées ou continues ; obtenir des évaluations suffisamment précises et simples pour l'utilisation en dimension finie.

5

Ces problèmes se posent pour les fonctions aléatoires générales. Ils ont un sens si T est dénombrable ou si l'on fait des hypothèses adéquates de séparabilité sur X. Les méthodes présentées et les solutions apportées seront propres aux fonctions aléatoires gaussiennes ; elles permettent d'ailleurs des extensions au problème général que nous ne présenterons pas.

En fait, le vrai problème serait celui-ci : T étant l'espace $\mathbb{N}$, $X = (X_t, t \in \mathbb{N})$ une fonction aléatoire gaussienne centrée sur $\mathbb{N}$, évaluer la loi de $\sup_T X$. Ce problème n'est pas résolu.

Notations 0.4.

Pour l'étude d'une fonction aléatoire gaussienne $X = (X_t, t \in T)$, nous utiliserons souvent la fonction $d = d_X$ définie sur $T \times T$ par :

$$d(s,t) = \sqrt{E\{|X(s)-X(t)|^2\}}$$

Cette fonction vérifie l'inégalité triangulaire, mais n'est pas nécessairement une distance sur T puisque son noyau ne se réduit pas nécessairement à la diagonale ; nous l'appellerons écart associé à X sur T. Nous pourrons munir T de la topologie métrisable non nécessairement séparée associée à cet écart ; pour tout élément t de T et tout nombre $h > 0$, nous noterons $B(t,h)$ la boule ouverte de centre t et de rayon h. Nous pourrons munir T de la tribu $\mathcal{T}$ engendrée par ces boules.

Nous utiliserons souvent les fonctions aléatoires gaussiennes centrées $X = (X_t, t \in T)$ indépendantes, centrées réduites ; nous les appelons famille gaussienne normale sur T.

Notons enfin que toutes les fonctions aléatoires gaussiennes étudiées seront centrées. Nous omettrons souvent cet épithète.

1.

VECTEURS GAUSSIENS, LOIS ZERO-UN, INTEGRABILITE

1.1. Vecteurs gaussiens, définition, relations avec les fonctions aléatoires gaussiennes. ([4])

DEFINITION 1.1.1.- Soient E un espace vectoriel sur $\mathbb{R}$ et $\mathcal{B}$ une tribu sur E ; on dit que $\mathcal{B}$ est compatible avec la structure vectorielle de E et que $(E, \mathcal{B})$ est un espace vectoriel mesurable si la multiplication par les scalaires et l'addition vectorielle sont des applications mesurables de $(\mathbb{R}\times E, \mathcal{B}_{\mathbb{R}} \otimes \mathcal{B})$ et de $(E\times E, \mathcal{B}\otimes\mathcal{B})$ dans $(E, \mathcal{B})$.

On remarquera que la définition ne fait pas d'hypothèses sur la dimension de E ni sur l'existence d'une topologie sur E ; pourtant si E est un espace vectoriel topologique et $\mathcal{B}$ la tribu engendrée par sa topologie, $(E, \mathcal{B})$ est un espace vectoriel mesurable. La compatibilité de $\mathcal{B}$ avec la structure vectorielle de E signifie essentiellement que pour tout espace mesurable $(\Omega, \mathcal{G})$, tout couple (X, Y) d'applications mesurables de $(\Omega, \mathcal{G})$ dans $(E, \mathcal{B})$ et tout couple (λ, μ) d'applications mesurables de $(\Omega, \mathcal{G})$ dans $(\mathbb{R}, \mathcal{B}_{\mathbb{R}})$, l'application $\lambda X + \mu Y$ est une application mesurable de $(\Omega, \mathcal{G})$ dans $(E, \mathcal{B})$.

DEFINITION 1.1.2.- Soient $(\Omega, \mathcal{G}, P)$ un espace probabilisé et $(E, \mathcal{B})$ un espace vectoriel mesurable. On dit qu'une application mesurable X de $(\Omega, \mathcal{G})$ dans $(E, \mathcal{B})$ est un vecteur gaussien à valeurs dans E s'il vérifie la propriété suivante :

$$h_* : \mathcal{O}_X(W) \longrightarrow \mathcal{O}_X(W')$$

et on vérifie immédiatement que $\mathcal{O}_X$ définit un foncteur de la catégorie des ouverts de Banach et applications analytiques (que nous noterons $\mathcal{H}$) à valeurs dans la catégorie des faisceaux d'ensembles sur X ; avec la terminologie de [D] ch. 3 §2 p. 26 nous venons de montrer qu'un sous-ensemble analytique banachique d'un ouvert de Banach est naturellement muni d'une structure $\mathcal{H}$-fonctée.

Définition 3

On appellera ensemble analytique banachique un espace $\mathcal{H}$-foncté (où $\mathcal{H}$ désigne la catégorie des ouverts de Banach et applications analytiques) dont tout point admet un voisinage ouvert isomorphe pour la structure induite à un sous-ensemble analytique banachique d'un ouvert de Banach muni de sa structure $\mathcal{H}$-fonctée naturelle.

Remarquons qu'il existe un foncteur naturel "d'oubli" de la catégorie des espaces analytiques banachiques ([D]) dans la catégorie des ensembles analytiques banachiques (et applications analytiques) ; ceci généralise la notion d'espace réduit associé à un espace analytique de dimension finie.

Soit X un ensemble analytique banachique, et soit X' un fermé de X. Nous dirons que X' est un sous-ensemble analytique banachique de X, si pour chaque point $x \in X'$ il existe un voisinage ouvert U_x de x dans X et une application analytique $f_x : U_x \longrightarrow E_x$, où E_x est un espace de Banach, vérifiant :

$$f_x^{-1}(0) = X' \cap U_x \quad .$$

Il résulte immédiatement des définitions que dans cette situation, X', muni du foncteur $\mathcal{O}_{X'}$ défini par $\mathcal{O}_{X'}(E) = \mathcal{O}_X(E)/\mathcal{J}_{X'}(E)$, où E est un espace de Banach et où $\mathcal{J}_{X'}(E)$ désigne le sous-faisceau de $\mathcal{O}_X(E)$ des germes d'applications analytiques de X dans E nuls (ensemblistement) sur X', est un ensemble analytique banachique ; l'injection canonique de X' dans X définit alors un monomorphisme dans la catégorie des ensembles analytiques banachiques (et applications analytiques). Il est clair que ceci est compatible avec la définition 1.

Lemme 1.

Les produits finis et les noyaux de doubles flèches existent dans la catégorie des ensembles analytiques banachiques.

$(\langle X,f\rangle, f\in F)$ est une fonction aléatoire gaussienne sur F. Les fonctions gaussiennes centrées sur un espace T au sens de l'introduction sont donc des vecteurs gaussiens à valeurs dans $\mathbb{R}^T$ muni de la topologie localement convexe la plus fine au sens de la définition 1.1.2.

Exemple 1.1.5.

Soient μ la mesure de Lebesgue sur $[0,1]$, p un nombre appartenant à $]0,1[$ et E l'espace $L^p([0,1],\mu)$ sur lequel toute forme linéaire continue est identiquement nulle. Soit $\mathcal{B}$ la tribu topologique sur E, alors $(E,\mathcal{B})$ est un espace vectoriel mesurable. Soient T une partie finie de E et $(\lambda_t, t\in T)$ une famille gaussienne normale sur T, alors $X = \sum_T t\,\lambda_t$ est un vecteur gaussien à valeurs dans E au sens (1.1.2) qui n'est pas susceptible d'une représentation comme fonction aléatoire gaussienne.

1.2. Lois zéro-un. ([4], [14]).

THEOREME 1.2.1.- Soient $(E,\mathcal{B})$ un espace vectoriel mesurable et F un sous-espace vectoriel de E appartenant à $\mathcal{B}$; dans ces conditions, pour tout vecteur gaussien X à valeurs dans E, on a l'alternative :

$$P\{X\in F\} = 0 \quad \text{ou} \quad P\{X\in F\} = 1 .$$

Démonstration du théorème : Soit (X_1,X_2) un couple de copies indépendantes du vecteur gaussien X ; pour tout nombre θ compris entre 0 et $\frac{\pi}{2}$, nous notons :

$$A(\theta) = \{\omega : X_1(\omega)\cos\theta + X_2(\omega)\sin\theta \in F, X_1(\omega)\sin\theta - X_2(\omega)\cos\theta \notin F\} .$$

9

Si θ_1 et θ_2 sont différents et si $x_1\cos\theta_1 + x_2\sin\theta_1$ et $x_1\cos\theta_2 + x_2\sin\theta_2$ appartiennent tous deux à F, alors le déterminant

$$\begin{vmatrix} \cos\theta_1 & \sin\theta_1 \\ \cos\theta_2 & \sin\theta_2 \end{vmatrix}$$

étant non nul, x_1 et x_2 appartiennent à F et il en est de même de $x_1\sin\theta_1 - x_2\cos\theta_1$; dans ces conditions $A(\theta_1)$ et $A(\theta_2)$ sont disjoints. Par ailleurs, la propriété (G) montre que $A(\theta)$ a la même loi et donc la même probabilité que $A(0)$. Les ensembles $A(\theta)$ sont donc des ensembles disjoints et équiprobables indexés par un ensemble infini, leur probabilité est alors nulle et ceci s'écrit :

$$0 = P\{A(0)\} = P\{X \in F\}P\{X \notin F\} ;$$

c'est la conclusion du théorème.

Les applications du théorème utiliseront la notion de <u>pseudo-semi-norme</u> sur E : nous dirons qu'une application mesurable N de $(E, \mathcal{B})$ dans $(\bar{\mathbb{R}}, \mathcal{B}_{\bar{\mathbb{R}}})$ est une pseudo-semi-norme sur E si $N^{-1}(\mathbb{R})$ est un sous-espace vectoriel de E sur lequel N induit une semi-norme.

COROLLAIRE 1.2.2.- <u>Soient</u> N <u>une pseudo-semi-norme sur</u> E <u>et</u> X <u>un vecteur gaussien à valeurs dans</u> E ; <u>on a alors les alternatives</u> :

i) $P\{N(X) < \infty\} = 0$ <u>ou</u> $P\{N(X) < \infty\} = 1$,

ii) $P\{N(X) = 0\} = 0$ <u>ou</u> $P\{N(X) = 0\} = 1$.

En effet, les ensembles $\{x \in E, N(x) < \infty\}$ et $\{x \in E, N(x) = 0\}$ sont par hypothèse des sous-espaces vectoriels de E appartenant à $\mathcal{B}$.

1.2.3. Application à la continuité et la majoration des trajectoires des fonctions aléatoires gaussiennes.

Définitions : Soient T un ensemble et $(\Omega, \mathcal{G}, P)$ un espace d'épreuves, soit $X = (X(\omega,t), \omega \in \Omega, t \in T)$ une fonction aléatoire gaussienne sur T. On dit que les trajectoires de X sont presque sûrement majorées (ou plus simplement que X est p.s. majoré) sur une partie S de T si $\{\omega : \sup_S X(\omega) < \infty\}$ est $\mathcal{G}$-mesurable et a pour probabilité 1. Supposons que S soit un espace topologique et notons $C(S)$ l'ensemble des fonctions continues sur S. On dit que les trajectoires de X sont presque-sûrement continues sur S (ou plus simplement que X est p.s. continu sur S) si $\{\omega : X(\omega) \in C(S)\}$ est $\mathcal{G}$-mesurable et a pour probabilité 1.

Supposons S dénombrable ; dans ces conditions, sur l'espace vectoriel mesurable $(\mathbb{R}^T, \bigotimes_{t\in T} \mathcal{B}_{\mathbb{R}_t})$ l'application : $x \to \sup |x(t)|$ est une pseudo-semi-norme ; par ailleurs si X est un vecteur gaussien à valeurs dans $\mathbb{R}^T$, la symétrie des lois de ses multi-marges montre que $\{\omega : \sup_{t\in S} X(\omega,t) < \infty\}$ et $\{\omega : \sup_{t\in S} [-X(\omega,t)] < \infty\}$ ont même probabilité si bien que pour que X soit p.s. majoré sur S, il faut et il suffit que $\{\omega : \sup_S |X(\omega)| < \infty\}$ ait pour probabilité 1. Le corollaire indique donc que pour que X soit p.s. majoré sur S, il faut et il suffit qu'il y soit partiellement majoré. La conclusion subsiste si S n'est pas dénombrable, mais X séparable en un sens adéquat. De la même manière et sous les mêmes hypothèses, pour que X soit p.s. continu sur S, il faut et il suffit que ses trajectoires soient partiellement continues sur S.

1.3. Intégrabilité des vecteurs gaussiens ([5], [6], [16]).

Exemple 1.3.1.

Soit $X = (X_j, 1 \leq j \leq n)$ un vecteur gaussien à valeurs dans $\mathbb{R}^n$ (n fini) ; X est "très fortement" intégrable ; en effet si σ est le maximum des écarts-type des composantes, on a :

$$\forall \alpha < 1/2\sigma^2, E[\exp(\alpha \sup_{j=1}^{n} |X_j|^2)] \leq \sum_{j=1}^{n} E\{\exp \alpha |X_j|^2\} \leq n(1-2\alpha\sigma^2)^{-\frac{1}{2}} < \infty$$

$$\forall \alpha \geq 1/2\sigma^2, E[\exp(\alpha \sup_{j=1}^{n} |X_j|^2)] \geq \sup_{j=1}^{n} E\{\exp \alpha |X_j|^2\} = \infty .$$

Le cadre de notre étude permet d'envisager l'extension de ces propriétés aux vecteurs gaussiens à valeurs dans les espaces vectoriels généraux puisque la fonction $x \to \sup_{j=1}^{n} |X_j|$ est le type des pseudo-semi-normes. Remarquons pourtant que la majoration écrite fait intervenir la dimension n, il n'y a donc pas à s'étonner que le résultat général soit récent malgré la simplicité de la démonstration.

THEOREME 1.3.2.- Soient $(E, \mathcal{B})$ un espace vectoriel mesurable, X un vecteur gaussien à valeurs dans E et N une pseudo-semi-norme sur E ; on suppose que $P\{N(X) < \infty\}$ est strictement positive ; dans ces conditions, il existe un nombre $\varepsilon > 0$ tel que :

$$\forall \alpha < \varepsilon, \ E[\exp(\alpha N^2(X))] < \infty$$

Démonstration : Soit (X_1, X_2) un couple de copies indépendantes de X. La propriété (G) et la mesurabilité de N montrent que $(N(X_1), N(X_2))$ et

$\left(N\left(\frac{X_1+X_2}{\sqrt{2}}\right), N\left(\frac{X_1-X_2}{\sqrt{2}}\right)\right)$ sont des couples de copies indépendantes de $N(X)$. On en déduit pour tout couple (s,t) de nombres réels :

$$(1) \qquad P\{N(X)\le s\}P\{N(X)>t\} = P\left\{ N\left(\frac{X_1-X_2}{\sqrt{2}}\right) \le s,\ N\left(\frac{X_1+X_2}{\sqrt{2}}\right) > t\right\} ;$$

puisque N est une pseudo-semi-norme, on a

$$\sup_{i=1,2} \sqrt{2}\,N(X_i) \ge N\left(\frac{X_1+X_2}{\sqrt{2}}\right) - N\left(\frac{X_1-X_2}{\sqrt{2}}\right) ;$$

il en résulte que dans l'ensemble mesuré au second membre de (1), on a simultanément

$$N(X_1) > \frac{t-s}{\sqrt{2}},\ N(X_2) > \frac{t-s}{\sqrt{2}} .$$

Utilisant encore le fait que $(N(X_1),N(X_2))$ est un couple de copies indépendantes de $N(X)$, on obtient donc :

$$(2) \qquad P\{N(X) \le s\}\, P\{N(X)>t\} \le \left\{P\left[N(X)>\frac{t-s}{\sqrt{2}}\right]\right\}^2 .$$

Cette seule relation suffit pour établir la conclusion du théorème. En effet, la loi zéro-un (corollaire 1.2.2. (i)) permet de choisir un nombre positif s tel que :

$$q = P\{N(X) \le s\} > \frac{1}{2} ;$$

définissons à partir de s, une suite $(t_n, n\in\mathbb{N})$ par les relations de récurrence :

$$t_0 = s,\ t_{n+1} - s = t_n\sqrt{2} ;$$

posons de plus :

$$P\{N(X)>t_n\} = q\,x_n,\ x_0 = \frac{1-q}{q} < 1 ;$$

13

Dans ces conditions, l'application de (2) au couple (s,t_n) permet d'écrire :

$$x_n \le (x_{n-1})^2 .$$

Par itération, on en déduit :

$$P\{N(X) > t_n\} \le q[\frac{1-q}{q}]^{2^n} .$$

Par ailleurs, les relations définissant la suite $(t_n, n \in \mathbb{N})$ se résolvent facilement et on a :

$$t_n = (\sqrt{2}+1)[2^{\frac{n+1}{2}} - 1]s .$$

Ceci montre que $(t_n, n \in \mathbb{N})$ tend vers l'infini en croissant avec n et on en déduit :

$$E\{\exp(\alpha N^2(X))\} \le q\left[\exp(\alpha s^2) + \sum_{n=0}^{\infty} (\frac{1-q}{q})^{2^n} \exp[\alpha(\sqrt{2}+1)^2(2^{\frac{n+2}{2}}-1)^2 s^2]\right],$$

si bien que le premier membre sera fini dès que la série de terme général :

$$\exp\left[2^n[\log\frac{1-q}{q} + 4(\sqrt{2}+1)^2 \alpha s^2]\right]$$

sera convergente. Il suffit pour cela de choisir α inférieur ou égal à $\frac{1}{24s^2}\log\frac{q}{1-q}$, c'est la conclusion du théorème.

Dans le cas où le vecteur gaussien X est à valeurs dans $\mathbb{R}^n$ et où $N(X) = \sup_1^n |X_j|$, on a pu déterminer exactement l'ensemble $\{\alpha : E[\exp \alpha \frac{1}{2} N^2(X)] < \infty\}$ (exemple 1.3.1.) ; les composantes de X intervenaient explicitement par leur écart-type, il n'est donc pas possible d'envisager une extension de ce résultat dans le cadre général (Exemple 1.1.5.). On peut pourtant énoncer la meilleure extension possible :

14

THEOREME 1.3.3. [6], [17].- Soient $(E,\mathcal{B})$ un espace vectoriel mesurable et X un vecteur gaussien à valeurs dans E ; soit de plus $\mathbb{N}$ une pseudo-semi-norme sur E et $(y_n, n \in \mathbb{N})$ une suite de formes linéaires mesurables sur $(E,\mathcal{B})$ telles que :

$$P\{N(X) = \sup_{n \in \mathbb{N}} |\langle X, y_n \rangle| < \infty\} = 1 .$$

On note σ la borne supérieure des écarts-type des variables aléatoires gaussiennes $\langle X, y_n \rangle$. Dans ces conditions, l'ensemble $\{\alpha : E[\exp \alpha N^2(X)] < \infty\}$ est l'intervalle $(-\infty, \frac{1}{2\sigma^2}[\,)$.

Démonstration : (a) Pour tout $h \in]0,\sigma[$, il existe un entier k tel que l'écart-type de $\langle X, y_k \rangle$ soit supérieur à $(\sigma-h)$; on en déduit

$$E\{\exp \frac{N^2(X)}{2\sigma^2}\} \geq \lim_{h \to 0} E\{\exp \frac{\langle X, y_k \rangle^2}{2\sigma^2}\} \geq \lim_{h \to 0} \frac{1}{\sqrt{1 - \frac{(\sigma-h)^2}{\sigma^2}}} = +\infty$$

(b) Il suffit donc de prouver que pour tout $\alpha < \frac{1}{2\sigma^2}$, $E\{\exp \alpha N^2(X)\}$ est fini. L'hypothèse liant N, X et $(y_n, n \in \mathbb{N})$ montre qu'il suffit de se placer dans le cadre suivant : E est l'espace ℓ^∞, $X = (X_n, n \in \mathbb{N})$ est une suite aléatoire gaussienne appartenant à ℓ^∞ et N est la norme de ℓ^∞.
On peut supposer de plus, par exemple à partir d'une triangulation itérative de la covariance qu'il existe une matrice $A = (a_{n,j}, n \in \mathbb{N}, j \in \mathbb{N})$ et une suite gaussienne normale $\Lambda = (\lambda_j, j \in \mathbb{N})$ telles que :

$$\forall n \in \mathbb{N},\ X_n = \sum_{j \in \mathbb{N}} a_{n,j}\lambda_j ,\ \sum_{j \in \mathbb{N}} a_{n,j}^2 = E(X_n^2) \leq \sigma^2 .$$

Pour tout $j \in \mathbb{N}$, nous notons A_j la j-ième colonne de A de sorte que l'on ait :

$$X = \sum_{j \in \mathbb{N}} A_j \lambda_j ;$$

15

nous posons :

$$X^{-n} = \sum_{i>n} A_i\lambda_i \ , \ Y^{-n} = \exp[\alpha N^2(X^{-n})] \ ;$$

nous notons $\mathcal{B}_{-n}$ la tribu engendrée par $\{\lambda_i, i>n\}$.

Le théorème 1.3.2. et les propriétés des sommes de variables aléatoires indépendantes montrent qu'il existe un nombre $\alpha>0$, tel que pour tout entier $n\in\mathbb{N}$, la variable aléatoire Y^{-n} soit intégrable. Dans ces conditions, la convexité des fonctions $\exp(\alpha x^2)$ sur $\mathbb{R}$ et N sur E montre que :

$$E[Y^{-n+1}|\mathcal{B}_{-n}]=E[\exp \alpha N^2(\sum_{i>n-1} A_i\lambda_i)|\mathcal{B}_{-n}] \geq \exp \alpha N^2(E[\sum_{i>n-1} A_i\lambda_i|\mathcal{B}_{-n}]) \geq Y^{-n}.$$

Ceci signifie que $(Y^{-n}, \mathcal{B}^{-n}, n\in\mathbb{N})$ est une sous-martingale ; les inégalités des sous-martingales permettent donc d'écrire pour tout $s>0$:

$$P[\limsup_{n\in\mathbb{N}} N(\sum_{i>n} A_i\lambda_i) \geq s] \leq P[\sup_{n\in\mathbb{N}} N(\sum_{i>n} A_i\lambda_i) \geq s]$$

$$\leq \exp(-\alpha s^2) E[\exp \alpha N^2(X)] .$$

Par le choix de α, le dernier membre est fini ; on choisit s de sorte qu'il soit strictement inférieur à 1 . Comme la variable aléatoire $\limsup_{n\in\mathbb{N}} N(\sum_{i>n} A_i\lambda_i)$ est mesurable pour la tribu $\bigcap_{n\in\mathbb{N}} \mathcal{B}_{-n}$, c'est une variable aléatoire dégénérée ; étant partiellement majorée par s, elle l'est presque sûrement ; on a donc :

$$P[\limsup_{n\in N} N(\sum_{i>n} A_i\lambda_i) \geq s] = 0 ;$$

pour tout ε appartenant à $]0,\frac{1}{2}[$, il existe alors un entier n tel que :

$$P[N(\sum_{i>n} A_i\lambda_i) \geq s+1] \leq \varepsilon .$$

Le théorème 1.3.2. montre alors que $E[\exp \beta N^2(\sum_{i>n} A_i\lambda_i)]$ est fini dès que β est inférieur ou égal à $\frac{1}{24(s+1)^2} \log \frac{1-\varepsilon}{\varepsilon}$.

Soit alors $\alpha < 1/2\, \sigma^2$; choisissons $\gamma \in]\alpha, 1/2\, \sigma^2[$ et $\varepsilon \in]0, 1/2[$ tels que :

$$\beta = \frac{\alpha\, \gamma}{(\sqrt{\alpha} - \sqrt{\gamma})^2} \leq \frac{1}{24(s+1)^2} \log \frac{1-\varepsilon}{\varepsilon} \; ;$$

la convexité de la fonction $\exp x^2$ permet d'écrire :

$$\exp(\alpha N^2(X)) \leq \sqrt{\frac{\alpha}{\gamma}} \exp \left[\gamma N^2(\sum_{i\leq n} A_i\lambda_i)\right] + \left(1-\sqrt{\frac{\alpha}{\gamma}}\right) \exp\left[\beta N^2(\sum_{i>n} A_i\lambda_i)\right] \; ;$$

le second terme du second membre est intégrable ; quant au premier, son intégrale se majore par :

$$E\left\{\exp\left[\gamma N^2(\sum_{i\leq n} A_i\lambda_i)\right]\right\} \leq E\left\{\exp\left[\gamma(\sum_{i\leq n} \lambda_i^2)(\sup_{k\in \mathbb{N}} \sum_{i\leq n} a_{k_i}^2)\right]\right\}$$

$$\leq E\left\{\prod_{i\leq n} \exp(\gamma\, \sigma^2 \lambda_i^2)\right\} \leq (1-2\gamma\, \sigma^2)^{-\frac{n}{2}} < \infty$$

On en déduit donc la conclusion du théorème.

1.3.4. Exemple d'application.

Soient $X = (X(\omega,t), \omega\in\Omega, t\in T)$ une fonction aléatoire gaussienne séparable sur un espace T et $(t_n, n\in\mathbb{N})$ une suite séparante ; on a alors :

$$P\left[\sup_T |X| = \sup_{\mathbb{N}} |X(t_n)|\right] = 1 \, .$$

On déduit donc du théorème 1.3.2. que si X est p.s. majoré sur T, alors pour tout α inférieur à $1/2 \sup_T E(X^2(t))$, la variable aléatoire $\exp\left[\alpha \sup_T X^2\right]$ est intégrable.

2.

COMPARAISON DE FONCTIONS ALEATOIRES GAUSSIENNES

2.1. On étudie ici le problème suivant : soit n un entier strictement positif, on pose $T=[1,n]$; soient X et Y deux fonctions aléatoires gaussiennes sur T, c'est-à-dire deux vecteurs gaussiens à valeurs dans $\mathbb{R}^T$, on se propose de comparer les lois de $\sup_T X$ et $\sup_T Y$ à partir des covariances Γ_X et Γ_Y et plus précisément à partir des écarts d_X et d_Y associés à X et Y sur T. Ces comparaisons trouvent leur origine dans un lemme de Slépian ([19]) :

LEMME 2.1.1.- <u>On suppose que</u> Γ_X <u>et</u> Γ_Y <u>sont liées par les conditions suivantes</u> :

$$\forall t\in T,\qquad \Gamma_X(t,t)=\Gamma_Y(t,t),$$

$$\forall (s,t)\in T\times T,\qquad \Gamma_X(s,t)\le \Gamma_Y(s,t)\ .$$

<u>Alors pour tout nombre réel positif</u> M, <u>on a</u> :

$$(2)\qquad P\Big[\sup_T X\ge M\Big]\ge P\Big[\sup_T Y\ge M\Big]\ .$$

Ce lemme a eu la plus grande importance pour la recherche de conditions nécessaires pour qu'une fonction aléatoire gaussienne soit p.s. majorée. Nous ne le démontrerons pas et nous ne l'utiliserons pas : nous établissons dans ce paragraphe des propriétés voisines et plus maniables.

THEOREME 2.1.2.- <u>Soient</u> T <u>un ensemble fini de cardinal</u> n , X <u>et</u> Y <u>deux vecteurs gaussiens à valeurs dans</u> $\mathbb{R}^T$, d_X <u>et</u> d_Y <u>les écarts associés ; soit de plus</u> f <u>une fonction positive convexe croissante sur</u> $\mathbb{R}^+$. <u>On suppose que :</u>

$$(1) \qquad \forall (s,t) \in T \times T, \quad d_Y(s,t) \leq d_X(s,t).$$

<u>Dans ces conditions, on a aussi :</u>

$$(2) \qquad E\Big[f\Big(\sup_{(s,t)\in T\times T} Y(s)-Y(t)\Big)\Big] \leq E\Big[f\Big(\sup_{(s,t)\in T\times T} X(s)-X(t)\Big)\Big].$$

COROLLAIRE 2.1.3.- <u>Sous les mêmes hypothèses, on a aussi :</u>

$$(3) \qquad E\Big[\sup_T Y\Big] \leq E\Big[\sup_T X\Big] .$$

On notera que si X et Y sont liés par les conditions 2.1.1. (1), ils sont liés aussi par les conditions 2.1.2. (1). Pourtant la conclusion 2.1.1. (2) ne résulte pas de la conclusion 2.1.3. (3), ni inversement puisque $P\{\sup_T Y \geq 0\}$ n'est pas nécessairement égale à 1. Le corollaire 2.1.3. est une conséquence immédiate du théorème appliqué à la fonction $f(x) = x$; en effet, on a pour tout vecteur gaussien Z à valeurs dans T :

$$E\Big[\sup_{(s,t)\in T\times T} Z(s)-Z(t)\Big] = E\Big[\sup_T Z + \sup_T(-Z)\Big] ;$$

comme Z est centré et symétrique, il a même loi que $(-Z)$, on en déduit :

$$E\Big[\sup_{(s,t)\in T\times T} Z(s)-Z(t)\Big] = 2\, E\Big[\sup_T Z\Big] ;$$

en appliquant ce résultat à X et Y, on obtient la conclusion du corollaire.

On notera aussi qu'il n'est pas possible sous les hypothèses (1) de comparer $E\{\sup_T |X|\}$ et $E\{\sup_T |Y|\}$. Soit en effet λ une variable aléatoire centrée

19

réduite gaussienne ; pour tout nombre réel x, définissons un vecteur gaussien Y_x à valeurs dans T par :

$$\forall t \in T, \quad Y_x(t) = X(t) + x\lambda ;$$

dans ces conditions, Y_x et X sont liées par les conditions (1) et $E[\sup_T |Y_x|]$ tend vers l'infini avec x et n'est donc pas majoré par $E[\sup_T |X|]$

La démonstration du théorème 2.1.2. utilisera plusieurs fois un lemme de dérivabilité.

LEMME 2.1.4. <u>Soit</u> $\mathcal{E}$ <u>l'ensemble des matrices</u> (nxn) <u>symétriques, définies positives, inversibles ; pour toute fonction</u> f <u>mesurable à croissance lente sur</u> $\mathbb{R}^T$, <u>notons</u> $\bar{f}$ <u>la fonction définie sur</u> $\mathcal{E}$ <u>par</u> :

$$\bar{f}(M) = \int_{\mathbb{R}^T} f(x)\exp[-\tfrac{1}{2}({}^t x M x)]dx ;$$

<u>alors</u> $\bar{f}$ <u>est dérivable, sa dérivée est continue et on a</u> :

$$\frac{d}{dM}\bar{f}(M) = \int_{\mathbb{R}^T} f(x)\left\{\frac{d}{dM}\exp[-\tfrac{1}{2}({}^t x M x)]\right\} dx .$$

<u>Remarque</u> : L'énoncé du lemme utilise la notion de dérivée de fonction de matrice. C'est une matrice définie, quand les dérivées partielles de la fonction par rapport aux termes de la matrice existent et sont continues, par :

$$\left[\frac{d}{dM}\bar{f}(M)\right]_{s,t} = \frac{\partial}{\partial m_{s,t}}\bar{f}(M) ;$$

Pour tout chemin continûment dérivable : $u \to M(u)$ à valeurs dans $\mathcal{E}$, on a alors par dérivation composée :

$$\frac{d}{du} f \circ M = \mathrm{Tr}\left\{\left[\left(\frac{d}{dM}\bar{f}\right)\circ M\right] \times \frac{dM}{du}\right\}$$

où Tr est l'opérateur trace.

<u>Démonstration du lemme</u> : Soit M_0 un élément de $\mathcal{C}$; il existe un nombre $\varepsilon>0$ et un voisinage V de M_0 dans $\mathcal{C}$ tels que :

$$\forall M\in V,\ \forall x\in \mathbb{R}^T\ ,\ {}^t x M x \geq \varepsilon\, {}^t x\, x\ ;$$

dans ce voisinage V, on a donc :

$$\forall x\in \mathbb{R}^T,\ |f(x)|[\exp(-\tfrac{1}{2}\,{}^t xMx)-\exp(-\tfrac{1}{2}\,{}^t xM_0 x)]\leq \tfrac{1}{2}\ |f(x)|[{}^t x(M-M_0)x]\exp(-\tfrac{\varepsilon}{2}\,{}^t x\, x).$$

La convergence de l'intégrale $\int |f(x)|\,{}^t x\, x \exp(-\frac{\varepsilon}{2}\,{}^t x\, x)dx$ et le théorème de convergence dominée permettent alors d'appliquer la formule de dérivation sous le signe somme qui donne les résultats du lemme.

<u>Démonstration du théorème 2.1.2.</u> : Elle comportera plusieurs étapes :

(a) Remarquons d'abord qu'il suffit d'établir le résultat 2.1.2. (2) en supposant que f est à croissance lente et deux fois continument dérivable par morceaux : en effet, toute fonction f positive convexe croissante sur $\mathbb{R}^+$ est enveloppe supérieure d'une suite dénombrable de fonctions affines telle que les enveloppes supérieures des familles finies extraites soient positives convexes croissantes à croissance lente sur $\mathbb{R}^+$ et deux fois continument dérivables par morceaux.

(b) Remarquons aussi qu'il suffit d'établir le résultat si Γ_X et Γ_Y sont inversibles ; supposons-le en effet établi dans ce seul cas et considérons deux vecteurs gaussiens X et Y à valeurs dans $\mathbb{R}^T$ dont les covariances Γ_X et Γ_Y ne soient pas nécessairement inversibles. Soit Λ un vecteur gaussien normal à valeurs dans $\mathbb{R}^T$ indépendant de X et de Y ; pour tout nombre réel u, posons :

$$X_u = X + u\Lambda\ ,\ Y_u = Y + u\Lambda\ ;$$

si u est non nul, les covariances Γ_{X_u} et Γ_{Y_u} sont inversibles puisque leurs

21

valeurs propres sont minorées par u^2 ; de plus les écarts d_{X_u} et d_{Y_u} associés valent :

$$d^2_{X_u}(s,t) = d^2_X(s,t) + u^2\,(2 - 2\delta_{s,t}),$$

$$d^2_{Y_u}(s,t) = d^2_Y(s,t) + u^2\,(2 - 2\delta_{s,t}),$$

et sont donc liés par l'hypothèse 2.1.2. (1). X_u et Y_u vérifient donc la conclusion 2.1.2 (2). En faisant tendre u vers zéro, on constate que X et Y la vérifient aussi.

(c) Nous supposons donc f à croissance lente et deux fois continument dérivable par morceaux, Γ_X et Γ_Y inversibles. Nous supposons aussi X et Y réalisés indépendamment. Pour tout nombre $\alpha \in [0,1]$, nous posons :

$$X(\alpha) = \sqrt{\alpha}\,X + \sqrt{1-\alpha}\,Y,$$

$$X(0) = Y \quad , \; X(1) = X \; ;$$

$X(\alpha)$ est un vecteur gaussien à valeurs dans $\mathbb{R}^T$ et sa covariance $\Gamma(\alpha)$ est définie par :

$$\Gamma(\alpha) = \alpha\,\Gamma_X + (1-\alpha)\Gamma_Y,$$

$$\Gamma(0) = \Gamma_Y,\; \Gamma(1) = \Gamma_X.$$

Nous aurons prouvé que X et Y vérifient la conclusion du théorème si nous montrons que la fonction h définie par :

$$h(\alpha) = E\Big[f\big(\sup_{(s,t)\in T\times T} X(\alpha)(s) - X(\alpha)(t)\big)\Big]$$

est une fonction croissante de α ; il suffit pour cela de montrer qu'elle est dérivable à dérivée positive sur $[0,1]$.

(d) Puisque Γ_X et Γ_Y sont inversibles, $\Gamma(\alpha)$ est aussi régulière et la loi de $X(\alpha)$ est définie par une densité g_α sur $\mathbb{R}^T$; on a

$$h(\alpha) = \int_{\mathbb{R}^T} f\left[\sup_{(s,t)\in T\times T} (x_s - x_t)\right] g_\alpha(x)dx ,$$

$$g_\alpha(x) = K_n \int_{\mathbb{R}^T} \exp\{i<x,y>\}\exp\{-\tfrac{1}{2}\,{}^t y\Gamma(\alpha)y\}dy,$$

$$g_\alpha(x) = \frac{1}{\sqrt{\text{Dét}[\Gamma(\alpha)]}} \exp\{-\tfrac{1}{2}\,{}^t x\,\Gamma^{-1}(\alpha)x\}$$

Puisque $\Gamma^{-1}(\alpha)$ et $\text{Dét}[\Gamma(\alpha)]$ sont des fonctions continûment dérivables de α, la dernière formule et le lemme 2.1.4. montrent que $h(\alpha)$ est dérivable et qu'on peut calculer sa dérivée par dérivation sous le signe somme dans la première formule. Puisque $\Gamma(\alpha)$ est aussi une fonction continument dérivable de α, la deuxième formule et le même lemme 2.1.4. montrent qu'on peut calculer la dérivée de g_α par rapport à α par dérivation sous le signe somme ; il est net qu'on peut opérer de la même manière pour calculer les diverses dérivées secondes de g_α par rapport à x ; on obtient en comparant ces deux résultats :

$$\frac{d}{d\alpha} g_\alpha = \frac{1}{2} \text{Tr} \left[\frac{d\Gamma(\alpha)}{d\alpha} \frac{d^2}{dx^2} g_\alpha \right] ,$$

$$\frac{d}{d\alpha} h(\alpha) = \int_{\mathbb{R}^T} f\left[\sup_{(s,t)\in T\times T} (x_s - x_t)\right] \frac{d}{d\alpha} g_\alpha(x)dx .$$

La dérivée $\frac{d}{d\alpha} h(\alpha)$ apparaît donc comme la somme de $n\times n$ intégrales associées aux différents termes de $\frac{d}{d\alpha} g_\alpha$. Ces intégrales ont une nature différente suivant qu'elles proviennent d'une dérivée "carrée" ou d'une dérivée "rectangle". Par des intégrations par parties, chacune d'elles va être décomposée suivant différents domaines d'intégration. On obtient, pour les termes carrés :

$$\forall s\in T,\ \int_{\mathbb{R}^T} f\left(\sup_{(s,t)\in T\times T}(x_s-x_t)\right)\frac{\partial^2}{\partial x_s^2}g_\alpha(x)dx =$$

$$\sum_{r\neq s}\int\frac{dx}{dx_r dx_s}\left\{\int_{x_r=x_s=\inf_T x=u} f'(\sup_T x-u)g_\alpha(x)du + \int_{x_r=x_s=\sup_T x=u} f'(u-\inf_T x)\,g_\alpha(x)du\right\} +$$

$$\sum_{r\neq s}\int\frac{dx}{dx_r dx_s}\left\{\iint_{x_s=\inf_T x,\,x_r=\sup_T x} f''(x_r-x_s)g_\alpha(x)dx_r dx_s + \iint_{x_s=\sup_T x,\,x_r=\inf_T x} f''(x_s-x_r)g_\alpha(x)dx_r dx_s\right\}.$$

et pour tous les termes rectangles :

$$\forall(r,s)\in T\times T,\int_{\mathbb{R}^T} f\left(\sup_{(s,t)\in T\times T}(x_s-x_t)\right)\frac{\partial^2}{\partial x_r\partial x_s}g_\alpha(x)dx =$$

$$-\int\frac{dx}{dx_r dx_s}\left\{\int_{x_r=x_s=\inf_T x=u} f'(\sup_T x-u)g_\alpha(x)du + \int_{x_r=x_s=\sup_T x=u} f'(u-\inf_T x)g_\alpha(x)du\right\} +$$

$$-\int\frac{dx}{dx_r dx_s}\left\{\iint_{x_s=\inf_T x,\,x_r=\sup_T x} f''(x_r-x_s)g_\alpha(x)dx_r dx_s + \iint_{x_s=\sup_T x,\,x_r=\inf_T x} f''(x_s-x_r)g_\alpha(x)dx_r dx_s\right\}.$$

On constate donc que les termes carrés dans la somme $\frac{d}{d\alpha}h(\alpha)$ peuvent se répartir suivant les termes rectangles ayant un indice de dérivation commun. Une répartition symétrique permet alors d'écrire :

$$\frac{d}{d\alpha}h(\alpha) = \sum_{s\in T}\ \sum_{\substack{t\in T\\ t\neq s}}\ \frac{d}{d\alpha}\Big[\Gamma(\alpha)(s,s)-2\Gamma(\alpha)(s,t)+\Gamma(\alpha)(t,t)\Big]J_{s,t}\quad ,$$

où les $J_{s,t}$ sont des intégrales toutes positives puisque g, f' et f'' le sont ; l'hypothèse 2.1.2 (1) et la valeur de $\Gamma(\alpha)$ montrent que les coefficients de ces intégrales sont positifs. La fonction $h(\alpha)$ est donc une fonction croissante sur $[0,1]$; X et Y vérifient le résultat 2.1.2. (2). Le théorème et son corollaire sont établis.

2.2 On verra dans la suite que dans l'état actuel des recherches, le corollaire 2.1.3. est la clef des minorations des fonctions aléatoires gaussiennes et donc de l'étude des conditions nécessaires de régularité des trajectoires. On verra aussi que si cet outil est suffisant pour l'étude des fonctions aléatoires stationnaires, il s'adapte moins bien aux fonctions aléatoires non stationnaires. La détermination d'un meilleur outil reste ouverte. Dans cette ligne, nous allons donner une autre démonstration du corollaire 2.1.3. basée sur une étude plus directe.

Nous utiliserons les notations suivantes : n est un entier strictement positif et $T=[1,n]$; Λ est un vecteur gaussien normal à valeurs dans $\mathbb{R}^T$ et pour toute matrice carrée A sur $T\times T$, nous noterons X_A le vecteur gaussien $A\Lambda$ et $\Gamma_A = A^tA$ sa covariance. Si A est inversible, nous noterons G_A l'inverse de Γ_A et g_A la fonction sur $\mathbb{R}^T$ qui est la densité de la loi de X_A ; si A est inversible, pour tout couple (s,t) d'éléments de T différents, la probabilité $P[X_A(s)=X_A(t)]$ est nulle et on pourra définir p.s. une variable aléatoire σ_A par la relation :

$$\sigma_A = s \Leftrightarrow X(s) = \sup_T X \;;$$

toujours dans ce même cas, nous poserons :

$$\forall (s,t)\in T\times T,\; s \neq t\;,$$

25

$$J_A(s,t) = J_A(t,s) = \int \frac{dx}{dx_s dx_t} \int_{x_s = x_t = \sup_T x = u} g_A(x) du$$

$$J_A(s,s) = -\sum_{t \neq s} J_A(s,t) \quad ,$$

et nous noterons K_A la matrice $(-J_A)$. Nous omettrons l'indice A s'il n'est pas indispensable.

LEMME 2.2.1.- Supposons A inversible, alors les propriétés suivantes sont vérifiées :

(1) pour tout couple (s,t) d'éléments de T, on a :

$$E\left[(GX)_t \, I_{\sigma = s}\right] = -J_{s,t} \quad ;$$

(2) pour toute matrice carrée B sur $T \times T$, on a :

$$2E\left[X_B(\sigma_A)\right] = 2\,\mathrm{Tr}(B^t A\, K_A) = \sum_{s \in T} \sum_{t \in T} \sum_{k \in T} (a_{sk} - a_{tk})(b_{sk} - b_{tk}) J_A(s,t) \ ;$$

(3) en particulier, on a aussi :

$$2E\left[\sup_T X\right] = 2\,\mathrm{Tr}(\Gamma K) = \sum_{s \in T} \sum_{t \in T} d^2(s,t) J(s,t).$$

Démonstration : il suffit de prouver la première propriété, les autres en résultant par un calcul immédiat ; il suffit même de la prouver si s et t sont différents puisque $E[(GX)_t]$ est nul pour tout t ; on a alors :

$$E\left[(GX)_t \, I_{\sigma = s}\right] = \int \frac{dx}{dx_s dx_t} \int_{x_s = \sup_{k \neq t} x_k} dx_s \int_{-\infty}^{x_s} \left(-\frac{\partial g}{\partial x_t}\right) dx_t \quad ;$$

le résultat s'ensuit en effectuant la dernière intégration.

LEMME 2.2.2.- Supposons A inversible, alors les propriétés suivantes sont vérifiées :

(1) L'espérance mathématique $E[\sup_T X]$ est continument dérivable par rapport à Γ et on a :

$$\frac{d}{d\Gamma}\{E(\sup_T X)\} = K .$$

(2) En particulier, pour toute application : $\alpha \to A(\alpha)$ continument dérivable, on a :

$$\frac{d}{d\alpha}\left\{E(\sup_T X)\right\} = \frac{1}{2} \sum_{s\in T} \sum_{\substack{t\in T\\ t\neq s}} (d_\alpha^2(s,t))' J_A(s,t)$$

$$= E\left[X_{\frac{dA}{d\alpha}}(\sigma_A)\right].$$

Démonstration : Nous démontrons seulement la première affirmation. Considérons pour cela l'application qui à toute matrice M régulière associe $E[X_A(\sigma_M)]$; par définition de σ, elle est maximale en A. Comme son expression explicite (2.2.1. (2)) et le lemme de dérivabilité 2.1.4. montrent qu'elle est dérivable, sa dérivée en A est la matrice nulle. Il suffit de développer cette dérivée à partir de 2.2.1 (2), puis de calculer $\frac{d}{d\Gamma}[E \sup_T X]$ à partir de 2.2.1. (3) pour obtenir le résultat.

Bien entendu, le corollaire 2.1.3. se démontre alors immédiatement à partir de 2.2.2. (2) et du signe des intégrales J_A .

2.3 Nous utiliserons systématiquement ces résultats de comparaison dans un chapitre ultérieur ; nous en donnons dès maintenant des applications simples.

2.3.1. Minoration de Sudakov.

Soit X une fonction aléatoire gaussienne sur un ensemble dénombrable T ; alors pour toute partie finie S de T, on a :

$$E\left[\sup_T X\right] \geq \sqrt{\frac{1}{2\pi}\ \text{Ent}\ \log_2 \text{Card}\ S}\ \inf_{\substack{(s,t)\in S\times S \\ s\neq t}} d_X(s,t) ,$$

le symbole Ent désignant l'opérateur partie entière.

Démonstration : Soit S une partie finie de T ; on numérote de 0 à $n = \text{card}\ S - 1$ les éléments de S et on les confond avec leurs indices ; on utilise l'écriture binaire des éléments de S :

$$\forall t \in S,\ t = \sum_1^p \varphi_k(t) 2^{k-1} ,\quad p-1 < \log_2 \text{Card}\ S \leq p .$$

Notons que l'application $\varphi = (\varphi_k,\ 1 \leq k \leq p',\ p' = \text{Ent}\ \log_2 \text{Card}\ S)$ de S dans $\bigotimes_{k=1}^{p'} \{0,1\}_k$ est surjective.

Introduisons une suite gaussienne normale $(\lambda_1, \ldots, \lambda_{p'})$ et définissons une fonction aléatoire gaussienne auxiliaire Y sur S par :

$$\forall t \in S,\ Y(t) = \frac{1}{\sqrt{p'}} \left[\inf_{\substack{(s,t)\in S\times S \\ s\neq t}} d_X(s,t)\right] \sum_{k=1}^{p'} \varphi_k(t)\lambda_k ;$$

pour tout couple (s,t) d'éléments de S, on a alors :

$$E\left[Y(s)-Y(t)\right]^2 = \frac{1}{p'}\left[\inf_{\substack{(s,t)\in T\times T \\ s\neq t}} d_X^2(s,t)\right] \sum_{k=1}^{p'} \left[\varphi_k(s)-\varphi_k(t)\right]^2 \leq d_X^2(s,t).$$

On peut donc appliquer au couple (X,Y) de vecteurs gaussiens à valeurs dans $\mathbb{R}^S$ le théorème de comparaison 2.1.2. La minoration annoncée résultera alors du calcul explicite de $E\left[\sup_{(s,t)\in S\times S} Y(s)-Y(t)\right]$; soit en effet un élément ω de l'espace d'épreuves, associons-lui deux éléments $\sigma=\sigma(\omega)$, $\tau=\tau(\omega)$ de S par les relations :

$$\varphi_k(\sigma) = 1 \ , \ \varphi_k(\tau) = 0 \ \text{si} \ \lambda_k(\omega) > 0 \ ,$$

$$\varphi_k(\sigma) = 0 \ , \ \varphi_k(\tau) = 1 \ \text{si} \ \lambda_k(\omega) \leq 0 \ ;$$

on aura alors :

$$\sup_{(s,t)\in T\times T}\left[Y(\omega,s)-Y(\omega,t)\right] \geq Y(\omega,\sigma)-Y(\omega,\tau) \geq \frac{1}{\sqrt{p'}}\left[\inf_{\substack{(s,t)\in T\times T \\ s\neq t}} d_X(s,t)\right]\sum_{k=1}^{p'}|\lambda_k(\omega)| .$$

Il suffit alors d'intégrer pour obtenir le résultat.

<u>Remarques</u> : 1) Lorsque S a un ou deux éléments, on constate par un calcul direct que l'expression minorante est exactement égale à $E[\sup_S X]$.

2) On notera que dans le cas général, l'expression minorante n'est pas nécessairement une fonction croissante de S .

3) Quelque soit le cardinal de S , on peut associer à la minoration de Sudakov une majoration du même type pour $E[\sup_S X]$. Soit en effet un élément s de S , on a pour tout autre élément t de S .

$$\exp\left[\left(\frac{X(t)-X(s)}{2d(t,s)}\right)^2\right] \leq \sum_{u\in S} \exp\left[\left(\frac{X(u)-X(s)}{2d(t,s)}\right)^2\right] \qquad ;$$

on en déduit par l'inégalité de Jensen :

29

$$E\left[\sup_S X\right] \leq E\left[X(s)\right] + 2\left(\sup_{(s,t)\in S\times S} d(t,s)\right)\sqrt{\log \sum_{u\in S} E\left\{\exp\left[\left(\frac{X(u)-X(s)}{2d(t,s)}\right)^2\right]\right\}}$$

$$\leq 2\left[\sup_{(s,t)\in S\times S} d(t,s)\right]\sqrt{\log(\sqrt{2}\,\mathrm{Card}\,S)}.$$

On a donc obtenu une excellente évaluation de $E[\sup_S X]$ lorsque $d(s,t)$ est constant hors de la diagonale. C'est le cas par exemple si X est une suite gaussienne normale sur S.

2.3.2. Application à la majoration des trajectoires sur $[0,1]$ des fonctions aléatoires gaussiennes stationnaires.

Soit X une fonction aléatoire gaussienne stationnaire et séparable sur $\mathbb{R}$; on pose $T=[0,1]$ et on suppose que l'écart associé $d_X(s,t)$ qui ne dépend que de $|s-t|$ est une fonction croissante de $|s-t|$; dans ces conditions, on peut énoncer :

THEOREME 2.3.2.- Pour que X soit presque sûrement majoré sur T, il faut que la fonction θ définie sur $]0,1]$ par :

$$\theta(h) = d_X(0,h)\sqrt{\log\frac{1}{h}}$$

soit bornée. Plus précisément, on a :

$$\sup_{h\in]0,\frac{1}{2}]} \theta(h) \leq \sqrt{\frac{1}{\pi\log 2}}\; E\left\{\sup_T X\right\}$$

Démonstration : Soit n un entier positif, notons S_n l'ensemble $\left\{\frac{k}{n},\ 1\leq k\leq n\right\}$; alors on a :

$$\mathrm{Card}\, S_n = n\ ,\quad \inf_{\substack{(s,t)\in S_n\times S_n\\ s\neq t}} d_X(s,t) = d_X(0,\tfrac{1}{n})\ ;$$

la minoration de Sudakov s'écrit alors :

$$E\left\{\sup_T X\right\} \geq \sqrt{\frac{1}{2\pi}\operatorname{Ent}\log_2 n}\quad d_X(0,\tfrac{1}{n}) .$$

En particulier, pour tout entier $p \geq 1$, on a :

$$E\left\{\sup_T X\right\} \geq \sqrt{\frac{p}{2\pi}}\; d_X(0,\tfrac{1}{2^p}) .$$

Soit alors un nombre $h \in]0,\frac{1}{2}]$, on lui associe l'entier $p \geq 1$ tel que :

$$\frac{1}{2^{p+1}} < h \leq \frac{1}{2^p} ;$$

dans ces conditions, on a :

$$\theta(h) = \sqrt{\log\frac{1}{h}}\, d_X(0,h) \leq \sqrt{\frac{2p}{\log 2}}\, d_X(0,\tfrac{1}{2^p}) .$$

Le résultat s'ensuit.

2.3.3. <u>Minoration de Sudakov et exposants d'entropie</u>. ([20])

Soient T un ensemble et d un écart sur T ; à tout nombre $\varepsilon > 0$, on peut associer le nombre $N(\varepsilon)$ qui est le cardinal minimal, fini ou non, d'un recouvrement de T par des d-boules de rayon ε. Alors l'<u>exposant d'entropie</u> r de T est défini par :

$$r = \limsup_{\varepsilon \to 0} \left\{\frac{\log[\log N(\varepsilon)]}{\log[\frac{1}{\varepsilon}]}\right\}$$

La minoration de Sudakov permet d'énoncer une condition nécessaire pour que les trajectoires de X soient p.s. majorées sur T exprimée en termes d'exposant d'entropie par rapport à l'écart d associé à X.

THEOREME 2.3.3.- <u>Si</u> X <u>est presque sûrement majoré sur</u> T, <u>alors l'exposant d'entropie de</u> T <u>est inférieur ou égal à</u> 2 . <u>En particulier, pour la structure uni-</u>

31

forme définie par d , T est pré-quasi-compact.

Démonstration : Soient $M(\varepsilon)$ le cardinal maximal des familles de boules $B(s,\varepsilon)$ disjointes et $S(\varepsilon)$ la famille des centres associés ; la minoration de Sudakov permet d'écrire :

$$E = E\left\{\sup_T X\right\} \geq \sqrt{\frac{1}{2\pi}\,\text{Ent}\,\log_2 M(\varepsilon)}\cdot\varepsilon\ ;$$

par ailleur, en vertu de la maximalité de $M(\varepsilon)$, la famille $\{B(s,2\varepsilon), s\in S(\varepsilon)\}$ est un recouvrement de T , on en déduit :

$$N(2\varepsilon) \leq M(\varepsilon)\ ;$$

combinant ces deux relations, on obtient :

$$\frac{\log[\,\text{Ent}\,\log_2 N(2\varepsilon)]}{\log[\frac{1}{\varepsilon}]} \leq 2 + \frac{\log(2\pi E^2)}{\log\frac{1}{\varepsilon}}$$

Le résultat s'ensuit en faisant tendre ε vers zéro ; il implique en particulier que pour tout $\varepsilon > 0$, $N(\varepsilon)$ est fini ; c'est la définition de la pré-quasi-compacité de T .

On notera que les théorème 2.3.2. et 2.3.3. sont des résultats temporaires qui seront nettement améliorés dans la suite.

3.

VERSIONS DE FONCTIONS ALEATOIRES GAUSSIENNES

3.1. Représentations de fonctions aléatoires gaussiennes.

3.1.1. Soient $(\Omega, \mathcal{G}, P)$ un espace d'épreuves, T un ensemble et $X = (X(\omega,t),\ \omega \in \Omega,\ t \in T)$ une fonction aléatoire gaussienne sur T . On peut associer à X une application $\overline{X}$ de T dans $L^2(\Omega,\mathcal{G},P)$ par la relation :

$$\forall t \in T,\ \ \overline{X}(t) = \{\omega \to X(\omega,t)\} .$$

Certaines propriétés de la fonction aléatoire gaussienne X peuvent être basées sur l'étude de l'image $\overline{X}(T)$ de $\overline{X}$ dans $L^2(\Omega,\mathcal{G},P)$ ou plus précisément sur l'étude du sous-espace vectoriel fermé $\mathcal{L}_X$ engendré par cette image dans $L^2(\Omega,\mathcal{G},P)$.

Nous munissons T de l'écart d associé à X ; $M_0(T)$ désignera l'ensemble des mesures sur T à support fini, bornées, de signe quelconque L'application $\overline{X}$ se prolonge en une application, de même notation, de $M_0(T)$ dans $\mathcal{L}_X$ par la relation :

$$\forall \mu \in M_0(T),\ \overline{X}(\mu) = \int \overline{X}(t)d\mu(t) \in L^2(\Omega,\mathcal{G},P) .$$

33

L'image réciproque sur $M_0(T)$ par $\overline{X}$ de la structure hilbertienne de $L^2(\Omega,\mathcal{C},P)$ est une structure préhilbertienne sur $M_0(T)$ définie par la forme bilinéaire, non nécessairement séparante, et la semi-norme :

$$< \mu, \nu> = E[\overline{X}(\mu)\overline{X}(\nu)] = \iint \Gamma(s,t)d\mu(s)d\nu(t),$$

$$\|\mu\|^2 \quad = \iint \Gamma(s,t)d\mu(s)d\mu(t),$$

de sorte qu'on a en particulier :

$$< \varepsilon_s,\varepsilon_t >= \Gamma(s,t) \ , \ \|\varepsilon_s - \varepsilon_t\| = d(s,t) \ .$$

Nous notons $M(T)$ l'espace préhilbertien, non nécessairement séparé, complété de l'espace $M_0(T)$ pour cette structure. Comme tout filtre de Cauchy sur $M_0(T)$ saturé pour la structure préhilbertienne est l'image réciproque par $\overline{X}$ d'un filtre de Cauchy sur $\mathcal{K}_X$, l'application $\overline{X}$ de $M_0(T)$ dans $\mathcal{K}_X$ se prolonge en une application, de même notation, de $M(T)$ sur $\mathcal{K}_X$ et la structure de $M(T)$ est encore l'image réciproque par $\overline{X}$ de celle de $\mathcal{K}_X$; en prolongeant les notations, on a :

$$\forall (m,n) \in M(T) \times M(T) \quad , < m,n >= E[\overline{X}(m)\overline{X}(n)],$$
$$\|m\|^2 \quad = E[|\overline{X}(m)|^2] \ .$$

L'espace préhilbertien $M(T)$ est donc une représentation de $\mathcal{K}_X$. Nous allons construire une autre représentation plus concrète.

3.1.2. La covariance Γ de X définit une application linéaire $\overline{\Gamma}$ de l'espace vectoriel $M_0(T)$ dans l'espace vectoriel $\mathbb{R}^T$ des fonctions sur T par la relation :

$$\forall \ \mu \in M_0(T) \ , \ \overline{\Gamma}_\mu = \{s \rightarrow \int \Gamma(s,t)d\mu(t)\} \ ;$$

on aura en particulier :

$$\forall t\in T,\ \overline{\Gamma}_{\epsilon_t}=\overline{\Gamma}_t=\{s\to\Gamma(s,t)\}\ ,$$
$$\forall(\mu,\nu)\in M_0(T)\times M_0(T),\ <\mu,\nu>=\int\overline{\Gamma}_\mu(s)d\nu(s),$$
$$<\mu,\nu>=\int\overline{\Gamma}_\nu(s)d\mu(s)\ .$$

On en déduit :

$$\forall(\mu,\nu)\in M_0(T)\times M_0(T)\ ,\ \forall t\in T,$$
$$\overline{\Gamma}_\mu(t)-\overline{\Gamma}_\nu(t)=<\mu-\nu,\epsilon_t>\ .$$

Il en résulte que l'application $\overline{\Gamma}$ de $M_0(T)$ sur son image $H_0(X)$ dans $\mathbb{R}^T$ est compatible avec la structure préhilbertienne de $M_0(T)$; elle définit une structure préhilbertienne séparée sur $H_0(X)$. Muni de cette structure, $H_0(X)$ est une représentation de l'espace préhilbertien séparé associé à $M_0(T)$, la forme bilinéaire et la norme sur $H_0(X)$ étant définies par :

$$<\overline{\Gamma}_\mu,\overline{\Gamma}_\nu>=\int\overline{\Gamma}_\mu(s)d\nu(s)=<\mu,\nu>\ ,$$
$$\|\overline{\Gamma}_\mu\|^2=\iint\Gamma(s,t)d\mu(s)d\mu(t)\ ;$$

on en déduit en particulier :

$$\forall(\mu,\nu)\in M_0(T)\times M_0(T)\ ,\quad \left|\int\overline{\Gamma}_\mu(s)d\nu(s)\right|\le\|\overline{\Gamma}_\mu\|\ \|\nu\|\ ,$$
$$\forall\mu\in M_0(T),\forall t\in T\ ,\quad |\overline{\Gamma}_\mu(t)|\le\|\overline{\Gamma}_\mu\|\sqrt{\Gamma(t,t)}\ ,$$
$$\forall\mu\in M_0(T),\forall(s,t)\in T\times T\ ,\quad |\overline{\Gamma}_\mu(s)-\overline{\Gamma}_\mu(t)|\le\|\overline{\Gamma}_\mu\|d(s,t)\ .$$

Il en résulte que tout filtre de Cauchy sur $H_0(X)$ est un filtre de fonctions sur T uniformément d-équicontinues sur T convergeant simplement : l'espace hilbertien séparé et complet $H(X)$ associé à $H_0(X)$ est un espace de fonctions d-continues sur T et l'application $\overline{\Gamma}$ de $M_0(T)$ sur $H_0(X)$ se prolonge en une application, de même notation, de $M(T)$ sur $H(X)$. On a :

$$H(X)=\{f\in\mathbb{R}^T:\ \exists M=M(f),\forall\mu\in M_0(T),\left|\int f(s)d\mu(s)\right|\le M\|\mu\|\}\ ,$$
$$\forall(m,n)\in M(T)\times M(T)\ ,\ <\overline{\Gamma}_m,\overline{\Gamma}_n>=E[\overline{X}_m\overline{X}_n]\ .$$

L'espace hilbertien $H(X)$ est donc une représentation de K_X.

3.1.3. On peut caractériser les familles $(f_\alpha, \alpha \in A)$ orthonormales totales dans $H(X)$:

PROPOSITION 3.1.3.- <u>Soit</u> $(f_\alpha, \alpha \in A)$ <u>une famille de fonctions sur</u> T ; <u>pour qu'elle soit orthonormale totale dans</u> $H(X)$, <u>il faut et il suffit que pour tout couple</u> (s,t) <u>d'éléments de</u> T, <u>la famille</u> $(f_\alpha(s)f_\alpha(t), \alpha \in A)$ <u>soit sommable et ait pout somme</u> $\Gamma(s,t)$.

<u>Démonstration</u> : Si $(f_\alpha, \alpha \in A)$ est orthonormale totale dans $H(X)$, alors on a :

$$\forall t \in T \quad \sum_{\alpha \in A} < f_\alpha, \overline{\Gamma}_t >^2 = \Gamma(t,t),$$

la nécessité de la condition en résulte immédiatement.

Réciproquement, si la condition indiquée est réalisée, par combinaison d'un nombre fini de familles sommables, on en déduit que pour tout élément μ de $M_0(T)$, la famille $(|\int f_\alpha(s)d\mu(s)|^2, \alpha \in A)$ est sommable et a pour somme $\|\mu\|^2$; il en résulte que les f_α appartiennent à $H(X)$ et que pour tout élément $\overline{\Gamma}_\mu$ de $H_0(X)$, on a :

$$\sum_{\alpha \in A} < f_\alpha, \overline{\Gamma}_\mu >^2 = \|\overline{\Gamma}_\mu\|^2 ;$$

d'où la conclusion.

3.1.4. Le théorème suivant généralise un théorème de Jain et Kallianpur [13] puissant pour certaines applications.

THEOREME 3.1.4.- <u>Soient</u> $(f_\alpha, \alpha \in A)$ <u>une famille orthonormale totale dans</u> $H(X)$ <u>et</u> $(m_\alpha, \alpha \in A)$ <u>une famille d'éléments associés dans</u> $M(T)$. <u>Dans ces conditions, les propriétés suivantes sont vérifiées</u> :

36

(a) <u>La famille</u> $(\overline{X}(m(\alpha)), \alpha \in A)$ <u>est gaussienne normale</u>.

(b) <u>Pour tout élément</u> t <u>de</u> T, <u>la famille</u> $(\overline{X}(m_\alpha) f_\alpha(t), \alpha \in A)$ <u>est presque sûrement sommable ; sa somme</u> $\hat{X}(t)$ <u>vérifie</u> :

$$P[\hat{X}(t) = X(t)] = 1 .$$

(c) <u>Soit</u> K <u>une partie d-quasi-compacte de</u> T <u>sur laquelle les trajectoires de</u> X <u>sont presque sûrement</u> d-<u>continues</u> ; <u>la famille</u> $(\overline{X}(m_\alpha) f_\alpha, \alpha \in A)$ <u>est presque sûrement uniformément sommable sur</u> K ; <u>sa somme</u> $\hat{X}$ vérifie :

$$P[\ \forall t \in K,\ \hat{X}(t) = X(t)] = 1 .$$

<u>Démonstration</u> : L'affirmation (a) résulte de la construction de la structure hilbertienne sur $H(X)$. (b) Remarquons d'abord que sur toute partie quasi-compacte K de T, on peut réduire l'index A à une de ses parties dénombrables : en effet, pour tout élément t de T, la famille $(f_\alpha(t)^2, \alpha \in A)$ étant sommable est nulle hors d'une partie dénombrable A_t de A ; par ailleurs, K étant une partie quasi- compacte de l'espace métrisable T, il existe une partie T_0 de K dénombrable et partout dense. Posons alors $A_K = \bigcup_{t \in T_0} A_t$; A_K est dénombrable et pour tout indice α n'appartenant pas à A_K, f_α continue sur K nulle sur un sous-ensemble dense est nulle sur tout K.

Soient donc K une partie quasi-compacte de T, T_0 un sous-ensemble dénombrable dense dans K et $(f_n, n \in \mathbb{N})$ une numérotation de l'ensemble des f_α non identiquement nuls sur K ; pour tout élément t de K, la série de variables aléatoires indépendantes $\Sigma\, \overline{X}(m_n) f_n(t)$ s'écrit aussi $\sum_A \overline{X}(m_\alpha) \langle X(t), \overline{X}(m_\alpha)\rangle_{L^2(\Omega,\mathcal{G},P)}$; elle converge donc vers $\overline{X}(t)$ dans $L^2(\Omega,\mathcal{G},P)$; elle converge alors aussi presque sûrement vers $X(t)$; ceci démontre (b).

(c) L'affirmation (b) étant justifiée, il suffit pour établir (c) de démontrer que les sommes partielles :

37

$$S_n = \sum_1^n \overline{X}(m_k) f_k$$

sont presque sûrement uniformément équi-continues sur K.

Notons pour tout entier positif n et tout $\epsilon > 0$, $V_n(\epsilon)$ la variable aléatoire $\sup\limits_{\substack{T_0 \times T_0 \\ d(s,t) < \epsilon}} |S_n(s) - S_n(t)|$ et $\mathcal{B}_n$ la tribu engendrée par $\{\overline{X}(m_k), k \leq n\}$.

Les propriétés de convexité et d'intégrabilité montrent qu'il existe un nombre $\alpha > 0$ tel que la suite $\{(\exp[\alpha V_n^2(\epsilon)] - 1, \mathcal{B}_n), n \in \mathbb{N}\}$ soit une sous-martingale On aura alors :

$$P\left[\exists k \in \mathbb{N}, V_k(\epsilon) > M\right] \leq \frac{1}{\exp(\alpha M^2) - 1} E\left[\exp\left\{\alpha \sup_{\substack{T_0 \times T_0 \\ d(s,t) < \epsilon}} |\hat{X}(t) - \hat{X}(s)|^2\right\} - 1\right].$$

Comme les sommes partielles S_n sont continues sur K et que T_0 est dense et aussi dénombrable, $\hat{X}$ et X coïncidant presque sûrement sur T_0 d'après (b), on en déduit :

$$P\left[\exists k \in \mathbb{N}, \sup_{\substack{K \times K \\ d(s,t) < \epsilon}} |S_k(s) - S_k(t)| > M\right] \leq \frac{E\left[\exp\left\{\alpha \sup\limits_{\substack{K \times K \\ d(s,t) < \epsilon}} |X(t) - X(s)|^2\right\} - 1\right]}{\exp(\alpha M^2) - 1}$$

Pour tout entier p, la d-continuité presque sûre de X sur K permet de choisir un nombre $\epsilon_p > 0$ tel que :

$$E\left[\exp\left\{\alpha \sup_{\substack{K \times K \\ d(s,t) < \epsilon_p}} |X(t) - X(s)|^2\right\} - 1\right] < \frac{1}{p^4};$$

on constate alors en posant $M_p = \frac{1}{p}$:

$$\sum_{p \in \mathbb{N}} P\left[\sup_{k \in \mathbb{N}} \sup_{\substack{K \times K \\ d(s,t) < \epsilon_p}} |S_k(s) - S_k(t)| > \frac{1}{p}\right] < \infty;$$

38

l'uniforme équicontinuité presque sûre des sommes partielles sur $\mathbb{K}$ étant ainsi établie, l'affirmation (c) en résulte.

Remarque 3.1.5. Pour illustrer ce théorème, on peut considérer l'exemple suivant : T est un ensemble quelconque et X une famille gaussienne normale sur T. Dans ces conditions, la d-topologie sur T est discrète, les seules parties compactes sont les parties finies, les trajectoires de X sont toutes d-continues sur T. Par contre, les seules parties de T sur lesquelles X soit p.s. majoré sont les parties finies. On peut former une famille orthonormale totale dans $H(X)$ à partir des indicatrices I_t des éléments de T ; les seules parties de T où cette famille définira une famille $(X(t)I_t, t \in T)$ presque sûrement uniformément sommable seront encore les parties finies.

3.2. Versions séparables et mesurables.

3.2.1. Les analyses habituelles des fonctions aléatoires gaussiennes étudient la régularité de leurs trajectoires relativement à une topologie initiale simple sur T, par exemple T est une partie de $\mathbb{R}$ munie de la topologie induite ; ces analyses se fondent sur l'existence de versions séparables et éventuellement mesurables par rapport à cette topologie. Ce n'est pas notre cadre d'étude puisque T est ici un ensemble arbitraire muni de la d-topologie liée à X ; la définition de la séparabilité ne pose pourtant pas de difficulté :

DEFINITIONS 3.2.1.- Soit $X = (X(\omega, t), \omega \in \Omega, t \in T)$ une fonction aléatoire gaussienne ; on dit que X est séparable s'il existe une partie dénombrable S de T,

39

dite séparante, et une partie négligeable N_S telles que :

$$\forall \omega \notin N_S,\ \forall t \in T,\ \forall \varepsilon > 0,\ X(\omega,t) \in \overline{\{X(\omega,s),\ s \in S \cap B(t,\varepsilon)\}}\ .$$

On dit que X est mesurable si l'application : $(\omega,t) \to X(\omega,t)$ est une application mesurable de $(\Omega \times T, \mathcal{G} \otimes \mathcal{J})$ dans $(\overline{\mathbb{R}}, \mathcal{B}_{\overline{\mathbb{R}}})$, $\mathcal{J}$ étant la tribu définie sur T par les d-boules.

Bien entendu, l'existence de fonctions aléatoires gaussiennes séparables liées à un écart d donné implique l'existence de parties dénombrables S d-partout denses. La réciproque est simple :

THEOREME 3.2.2.- Soient X une fonction aléatoire gaussienne, sur un ensemble T et d l'écart associé ; les conditions suivantes sont équivalentes :

(a) L'espace (T,d) est séparable.

(b) L'espace de Hilbert $H(X)$ est séparable.

(c) Il existe une fonction aléatoire gaussienne $\hat{X}$ sur T séparable telle que :

$$\forall (s,t) \in T \times T,\ d_{\hat{X}}(s,t) = d_X(s,t)\ .$$

(d) Il existe une fonction aléatoire gaussienne $\overline{X}$ sur T séparable et mesurable telle que :

$$\forall t \in T,\ P[\overline{X}(t) = X(t)] = 1\ .$$

(On dira que $\overline{X}$ est une version séparable et mesurable de X , elle est associée au même écart).

Démonstration : La seule implication non triviale est (a) ⇒ (d) . Sa démonstration suit de près les démonstrations des propriétés classiques de ce type : si la propriété (a) est vérifiée, il existe une partie S de T dénombrable, partout dense et séparée par d ; nous munissons S d'un dénombrement et pour tout entier $n \geq 0$, tout élément t de S, nous posons :

$$C(t,1/2^n) = B(t,1/2^n) \cap \Big[\bigcup_{\substack{s \in S \\ s < t}} B(s,1/2^n) \Big]^c .$$

La famille $\{C(t,1/2^n), t \in S\}$ est alors une partition $\mathcal{J}$-mesurable de T ; nous lui lions une fonction aléatoire gaussienne X_n en posant :

$$\forall t \in T,\ X_n(t) = X(s) \ \text{ si } \ t \in C(s,1/2^n),\ s \in S .$$

Les fonctions aléatoires gaussiennes X_n sont mesurables au sens 3.2.1. ; comme $\sqrt{E[|X_n(t)-X(t)|^2]}$ est majoré par $1/2^n$, la série $\Sigma\, P[|X_n(t)-X(t)| > \frac{1}{n}]$ est majorée par la série convergente $\Sigma\, n^2 2^{-2n}$ si bien que l'on a :

$$\forall t \in T,\ P[X_n(t) \text{ converge vers } X(t)] = 1 .$$

Définissons alors la fonction aléatoire gaussienne $\bar{X}$ par :

$$\forall \omega \in \Omega,\ \forall t \in T,\ \bar{X}(t) = \limsup_{n \to \infty} X_n(t) ;$$

on vérifie que $\bar{X}$ est mesurable au sens 3.2.1. et coïncide pour tout élément t de T presque sûrement avec X. Il reste à prouver que $\bar{X}$ est séparable ; notons d'abord que $\bar{X}$ coïncide avec X sur S puisque d sépare S ; dans ces conditions, pour tout entier n et tout élément t de T, notant $s_n(t)$ l'élément s de S tel que t appartienne à $C(s,1/2^n)$, on aura :

$$\forall \omega \in \Omega,\ \bar{X}(\omega,t) = \limsup_{n \to \infty} X_n(\omega,t) = \limsup_{n \to \infty} X(\omega,s_n(t)) ,$$

$$\bar{X}(\omega,t) = \limsup_{n \to \infty} \bar{X}(\omega,s_n(t)),$$

$$d(s_n(t),t) < 1/2^n .$$

Par suite, pour tout $\varepsilon > 0$, on aura :

$$\bar{X}(\omega,t) \in \overline{\{\bar{X}(\omega, s_n(t)),\ n \in \mathbb{N},\ d(s_n(t),t) < \varepsilon\}},$$

$$\bar{X}(\omega,t) \in \overline{\{\bar{X}(\omega,s),\ s \in S \cap B(t,\varepsilon)\}}.$$

Le résultat s'ensuit.

Remarque 3.2.3. Le lecteur se convaincra facilement en suivant pas à pas les démonstrations classiques, que les fonctions aléatoires gaussiennes séparables au sens présenté ici possèdent les propriétés usuelles des processus séparables ; en particulier toute suite dense dans T est séparante pour toute version de X d_X- séparable. Nous les utiliserons sans autre justification.

3.3. Oscillations des fonctions aléatoires gaussiennes. ([12])

3.3.1. Les représentations des fonctions aléatoires gaussiennes présentées en 3.1.4. ont permis d'établir des propriétés remarquables. Dans ce paragraphe, on étudie l'une d'entre elles. Nous utiliserons les notions suivantes :

Soient (T,δ) un espace métrique, séparé ou non, associé ou non à une fonction aléatoire gaussienne, et f une fonction sur T, à valeurs dans $\mathbb{R}$ ou $\bar{\mathbb{R}}$; on appelle δ-oscillation de f et on note W_f la fonction sur T à valeurs dans $\mathbb{R}$ ou $\bar{\mathbb{R}}$ définie par :

$$\forall t \in T,\ W_f(t) = \lim_{\varepsilon \to 0} \sup_{\begin{cases} s \in B(t,\varepsilon) \\ s' \in B(t,\varepsilon)\end{cases}} |f(s) - f(s')| .$$

A toute fonction f sur T, tout élément t de T et tout nombre $u > 0$, nous associons de plus la δ-oscillation de f sur la boule $B(t,u)$ définie par

$$V(f,t,u) = \lim_{\epsilon \to 0} \sup_{\begin{cases} s \in B(t,u) \\ s' \in B(t,u) \\ \delta(s,s') < \epsilon \end{cases}} |f(s)-f(s')| .$$

On vérifie immédiatement que ces oscillations possèdent les propriétés suivantes :

(a) $V(f,t,u)$ est fonction convexe de f et croissante de u.

(b) Si f est uniformément continue sur (T,δ), alors $V(f,t,u)$ est nulle ; de plus pour toute autre fonction g, on a :

$$V(f+g,t,u) = V(g,t,u).$$

(c) Si $d(t,t')$ est inférieur à $\eta > 0$, alors $V(f,t,u)$ est inférieur à $V(f,t',u+\eta)$; en particulier, on a :

$$\lim_{\epsilon \downarrow 0} V(f,t,u-\epsilon) \leq \liminf_{t' \to t} V(f,t',u) ,$$

$$\limsup_{t' \to t} V(f,t',u) \leq \lim_{\epsilon \downarrow 0} V(f,t,u+\epsilon) .$$

(d) $W_f(t) = \lim_{u \downarrow 0} V(f,t,u)$.

Les oscillations des fonctions aléatoires gaussiennes séparables sont des variables aléatoires. Leurs propriétés sont résumées par les théorèmes suivants :

THEOREME 3.3.2.- Soient (T,δ) un espace métrique séparable, $X = (X(\omega,t),\ \omega \in \Omega,\ t \in T)$ une fonction aléatoire gaussienne sur T ; soit de plus d l'écart défini par X sur T. On suppose que X est d-séparable ; on suppose aussi que l'application canonique de (T,δ) dans (T,d) est uniformément continue. Dans ces conditions, la δ-oscillation de X est presque sûrement non aléatoire, c'est-à-dire qu'il existe une partie N négligeable de Ω et une application α de T dans $\bar{\mathbb{R}}$ telles que :

43

$$\forall \omega \notin N, \ \forall t \in T, \ W_{X(\omega)}(t) = \alpha(t).$$

COROLLAIRE 1.- Sous les mêmes hypothèses, pour tout élément t de T, il existe une partie N_t négligeable de Ω telle que :

$$\forall \omega \notin N_t, \ \liminf_{s \to t} X(\omega, s) = X(\omega, t) - \frac{1}{2}\alpha(t),$$

$$\limsup_{s \to t} X(\omega, s) = X(\omega, t) + \frac{1}{2}\alpha(t).$$

COROLLAIRE 2.- Sous les mêmes hypothèses, supposons qu'il existe un sous-ensemble ouvert G de T, un sous-ensemble dense D de G et un nombre $a > 0$ tels que :

$$\forall t \in S, \ \alpha(t) \geq a.$$

Dans ces conditions, on a plus précisément :

$$\forall t \in G, \ \alpha(t) = +\infty.$$

Démonstration du théorème : Notons S une suite partout dense dans (T, δ) donc dans (T, d) de sorte qu'elle est séparante pour X. Notons de plus $(f_n, n \in \mathbb{N})$ une suite orthonormale totale dans $H(X)$ et $(m_n, n \in \mathbb{N})$ l'ensemble des éléments de $M(T)$ associés, $\mathcal{B}_n$ la tribu P-complète engendrée par $\{\overline{X}(m_k), k \geq n\}$.

Pour tout élément ω de Ω n'appartenant pas à l'ensemble négligeable N_S associé (définition 3.2.1.) à la suite séparante S, pour tout élément s de S et tout nombre $u > 0$, la séparabilité de X montre que la δ-oscillation de $X(\omega)$ sur la boule $B(s,u)$ est égale à la δ-oscillation de la restriction de $X(\omega)$ à S sur la même boule. Soit N'_S l'ensemble négligeable (théorème 3.1.4 (b)) en dehors duquel pour tout élément s de S, $\overline{X}(\omega, s)$ est égal à $X(\omega, s)$; alors pour tout élément ω de Ω n'appartenant pas à $N'(S)$, la δ-oscillation de la restriction de $X(\omega)$ à S sur la boule $B(s,u)$ est égale à celle de la restriction de $\bar{X}(\omega)$ à S sur la même boule. La d-uniforme continuité des fonctions f_n implique leur δ-uniforme continuité si bien que (3.3.1 (b)) la δ-oscillation de la restriction de $\bar{X}(\omega)$ à S sur la boule $B(s,u)$ est égale pour tout entier n à celle de la restriction à S de $\sum_{n+1}^{\infty} \bar{X}(m_k)(\omega)f_k$ sur la même boule ; celle-ci est $\bigcap_{n\in\mathbb{N}} \mathcal{B}_n$- mesurable, donc dégénérée. Soit $\alpha(s,u)$ sa valeur presque sûre, il existe une partie N négligeable de Ω telle que :

$$\forall\omega\notin N,\ \forall t\in S,\ \forall u\in \mathbb{Q}^{+}-\{0\},\ V(X(\omega),t,u) = \alpha(t,u)\ .$$

Tout élément t de T appartenant à une suite partout dense dans (T,δ) la fonction α est définie sur $T\times[\mathbb{R}^{+}-\{0\}]$; valeur presque sûre en tout point d'une oscillation, elle possède les propriétés suivantes :

(a') $\alpha(t,u)$ est une fonction croissante de u ,

(c') $\lim_{\varepsilon\downarrow 0} \alpha(t,u-\varepsilon) \le \liminf_{\substack{s\to t\\ s\in S}} \alpha(s,u)$,

$$\lim_{\varepsilon\downarrow 0} \alpha(t,u+\varepsilon) \ge \limsup_{\substack{s\to t\\ s\in S}} \alpha(s,u)\ .$$

Soit alors $\omega\notin N$ et $t\in T$, les fonctions : $u\to\alpha(t,u)$ et $u\to V(X(\omega),t,u)$ étant croissantes en u sont simultanément continues hors d'un ensemble dénombrable ; la définition de l'ensemble négligeable N et les propriétés (c) et (c') montrent qu'elles coïncident en leurs points de continuité ; en un tel point, on a en effet :

$$V(X(\omega),t,u) = \lim_{\substack{s\to t\\ s\in S}} V(X(\omega),s,u) = \lim_{\substack{s\to t\\ s\in S}} \alpha(s,u) = \alpha(t,u)\ .$$

Dans ces conditions, on a :

$$\forall \omega \notin N,\ \forall t \in T,\ W_{X(\omega)}(t) = \lim_{u \downarrow 0} V(X(\omega),t,u) = \lim_{u \downarrow 0} \alpha(t,u) .$$

Le résultat annoncé s'ensuit en posant :

$$\forall t \in T,\ \alpha(t) = \lim_{u \downarrow 0} \alpha(t,u) .$$

<u>Démonstration du corollaire</u> 1 : Comme dans le théorème, on montre que pour tout élément t de T, la variable aléatoire $\limsup_{s \to t} [X(s)-X(t)]$ est dégénérée. La symétrie de la loi de X montre alors que $\limsup_{s \to t} [(-X(s))-(-X(t))]$ est aussi dégénérée et a la même valeur presque sûre $\beta(t)$. Comme on a, pour tout élément ω de Ω, la relation :

$$W_{X(\omega)}(t) = \limsup_{s \to t} [X(s)-X(t)] + \limsup_{s \to t} [-X(s)+X(t)] ,$$

le résultat s'en déduit.

<u>Démonstration du corollaire</u> 2 : Puisque S est partout dense dans G, on peut en extraire une suite S' séparante pour la restriction de X à G. On note $N_{S'}$ la partie négligeable associée à S' dans la séparation ; soient N et $N' = \bigcup_{s \in S'} N_s$ les parties négligeables énoncées dans le théorème 3.3.2. et le corollaire 1. Soient de plus t un élément de G et un élément $\omega \notin N_{S'} \cup N \cup N'$; supposons que $\alpha(t)$ soit fini. Par définition de l'oscillation et de la séparabilité, pour tout $\epsilon > 0$, il existe deux éléments s et s' <u>de S'</u> tels que :

$$d(t,s) < \frac{\epsilon}{2} ,\ d(t,s') < \frac{\epsilon}{2} ,\ X(\omega,s) - X(\omega,s') > \alpha(t) - \frac{a}{4} .$$

Le corollaire 1 permet de construire deux éléments u et u' de G tels que :

$$d(u,s) < \frac{\epsilon}{2} ,\ X(\omega,u) - X(\omega,s) > \frac{1}{2}\alpha(s) - \frac{a}{8} ,$$

$$d(u',s) < \frac{\epsilon}{2} ,\ X(\omega,s') - X(\omega,u') > \frac{1}{2}\alpha(s') - \frac{a}{8} ;$$

On aura alors :

$$u \in B(t,\epsilon)\ ,\ u' \in B(t,\epsilon)\ ,\ X(\omega,u)-X(\omega,u') > \alpha(t) + \frac{a}{2}\ .$$

Ceci n'est compatible, pour tout $\epsilon > 0$, avec la définition de α que si a est négatif, d'où l'absurdité et la conclusion du corollaire.

3.3.3. Les propriétés énoncées ci-dessus montrent que l'étude de la régularité des trajectoires des fonctions aléatoires générales se simplifie considérablement dans le cas des fonctions aléatoires gaussiennes séparables à covariance uniformément continue sur un espace métrique séparable. Dans le cas général, une fonction aléatoire séparable peut être presque sûrement continue en tout point sans que ses trajectoires soient presque sûrement continues du fait de l'existence éventuelle d'irrégularités aléatoires. Au contraire si elle est gaussienne et presque sûrement continue en tout point, sa fonction d'oscillation α est nulle en tout point et le théorème 3.3.1. montre que les trajectoires sont presque sûrement continues.

Le corollaire 2 trouve son importance lorsque les propriétés de X montrent que son oscillation est une constante indépendante de t ; elle est alors nulle ou infinie si bien que les trajectoires seront presque sûrement non bornées au voisinage de tout point ou bien continues : c'est le cas si la fonction aléatoire X sur $\mathbb{R}^n$ est stationnaire. Ceci prouve une alternative de Belyaev [1] .

On remarquera aussi que la fonction d'oscillation α peut être évaluée sous la forme

$$\forall t \in T,\ \alpha(t) = 2 \lim_{\epsilon \downarrow 0} E[\sup_{\delta(t,s)<\epsilon} X(s)]\ ;$$

elle dépend de l'écart δ défini sur T . Elle est maximale pour δ équivalent à d .

4.

MAJORATIONS DE FONCTIONS ALEATOIRES GAUSSIENNES

LA METHODE DE P. LEVY

([7])

4.1. Le théorème de majoration.

4.1.1. Nous allons présenter successivement trois méthodes de majoration des trajectoires. La méthode présentée ici exploite les procédés utilisés dans le cas brownien. Elle vaut surtout pour son importance historique : pendant une dizaine d'années entre 1950 et 1960, les chercheurs avaient surtout étudié les fonctions gaussiennes stationnaires à partir de leur stationnarité et des mesures spectrales associées ; les résultats obtenus étaient décevants et les méthodes délicates [11] se révélaient inefficaces. C'est l'exploitation [2] [7] entre 1960 et 1965 des calculs présentés bien avant dans le cas brownien qui a fait naître l'étude directe des fonctions aléatoires gaussiennes à partir du seul caractère gaussien sans hypothèse de dimension ni de stationnarité. Des résultats plus fins par une méthode semblable ont été obtenus par Dudley [3], ils ne seront pas développés ici et seront énoncés au corollaire 6.2.4.

Les propriétés présentées ici utilisent le cadre classique : X est une fonction aléatoire gaussienne séparable au sens usuel sur $T=[0,1]^n$ muni de la distance usuelle :

$$\forall (s,t)\in T\times T \ , \ \delta(s,t) = |s-t| = \sup_1^n |s_i-t_i| \ ;$$

A la covariance Γ de X, on associe la fonction φ sur $[0,1]$ à valeurs dans $\mathbb{R}^+$ définie par :

$$\varphi(h) = \sup_{\substack{(s,t)\in T\times T\\ |s-t|\le h}} \sqrt{\Gamma(s,s)-2\Gamma(s,t)+\Gamma(t,t)}\ .$$

THEOREME 4.1.1.- <u>On suppose que l'intégrale</u> $\int^{\infty} \varphi(e^{-x^2})dx$ <u>est convergente ; sous cette hypothèse, les trajectoires de</u> X <u>sont presque sûrement continues. De plus pour tout entier</u> $p\ge 2$ <u>et tout nombre réel</u> $x \ge \sqrt{1+4n \log p}$, <u>on a</u> :

$$P\Big[\sup_T |X| \ge x\Big[\sup_{T\times T} \sqrt{\Gamma}+(2+\sqrt{2})\int_1^{\infty} \varphi(p^{-u^2})du\Big]\Big] \le \frac{5}{2}\, p^{2n}\int_x^{\infty} e^{-\frac{u^2}{2}}du\ .$$

<u>Remarques</u> : La fonction $\varphi(e^{-x^2})$ est décroissante sur $\mathbb{R}^+$, donc intégrable sur tout intervalle fini ; l'hypothèse du théorème porte sur la convergence à l'infini. Elle implique que $\lim_{x\downarrow 0} \varphi(x)$ est nulle, donc que la covariance est nulle, donc que la covariance est continue. Si $\varphi(x)$ est équivalente au voisinage de l'origine à $\frac{1}{\sqrt{\log(1/x)}}$, l'hypothèse n'est pas vérifiée (cf. 2.3.2.). Pour qu'elle soit vérifiée, la covariance doit être "assez" continue. On notera que les $\int^{\infty} \varphi(p^{-u^2})du$, $p>1$, ont toutes même nature.

Nous présenterons la démonstration en deux étapes : nous commencerons par établir la majoration, puis démontrerons la continuité.

4.1.2. <u>Démonstration du théorème</u>, <u>première étape</u>.

Pour simplifier l'écriture, pour toute fonction f sur $S = T$ ou $T\times T$, nous poserons :

$$\|f\| = \sup_S |f|\ .$$

49

Soit m un entier >0, nous notons I_m l'ensemble de multi-indices entiers $\{i=(i_j), 1\leq j\leq n, 0\leq i_j<m\}$; pour tout élément i de I_m, nous posons :

$$A_i^m = \{x\in[0,1[^n : \forall j\in[1,n],\ i_j\leq m\,x<i_j+1\},$$

$$a_i^m = \left(\frac{2i_j+1}{m},\ 1\leq j\leq n\right) .$$

A l'entier m, nous associons une approximation X_m de X sur $[0,1[^n$ en posant :

$$\forall i\in I_m,\ \forall x\in A_i^m,\ X_m(x) = X(a_i^m) ;$$

dans ces conditions, $\|X_m\|$ est le maximum de m^n valeurs absolues de variables gaussiennes d'écart-type majoré par $\sqrt{\|\Gamma\|}$, on en déduit :

$$(1) \qquad \forall y\in\mathbb{R}^+,\ P\left[\|X_m\|\geq y\sqrt{\|\Gamma\|}\right]\leq m^n\sqrt{\frac{2}{\pi}}\int_y^\infty e^{-\frac{u^2}{2}}\,du .$$

Considérons maintenant deux entiers m_1 et m_2, m_2 étant divisible par m_1 de sorte que la partition $\{A_i^{m_2}, i\in I_{m_2}\}$ soit plus fine que $\{A_i^{m_1}, i\in I_{m_1}\}$; dans ces conditions, $\|X_{m_1}-X_{m_2}\|$ sera le maximum de $(m_2)^n$ valeurs absolues de variables gaussiennes d'écart-type majoré par $\varphi(\frac{1}{2m_1})$, on en déduit :

$$(2) \qquad \forall y\in\mathbb{R}^+,\ P\left[\|X_{m_1}-X_{m_2}\|\geq y\,\varphi\left(\frac{1}{2m_1}\right)\right]\leq (m_2)^n\sqrt{\frac{2}{\pi}}\int_y^\infty e^{-\frac{u^2}{2}}\,du .$$

Soient alors une suite strictement croissante $(m_k, k\in\mathbb{N})$ d'entiers successivement divisibles et une suite $(y_k, k\in\mathbb{N})$ de nombres réels positifs, les relations (1) et (2) permettent d'écrire :

$$(3) \qquad P\left[\|X_{m_1}\|+\sum_1^\infty\|X_{m_k}-X_{m_{k+1}}\|\geq y_0\sqrt{\|\Gamma\|}+\sum_1^\infty y_k\varphi\left(\frac{1}{2m_k}\right)\right]\leq\sqrt{\frac{2}{\pi}}\sum_0^\infty(m_{k+1})^n\int_{y_k}^\infty e^{-\frac{u^2}{2}}\,du.$$

50

Posons $A = \bigcup_k \left\{a_i^{m_k}, i \in I_{m_k}\right\}$; c'est un sous-ensemble dénombrable dense de $[0,1]^n$ et donc une suite séparante pour X. Par suite, la variable aléatoire $\|X\|$ a même loi que $\sup_A |X|$ qui est majorée par $\|X_{m_1}\| + \sum_1^\infty \|X_{m_k} - X_{m_{k+1}}\|$; on en déduit :

$$(4) \qquad P\left[\|X\| \geq y_0\sqrt{\|\Gamma\|} + \sum_1^\infty y_k \varphi\left(\frac{1}{2m_k}\right)\right] \leq \sqrt{\frac{2}{\pi}} \sum_0^\infty (m_{k+1})^n \int_{y_k}^\infty e^{-\frac{u^2}{2}} du$$

La majoration (4) sera efficace si les deux séries intervenant sont convergentes ; les seules fonctions φ (croissantes, positives) pour lesquelles il existe des suites (y_k) positives et des suites croissantes (m_k) de nombres entiers divisibles telles que les deux séries associées soient convergentes sont celles pour lesquelles l'intégrale $\int^\infty \varphi(e^{-x^2})dx$ est convergente ; c'est notre hypothèse.

Soit alors un entier $p \geq 2$, posons :

$$\forall k \geq 0, \quad m_k = p^{(2^k)}, \quad y_k = x\, 2^{\frac{k}{2}}, \quad x \geq \sqrt{1+4n \log p}, \quad x_k = 2^{\frac{k}{2}} ;$$

on aura les majorations :

$$\forall k \geq 1, \quad y_k \varphi\left(\frac{1}{2m_k}\right) \leq x(2+\sqrt{2})(x_k - x_{k-1})\, \varphi\left(\frac{1}{2} p^{-x_k^2}\right) \leq x(2+\sqrt{2}) \int_{x_{k-1}}^{x_k} \varphi\left(\frac{1}{2} p^{-u^2}\right) du ,$$

$$\sum_{k=1}^\infty y_k \varphi\left(\frac{1}{2m_k}\right) \leq x(2+\sqrt{2}) \int_1^\infty \varphi\left(\frac{1}{2} p^{-u^2}\right) du .$$

On aura aussi :

$$\forall k \geq 0, \quad (m_{k+1})^n \int_{y_k}^\infty e^{-\frac{u^2}{2}} du = \int_x^\infty \exp\left[n\, 2^{k+1} \log p + \frac{k}{2} \log 2 - \frac{v^2}{2}\, 2^k\right] dv ,$$

cet exposant est majoré par :

$$\left[-\frac{v^2}{2} + 2n \log p + \frac{1}{2}(k \log 2 + 1 - 2^k)\right] ;$$

on en déduit :

51

$$\sum_0^\infty (m_{k+1})^n \int_{y_k}^\infty e^{-\frac{u^2}{2}} du \leq p^{2n} \sum_0^\infty 2^{\frac{k}{2}} e^{-\frac{2^k-1}{2}} \int_x^\infty e^{-\frac{u^2}{2}} du .$$

Pour obtenir la majoration énoncée, il suffit de reporter ces deux évaluations dans (4) et de calculer $\sum_0^\infty 2^{\frac{k}{2}} e^{-\frac{2^k-1}{2}}$ qui est inférieur à (2,8). Le résultat de la première étape est établi.

4.1.3. Dans la seconde étape, nous utiliserons le lemme suivant qui résulte de la majoration démontrée, par translation et homothétie sur $\mathbb{R}^n$.

LEMME.- Soit X une fonction aléatoire gaussienne séparable sur $T=[a,b]^n$; on a alors, avec les notations 4.1.1. :

$$P\left[\sup_T |X| \geq x\left(\sqrt{\|\Gamma\|} + (2+\sqrt{2})\int_1^\infty \varphi\left(\frac{b-a}{2} p^{-u^2}\right)du\right)\right] \leq \frac{5}{2} p^{2n} \int_x^\infty e^{-\frac{u^2}{2}} du .$$

Démonstration du théorème, deuxième étape.

Soient un nombre entier $p \geq 2$, t_0 un élément de $T=[0,1]^n$ et h un nombre positif ; on peut évaluer à partir du lemme la loi de $\sup_{|t-t_0|\leq h} |X(t)-X(t_0)|$ et donc son espérance mathématique en intégrant. Soit α la fonction d'oscillation de X pour la distance usuelle, on a (3.3.3) :

$$\alpha(t_0) \leq 2\, E\left\{\sup_{|t-t_0|\leq h} X(t)\right\} \leq 2\, E\left\{\sup_{|t-t_0|\leq h} |X(t)-X(t_0)|\right\}$$

$$\alpha(t_0) \leq \left[\varphi(h) + (2+\sqrt{2})\int_1^\infty \varphi(hp^{-u^2})du\right]\left[\sqrt{1+4n\log p} + \frac{5}{2\sqrt{e}}\right] ;$$

en faisant tendre h vers zéro, on en déduit que α est nulle sur $[0,1]^n$; les trajectoires de X sont donc presque sûrement continues.

52

4.2 Le théorème et sa majoration permettent de préciser le comportement asymptotique, le module uniforme ou local de continuité des trajectoires. Nous ne présentons pas de résultats maximaux, nous donnons deux énoncés à titre d'exemple.

4.2.1. Application au module local de continuité.

THEOREME 4.2.1.- Soit X une fonction aléatoire gaussienne séparable sur $[0,1]^n$; on suppose que les conditions suivantes sont vérifiées :

(a) $\int^{\infty} \varphi(e^{-x^2})dx < \infty$,

(b) $\limsup_{\substack{h \downarrow 0 \\ q \downarrow 1}} \frac{\varphi(hq)}{\varphi(h)} = 1$.

Dans ces conditions, pour tout entier $p \geq 2$ tout élément t_0 de $[0,1]^n$ et tout nombre $c > 1$, il existe une variable aléatoire $\epsilon = \epsilon(\omega)$ presque sûrement strictement positive telle que, indépendamment de la dimension n :

$$|t-t_0| < \epsilon(\omega) \Rightarrow$$

$$|X(\omega,t)-X(\omega,t_0)| \leq c\sqrt{2\log\log\frac{1}{|t-t_0|}}\left[\varphi(|t-t_0|)+(2+\sqrt{2})\int_1^{\infty}\varphi(|t-t_0|p^{-u^2})du\right]$$

Démonstration : L'hypothèse (a) permet d'appliquer le lemme 4.1.3. pour majorer $\sup_{|t-t_0|\leq h} |X(t)-X(t_0)|$; l'hypothèse (b) permet de choisir un nombre $\eta > 0$ tel que :

$$\left.\begin{array}{l} 0 < h \leq \eta \\ 0 < 1-q \leq \eta \end{array}\right\} \Rightarrow \left\{\begin{array}{l} \varphi(hq) \leq \sqrt{c}\,\varphi(h), \\ \int_1^{\infty}\varphi(hqp^{-u^2})du \leq \sqrt{c}\int_1^{\infty}\varphi(hp^{-u^2})du . \end{array}\right.$$

Soit alors la suite $(h_k, x_k, k \in \mathbb{N})$ définie par :

53

$$h_k = \frac{1}{(1+\eta)^k}\ ,\ x_k = \sqrt{2c \log\log \frac{1}{h_k}}\ ;$$

dans ces conditions, la série de terme général $\frac{5}{2} p^{2n} \int_{x_k}^{\infty} e^{-\frac{u^2}{2}} du$ est convergente ; comme à partir d'un certain rang, h_k est inférieur à η et x_k inférieur à $\sqrt{1+4n\log p}$, il existe une variable aléatoire $k = k(\omega)$ presque sûrement finie telle que :

$$k \geq k(\omega) \Rightarrow \sup_{|t-t_0| \leq h_k} |X(\omega,t)-X(\omega,t_0)| \leq x_k\Big[\varphi(h_k)+(2+\sqrt{2})\int_1^{\infty} \varphi(h_k p^{-u^2})du\Big]\ ;$$

Posons alors $\varepsilon(\omega) = \frac{1}{(1+\eta)^{k(\omega)+1}}$; pour tout nombre positif h inférieur à $\varepsilon(\omega)$, on pourra définir un entier k supérieur ou égal à $k(\omega)+1$ tel que h appartienne à $]h_{k+1}, h_k]$, on aura

$$\sup_{|t-t_0|\leq h} |X(\omega,t)-X(\omega,t_0)| \leq \sup_{|t-t_0|\leq h_k} |X(\omega,t)-X(\omega,t_0)|\ ;$$

Comme le rapport h_k/h est inférieur à $(1+\eta)$, on en déduit le résultat.

4.2.2. Application au module uniforme de continuité.

THEOREME 4.2.2.- Soit X une fonction aléatoire gaussienne séparable sur $[0,1]^n$; on suppose que l'intégrale $\int^{\infty} \varphi(e^{-x^2})dx$ est convergente ; dans ces conditions, pour tout nombre $c > 1$, il existe une variable aléatoire $\varepsilon = \varepsilon(\omega)$ presque sûrement strictement positive telle que :

$$\forall (s,t) \in [0,1]^n \times [0,1]^n\ ,\ |t-s| < \varepsilon(\omega) \Rightarrow$$

$$|X(\omega,t)-X(\omega,s)| \leq \sqrt{2cn\log\frac{1}{|t-s|}}\ \varphi(c|t-s|)+20\sqrt{\frac{cn}{c-1}}\int_0^{\infty}\varphi(|t-s|e^{-x^2})dx\ .$$

<u>Démonstration</u> : Soient m un entier ≥ 1 et $h \in]0,1[$; on peut construire sur $[0,1]^n$ une famille de m^n points $(t_i, 1 \leq i \leq m^n)$ telle que pour tout couple (t,t') d'éléments de $[0,1]^n$ de distance inférieure ou égale à h , il existe un couple (t_i, t_j) de la famille tel que :

$$|t-t_i| \leq \frac{1}{m}\ ,\ |t'-t_j| \leq \frac{1}{m}\ ,\ |t_i - t_j| \leq h\ ;$$

On en déduit en majorant $\sup\limits_{|t_i-t_j|\leq h} |X(t_i)-X(t_j)|$ à partir du nombre d'éléments de la famille intervenant et en majorant $\sup\limits_{|t-t_i|\leq\frac{1}{m}} |X(t)-X(t_i)|$ à partir du lemme 4.1.3. :

$$\forall x \geq \sqrt{1+4n\log p}\ ,\ \forall p \geq 2,$$

$$P\Big[\sup_{|t-s|\leq h} |X(t)-X(s)| \geq x\Big[\varphi(h) + 2\varphi(\tfrac{1}{m}) + 2(2+\sqrt{2})\int_1^\infty \varphi(\tfrac{1}{m}\, p^{-u^2})du\Big]\Big]$$

$$\leq \Big[\,5m^n p^{2n} + m^n(2mh+1)^n\Big]\int_x^\infty e^{-\frac{u^2}{2}}du\ .$$

Soit alors un nombre $c > 1$; choisissons un nombre $\alpha \in]0, \frac{c-1}{4}[$; pour tout entier $k \in \mathbb{N}$, nous posons :

$$h_k = c^{-k}\ ,\ p_k = \mathrm{Ent}\Big[c^{\alpha(k+1)}\Big]\ ,\ m_k = \mathrm{Ent}\Big[c^{(1+2\alpha)(k+1)}\Big]\ ,$$

$$x_k = \sqrt{2c\,n\,k\log c}\ ;$$

on constate immédiatement la convergence de la série de terme général

$$\Big[5m_k^n\, p_k^{2n} + m_k^n(2m_k h_k + 1)^n\Big]\int_{x_k}^\infty e^{-\frac{u^2}{2}}du\ .$$

Il existe donc une variable aléatoire $k = k(\omega)$ presque sûrement finie telle que

55

$k \geq k(\omega) \Rightarrow$

$$\begin{cases} \sup\limits_{|t-s| \leq h_k} |X(t)-X(s)| \leq x_k \left[\varphi(h_k) + 2\varphi(\frac{1}{m_k}) + 2(2+\sqrt{2}) \int_1^\infty \varphi(\frac{1}{m_k} p_k^{-u^2}) du \right], \\ \\ \frac{k}{k+1} > \frac{1}{1+2\alpha} . \end{cases}$$

Posons alors $\varepsilon(\omega) = c^{(-k(\omega))}$ et à tout nombre $h \in]0, \varepsilon(\omega)[$ associons l'entier k tel que :

$$k \geq k(\omega) \ , \ c^{-(k+1)} \leq h < c^{-k} .$$

On aura simultanément :

$$x_k \leq \sqrt{2cn \log \frac{1}{h}} \ , \ \varphi(h_k) \leq \varphi(ch) ,$$

$$2\varphi(\frac{1}{m_k}) + 2(2+\sqrt{2}) \int_1^\infty \varphi(\frac{1}{m_k} p_k^{-u^2}) du \leq 2(2+\sqrt{2}) \int_0^\infty \varphi(h_k^{1+2\alpha+\alpha u^2}) du \leq \frac{4(1+\sqrt{2})}{\sqrt{\alpha \log \frac{1}{h_k}}} \int_0^\infty \varphi(he^{-x^2}) dx.$$

On en déduit le résultat annoncé en posant par exemple :

$$\alpha = \frac{(1+\sqrt{2})^2}{25} (c-1) .$$

<u>Remarques</u> : Dans les calculs présentés, on a veillé à ne pas surévaluer le premier terme des majorations et son coefficient ; les précautions prises ont fourni un terme "principal" qui est le meilleur possible comme on le constate en considérant les modules de continuité du mouvement brownien à un ou plusieurs paramètres. On constatera pourtant en considérant des fonctions φ peu régulières du genre :

$$\varphi(h) = \frac{1}{\sqrt{\log \frac{1}{h}}} \ \frac{1}{(\log \log \frac{1}{h})^\alpha}$$

que le terme intégral des majorations peut devenir plus important.

5.

MAJORATIONS DE FONCTIONS ALEATOIRES GAUSSIENNES LA METHODE D'ORLICZ.

([61])

5.1. Etude de certains espaces d'Orlicz.

La méthode précédente étudie la régularité des trajectoires des fonctions aléatoires gaussiennes sur des parties bien régulières de $\mathbb{R}^n$ en fonction du module de continuité de leur covariance. Si dans ce cadre les résultats obtenus sont satisfaisants, ils permettent mal d'étudier les majorations d'une fonction aléatoire gaussienne sur un ensemble fini ou sur une partie irrégulière de $\mathbb{R}^n$ ou à valeurs dans un espace fonctionnel. La méthode qui va être développée n'a pas ces inconvénients. Présentée en 1971, elle a été très peu utilisée jusqu'ici, sa forme trop abstraite introduisant difficilement aux applications pratiques. Une méthode de majoration, différente en apparence, mais très semblable au fond a été présentée par Garsia dans [10] ; nous n'en parlerons pas, bien qu'il eut été utile d'analyser leurs parentés pour comparer leurs efficacités.

57

5.1.1. Cette méthode a son origine dans un calcul simple de majoration :

Calcul fondamental : Soient x et y deux nombres positifs ; les implications suivantes sont évidentes :

$$x \leq \exp\left(\frac{y^2}{2}\right) - 1 \quad \Rightarrow \quad xy \leq y\left[\exp\left(\frac{y^2}{2}\right) - 1\right],$$

$$x \geq \exp\left(\frac{y^2}{2}\right) - 1 \quad \Rightarrow \quad xy \leq x\sqrt{2\log(1+x)}\,.$$

Par suite, quelque soit le couple (x,y), on a :

$$xy \leq x\sqrt{2\log(1+x)} + y\left[\exp\left(\frac{y^2}{2}\right) - 1\right],$$

(1) $$xy \leq x\sqrt{2\log(1+x)} + \frac{\exp(y^2)-1}{2}$$

puisque

$$\sup_{y\in\mathbb{R}^+} \frac{y\left[\exp\left(\frac{y^2}{2}\right)-1\right]}{\exp(y^2)-1} = \sup_{y\in\mathbb{R}^+} \frac{y}{\exp\left(\frac{y^2}{2}\right)+1} \leq \sup_{y\in\mathbb{R}^+} \frac{y}{2+\frac{y^2}{2}}\,.$$

Soient alors $(k_m,\ m\in\mathbb{N})$ une suite de nombres strictement positifs de somme 1, $(\lambda_m,\ m\in\mathbb{N})$ une suite (non nécessairement gaussienne) de variables gaussiennes centrées de variance inférieure ou égale à 1/3 ; soit de plus $(a_n,\ n\in\mathbb{N}, m\in\mathbb{N})$ une suite numérique double, on pose :

$$\forall n\in\mathbb{N}\ ,\ \mu_n = \sum_{m=1}^{\infty} a_{n,m}\lambda_m\,,$$

et on se propose de majorer $(\mu_n,\ n\in\mathbb{N})$.

On utilise la formule (1) en substituant $\left|\frac{a_{n,m}}{k_m}\right|$ à x et $|\lambda_m|$ à y ; on obtient :

58

$\forall n \in \mathbb{N},\ \forall \omega \in \Omega,$

$$(2)\qquad |\mu_n(\omega)| \le \sum_{m=1}^{\infty} |a_{n,m}| \sqrt{2 \log\left(1+\frac{|a_{n,m}|}{k_m}\right)} + \sum_{m=1}^{\infty} k_m \frac{\exp(\lambda_m^2(\omega))-1}{2}$$

La seconde série, indépendante de n, est presque sûrement convergente puisque la série des espérances mathématiques a une somme majorée par $\frac{\sqrt{3}-1}{2}$; la première série est indépendante de ω ; si les coefficients sont liés par la relation :

$$\sup_{n\in\mathbb{N}} \sum_{m=1}^{\infty} |a_{n,m}| \sqrt{\log\left(1+\frac{|a_{n,m}|}{k_m}\right)} < \infty$$

alors la suite $(\mu_n,\ n \in \mathbb{N})$ est presque sûrement majorée explicitement.

5.1.2. En fait, la majoration écrite est maladroite : elle est additive ; la théorie des espaces hilbertiens est basée sur la majoration multiplicative :

$$|\Sigma\, a_j\, b_j| \le \sqrt{\Sigma\, a_j^2}\ \sqrt{\Sigma\, b_j^2}\ ,$$

beaucoup plus maniable que l'inégalité additive :

$$2\,|\Sigma\, a_j b_j| \le \Sigma\, a_j^2 + \Sigma\, b_j^2\ .$$

De la même manière, c'est ici l'adaptation de la théorie générale des espaces d'Orliez qui nous permettra d'obtenir de bonnes inégalités multiplicatives. On trouvera l'exposé de cette théorie dans [15] ; nous ne nous y référerons pas, nous présenterons directement les notions minimum indispensables ; on trouvera un exposé plus complet, comportant des erreurs de calcul, dans [6] .

THEOREME 5.1.2.- <u>Soient</u> T <u>un espace métrisable, non nécessairement séparé</u>, $\mathcal{J}$ <u>la tribu engendrée par les boules de</u> T <u>et</u> μ <u>une mesure de probabilité sur</u> $(T,\mathcal{J})$.

59

Pour toute fonction f mesurable sur $(T,\mathcal{T})$ à valeurs réelles, on pose

$$N_\mu(f) = N(f) = \inf\left\{\alpha > 0 : \int_T \exp\left(\frac{f^2}{\alpha^2}\right) d\mu \le 2\right\} ,$$

et on note $G = G(T,\mathcal{T},\mu)$ l'ensemble :

$$G = \left\{f : \exists\beta > 0, \int_T \exp(\beta f^2) d\mu < \infty\right\} ;$$

dans ces conditions, les quatre propriétés sont vérifiées :

(a) L'ensemble G est un sous-espace vectoriel de $\mathbb{R}^T$.

(b) Pour qu'une fonction mesurable f appartienne à G, il faut et il suffit que $N(f)$ soit fini.

(c) La fonction N est une norme sur G.

(d) Soit G^* le dual topologique de (G,N) et N^* la norme duale ; pour toute fonction f_0 mesurable sur $(T,\mathcal{T})$ telle que $|f_0|\sqrt{\log^+|f_0|}$ soit μ-intégrable, l'application : $g \to \int f_0 g\, d\mu$ est une forme linéaire continue f sur (G,N) et on a :

$$\frac{1}{3} N^*(f) \le \int_T |f_0| \sqrt{\log\left[1 + \frac{|f_0|}{\int_T |f_0| d\mu}\right]}\, d\mu \le N^*(f) .$$

Démonstration : (a) Le résultat se déduit immédiatement de la convexité des fonctions : $x \to \exp(\beta x^2)$.

(b) La suffisance est évidente ; démontrons la nécessité. Si une fonction f mesurable appartient à G, alors la fonction : $\beta \to \int_T \exp(\beta f^2) d\mu$ est finie sur un intervalle $[0,\beta_0[$, $\beta_0 > 0$; le théorème de convergence dominée montre qu'elle est continue sur cet intervalle ; prenant la valeur 1 à l'origine, elle prend donc des valeurs inférieures ou égales à 2 sur une partie non vide

60

de $]0,\beta_0[$. L'ensemble $\left\{\alpha\in]0,\infty[\,:\, \int_T \exp(\frac{f^2}{\alpha^2})d\mu \le 2\right\}$ est alors non vide, sa borne inférieure $N(f)$ est finie ; c'est le résultat.

(c) Le résultat se déduit immédiatement du fait que la fonction : $x\to\exp(x^2)-1$ est convexe croissante sur $\mathbb{R}^+$, nulle à l'origine.

(d) Soit f_0 une fonction mesurable sur $(T,\mathcal{J})$ vérifiant l'hypothèse indiquée ; pour toute fonction g mesurable, on a d'après l'inégalité 5.1.1. (1) :

$$|f_0\cdot g| \le |f_0|\sqrt{2\log\left(1+\frac{|f_0|}{\int_T|f_0|d\mu}\right)} + \frac{1}{2}\left(\int_T|f_0|d\mu\right)\left[\exp(g^2)-1\right] ;$$

en intégrant, on en déduit :

$$(1)\qquad \int_T|f_0 g|d\mu \le \int_T|f_0|\sqrt{2\log\left(1+\frac{|f_0|}{\int_T|f_0|d\mu}\right)}\,d\mu + \frac{1}{2}\left(\int_T|f_0|d\mu\right)\int_T\left[\exp(g^2)-1\right]d\mu .$$

Par ailleurs, on a pour tout $t\in]0,1[$:

$$\int_T|f_0|d\mu \le \int_{\{|f_0|<t\int_T|f_0|d\mu\}}|f_0|d\mu + \int_{\{|f_0|\ge t\int_T|f_0|d\mu\}}|f_0|d\mu ;$$

La première intégrale du second membre est inférieure à $t\int_T|f_0|d\mu$; la seconde est inférieure à

$$\int_T|f_0|\,\frac{\sqrt{\log\left(1+\frac{|f_0|}{\int_T|f_0|d\mu}\right)}}{\sqrt{\log(1+t)}}\,d\mu .$$

Ceci montre que la fonction f_0 est intégrable. L'inégalité (1) montre alors que pour tout élément de la boule unité de G, $f_0 g$ est intégrable, donc par homothétie pour tout élément de G. Plus précisément, écrivant (1) pour un élément g de la boule unité de G, on obtient (en substituant à t la valeur 1/3) :

61

$$\left|\int_T f_0 g\, d\mu\right| \le \left(\frac{3}{2} + \sqrt{2}\right)\int_T |f_0| \sqrt{\log\left(1+\frac{|f_0|}{\int_T |f_0|\, d\mu}\right)}\, d\mu\ .$$

La continuité de $: g \to \int f_0 g d\mu$ sur G et l'inégalité de gauche de l'énoncé en résultent immédiatement.

Pour prouver l'inégalité de droite, il suffit d'associer à f_0 une fonction mesurable g définie sur T par :

$$|g| = \sqrt{\log\left(1+\frac{|f_0|}{\int_T |f_0|\, d\mu}\right)}\ ,\quad g\, f_0 \ge 0\ ,$$

qui vérifie donc :

$$\int_T \exp(g^2)\, d\mu = 2,\quad N(g) \le 1\ ;$$

on aura par suite :

$$\left|\int_T f_0 g d\mu\right| = \int_T |f_0| \sqrt{\log\left(1+\frac{|f_0|}{\int_T |f_0|\, d\mu}\right)}\, d\mu \le N(g) N^*(f) \le N^*(f)\ ,$$

c'est le résultat.

5.1.3. Nous serons amenés à utiliser des produits d'éléments de G et d'indicatrices d'ensembles mesurables ; ce sont des éléments de G , plus précisément :

PROPOSITION 5.1.3.- <u>Soit</u> g <u>un élément de</u> G ; <u>pour tout couple</u> (A,B) <u>d'éléments de</u> $\mathcal{J}$, <u>on a</u> :

$$A \subset B \Rightarrow N\left[I_A g\right] \le N\left[I_B g\right] \le N(g).$$

<u>De plus pour tout nombre</u> $\beta > 0$ <u>tel que</u> $\exp(\beta\, g^2)$ <u>soit intégrable, il existe un nombre</u> $\eta > 0$ <u>tel que</u> :

$$A \in \mathcal{J}\ ,\ \mu(A) < \eta \Rightarrow N\left[I_A g\right] \le 1/\sqrt{\beta}\quad .$$

Démonstration : La première affirmation résulte de la définition de N ; la seconde résulte d'une propriété générale des fonctions intégrables qui montre que $\int_A \exp(\beta g^2) d\mu$ tend vers zéro avec $\mu(A)$.

5.1.4. Nous montrons maintenant que certaines fonctions aléatoires gaussiennes ont presque sûrement leurs trajectoires dans G :

THEOREME 5.1.4.- Soient T un espace métrisable non nécessairement séparé, $\mathcal{T}$ la tribu engendrée par les boules de T et μ une mesure de probabilité sur $(T,\mathcal{T})$. Soient de plus $(\Omega,\mathcal{G},P)$ un espace d'épreuves et $X = (X(\omega,t), \omega \in \Omega, t \in T)$ une fonction aléatoire gaussienne sur T qui soit $\mathcal{G} \times \mathcal{T}$-mesurable ; on suppose que la covariance Γ_X est majorée par 1. Dans ces conditions, on a les propriétés suivantes :

(a) Les trajectoires de X appartiennent presque sûrement à G.

(b) Pour tout $x > \sqrt{2 + \frac{1}{\log 2}}$, on a :

$$P\{N(X) > x\} \le x\sqrt{e \log 2}\; 2^{-\frac{x^2}{2}} \quad , \quad E[N(x)] \le \frac{5}{2} \, .$$

(c) Pour tout $\varepsilon > 0$, il existe une variable aléatoire $\eta = \eta(\omega)$ presque sûrement strictement positive telle que :

$$A \in \mathcal{T},\ \mu(A) < \eta(\omega) \Rightarrow N[I_A X(\omega)] \le (1+\varepsilon)\sqrt{2} \, .$$

Démonstration : (a) Le théorème de Fubini et la mesurabilité de X permettent d'écrire pour tout $\beta < \frac{1}{2}$:

$$E\left[\int_T \exp(\beta X^2) d\mu\right] = \int_T E\left[\exp(\beta X^2(t))\right] d\mu(t) = \int_T \frac{d\mu(t)}{\sqrt{1-2\beta\Gamma(t,t)}} < \infty \, .$$

Le résultat s'ensuit par la définition de G.

63

(b) Pour tout nombre $p > 1$ et tout $x > \sqrt{2 + \frac{1}{\log 2}}$, l'inégalité de Čebičev permet d'écrire :

$$P\left[N(X) > x\right] \leq P\left[\int_T \exp\left(\frac{X^2}{x^2}\right) d\mu \geq 2\right] \leq \frac{1}{2^p} E\left[\left|\int_T \exp\left(\frac{X^2}{x^2}\right) d\mu\right|^p\right].$$

L'inégalité de Hölder majore le dernier terme par :

$$\frac{1}{2^p} E\left[\int_T \exp\left(p\,\frac{X^2}{x^2}\right) d\mu\right]$$

Si p varie sur $]1, \frac{x^2}{2}[$, cette dernière expression est finie et majorée par

$\dfrac{1}{2^p \sqrt{1-2\frac{p}{x^2}}}$ qui atteint son minimum pour $p = \frac{x^2}{2} - \frac{1}{2 \log 2}$; en substituant cette valeur à p, on obtient le résultat annoncé.

(c) Posons $\beta = \frac{1}{2(1+\epsilon)^2}$; d'après (a), $\exp[\beta X^2(t)]$ est presque sûrement intégrable ; le résultat se déduit alors de la proposition 5.1.3.

5.2. Application à la majoration des fonctions aléatoires gaussiennes.

Le paragraphe précédent permet de construire des majorations de fonctions aléatoires gaussiennes à partir de représentations intégrales :

THEOREME 5.2.1.- <u>Soient</u> S <u>un espace métrisable non nécessairement séparé</u>, $\mathcal{S}$ <u>la tribu engendrée par les boules de</u> S <u>et</u> μ <u>une mesure de probabilité sur</u> $(S, \mathcal{S})$; <u>soient de plus</u> $(\Omega, \mathcal{G}, P)$ <u>un espace d'épreuves et</u> $Y = (Y(\omega, s), \omega \in \Omega, s \in S)$ <u>une fonction aléatoire gaussienne sur</u> S, $\mathcal{G} \otimes \mathcal{S}$<u>-mesurable ; soit enfin</u> T <u>un ensemble et</u> f <u>une fonction sur</u> $S \times T$. <u>Pour tout</u> $t \in T$, <u>on note</u> f_t

la fonction : $s \to f(s,t)$ sur S .

Dans ces conditions, les propriétés suivantes sont vérifiées :

(a) On suppose que l'application : $t \to f_t$ est une application bornée de T dans $G^*(S,\mu)$ et que la covariance de Y est majorée par 1 ; alors la fonction aléatoire gaussienne X sur T définie par :

$$X(\omega,t) = \int_S Y(\omega,s) f(s,t) d\mu(s)$$

est presque sûrement majorée.

(b) Si de plus T est un espace topologique et si l'application : $t \to f_t$ est faiblement continue de T dans $G^*(S,\mu)$, alors X est presque sûrement continue.

Exemple 5.2.2. Soient $X = (X_n,\ n \in \mathbb{N})$ une suite gaussienne à termes indépendants et $(\sigma_n,\ n \in \mathbb{N})$ la suite des écarts-type associés. On sait que pour que X soit p.s. majorée, il faut et il suffit qu'il existe un nombre A tel que la série de terme général $\exp[-A^2/\sigma_n^2]$ soit convergente. Supposons cette condition réalisée, il existe alors un nombre a tel que :

$$\sum_{n=0}^{\infty} \frac{1}{\exp\left[a^2/\sigma_n^2\right]-1} = 1 \ .$$

Dans ces conditions, sur $S = \mathbb{N}$, définissons une mesure de probabilité μ par :

$$\mu = \sum_{n=0}^{\infty} \frac{\varepsilon_n}{\exp\left[a^2/\sigma_n^2\right]-1} ,$$

une fonction aléatoire gaussienne Y par :

$$\forall m \in \mathbb{N} \quad , \quad Y_m = \frac{X_m}{\sigma_m} \quad , \quad E[Y_m^2] = 1 \ ,$$

une fonction f sur $S\times\mathbb{N}$ par :

$$f(m,n)=\begin{cases}0 & \text{si } m\neq n\ ,\\ \sigma_n[\exp(a^2/\sigma_n^2)-1] & \text{si } m=n\ .\end{cases}$$

On a alors :

$$\forall\omega\in\Omega\ ,\ \forall n\in\mathbb{N}\ ,\ X_n(\omega)=\int_{m\in S} Y_m(\omega)f(m,n)d\mu(m)\ ,\ N^*(f_n)\leq 3|a|\ .$$

On constate donc dans ce cas, que pour que X soit p.s. majorée, il faut et il suffit que X possède une représentation intégrale du type indiqué.

Exemple 5.2.3. Pour construire des fonctions aléatoires gaussiennes très irrégulières à covariance continue, on utilise souvent la théorie des séries trigonométriques lacunaires. Les théorèmes de Szidon ([21]) montrent en effet que pour qu'une fonction aléatoire gaussienne X sur $[0,2a]$ ayant une covariance de la forme :

$$\Gamma(s,t)=\sum_n a_n^2\sin^2(2^n s)\sin^2(2^n t)\ ,$$

ait des trajectoires presque sûrement continues, il faut et il suffit que la série $\sum_n |a_n|$ soit convergente, alors que Γ est continue dès que $\sum_n a_n^2$ l'est.

Supposons que $\sum_n |a_n|$ soit convergente et montrons que X possède une représentation intégrale du type indiqué. Nous posons :

66

$$S = [0,2\pi] \ , \quad d\mu = \frac{ds}{2\pi} \ ,$$

$$Y(\omega,s) = \sum_n \sqrt{|a_n|}\ \lambda_n(\omega) \sin(2^n s) \ ,$$

$$f(s,t) = 2 \sum_n \sqrt{|a_n|} \sin(2^n s) \sin(2^n t) \ ,$$

où (λ_n) est une suite gaussienne normale.

Dans ces conditions, la covariance de Y est majorée par $\sum_n |a_n|$, l'application : $t \to f_t$ à valeurs dans $L^2(S,\mu)$ est faiblement continue, à fortiori dans $G^*(S,\mu)$ et on vérifie que $\int Y(\omega,s) f(s,t) d\mu(s)$ est une représentation intégrale du type indiqué d'une fonction aléatoire gaussienne ayant Γ pour covariance.

Remarque. On pourrait aussi analyser la méthode de majoration de P. Lévy pour montrer qu'en fait elle construit des représentations intégrales pour les fonctions aléatoires gaussiennes qu'elle majore.

6.

MAJORATION DE FONCTIONS ALEATOIRES GAUSSIENNES LA METHODE DES MESURES MAJORANTES

([19])

On présente ici une forme particulière de majoration déduite des représentations intégrales 5.2.1. En effet la construction de telles représentations intégrales demande un peu d'habileté, au contraire les formules de ce paragraphe seront d'application simple.

6.1. Le théorème de majoration.

THEOREME 6.1.1.- Soient T un ensemble, X une fonction aléatoire gaussienne sur T, d l'écart défini par X sur T ; soient de plus μ une mesure de probabilité sur (T,d) et S une partie $\mathcal{J}$-mesurable de T. On suppose que X est séparable et mesurable (3.2.1.) et que :

(1) $$\mu\otimes\mu\left\{(u,v)\in S\times S : d(u,v)\neq 0\right\} > 0 \;;$$

on définit une variable aléatoire Y_S par :

(2) $$Y_S = N_{\mu\otimes\mu}\left[I_S(u)I_S(v)I_{d(u,v)\neq 0}\ \frac{X(u)-X(v)}{d(u,v)}\right] \;;$$

on note $D(S)$ le diamètre de S et on définit une fonction f_S sur T à valeurs dans $\bar{\mathbb{R}}$ par :

(3) $$f_S(t) = \int_0^{\frac{D(S)}{2}} \sqrt{\log\left(1+\frac{1}{\mu[B(t,u)\cap S]}\right)}\,du\ .$$

Dans ces conditions, il existe une partie négligeable N telle que :

$\forall\omega\notin N$, $\forall t\in T$,

(4) $$\left|X(\omega,t)-\int_S X(\omega,s)\frac{d\mu(s)}{\mu(S)}\right| \le 30\ Y_S(\omega)\ \limsup_{\tau\to t} f_S(\tau)\ .$$

Remarques 6.1.1. (a) La fonction $I_{d(u,v)\neq 0}\ \dfrac{X(u)-X(v)}{d(u,v)}$ est une fonction aléatoire gaussienne mesurable et séparable sur $T\times T$ muni de la probabilité $(\mu\otimes\mu)$; sa covariance est majorée par 1 ; Y_S est donc une variable aléatoire dont on sait évaluer la loi en fonction de S (5.1.4). L'ensemble $\{\omega : Y_S(\omega)=0\}$ est un ensemble de probabilité zéro ou un (1.2.2) ; pour qu'il soit de probabilité 1, il faudrait que :

$$E\left[\iint\left[\frac{X(u)-X(v)}{d(u,v)}\right]^2 I_{d(u,v)\neq 0}\ I_S(u)I_S(v)d\mu(u)d\mu(v)\right] = 0\ ,$$

Ceci est contradictoire avec l'hypothèse (1) ; il est donc de probabilité nulle. Dans ces conditions, le second membre de (4) est presque sûrement non indéterminé, fini ou non ; en particulier, si :

69

$$\limsup_{\tau\to t} f_S(\tau) = +\infty$$

le second membre est infini presque sûrement.

(b) La majoration (4) n'est efficace qu'aux éléments t de T tels que :

$$\limsup_{\tau\to t} f_S(\tau) < \infty ;$$

ceci exige, d'après la formule (3) qu'il existe un voisinage V de t tel que :

$$\forall \tau \in V,\ \forall u > 0,\ \mu[s : d(\tau, s) < u] > 0 ,$$

c'est-à-dire que t appartienne à l'intérieur du support de la mesure $I_S.\mu$. On appliquera donc par exemple la formule (4) sans difficulté quand S est un ouvert pour la topologie de T inclus dans le support de μ ; on obtiendra alors une majoration presque sûre des restrictions à S des trajectoires de X. Si T est un ensemble fini et μ une mesure chargeant chaque point de T, l'application de (4) sera particulièrement simple.

(c) Nous dirons qu'une mesure μ sur T est une <u>mesure majorante</u> pour X sur S si :

$$\sup_{t\in S} \left[\limsup_{\tau\to t} f_S(\tau)\right] < \infty .$$

Sur un ensemble fini, toute mesure chargeant chaque point est une mesure majorante. Il résultera du dernier paragraphe que la mesure de Lebesgue sur $[0,1]^n$ est une mesure majorante pour toute fonction aléatoire gaussienne stationnaire à trajectoires presque sûrement majorées sur $[0,1]^n$. Je ne connais pas d'exemple de fonctions aléatoires gaussiennes à trajectoires presque sûrement majorées et ne possédant pas de mesure majorante. On notera que sur un ensemble fini, la fonction semi-continue inférieurement (et convexe) qui à toute mesure de probabilité μ associe $\left[\sup f_{T,\mu}(t)\right]$ atteint sa borne inférieure ; on peut alors définir des "meilleures" mesures majorantes.

6.1.2. Démonstration du théorème.

(a) Il suffit de prouver que pour tout élément τ du support de $I_S.\mu$, il existe un ensemble négligeable N_τ tel que :

$$\forall\omega\notin N_\tau,\ \left|X(\omega,\tau)-\int_S X(\omega,s)\,\frac{d\mu(s)}{\mu(S)}\right|\le 30\,Y_S(\omega)f_S(\tau)\,.$$

En effet, ceci étant établi, si t appartient à l'intérieur du support de $I_S.\mu$, choisissant une suite $(\tau_n,\ n\in\mathbb{N})$ séparante pour X et notant N_0 la partie négligeable associée (3.2.1.) à cette partie séparante, on aura :

$$\forall\omega\notin N_0\cup\left[\bigcup_n N_{\tau_n}\right],$$

$$\left|X(\omega,t)-\int_S X(\omega,s)\,\frac{d\mu(s)}{\mu(S)}\right|\le\limsup_{\tau_n\to t}\left|X(\omega,\tau_n)-\int_S X(\omega,s)\,\frac{d\mu(s)}{\mu(S)}\right|,$$

et le résultat général s'en suivra. Nous démontrerons donc la seule propriété ci-dessus.

(b) On définit une variable aléatoire Y et une suite $(\rho_k,\ k\in\mathbb{N})$ de fonctions sur T en posant :

$$\forall\omega\in\Omega,\ Y(\omega)=X(\omega,\tau)-\int_S X(\omega,s)\,\frac{d\mu(s)}{\mu(S)}\,,$$

$\forall k\in\mathbb{N},\ \forall u\in T,$

$$\rho_k(u)=\frac{1}{\mu[B(\tau,D(S)/2^k)\cap S]}\quad\text{si}\quad u\in B(\tau,D(S)/2^k)\cap S\,,$$

$\rho_k(u)=0$ ailleurs,

de sorte que,

$$\forall k \in \mathbb{N}, \quad \int \rho_k(u)d\mu(u) = 1 .$$

De plus, pour tout entier k, nous notons Z_k la variable aléatoire :

$$\forall \omega \in \Omega, \; Z_k(\omega) = \int X(\omega,u)\rho_k(u)d\mu(u) - \int_S X(\omega,s)\,\frac{d\mu(s)}{\mu(S)} .$$

Le moment du second ordre de $(Z_k - Y)$ se majore facilement ; on a en effet :

$$E\left[|Z_k - Y|^2\right] = E\left\{\left[\int (X(\tau)-X(u))\rho_k(u)d\mu(u)\right]^2\right\}$$

$$= \frac{1}{\mu^2[B(\tau,D(S)/2^k)\cap S]} \iint\limits_{\substack{u\in B(\tau,D(S)/2^k)\cap S\\ v\in B(\tau,D(S)/2^k)\cap S}} E\left[(X(u)-X(\tau))(X(v)-X(\tau))\right] d\mu(u)d\mu(v),$$

et dans l'ensemble d'intégration, la fonction à intégrer est majorée par $D^2(S)/2^{2k}$; on a donc :

$$\sum_k E\left[|Z_k - Y|^2\right] \leq \sum_k D^2(S)/2^{2k} < \infty ;$$

la suite $(Z_k, k \in \mathbb{N})$ converge donc presque sûrement vers Y ; nous notons N_τ l'ensemble négligeable complémentaire de cet ensemble de convergence.

(c) Il suffit maintenant de majorer uniformément la suite $(Z_n, n \in \mathbb{N})$; les propriétés de la suite $(\rho_k, k \in \mathbb{N})$ montrent que l'on a :

$\forall n \in \mathbb{N}, \; \forall \omega \in \Omega,$

$$2\,Z_n(\omega) = \iint\limits_{\substack{u\in S,\, v\in S\\ d(u,v)\neq 0}} \left[\frac{X(\omega,u)-X(\omega,v)}{d(u,v)}\right] \sum_{k=1}^{n} d(u,v)\left[\rho_k(u)\rho_{k-1}(v)-\rho_{k-1}(u)\rho_k(v)\right]d\mu(u)d\mu(v) ;$$

72

la définition de Y_S implique donc :

$$\forall n \in \mathbb{N}\,,\ \forall \omega \in \Omega,$$

$$|Z_n(\omega)| \leq \frac{1}{2}\, Y_S(\omega) N^*_{\mu\otimes\mu}\Big[d(u,v) I_S(u) I_S(v) I_{d(u,v)\neq 0} \sum_1^n (\rho_k(u)\rho_{k-1}(v) - \rho_{k-1}(u)\rho_k(v))\Big]$$

et on aura démontré le théorème quand on aura majoré le dernier facteur du second membre par 60 $f_S(\tau)$.

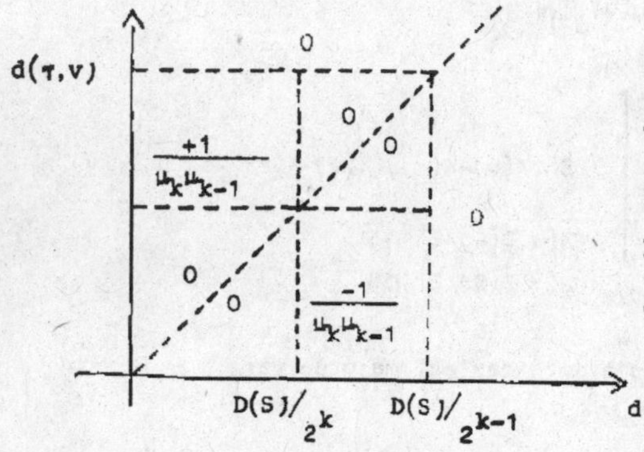

(d) Posons pour simplifier : $\forall k \geq 0,\ \mu_k = \mu[B(\tau, D(S)/2^k) \cap S]$; l'étude du support de $\rho_k(u)\rho_{k-1}(v) - \rho_{k-1}(u)\rho_k(v)$ et l'inégalité triangulaire appliquée à N^* et à d montrent que :

$$N^*_{\mu\otimes\mu}\Big[d(u,v) I_S(u) I_S(v) I_{d(u,v)\neq 0} \sum_1^n (\rho_k(u)\, \rho_{k-1}(v) - \rho_{k-1}(u)\rho_k(v))\Big] \leq 2 \sum_1^n N^*_{\mu\otimes\mu}(g_k),$$

où les g_k valent $(3D(S)/2^k \mu_k\mu_{k-1})$ dans leurs supports qui ont pour mesures respectives $\mu_k(\mu_{k-1} - \mu_k)$. Par suite, on déduit du théorème 5.1.2. (d) :

$$\frac{1}{3} N^*_{\mu\otimes\mu}(g_k) \leq \frac{3D}{2^k}\, \frac{\mu_{k-1} - \mu_k}{\mu_{k-1}} \sqrt{\log\left(1 + \frac{1}{\mu_k(\mu_{k-1} - \mu_k)}\right)}\ ;$$

Le sens de variation de la fonction : $x \to x\sqrt{\log\left(1 + \frac{1}{\mu_k\mu_{k-1}x}\right)}$ montre que :

$$\frac{1}{3} N^*_{\mu\otimes\mu}(g_k) \leq \frac{3D}{2^k}\sqrt{\log\left(1 + \frac{1}{\mu_k\mu_{k-1}}\right)} \leq \frac{3D\sqrt{2}}{2^k}\sqrt{\log\left(1 + \frac{1}{\mu_k}\right)}\ .$$

73

En majorant la série par l'intégrale associée, on en déduit :

$$N^{*}_{\mu\otimes\mu}\left[d(u,v)I_S(u)I_S(v)I_{d(u,v)\neq 0}\sum_1^n(\rho_k(u)\rho_{k-1}(v)-\rho_{k-1}(u)\rho_k(v))\right]$$

$$\leq 36\sqrt{2}\int_0^{\frac{1}{2}D(S)}\sqrt{\log\left(1+\frac{1}{\mu[B(\tau,u)\cap S]}\right)}du\ ;$$

c'est le résultat annoncé.

Remarques : La démonstration montre que dans le cas où T est dénombrable, on peut substituer au second membre de (4) la quantité plus simple $[30\ Y_S(\omega)f_S(t)]$.

On remarquera aussi que la condition (1) du théorème 6.1.1. signifie que la restriction de $\mu\otimes\mu$ à $S\times S$ n'est pas portée par un seul atome ; dans le cas contraire, majorer X sur S à partir de μ revient à majorer une seule variable aléatoire et n'a donc pas d'intérêt.

Nous énonçons sans démonstration un résultat particulier quand $S=T$.

COROLLAIRE - Soient T un ensemble, X une fonction aléatoire gaussienne sur T et d l'écart associé ; on suppose que X est séparable. Soit de plus μ une mesure de probabilité sur T telle que :

$$\iint\Gamma(s,t)d\mu(s)d\mu(t)=0\ .$$

Dans ces conditions, pour que les trajectoires de X soient presque sûrement majorées sur T, il suffit que

$$\sup_{t\in T}\int_0^{\frac{D(T)}{2}}\sqrt{\log\left(1+\frac{1}{\mu(B(t,u))}\right)}\,du<\infty\ ,$$

et on a alors :

$$\sup_{t\in T}\left|\frac{X(\omega,t)}{\limsup_{\tau\to t}\int_0^{\frac{D(T)}{2}}\sqrt{\log(1+\frac{1}{\mu[B(\tau,u)]})}\,du}\right| = Y(\omega)$$

où la loi de Y vérifie :

$$\forall x>\sqrt{2+\frac{1}{\log 2}},\ P[Y>30x]\leq x\sqrt{e\log 2}\ \ 2^{-\frac{x^2}{2}}\ .$$

6. 2. Etude des accroissements, continuité.

L'application du théorème 6.1.1. à $T\times T$ permet d'évaluer les accroissements de X ; nous utiliserons les notations suivantes :

$$T'=T\times T\ ,\ \mu'=\mu\otimes\mu\ ,\ X'(u,v)=X(u)-X(v)\ ,\ d'=d_{X'}\ .$$

THEOREME 6.2.1.- Soient T un ensemble, X une fonction aléatoire gaussienne sur T et d l'écart associé à X sur T ; soient de plus μ une mesure de probabilité sur T non concentrée sur un seul atome ; on suppose X séparable et mesurable. Pour tout $\epsilon>0$, on définit une variable aléatoire Y_ϵ par :

$$Y_\epsilon=N_{(\mu\otimes\mu)\otimes(\mu\otimes\mu)}\left[\frac{X'(u,v)-X'(u',v')}{d(u,v;u',v')}I_{d(u,v;u',v')\neq 0}\,I_{d(u,u')<2\epsilon}\,I_{d(v,v')<2\epsilon}\right]$$

Dans ces conditions, il existe une partie négligeable N telle que :

75

$\forall\omega\notin N,\ \forall\varepsilon>0,\ d(t,t')<\varepsilon \Rightarrow$

$$|X(\omega,t)-X(\omega,t')| \le 120\, Y_\varepsilon(\omega)\Big\{\limsup_{\tau\to t}\int_0^{d(t,t')}\sqrt{\log(1+\frac{1}{\mu[B(\tau,u)]})}\,du$$

$$+\limsup_{\tau\to t'}\int_0^{d(t,t')}\sqrt{\log(1+\frac{1}{\mu[B(\tau,u)]})}\,du\Big\}.$$

Démonstration : Pour tout $\varepsilon>0$, nous posons :

$$S' = S'(\varepsilon) = \Big\{(t,t')\in T' : d(t,t')<2\varepsilon\Big\} ;$$

notons que le d'-diamètre de S' est inférieur à 4ε. Choisissons un élément (t,t') de T' tel que $d(t,t')$ soit inférieur à ε. L'application du théorème précédent permet de construire un ensemble négligeable $N(\varepsilon\,;t,t')$ tel que :

$\forall\omega\notin N(\varepsilon\,;t,t')$,

$$|X(\omega,t)-X(\omega,t')| \le 30\, Y_\varepsilon(\omega)\int_0^{2\varepsilon}\sqrt{\log(1+\frac{1}{\mu'[B(t,t'\,;u)]})}\,du .$$

Utilisant les relations liant d et d', μ et μ', on en déduit :

$$|X(\omega,t)-X(\omega,t')| \le 120\, Y_\varepsilon(\omega)\Big[\int_0^{\frac{\varepsilon}{2}}\Big(\sqrt{\log(1+\frac{1}{\mu[B(t,u)]})}+\sqrt{\log(1+\frac{1}{\mu[B(t',u)]})}\Big)\,du\Big].$$

Introduisant alors une suite $(\tau_n,\ n\in\mathbb{N})$ séparante dans T, N_0 l'ensemble négligeable associé à cette suite séparante et $(\varepsilon_n, n\in\mathbb{N})$ une suite partout dense sur $]0,D(T)]$, on obtient le résultat du théorème en posant :

$$N = N_0 \cup \Big[\bigcup_{n,m,p} N(\varepsilon_n\,;t_m,t_p)\Big] .$$

76

COROLLAIRE 6.2.2.- Sous les mêmes hypothèses, il existe une variable aléatoire $\varepsilon = \varepsilon(\omega)$ presque sûrement strictement positive telle que :

$$d(t,t') < \varepsilon(\omega) \Rightarrow$$

$$|X(\omega,t) - X(\omega,t')| \leq 170 \Big[\limsup_{\tau \to t} \int_0^{d(t,t')} \sqrt{\log\Big(1 + \frac{1}{\mu(B(\tau,u))}\Big)}\, du$$

$$+ \limsup_{\tau \to t'} \int_0^{d(t,t')} \sqrt{\log\Big(1 + \frac{1}{\mu(B(\tau,u))}\Big)}\, du \Big]$$

Démonstration du corollaire : Le résultat se déduit immédiatement du théorème 6.2.1. et de la propriété 5.1.4. (c) ; en effet quand ε tend vers zéro,

$$(\mu \otimes \mu) \otimes (\mu \otimes \mu)[d(u,u') < 2\varepsilon, d(v,v') < 2\varepsilon, d'(u,u';v,v') \neq 0]$$

tend aussi vers zéro si bien qu'on a :

$$\limsup_{\varepsilon \downarrow 0} Y_\varepsilon(\omega) = \sqrt{2} \text{ p.s.}$$

COROLLAIRE 6.2.3.- Soient T un ensemble, X une fonction aléatoire gaussienne sur T et d l'écart défini par X sur T ; on suppose que X est d-séparable. Dans ces conditions, pour que les trajectoires de X soient presque sûrement continues sur T, il suffit qu'il existe une mesure de probabilité majorante μ sur T telle que :

$$\lim_{\varepsilon \to 0} \sup_{t \in T} \int_0^{\varepsilon} \sqrt{\log\Big(1 + \frac{1}{\mu(B(t,u))}\Big)}\, du = 0 .$$

De plus, il existe alors une variable aléatoire $\varepsilon = \varepsilon(\omega)$ presque sûrement strictement positive telle que :

77

$d(t,t') < \varepsilon(\omega) \Rightarrow$

$$|X(\omega,t)-X(\omega,t')| \leq 340 \sup_{\tau \in T} \int_0^{d(t,t')} \sqrt{\log\left(1+\frac{1}{\mu[B(\tau,u)]}\right)}\, du .$$

COROLLAIRE 6.2.4.- ([3]). Soient T un ensemble, X une fonction aléatoire gaussienne sur T et d l'écart défini par X sur T ; on suppose que X est d-séparable. Pour tout $h>0$, on note $N(h)$ le nombre minimal de d-boules de rayon h recouvrant T. Dans ces conditions, pour que les trajectoires de X soient presque sûrement continues, il suffit que la série de terme général $\sqrt{\log(N(2^{-n}))}$ soit convergente. De plus, il existe alors une variable aléatoire $\varepsilon = \varepsilon(\omega)$ presque sûrement strictement positive telle que :

$d(t,t') < \varepsilon(\omega) \Rightarrow$

$$|X(\omega,t)-X(\omega,t')| \leq 680 \int_0^{d(t,t')} \sqrt{\log\left(1+\frac{N(u)}{u}\right)}\, du .$$

C'est le cas si l'exposant d'entropie de T est strictement inférieur à 2 .

Démonstration du corollaire 6.2.4. Pour tout entier $n>0$, notons S_n la famille minimale des centres des boules de rayon 2^{-n} recouvrant T et défonissons une probabilité μ sur T par :

$$\mu = \sum_n \frac{1}{2^n} \sum_{s \in S_n} \frac{\varepsilon_s}{N(2^{-n})} ;$$

on aura alors pour tout élément τ de T et tout entier n :

$$2^{-(n+1)} < u \leq 2^{-n} \Rightarrow \mu[B(\tau,u)] \geq 2^{-(n+1)} \frac{1}{N(2^{-(n+1)})} .$$

On en déduit :

$$\int_0^{2^{-n}} \sup_{\tau\in T} \sqrt{\log\left(1+\frac{1}{\mu[B(\tau,u)]}\right)}\, du \leq \sum_{k=n+1}^{\infty} \frac{1}{2^k}\sqrt{\log(1+2^k N(2^{-k}))} \ ;$$

Sous l'hypothèse indiquée, la série dont le reste d'ordre n figure au second membre est convergente ; le corollaire 6.2.3. montre donc que les trajectoires de X sont presque sûrement d-continues. Plus précisément, on a alors, pour tout $h > 0$:

$$\sup_{\tau\in T} \int_0^h \sqrt{\log\left(1+\frac{1}{\mu[B(\tau,u)]}\right)}\, du \leq 2\int_0^h \sqrt{\log\left(1+\frac{N(u)}{u}\right)}\, du \ ,$$

et l'inégalité annoncée s'ensuit.

COROLLAIRE 6.2.5.- Soient $T = [0,1]^n$, X une fonction aléatoire gaussienne séparable sur T à covariance continue pour la topologie usuelle ; soit de plus φ une fonction strictement croissante sur $\mathbb{R}^+$ continue telle que :

$$\forall (s,t) \in T\times T,\ d_X(s,t) \leq \varphi(|s-t|) \ .$$

On suppose que l'intégrale $\int^{\infty} \varphi(e^{-x^2})\, dx$ est convergente. Dans ces conditions, les trajectoires de X sont presque sûrement continues et il existe une variable aléatoire $\varepsilon = \varepsilon(\omega)$ presque sûrement strictement positive telle que :

$|s-t| < \varepsilon(\omega) \Rightarrow$

$$|X(\omega,s)-X(\omega,t)| \leq 550\left[\varphi(|s-t|)\sqrt{\log\frac{1}{|s-t|}} + \int_{\sqrt{\log\frac{1}{|s-t|}}}^{\infty} \varphi(e^{-v^2})\, dv\right]\sqrt{n} \ .$$

Démonstration du corollaire : Puisque la covariance de X est continue, la mesure de Lebesgue μ sur $[0,1]^n$ est une mesure de probabilité sur (T, d_X) et pour montrer la continuité des trajectoires, il suffit d'établir leur d_X- continuité.

79

Notons Ψ la fonction inverse de φ ; alors pour tout élément t de T et tout élément u de $]0,\varphi(\frac{1}{2})[$, on a :

$$\mu[B(t,u)] \geq \mu[s : \varphi(|s-t| < u] \geq [\Psi(u)]^n ;$$

on en déduit pour tout $h \in]0,\varphi(\frac{1}{2})[$:

$$\int_0^h \sup_{\tau \in T} \sqrt{\log(1+\frac{1}{\mu[B(\tau,u)]}}\, du \leq \sqrt{n} \sup_{0<u<h} \frac{\sqrt{\log(1+\frac{1}{\Psi(u)})}}{\sqrt{\log(\frac{1}{\Psi(u)})}} \int_0^h \sqrt{\log(\frac{1}{\Psi(u)})}\, du$$

le second membre se majore par :

$$\sqrt{n}\ \frac{\log 3}{\log 2}\left[h\sqrt{\log \frac{1}{\Psi(h)}} + \int_{\sqrt{\log \frac{1}{\Psi(h)}}}^{\infty} \varphi(e^{-v^2})dv \right] .$$

Le corollaire 6.2.5. résulte alors immédiatement de 6.2.3.

<u>Remarques</u>. Le corollaire 6.2.4. établit le résultat de Dudley [3] annoncé en 4.1.1., il a eu une importance majeure pour le développement de l'étude de la régularité des trajectoires des fonctions aléatoires gaussiennes. C'était en effet le premier résultat qui faisait intervenir la géométrie définie sur T par l'écart d ; c'est donc lui qui a donné naissance au cadre d'étude développé dans ce cours.

Le corollaire 6.2.5. compare les majorations obtenues par la méthode de Lévy et celles obtenues par la méthode des mesures majorantes : les mesures majorantes fournissent des majorations ayant un champ d'application plus vaste et un "ordre de grandeur" au moins aussi fin. Par contre, quand la covariance est assez régulière, la méthode de Lévy donne des majorations plus précises pour le terme "principal". On pourrait obtenir la même précision et améliorer la méthode des

80

mesures majorantes en décomposant X en une partie régulière étagée et un reste auquel on appliquerait cette méthode.

7.

MINORATIONS DES FONCTIONS ALEATOIRES GAUSSIENNES

([9], [8])

7.1. Méthodes de minoration.

7.1.1. Dans les chapitres 4, 5 et 6, on a énoncé des majorations de fonctions aléatoires gaussiennes et donc des conditions suffisantes de régularité de leurs trajectoires. On étudie maintenant des minorations et donc des conditions nécessaires de régularité. La démarche comporte deux étapes : construire des exemples de fonctions aléatoires gaussiennes dont on sache mesurer l'irrégularité, utiliser les propriétés de comparaison de 2. pour mesurer l'irrégularité de classes plus larges. Dans ce domaine, les résultats restent fragmentaires et ne permettent des caractérisations que dans le cas particulier stationnaire. Encore, dans ce cas, sait-on minorer le module de continuité locale, mais non pas le module de continuité uniforme.

Pendant plusieurs années, les exemples efficaces de fonctions aléatoires gaussiennes irrégulières ont été construits à partir des séries trigonométriques lacunaires (Exemple 5.2.3) [7], [18]. Ces exemples ont permis à Marcus et Shepp de caractériser la continuité des trajectoires des processus gaussiens stationnaires X sur $\mathbb{R}^n$ dont l'écart associé $d_X(s,t)$ est une fonction croissante de $|s-t|$. En fait, nous ne les utiliserons pas ici, d'autres exemples s'étant révélés plus efficaces dans le cas fini, le cas non stationnaire et même le cas stationnaire.

THEOREME 7.1.2.- Soient A un ensemble fini et $T = \mathcal{P}(A)$ l'ensemble de ses parties ; soient de plus μ une mesure positive bornée sur A et $(\lambda_a, a \in A)$ une suite gaussienne normale. On considère une fonction aléatoire gaussienne X sur T définie par :

$$\forall (s,t) \in T \times T, \ \Gamma_X(s,t) = \int_{a \in s \cap t} d\mu(a) .$$

Dans ces conditions, on a :

$$E\left[\sup_T X\right] = \frac{1}{\sqrt{2\pi}} \sum_{a \in A} \sqrt{\mu\{a\}} .$$

Démonstration : Puisque A et T sont finis, il existe une fonction f sur A telle que :

$$\mu = \sum_{a \in A} f^2(a)\, \epsilon_a , \quad X(t) = \sum_{a \in t} \lambda_a f(a) ; \quad \forall a \in A, \ f(a) \geq 0 .$$

Soit ω un élément arbitraire de l'espace d'épreuves ; associons-lui les deux parties $t^+(\omega)$ et $t^-(\omega)$ de A définies par :

$$a \in t^+(\omega) \rightleftarrows \lambda_a(\omega) \geq 0 , \quad a \in t^-(\omega) \rightleftarrows \lambda_a(\omega) < 0 .$$

On aura alors :

$$\sum_{a \in A} |\lambda_a(\omega)| f(a) \geq \sup_{(s,t) \in T \times T} [X(\omega,s) - X(\omega,t)] \geq X(\omega, t^+(\omega)) - X(\omega, t^-(\omega)) = \sum_{a \in A} |\lambda_a(\omega)| f(a).$$

On en déduit en intégrant :

83

$$E\left[\sup_T X\right] = \frac{1}{2} E\left[\sup_{(s,t)\in T\times T} [X(s)-X(t)]\right] = \frac{1}{\sqrt{2\pi}} \sum_{a\in A} f(a),$$

c'est le résultat.

Remarque : On pourra constater qu'on a déjà utilisé une forme réduite du théorème 7.1.2. dans la démonstration de la minoration de Sudakov ; en effet, considérer sur un ensemble fini l'écriture binaire de ses éléments, c'est y construire des sous-ensembles homéomorphes à des ensembles de parties :

COROLLAIRE 7.1.4 - Soient T un ensemble fini de cardinal 2^p et $(\varphi_k, k\in K, K=[1,p])$ une numération binaire de T ; on définit une fonction aléatoire gaussienne X sur T à partir d'une suite gaussienne normale $(\lambda_k, k\in K)$ et d'une famille de nombres $(a_k, k\in K)$ par la relation :

$$\forall t\in T,\ X(t) = \sum_{k\in K} a_k\, \varphi_k(t)\, \lambda_k .$$

Dans ces conditions, on a

$$E\left[\sup_T X\right] = \frac{1}{\sqrt{2\pi}} \sum_{k\in K} |a_k| .$$

7.2. Le théorème de minoration

7.2.1. Les minorations que nous allons déduire de l'exemple 7.1.3. utiliseront la géométrie définie sur l'ensemble T par l'écart d associé à une fonction aléatoire gaussienne X sur T. Nous avons déjà utilisé des notions relativement grossières de ce type pour l'exploitation de la minoration de Sudakov ; les nombres notés $N(\delta)$, $M(\delta)$, $r(T)$ analysent en effet un éparpillement global de T

pour l'écart d. Au contraire, nous introduisons des notions analysant localement l'éparpillement de T.

Pour toute partie S de T et tout nombre $\delta > 0$, on notera $N(S,\delta)$ le nombre minimal de d-boules ouvertes de rayon δ recouvrant S. $M(S,\delta)$ désignera le nombre maximal de d-boules ouvertes de rayon δ centrées dans S et disjointes dans T ; on notera $B(S,\delta)$ la réunion $\bigcup_{s \in S} B(s,\delta)$.

Pour tout élément t de T, tout nombre $\delta > 0$, tout nombre $q \geq 2$ et tout entier n, on notera $K(t,\delta,n,q)$ le nombre maximal de d-boules ouvertes de rayon δq^{-n} centrées dans $B(t,\delta q^{-(n-1)})$ et disjointes dans T. Pour toute partie S de T, on notera $K(S,\delta,n,q)$ la borne inférieure sur $B(S,\delta)$ de $K(t,\delta,n,q)$. On notera que si les trajectoires de X sont presque sûrement majorées sur T, tous ces nombres sont finis (minoration de Sudakov) ; on va préciser ce résultat :

THEOREME 7.2.2.- <u>Supposons que</u> X <u>soit presque sûrement majoré sur</u> T ; <u>dans ces conditions, pour toute partie</u> S <u>de</u> T, <u>tout nombre</u> $\delta > 0$, <u>tout nombre</u> $q \geq 2$, <u>on a</u> :

$$\frac{\delta}{8\sqrt{2\pi}}\left[\sqrt{\operatorname{Ent}\log_2 M(S,\delta)} + \sum_{n=1}^{\infty} \frac{1}{q^n}\sqrt{\operatorname{Ent}\log_2 K(S,\delta,n,q)}\right] \leq E\left[\sup_T X\right] .$$

<u>En particulier, toutes les séries du premier membre sont convergentes.</u>

<u>Remarque</u> : La minoration de Sudakov correspond au seul premier terme du premier membre ; l'énoncé actuel l'améliore. Par ailleurs $K(S,\delta,n,q)$ n'est pas nécessairement une fonction croissante de S ; la seule minoration pour $S = T$ serait dont éventuellement moins finie que la minoration énoncée.

La démonstration du théorème procédera en trois étapes : construire une famille de parties S_n de T bien adaptées à l'écart d, construire une famille de fonctions aléatoires gaussiennes $(Y_n, n \in \mathbb{N})$ sur les parties $(S_n, n \in \mathbb{N})$ définissant des distances comparables à d, conclure à partir du lemme de Slépian et du calcul effectif de $E[\sup_{S_n} Y_n]$.

7.2.3. Première étape, construction de $(S_n, n \in \mathbb{N})$.

Soient S, δ et q vérifiant les conditions de l'énoncé ; nous construisons la suite $(S_n, n \in \mathbb{N})$ par récurrence :

- S_0 est incluse dans S, les boules de rayon δ centrées dans S_0 sont disjointes dans T, le cardinal de S_0 est une puissance entière 2^{p_0} ; S_0 est maximale sous ces conditions de sorte que p_0 est égal à $\operatorname{Ent} \log_2 M(S,\delta)$.

- Pour tout entier positif n, à tout élément s de S_{n-1}, on associe une famille $S(n,s)$ de centres de boules de rayon δq^{-2n} centrées dans $B(s, \delta q^{-(2n-1)})$ disjointes dans T ayant pour cardinal 2^{p_n} où p_n est égal à $\operatorname{Ent} \log_2 K(S,\delta,2n,q)$; S_n est la réunion $\bigcup_{s \in S_{n-1}} S(n,s)$.

Remarquons que si $t \in S(n,s)$, la boule $B(t, \delta q^{-2n})$ est incluse dans $B(s, \delta q^{-(2n-2)})$; on en déduit par récurrence que les boules $\{B(t,\delta q^{-2n}), t \in S_n\}$ sont disjointes. Il en résulte aussi qu'on peut construire une application Ψ^n_{n-1} de S_n dans S_{n-1} par la relation :

$$\Psi^n_{n-1}(t) = s \Leftrightarrow t \in S(n,s).$$

Nous noterons Ψ^n_k l'application composée $\Psi^{k+1}_k \circ \dots \circ \Psi^n_{n-1}$ de S_n dans S_k $(k \leq n)$.

La construction est fabriquée pour qu'on puisse évaluer l'écart de deux éléments t, t' de S_n à partir des applications ψ_k^n. Notons d'abord que $d(t,\psi_{n-1}^n(t))$ étant majoré par $\delta q^{-(2n-1)}$, $d(t,\psi_k^n(t))$ sera inférieur ou égal par l'inégalité triangulaire à $\frac{2}{3}\delta q^{-2k}$. Supposons alors que $\psi_k^n(t)$ et $\psi_k^n(t')$ soient différents ; les boules $B(t, \frac{1}{3}\delta q^{-2k})$ et $B(t', \frac{1}{3}\delta q^{-2k})$ seront respectivement incluses dans des boules disjointes ; elles seront elles-même disjointes si bien que $d(t,t')$ sera supérieur à $\frac{1}{3}\delta q^{-2k}$.

7.2.4. Deuxième étape, construction des fonctions aléatoires gaussiennes $(Y_n,\ n\in\mathbb{N})$.

Pour tout entier n, nous allons construire une fonction aléatoire gaussienne Y_n sur S_n par récurrence.

• A l'ensemble S_0 de cardinal 2^{p_0}, nous associons une numération binaire $(\varphi_k^0,\ 1\le k\le p_0)$ et une suite gaussienne normale $(\lambda_k^0, 1\le k\le p_0)$ de même index et nous posons :

$$\forall t\in S_0\ ,\ Y_0(t) = \frac{\delta}{4\sqrt{p_0}}\sum_{j=1}^{p_0}\varphi_j^0(t)\,\lambda_j^0 .$$

• Pour tout entier positif n, utilisant le fait que le cardinal de $S(n,s)$ est indépendant de s dans S_{n-1}, nous définissons une suite $(\varphi_k^n,\ 1\le k\le p_n)$ de fonctions sur S_n coïncidant sur chaque $S(n,s)$ avec une numération binaire ; nous lui associons une suite gaussienne normale $(\lambda_k^n,\ 1\le k\le p_n)$ de même index et indépendante de Y_{n-1} et nous posons :

$$\forall t\in S_n\ ,\ Y_n(t) = Y_{n-1}(\psi_{n-1}^n(t)) + \frac{\delta}{4q^{2n}\sqrt{p_n}}\sum_{j=1}^{p_n}\varphi_j^n(t)\,\lambda_j^n .$$

On peut comparer les écarts définis sur S_n par X et Y_n. Prenons en effet deux éléments t, t' de S_n et supposons que les $\Psi_j^n(t)$, $\Psi_j^n(t')$, $k \leq j \leq n$, soient différents et que k soit nul ou que $\Psi_{k-1}^n(t) = \Psi_{k-1}^n(t')$. On aura alors :

$$E[\,|Y_n(t)-Y_n(t')|^2] = \sum_{\ell=k}^{n} \frac{\delta^2}{16q^{4\ell}p_\ell} \sum_{j=1}^{p_\ell} |\varphi_j^\ell \circ \Psi_\ell^n(t) - \varphi_j^\ell \circ \Psi_\ell^n(t')|^2$$

Cette somme se majore par $\frac{\delta^2}{15q^{4k}}$, elle est donc inférieure ou égale à $E[\,|X(t)-X(t')|^2]$ qui est supérieur (7.2.3) à $\frac{\delta^2}{9q^{4k}}$.

7.2.5. Troisième étape, calcul de $E[\sup_{S_n} Y_n]$, conclusion.

Pour tout élément t de S_n, on a par construction :

$$Y_n(t) = \sum_{k=0}^{n} \sum_{j=1}^{p_k} \frac{\delta}{4q^{2k}\sqrt{p_k}} \varphi_j^k \circ \Psi_k^n(t)\lambda_j^k .$$

Par construction aussi, la suite $(\varphi_j^k \circ \Psi_k^n,\ 1 \leq j \leq p_k,\ 0 \leq k \leq n)$ est une numération binaire de S_n. Le corollaire 7.1.3. permet donc d'écrire :

$$E[\sup_{S_n} Y_n] = \frac{1}{\sqrt{2\pi}} \sum_{k=0}^{n} \frac{\delta}{4q^{2k}} \sqrt{p_k} .$$

D'après 7.2.4, on en déduit :

$$E[\sup_T X] \geq \frac{\delta}{4\sqrt{2\pi}} \left[\sqrt{\mathrm{Ent}\,\log_2 M(S,\delta)} + \sum_{k=1}^{\infty} \frac{1}{q^{2k}} \sqrt{\mathrm{Ent}\,\log_2 K(S,\delta,2k,q)} \right] .$$

En substituant $\frac{\delta}{q}$ à δ , on obtient aussi :

$$E\left[\sup_T X\right] \geq \frac{\delta}{4\sqrt{2\pi}} \sum_{k=1}^{\infty} \frac{1}{q^{2k-1}} \sqrt{\text{Ent} \log_2 K(S,\delta,2k-1,q)} \ .$$

Le résultat annoncé s'ensuit en additionnant.

<u>Remarques</u> 7.2.6. Nous ne détaillons pas les minorations de $E[\sup_{d(t,t_0)<\delta} |X(t)-X(t_0)|]$ qui se déduisent immédiatement du théorème 7.2.2.

Remarquons pourtant que pour minorer efficacement $E[\sup_{d(t,s)<\delta} (X(t)-X(s))]$, il faudrait utiliser les nombres liés à la géométrie de $T \times T$, puis les exprimer en fonction de ceux qui sont liés à la géométrie de T . De tels calculs seraient intéressants pour minorer les modules de continuité uniforme. Ils restent à faire.

8.

REGULARITE DES FONCTIONS ALEATOIRES GAUSSIENNES STATIONNAIRES SUR $\mathbb{R}^n$ A COVARIANCE CONTINUE

([8])

8.1 **Les résultats énoncés en 6 et 7 permettent d'écrire des conditions nécessaires et suffisantes pour que les trajectoires d'une fonction aléatoire gaussienne stationnaire (ou à accroissements stationnaires) soient presque sûrement majorées sur toute partie bornée de $\mathbb{R}^n$ ou soient presque sûrement continues sur $\mathbb{R}^n$, d'évaluer aussi l'ordre de grandeur du maximum. Nous présentons ici la solution de ces problèmes posés il y a une vingtaine d'années par Kolgomorof et résolus l'an dernier par moi-même grâce aux contributions principales de Belyaev Delporte, Dudley et Marcus.**

THEOREME 8.1.1.- Soit X une fonction aléatoire gaussienne centrée séparable stationnaire sur $\mathbb{R}^n$ à covariance continue. Pour que X soit presque sûrement majorée sur toute partie bornée T de $\mathbb{R}^n$, il faut et il suffit qu'il existe un

<u>nombre</u> $q>1$ <u>et un voisinage</u> V <u>de l'origine dans</u> $\mathbb{R}^n$ <u>pour la topologie usuelle tels que la série</u> $\sum_k \frac{1}{q^k}\sqrt{\log N(V,q^{-k})}$ <u>soit convergente. Les trajectoires de</u> X <u>sont alors presque sûrement continues.</u>

<u>Remarques</u>. 1) Des contre-exemples montrent qu'il est exclu qu'un tel résultat soit vrai pour les processus non stationnaires.

2) Pour tout nombre $\delta>0$ et tout nombre $q>1$, la convergence de la série $\sum \frac{1}{q^k}\sqrt{\log N(\delta\, q^{-k})}$ est équivalente à celle de l'intégrale $\int_0 \sqrt{\log N(x)}dx$; toutes ces séries ont donc même nature.

3) La compacité locale de $\mathbb{R}^n$ et la stationnarité de X montrent de même que les séries associées à deux ensembles T_1, T_2 possédant des points intérieurs ont même nature.

4) La compacité locale de $\mathbb{R}^n$ montre aussi que pour que X soit presque sûrement majoré sur toute partie bornée T de $\mathbb{R}^n$, il faut et il suffit qu'il le soit sur au moins un voisinage de l'origine. Pour démontrer le théorème, compte tenu des résultats énoncés en 6., il suffit donc de prouver que si X est presque sûrement majoré sur un voisinage V de l'origine bien choisi, il existe un nombre $\delta>0$ tel que la série $\sum_k \frac{1}{4^k}\sqrt{\log N(V,\delta 4^{-k})}$ soit convergente.

8.1.2. Pour la démonstration du théorème, nous procéderons en deux étapes : dans la première étape, nous réduirons le cas général à une situation plus simple où nous saurons mieux comparer la topologie usuelle et la topologie définie par l'écart d associé à X ; nous démontrerons ensuite le théorème dans ce cas simple.

91

Démonstration du théorème, première étape : Puisque X est stationnaire sur $\mathbb{R}^n$, les boules $B_{\mathbb{R}^n}(t,\delta)$ définies par d sur $\mathbb{R}^n$ sont stables par translation ; ce n'est pas nécessairement le cas pour les traces $B_T(t,\delta)$ de ces boules sur une partie T de $\mathbb{R}^n$. La situation générale se simplifie pourtant si X est périodique dans n directions et si T est un bloc-période à condition de définir correctement les translations ; elle se simplifie aussi si l'écart d est une fonction continue croissante de la distance usuelle et si le rayon δ et le vecteur de translation sont assez petits relativement à la position de t dans l'intérieur de T ; nous allons montrer qu'elle se simplifie aussi si l'ensemble fermé $O_d = \{x : d(0,x) = 0\}$ ne contient aucun sous-espace vectoriel différent de $\{0\}$:

LEMME 8.1.2.- Soit X une fonction aléatoire gaussienne stationnaire sur $\mathbb{R}^n$ à covariance continue ; on suppose que O_d ne contient aucun sous-espace vectoriel différent de $\{0\}$. Dans ces conditions, il existe deux nombres $\ell > 0$, $\delta_0 > 0$ tels que pour tout nombre $\delta < \delta_0$, les traces sur $[-\ell,+\ell]^n$ des boules $B(t,\delta)$ centrées dans $B([-\frac{\ell}{8},+\frac{\ell}{8}]^n,\delta_0) \cap [-\ell,+\ell]^n$ soient stables par translation.

Démonstration du lemme 8.1.2. : L'ensemble O_d est un sous-groupe additif fermé de $\mathbb{R}^n$; puisqu'il ne contient aucun sous-espace vectoriel différent de $\{0\}$, l'origine y est isolée dans la topologie usuelle ; choisissons $\ell > 0$ tel que :

$$[-2\ell,+2\ell]^n \cap O_d = \{0\}.$$

Pour tout couple (s,t) de $[-\ell,+\ell]^n$ tel que $d(s,t)$ soit nul, $(t-s)$ appartiendra à $[-2\ell,+2\ell]^n \cap O_d$ si bien que t sera égal à s ; dans ces conditions, l'écart d définit sur le compact $[-\ell,+\ell]^n$ une structure uniforme séparée moins fine que la structure uniforme usuelle et donc équivalente ; il existe donc un nombre δ_0 tel que :

$$|s| \leq \ell \ , \ |t| \leq \ell \ , \ d(s,t) < \delta_0 \Rightarrow |s-t| < \frac{\ell}{8} \ .$$

Pour vérifier que le couple (ℓ,δ_0) possède les propriétés indiquées, nous considérons un nombre $\delta < \delta_0$, un couple (s,t) d'éléments de $B([-\frac{\ell}{8},+\frac{\ell}{8}]^n, \delta_0) \cap [-\ell,+\ell]^n$, un élément u de $B(s,\delta) \cap [-\ell,+\ell]^n$ et nous montrons que $(u+t-s)$ appartient à $B(t,\delta) \cap [-\ell,+\ell]^n$; par la stationnarité, il suffit de montrer qu'il appartient à $[-\ell,+\ell]^n$. Nous majorons pour cela $|u+t-s|$ par $|u-s| + |t|$ et nous notons t' un élément de $[-\frac{\ell}{8}, +\frac{\ell}{8}]^n$ appartenant à $B(t,\delta_0)$.

On a alors :

$$d(t,t') < \delta_0 \ , \quad |t| \leq \ell \ , \quad |t'| \leq \ell \ ,$$
$$d(s,u) < \delta_0 \ , \quad |s| \leq \ell \ , \quad |u| \leq \ell \ ;$$

la définition de δ_0 montre donc que $|t-t'|$ et $|s-u|$ sont majorés par $\frac{\ell}{8}$ on a donc :

$$|u+t-s| \leq |t'| + |t-t'| + |s-u| \leq \frac{3\ell}{8} \leq \ell \ ,$$

d'où le résultat du lemme 8.1.2.

8.1.3. Montrons qu'il suffit de démontrer le théorème 8.1.1. dans le cas où X vérifie l'hypothèse du lemme 8.1.2. Soient en effet X une fonction aléatoire gaussienne stationnaire sur $\mathbb{R}^n$, O_{d_X} l'ensemble $\{x : d_X(0,x) = 0\}$, F le plus grand sous-espace vectoriel de $\mathbb{R}^n$ contenu dans O_{d_X} et R la relation d'équivalence définie par F sur $\mathbb{R}^n$. Nous notons $\mathbb{R}^{n'}$ l'espace vectoriel quotient et φ l'application canonique de $\mathbb{R}^n$ sur $\mathbb{R}^{n'}$ définie par R. La version $\bar{X}$ d-séparable et mesurable de X construite au théorème 3.2.1. est compatible avec la relation d'équivalence R, nous notons $\hat{X}$ la fonction aléatoire gaussienne associée à $\bar{X}$ sur $\mathbb{R}^{n'}$; alors $\hat{X}$ est une fonction aléatoire gaussienne séparable sur $\mathbb{R}^{n'}$ vérifiant l'hypothèse du lemme 8.1.2 ; pour que $\bar{X}$ soit p.s. majorée sur une partie T de $\mathbb{R}^n$, il faut et il suffit que $\hat{X}$ le soit sur $\varphi(T)$. De plus, pour tout voisinage V de l'origine dans $\mathbb{R}^n$, $\varphi(V)$ est un voisinage de l'origine dans $\mathbb{R}^{n'}$ et on a :

$$\forall\, \delta > 0, \quad N_{d_X}(V,\delta) = N_{d_{\hat{X}}}(\varphi(V),\delta) .$$

Ceci montre donc que les énoncés du théorème 8.1.1. pour X et pour $\hat{X}$ sont logiquement équivalents et termine la première étape de la démonstration.

8.1.4. <u>Deuxième étape</u>.

Soient X une fonction aléatoire gaussienne stationnaire sur $\mathbb{R}^n$ vérifiant les hypothèses du lemme 8.1.2. et (ℓ,δ_0) un couple de nombres vérifiant ses conclusions. Nous posons :

$$T = [-\ell,+\ell]^n \quad , \quad S = [-\tfrac{\ell}{8}, +\tfrac{\ell}{8}]^n = V ,$$

nous supposons que X est p.s. majoré sur T et nous allons montrer que $\sum_k \frac{1}{4^k} N(V,\delta_0 4^{-k})$ est convergente.

Le lemme 8.1.2. nous assure que pour tout $\delta \le \delta_0$, les nombres $K(t,\delta,n,4)$ sont indépendants de t dans $B(S,\delta_0)$ et donc égaux à $K(S,\delta,n,4)$. Il est net que si les $B(s_i,\delta_0 4^{-n})$ forment une famille maximale disjointe dans $B(t,\delta_0 4^{-(n-1)})$, alors les $B(s_i,2\delta_0 4^{-n})$ en vertu de la maximalité recouvrent $B(t,\delta_0 4^{-(n-1)})$, on a donc les inégalités :

$$N[S,\delta_0 4^{-(n-1)}]\, K[S,\delta_0,n,4] \ge N[S,2\,\delta_0 4^{-n}] ,$$

$$N[S,2\,\delta_0 4^{-n}] \quad K[S,2\,\delta_0, n+1,4] \ge N[S,\delta_0 4^{-n}] ;$$

en multipliant, on en déduit :

94

$$K(S,\delta_0,n,4)K(S,\frac{\delta_0}{2},n,4) \geq \frac{N\left[S,\delta_0 4^{-n}\right]}{N\left[S,\delta_0 4^{-(n-1)}\right]} .$$

Les conclusions du théorème 7.2.2. appliquées à δ_0 et à $\frac{\delta_0}{2}$ impliquent alors la convergence de la série $\sum_n \frac{1}{4^n}\sqrt{\log\left(\frac{N(S,\delta_0 4^{-n})}{N(S,\delta_0 4^{-(n-1)})}\right)}$, puis par un regroupement **simple des termes la convergence de la série $\sum_n \frac{1}{4^n}\sqrt{\log N(S,\delta_0 4^{-n})}$. C'est le résultat du théorème.**

95

Références

[1] BELYAEV, Yu.K. Continuity and Hölder conditions for sample functions of stationnary gaussian processes.
Proc. Fourth Berkeley Symp. Math. Statist. Prob. 2 , (1961), pp. 22-33.

[2] DELPORTE, L. Fonctions aléatoires presque sûrement continues sur un intervalle fermé.
Ann. Inst. H. Poincaré, Sec. B, 1 (1964), pp. 111-215.

[3] DUDLEY, R.M. The sizes of compact subsets of Hilbert space and continuity of gaussian processes.
J. Functional Analysis, 1 (1967), pp. 290-330.

[4] FERNIQUE, X. Certaines propriétés des éléments aléatoires gaussiens.
Instituto Nazionale di Alta Matématica, 9 (1972), pp. 37-42.

[5] FERNIQUE, X. Intégrabilité des vecteurs gaussiens.
C.R. Acad. Sc. Paris, Série A, 270 (1970), pp. 1698-1699.

[6] FERNIQUE, X. Régularité de processus gaussiens.
Invent. Math. 12 (1971), pp. 304-320.

[7] FERNIQUE, X. Continuité des processus gaussiens.
C.R. Acad. Sc. Paris, 258 (1964), pp. 6058-6060.

[8] FERNIQUE, X. Des résultats nouveaux sur les processus gaussiens.
Preprint, 1973.

[9] FERNIQUE, X. Minorations des fonctions aléatoires gaussiennes.
Ann. Inst. Fourier, Grenoble, à paraître.

[10] GARSIA, A., RODEMICH, E., and RUMSEY, H. Jr.
A real variable lemma and the continuity of paths of some Gaussian Processes.
Indiana Univ. Math. J., 20 (1970), pp. 565-578.

96

[11] HUNT, G.A. Random Fourier transforms.
Trans. Amer. Math. Soc., 71 (1951), pp. 38-69.

[12] ITO, K., and NISIO, M.
On the oscillation functions of Gaussian processes.
Math. Scand., 22 (1968), pp. 209-223.

[13] JAIN, N.C., and KALLIANPUR, G.
Norm convergent expansions for gaussian processes in Banach spaces.
Proc. Amer. Math. Soc. 25 (1970), pp. 890-895.

[14] KALLIANPUR, G. Zero-one laws for Gaussian processes.
Trans. Amer. Math. Soc. 149 (1970), pp. 199-211.

[15] KRASNOSELSKY , M.A. and RUTITSKY, Y.B.
Convex functions and Orlicz spaces.
Dehli, Publ. Hindustan Corp. (1962).

[16] LANDAU, H.J., and SHEPP, L.A.
On the supremum of a gaussian process.
Sankhya, Série A, 32 (1971), pp. 369-378.

[17] MARCUS, M.B. and SHEPP, L.A.
Sample behavior of gaussian processes.
Proc. Sixth Berkeley Symp. Math. Statist. Prob., 2 (1971), pp. 423-442.

[18] MARCUS, M.B. and SHEPP, L.A.
Continuity of gaussian processes.
Trans. Amer. Math. Soc. 151 (1970), pp. 377-392.

[19] SLEPIAN, D. The one-sided barrier problem for gaussian noise.
Bell system Techn. J. 41 (1962), pp. 463-501.

[20] SUDAKOV, V.N. Gaussian random processes and measures of solid angles in Hilbert space.
Dokl. Akad. Nauk. S.S.S.R. 197 (1971), pp. 43-45.

[21] ZYGMUND, A. Trigonometrical series.
Oxford, University Press, 1955.

PROLEGOMENES AU CALCUL DES PROBABILITES DANS LES BANACH

PAR A. BADRIKIAN

Originally published in: *Ecole d'Eté de Probabilités de Saint-Flour V – 1975*, Lecture Notes in Mathematics, Vol. **539**, 1–166, DOI: 10.1007/BFb0079696, © Springer-Verlag Berlin Heidelberg 1976, Reprint by Springer-Verlag Berlin Heidelberg 2012

PROLÉGOMÈNES AU CALCUL
DES PROBABILITÉS DANS LES BANACH

INTRODUCTION

"Le Tout est de tout dire ; et je manque de mots,
et je manque de temps, et je manque d'audace."

(Paul Eluard)

Le Calcul des Probabilités dans les espaces de Banach est un sujet en plein développement. Ses liens avec la géométrie des Banach ont été déconverts depuis relativement peu de temps. Aussi a-t-il semblé bon aux participants de l'Ecole d'Eté de Saint-Flour de mettre cette question au programme de leurs studieuses vacances.

Différents mathématiciens français s'étant récusés, il nous a incombé de les suppléer (c'est un honneur que nous apprécions à sa juste valeur, mais nous n'avons pas intrigué pour l'obtenir !). Comme on ne peut tout dire en dix séances, il nous a fallu choisir ; aussi nous sommes-nous bornés à donner les fondements de la théorie. Nous regrettons d'avoir eu à nous arrêter quand les choses allaient devenir intéressantes, mais ce regret est tempéré par le fait que, en 1976, le sujet sera continué par M. HOFFMANN-JØRGENSEN qui développera ses résultats sur les lois des Grands Nombres, le théorème Central Limite, etc...

Ce cours est basé sur les travaux d'HOFFMANN-JØRGENSEN, KWAPIEN, MAUREY, PISIER et SCHWARTZ. Notre seul mérite (si mérite il y a !) consiste à les avoir rassemblés et parfois présentés d'une autre façon, espérant par là les rendre plus accessibles. Toutefois, nous n'avons pas mentionné les auteurs des résultats cités.

La rédaction présente a beaucoup profité des remarques faites par les auditeurs et d'une confrontation de nos points de vue avec Mlle Simone CHEVET. Qu'ils en soient remerciés !

Je remercie également Catherine CADIER qui s'est chargée de la dactylographie du manuscrit. Son dévouement est allé jusqu'à corriger certaines fautes de syntaxe (mais est-il prudent de l'avouer ?), ce dont nous lui sommes infiniment reconnaissants.

CHAPITRE O

RAPPEL DE RESULTATS UTILES

Dans ce chapitre, nous donnerons un ensemble de résultats qui seront couramment utilisés. Comme ce cours ne prétend pas "prendre les mathématiques à leur début" il y aura une certaine redondance. Par exemple, les définitions et résultats sur l'intégration des fonctions à valeurs complexes pourraient se déduire de ce que nous dirons par la suite de l'intégration des fonctions à valeurs banachiques...

I - Définitions et résultats d'Analyse Fonctionnelle

Tous les espaces vectoriels que l'on considérera auront pour corps de base $\mathbb{R}$ ou $\mathbb{C}$; on notera par $\mathbb{K}$ ce corps de base.

c_o désignera l'espace vectoriel des suites de scalaires tendant vers zéro. On le munit de la norme

$$x \rightsquigarrow \|x\|_\infty = \sup_n |x_n| \qquad \text{si } x = (x_n)_{n \in \mathbb{N}} .$$

Pour cette norme, on obtient un Banach. Son dual est l^1 et par conséquent son bidual est l^∞.

Si e^k désigne le vecteur de $\mathbb{C}^{\mathbb{N}}$ de composantes

$$e^k_n = \delta^k_n \ \forall n \quad (\delta^k_n \text{ symbole de Kronecker})$$

les (e^k) engendrent topologiquement c_o, mais non l^∞.

$\mathbb{K}^{\mathbb{N}}_o$ (avec $\mathbb{K} = \mathbb{R}$ ou $\mathbb{C}$) désigne l'ensemble des suites "presque nulles" de scalaires, c'est-à-dire

$$x = (x_n) \in \mathbb{K}^{\mathbb{N}}_o \Longleftrightarrow x_n = 0 \text{ sauf au plus pour un nombre}$$

fini de n. $\mathbb{C}^{\mathbb{N}}_o$ est dense dans c_o, mais non dans l^∞.

Un espace vectoriel E est dit F-espace s'il est muni d'une topologie compatible avec la structure d'espace vectoriel, métrisable et s'il est complet.

Si cet espace est localement convexe, en plus, alors on dit que c'est un espace de Fréchet.

Soit E un espace vectoriel (quelconque pour le moment) on appelle F-norme sur E une application $x \rightsquigarrow ||x||$ de E dans $[0, \infty[$ ayant les propriétés suivantes :

a) $x = 0 \Longleftrightarrow ||x|| = 0$;

b) $||\lambda x|| \leqslant ||x|| \quad \forall x \in E \quad \forall \lambda \in \mathbb{K}$ avec $|\lambda| \leqslant 1$;

c) $||x+y|| \leqslant ||x|| + ||y|| \quad \forall (x, y) \in E \times E$;

d) $\lambda_n \longrightarrow 0$ dans $\mathbb{K} \Longrightarrow ||\lambda_n x|| \to 0 \quad \forall x \in E$;

e) $||x_n|| \to 0 \Longrightarrow ||\lambda x_n|| \to 0 \quad \forall \lambda \in \mathbb{K}$.

Une F-norme n'est pas forcément homogène.

Etant donné une F-norme, la fonction $E \times E \to \mathbb{R}$ définie par $(x, y) \rightsquigarrow d(x, y) = ||x - y||$ est une distance sur E, définissant une topologie (métrisable bien sûr !) compatible avec la structure d'espace vectoriel.

Inversement (théorème de KAKUTANI) toute topologie d'espace vectoriel métrisable peut être définie par une F-norme.

On appelle F-normé un espace muni d'une F-norme. Un F-espace est donc un espace F-normé complet.

Comme exemples d'espaces F-normés (et de F-espaces), citons

- les espaces normés (et les Banach) ;
- les espaces p-normés (et les quasi p-Banach ou p-Banach).

Rappelons que si $0 < p \leqslant 1$ on appelle p-norme sur l'espace vectoriel E une application $x \rightsquigarrow ||x||$ telle que

a) $||x+y|| \leq ||x|| + ||y||$, $\forall (x, y) \in E \times E$;

b) $||\lambda x|| = |\lambda|^p ||x||$, $\forall \lambda \in K, x \in E$;

c) $||x|| = 0 \iff x = 0$.

Parmi les exemples fondamentaux de p-normes et d'espace p-normé, citons les espaces $L^p (X, \mathcal{F}, \mu)$ $(0 < p \leqslant \infty)$:

- Si $0 < p \leqslant 1$, la p-norme est définie par $f \rightsquigarrow \int |f|^p \, d\mu$
- Si $p \geqslant 1$: $f \rightsquigarrow (\int |f|^p \, d\mu)^{1/p}$ est une norme
- Pour $p = \infty$ la norme est la norme "sup-essentiel".

Ce sont des F-espaces (p-Banach dans le premier cas, des Banach dans les cas (2) et (3)).

De même, si $(\Omega, \mathcal{F}, P)$ est un espace probabilisé, la fonction

$$f \rightsquigarrow \int \frac{|f|}{1 + |f|} \, dP$$

définie sur l'espace $L^0 (\Omega, \mathcal{F}, P)$ des variables aléatoires est une F-norme (prenant ses valeurs dans $[0, 1]$). La topologie qu'elle définit est celle de convergence en probabilité.

Soit E un espace F-normé ; $A \subset E$ est dit bornée si elle satisfait la condition suivante :

$$\forall \varepsilon > 0, \quad \exists \delta > 0 \text{ tel que } \sup_{x \in A} ||\delta x|| \leqslant \varepsilon .$$

Si la F-norme sur E est p-homogène $(0 < p \leqslant 1)$ cela équivaut à la condition usuelle : $\exists M \in]0, \infty[$ tel que

$$\sup_{x \in A} ||x|| \leqslant M.$$

La définition que nous venons de donner n'est que la traduction de la définition d'un ensemble borné dans un e.v.t. quelconque.

Citons également un résultat que nous utiliserons :
$A \subset L^0 (\Omega, \mathcal{F}, P)$ est bornée si et seulement pour tout $\varepsilon > 0$, il existe $M < \infty$ tel que

$$\sup_{f\in A} P \left\{ |f| > M \right\} \leqslant \varepsilon$$

Si X et Y sont deux e.v.t. L (X, Y) désignera l'ensemble des applications linéaires continues de X dans Y. Parfois, on le désignera également par $\mathcal{L}(X,Y)$.

Donnons deux théorèmes qui seront constamment utilisés.

- Théorème de BANACH-STEINHAUS

Soient X et Y deux F-espaces et $A \subset L(X, Y)$ (l'espace vectoriel des applications linéaires continues de X dans Y). On suppose que pour tout $x \in X$ l'ensemble $\{u(x), u \in A\}$ est un ensemble borné de Y. Alors A est équicontinue.

L'on en déduit que si (u_n) est une suite d'applications linéaires continues de X dans Y (X et Y F-espaces !) convergeant simplement vers un opérateur (bien évidemment linéaire !) u, alors u est continue.

- Théorème du graphe fermé

Soient X et Y deux F-espaces et u : E → F linéaire. u est continue si et seulement si elle satisfait à :

$x_n \to 0$ dans X et $u(x_n) \to y$ dans F $\Longrightarrow$ $y = 0$.

On en déduit la conséquence suivante :

Soient $(X, \mathcal{C}_1)$ un F-espace ; $(Y, \mathcal{C}_2)$ un espace vectoriel topologique séparé. Soit $\mathcal{C}_2'$ une topologie de F-espace sur Y plus fine que $\mathcal{C}_2$. Soit $u : X \to Y$ linéaire continue relativement à $\mathcal{C}_1$ et $\mathcal{C}_2$. Alors u est $(\mathcal{C}_1, \mathcal{C}_2')$-continue.

En effet, soit $x_n \to 0$ pour $\mathcal{C}_1$ et $u(x_n) \to y$ pour $\mathcal{C}_2'$; On a alors $u(x_n) \to y$ pour $\mathcal{C}_2$; donc $y = 0$; ce qui revient à dire que u est $(\mathcal{C}_1, \mathcal{C}_2')$-continue en vertu des hypothèses.

Donnons (et démontrons) un autre résultat :

Théorème

Soit $(X, \mathcal{F}, \mu)$ un espace mesuré et soit $0 < p \leqslant \infty$. La "boule unité" de $L^p(X, \mathcal{F}, \mu)$ est fermée pour la topologie de convergence en mesure sur-tout ensemble de mesure finie pour $p < \infty$. Cela reste vrai si $p = \infty$ si μ est concassable (voir plus loin).

DEMONSTRATION

Supposons d'abord $p < \infty$. Soit donc $(f_n)_{n \in \mathbb{N}} \to f$ en probabilité sur tout ensemble de mesure finie et soit $\int |f_n|^p \, d\mu \leqslant 1 \quad \forall n$; il existe une suite extraite f_{n_k} telle que $f_{n_k} \to f$ presque sûrement. Il suffit alors d'appliquer le lemme de Fatou. Le cas $p = \infty$ se traite de manière analogue.

II - Résultats et définitions de la théorie de la mesure

Sauf mention expresse du contraire, tous les espaces mesurés que l'on considérera seront des espaces mesurés "abstraits" et σ-finis.
(le mot "abstrait" s'opposant à "de Radon"!). On pourrait considérer les espaces mesurés "concassables" généralisant à la fois les espaces σ-finis et les espaces mesurés de Radon ; mais nous ne le ferons pas. Quand nous aurons à introduire d'autres hypothèses (espaces mesurés finis, espaces probabilisés) nous le ferons à l'endroit où c'est utile.

Si donc $(X, \mathcal{F}, \mu)$ est un espace mesuré et si $f : X \longrightarrow [0, \infty]$ est une application (pas forcément mesurable), on définit son intégrale supérieure $\mu^*(f)$ de la façon suivante :

(1) Si f est dénombrablement étagée : $f = \sum a_n 1_{A_n}$

$a_n \in [0, \infty]$, $A_n \in \mathcal{F}$ $\forall n$, A_n disjoints 2 à 2, alors :

$\mu^*(f) = \sum a_n \mu(A_n)$ (avec la convention $0 . \infty = 0$!).

(2) Dans le cas général

$\mu^*(f) = \inf \{\mu^*(g)$, g dénombrablement étagée, $g \geq f\}$.

La fonctionnelle μ^* possède les propriétés suivantes :

- "Théorème de Fatou" : $f_n \uparrow f \Longrightarrow \mu^*(f_n) \uparrow \mu^*(f)$;

- "sous-additivité dénombrable $\mu^*(\Sigma f_n) \leq \Sigma \mu^*(f_n)$.

On écrira parfois $\int^* f \, d\mu$ au lieu de $\mu^*(f)$.

Si $A \in \mathcal{P}(X)$ on écrira $\mu^*(A)$ au lieu de $\mu^*(1_A)$.

A est μ-négligeable si $\mu^*(A) = 0$; on définit alors les propriétés vraies μ-presque partout.

Si $f : X \to [0, \infty]$, on posera

- $M_p(f) = \int^* |f|^p \, d\mu$, si $0 < p < \infty$;

- $M_\infty(f) = \inf\{a \geq 0 ;\ f \leq a$ μ-presque partout$\}$.

Soit $(X, \mathcal{F}, \mu)$ un espace mesuré et soit $L^0(X, \mathcal{F}, \mu, \overline{\mathbb{R}})$ l'ensemble des μ-classes d'équivalence des fonctions μ-mesurables $f: X \to \overline{\mathbb{R}}$ (i.e. égales μ-presque partout à une fonction $(\mathcal{F}, \mathcal{B}_{\overline{\mathbb{R}}})$-mesurable si $\mathcal{B}_{\overline{\mathbb{R}}}$ désigne la tribu borélienne de $\overline{\mathbb{R}}$). Bien sûr ce n'est pas un espace vectoriel, mais c'est un ensemble ordonné de manière naturelle. Il possède en outre un plus grand élément et un plus petit élément (à savoir les classes de $+\infty$ et $-\infty$ respectivement).

Proposition

Dans $L^0(X, \mathcal{F}, \mu, \overline{\mathbb{R}})$ toute famille $(f_i)_{i \in I}$ possède une borne supérieure notée $\bigvee_{i \in I} f_i$ (et aussi une borne inférieure !).

Démonstration

Compte tenu du fait que, μ étant σ-finie, une fonction sur X est mesurable si et seulement si sa restriction à tout ensemble de mesure finie est mesurable, on peut supposer μ finie.

D'autre part, il existe un isomorphisme, topologique et pour la structure d'ordre de $\overline{\mathbb{R}}$ sur $\left[-\frac{\pi}{2}, +\frac{\pi}{2}\right]$, à savoir $t \rightsquigarrow \text{Arc tg } t$.
Cet isomorphisme induit alors un isomorphisme pour la structure d'ordre de $L^0(X, \mathcal{F}, \mu, \overline{\mathbb{R}})$ sur le sous ensemble de $L^\infty(X, \mathcal{F}, \mu, \mathbb{R})$ formé des f telles que $M_\infty(f) \leqslant \frac{\pi}{2}$.

Comme $L^\infty(X, \mathcal{F}, \mu, \mathbb{R}) \subset L^1(X, \mathcal{F}, \mu, \mathbb{R})$, on en déduit un isomorphisme de $L^0(X, \mathcal{F}, \mu, \overline{\mathbb{R}})$ sur une partie de $L^1(X, \mathcal{F}, \mu, \overline{\mathbb{R}})$ majorée en module par la classe de la fonction constante égale à $\frac{\pi}{2}$. Finalement, par transport, pour toute famille $(f_i)_{i \in I}$ de $L^0(X, \mathcal{F}, \mu, \overline{\mathbb{R}})$ il existe une borne supérieure et une borne inférieure.

Remarquons maintenant que la famille des enveloppes supérieures des familles finies extraites de I, est filtrante croissante et a même borne supérieure que $(f_i)_{i \in I}$. Il existe alors une suite croissante $f^{(n)}$ extraite de la famille des enveloppes supérieures finies telles que

$$\sup_n f^{(n)} = \bigvee_{i \in I} f_i$$

(Il y a ici abus d'écriture, on devrait écrire $\bigvee_n f^{(n)}$ au lieu de $\sup f^{(n)}$ si l'on voulait se conformer aux notations du début. Mais aucune confusion n'est possible car $\mathbb{N}$ est dénombrable, d'après le "Théorème de la Pallice").
On en déduit que $\bigvee_{i \in I} f_i$ est la plus petite μ-classe de fonctions g μ-mesurables ou non telles que pour tout i, $g \geqslant f_i$. En effet c'est la plus petite μ-classe de fonctions à être supérieure à $f^{(n)}$ pour tout n.

Remarque

Si $(X, \mathcal{F}, \mu)$ est un espace mesuré de Radon et si les f_i sont semi-continues inférieurement, en désignant par $\overset{o}{f}_i$ leur μ-classe, $\bigvee \overset{o}{f}_i$ est la μ-classe de $\sup_i f_i$ (sup ponctuel).

En effet si $\mathbb{R}$ est remplacé par $\left[-\frac{\pi}{2}, +\frac{\pi}{2}\right]$ et si on suppose (f_i) filtrante, on sait que $\overset{\circ}{f_i}$ converge vers $\widehat{(\operatorname{Sup} f_i)}$ dans $L^1(X, \mathcal{F}, \mu)$.

<u>Définition</u>

Soit $(X, \mathcal{F}, \mu)$ un espace mesuré et A une partie de $L^\circ(X, \mathcal{F}, \mu)$. Soit $p \in \left]0, \infty\right]$, on dit que A est <u>latticiellement bornée</u> dans $L^p(X, \mathcal{F}, \mu)$ s'il existe $g : X \to [0, \infty]$ telle que $M_p(g) < \infty$ et que $|f| \leqslant g$ μ-presque partout pour tout $f \in A$. A est dite <u>latticiellement bornée</u> dans $L^\circ(X, \mathcal{F}, \mu)$ (ou latticiellement bornée) s'il existe $g : X \to [0, \infty]$ finie presque partout telle que $|f| \leqslant g$, $\forall f \in A$.

Une partie p-latticiellement bornée $(0 \leqslant p \leqslant \infty)$ est bornée dans $L^p(X, \mathcal{F}, \mu)$. Naturellement si A est latticiellement bornée dans $L^p(X, \mathcal{F}, \mu)$, A est contenue dans $L^p(X, \mathcal{F}, \mu)$. En outre on peut, d'après ce qui précède, supposer que $g \in L^p(X, \mathcal{F}, \mu)$.

On dira aussi p-latticiellement bornée au lieu de latticiellement bornée dans L^p. Une partie ∞-latticiellement bornée n'est autre qu'une partie bornée dans $L^\infty(X, F, \mu)$.

<u>Définition</u>

Soit $(X, \mathcal{F}, \mu)$ un espace mesuré, E un espace normé et $v : E \to L^\circ(X, \mathcal{F}, \mu)$ linéaire. On dit que v est p-latticiellement bornée si l'ensemble

$$\left\{ v(e) \; ; \; e \in E \quad ||e|| \leqslant 1 \right\} \text{ est p-latticiellement borné.}$$

Si v est p-latticiellement bornée, elle admet la factorisation

$$E \xrightarrow{\;u\;} L^p(X, \mathcal{F}, \mu) \xrightarrow{\;i\;} L^\circ(X, \mathcal{F}, \mu)$$

$$\underbrace{\qquad\qquad\qquad\qquad\qquad}_{v}$$

où i est l'injection canonique ; u est en outre continue, car bornée. La réciproque est fausse en général : par exemple l'application identique de $L^p([0, 1], dx)$ dans $L^0([0, 1], dx)$ est continue, mais la boule unité de $L^p([0, 1], dx)$ n'est pas latticiellement bornée pour $0 < p < \infty$.

Définition

Soient E et F deux espaces normés en dualité et soit $v : E \to L^0(X, \mathfrak{F}, \mu)$ linéaire. Soit $p \in [0, \infty]$; on dit que v est (p, F)- décomposable s'il existe $\varphi : X \to F$ telle que

a) $< \varphi(.), e > \in v(e) \quad \forall e \in E$.

En outre si $p > 0$, on supposera

b) $M_p(||\varphi||_F) < \infty$ (au sens de l'intégrale supérieure).

Dire que E et F sont en dualité signifie que

$$\forall e \in E, ||e||_E = \sup_{f \in F\, ||f|| \leq 1} |< e, f >| \quad \text{et}$$

$$||f||_F = \sup_{e \in E, ||e||_E \leq 1} |< e, f >| \quad , \forall f \in F.$$

Dans le cas où F = E' on dira simplement p-décomposable.

Les conditions (b) et (a) impliquent que v est p-latticiellement bornée ; et si $p = 0$, (a) seule implique que v est latticiellement bornée.

On va maintenant donner une réciproque. Nous aurons pour cela besoin d'un lemme.

Lemme (VON-NEUMANN - MAHARAM - IONESCU-TULCEA)

Soit $(X, \mathfrak{F}, \mu)$ un espace mesuré σ-fini (ou bien "concassable"). L'application identique de $L^\infty(X, \mathfrak{F}, \mu)$ dans lui-même est décomposable (et même ∞-décomposable).

<u>Démonstration</u>

En effet (IONESCU-TULCEA "Topics in the theory of Lifting, ou bien MEYER "Probabilités et Potentiel"), on a une application linéaire ρ de $L^\infty(X, \mathcal{F}, \mu)$ dans l'espace des fonctions μ-mesurables <u>bornées</u> de X dans $\mathbb{R}$, soit $\mathcal{B}^\infty(X, \mu, \mathbb{R})$, telle que

(1) ρ est isométrique quand $\mathcal{B}^\infty(X, \mu, \mathbb{R})$ est muni de la norme μ usuelle ;

(2) pour tout $\overset{\circ}{f} \in L^\infty(X, \mu, \mathbb{R})$, la classe de $\rho(\overset{\circ}{f})$ est identique à $\overset{\circ}{f}$;

(3) $\rho(\overset{\circ}{a}) = a$ où $\overset{\circ}{a}$ désigne la μ-classe de la fonction constante a.

Alors pour $x \in X$; l'application $\overset{\circ}{f} \leadsto \rho(\overset{\circ}{f})(x)$ de $L^\infty(X, \mu, \mathbb{R})$ dans $\mathbb{R}$ est linéaire continue, donc définit un élément noté $\varphi(x)$ de $L^\infty(X, \mu, \mathbb{R})'$. Par définition même

$$\forall f \in L^\infty(X, \mu, \mathbb{R}), \quad \langle \overset{\circ}{f}, \varphi(.) \rangle \quad \in \overset{\circ}{f}$$

En outre pour tout $x \in X$, $||\varphi(x)|| = 1$. Donc le résultat annoncé est démontré.

Naturellement il peut exister plusieurs décompositions de l'application identique de L^∞ dans lui-même ; toute décomposition du type de celle que nous avons obtenue dans la démonstration du lemme sera appelée une <u>décomposition de MAHARAM</u>.

<u>Corollaire</u>

Toute application linéaire v continue d'un espace normé E dans $L^\infty(X, \mathcal{F}, \mu)$ est ∞-décomposable.

En effet, si φ_M est une décomposition de MAHARAM sur $L^\infty(X, \mathcal{F}, \mu)$ la fonction $\varphi : x \leadsto v' \circ \varphi_M(x)$ décompose v. En outre $||\varphi(x)|| \leqslant ||v'|| = ||v||$. D'où le résultat.

Cela étant, on a le :

Théorème

Soit E un espace normé et $v : E \to L^0(X, \mathcal{F}, \mu)$. Les propriétés suivantes sont équivalentes pour v linéaire :

(a) v est p-latticiellement bornée ;

(b) v est p-décomposable.

Démonstration

Dire que v est p-latticiellement bornée équivaut à dire qu'il existe $g \in L^p_+(X, \mathcal{F}, \mu)$ telle que v admette la factorisation suivante

$$E \xrightarrow{\;u = \frac{v}{g}\;} L^\infty(X, \mathcal{F}, \mu) \xrightarrow{\;M_g\;} L^p(X, \mathcal{F}, \mu)$$

où $u(e) = \frac{v(e)}{g}$ (avec la convention $\frac{0}{0} = 0$) est linéaire continue et M_g est l'opérateur de multiplication par g : $f \leadsto fg$.

(a) $\Longrightarrow$ (b) : soit v p-latticiellement bornée et $g \in L^p(X, \mu, \mathbb{R})$ telle que $|u(e)| \leqslant g$ si $\|e\| \leqslant 1$. Soit ψ une décomposition de u (elle existe de par le corollaire ci-dessus) :

$$<\psi(.), e> \in \frac{v(e)}{g}, \quad \forall e \in E.$$

Soit $\varphi = g\psi$; alors $<\varphi(.), e> \in g \cdot \frac{v(e)}{g} = v(e)$, $\forall e$;

En outre $\|\varphi(x)\| = g(x) \quad \|\psi(x)\| \leqslant g(x)\,\|u\|, \forall x \in X$.

Donc $M_p(\|\varphi\|) < \infty$; et v est p-décomposable.

(b) $\Longrightarrow$ (a). Soit v p-décomposable et $\varphi : X \to E'$ une décomposition de v. Alors si $\|e\|_E \leqslant 1$

$$|<\varphi, e>| \leq \|\varphi\|_{E'}.$$

Donc $\bigvee_{\|e\| \leqslant 1} |\langle \varphi , e \rangle| \leqslant \sup_{\|e\| \leqslant 1} |\langle \varphi , e \rangle| \leqslant \|\varphi\|_E$.

Donc v est p-latticiellement bornée.

On appellera décomposition de MAHARAM de v toute décomposition obtenue à partir d'une décomposition de MAHARAM de L^∞ comme il est indiqué dans la démonstration du théorème. On verra au chapitre II l'intérêt de la décomposition de MAHARAM.

CHAPITRE I

CONVERGENCE DES SERIES DANS LES BANACH

N° 1 : DEFINITIONS FONDAMENTALES

Nous allons commencer par donner trois définitions.

DEFINITION 1 : Soit E un Banach, $(x_n)_{n\in\mathbb{N}}$ une suite de points de E. Cette suite est dite scalairement sommable, ou scalairement dans l^1 si, pour toute forme linéaire continue x' sur E, la suite de scalaires $(\langle x_n, x'\rangle)_{n\in\mathbb{N}}$ appartient à l^1. Bien sûr, la notion de scalaire sommabilité a un sens dans n'importe quel espace vectoriel topologique.

DEFINITION 2 : La suite (x_n) des points du Banach E est dite sommable, ou bien la série $\sum x_n$ est dite commutativement convergente si les conditions équivalentes suivantes sont vérifiées :

(1) Pour toute permutation σ de $\mathbb{N}$, la série $\sum x_{\sigma(n)}$ est convergente.

(2) Pour tout $\varepsilon > 0$, il existe une partie finie I_ε de $\mathbb{N}$ telle que pour toute partie finie J de $\mathbb{N}$ ne rencontrant pas I_ε on ait

$$\Big\|\sum_{i\in J} x_i\Big\| \leqslant \varepsilon$$

(2') Il existe $x\in E$ tel que pour tout $\varepsilon > 0$ il existe une partie finie I_ε de $\mathbb{N}$ ayant la propriété suivante : pour toute partie finie K de $\mathbb{N}$ contenant I_ε on a :

$$\Big\|x - \sum_{i\in K} x_i\Big\| \leqslant \varepsilon$$

L'équivalence de (2) et (2') résulte du fait que E est complet. L'équivalence de (1) et (2') n'est pas triviale. La démonstration se trouve "en vente dans toutes les bonnes maisons". Si (x_n) est sommable, la somme $\sum x_{\sigma(n)}$ ne dépend pas de la permutation σ choisie.

<u>DEFINITION 3</u> : La suite $(x_n)_{n \in \mathbb{N}}$ de points du Banach E est dite <u>absolument sommable</u> si $\sum \|x_n\| < \infty$

Il est bien connu que si E est de dimension finie, ces trois définitions sont équivalentes.

<u>REMARQUE</u> : Les sommabilités au sens des définitions ② et ③ sont relatives à la topologie : elles ne changent pas si on remplace la norme "initiale" par une norme équivalente.

Il est clair que ③ ⇒ ② ⇒ ①. Nous allons donner des exemples montrant qu'il n'y a pas équivalence en général.

<u>Exemple 1</u> : Soit $E = c_o$ et soit $(e^k)_{k \in \mathbb{N}}$ la "base canonique"

$$e^k_n = \delta^k_n \qquad \forall n$$

Alors (e^k) est scalairement dans l^1, mais pas sommable (ni a fortiori absolument sommable).

<u>Exemple 2</u> : Soit $E = l^\infty$; pour tout $m \in \mathbb{N}$, soit

$$x_m = (0, 0, \ldots 0, \underbrace{\tfrac{1}{m}}_{(m+1)\text{-ième terme}}, 0, 0, \ldots) \qquad m \geq 1$$

et $$x_o = (0, 0, 0, \ldots, 0, 0, \ldots)$$

Alors (x_m) est sommable et a pour somme $(0, 1, \frac{1}{2}, \frac{1}{3}, \ldots)$

Mais puisque $\|x_m\|_{l^\infty} = \frac{1}{m}$, (x_m) n'est pas absolument sommable.

On peut même démontrer (Théorème de DVORETZKY-ROGERS) que dans tout Banach de <u>dimension infinie</u>, il existe une suite sommable qui ne soit pas absolument sommable. Autrement dit, un Banach est de dimension finie si et seulement si toute suite sommable est absolument sommable.

On désigne par $l^1(E)$ l'espace vectoriel de suites dans E absolument sommables. Il est bien connu que c'est un Banach pour la norme $\sum||x_n||$. $l^1(E)$ n'est autre qu'un espace de fonctions intégrables à valeurs dans le Banach E.

Nous allons étudier les suites scalairement sommables et les suites sommables de manière plus précise.

N° 2 : ETUDE DES SUITES SCALAIREMENT SOMMABLES

Dans ce numéro, E désignera un Banach, de dual E', et (x_n) sera une suite de points de E.

Il est clair que, pour l'addition terme à terme et la multiplication par un scalaire, l'ensemble des suites scalairement sommables est un espace vectoriel (sur le même corps de base que E'). Il est également clair que, si (x_n) est scalairement dans l^1, elle définit une application linéaire de E' dans l^1.

Je dis que cette application est continue. En effet, cela résulte du théorème du graphe fermé : si $x'_k \to 0$ dans E', la suite $(\langle x_n, x'_k\rangle)_{n\in\mathbb{N}}$ converge vers zéro pour la topologie de convergence suivant chaque coordonnée (quand k tend vers l'infini). Comme E' et l^1 sont métrisables et complets, cela implique la continuité.

REMARQUE : On aurait pu également utiliser le théorème de Banach-Steinhaus pour démontrer la continuité. Soit en effet pour $k \in \mathbb{N}$, u_k l'application linéaire de E' dans l^1 définie par :

$$u_k(x') = (\langle x_n, x'\rangle)_{0\leqslant n\leqslant k}$$

On identifie le vecteur $(a_n)_{0\leqslant n\leqslant k}$ de $\mathbb{K}^k$ au vecteur $(a_0, a_1, \dots a_k, 0, 0, ..)$ de $\mathbb{K}^{\mathbb{N}}$. Par hypothèse, $\lim_{k\to\infty} u_k(x')$ existe dans l^1 pour tout $x' \in E'$; comme les u_k sont continues, le théorème de Banach-Steinhaus donne la continuité cherchée.

Soit alors (x_n) scalairement dans l^1 et soit α l'application linéaire continue de E' dans l^1 correspondante. Sa transposée α' est une application linéaire continue de l^∞ dans E". Je dis que <u>α' envoie c_0 dans E</u>. En effet, soit (e_k) la base canonique de c_0. Pour $k \in \mathbb{N}$, on a :

$$\forall x' \in E' : \langle e_k, \alpha(x')\rangle_{\langle l^1, l^\infty\rangle} = \langle x_k, x'\rangle_{\langle E, E'\rangle} = \langle \alpha'(e_k), x'\rangle_{\langle E'', E'\rangle}$$

Donc $$x'_k = \alpha'(e_k)$$

Mais alors α' envoie le sous-espace fermé de l^∞ engendré par les (e_k), à savoir c_0, dans le sous-espace fermé de E" engendré par les (x_n). En définitive, α' envoie c_0 dans E. En définitive, à toute suite (x_n) scalairement sommable, on a associé un élément de $\mathcal{L}(c_0 ; E)$.

Cette application de l'ensemble des suites scalairement sommables dans $\mathcal{L}(c_0 ; E)$ est évidemment linéaire et injective. Je dis qu'elle est surjective. En effet, soit $u : c_0 \to E$ linéaire et continue et soit $x_n = u(e_n)$ $\forall n$ ((e_n) base canonique de c_0). (x_n) est scalairement dans l^1 car u', transposée de u, envoie E' dans l^1. Si donc x' est un élément de E', pour tout n :

$$\langle x_n, x'\rangle = \langle u(e_n), x'\rangle = \langle e_n, u'(x')\rangle$$

Puisque $u'(x') \in l^1$, on obtient le résultat annoncé.

Pour résumer, on peut énoncer le

<u>THEOREME 1</u> :

Soit E un Banach ; l'espace vectoriel des suites scalairement dans l^1 est isomorphe (algébriquement) à $\mathcal{L}(c_0 ; E)$.

On en déduit qu'une suite scalairement dans l^1 est bornée, mais ne converge pas forcément vers 0 (nous l'avons vu).

Remarquons que $\mathcal{L}(c_0 ; E)$ est isomorphe à l'espace des applications linéaires de E' dans l^1 qui sont continues relativement à $\sigma(E', E)$ et $\sigma(l^1, c_0)$.

Remarquons également que si (x_n) est scalairement dans l^1, pour toute permutation σ de $\mathbb{N}$, $(x_{\sigma(n)})$ est aussi scalairement dans l_1.

THEOREME 2 :

(x_n) est scalairement dans l^1 si et seulement si pour toute suite (λ_n) de scalaires tendant vers zéro, $\sum \lambda_n x_n$ converge.

Démonstration : Soit (x_n) scalairement dans l^1 à laquelle correspond $u : c_o \to E$. Si $(\lambda_n) \in c_o$, alors $\sum \lambda_n e_n$ converge dans c_o vers (λ_n) (en base canonique). Donc

$$u(\sum \lambda_n e_n) = \sum \lambda_n x_n \quad \text{existe.}$$

Réciproquement, si (x_n) est une suite telle que $\sum \lambda_n x_n$ converge pour toute (λ_n) dans c_o, elle permet de définir une application linéaire u de c_o dans E par :

$$\lambda = (\lambda_n) \quad \to \quad u(\lambda) = \sum \lambda_n x_n$$

Cette application est continue, car :

$$u(\lambda) = \lim_{k\to\infty} u_k(\lambda) \qquad \text{avec} \quad u_k(\lambda) = \sum_{n=0}^{k} \lambda_k x_k ,$$

et du fait que les u_k sont continues, Banach-Steinhaus s'applique.

REMARQUE : Dans le théorème 2, on peut remplacer la condition " $\sum \lambda_n x_n$ converge" par " $\sum \lambda_n x_n$ converge commutativement".

Maintenant, du fait que l'espace des suites scalairement dans l^1 est un sous-espace de $\mathcal{L}(E', l^1)$, on peut le munir de la topologie induite par la norme "uniforme"

$$||(x_n)|| = \sup_{\substack{x' \in E' \\ ||x'|| \leq 1}} \sum |\langle x_n, x'\rangle|$$

EXERCICE : Démontrer que l'espace des suites scalairement dans l^1 est un Banach pour la norme ci-dessus.

On peut également obtenir très facilement une caractérisation des suites scalairement dans l^1. C'est le

THEOREME 3 :

Soit (x_n) une suite d'éléments du Banach E ; les propriétés suivantes sont équivalentes :

(1) (x_n) est scalairement dans l^1

(2) $$\sup_{\substack{(\lambda_n) \in \mathbb{K}_0^{\mathbb{N}} \\ \sup|\lambda_n| \leq 1}} \|\sum \lambda_n x_n\| < \infty$$

Démonstration :

(1) $\Longrightarrow$ (2) : c'est trivial, car on a même

$$\sup_{\substack{(\lambda_n) \in c_0 \\ \sup|\lambda_n| \leq 1}} \|\sum \lambda_n x_n\| < \infty$$

d'après le théorème 1 et la caractérisation des applications linéaires continues entre Banach.

(2) $\Longrightarrow$ (1) : l'application $(\lambda_n) \to \sum \lambda_n x_n$ du normé $\mathbb{K}_0^{\mathbb{N}}$ dans le Banach E est continue si (2) est satisfaite ($\mathbb{K}_0^{\mathbb{N}}$ étant muni de la topologie induite par c_0). Elle admet donc un prolongement unique en une application u linéaire continue de c_0 dans E. Puisque $u(e_n) = x_n$, on en déduit, par ce qui précède, que (x_n) est scalairement dans l^1, et que

$$u(\lambda) = \sum \lambda_n x_n, \quad \lambda = (\lambda_n) \in c_0.$$

N° 3 : SUITES SOMMABLES DANS UN BANACH

Nous allons donner pour les suites d'éléments d'un Banach, des conditions équivalentes à la sommabilité. Auparavant, nous allons énoncer un lemme qui s'avèrera fondamental.

LEMME 1 (Principe de contraction) :

Soit $\{x_1, x_2, \ldots, x_n\}$ une famille finie de vecteurs d'un Banach réel. On a :

(A) $\max \{ \| \sum_{i=1}^{n} \varepsilon_i x_i \| \ \varepsilon_i = \pm 1 \ \forall i \} = \sup \{ \| \sum_{i=1}^{n} \lambda_i x_i \| \ ; \ \sup |\lambda_i| \leqslant 1 \}$

Démonstration : Soit l^{∞}_n l'espace $\mathbb{R}^n$ muni de la norme l^{∞} et soit la fonction définie sur l^{∞}_n par :

$$\lambda \rightsquigarrow f(\lambda) = \| \sum_{i=1}^{n} \lambda_i x_i \| \qquad \lambda = (\lambda_i)_{1 \leqslant i \leqslant n}$$

f est évidemment convexe et le membre de droite de l'égalité (A) est égal à la borne supérieure de f sur la boule unité de l^{∞}_n.

Or cette boule n'est autre que l'enveloppe convexe fermée de l'ensemble des 2^n points dont les coordonnées sont égales à ± 1. Donc le maximum de f sur la boule de l^{∞}_n n'est autre que son maximum sur l'ensemble ci-dessus. Et le lemme est démontré.

On peut alors démontrer le

THEOREME 4 :

Soit (x_n) une suite de points d'un Banach E ; les conditions suivantes sont équivalentes :

(1) (x_n) est sommable

(2) Pour toute suite $(x_{n_k})_{k \in \mathbb{N}}$ extraite de (x_n), $\sum_k x_{n_k}$ converge.

(3) Pour toute suite (λ_n) de l^{∞}, $\sum \lambda_n x_n$ converge.

Démonstration :

(1) ⟹ (3) : Supposons (x_n) sommable et soit $\varepsilon > 0$ donné. Il existe $n_o \in \mathbb{N}$ tel que pour toute partie finie J de $\mathbb{N}$ satisfaisant à $n_o < \inf J$, on ait :

$$\| \sum_{i \in J} x_i \| \leqslant \frac{\varepsilon}{2}$$

Soit $\lambda \in l^{\infty}$; on peut supposer que $\sup |\lambda_n| \leqslant 1$. Si m et n sont des entiers tels que $n > m > n_o$, on a par le lemme 1 :

$$\| \sum_{i=m}^{n} \lambda_i x_i \| \leq \| \sum_{i=m}^{n} \varepsilon_i x_i \| \text{ , pour un choix convenable des } \varepsilon_i = \pm 1.$$

Mais
$$\Big\|\sum_{i=m}^{n} \varepsilon_i x_i\Big\| = \Big\|\sum_{\substack{i=m\\ \varepsilon_i>0}}^{n} x_i - \sum_{\substack{i=n\\ \varepsilon_i>0}}^{n} x_i\Big\| \leqslant \Big\|\sum_{\substack{i=n\\ \varepsilon_i>0}}^{n} x_i\Big\| + \Big\|\sum_{\substack{i=m\\ \varepsilon_i<0}}^{n} x_i\Big\|$$

$$\leqslant \frac{\varepsilon}{2} + \frac{\varepsilon}{2} = \varepsilon$$

Finalement, on voit que $(\sum \lambda_i x_i)$ satisfait à la condition de Cauchy dans le cas où $\sup |\lambda_i| \leqslant 1$. Le cas général se ramène à celui-là par homogénéité.

(3) $\Longrightarrow$ (2) : Supposons (3) satisfaite et soit (x_{n_k}) une suite extraite. Soit (λ_n) définie par :

$$\lambda_n = \begin{cases} 1 \text{ si } n = n_k \\ 0 \text{ si } n \neq n_k \end{cases}$$

Il est clair que $\sum \lambda_n x_n = \sum x_{n_k}$. Donc (3) implique (2).

(2) $\Longrightarrow$ (1) : Soit (x_n) satisfaisant à (2) et supposons cette suite non sommable, c'est à dire :

Il existe $\varepsilon > 0$ et une suite (J_n) de parties finies de $\mathbb{N}$ telles que :

- $\sup J_n \leqslant \operatorname{Inf} J_{n+1}$ $\quad\forall n$

- $\Big\|\sum_{i\in J_n} x_i\Big\| \geqslant \varepsilon$ $\quad\forall n$

Considérons la suite extraite de (x_n) obtenue en prenant les éléments de $\cup J_n$ dans l'ordre croissant. Il est clair que cette suite extraite ne peut converger (elle ne satisfait pas à la condition de Cauchy) - CONTRADICTION -

<u>REMARQUE 1</u> : Les conditions du théorème 4 équivalent encore à :

(4) $\sum \varepsilon_i x_i$ converge pour <u>toute</u> famille $(\varepsilon_i)_{i\in\mathbb{N}}$ telles que $\varepsilon_i = \pm 1$.

<u>REMARQUE 2</u> : Si E est seulement normé, les conditions du théorème 4 ne sont plus équivalentes comme le montrent les exemples suivants :

Exemple 1 : Soit E = $\mathbb{R}_o^{\mathbb{N}}$ muni de la norme l^∞ et soit

$$x_n = \frac{1}{n} e_n - \frac{1}{n+1} e_{n+1} \qquad n \geq 1$$

alors $\sum x_n = e_1$.

On voit facilement que (x_n) est sommable (commutativement convergente). Par contre, $\sum x_{2n}$ ne converge pas dans $\mathbb{R}_o^{\mathbb{N}}$ (mais dans c_o).

Exemple 2 : Soit E l'espace des suites de nombres réels ne prenant qu'un nombre fini de valeurs distinctes.

$$x = (\lambda_n) \qquad \lambda_n \in \mathbb{R} \quad \forall n \qquad \text{Card} \{\lambda_n, n \in \mathbb{N}\} < \infty$$

e_n désignera le vecteur de E : (0, 0, 0, 1, 0, 0...).

Munissons E de la norme
$$\sup_n \frac{|\lambda_n|}{n+1}$$

Alors (e_n) ne satisfait pas à la condition (3) du théorème 4, mais pour toute suite extraite $\sum_k e_{n_k}$ a un sens.

COROLLAIRE

Toute suite sommable d'éléments du Banach E définit une application linéaire de l^∞ dans E.

Démonstration : Le théorème 4 permet de définir une application linéaire de l^∞ dans E. La continuité résulte alors de Banach-Steinhaus.

REMARQUE : Par analogie avec les suites scalairement sommables, on serait tenté d'identifier l'espace des suites sommables avec $\mathcal{L}(l^\infty ; E)$. Il n'en est rien comme le montre l'exemple suivant :

Soit E = l^∞ et soit u l'application identique de l^∞ dans lui-même. Supposons qu'il existe $(x_n) \in (l^\infty)^{\mathbb{N}}$ telle que

$$u(\lambda) = \sum \lambda_n x_n \qquad \forall \lambda \in l^\infty$$

On en déduirait que l^∞ est séparable, ce qui est faux.

N° 4 : ETUDE PLUS PRECISE DE LA RELATION ENTRE SOMMABILITE ET SCALAIRE SOMMABILITE

Nous avons donné un exemple de Banach dans lequel il existe une suite scalairement sommable mais non sommable, à savoir l'espace c_0 (en fait, cette suite ne converge même pas vers zéro). Nous verrons plus tard que cette rencontre avec c_0 n'est pas fortuite. Pour le moment, nous allons étudier quand ces deux notions sont équivalentes.

Toutefois, nous allons nous placer dans une situation un peu plus générale que dans les Banach, ce qui nous permettra d'appliquer les résultats obtenus aux espaces de variables aléatoires.

Donnons au préalable quelques définitions généralisant à d'autres espaces que les Banach les notions de suites sommables et scalairement sommables.

DEFINITIONS : Soit E un espace vectoriel topologique (pas forcément localement convexe !) et (x_n) une suite de points de E.

(1) On dit que (x_n) est une C-suite si pour tout (λ_n) dans (c_0), $\sum \lambda_n x_n$ converge.

(2) On dit que (x_n) est une C'-suite si pour tout $\lambda = (\lambda_n)$ dans l^∞, $\sum \lambda_n x_n$ converge.

(3) On dit que E est un C-espace si toute C-suite est une C'-suite.

Il est clair que dans un Banach, une C-suite (respectivement C'-suite) n'est autre qu'une suite scalairement sommable (respectivement sommable).

Il est également clair que si (x_n) est une C-suite (respectivement C'-suite) pour tout $(a_n) \in l^\infty$, $(a_n x_n)$ est une C-suite (respectivement C'-suite).

De même, si (x_n) est une C-suite, pour tout $(a_n) \in c_0$, $(a_n x_n)$ est une C'-suite. D'où résulte que E est un C-espace si et seulement si pour toute C-suite (x_n), $\sum x_n$ converge.

THEOREME 5 :

Soit E un espace vectoriel complet, (x_n) une suite de points de E. (x_n) est une C-suite si et seulement si l'ensemble

$$A = \{ x \in E \quad x = \sum \lambda_n x_n \quad \lambda_n \in \mathbb{R}_0^{\mathbb{N}} \quad \sup |\lambda_n| \leqslant 1 \}$$

est borné.

Démonstration :

- Suffisance : Supposons A borné et soit V un voisinage équilibré de zéro dans E. Soit $(\lambda_n) \in c_0$. A étant borné et (λ_n) convergeant vers zéro, il existe n_0 tel que pour tout $n \geqslant n_0$ on ait $\lambda_n x \in V \quad \forall x \in A$. Si alors n et m sont deux entiers tels que $n_0 < n < m$,

$$\sum_{i=n+1}^{m} \lambda_i x_i = \lambda \sum_{i=n+1}^{m} \frac{\lambda_i}{\lambda} x_i = \lambda x$$

si $\lambda = \sup_{n<i\leqslant m} |\lambda_i|$ et $x = \sum_{i=n+1}^{m} \frac{\lambda_i}{\lambda} x_i$ (on pose $\frac{0}{0} = 0$!)

Mais $x \in A$ et $\lambda x \in V$ (car V est équilibré) : donc la condition de Cauchy est vérifiée et $\sum \lambda_n x_n$ converge.

- Nécessité : Supposons A non borné ; il existe un voisinage de zéro équilibré dans E, une suite (λ_n) de réels tendant vers zéro, une suite (a_n) de réels telle que $|a_n| \leqslant 1$ pour tout n, et deux suites d'entiers (n_k) et (n'_k) de façon que :

$$- \; n_k < n'_k < n_{k+1} \qquad \forall k$$

$$- \; \lambda_k \sum_{n=n_k}^{n'_k} a_n x_n \notin V \qquad \forall k$$

Posons alors

$$c_n = \begin{cases} \lambda_k a_n & \text{si } n_k < n \leqslant n'_k \\ 0 & \text{sinon} \end{cases}$$

alors $(c_n) \in c_0$ et la série $\sum c_n x_n$ n'est pas convergente. Donc (x_n) n'est pas une C-suite (ici, la complétude n'a pas été utilisée).

Il est clair que l'image d'une C-suite par une application linéaire continue est une C-suite, et que tout sous-espace fermé d'un C-espace est également un C-espace.

THEOREME 6

Soit E un espace vectoriel topologique complet, E est un C-espace si et seulement si toute C-suite converge vers zéro.

Démonstration :

La nécessité est évidente.

Réciproquement, supposons que E ne soit pas un C-espace et que toute C-suite converge vers zéro.

Il existe une C-suite (x_n) telle que $\sum x_n$ ne converge pas, donc ne satisfait pas la condition de CAUCHY car E est complet.

Il existe un voisinage V de zéro et une suite croissante (n_k) d'entiers tels que pour tout k

$$y_k = \sum_{n_k}^{n_{k+1}} x_n \notin V$$

Mais (y_k) est une C-suite ne convergeant pas vers zéro. CONTRADICTION.

Nous allons maintenant donner des exemples de C-espaces.

THEOREME 7 (L. SCHWARTZ)

Soit (X, F, μ) un espace mesuré fini. L'espace $L^o(X, F, \mu)$ est un C-espace.

Démonstration Il nous faut démontrer que toute C-suite (f_n) d'éléments de $L^o(X, F, \mu)$ converge vers zéro en μ-mesure. En fait, on démontrera même plus : f_n converge vers zéro μ-presque partout. Cela résultera du "vieux lemme" suivant de KOLMOGOROFF-KHINCHINE.

LEMME

Soit (f_n) une suite d'éléments de L^0 $(X, \mathfrak{F}, \mu)$ (μ mesure finie) telle que $\sum \lambda_n f_n$ converge en μ-mesure pour toute $(\lambda_n) \in c_0$. Alors $\sum f_n^2 (x) < \infty$ μ-presque partout (ou encore $(f_n(x))_n$ est μ-presque partout dans l^2)

Démonstration du lemme (KWAPIEN)

Soit (R_n) le système de RADEMACHER : les R_n sont des variables aléatoires sur l'espace probabilité unité $([0, 1], dt)$, indépendantes, et de loi $\frac{1}{2} \delta_{(1)} + \frac{1}{2} \delta_{(-1)}$.

En fait, $R_n(t) = \text{sign} \left(\sin(2\pi \times 2^n t)\right) \quad \forall t \in [0, 1] \quad \forall n \in \mathbb{N}$

Soient $n \in \mathbb{N}$ et $t \in [0, 1]$ donnés. Posons :

$$F_{n,t} (.) = \sum_{i=0}^{n} R_i (t) f_i (.)$$

Les (f_n) formant une C-suite, l'ensemble $\left(F_{n,t} (.)\right)_{(n,\ t)}$ est une partie bornée de L^0 $(X, \mathfrak{F}, \mu)$ d'après le théorème 5. Il en résulte que, pour tout $\varepsilon > 0$, il existe une constante C positive finie telle que

(1) $$\mu \{x ; |F_{n,t} (x)| > C\} \leqslant \varepsilon \qquad \forall (n, t).$$

n étant donné, soit $B_n = \{(t, x) \ |F_{n,t} (x)| > C\}$; puis x étant fixé, soit B_n^x la coupe de B_n en x ($B_n^x \subset [0, 1]$). Posons également $A_n = B_n^c$ et $A_n^x = (B_n^x)^c$. Si λ désigne la mesure de Lebesgue sur $[0, 1]$, on déduit de (1) par Fubini que :

$\mu \otimes \lambda (B_n) \leqslant \varepsilon$, et, par conséquent d'après Fubini, à nouveau :

$$\int_X \lambda (B_n^x) \ \mu (dx) \leqslant \varepsilon$$

Il en résulte que

$$\mu \{x ; \lambda (B_n^x) \geqslant \sqrt{\varepsilon}\} \times \sqrt{\varepsilon} \leqslant \varepsilon$$

ou encore

$$\mu \{x ; \lambda (B_n^x) < \sqrt{\varepsilon}\} \geqslant \mu (X) - \sqrt{\varepsilon}$$

Puisque

$\lambda (B_n^x) = 1 - \lambda (A_n^x)$, ceci équivant encore à :

$$\mu \{x ; \lambda (A_n^x) > 1 - \sqrt{\varepsilon}\} \geqslant \mu (X) - \sqrt{\varepsilon}$$

Puisque pour tout $t \in A_n^x$ on a $|F_{n,t}(x)| \leqslant C$, on a :

$$\int_{A_n^x} \Big(\sum_{i=0}^{n} R_i(t)\, f_i(x)\Big)^2 dt \leqslant C^2 \qquad \forall x$$

ou encore :

$$(2) \qquad \int_{A_n^x} \sum_{i=0}^{n} |f_i(x)|^2\, dt + 2 \int_{A_n^x} \sum_{i<j\leqslant n} f_i(x)\, f_j(x)\, R_i(t)\, R_j(t)\, dt \leqslant C^2$$

pour tout x (car $R_n^2(t) \equiv 1$ pour tout n).

Choisissons ε tel que $\sqrt{\varepsilon} < \mu(X)$; il existe des x tels que $\lambda(A_n^x) > 1 - \sqrt{\varepsilon}$ et pour ces x, on a alors :

$$(1-\sqrt{\varepsilon}) \sum_{i=0}^{n} |f_i(x)|^2 + 2 \sum_{i<j\leqslant n} f_i(x)\, f_j(x) \int_{A_n^x} R_i(t)\, R_j(t)\, dt \leqslant C^2$$

Il résulte donc de l'inégalité de SCHWARZ que :

$$(3) \qquad (1-\sqrt{\varepsilon}) \sum_{i=0}^{n} |f_i(x)|^2 - 2 \Big\{\sum_{i<j\leqslant n} |f_i(x)\, f_j(x)|^2\Big\}^{\frac{1}{2}} \times \Big[\sum_{i<j\leqslant n} \Big(\int_{A_n^x} R_i(t)\, R_j(t)\, dt\Big)^2\Big]^{\frac{1}{2}} \leqslant C^2$$

Il nous reste maintenant à estimer $\sum_{i<j\leq n} (\int_{A_n^x} R_i(t)\, R_j(t)\, dt)^2$.

Nous utiliserons pour cela le fait que les $(R_n(.))_{n\in\mathbb{N}}$ forment un système orthonormé (pas total) dans $L^2([0,1], dt)$, ainsi que les $(R_m \cdot R_n)_{m \neq n}$.

On en déduit que :

Si $i \neq j$ $\qquad \int_{A_n^x} R_i(t)\, R_j(t)\, dt = -\int_{B_n^x} R_i(t)\, R_j(t)\, dt$

car $\qquad B_n^x = (A_n^x)^c$

et que :

$$(4) \qquad \sum_{i<j\leqslant n} \Big(\int_{A_n^x} R_i(t)\, R_j(t)\, dt\Big)^2 = \sum_{i<j\leqslant n} \Big(\int_{B_n^x} R_i(t)\, R_j(t)\, dt\Big)^2$$

Puisque les R_iR_j $(i < j)$ forment un système orthonormé sur $L^2([0,1], dt)$ et puisque les coefficients de Fourier de $1_{B_n^x}$ par rapport à ce système sont égaux à :

$$\int_{B_n^*} R_i(t)\, R_j(t)\, dt,$$

l'inégalité de Parseval et l'égalité (4) donnent :

$$(5) \qquad \sum_{i<j\leqslant n} \left(\int_{A_n^x} R_i(t)\, R_j(t)\, dt\right)^2 \leqslant \lambda(B_n^x) \leqslant \sqrt{\varepsilon}$$

Remarquons maintenant en dernier ressort que :

$$(6) \qquad \left(\sum_{i<j\leqslant n} |f_i(x)\, f_j(x)|^2\right)^{\frac{1}{2}} \leqslant \left(\sum_{i\leqslant n}\ \sum_{j\leqslant n} |f_i(x)\, f_j(x)|^2\right)^{\frac{1}{2}}$$

$$= \left[\left(\sum_{i=0}^{n} |f_i(x)|^2\right)^2\right]^{\frac{1}{2}} = \sum_{i=0}^{n} |f_i(x)|^2$$

Les inégalités (3), (4), (5) et (6) impliquent que :

$$(7) \qquad \sum_{i=0}^{n} |f_i(x)|^2 \leqslant \frac{C^2}{1 - \sqrt{\varepsilon} - 2\,\varepsilon^{\frac{1}{4}}}$$

pour tout x tel que $\lambda\,(A_n^x) > 1 - \sqrt{\varepsilon}$.

Finalement, on a démontré que, pour chaque n, on a avec une mesure $\geqslant \mu\,(X) - \sqrt{\varepsilon}$ l'inégalité (7).

Il est maintenant facile de terminer la démonstration, car si l'on pose :

$$K_n = \{x\ ;\ \sum_{i=0}^{n} |f_i(x)|^2 \leqslant \frac{C^2}{1 - \sqrt{\varepsilon} - 2\,\varepsilon^{\frac{1}{4}}}\}$$

alors $\quad \mu\,(K_n) \geqslant \mu\,(X) - \sqrt{\varepsilon} \quad \forall\, n$ et $K_n \downarrow$.

Donc $K = \bigcap K_n$ est tel que $\mu\,(K) \geqslant \mu\,(X) - \sqrt{\varepsilon}$; en outre, pour tout $x \in K$, on a :

$$\sum_{i=0}^{n} |f_i(x)|^2 \leqslant \frac{C^2}{1 - \sqrt{\varepsilon} - 2\,\varepsilon^{\frac{1}{4}}} \qquad \text{c.q.f.d.}$$

<u>REMARQUE</u> : On a en fait démontré ce qui suit : Soit $(X, \mathfrak{F}, \mu)$ un espace mesuré et soit $L^0\,(X, \mathfrak{F}, \mu)$ muni de la topologie de convergence en mesure sur tout ensemble de mesure finie. Alors pour toute C-suite (f_n) de $L^0\,(X, \mathfrak{F}, \mu)$

on a $\sum f_n^2(x) < \infty$ μ-presque partout sur tout ensemble de mesure finie (donc μ-presque partout si μ est σ-finie).

THEOREME 8 :

Soit $(X, \mathfrak{F}, \mu)$ un espace mesuré ; pour tout $p \in [0, \infty[$ $L^p(X, F, \mu)$ est un C-espace (ici, $(X, \mathfrak{F}, \mu)$ n'a pas besoin d'être supposé σ-fini).

Démonstration : D'après ce qui précède, il suffit de démontrer que toute C-suite (f_n) converge vers zéro dans $L^p(X, \mathfrak{F}, \mu)$. Bien sûr, le cas $p = 0$ a été résolu. On supposera donc $p > 0$. Soit alors (f_n) une C-suite dans $L^p(X, \mathfrak{F}, \mu)$: c'est une C-suite dans $L^0(X, \mathfrak{F}, \mu)$; et par le lemme de KHINCHINE-KOLMOGOROFF, elle converge vers zéro presque partout sur tout ensemble de mesure finie (donc presque partout si $(X, \mathfrak{F}, \mu)$ est σ-fini).

En utilisant le théorème d'EGOROFF et compte tenu du fait que les (f_n) sont nulles en dehors d'un ensemble σ-fini, on peut écrire :

$$X = \bigcup_{i=0}^{\infty} X_i \cup N$$

avec :

- pour tout n, f_n est nulle presque partout sur N
- $\forall i$, $X_i \in F, X_i \subset X_{i+1}$, $\mu(X_i) < \infty$
- les f_n tendent vers zéro uniformément sur chaque X_i.

(On dira pour abréger que les X_i sont des ensembles d'uniforme convergence).

Supposons que (f_n) ne tende pas vers zéro dans $L^p(X, \mathfrak{F}, \mu)$. Il existe $\delta' > 0$ tel que $\int_X |f_n(x)|^p \, d\mu > \delta'$ pour une infinité de n.

On peut supposer que l'inégalité ci-dessus est vraie pour tout n. Donc, que (f_n) est une C-suite de $L^p(X, \mathfrak{F}, \mu)$ telle que $\int |f_n|^p \, d\mu > \delta'$ $\forall n$.

Soit δ tel que $0 < \delta < \delta'$. On va construire par récurrence une suite (A_k) d'ensembles de F deux à deux disjoints et une suite croissante d'entiers (n_k) telles que :

- chaque A_k soit contenu dans un ensemble d'uniforme convergence.

- Pour tout k, on a : $\int_{A_k} |f_{n_k}(x)|^p \, d\mu(x) > \delta$

- Pour tous entiers j et k tels que $j \neq k$, on a :

$$\int_{A_j} |f_{n_k}(x)|^p \, d\mu(x) < \frac{1}{2^{j+k}}$$

En effet, prenons $n_o = 0$; puisque $\int |f_o|^p \, d\mu > \delta$, il existe m_o tel que :

$$\int_{X_{m_o}} |f_{n_o}|^p \, d\mu > \delta$$

On pose $A_o = X_{m_o}$.

Supposons que $A_o, A_1, \dots, A_k$ et $n_o, n_1, \dots, n_k$ aient été déterminés de façon à satisfaire aux conditions ci-dessus ; soit X_{m_k} un ensemble d'uniforme convergence contenant $A_o, A_1, \dots, A_k$. Il existe alors un ensemble d'uniforme convergence $X_{m'_k}$ avec $m'_k > m_k$ tel que :

$$\int_{X^c_{m'_k}} |f_{n_j}|^p \, d\mu \leqslant \frac{1}{2^{(k+1)+j}} \qquad \forall\, j = 0, 1, \dots, k.$$

Ensuite, par le fait que les (f_n) convergent uniformément vers zéro sur chaque X_i, il existe un entier $n_{k+1} > n_k$ tel que :

$$\int_{X_{m'_k}} |f_{n_{k+1}}|^p \, d\mu \leqslant \frac{1}{2^{2(k+1)}} \quad \text{et} \quad \int_{X^c_{m'_k}} |f_{n_{k+1}}|^p \, d\mu > \delta .$$

On en déduit qu'il existe un entier $m_{k+1} > m'_k$ tel que

$$\int_{X_{m_{k+1}} \setminus X_{m'_k}} |f_{n_{k+1}}|^p \, d\mu > \delta$$

Posons $A_{k+1} = X_{m_{k+1}} \setminus X_{m'_k}$.

Je dis que la famille $(n_o, n_1, \dots, n_{k+1})$ $(A_o, A_1, \dots, A_{k+1})$ satisfait les conditions cherchées. En effet,

- $A_o, A_1, \dots, A_{k+1}$ sont contenus dans des ensembles d'uniforme convergence.
- $\int_{A_j} |f_{n_j}|^p \, d\mu > \delta \qquad \forall\, j = 0, 1, 2, \dots, (k+1).$

$$- \int_{A_{k+1}} |f_{n_j}|^p \, d\mu \leqslant \int_{X^c_{m'_k}} |f_{n_j}|^p \, d\mu \leqslant \frac{1}{2^{(k+1)+j}} \qquad \forall j = 0, 1, \ldots, k,$$

d'une part, et d'autre part :

$$\int_{A_j} |f_{n_{k+1}}|^p \, d\mu \leqslant \int_{X_{m'_k}} |f_{n_{k+1}}|^p \, d\mu \leqslant \frac{1}{2^{k+1+(k+1)}} < \frac{1}{2^{(k+1)+j}}$$

$\forall j = 0, 1, \ldots, k$. Donc la récurrence s'enclânche.

Il nous reste maintenant à terminer la démonstration. Pour cela, soit $(\lambda_n) \in c_o$ tel que $\lambda_n \geqslant 0 \quad \forall n$ et $\sum \lambda_n^p = +\infty$. On va démontrer que $\sum \lambda_k f_{n_k}$ ne peut converger dans $L^p(X, \mathcal{F}, \mu)$, ce qui entrainera une contradiction. On va examiner deux cas :

1 - $0 < p \leqslant 1$: soit $n \in \mathbb{N}$, on a alors :

$$\int_X |\sum_{k=0}^n \lambda_k 1_{nk}|^p \, d\mu \geqslant \sum_{l=0}^n \int_{A_l} |\sum_{k=0}^n \lambda_k 1_{n_k}|^p \, d\mu$$

$$\geqslant \sum_{k=0}^n \left[\int_{A_l} (\lambda_l^p \, |1_{n_l}|^p - \sum_{\substack{k=0 \\ k \neq l}}^n \lambda_k^p \, |1_{n_k}|^p) \, d\mu \right]$$

$$\geqslant \delta \sum_{l=0}^n \lambda_l^p - C \sum_{k,l=0}^n \frac{1}{2^{k+l}} \geqslant \delta \sum_{l=0}^n \lambda_l^p - 4\,C \; ;$$

si l'on pose $C = \sup_n \lambda_n^p$. Donc la série $\sum \lambda_k f_{n_k}$ ne peut converger dans L^p, et f_{n_k} n'est pas une C-suite. Comme (f_{n_k}) est extraite d'une C-suite, on obtient une contradiction.

- 2 - $1 \leqslant p < \infty$: Même méthode que dans le cas $p < 1$, en utilisant cette fois l'inégalité de MINKOWSKI.

<u>REMARQUE</u> : En général, L^∞ n'est pas un C-espace. Par exemple, l^∞, qui contient c_o, n'est pas un C-espace.

N° 5 : <u>UNE PROPRIETE CARACTERISTIQUE DES F-ESPACES NE CONTENANT PAS</u> c_o

<u>DEFINITION</u> : Soit E un espace vectoriel topologique ; on dit que E contient c_o isomorphiquement (ou en abrégé E contient c_o) s'il existe un sous-espace

de E isomorphe topologiquement, par la topologie induite par celle de E, à c_0.

Bien sûr, si E est un Banach contenant c_0, cela n'implique pas qu'il existe dans E un sous-espace isométrique à c_0. Remarquons de prime abord que si E contient c_0, il ne peut être un C-espace (car c_0 n'en est pas un !). Nous allons maintenant indiquer une réciproque de ce résultat. Nous ne détaillerons pas la démonstration, ce qui nous entrainerait trop loin ; nous nous contenterons d'en donner un plan.

Indiquons le premier résultat dans cette voie.

THEOREME 10 (BESSAGA, PELCZYNSKI, ROLEWICZ)

Soit E un F-espace ayant une base. Si E n'est pas un C-espace, il contient c_0.

Rappelons que l'on dit qu'un F-espace E possède une base (e_n) si tout élément x de E possède une représentation unique, sous la forme d'une série (convergente !)

$$x = \sum \lambda_n e_n = \sum \lambda_n (x) e_n$$

On démontre que les formes linéaires $x \rightsquigarrow \lambda_n(x)$ sont continues, et même équicontinues.

Naturellement, la définition d'une base a un sens même si E n'est pas un F-espace. Toutefois, on ne peut affirmer en général que les "coefficients" (λ_n) sont des formes linéaires continues.

La seconde étape réside dans le

THEOREME 11 :

Soit F un sous-espace fermé d'un F-espace E à base. On suppose que E possède un voisinage borné. Alors si F n'est pas un C-espace, il contient c_0.

Le théorème 11 n'est pas une simple paraphrase du théorème 10, même si F est complet, car on sait depuis P. ENFLO (1972) que, même dans le cas d'un Banach, un sous-espace d'un espace à base ne possède pas forcément de base. En effet, ENFLO a donné un exemple de Banach séparable ne possédant pas de base. Or tout Banach séparable est un sous-espace de $\mathcal{C}([0, 1])$ qui lui, possède une base.

Avant d'énoncer le résultat fondamental, faisons la remarque suivante : Soit E un F-espace non-séparable. Il contient donc une C-suite (x_n) qui n'est pas une C'-suite. Soit F le sous-espace fermé engendré par les (x_n) : F est un F-espace séparable et n'est pas un C-espace. En d'autres termes, un F-espace E n'est pas un C-espace si et seulement si il contient un sous-espace séparable qui n'est pas un C-espace. A partir de là, on déduit le

THEOREME 12

Soit E un Banach. E n'est pas un C-espace si et seulement si E contient c_o.

Démonstration : On sait déjà (et c'est très général) que si E contient c_o, il ne peut être un C-espace.

Supposons alors que E n'est pas un C-espace. Il contient donc un sous-espace fermé séparable F, donc un Banach séparable, qui n'est pas un C-espace.

Mais F, nous l'avons déjà remarqué, est isomorphe à un sous-espace de l'espace de Banach à base $\mathcal{C}([0, 1])$.

Alors le théorème 10 permet d'affirmer que F, donc aussi E, contient c_o.

En particulier, les $L^p(X, F, \mu)$ $(1 \leq p < \infty)$ ne peuvent contenir c_o .

N° 6 : COMPLEMENTS SUR LES C-SUITES ET LES C'-SUITES DANS DES E.V.T. METRISABLES COMPLETS

Nous avons déjà remarqué que l'on peut définir les notions de C-suite et C'-suite dans n'importe quel espace vectoriel topologique. En fait, au chapitre IV nous utiliserons ces notions dans des espaces $L^p(\Omega, \mathcal{F}, P, E)$ où E est un Banach ($0 \le p < \infty$).

Nous allons voir que, dans les cas qui nous intéresseront, les C'-suites ne sont autres que les suites sommables (ce qui était déjà connu dans le cas Banach). Nous donnerons également une condition pour qu'une suite soit une C-suite.

Rappelons que l'on a le résultat suivant :

THEOREME 13 :

Soit E un F-espace, (x_n) une suite de points de E ; les conditions suivantes sont équivalentes :

(1) Toute "sous-série" $\sum_{k \in \mathbb{N}} x_{n_k}$ est convergente ;

(1') Pour toute suite (α_n) de nombres réels telle que $\alpha_n = 0$ ou 1 quel que soit n, la série $\sum \alpha_n x_n$ converge.

(2) Pour toute suite $(\varepsilon_n) \in \{-1, +1\}^{\mathbb{N}}$, la série $\sum \varepsilon_n x_n$ converge.

(3) Pour toute permutation σ de $\mathbb{N}$, la série $\sum_n x_{\sigma(n)}$ converge.

(4) La suite (x_n) est sommable.

Il est trivial de voir que (1) $\Longleftrightarrow$ (1') $\Longleftrightarrow$ (2) ; (2) $\Longleftrightarrow$ (3) est un résultat bien connu d'ORLICZ (voir par exemple ROLEWICZ "Metric Linear Spaces, page 88). (3) $\Longleftrightarrow$ (4) : voir par exemple BOURBAKI (Topologie générale, chapitre III).

Nous aurons besoin maintenant de la définition suivante :

DEFINITION : Soit E un e.v.t. et $(x_n) \in E^{\mathbb{N}}$; (x_n) est dite commutativement bornée si l'ensemble

$$\{ \sum_{n\in\sigma} x_n , \sigma \in \Phi(\mathbb{N})\}$$

est une partie bornée de E ($\Phi(\mathbb{N})$ désigne l'ensemble des parties finies de $\mathbb{N}$). On dira également que $\sum x_n$ est commutativement bornée.

Nous allons voir que, dans certains cas, (x_n) est commutativement bornée si et seulement si c'est une C-suite. Pour ce faire, nous aurons besoin d'un principe de contraction analogue au principe de contraction dans les espaces normés.

LEMME :

Soit $\mathcal{E}$ un espace p-normé et $\sigma \in \Phi(\mathbb{N})$; soit $(x_n)_{n\in\sigma}$ des vecteurs de $\mathcal{E}$; $(a_n)_{n\in\sigma}$ des nombres réels. On a la double inégalité :

$$\|\sum_{n\in\sigma} a_n x_n\| \le \frac{1}{2^p-1} (\sup_{n\in\sigma} |a_n|^p) \sup \{\|\sum_{n\in\sigma'} \varepsilon_n x_n\| ; \sigma' \subset \sigma ; \varepsilon_n = \pm 1 \ \forall n\}$$

$$\le \frac{2}{2^p-1} (\sup_{n\in\sigma} |a_n|^p) \sup_{\sigma'\subset\sigma} \|\sum_{n\in\sigma'} x_n\| .$$

DEMONSTRATION : Par raison de p-homogénéité, on peut supposer que $\sup_{n\in\sigma} |a_n| = 1$. Alors chaque a_n admet un développement dyadique :

$$a_n = \sum_{k=0}^{\infty} \frac{\varepsilon_{nk}}{2^k} \quad \text{avec } |\varepsilon_{n,k}| = 0 \text{ ou } 1 ;$$

En outre, n étant donné, tous les $\varepsilon_{n,k}$ non nuls ont même signe. Cela étant :

$$\|\sum_{n\in\sigma} a_n x_n\| = \|\sum_{n\in\sigma} \sum_{k\in\mathbb{N}} \frac{\varepsilon_{nk}}{2^k} x_n\|$$

$$= \sum_{k\in\mathbb{N}} \frac{1}{2^k} \sum_{n\in\sigma} \varepsilon_{n_k} x_n\| \le \sum_k \frac{1}{(2^k)^p} \|\sum_{n\in\sigma} \varepsilon_{nk} x_n\| .$$

Maintenant, si l'on remarque que, pour k fixé, les ε_{nk} non nuls ne peuvent prendre que les valeurs 1 ou (-1), on a

$$\forall k : \Big\|\sum_{n\in\sigma} \varepsilon_{n_k} x_n\Big\| \leq \sup_{\substack{\sigma'\subset\sigma \\ \varepsilon_n=\pm1}} \Big\|\sum_{n\in\sigma'} \varepsilon_n x_n\Big\| ;$$

La première inégalité est donc démontrée. La seconde est alors évidente compte tenu du fait qu'une p-norme est sous-additive.

REMARQUE 1 : Sous les hypothèses du lemme ci-dessus, on peut remplacer le membre de gauche de la double inégalité par

$$\sup_{\sigma'\subset\sigma} \Big\|\sum_{n\in\sigma} a_n x_n\Big\| .$$

REMARQUE 2 : Le lemme ci-dessus admet évidemment une version infinie : si M est une partie infinie de $\mathbb{N}$, on a la double inégalité :

$$\sup_{\sigma\in\Phi(M)} \Big\|\sum_{n\in\sigma} a_n x_n\Big\| \leq \frac{1}{2^p-1} \left(\sup_{n\in M} |a_n|^p\right) \sup_{\substack{\sigma\in\Phi(M) \\ \varepsilon_n=\pm1}} \Big\|\sum_{n\in\sigma} \varepsilon_n x_n\Big\|$$

$$\leq \frac{2}{2^p-1} \sup_{n\in M} |a_n|^p \sup_{\sigma\in\Phi(M)} \Big\|\sum_{n\in\sigma} \varepsilon_n x_n\Big\|$$

valable pour toutes les familles $(x_n) \in \mathcal{E}^M$ et $(a_n) \in \mathbb{R}^M$.

Comme conséquence, on obtient très facilement la

PROPOSITION :

(1) Soit $\mathcal{E}$ un espace p-normé et $(x_n) \in \mathcal{E}^{\mathbb{N}}$. Si (x_n) est commutativement bornée, pour toute $(\lambda_n) \in l^\infty$, $(\lambda_n x_n)$ est commutativement bornée.

(2) Si $\mathcal{E}$ est en outre supposé être un p-Banach et $(x_n) \in \mathcal{E}^{\mathbb{N}}$, alors

(a) Si (x_n) est commutativement bornée, pour toute $(\lambda_n) \in c_0$, $\sum(\lambda_n x_n)$ converge (donc aussi $(\lambda_n x_n)$ est sommable).

(b) Si (x_n) est sommable, pour toute $(\lambda_n) \in l^\infty$, $(\lambda_n x_n)$ est sommable.

Schéma de la démonstration :

(1) se déduit de la remarque 2 ci-dessus.

(2) est dû au fait que $\mathcal{E}$ étant complet, la sommabilité se vérifie au moyen de conditions de Cauchy, et le lemme ci-dessus donne le résultat.

REMARQUE 3 : Si E est un Banach et si $\mathcal{E}$ désigne l'espace $L^0(\Omega, \mathcal{F}, P, E)$ (où $(\Omega, \mathcal{F}, P)$ désigne un espace probabilisé) les conclusions de la proposition ci-dessus restent valables (voir par exemple MAUREY et PISIER - CRAS, tome 277, 1973 pp.39-42 pour le cas $E = \mathbb{R}$, ou RYLL-NARDZEWSKI et WOYCZINSKI, Proceedings of A.M.S., Vol. 53 n° 1, 1975, pp. 96-98).

En définitive, on peut énoncer sous une autre forme la proposition et la remarque 3 qui la suit :

Si $\mathcal{E}$ est un p-normé ou un espace $L^0(\Omega, \mathcal{F}, P, E)$, une C-suite n'est autre qu'une série commutativement bornée et une C'-suite n'est autre qu'une série sommable ou commutativement convergente.

En effet, on sait qu'une série commutativement bornée (resp. convergente) est une C-suite (resp. une C'-suite). Réciproquement, si (x_n) est une C-suite, en vertu du théorème 5, c'est une série commutativement bornée ; de même, de par le théorème 13, si (x_n) est une C'-suite, elle est sommable.

Dans les cas que nous aurons à utiliser par la suite, $\mathcal{E}$ sera un espace $L^p(\Omega, \mathcal{F}, P, E)$ $(0 \leq p \leq \infty)$.

REMARQUE 4 : En général, même si $\mathcal{E}$ est métrisable et complet, il n'y a pas identité entre C'-suite et suite sommable (voir par exemple ROLEWICZ, Linear Metric Spaces, P. 93).

On désigne par $\mathcal{B}(\mathcal{E})$ l'espace vectoriel des séries commutatives bornées d'éléments de $\mathcal{E}$, et par $\mathcal{C}(\mathcal{E})$ l'espace vectoriel des suites sommables d'éléments de $\mathcal{E}$. Naturellement, $\mathcal{C}(\mathcal{E}) \subset \mathcal{B}(\mathcal{E})$. On va maintenant mettre une topologie d'espace vectoriel sur $\mathcal{B}(\mathcal{E})$ et $\mathcal{C}(\mathcal{E})$. Un système fondamental de voisinage de zéro dans $\mathcal{B}(\mathcal{E})$ sera constitué des ensembles

$$\mathcal{V}(V) = \{x = (x_n) \in \mathcal{B}(\mathcal{E}) \quad \sum_{n \in \sigma} x_n \in V \quad \forall \sigma \in \Phi(\mathbb{N})\}$$

quand V décrit un système fondamental de voisinages de zéro dans ε.

Il est facile de voir que les $\mathcal{V}(V)$ forment un système fondamental de voisinages de zéro pour une topologie d'espace vectoriel.

$\mathcal{C}(\mathcal{E})$ sera muni de la topologie induite par celle de $\mathcal{B}(\mathcal{E})$. Le cas le plus important, et que seul nous rencontrerons par la suite, est celui où $\mathcal{E}$ est un F-espace. On a alors la

PROPOSITION :

Soit $\mathcal{E}$ un F-espace ; $\mathcal{B}(\mathcal{E})$ est aussi un F-espace, $\mathcal{C}(\mathcal{E})$ est un sous-espace fermé de $\mathcal{B}(\mathcal{E})$ (donc aussi un F-espace).

DEMONSTRATION : Il est facile de voir que, si pour $x = (x_n) \in \mathcal{B}(\mathcal{E})$ l'on pose :

$$||x||_{\mathcal{B}(\mathcal{E})} = \sup_{\sigma\in\Phi(\mathbb{N})} ||\sum_{n\in\sigma} x_n||_{\mathcal{E}}$$

(où $||\cdot||_{\mathcal{E}}$ désigne une F-norme définissant la topologie de $\mathcal{E}$), l'application $x \rightsquigarrow ||x||_{\mathcal{B}(\mathcal{E})}$ est une F-norme définissant la topologie de $\mathcal{B}(\mathcal{E})$. Il reste à démontrer la complétude de $\mathcal{B}(\mathcal{E})$. Soit donc $(x^j)_j$ une suite de Cauchy dans $\mathcal{B}(\ )$: $x^j = (x_n^j)_{n\in\mathbb{N}}$. La topologie de $\mathcal{B}(\mathcal{E})$ étant plus fine que la topologie induite par celle de $\mathcal{E}^{\mathbb{N}}$, pour tout n, la suite $(x_n^j)_{j\in\mathbb{N}}$ converge vers, disons y_n ($\mathcal{E}$ étant complet).

Il reste à montrer que $y = (y_n)_n \in \mathcal{B}(\mathcal{E})$ et que $x^j \to y$ dans $\mathcal{B}(\mathcal{E})$.

La suite (x^j) étant de Cauchy dans $\mathcal{B}(\mathcal{E})$, on en déduit qu'elle satisfait à :

"Pour tout $\varepsilon > 0$, il existe $\delta > 0$ tel que $\sup_j \sup_{\sigma\in\Phi(\mathbb{N})} ||\delta \sum_{n\in\sigma} x_n^j|| \leq \varepsilon$".

Et par conséquent, pour $\sigma \in \Phi(\mathbb{N})$ on a $||\delta \sum_{n\in\sigma} y_n|| \leq \varepsilon$.

Donc $(y_n) \in \mathcal{B}(\mathcal{E})$; on démontre de même que $x^j \to y$ dans $\mathcal{B}(\mathcal{E})$.

Démontrons enfin que $\mathcal{C}(\mathcal{E})$ est fermé dans $\mathcal{B}(\mathcal{E})$. Tout d'abord, les suites "presque nulles" (x_n) sont denses dans $\mathcal{C}(\mathcal{E})$; et inversement toute limite, pour la topologie de $\mathcal{B}(\mathcal{E})$ de suites presque nulles appartient à $\mathcal{C}(\mathcal{E})$. Donc $\mathcal{C}(\mathcal{E})$ est fermé et c'est l'adhérence dans $\mathcal{B}(\mathcal{E})$ de l'ensemble des suites presque nulles.

La proposition est donc complétement démontrée.

REMARQUE : Soit $x \in \mathcal{C}(\mathcal{E})$ et posons $T_x = \sum_n x_n$. On a évidemment

$$||T_x||_{\mathcal{E}} \leq ||x||_{\mathcal{C}(\mathcal{E})} .$$

T est donc une application (évidemment) linéaire et continue de $\mathcal{C}(\mathcal{E})$ dans $\mathcal{E}$.

CHAPITRE II

MESURABILITÉ DES FONCTIONS BANACHIQUES

Dans tout ce chapitre, $(X, \mathcal{F}, \mu)$ désignera un espace mesuré (σ-fini donc, d'après nos conventions). Souvent on le notera (X, μ). E désignera un Banach et $\mathcal{B}_E$ sa tribu borélienne.

Si E est séparable, la tribu borélienne du produit $E \times E$ est identique à la tribu produit $\mathcal{B}_E \otimes \mathcal{B}_E$. Ici, le caractère Banachique n'a rien à voir, on utilise seulement le fait que E est un espace topologique à base dénombrable.

Par contre, si E n'est pas séparable, la tribu borélienne de $E \times E$ est plus grande que $\mathcal{B}_E \otimes \mathcal{B}_E$: par exemple, la diagonale Δ de $E \times E$ est un ensemble fermé, donc borélien, qui n'appartient pas à $\mathcal{B}_E \otimes \mathcal{B}_E$ (en fait, la puissance de E étant strictement supérieure à celle du continu, Δ n'appartient même pas à $\mathcal{P}(E) \otimes \mathcal{P}(E)$.)

De cela, on déduit facilement qu'en général (i.e. si E n'est pas séparable) l'ensemble des applications $(\mathcal{F}, \mathcal{B}_E)$-mesurables de X dans E n'est pas un espace vectoriel.

Toutefois, cet ensemble est stable par passage à la limite des suites, que E soit séparable ou non, comme le montre le

LEMME 1 :

Soit $(X, \mathcal{F})$ un espace mesurable, F un espace métrique et $\mathcal{B}_F$ sa tribu borélienne. Soit (f_n) une suite de fonctions de X dans F qui sont $(\mathcal{F}, \mathcal{B}_F)$-mesurables. On suppose que f_n converge simplement vers f. Alors f est $(\mathcal{F}, \mathcal{B}_F)$-mesurable.

Démonstration : Il suffit de démontrer que, pour tout ouvert U de F, $f^{-1}(U) \in \mathcal{F}$. Remarquons tout d'abord que si U est un ouvert de F, on a à cause de la convergence de (f_n) vers f :

$$f^{-1}(U) \subset \limsup_n f_n^{-1}(U)$$

(On rappelle que si (A_n) est une suite de parties de F, on pose

$$\limsup_n A_n = \bigcap_{n \in N} \bigcup_{k \geq n} A_k \text{).}$$

De même, si G est un fermé de F : $\limsup f_n^{-1}(G) \subset f^{-1}(G)$.

Soit alors U un ouvert de F. Pour tout $n \geq 1$, posons :

$$G_n = \{y \in F,\ d(y, U^c) \geq \frac{1}{n}\}$$

$$U_n = \{y \in F,\ d(y, U^c) > \frac{1}{n}\}$$

(où d désigne la distance sur F). Il est clair que G_n est fermé, U_n ouvert et que :

$$U = \bigcup_{n=1}^{\infty} U_n = \bigcup_{n=1}^{\infty} G_n .$$

Maintenant,

$$f^{-1}(U) = \bigcup_n f^{-1}(G_n) \supset \bigcup_n \limsup_k f_k^{-1}(G_n)$$

$$\supset \bigcup_n \limsup_k f_k^{-1}(U_n) \quad \text{d'une part ;}$$

et d'autre part :

$$f^{-1}(U) = \bigcup_n f^{-1}(U_n) \subset \bigcup_n \limsup_k f_k^{-1}(U_n) .$$

En définitive :

$$f^{-1}(U) = \bigcup_n \limsup_k f_k^{-1}(U_n) \quad \text{; donc } f^{-1}(U) \in \mathcal{F} .$$

§ 1 : FONCTIONS FORTEMENT MESURABLES

N° 1 : DEFINITIONS ET RESULTATS FONDAMENTAUX

DEFINITION 1 : Soit $(X, \mathcal{F}, \mu)$ un espace mesuré et E un Banach et soit $f : X \to E$. On dit que f est fortement μ-mesurable (ou μ-mesurable) s'il existe une suite de fonctions μ-étagée (f_n) convergeant μ-presque partout vers f.

Rappelons que $q : X \to E$ est μ-étagée si $q = \sum_{i \in I} 1_{A_i} \cdot e_i$ (card. $I < \infty$, $A_i \in \mathcal{F}$ et $\mu(A_i) < \infty$ $\forall i$; $e_i \in E$. On peut supposer les A_i deux à deux disjoints).

Il est clair, d'après la définition, que les fonctions μ-fortement mesurables forment un espace vectoriel ; elles sont $(\mathcal{F}_\mu, \mathcal{B}_E)$-mesurables si $\mathcal{F}_\mu$ désigne la tribu complétée de $\mathcal{F}$ relativement à μ.

Dans la suite, nous dirons simplement "μ-mesurable" au lieu de "μ-fortement mesurable".

PROPOSITION 1 :

Soit $f : X \to E$; les conditions suivantes sont équivalentes :

(1) f est μ-mesurable ;

(2) Il existe $N \in \mathcal{F}$ avec $\mu(N) = 0$ telle que la restriction de f à N^c soit $(\mathcal{F}_{N^c}, \mathcal{B}_E)$-mesurable et que $f(N^c)$ contienne un sous-ensemble dénombrable partout dense.

Démonstration : Avant tout, rappelons que la proposition 1 est vraie pour autant que μ est σ-finie ; autrement dit, il faudrait ajouter à la condition (2) "f est nulle en dehors d'un ensemble σ-fini".

(1) ⟹ (2) : Soit $N \in \mathcal{F}$ tel que $\mu(N) = 0$ et que $\big(f_n(x)\big)_n$ converge vers f(x) pour tout $x \in N^c$ (ou les f_n sont μ-étagées).

$$f_n = \sum_{j=1}^{k_n} 1_{A_j^n} \, a_n^j \; .$$

Alors $f(N^c)$ est dans l'adhérence de l'ensemble dénombrable

$$D = \{a_j^n \quad n \in \mathbb{N} \quad 1 \leq j \leq k_n\} \; .$$

Comme $\bar{D}$ est métrisable séparable, il en est de même de $f(N^c)$. D'autre part, les restrictions des (f_n) à N^c sont $(\mathcal{F}_{N^c}, \mathcal{B}_E)$-mesurables ; donc la restriction de f à N^c l'est, de par le lemme du début. En définitive, on a démontré que (1) implique (2).

(2) ⟹ (1) : Dû au fait que $f : X \to E$ est $(\mathcal{F}, \mathcal{B}_E)$-mesurable si et seulement si sa restriction à chaque A de $\mathcal{F}$ de mesure finie est $(\mathcal{F}_A, \mathcal{B}_E)$-mesurable, et que si $q : X \to E$ est μ-étagée, sa restriction à chaque A de $\mathcal{F}$ est μ_A-étagée (où μ_A désigne la mesure induite par μ sur A), <u>on peut supposer $\mu(X) < \infty$</u> .

Par ailleurs, en considérant le sous-espace fermé engendré par $f(N^c)$ <u>on peut supposer E séparable</u> .

Soit alors (e_n) une suite de points, dense dans E. Si $n \in \mathbb{N}$, désignons par φ_n la fonction $E \to \{e_0, e_1, \ldots, e_n\}$ définie de la façon suivante :

$\varphi_n(e)$ est le premier e_i $(0 \leq i \leq n)$ pour lequel le minimum

$\min_{0 \leq j \leq n} ||e - e_j||$ est atteint. En d'autres termes :

$\varphi_n(e) = e_i$ $(0 \leq i \leq n)$ sur l'ensemble

$$\{e \; ; \; ||e-e_i|| < ||e-e_j|| \; \forall j \in [0, i[\; ; \; ||e-e_i|| \leq ||e-e_j|| \; \forall j \in]i, n]\} .$$

Les φ_n sont boréliennes de E dans E et $\varphi_n(e) \to e$ pour tout $e \in E$, à cause de l'hypothèse de densité.

Si maintenant $f : X \to E$ satisfait aux hypothèses de (2), les fonctions $f_n = \varphi_n . f$ sont μ-étagées à valeurs dans E et $f_n \to f$ en tout point de X. Donc (1) est vérifiée.

<u>REMARQUE 1</u> : On peut améliorer la proposition 1 en supposant que :

$$||f_n(x)|| \leq 2||f(x)||, \quad \forall x \in X .$$

En effet, si la suite (e_n) qui intervient dans la démonstration de (2) ⟹ (1) est telle que $e_0 = 0$, alors, pour tout e de E,

$||f_n(e)|| \leq 2||e||$; en outre, si $f_n(e) = e_j$ $(0 \leq j \leq n)$,

$||e - e_j|| \leq ||e||$;

Donc
$$\|\varphi_n \cdot f(x)\| \leq 2\|f(x)\| , \quad \forall x \in X .$$

REMARQUE 2 : Si E est séparable, dire que $f : X \to E$ est μ-mesurable équivaut à dire qu'elle est ($\mathcal{F}_\mu$, $\mathcal{B}_E$)-mesurable.

Il est clair que l'ensemble des fonctions μ-mesurables est stable par passage à la limite des suites.

N° 2 : LES ESPACES L^p (X, μ, E) $(0 \leq p \leq \infty)$

DEFINITION 2 : $\mathcal{L}^0(X, \mathcal{F}, \mu, E)$ ou $\mathcal{L}^0(X, \mu, E)$ ou $\mathcal{L}^0(\mu, E)$ désignera l'espace vectoriel des fonctions μ-mesurables de X dans E.

$L^0(X, \mathcal{F}, \mu, E)$ ou $L^0(X, \mu, E)$ ou $L^0(\mu , E)$ désignera son quotient par la relation d'équivalence "$f = g$ μ-presque partout". On notera souvent par la même lettre un élément de $\mathcal{L}^0(\mu, E)$ et son représentant dans $L^0(\mu , E)$.

$L^0(\mu, E)$ sera muni de la topologie de convergence en mesure sur tout ensemble de mesure finie. Un système fondamental de voisinages de zéro pour cette topologie est constitué des

$$V(\varepsilon, \delta, A) \quad | \quad \varepsilon > 0, \ \delta > 0, \ \mu(A) < \infty .$$

$$V(\varepsilon, \delta, A) = \{f \in L^0(X,\mu, E) \ ; \ \mu\{x : \|f(x)\| > \delta, \ x \in A\} \leq \varepsilon\} .$$

Cette topologie, non localement convexe si μ n'est pas discrète, est définie par la famille de jauges

$$J_{\varepsilon,A}(f) = \operatorname{Inf}\{\delta > 0 \ \ \mu\{x \ ; \ \|f(x)\| > \delta, \ x \in A\} \leq \varepsilon\}$$

$(A \in \mathcal{F} \ ; \ \mu(A) < \infty \ ; \ \varepsilon > 0)$.

Dû au fait que μ est σ-finie, $L^0(X, \mathcal{F}, \mu)$ est un espace complet métrisable.

<u>Exercice</u> : Démontrer que $M \subset L^0(\mu, E)$ est une partie bornée pour la topologie ci-dessus si et seulement si elle remplit la condition :

Quels que soient $\varepsilon > 0$ et $A \in \mathcal{F}$ avec $\mu(A) < \infty$, il existe un réel $C > 0$ (dépendant de ε et A en général) tel que, pour tout $f \in M$, on ait :

$$\mu\{x \,;\, x \in A \,;\, ||f(x)|| > C\} \leq \varepsilon .$$

Souvent, dans la suite, $(X, \mathcal{F}, \mu)$ sera un espace probabilisé, que l'on notera alors $(\Omega, \mathcal{F}, P)$. Et les fonctions P-mesurables (ou plutôt les P-classes de fonctions mesurables) à valeurs dans E seront appelées variables aléatoires à valeurs dans E. On les notera alors par X, (X_n), etc.

La topologie de $L^0(\Omega, P, E)$ peut être alors définie par la F-norme non homogène :

$$X \rightsquigarrow ||X||_{L^0} = E\left\{\frac{||X||}{1 + ||X||}\right\}$$

<u>Exercice</u> : Démontrer ce résultat. Démontrer que $M \subset L^0(\Omega, P, E)$ est bornée si et seulement si pour tout $\varepsilon > 0$, il existe $\delta > 0$ tel que

$$||\delta X||_{L^0} \leq \varepsilon \qquad \forall X \in M.$$

On va maintenant définir les espaces $L^p(\mu, E)$ $(0 < p \leq \infty)$.

<u>DEFINITION 3</u> : Soit $(X, \mathcal{F}, \mu)$ un espace mesuré, $p \in]0, \infty[$ et $f : X \to E$; on dit que f est de puissance p-ième intégrable si

(1) f est μ-mesurable

(2) $\int_X ||f(x)||^p \, d\mu(x) < \infty$.

On désignera par $\mathcal{L}^p(X, \mu, E)$ ou $\mathcal{L}^p(\mu, E)$ l'espace vectoriel des fonctions de puissance p-ième intégrable (encore faut-il avoir démontré que c'est un espace vectoriel, mais c'est classique).

$L^p(X, \mu, E)$ ou $L^p(\mu, E)$ est l'espace vectoriel des μ-classes d'équivalence de fonctions de puissance p-ième intégrable.

Pour $0 < p \leq 1$, $L^p(\mu, E)$ est muni de la p-norme :

$$||f||_{L^p} = \int_X ||f(x)||^p \, d\mu(x) \quad ;$$

sur $p \in [1, \infty[$, il est muni de la norme

$$||f||_{L^p} = \left(\int_X ||f(x)||^p \, d\mu(x)\right)^{\frac{1}{p}}$$

Les classes de fonctions μ-étagées sont denses dans $L^p(X, \mu, E)$ $(0 < p < \infty)$. En effet, si $f \in L^p(X, \mu, E)$, il existe une suite f_n de fonctions μ-étagées convergeant μ-presque partout vers f telles que $||f_n|| \leq 2||f||$.

Alors $||f_n - f|| \to 0$ et $||f_n - f|| \leq 3||f|| \quad \forall n$.
Il reste à appliquer le théorème de Lebesgue dans $L^p(\mu, \mathbb{R})$.

Dans $L^p(\mu, E)$ on a un théorème de convergence dominée :

Si (f_n) est une suite de fonctions de $L^p(\mu, E)$ convergeant μ-presque partout vers f, et si $||f_n|| \leq g$ pour tout n, où g est un élément de $\mathcal{L}^p(\mu, \mathbb{R})$, alors $f \in \mathcal{L}^p(\mu, E)$ et f_n converge vers f pour la topologie de $L^p(\mu, E)$.

On en déduit que $L^p(\mu, E)$ est complet ; donc un Banach si $p \geq 1$.

Enfin, $L^\infty(\mu, E)$ est l'espace des μ-classes de fonctions $X \to E$ μ-mesurables et "essentiellement bornées". Il est muni de la norme $||f||_{L^\infty} = \sup_x \mathrm{ess}\, ||f(x)||$. C'est un Banach.

<u>REMARQUE</u> : Si $0 \leq p < \infty$, l'espace vectoriel des classes de fonctions μ-étagées est dense dans $L^p(X, \mu, E)$; on l'a vu pour $p > 0$. Pour $p = 0$, cela résulte de la définition d'une fonction μ-mesurable et du fait que la convergence μ-presque partout d'une suite implique la convergence en mesure sur tout ensemble de mesure finie.

L'espace des classes de fonctions μ-étagées n'est pas dense dans $L^\infty(\mu, E)$. Toutefois ce résultat est vrai si $\mu(X) < \infty$ et E est de dimension finie.

Nous allons maintenant définir l'intégrale d'une fonction de $\mathcal{L}^1(\mu, E)$ comme suit :

a) Tout d'abord, si f est μ-étagée, $f = \sum_{i \in I} 1_{A_i} \vec{a}_i$, on pose

$$\int_X f \, d\mu = \sum \mu(A_i) \vec{a}_i .$$

Il est clair que $\int_X f \, d\mu$ ne dépend pas de la représentation de f sous la forme $\sum 1_{A_i} \vec{a}_i$ et que si deux fonctions μ-étagées sont égales presque partout elles ont même intégrale. Donc l'intégrale est définie sur les classes de fonctions μ-étagées.

Elle est évidemment linéaire et contractante quand l'espace des classes de fonctions μ-étagées est muni de la norme induite par celle de $L^1(X, \mu, E)$.

b) Si $f \in L^1(X, \mu, E)$, on définit $\int_X f \, d\mu$ par prolongement à $L^1(\mu, E)$ de l'intégrale définie dans a). En effet, l'espace des classes de fonctions μ-étagées est partout dense dans $L^1(X, \mu, E)$ et l'intégrale étant linéaire et continue sur les fonctions μ-étagées, pour la norme N_1, elle admet un prolongement continu à $L^1(X, \mu, E)$.

On désigne encore par $\int_X f \, d\mu$ ou $\int_X f \, d\mu$ l'intégrale de $f \in L^1(X,\mu, E)$.

On voit facilement que :

- $\langle \int_X f \, d\mu, e' \rangle = \int_X \langle f, e' \rangle \, d\mu, \quad \forall e' \in E'$;

- Plus généralement, si f est un Banach et $u : E \to F$ est linéaire et continue, alors :

$$u(\int_X f \, d\mu) = \int_X u(f) \, d\mu \qquad \forall f \in L^1(X, \mu, E).$$

Indiquons sans démonstration un dernier résultat :

<u>PROPOSITION 2</u> :

Le dual de $L^1(X, \mu, E)$ est isomorphe (algébriquement) à l'espace $B\left(L^1(\mu), E\right)$ des applications bilinéaires continues sur $L^1(\mu) \times E$.

La démonstration de ce résultat fait intervenir des notions du type "produit tensoriel topologique". La donner introduirait une trop importante digression.

Indiquons toutefois comment se réalise l'isomorphisme ci-dessus :

Si $u \in L^1(X, \mu, E)'$, la forme bilinéaire associée est donnée par :

$$B_u(f, e) = u(f . e) \quad f \in L^1(\mu) \; ; \; e \in E.$$

REMARQUE : L'on a également :

$$L^1(\mu, E)' = L\big(E, L^\infty(\mu)\big) = L\ \big(L^1(\mu), E'\big)\ ,$$

En effet $\quad B\ \big(L^1(\mu), E\big) = L\ \big(E, L^\infty(\mu)\big) = L\ \big(L^1(\mu), E'\big)$.

Indiquons brièvement comment se réalisent ces isomorphismes :

Soit $u \in L^1(\mu, E)'$; si $e \in E$, l'application $f \rightsquigarrow u(f_e)$ est une forme linéaire continue sur $L^1(\mu)$; elle est donc définie par un élément de $L^\infty(\mu)$ (μ étant σ-finie !) soit $L_u(e)$; et l'application $e \rightsquigarrow L_u(e)$ est linéaire continue de E dans $L^\infty(\mu)$.

De même si $f \in L^1(\mu)$, $e \rightsquigarrow u(f.e)$ est une forme linéaire continue sur E donc un élément de E'.

N° 3 : ESPERANCES CONDITIONNELLES ET MARTINGALES BANACHIQUES

Soit dans ce numéro $(\Omega, \mathcal{F}, P)$ un espace probabilisé, E un Banach et $X \in L^1(\Omega, P, E)$. Soit $\mathcal{G}$ une sous-tribu de $\mathcal{F}$. On définit l'espérance mathématique de X quand $\mathcal{G}$ de la façon suivante :

a) Si X est étagée : $X = \sum_{i \in I} 1_{A_i} \vec{e}_i$, on pose

$$E^{\mathcal{G}}(X) = \sum_{i \in I} P^{\mathcal{G}}(A_i) . \vec{e}_i$$

où $P^{\mathcal{G}}(A_i)$ désigne la probabilité conditionnelle quand $\mathcal{G}$ de l'évènement A_i.

$E^{\mathcal{G}}(X)$ est évidemment une variable aléatoire $\mathcal{G}$-mesurable (mais pas forcément $\mathcal{G}$-étagée).

Il est facile de voir que $E^{\mathcal{G}}(X)$ ne dépend pas de la représentation de X choisie et que l'application $X \to E^{\mathcal{G}}(X)$ est linéaire. En outre elle est contractante pour la topologie induite par celle de $L^1(\Omega, P, E)$.

b) D'où il résulte que l'application $X \to E^{\mathcal{G}}(X)$ définie dans a) admet un prolongement unique à $L^1(\Omega, P, E)$.

Résumant ce qui précède, on arrive facilement au

LEMME :

Pour tout $X \in L^1(\Omega, \mathcal{F}, P, E)$ il existe un élément unique $E^{\mathcal{G}}(X) \in L^1(\Omega, \mathcal{G}, P, E)$ ayant les propriétés suivantes :

(1) $\int_A E^{\mathcal{G}}(X)\, dP = \int_A X\, dP \quad , \quad \forall A \in \mathcal{G}$;

et plus généralement pour tout $h \in L^\infty(\Omega, \mathcal{G}, P)$:

$$\int_\Omega h E^{\mathcal{G}}(X)\, dP = \int_\Omega h X\, dP \ ;$$

(2) $X \to E^{\mathcal{G}}(X)$ est linéaire ;

(3) $\|E^{\mathcal{G}}(X)\|_{L^1} \le \|X\|_{L^1}$ et $\|E^{\mathcal{G}}(X)\|_E \le \|X\|_E$;

(4) Si h est une fonction de $L^\infty(\Omega, \mathcal{G}, P)$, on a

$$E^{\mathcal{G}}(hX) = hE^{\mathcal{G}}(X).$$

REMARQUE : Si $X \in L^\infty(\Omega, \mathcal{F}, P)$, il est facile de voir que $E^{\mathcal{G}}(X)$ appartient à $L^\infty(\Omega, \mathcal{G}, E)$ et que

$$\|E^{\mathcal{G}}(X)\|_{L^\infty} \le \|X\|_{L^\infty} .$$

Donc la restriction de $E^{\mathcal{G}}$ à $L^\infty(\Omega, P, E)$ est une application linéaire contractante de $L^\infty(\Omega, \mathcal{F}, P, E)$ dans $L^\infty(\Omega, \mathcal{G}, P, E)$. Plus généralement, on peut voir facilement que $E^{\mathcal{G}}$ induit une application contractante de $L^p(\Omega, \mathcal{F}, P, E)$ dans $L^p(\Omega, \mathcal{G}, P, E)$ si $p \ge 1$. En effet,

$$\|E^{\mathcal{G}}(X)\|^p_{L^p} = \int_\Omega \|E^{\mathcal{G}}(X)\|^p_E\, dP \le \int_\Omega [E^{\mathcal{G}}(\|X\|)]^p\, dP$$
$$\le \int_\Omega \|X\|^p\, dP = \|X\|^p_{L^p} .$$

On peut maintenant passer à la définition d'une martingale.

Soit $(\Omega, \mathcal{F}, P)$ un espace probabilisé et $(\mathcal{G}_n)$ une suite croissante de sous-tribus de $\mathcal{F}$.

On note par $\mathcal{G}_\infty = \bigvee_{n\in N} \mathcal{G}_n$ la tribu engendrée par les $\mathcal{G}_n$. Soit E un Banach et (X_n) une suite de variables aléatoires sur Ω à valeurs dans E.

DEFINITION : Avec les hypothèses ci-dessus, l'on dit que la suite (X_n) est une martingale relativement aux $(\mathcal{G}_n)$ si

(1) $\forall n,\ X_n \in L^1(\Omega, \mathcal{G}_n, P, E)$;

(2) $\forall n,\ X_n = E^{\mathcal{G}_n}(X_{n+1})$.

Nous allons donner trois exemples de martingales que nous retrouverons par la suite.

EXEMPLE 1 : Martingale de Paley-Walsh associée à un arbre

Nous allons auparavant définir la notion d'arbre dans un espace de Banach (en fait, on pourrait définir cette notion dans un espace vectoriel quelconque, mais cela ne présente pas d'intérêt !)

Soit $\mathbb{Z}_2$ le groupe multiplicatif $\{-1, +1\}$ et soit l'ensemble suivant :

$$\mathcal{Z} = \mathbb{Z}_2 \cup \mathbb{Z}_2^{(2)} \cup \mathbb{Z}_2^{(3)} \cup \ldots$$

$\mathcal{Z}$ est la somme directe des puissances finies de $\mathbb{Z}_2$.
Un élément de $\mathcal{Z}$ s'écrit sous la forme $(\varepsilon_1\ \varepsilon_2 \ldots \varepsilon_k)$ pour un certain $k \geq 1$ avec $\varepsilon_j = \pm 1$ pour tout $j = 1, 2, \ldots, k$.

Maintenant, soit E un Banach et x_o un point de E ; on appelle arbre d'origine x_o la donnée de ce point x_o et d'une application de $\mathcal{Z}$ dans E telle que :

- $x_o = \dfrac{x_1 + x_{-1}}{2}$;

- Pour tout $k \geq 1$ entier,

$$x_{\varepsilon_1 \ldots \varepsilon_k} = \frac{1}{2}\left[x_{\varepsilon_1 \ldots \varepsilon_k, 1} + x_{\varepsilon_1 \ldots \varepsilon_k, -1}\right]$$

L'arbre est dit fini de longueur n si, pour tout $m > n$, on a

$$x_{\varepsilon_1 \ldots \varepsilon_n\ \varepsilon_{n+1} \ldots \varepsilon_m} = x_{\varepsilon_1 \ldots \varepsilon_n} .$$

Etant donné un arbre dans E, il est facile de lui associer un martingale à valeurs dans E comme suit :

Soit $\Omega = \mathbb{Z}_2^{\mathbb{N}_+}$ (c'est le produit dénombrable d'une famille dénombrable de groupes égaux à $\mathbb{Z}_2$). Ω est un groupe compact dont la mesure de Haar normalisée est :

$$P = \bigotimes_{i=1}^{\infty} \left(\frac{1}{2}\delta_{(1)} + \frac{1}{2}\delta_{(-1)}\right) .$$

Soit $\mathcal{G}_0 = \{\emptyset, \Omega\}$ et soit $\mathcal{G}_n$ $(n \geq 1)$ la tribu sur Ω engendrée par les n premières applications coordonnées ; $\mathcal{G}_n$ est engendrée par le partition formée des ensembles :

$$A_{\varepsilon_1^o \ldots \varepsilon_n^o} = \{ \omega = (\varepsilon_i)_{1 \leq i \leq \infty} \in \Omega \ ; \ \varepsilon_i = \varepsilon_i^o \quad i = 1, 2, .., n\}$$

où $(\varepsilon_i^o)_{1 \leq i \leq n}$ est un élément de $\mathbb{Z}_2^{(n)}$.

Supposons donc donné un arbre d'origine x_o ; définissons une suite $(X_n)_{n \geq 0}$ de variables aléatoires sur Ω comme suit :

$$- \ X_o(\omega) = x_o \qquad \forall \ \omega \in \Omega$$

$$- \ X_n(\omega) = x_{\varepsilon_1^o \ldots \varepsilon_n^o} \quad \text{si } n \geq 1 \text{ et si } \omega \in A_{\varepsilon_1^o \ldots \varepsilon_n^o}$$

Pour tout n, (X_n) est évidemment $\mathcal{G}_n$-mesurable (et même $\mathcal{G}_n$-étagée). D'autre part, en vertu de

$$A_{\varepsilon_1^o \ldots \varepsilon_n^o} = A_{\varepsilon_1^o \ldots \varepsilon_n^o, 1} \cup A_{\varepsilon_1^o \ldots \varepsilon_n^o, -1} \ ,$$

et de

$$P(A_{\varepsilon_1^o \ldots \varepsilon_n^o, 1}) = P(A_{\varepsilon_1^o \ldots \varepsilon_n^o, -1}),$$

on déduit

$$\int_{A_{\varepsilon_1^o \ldots \varepsilon_n^o}} X_{n+1} \, dP = \frac{1}{2} P(A_{\varepsilon_1^o \ldots \varepsilon_n^o}) \left(x_{\varepsilon_1^o \ldots \varepsilon_n^o, 1} + x_{\varepsilon_1^o \ldots \varepsilon_n^o, -1}\right)$$

$$= \int_{A_{\varepsilon_1^o \ldots \varepsilon_n^o}} X_n \, dP \ ;$$

Cela signifie que (X_n) est une martingale relativement aux $\mathcal{G}_n$.

<u>EXEMPLE 2</u> (Généralisation du précédent) :

Soit $\mathcal{N}$ l'ensemble somme direct de $N^1 \cup N^2 \cup N^3 \cup \ldots$

Un élément de $\mathcal{N}$ est de la forme $n_1 \, n_2 \ldots n_k$ pour un certain k (avec $n_i \in N$, $1 \leq i \leq k$).

Soit E un Banach et $x_o \in E$; on considère une application de $\mathcal{N}$ dans une partie bornée de E : $n_1 \ldots n_k \rightsquigarrow x_{n_1 \ldots n_k}$ et une application de $\mathcal{N}$ dans $[0, 1]$: $n_1 \ldots n_k \rightsquigarrow \alpha_{n_1 \ldots n_k}$ telles que :

- Pour tout $k \geq 1$, et tous $n_1, n_2, \dots, n_{k-1} \in \mathcal{N}$,

$$\sum_{n_k \in \mathbb{N}} \alpha_{n_1 \dots n_{k-1} n_k} = 1 \;;$$

- $x_o = \sum_{n_k \in \mathbb{N}} \alpha_{n_1} x_{n_1}$

- Pour tout $k \geq 1$, $x_{n_1 \dots n_k} = \sum_{n_{k+1} \in \mathbb{N}} \alpha_{n_1 \dots n_k n_{k+1}} x_{n_1 \dots n_k n_{k+1}}$

Soit $\Omega = \mathbb{N}^\infty$ et $\mathcal{F}$ la tribu produit des $\mathcal{P}(\mathbb{N})$ sur Ω. Soit pour $k \geq 1$ $\mathcal{F}_k$ la tribu engendrée par les k premières applications coordonnées ; et soit $\mathcal{F}_o = \{\emptyset, \Omega\}$.

$\mathcal{F}_k$ est engendrée par la partition <u>dénombrable</u> formée des ensembles :

$$A_{n_1^o \dots n_k^o} = \{\, \omega = (n_i)_{1 \leq i \leq \infty} \quad n_i = n_i^o \quad i = 1, 2, \dots, k\}$$

où $\qquad (n_i^o)_{1 \leq i \leq k} \in \mathbb{N}^k$

Définissons la suite de variables aléatoires sur $(\Omega, \mathcal{F})$ de la façon suivante :

- $X_o(\omega) = x_o \qquad \forall\, \omega \in \Omega$

- $X_k(\omega) = x_{n_1^o \dots n_k^o}$ si $k \geq 1$ et si $\omega \in A_{n_1^o \dots n_k^o}$

(X_k) est évidemment $\mathcal{G}_k$-mesurable pour tout $k \geq 0$. Il reste maintenant à définir une probabilité P sur $(\Omega, \mathcal{F})$ par rapport à laquelle les $(X_k, \mathcal{F}_k)$ forment une martingale.

Puisque $(\Omega, \mathcal{F})$ est limite projective des espaces $(\mathbb{N}^k, \mathcal{F}^k)$ $k \geq 1$, il suffit de définir sur chaque $\mathbb{N}^k$ une probabilité P_k, avec les conditions de cohérence, pour définir une probabilité sur $(\Omega, \mathcal{F})$. Définissons par récurrence :

- $P_1 = \sum_{n_1} \alpha_{n_1} \delta_{(n_1)}$

- $P_{k+1}(n_1, n_2, \dots n_k, n_{k+1}) = P_k(n_1, n_2, \dots n_k)\, \alpha_{n_1 \dots n_k n_{k+1}}$

$(k \geq 1)$.

Il est clair que les (P_k) forment un système cohérent de probabilités sur les $\mathbb{N}^k$.

Si Π_k désigne l'application canonique de Ω sur $\mathbb{N}^k$, il est clair que

$$A_{n_1^o \dots n_k^o} = \Pi_k^{-1}\{(n_1^o \dots n_k^o)\} \;.$$

Donc $$P\{A_{n_1\dots n_k\, n_{k+1}}\} = P\{A_{n_1\dots n_k}\} \times \alpha_{n_1\dots n_k\, n_{k+1}}$$

Dû au fait que les $\{x_{n_1\dots n_k}\ ;\ k \geq 1\}$ sont dans une partie bornée, les (X_k) sont P-intégrables.

Il reste à vérifier que les $(X_k, \mathcal{F}_k)$ forment une martingale relativement à P. Mais c'est immédiat, car si $k \geq 1$:

$$\int_{A_{n_1\dots n_k}} X_{k+1}\, dP = \sum_{n_{k+1}} \int_{A_{n_1\dots n_k\, n_{k+1}}} X_{k+1}\, dP$$

$$= \sum_{n_{k+1}} x_{n_1\dots n_k\, n_{k+1}}\, P(A_{n_1\dots n_k\, n_{k+1}})$$

$$= \sum_{n_{k+1}} P(A_{n_1\dots n_k})\, \alpha_{n_1\dots n_k n_{k+1}}\, x_{n_1\dots n_k n_{k+1}}$$

$$= P(A_{n_1\dots n_k}) \sum_{n_{k+1}} \alpha_{n_1\dots n_k n_{k+1}}\, x_{n_1\dots n_k\, n_{k+1}}$$

$$= P(A_{n_1\dots n_k})\, x_{n_1\dots n_k} = \int_{A_{n_1\dots n_k}} X_k\, dP \quad .$$

EXEMPLE 3 : Martingale construite à partir d'un "système de Haar"

Soit $(\Omega, \mathcal{F}, P)$ un espace probabilisé et (X_n) une suite de v.a. réelles sur cet espace, ayant une espérance.

On suppose qu'il existe une suite croissante $(\mathcal{G}_n)$ de sous-tribus de $\mathcal{F}$ telles que :

- X_m est $\mathcal{G}_n$-mesurable si $m \leq n$
- $E^{\mathcal{G}_n}(X_{n+1}) = 0 \quad \forall n.$

Le système de Haar sur $([0, 1], dx)$ a ces propriétés.

Soit (x_n) une suite d'éléments du Banach E.

Posons $$Y_n = \sum_{m=0}^{n} X_m\, x_m \qquad (n \in \mathbb{N})$$

Il est clair que $(X_n, \mathcal{G}_n)$ est une martingale, car

$$E^{\mathcal{G}_n}(Y_{n+1} - Y_n) = E^{\mathcal{G}_n}(X_{n+1} x_{n+1}) = x_{n+1}\, E^{\mathcal{G}_n}(X_{n+1}) = 0.$$

§ 2 : FONCTIONS SCALAIREMENT MESURABLES

Il y a une définition naturelle de la notion de fonction scalairement mesurable. Mais elle est trop générale et assez peu restrictive. Les définitions essentielles se trouveront donc aux numéros 2 et 3 de ce paragraphe. Le n° 1 sera donc surtout un "faire-valoir" des suivants, et c'est à ce titre qu'il peut avoir une utilité.

N° 1 : GENERALITES SUR LES FONCTIONS SCALAIREMENT MESURABLES

Soit (E, F) un couple d'espaces normés en dualité. Les principaux exemples que l'on rencontrera dans la suite sont :

- E est un Banach, F = E' est son dual fort ;
- $E = F'_1$ est le dual d'un Banach fort ; $F = F_1$.

DEFINITION 4 : Soient $(X, \mathcal{F}, \mu)$ un espace mesuré, (E, F) un couple d'espaces normés en dualité, et $\varphi : X \to E$. On dit que φ est F-scalairement mesurable si pour tout $f \in F$ la fonction scalaire $\langle\varphi(\cdot), f\rangle$ est μ-mesurable.

De même on dit provisoirement que φ est F-scalairement dans $\mathcal{L}^p(\mu)$ (ou F-scalairement de puissance p-ième intégrable si $0 < p < \infty$) si pour tout $f \in F$, $\langle\varphi(\cdot), f\rangle$ appartient à $\mathcal{L}^p(\mu)$.

Dans le cas où $(X, \mathcal{F}, \mu) = \left(\mathbb{N}, \mathcal{P}(\mathbb{N}), \sum_n \delta_n\right)$ et où F = E', une fonction F-scalairement dans $L^1(\mu)$ est une suite scalairement sommable.

Naturellement, la notion de F-scalaire mesurabilité a un sens même si E et F ne sont pas normés.

Si F = E' (E Banach) on dit simplement scalairement mesurable au lieu de E'-scalairement mesurable.

Si E est un Banach, une fonction $(\mathcal{F}, \mathcal{B}_E)$-mesurable, ou bien $(\mathcal{F}_\mu, \mathcal{B}_E)$-mesurable est scalairement mesurable. Une réciproque partielle de ce résultat

PROPOSITION 3 :

Soit E un Banach séparable , $(X, \mathcal{F}, \mu)$ un espace mesuré et $\varphi : X \to E$.

L'on a les équivalences :

- (1) φ est μ-Bochner mesurable ;
- (2) φ est mesurable relativement à $\mathcal{F}_\mu$ et $\mathcal{B}_E$;
- (3) φ est scalairement μ-mesurable .

DEMONSTRATION :

(1) $\Longleftrightarrow$ (2) résulte immédiatement de la proposition 1 compte tenu du fait que E est séparable.

Il est clair par ailleurs que (2) $\Longrightarrow$ (3). Il reste donc à démontrer que (3) $\Longrightarrow$ (2). Soit donc φ satisfaisant à (3). Compte tenu du fait que, E étant séparable et métrisable, la tribu borélienne est engendrée par les boules, il nous suffit de démontrer que l'image réciproque d'une boule de E appartient à $\mathcal{F}_\mu$.

Or il existe dans la boule unité de E' un sous-ensemble dénombrable faiblement partout dense, soit D'. Soit $a > 0$ et $e \in E$, alors :

$$\{x \in X \; ; \; ||\varphi(x) - e|| \leq a\} = \{x \in X \; |<\varphi(x) - e, f>| \leq a \quad \forall f \in D'\}$$
$$= \bigcap_{f \in D'} \{x \; ; \; |<\varphi(x) - e, f>| \leq a\} \in \mathcal{F}_\mu .$$

Et la proposition est démontrée.

REMARQUE : Le résultat ci-dessus est faux en général comme le montre l'exemple suivant : $X = [0, 1]$ muni de la mesure de Lebesgue ; E est un Hilbert (évidemment non-séparable) ayant une base orthonormée $(e_x)_{x \in X}$ équipotente à X. Soit φ l'application $x \rightsquigarrow e_x$, alors :

- φ est scalairement mesurable, car pour tout $y \in H$, $(\varphi(\cdot)/y)_H$ est nulle en dehors d'un ensemble au plus dénombrable de points ;
- φ n'est pas fortement mesurable, car elle ne prend pas p.p ses valeurs dans un sous-espace séparable.

DEFINITION 5 : Soit $(X, \mathcal{F}, \mu)$ un espace mesuré et soit (E, F) un couple d'espaces normés en dualité. Soient φ_1 et φ_2 deux fonctions de X dans E ; elles sont dites F-scalairement égales μ-presque partout si pour tout $f \in F$ les fonctions scalaires $\langle \varphi_i(\cdot), f\rangle$ $(i = 1, 2)$ sont égales μ-presque partout.

La définition ci-dessus ne suppose aucune mesurabilité (même scalaire pour les φ_i). Toutefois, si l'une d'elles est scalairement μ-mesurable, il en est de même pour l'autre.

Si φ_1 et φ_2 sont égales μ-presque partout, elles le sont F-scalairement. Toutefois la réciproque est fausse comme le montre l'exemple déjà donné ci-dessus. En effet, φ est nulle scalairement presque partout, par contre φ n'est jamais nulle.

Soient φ_1 et φ_2 F-scalairement égales presque partout et F-scalairement mesurables ; on a l'égalité :

$$\bigvee_{\|f\|\leq 1} \overset{\circ}{\widehat{\langle \varphi_1, f \rangle}} = \bigvee_{\|f\|\leq 1} \overset{\circ}{\widehat{\langle \varphi_2, f \rangle}}$$

(voir ces notations au chapitre zéro). Ici $\overset{\circ}{\widehat{\langle \varphi_i, f\rangle}}$ représente la classe de μ-équivalence de la fonction $\langle \varphi_i, f \rangle$ $(i = 1, 2)$.

Par contre, nous l'avons vu, on n'a pas forcément

$$\sup_{\|f\|\leq 1} |\langle \varphi_1, f \rangle| = \sup_{\|f\|\leq 1} |\langle \varphi_2, f \rangle| \qquad \mu\text{-presque partout.}$$

Remarquons enfin que si $\varphi : X \to E$ est F-scalairement dans $L^1(\mu)$, on peut définir une intégrale "à la PETTIS" par la formule suivante :

$$\forall f \in F, \langle \int \varphi(x)\, d\mu(x), f \rangle = \int \langle \varphi(x), f \rangle\, d\mu(x).$$

Par définition même, $\int \varphi(x)\, d\mu(x)$ est un élément du dual algébrique F^* de F et on ne peut affirmer que $\int \varphi(x)\, d\mu(x) \in E$.

Bien sûr, si $\varphi \in L^1(X, \mu, E)$, son intégrale de PETTIS est égale à son intégrale de BOCHNER et appartient à E.

Enfin si φ_1 et φ_2 scalairement intégrables sont égales scalairement presque partout, elles ont même intégrale de PETTIS.

Comme on le voit, tout ce qui précède est très facile, mais trop général pour être vraiment utile. On aura besoin de restreindre la classe des fonctions scalairement de puissance p-ième intégrable. Faisons au préalable une remarque : une fonction F-scalairement dans $\mathcal{L}^p(\mu)$, soit φ, définit une application linéaire, soit u_φ de F dans $L^p(\mu)$ par la formule :

$$f \rightsquigarrow u_\varphi(f) = \widehat{<\varphi, f>}$$

Réciproquement, étant donnée une application linéaire de F dans $L^p(\mu)$, en général elle n'est pas associée à une fonction scalairement dans $\mathcal{L}^p$ (voir le chapitre zéro).

Cela étant, on peut poser la :

NOTATION ET DEFINITION : Soient $(X, \mathcal{F}, \mu)$, (E, F) comme dans la définition 4 et soit $p \in [0, \infty]$. On désigne par $\mathcal{L}^p_{s,F}(X, \mu, E)$ l'espace vectoriel des $\varphi : X \to E$ F-scalairement dans $\mathcal{L}^p$ et telles que l'application linéaire correspondante u_φ soit p-latticiellement bornée (voir chapitre zéro).

Il est clair que si $\varphi_1 \in \mathcal{L}^p_{s,F}(X, \mu, E)$ et si $\varphi_2 = \varphi_1$ F-scalairement presque partout, $\varphi_2 \in \mathcal{L}^p_{s,F}(X, \mu, E)$.

Si $\varphi \in \mathcal{L}^p_{s,F}(X, \mu, E)$, on dira simplement que φ est scalairement dans $\mathcal{L}^p$ (ce qui est un abus de langage par rapport à la définition 4).

On désignera par $L^p_{s,F}(X, \mu, E)$ ou $L^p_{s,F}(\mu, E)$ l'espace vectoriel des classes d'équivalence d'éléments de $\mathcal{L}^p_{s,F}(\mu, E)$ par la relation "$\varphi_1 = \varphi_2$ F-scalairement presque partout".

Et bien sûr, tant qu'aucune confusion ne sera possible, on identifiera un élément de $\mathcal{L}^p_{s,F}(\mu, E)$ avec sa classe d'équivalence ; les principaux cas que nous rencontrerons dans la suite sont :

- F = E' (avec E Banach) : un élément de $\mathcal{L}^p_{s,E'}(\mu, E)$ est dit scalairement dans $\mathcal{L}^p$ et on notera simplement $\mathcal{L}^p_s(\mu, E)$ et $L^p_s(\mu, E)$ au lieu de $\mathcal{L}^p_{s,E'}(\mu, E)$ et $L^p_{s,E'}(\mu, E)$ respectivement.

- E = F' (avec F Banach) ; donc E est un dual. Un élément de $\mathcal{L}^p_{s,F}(\mu, F')$ sera dit *-scalairement dans $\mathcal{L}^p$ et on écrira $\mathcal{L}^p_*(\mu, F')$ et $L^p_*(\mu, F')$ les espaces correspondants aux espaces définis plus haut.

REMARQUE 1 : Si p = 0, les notions de fonctions F-scalairement mesurables au sens des définitions 4 et 5 coïncident, car il est clair que :

$$\Phi = \bigvee_{\|f\|\leq 1} |\widehat{<\overset{\circ}{\varphi}, f>}| \qquad \text{est p.s finie.}$$

(en fait, $\sup_{\|f\|\leq 1} |<\varphi(\cdot), f>| = \|\varphi(\cdot)\|$ majore presque sûrement Φ).

REMARQUE 2 : Quand p = ∞, dire que $\dot{\varphi}$ est scalairement dans L^∞, revient à dire que l'application correspondante u_φ envoie continuement F dans $L^\infty(X, \mu)$.

Si $\varphi \in L^p_{s,F}(\mu, E)$, on notera par Φ la variable aléatoire

$$\Phi = \bigvee_{\|f\|\leq 1} |\widehat{<\overset{\circ}{\varphi}, f>}| .$$

On mettra sur les $L^p_{s,F}(\mu, E)$ les topologies définies par les F-normes suivantes :

(1) $\varphi \rightsquigarrow (\int |\Phi|^p d\mu)^{\frac{1}{p}}$ si $1 \leq p < \infty$

(2) $\varphi \rightsquigarrow \int \Phi^p \, d\mu$ si $0 < p \leq 1$

(3) $\varphi \rightsquigarrow \sup \text{ess } \Phi = \|\Phi\|_{L^\infty}$ si $p = \infty$

(4) Si p = 0, la topologie de $L^0_{s,F}(\mu, E)$ sera définie par la famille de jauges :

$$\varphi \rightsquigarrow J_{\alpha,A}(\varphi) = \inf \{M \; ; \; \mu\{x \in A \; ; \; \Phi > M\} \leq \alpha\}$$

avec $0 \leq \alpha \leq \infty$, $A \in \mathcal{F}$ et $\mu(A) < \infty$.

Le résultat suivant, bien que simple, sera fondamental par la suite :

PROPOSITION 5 :

Soient E et F deux espaces normés en dualité ; on suppose en outre F Banach. Soit $\varphi \in \mathcal{L}^0_{s,F}(E)$ et $\psi \in \mathcal{L}^0(X, \mu, F)$. Alors la fonction $x \rightsquigarrow \; <\varphi(x), \psi(x)>$ est μ-mesurable.

$\widehat{<\overset{\circ}{\varphi}, \psi>}$ ne dépend que des classes de φ dans $\mathcal{L}^0_{s,F}(E)$ et de ψ dans $\mathcal{L}^0(F)$ respectivement.

En outre si $\varphi \in \mathcal{L}^p_{s,F}(E)$ et $\psi \in \mathcal{L}^{p'}_{s,F}(\mu, F)$ $(\frac{1}{p} + \frac{1}{p'} = 1,\ p \geq 1)$, l'inégalité d'Hölder est vérifiée.

DEMONSTRATION : La première partie de la proposition est triviale si ψ est μ-étagée. Le cas général s'en déduit immédiatement en approchant ψ par des ψ_n μ-étagées.

Maintenant, si ψ est nulle presque partout, $< \varphi, \psi >$ est nulle presque partout. Donc $\widehat{< \mathring{\varphi}, \psi >}$ ne dépend que de la classe de ψ dans $L^0(\mu, F)$. Mais si φ est nulle scalairement presque partout et ψ est μ-étagée, il est trivial que $< \varphi, \psi >$ est nulle presque partout. Le cas général s'en déduit immédiatement. Finalement, $\widehat{< \mathring{\varphi}, \psi >}$ ne dépend que des classes de φ et ψ.

Il reste à démontrer l'inégalité de type Hölder. Soit Φ associée à φ comme il a été indiqué plus haut. Dû au fait que ψ prend presque sûrement ses valeurs dans un sous-espace séparable G de F, on a :

$$|< \varphi, \psi >| \leq \sup_{\substack{||f|| \leq 1 \\ f \in G}} |< \varphi, f >| \ . \ ||\psi|| \quad \text{p.s.}$$

Mais dans la formule ci-dessus on peut prendre f dans un sous-ensemble dénombrable D, partout dense dans la boule unité de G. Donc, avec un abus d'écriture (que nous permettrons souvent) :

$$\sup_{\substack{||f|| \leq 1 \\ f \in G}} |< \varphi, f >| = \sup_{\substack{||f|| \leq 1 \\ f \in D}} |< \varphi, f >| = \bigvee_{f \in D} |< \varphi, f >|$$

$$\leq \bigvee_{\substack{f \in F \\ ||f|| \leq 1}} |< \varphi, f >| = \Phi \ .$$

Donc $|< \varphi, \psi >| \leq \Phi \ . \ ||\psi||$ et la relation d'Hölder usuelle donne le résultat.

N° 2 : FONCTIONS SCALAIREMENT DANS L^p ET A VALEURS DANS UN DUAL DE BANACH

Soit E un Banach et soit $\varphi \in L^p_*(X, \mu, E')$; on a vu (et c'est très général), qu'il lui correspond une fonction linéaire $u_\varphi : E \to L^p(\mu)$. (Jusqu'à présent, on aurait pu remplacer E' par un espace normé en dualité avec E).

La réciproque est vraie. Plus précisément :

THEOREME :

Soit $v : E \to L^p(X, \mu)$ p-latticiellement bornée ; il existe $\varphi \in L^p_*(X, \mu, E')$ (unique à une scalaire μ-équivalence près) telle que :

$$v(e) = \overset{\circ}{\widehat{<\varphi(\cdot), e>}} \quad , \quad \forall e \in E.$$

Ceci en effet n'est autre que le théorème de IONESCU-TULCEA rappelé au chapitre zéro : il suffit de prendre pour φ la décomposition donnée par la décomposition de MAHARAM.

On va maintenant se poser le problème suivant : Soit $\varphi \in \mathcal{L}^p_*(X, \mu, E')$ et u_φ correspondante. Soit φ_M la décomposition de MAHARAM de u_φ (on ne peut affirmer que $\varphi = \varphi_M$ presque partout, mais seulement que $\varphi = \varphi_M$ scalairement presque partout). Comment caractériser la décomposition de MAHARAM ?

Tout d'abord, soit $v : E \to L^o(X, \mu)$ linéaire et soit $\Phi = \bigvee_{||e||\le 1} |v(e)|$, Supposons que v soit décomposable par $\varphi : X \to E'$. Alors il est clair que

$$||\varphi|| = \sup_{||e||\le 1} <\varphi, e> \ \ge \Phi .$$

Ceci est vrai pour toute décomposition de v.

Le résultat suivant va donner une propriété de minimalité de la décomposition de MAHARAM.

PROPOSITION 6 :

Soit $\varphi \in L^p_*(X, \mu, E')$ $(0 \leq p \leq \infty)$ et soit φ_M une décomposition de MAHARAM de la fonction aléatoire linéaire u_φ associée à φ. Alors :

$$||\varphi_M|| = \Phi \quad \mu\text{-presque partout. (Il y a ici abus d'écriture).}$$

En particulier, $||\varphi_M||$ est μ-mesurable.

DEMONSTRATION : L'on sait déjà que $||\varphi_M|| \geq \Phi$ μ-presque partout. D'autre part, u_φ admet la factorisation suivante :

$$E \xrightarrow{\frac{u_\varphi}{\Phi}} L^\infty(X, \mu) \xrightarrow{M_\Phi} L^0(X, \mu)$$

(avec les notations du chapitre zéro). D'autre part, la norme de l'opérateur $\frac{u_\varphi}{\Phi}$ est ≤ 1.

Soit ψ_M le relèvement de MAHARAM de $\frac{u_\varphi}{\Phi}$. Puisque

$$||\psi_M(x)||_{E'} \leq ||\frac{u_\varphi}{\Phi}|| \leq 1 \quad \text{et que} \quad \varphi_M = \Phi \,.\, \psi_M \text{, alors on déduit}$$

que $$||\varphi_M|| = \Phi \; ||\psi_M|| \leq \Phi \,.$$

D'où le résultat.

REMARQUE : Pour la décomposition de MAHARAM, on a :

$$M_p\,(||\varphi_M||) = M_p\,(\Phi).$$

Cela permet de donner une autre définition de $L^p_*(X, \mu, E')$.

Supposons d'abord $p > 0$ et soit $\varphi \in L^p_*(X, \mu, E')$. On ne peut affirmer que $M_p(\varphi) < \infty$, mais on sait qu'il existe dans la classe $\mathring{\varphi}$ de scalaire-équivalence de φ une fonction φ_1 telle que $M_p(\varphi_1) < \infty$. Par conséquent :

$$||\mathring{\varphi}||_{L^p_*(X,\mu,E')} = \inf \{M_p(\varphi_1),\; \varphi_1 \in \mathcal{L}^p_*(X, \mu, E') \;\; \varphi_1 \in \mathring{\varphi}\}$$

si $0 < p \leq 1$; on a des définitions analogues pour $p = 0$.

REMARQUE 2 : Supposons $\varphi \in L^0(X, \mu, E')$ (autrement dit, φ est μ-Bochner-mesurable à valeurs dans le Banach E') ; elle prend presque sûrement ses valeurs dans un sous-espace séparable de E', soit G.

Soit $D' \subset G$ dénombrable partout dense dans G. Pour tout $f \in D'$ il existe D_f dénombrable dans la boule unité de E telle que

$$||f|| = \sup_{e \in D_f} |< f, e >|.$$

Alors $D = \bigcup_{f \in D'} D_p$ est dénombrable. En outre, pour toute $f \in D'$, on a

$$||f|| = \sup_{e \in D} |< f, e >| ;$$

on a donc la même relation pour toute f dans G. En conséquence :

$$||\varphi|| = \sup_{e \in D} |< \varphi, e >| = \bigvee_{e \in D} |< \varphi, e >| \leq \bigvee_{\substack{e \in E \\ |e| \leq 1}} |< \varphi, e >| = \Phi$$

(toujours avec un abus d'écriture).

Donc $||\varphi|| = ||\Phi||$ presque sûrement.

En définitive, si dans la classe d'un élément de $L^0_*(X, \mu, E')$ il existe une fonction μ-mesurable, elle réalise la norme minimum et deux fonctions μ-mesurables de la même classe de scalaire équivalence sont presque partout égales. On peut donc écrire :

$$L^p(X, \mu, E') \subset L^p_*(X, \mu, E').$$

L'introduction des espaces $L^p_*(X, \mu, E')$ (réalisée par L. SCHWARTZ, à notre connaissance) permettra de simplifier l'exposition de la propriété de RADON-NIKODYM. Nous le verrons plus tard.

Mais avant, nous allons voir que $L^q_*(X, \mu, E')$ est le dual de $L^p(X,\mu, E)$ ($\frac{1}{p} + \frac{1}{q} = 1$, $p \geq 1$), ce qui sera une raison supplémentaire d'avoir introduit les L^p_*.

§ 3 : DUALITE ENTRE ESPACES DE FONCTIONS MESURABLES ET ESPACES DE FONCTIONS SCALAIREMENT MESURABLES

Soient E un Banach, E' son dual, $(X, \mathcal{F}, \mu)$ un espace mesuré (donc σ-fini d'après nos conventions).

Soient $p \in [1, \infty[$ et q sa quantité conjuguée. Nous allons démontrer que le dual de $L^p(E)$ est identique à $L^q_*(E')$. Faisons les remarques préalables suivantes :

(1) Soit $\psi \in \mathcal{L}^p(X, \mu, E)$ et $\varphi \in \mathcal{L}^q_*(X, \mu, E')$

Nous avons vu que la fonction à valeurs scalaires $x \rightsquigarrow \langle \varphi(x), \psi(x) \rangle$ est μ-intégrable, que sa classe ne dépend que des classes de ψ et φ et que :

$$\left|\int \langle \varphi, \psi \rangle \, d\mu\right| \leq ||\psi||_{L^p(E)} \quad ||\varphi||_{L_*(E')}$$

Cela signifie qu'il existe une application (évidemment linéaire) de $L^q_*(E')$ dans $L^p(E)'$. Cette application est évidemment contractante (et on verra plus loin que c'est une isométrie surjective).

(2) Soit $u \in L^p(E)'$; elle définit une application linéaire L_u de E dans $L^q(\mu)$.

En effet, si $\vec{e} \in E$ et $f \in L^p(\mu)$, $f\vec{e} \in \mathcal{L}^p(X, \mu, E)$ et $u(f.\vec{e})$ a alors un sens. En outre, l'application $f \rightsquigarrow f\vec{e}$ est continue (et linéaire !).

$f \rightsquigarrow u(f\vec{e})$ est alors une forme linéaire sur L^p (t) donc définissable au moyen d'un élément de $L^q(\mu)$, que l'on désignera par $L_u(\vec{e})$.

$$\langle L_u(\vec{e}), f \rangle = u(f\,\vec{e}) \qquad \forall\ f \in L^p(\mu).$$

L'application $L_u : E \to L^q(\mu)$ est linéaire et continue et sa norme satisfait à :

$$||L_u||_{\mathcal{L}(E,\, L^q(\mu))} \leq ||u||_{L^p(E)'}$$

Donc on a une application linéaire contractante de $L^p(E)'$ dans $\mathcal{L}(E, L^q(\mu))$.

Si $\varphi \in L^q(E')$, on désignera u_φ l'élément de $L^p(E)'$ correspondant et L_{u_φ} l'élément de $\mathcal{L}(E, L^q(\mu))$ correspondant à φ.

(3) Rappelons enfin que l'injection naturelle de $L^q(E')$ dans $L^q_*(E')$ est une isométrie.

Démontrons comme première étape le

LEMME :

Soit E un Banach de dimension finie et $p \in]1, \infty[$. Si q désigne la quantité conjuguée de p, on a :

$$L^p(E)' = L^q_*(E') = L^q(E') \quad \text{algébriquement et isométriquement.}$$

DEMONSTRATION : Dû au fait que E est de dimension finie, on a $L^q_*(E') = L^q(E')$ algébriquement ; et aussi isométriquement par la remarque (3) précédente.

On va maintenant démontrer que $\varphi \rightsquigarrow u$ est une isométrie de $L^q(E')$ dans $L^p(E)'$. Soit donc $\varphi \in L^q(E')$.

- Supposons d'abord φ μ-étagée. Il existe $h \geq 0$ constante sur les étages de φ telle que :

$$||h||_{L^p(\mu)} = 1 \quad \text{et} \int ||\varphi||h \, d\mu = ||\varphi||_{L^q(E')}$$

Ensuite il existe $\psi \in \mathcal{L}^p(E)$ μ-étagée et constante sur les étages de φ telle que, ε étant donné

$$||\psi|| = h \quad \text{et} \quad \langle \varphi, \psi \rangle \geq ||\varphi|| \, h \, (1-\varepsilon)$$

alors $\quad ||\psi||_{L^p(E)} = 1$, et par conséquent

$$||u_\varphi||_{L^p(E)'} \geq \left| \int \langle \varphi, \psi \rangle d\mu \right| \geq (1-\varepsilon) \int ||\varphi|| \, h \, d\mu = (1-\varepsilon)||\varphi||_{L^q(E')}$$

d'où l'on déduit, ε étant arbitraire, que

$$||u_\varphi||_{L^p(E)'} \geq ||\varphi||_{L^q(E')}$$

L'inégalité inverse étant vraie, d'après les remarques de ce numéro, on a démontré l'égalité.

- Dans le cas général, il existe des φ_n μ-étagées telles que

$$||\varphi - \varphi_n||_{L^q(E')} \xrightarrow[n \to \infty]{} 0 \quad ;$$

donc aussi $||u_\varphi - u_{\varphi_n}||_{L^p(E)'}$.

On en déduit que $||u \quad ||_{L^p(E)'} = ||\varphi||_{L^q(E')}$.

On a démontré l'isométrie. Reste à démontrer la surjectivité. Soit $u \in L^p(E)'$; il nous faut trouver $\varphi \in L^q(E')$ telle que $u = u_\varphi$.

Soit $L_u : E \to L^q(\mu)$ correspondant à u comme il a été dit plus haut. Une application linéaire d'un Banach de dimension finie dans un $L^q(\mu)$ étant q-latticiellement bornée (car la boule unité de ce Banach est contenue dans l'enveloppe convexe d'un nombre fini de points), on en déduit que L_u est q-décomposable par, disons φ, $\varphi \in L^q_*(X, \mu, E')$. Alors $u = u_\varphi$. Le lemme est donc démontré.

REMARQUE : Le résultat du lemme (1) reste vrai si p = 1 (voir la démonstration du théorème suivant).

THEOREME :

Soit $p \in [1, \infty[$; E un Banach ; E' son dual. L'on a algébriquement et isométriquement :

$$L^p(X, \mu, E)' = L^q_*(X, \mu, E')$$

quel soit l'espace mesuré σ-fini $(X, \mathcal{F}, \mu)$.

DEMONSTRATION : Le cas p = 1 résulte de la proposition 2 et de la remarque qui le suit, car toute application linéaire continue de E dans un $L^\infty(\mu)$ est latticiellement bornée.

On peut donc supposer p > 1.

L'on sait déjà qu'il existe une application linéaire contractante $L^q_*(E')$ dans $L^p(E)'$. Il reste à démontrer qu'elle est surjective et isométrique.

Soit $u \in L^p(E)'$ et $L_u : E \to L^q(\mu)$ l'application qui lui est associée comme il a été dit plus haut. Montrons qu'elle est q-latticiellement bornée.

Soit F un sous-espace de E de dimension finie et soit i_F l'injection naturelle de $L^p(F)$ dans $L^p(E)$

Soit $u_F = u \circ i_F$; alors $u_F \in L^p(F)'$ et

$$||u_F||_{L^p(F)'} \leq ||u||_{L^p(E)'}$$

u_F définit une application q-latticiellement bornée L_{u_F} de F dans $L^q(\mu)$

d'après le lemme 1 et

$$\|\bigvee_{\substack{e\in F\\ \|e\|\le 1}} L_u(e)\|_{L^q(\mu)} = \|u_F\|_{L^p(F)'} \le \|u\|_{L^p(E)'}$$

Cette inégalité étant vraie pour tout F, on en déduit :

$$\|\bigvee_{\substack{e\in E\\ \|e\|\le 1}} L_u(e)\|_{L^q(\mu)} \le \|u\|_{L^p(E)'}$$

Donc L_u est q-latticiellement bornée ; donc décomposable par φ et $u = u_\varphi$. La surjectivité est démontrée.

Maintenant :

$$\|u_\varphi\|_{L^p(E)'} \le \|\varphi\|_{L^q_*(E')} = \|\bigvee_{\substack{e\in E\\ \|e\|\le 1}} L_u(e)\|_{L^q(\mu)} .$$

Comme on a déjà constaté l'inégalité inverse, on a l'égalité.

CHAPITRE III

SÉRIES DE VARIABLES ALÉATOIRES BANACHIQUES

N° 1 : DEFINITIONS FONDAMENTALES

Dans ce chapitre, on se donnera un espace probabilisé $(\Omega, \mathcal{F}, P)$ et un espace mesurable $(E, \mathcal{B})$ où E est un espace vectoriel (pas forcément un Banach pour le moment) et $\mathcal{B}$ une tribu sur E. Les v.a. considérées sont basées sur cet $(\Omega, \mathcal{F}, P)$. On supposera que $\mathcal{F}$ est P-complète, ce qui permettra, dans les cas que nous considérerons, d'affirmer qu'une limite p.s d'une suite de variables aléatoires est une variable aléatoire. Toutefois, nous ferons la restriction suivante : toutes les variables aléatoires basées sur $(\Omega, \mathcal{F}, P)$ et à valeurs dans $(E, \mathcal{B})$ que nous considérerons, seront supposées appartenir à un même espace vectoriel. Ce sera la cas si

- les opérations $(x, y) \rightsquigarrow x + y$ et $(\lambda, x) \rightsquigarrow \lambda x$ sont mesurables relativement à $\mathcal{B} \otimes \mathcal{B}$ et $\mathcal{B}_{\mathbb{R}} \otimes \mathcal{B}$: dans ce cas l'ensemble des v.a. à valeurs dans $(E, \mathcal{B})$ est un espace vectoriel.

- E est un Banach et l'on ne considérera que les variables Bochner-mesurables, ou P-mesurables, c'est à dire égales P-presque sûrement à une v.a. fortement mesurable.

Si (X_n) est une suite de v.a. dans $(E, \mathcal{B})$, elle définit une v.a. à valeurs dans $(E^{\mathbb{N}}, \bigotimes_{n\in\mathbb{N}} \mathcal{B})$.

Enfin, nous supposons connues la définition de loi d'une v.a. prenant ses valeurs dans $(E, \mathcal{B})$ et de l'indépendance des variables aléatoires.

Si E est normé, on supposera que si X est une v.a., $||X||$ est une v.a. réelle.

DEFINITION 1 : Une v.a. X à valeurs dans E est dite symétrique si $P_X = P_{(-X)}$ (où P_X désigne la loi de la v.a. X).

Soit (X_n) une suite de v.a. à valeurs dans E, l'on dit que cette suite est symétrique si pour tout (ε_n) de nombres égaux à +1 ou -1, la variable aléatoire $(\varepsilon_n X_n)$ à valeurs dans E^N a même loi que la variable aléatoire(X_n).

Une famille finie de v.a. $(X_0, X_1, \ldots, X_n)$ est dite symétrique si la suite $(X_0, X_1, \ldots, X_n, 0, 0, 0, \ldots)$ est symétrique.

REMARQUE 1 : Si la suite (X_n) est symétrique, la v.a. à valeurs dans E^N qu'elle définit est évidemment symétrique. Toutefois ces deux conditions ne sont pas équivalentes : la première est beaucoup plus forte que la seconde.

Par exemple, si X est une v.a. symétrique réelle non p.s égale à zéro, la v.a. (X, X) à valeurs dans $\mathbb{R}^2$ est symétrique, mais (X, X) et (-X, X) n'ont pas même loi.

REMARQUE 2 : Si la suite (X_n) est symétrique, ou même si la v.a. (X_n) est symétrique, pour chaque n, la v.a. X_n est symétrique.

Bien évidemment, la réciproque est fausse.

Remarquons que la suite (X_n) est symétrique si et seulement si toute sous-famille finie $(X_{n_0}, X_{n_1}, \ldots, X_{n_k})$ est symétrique.

Remarquons enfin, et ce sera très important pour la suite, que si les (X_n) sont indépendantes, on a l'équivalence de :

(1) chaque X_n est symétrique ;

(2) la suite (X_n) est une suite symétrique ;

(3) la variable aléatoire dans E^N définie par la suite (X_n) est symétrique.

DEFINITION 2 : Soit X une v.a. sur un $(\Omega, \mathcal{F}, P)$ à valeurs dans E ; on appelle symétrisée de X une variable aléatoire X^s à valeurs dans E, définie sur un $(\Omega', \mathcal{F}', P')$ telle que

$$X^s = X' - X''$$

où X' et X" (définies sur $(\Omega', \mathcal{F}', P')$) sont indépendantes et ont même loi que X.

Il est facile de voir qu'une symétrisée de X est une v.a. symétrique. En "agrandissant" l'espace probabilisé initial, on peut supposer que X et X^s sont basées sur le même espace probabilisé. C'est ce que nous ferons par la suite.

REMARQUE 3 : Soit (X_n) une suite de v.a. à valeurs dans E, définissant une v.a. à valeurs dans $E^{\mathbb{N}}$. Une symétrisée de cette variable aléatoire n'est pas forcément une suite symétrique.

C'est toutefois une suite symétrique, si la suite (X_n) est indépendante.

N° 2 : LES LEMMES FONDAMENTAUX

LEMME 1 :

Soit (X_n) une suite de variables aléatoires sur un $(\Omega, \mathcal{F}, P)$ à valeurs dans E. Soit (Y_n) la suite de variables aléatoires définies sur $(\Omega \times [0,1], P \otimes dt)$ par

$$Y_n(\omega, t) = X_n(\omega)\, R_n(t) ,$$

où (R_n) désigne la suite de Rademacher, la suite (Y_n) est alors symétrique. Si de plus (X_n) est une suite symétrique, (Y_n) et (X_n) ont même loi considérées comme variables aléatoires à valeurs dans $E^{\mathbb{N}}$.

DEMONSTRATION : Soit $(\varepsilon_n) \in \{-1, +1\}^{\mathbb{N}}$ et soit $A \in \mathcal{B}^{\otimes \mathbb{N}}$. Alors

$$P_{Y_n}(A) = \int_\Omega P_{\left(R_n(\cdot) X_n(\omega)\right)}(A) \,.\, P(d\omega)$$

$$= \int_\Omega P_{\left(R_n(\cdot)\ \varepsilon_n X_n(\omega)\right)}(A) \,.\, P(d\omega) = P_{(\varepsilon_n Y_n)}(A).$$

(Ici P désigne la probabilité de l'espace Ω sur lequel sont basées les X_n, et pour tout ω, $P_{R_n(\cdot)|X_n(\omega)|}$ désigne la loi de la v.a. $t \mapsto (R_n(t)\, X_n(\omega))$.)

Donc (Y_n) est une suite symétrique.

Si maintenant la suite (X_n) est supposée symétrique, l'on a

$$P_{(Y_n)}(A) = \int_0^1 P_{\{R_n(t)\ X_n(\cdot)\}}(A)\ dt = \int_P P_{(X_n)}(A)\ dt = P_{(X_n)}(A).$$

LEMME 2 :

Si, dans le lemme précédent, on suppose que $E = \mathbb{R}$ et que la suite (X_n) est symétrique, et si l'on pose pour tout n

$$Z_n(t,\omega) = R_n(t)\ |X_n(\omega)| = R_n \otimes |X_n|(t,\omega),$$

la suite (Z_n) de v.a. sur $\Omega \times [0, 1]$ a même loi que (X_n).

DEMONSTRATION : Soit A un borélien de $R^{\mathbb{N}}$; alors

$$P_{(R_n \otimes |X_n|)}(A) = \int_\Omega P_{\left(R_n(\cdot)|X_n(\omega)|\right)}(A)\ P(d\omega)$$

$$= \int_\Omega P_{\left(R_n(\cdot)X_n(\omega)\right)}(A)\ P(d\omega) = P_{(X_n)}(A)$$

LEMME 3 :

Soient E un Banach, X et Y deux variables aléatoires de $L^p(E)$ $(0 \le p \le \infty)$.

On suppose que l'une au moins des conditions suivantes est réalisée :

(a) la famille (X, Y) est symétrique ;

(b) X et Y sont indépendantes et X est symétrique ;

(c) $p \ge 1$, $E(X) = 0$ et X et Y indépendantes.

L'on a alors :

$$\frac{1}{2}\,||2Y||_{L^p(E)} \le ||X + Y||_{L^p(E)}$$

DEMONSTRATION :

- Démontrons le résultat dans le cas (a) ou (b) et $0 \le p \le 1$. On a pour tout $(x, y) \in E \times E$, $||2y|| \le ||y-x|| + ||y+x||$. Et par conséquent, si φ est une fonction croissante borélienne et sous-additive de R_+ dans R_+, on en déduit :

$$E\{\varphi(||2Y||)\} \leq E\{\varphi(||X+Y||)\} + E\{\varphi(||X-Y||)\}.$$

Mais il résulte des hypothèses que X + Y et X - Y ont même loi, et par conséquent $E\{\varphi(||2Y||)\} \leq 2E\{\varphi(||X+Y||)\}$.

On obtient le résultat annoncé pour p = 0 en prenant pour φ la fonction $t \rightsquigarrow \frac{t}{1+t}$, et dans le cas $0 < p \leq 1$ en prenant pour φ la fonction $t \rightsquigarrow t^p$.

Si maintenant (toujours dans les cas (a) et (b)) l'on suppose $1 < p < \infty$, on déduit de $||2y|| \leq ||y-x|| + ||y+x||$:

$$E\{||2Y||^p\}^{\frac{1}{p}} \leq E\{(||Y-X|| + ||Y+X||)^p\}^{\frac{1}{p}} \leq E\{||Y-X||^p\}^{\frac{1}{p}} + E\{||Y+X||^p\}^{\frac{1}{p}}$$

et on termine comme plus haut.

- Supposons maintenant le cas (c) réalisé et $p < \infty$. Pour tout $y \in E$, on a :

$$||y||^p = ||y+E(X)||^p = ||\int_E (y+x)\, P_X(dx)||^p$$
$$\leq \left(\int_E ||y+x||\, P_X(dx)\right)^p \leq \int_E ||y+x||^p\, P_X(dx) \;;$$

et en conséquence :

$$E\{||Y||^p\} = \int ||y||^p\, P_Y(dy) \leq \int_{E\times E} ||y+x||^p\, P_X(dx)\, P_Y(dy)$$
$$= E\{||X+Y||^p\}.$$

Le lemme est encore démontré dans ce cas.

- Il nous reste enfin à examiner le cas $p = \infty$; mais alors cela résulte facilement du fait que si $Z \in L^\infty(E)$, on a :

$$||Z||_{L^\infty(E)} = \lim_{p\to\infty} ||Z||_{L^p(E)}.$$

LEMME 4 :

Soit E un Banach et X une v.a. à valeurs dans E ; soit $a \in E$ et X^s une symétrisée de X ; alors pour tout $t \geq 0$, on a :

$$P\{||X^s|| \geq t\} \leq 2P\{||X-a|| \geq \frac{t}{2}\}.$$

DEMONSTRATION : Si $X^s = X - X'$ (X' indépendante de X et ayant même loi que X), alors $X^s = (X-a) - (X'-a)$.

Donc $$\{\|X^s\| \geq t\} \subset \{\|X-a\| \geq \frac{t}{2}\} \cup \{\|X'-a\| \geq \frac{t}{2}\} ;$$

et $$P\{\|X^s\| \geq t\} \leq 2P\{\|X-a\| \geq \frac{t}{2}\} .$$

LEMME 5 :

Soient X, X^s, E comme dans le lemme 4 et soient $t, u \geq 0$. Alors :

$$P\{\|X\| \leq u\} P\{\|X\| > t+u\} \leq P\{\|X^s\| > t\} .$$

DEMONSTRATION : Avec les notations ci-dessus, on a :

$$\{\|X'\| \leq u ; \|X\| > t+u\} \subset \{\|X^s\| > t\} .$$

Donc $$P\{\|X\| \leq u\} P\{\|X\| > t+u\} \leq P\{\|X^s\| > t\} . \qquad \text{CQFD.}$$

LEMME 6 :

Soit (X_n) une suite symétrique de v.a. à valeurs dans un Banach E, et soit, pour tout n :

$$S_n = X_0 + X_1 + \ldots + X_n .$$

Alors :

(1) $P\{\max_{j\leq n} \|S_j\| \geq t\} \leq 2P\{\|S_n\| \geq t\}$, $\forall t \geq 0$, $\forall n$;

(2) $P\{\sup_n \|S_n\| \geq t\} \leq 2 \liminf_n P\{\|S_n\| \geq t\}$, $\forall t \geq 0$;

(3) Si $M \subset \mathbb{N}$ est infinie,

$$P\{\sup_n \|S_n\| \geq t\} \leq 2 \sup_{n\in M} P\{\|S_n\| \geq t\} , \quad \forall t \geq 0.$$

DEMONSTRATION : (2) et (3) se déduisent très facilement de (1). Il reste à démontrer (1).

Soit $A = \{\sup_{j\leq n} \|S_j\| \geq t\}$ et $B = \{\|S_n\| \geq t\}$.

Partitionnons A en les $(n+1)$ ensembles suivants :

$$A_o = \{||S_o|| \geq t\}$$

$$A_1 = \{||S_o|| < t \ ; \ ||S_1|| \geq t\}$$

$$A_2 = \{||S_o|| < t \ ; \ ||S_1|| < t \ ; \ ||S_2|| \geq t\} \ ;$$

et ainsi de suite.

Soit m fixé tel que $0 \leq m \leq n$ et soit

$$S_m^n = S_m - X_{m+1} - X_{m+2} \ \ldots \ - X_n \ ;$$

Alors $S_m^n + S_n = 2S_m$; et la suite étant symétrique, S_m^n et S_n ont même loi.

Mais alors $\{||S_m|| \geq t\} \subset \{||S_m^n|| \geq t\} \cup \{||S_n|| \geq t\}$;

et $A_m = [A_m \cap \{||S_m^n|| \geq t\}] \cup [A_m \cap \{||S_n|| \geq t\}]$.

Mais à cause de la symétrie, on a :

$$P \ [A_m \cap \{||S_m^n|| \geq t\}] = P \ [A_m \cap \{||S_n|| \geq t\}] \quad \text{et}$$

$$P(A_m) \leq 2P \ [A_m \cap \{||S_n|| \geq t\}] \ , \ \forall \ m \in [0, n] .$$

En sommant sur m on obtient le résultat.

Le lemme 6 va nous permettre de passer de la convergence en probabilité à la convergence presque-sûre pour les séries associées à des suites symétriques.

Remarquons au préalable qu'une série de v.a. $(X_n)_n$ à valeurs dans un Banach est p.s. convergente si et seulement si la suite suivante converge vers zéro en probabilité :

$$Z_n = \sup_{\substack{n',n'' \\ n \leq n' \leq n''}} ||X_{n'} + X_{n'+1} + \ldots + X_{n''}|| \qquad \forall \ n \in \mathbb{N} .$$

On obtient facilement, à partir de ce qui précède, le

THEOREME 1 :

Soit (X_n) une suite symétrique de variables aléatoires à valeurs dans le Banach E et soit, pour tout n, $S_n = X_o + X_1 + \ldots + X_n$. Les conditions suivantes sont équivalentes :

(a) (S_n) converge p.s. ;

(b) (S_n) converge en probabilité ;

(c) Il existe une suite extraite de (S_n) convergeant en probabilité.

DEMONSTRATION : Il est clair que (a) ⟹ (b) ⟹ (c).

Reste donc à démontrer (c) ⟹ (a).

Soit $(S_{n_k})_{k\in\mathbb{N}}$ une suite extraite convergeant en probabilité. Cela signifie que, pour tout $\varepsilon > 0$, il existe un entier k_ε tel que :

$$k, l \geq k_\varepsilon \ , \ k < l \Rightarrow P\{\|S_{n_l} - S_{n_k}\| \geq \varepsilon\} \leq \varepsilon$$

Considérons alors la suite (symétrique) $(Y_m)_{m\geq 1} = (X_{n_{k_\varepsilon}+m})_{m\geq 1}$ et soit $M_\varepsilon = \{n_i \ , \ i \geq k_\varepsilon\} \subset \mathbb{N}$. Alors :

$$S_m^\varepsilon = Y_1 + Y_2 + \ldots + Y_m = X_{n_{k_\varepsilon}+1} + X_{n_{k_\varepsilon}+2} + \ldots + X_{n_{k_\varepsilon}+m}$$
$$= S_{n_{k_\varepsilon}+m} - S_{n_{k_\varepsilon}} \ ;$$

et pour tout $m \in M_\varepsilon$ on a, d'après l'hypothèse, $P\{\|S_m^\varepsilon\| \geq \varepsilon\} \leq \varepsilon$.

Donc, en vertu du lemme 6.(3) : $P\{\sup\limits_{m\in\mathbb{N}^+} \|S_m^\varepsilon\| \geq \varepsilon\} \leq 2\varepsilon$.

Mais alors, pour tout $m \geq n_{k_\varepsilon}$, $P\{\sup\limits_{\substack{n',n''\\ m\leq n'\leq n''}} \|S_{n''} - S_{n'}\| > \frac{\varepsilon}{2}\} \leq 2\varepsilon$,

ce qui, d'après la remarque précédant le théorème 1, signifie que (S_n) converge presque sûrement.

REMARQUE 2 : Sous les hypothèses du théorème (1), l'on peut démontrer de la même façon les équivalences ;

(a) (S_n) est p.s. bornée ;

(b) (S_n) est bornée en probabilité ;

(c) L'on peut extraire de (S_n) une suite bornée en probabilité.

C'est en effet immédiat si l'on remarque que :

- (S_n) est bornée en probabilité si et seulement si, pour tout $\varepsilon > 0$, il existe $M < \infty$ tel que $\sup\limits_n P\{\|S_n\| \geq M\} \leq \varepsilon$;

- (S_n) est presque sûrement bornée si, pour tout $\varepsilon > 0$, il existe $M > 0$ tel que :

$$P\{\sup_n \|S_n\| \geq M\} \leq \varepsilon .$$

Maintenant, le lemme (6) permet de passer de la première inégalité à la seconde.

Dans le cas où les variables aléatoires ne forment pas une suite symétrique, mais si l'on suppose qu'elles sont indépendantes, on va voir que la convergence en probabilité de $(\sum X_n)$ équivaut à la convergence presque-sûre. C'est l'objet du

THEOREME 2 :

Soit (X_n) une suite indépendante de v.a. à valeurs dans le Banach E. L'on a l'équivalence de :

(1) $\sum X_n$ converge presque sûrement ;

(2) $\sum X_n$ converge en probabilité.

DEMONSTRATION : La seule chose à démontrer est l'implication (2) ⟹ (1). Supposons donc (2) vérifiée. Alors pour toute suite symétrisée (X_n^s) de (X_n), $\sum_n X_n^s$ converge en probabilité (par exemple grâce au lemme 4 appliqué à $a = 0$ et $X = \sum_{m \leq l \leq n} X_l$). Et, en vertu du lemme 1, $\sum_n X_n^s$ converge presque sûrement ; En particulier, $\sum_n \big(X_n(\omega) - X_n(\omega')\big)$ converge $P \otimes P$ presque sûrement sur $\Omega \times \Omega$; il existe donc une suite (a_n) d'éléments de $\mathbb{R}$ telle que $\sum_n \big(X_n(\omega) - a_n\big)$ converge P-presque sûrement. Mais alors $\sum_n a_n = \sum_n X_n - \big(\sum_n (X_n - a_n)\big)$ converge en probabilité ; donc $\sum a_n$ converge dans E, et a fortiori $\sum_n X_n$ converge presque sûrement. CQFD.

REMARQUE 3 : On peut démontrer que, sous l'hypothèse d'indépendance, on a l'équivalence :

(1) (S_n) est p.s. bornée ;

(2) (S_n) est bornée en probabilité.

(Démonstration tout à fait analogue à celle du théorème 2).

REMARQUE 4 : Sous les hypothèses du théorème 2, on ne peut affirmer, comme dans le théorème 1, que l'on a équivalence de

(a) $\sum X_n$ converge p.s.

(b) (S_{n_k}) converge en probabilité pour une certaine sous-suite (n_k).

Il suffit, pour s'en convaincre, de considérer l'exemple suivant : Les (X_n) sont des éléments presque certains et pour tout $n, X_n = (-1)^n$ p.s. Alors $\sum X_n$ ne converge pas p.s. mais la suite $(S_{2n})_n$ converge p.s.

Les résultats qui précèdent montrent que, sous les hypothèses de symétrie ou d'indépendance, la convergence (resp. la bornitude) en probabilité équivaut à la convergence (resp. la bornitude) presque-sûre.

Nous allons maintenant donner des critères de convergence ou de bornitude dans $L^0(E)$, et plus particulièrement dans $L^p(E)$. Il nous faudra distinguer le cas $p < \infty$ du cas $p = \infty$.

N° 3 : CONVERGENCE ET BORNITUDE DE (S_n) DANS $L^p(E)$ $(0 \leq p < \infty)$

Dans ce numéro, on se donnera une suite (X_n) de v.a. indépendantes à valeurs dans le Banach E.

L'on posera $S_n = \sum_{j=0}^{n} X_j$; $N = \sup ||X_n||$; $M = \operatorname{Sup} ||S_n||$. N et M sont des v.a. à valeurs dans $[0, \infty]$.

D'autre part, si Y est une v.a. numérique, on désignera par F_Y la fonction $t \rightsquigarrow P\{Y > t\}$ (c'est le complément à l'unité de la fonction de répartition usuelle). F_Y sera appelée la "fonction de queue" de Y. Cela étant, on a le

LEMME 7 :

Soit $(X_n)_{n\geq 0}$ une suite indépendante et symétrique de variables aléatoires à valeurs dans E. Pour tout entier k, on a :

$$F_{||S_k||}(s+t+u) \leq F_N(s) + 4F_{||S_k||}(t)\, F_{||S_k||}(u) \quad (s,t,u \geq 0).$$

DEMONSTRATION : Soit T le "temps d'arrêt" :

$$T = \inf \{n \,;\, ||S_n|| > t\}.$$

Si $||S_k|| > s+t+u$, alors $T \leq k$. Et par conséquent :

$$F_{||S_k||}(s+t+u) = \sum_{j=0}^{k} P\{||S_k|| > s+t+u \,;\, T = j\}.$$

D'autre part : $\{T = j\}$ avec $j \leq k$ et $\{||S_k|| > s+t+u\}$ impliquent $\{||S_{j-1}|| \leq t\}$ et $||S_k - S_j|| \geq ||S_k|| - ||S_{j-1}|| - ||X_j|| > u+s-N$. (où l'on pose $S_{-1} = 0$).

Donc
$$P\{T=j,\, ||S_k|| > t+s+u\} \leq P\{T=j \,;\, ||S_k - S_j|| > u+s-N\}$$
$$\leq P\{T=j \,;\, N > s\} + P\{T=j \,;\, ||S_k - S_j|| > u\}$$
$$= P\{T=j \,;\, N > s\} + P\{T=j\}\, P\{||S_k - S_j|| > u\}$$

(à cause de l'indépendance). D'où l'on déduit :

$$F_{||S_k||}(s+t+u) \leq F_N(s) + \sum_{j=0}^{k} P\{T=j\}\, P\{||S_k - S_j|| > u\}.$$

Posons $Z_o = S_k - S_j$; $Z_1 = S_j$; Z_o et Z_1 sont symétriques et $Z_o + Z_1 = S_k$. Donc, par le lemme 6.(1) appliqué à Z_o, Z_1, $S_k = Z_o + Z_1$, on obtient :

$$P\{||S_k - S_j|| > u\} \leq 2P\{||S_k|| > u\} \;;$$

De l'égalité $\sum_{j=0}^{k} \{T=j\} = \{\max_{j\leq k} ||S_j|| > t\}$, on déduit alors

$$F_{||S_k||}(s+t+u) \leq F_N(s) + 2F_{||S_k||}(u)\, P\{\max_{j\leq k} ||S_j|| > t\}.$$

D'où, en appliquant encore le lemme (6, 1) :

$$F_{||S_k||}(s+t+u) \leq F_N(s) + 4F_{||S_k||}(u)\, F_{||S_k||}(t). \quad \text{CQFD.}$$

THEOREME 3 :

Soit (X_n) une suite indépendante de v.a. à valeurs dans le Banach E. Pour tout q tel que $0 < q$, on a l'équivalence (avec les notations ci-dessus) :

(1) (S_n) est bornée en probabilité et $N \in L^q(\mathbb{R})$

(2) $M \in L^q(\mathbb{R})$.

DEMONSTRATION : Supposons d'abord la suite (X_n) symétrique ; pour tous réels u et t et tout entier naturel n, on a d'après le lemme 7 :

$$P\{||S_n|| > 2t + u\} \leq P\{N > t\} + 4P^2\{||S_n|| > t\} ,$$

et par conséquent, d'après le lemme 6.(2),

$$\frac{1}{2} P\{M > 2t + u\} \leq P\{N > t\} + 4P^2\{M > t\} .$$

D'où, pour tout réel $A > 0$,

$$(1) \quad \frac{1}{2}\int_0^A P\{M > 3t\}\, d(t^q) \leq \int_0^A P\{N > t\}\, d(t^q) + \int_0^A 4P^2\{M > t\}\, d(t^q) .$$

Jusqu'à présent, nous n'avons pas fait intervenir le fait que $\{S_n, n \in \mathbb{N}\}$ est bornée en probabilité. Si l'on tient compte de ce fait, il existe $t_o > 0$ tel que :

$$P\{M > t_o\} < \frac{1}{16 \times 3^q} .$$

Choisissons alors $A > 3t_o$; on a alors, en vertu de l'inégalité (1) :

$$\int_0^A P\{M > t\}\, d(t^q) = 3^q \times q \int_0^{A/3} t^{q-1} P\{M > 3t\}\, dt$$

$$\leq 2q \times 3^q \int_0^{A/3} t^{q-1} P\{N > t\} dt + 8q \times 3^q \int_0^{A/3} t^{q-1} P^2\{M > t\}\, dt .$$

Mais

$$\int_0^{A/3} P\{N > t\}\, d(t^q) \leq \int_0^{\infty} P\{N > t\}\, d(t^q) \leq E\{N^q\} ;$$

et d'autre part

$$\int_0^{A/3} P^2\{M > t\}\, d(t^q) = \int_0^{t_o} P^2\{M > t\}\, d(t^q) + \int_{t_o}^{A/3} P^2\{M > t\}\, d(t^q)$$

$$\leq \int_0^{t_o} d(t^q) + \int_0^{A/3} P\{M > t_o\} P\{M > t\}\, d(t^q) .$$

Donc, en définitive, pour tout $A > t_o$, on a :

$$(2) \quad \int_0^A P\{N > t\}\, d(t^q) \leq 2 \times 3^q E\{N^q\} + 8 \times 3^q t_o^q + \frac{1}{2}\int_0^A P\{M > t\}\, dt$$

(car $P\{M > t_o\} \le \dfrac{1}{16 \times 3^p}$).

L'inégalité (2) étant une inégalité entre éléments de $\mathbb{R}$, on en déduit

$$\frac{1}{2}\int_0^A P\{N > t\}\, d(t^q) \le 2 \times 3^q\, E\{N^q\} + 8 \times 3^q\, t_o^{\,q},$$

ceci étant vrai pour tout $A > 3t_o$, on en déduit que :

$$\int_0^\infty P\{N > t\}\, d(t^q) = E\{M^q\} < \infty .$$

Dans le cas symétrique, on a démontré que (1) ⟹ (2).

Dans le cas général, on procède par symétrisation : Soit $X_n^s = X_n - X'_n$ ($n \in \mathbb{N}$) une symétrisation de (X_n), soient S'_n, M', N' (resp. S_n^s, M^s, N^s) définis à partir des X'_n (resp. (X_n^s)) comme S_n, M, N ont été définis à partir de (X_n).

M et M' d'une part, N et N' d'autre part, ont même répartition. Donc $N^s \in L^q(\mathbb{R})$ et $\{S_n^s,\ n \in \mathbb{N}\}$ est bornée en probabilité. Il resulte encore de la première partie que $M^s \in L^q(\mathbb{R})$.

Soit μ la loi de la v.a. (X_n) (c'est une probabilité sur $E^{\mathbb{N}}$). On a alors

$$E\{(M^s)^q\} = \int_{E^{\mathbb{N}}} E\{\sup_n \|S'_n - \sum_{j=o}^n x_j\|^q\}\, \mu(dx).$$

Mais (S'_n) est bornée presque sûrement (car les X'_n sont indépendantes), et il existe $x \in E^{\mathbb{N}}$ tel que

$$\alpha = \sup_n \|\sum_{j=0}^n x_j\| < \infty$$

et

$$E\{\sup_n \|S_n - \sum_{j=0}^n x_j\|^q\} < \infty .$$

Alors

$$M \le \alpha + \sup_n \|S_n - \sum_{j=0}^n x_j\| \ ;\ \text{donc } M \in L^q(\mathbb{R}),$$

et l'implication (1) ⟹ (2) est démontrée.

L'implication (2) ⟹ (1) est évidente (car $N < 2M$) et le theorème est alors complètement démontré.

<u>COROLLAIRE 1</u> : Soit (X_n) une suite indépendante de v.a. à valeurs dans le Banach E ; soit $q \in\ ]0, \infty[$; on a l'équivalence :

(a) (S_n) est bornée dans $L^q(E)$;

(b) $M \in L^q(\mathbb{R})$

(c) $N \in L^q(\mathbb{R})$ et (S_n) est bornée en probabilité.

DEMONSTRATION : Il est clair que (b) ⟹ (a) (même sans l'hypothèse d'indépendance). Je dis maintenant que (a) ⟹ (b). En effet, supposons les (X_n) symétriques. L'on sait que $P\ \{M > t\} \leq 2 \liminf_n P\ \{||S_n|| > t\}$. Et, grâce au lemme de Fatou :

$$E\ \{M^q\} = \int P\ \{M > t\}\ d(t^q) \leq 2 \int \liminf_n P\ \{||S_n|| > t\}\ d(t^q)$$

$$\leq 2 \liminf_n \int P\ \{||S_n|| > t\}\ d(t^q) = 2 \liminf_n E\{||S_n||^q\}$$

Dans le cas général, on symétrise comme dans la démonstration du théorème 3.

Par ailleurs, on a vu que (b) ⟺ (c).

REMARQUE 1 : Dans le cas $p = \infty$, on a l'équivalence (et c'est trivial) de :

$\{(S_n),\ n \in \mathbb{N}\}$ est bornée dans $L^\infty(E)$ ⟺ $M \in L^\infty(\mathbb{R})$.

COROLLAIRE 2 : Soit (X_n) une suite indépendante de variables aléatoires à valeurs dans le Banach E. On suppose que $S_n \to S$ presque sûrement (ou en probabilité). Soit $p \in\ ]0, \infty[$. On a les équivalences :

(1) $S_n \to S$ dans $L^p(E)$

(2) $S \in L^p(E)$

(3) $M \in L^p(\mathbb{R})$

(4) $N \in L^p(\mathbb{R})$

(5) $\{S_n,\ n \in \mathbb{N}\}$ est bornée dans $L^p(E)$.

DEMONSTRATION : Il est clair que $S_n \to S$ en probabilité implique que $\{S_n,\ n \in \mathbb{N}\}$ est bornée en probabilité.

(3) ⟺ (4) ⟺ (5) : C'est le corollaire 1.

(1) ⟹ (2) est trivial et (3) ⟹ (1) par Lebesgue. La seule chose qui

reste à démontrer est donc l'implication (2) ⟹ (3). C'est trivial si la suite (X_n) est symétrique, car en vertu du lemme 6.(2), on a :

$$P\ \{M \geq t\} \leq 2 \liminf_n P\ \{||S_n|| \geq t\} \leq 2 \limsup_n P\ \{||S_n|| \geq t\}\ .$$

et $(||S_n||)_n$ convergeant vers $||S||$ en loi

$$\limsup_n\ P\ \{||S_n|| \geq t\} \leq P\ \{||S|| \geq t\}.$$

Le cas non symétrique se traite par symétrisation.

REMARQUE 2 : Quand $p = \infty$, il est clair que sous les autres hypothèses du corollaire 2 on a l'équivalence :

$$S \in L^{\infty}(E) \iff M \in L^{\infty}(\mathbb{R}),$$

par le même raisonnement que celui qui a été fait pour l'implication (2) ⟹ (3) dans ce corollaire.

En résumé, l'on peut dire qu'étant donnée une série presque sûrement convergente de variables aléatoires banachiques indépendantes si la somme appartient à $L^p(E)$, $(p < \infty)$, toutes les sommes partielles appartiennent à $L^p(E)$ et on a la convergence dans $L^p(E)$ (le cas $p = 0$ est évidemment trivial et bien connu).

Nous allons maintenant examiner ce qui se passe pour $p = \infty$ (en dehors des remarques faites plus haut).

REMARQUE 3 : Jusqu'à présent, nous n'avons donné que des critères de convergence et de bornitude des (S_n). Mais les démonstrations données permettent très facilement d'obtenir des critères de convergence commutatives et de "bornitude" commutative des séries $\sum X_n$. Par exemple, le théorème 3 se traduit par :

THEOREME 3' : Avec les conditions du théorème (3), on a l'équivalence de :

(1) $\sum X_n$ est commutativement bornée en probabilité et $N \in L^q(\mathbb{R})$;

(2) $M_1 = \sup_{\sigma \in \Phi(N)} ||\sum_{n \in \sigma} X_n|| \in L^q(\mathbb{R})$.

De même, le corollaire 1 de ce théorème se transcrit sous la forme suivante :

COROLLAIRE 1' : Sous les hypothèses du corollaire 1, on a l'équivalence de

(a) $\sum X_n$ est commutativement bornée dans $L^q(E)$

(b) $M_1 \in L^q(\mathbb{R})$

(c) $N \in L^q(\mathbb{R})$ et $\sum X_n$ est commutativement bornée en probabilité.

On pourrait également transcrire le corollaire 2 suivant le même modèle.

N° 4 : CONVERGENCE DANS $L^\infty(E)$

On va chercher sous quelles conditions $S \in L^\infty(E)$ implique $S_n \to S$ dans $L^\infty(E)$. Remarquons au préalable que cette propriété n'est pas vraie "en général", comme le montre le contre-exemple suivant :

Soit $E = l^\infty$ et soit P une probabilité sur $(\Omega, \mathcal{F}) = (\mathbb{N}, \mathcal{P}(\mathbb{N}))$ chargeant tout élément de $\mathbb{N}$.

Se donner une variable aléatoire $X : \Omega \to l^\infty$ c'est se donner pour tout $n \in \mathbb{N}$ une suite $(\lambda_n(k))_{k\in\mathbb{N}}$ de scalaires telles que $\sup_k |\lambda_n(k)| < \infty \ \forall n$. De même, se donner une famille $(X^i)_{i\in\mathbb{N}}$ de v.a. dans l^∞, c'est se donner une famille de scalaires

$$(\lambda_n^i(k)) \quad (i,n,k) \in \mathbb{N}^3, \text{ telle que}$$

$$\sup_k |\lambda_n^i(k)| < \infty, \quad \forall i, \ \forall n.$$

Soit donc $(X^i)_i$ une suite indépendante de variables aléatoires à valeurs dans l^∞ et soit $S^i = \sum_{j\leq i} X^j$.

Dire que $S^i \to S$ presque sûrement revient à dire que :

$$\forall n, \qquad \sup_{k\in\mathbb{N}} |S_n^i(k) - S_n(k)| \xrightarrow[i\to\infty]{} 0 \tag{A}$$

Dire que $S^i \to S$ dans $L^\infty(l^\infty)$ équivaut à dire que :

$$\sup_n \sup_k |S_n^i(k) - S_n(k)| \xrightarrow[i\to\infty]{} 0 \qquad (B)$$

Il est alors facile de construire des contre-exemple tels que (A) soit vrai sans que (B) le soit.

Si on avait pris c_o au lieu de l^∞, on aurait pu construire un contre-exemple analogue.

Par conséquent, on a démontré que dans tout Banach E contenant c_o isomorphiquement, il existe une suite de v.a. indépendantes à valeurs dans E telle que

$\sum X_n \to S$ presque sûrement et $\sum X_n \not\to S$ dans $L^\infty(E)$.

En d'autres termes, si E n'est pas un C-espace, $S_n \to S$ p.s. n'implique pas forcément $S_n \to S$ dans $L^\infty(E)$.

Nous allons voir que la réciproque est vraie. Plus précisement

THEOREME 4 :

Soit (X_n) des v.a. indépendantes à valeurs dans le Banach E (et donc Bochner-mesurable d'après nos conventions) ; on suppose que

- $S_n \to S$ presque sûrement ;
- $S \in L^\infty(\Omega, \mathcal{F}, P, E)$.

Alors si E est un C-espace, on a $\sum X_n = S$ au sens de la convergence dans $L^\infty(E)$.

DEMONSTRATION : Soit donc $S \in L^\infty(E)$ et supposons que S_n ne converge pas vers S pour la topologie de $L^\infty(E)$. Démontrons maintenant que E n'est pas un C-espace en construisant une C-suite (b_k) ne tendant pas vers zéro dans E.

- Remarquons tout d'abord que $S \in L^1(E)$, donc par le corollaire 2 du théorème 3, $S_n \to S$ dans $L^1(E)$ et en particulier $\sum_{j=0}^{n} E(X_j) \to E(S)$.

Si l'on pose pour tout $n \in \mathbb{N}$, $X'_n = X_n - E(X_n)$ et $S'_n = X'_0 + X'_1 + \ldots + X'_n$, on a l'équivalence :

$$S'_n \to S' \text{ dans } L^\infty(E) \iff S_n \to S \text{ dans } L^\infty(E) ;$$

de sorte que <u>l'on peut supposer les (X_n) centrées.</u>

- (S_n) ne peut être une suite de Cauchy dans $L^\infty(E)$, sinon elle convergerait vers S. Il existe donc $\varepsilon > 0$ et une suite extraite $(S_{n_k})_{k\in\mathbb{N}}$ telle que :

$$(*) \qquad \|S_{n_{k+1}} - S_{n_k}\|_{L^\infty(E)} > \varepsilon \quad \forall k.$$

On peut supposer $n_0 = 0$. Posons $Y_k = S_{n_{k+1}} - S_{n_k}$. Les Y_k sont indépendants et centrés tout comme les X_n.

Alors $\sum_{j=0}^{k} Y_j = S_{n_{k+1}} - S_0 = S_{n_{k+1}} - X_0$. Supposons pour simplifier $X_0 = 0$. Il est clair que $\sum Y_k = S$ presque sûrement. La démonstration va maintenant se terminer en deux étapes.

1) Supposons d'abord les (Y_k) dénombrablement étagées :

$$Y_k = \sum_{n\in\mathbb{N}} 1_{A_n^k} a_n^k .$$

Remarquons qu'il existe une constante finie K telle que

$$\|\sum_{k=0}^{n} Y_k\|_{L^\infty(E)} \leq K \quad \forall n \in \mathbb{N},$$

car $\sum Y_n = S$ et $S \in L^\infty(E)$. Maintenant, pour toute partie σ de $\{1, 2, \ldots, n\}$, on a :

$$\|\sum_{k\in\sigma} Y_k\|_{L^\infty(E)} \leq \|\sum_{k=0}^{n} Y_k\|_{L^\infty(E)} \leq K .$$

(Cela résulte de $\|Y\|_{L^\infty(E)} \leq \|X + Y\|_{L^\infty(E)}$ si X a une moyenne nulle et X et Y indépendantes).

Par conséquent, il existe $\Omega_0 \in \mathcal{F}$ avec $P(\Omega_0) = 1$ tel que

$$\forall \omega \in \Omega_0 , \forall \sigma \in \Phi(\mathbb{N}), \|\sum_{k\in\sigma} Y_k(\omega)\| \leq K .$$

($\Phi(\mathbb{N})$ désigne l'ensemble des parties finies de $\mathbb{N}$).

Maintenant, nous allons faire intervenir le fait que $\|Y_k\|_{L^\infty(E)} > \varepsilon$ pour tout k. De ce fait, on déduit que pour tout $k \in \mathbb{N}$, il existe un entier n(k) tel que :

$$\|a_{n(k)}^k\|_E > \varepsilon \quad \text{et} \quad P(A_{n(k)}^k) > 0 .$$

Posons $b_k = a^k_{n(k)}$ et $B_k = A^k_{n(k)}$. Alors

$$P(B_0 \cap B_1 \cap \ldots \cap B_k) = \prod_{i=0}^{n} P(B_i) > 0 .$$

Donc, pour tout k il existe $\omega_k \in \Omega_0 \cap B_0 \cap \ldots \cap B_k$.

Il est clair que $Y_j(\omega_k) = b_j$ $(0 \le j \le k)$. Donc

$$\|\sum_{j\in\sigma} b_j\| \le K , \quad \forall\ \sigma \in \Phi(\mathbb{N}).$$

Pour toute partie finie σ de $\mathbb{N}$, on a donc $\|\sum_{j\in\sigma} \varepsilon_j b_j\| \le 2K$ $(\varepsilon_j = \pm 1)$; et, en vertu des principes de contraction, (b_k) est une C-suite. Mais $\|b_k\| \ge \varepsilon$, $\forall\ k$; donc, cette C-suite ne peut converger vers zéro. D'où contradiction avec le fait que E est un C-espace.

2) <u>Cas général</u> : Pour tout k, il existe une v.a. dénombrablement étagée Z_k telle que

$$\|Z_k - Y_k\| < \frac{\varepsilon}{2^{k+1}} \quad \text{(si } \varepsilon \text{ est le nombre défini plus haut dans } (\star)).$$

On peut en outre supposer les Z_k indépendantes et $E(Z_k) = 0$ $\forall$ k. Mais

$$\sum \|Z_k - Y_k\|_{L^\infty(E)} < \varepsilon \ ; \text{ donc } \sum Z_k \text{ existe p.s. et}$$

$$\sum S_k = S \in L^\infty(E) \iff \sum Z_k \in L^\infty(E).$$

On est donc ramené au cas précédent, et le théorème est démontré.

Maintenant, nous allons étudier la condition "$\{S_n\}$ est bornée dans $L^\infty(E)$". Remarquons préalablement que dire que $\{S_n\}$est bornée dans $L^\infty(E)$ équivaut à :

"Il existe $\Omega_0 \in \mathcal{F}$ avec $P(\Omega_0) = 1$, et $K < \infty$ tel que

$$\forall\ \omega \in \Omega_0, \quad \forall n, \quad \|S_n(\omega)\|_E \le K \text{"}.$$

Et cela équivaut encore à

"Il existe $\Omega_0 \in \mathcal{F}$ avec $P(\Omega_0) = 1$ et $K < \infty$ tel que, pour tout $x' \in E'$, tout $\omega \in \Omega_0$ et tout n,

$$\left|\sum_{j=0}^{n} \langle x', X_j(\omega)\rangle\right| \le K\ \|x'\| \text{"}.$$

Bien sûr, ces équivalences sont vraies sans condition d'indépendance. Dans le cas de l'indépendance, on a le

THEOREME 5 :

Soit (X_n) une suite indépendante de v.a. à valeurs dans le Banach E. On suppose que, pour tout entier n, $E(X_n)$ existe et $E(X_n) = 0$.

Les conditions suivantes sont équivalentes :

(1) $\{S_n\}$ est bornée dans $L^\infty(E)$;

(2) Il existe $K < \infty$ et $\Omega_0 \in \mathcal{F}$ avec $P(\Omega_0)$ tel que

$$\forall x' \in E', \ \forall \omega \in \Omega_0, \ \sum_{j=0}^{\infty} |\langle x', X_j(\omega)\rangle| \leq K \, ||x'|| \ ;$$

(3) Pour tout $x' \in E'$, il existe $K(x') < \infty$ tel que

$$P\{\omega \ ; \ \sum_{j=1}^{\infty} |\langle x', X_j(\omega)\rangle| \leq K(x')\} = 1 \ ;$$

(4) Pour tout $x' \in E'$, il existe $K(x') < \infty$ tel que

$$\forall n, \ P\{\omega \ ; \ |\sum_{j=0}^{n} \langle x', X_j(\omega)\rangle| \leq K(x')\} = 1.$$

DEMONSTRATION :

(1) ⟹ (2) : Soit K tel que $||\sum_{j=0}^{n} X_j||_{L^\infty(E)} < K, \ \forall n$. Dû au fait que les (X_j) sont indépendantes et centrées, comme plus haut on en déduit que pour toute $\sigma \in \Phi(\mathbb{N})$ on a :

$$||\sum_{j\in\sigma} X_j||_{L^\infty(E)} \leq K .$$

Il existe donc $\Omega_0 \in \mathcal{F}$ avec $P(\Omega_0) = 1$ et tel que $\forall \sigma \in \Phi(\mathbb{N})$, $\forall \omega \in \Omega_0$, $||\sum_{j\in\sigma} X_j(\omega)||_E \leq K$. Cela signifie que, pour presque tout ω, $(X_j(\omega))_{j\in\mathbb{N}}$ est une C-suite ; donc elle est scalairement dans l^1, ce qui est précisément (2).

(2) ⟹ (3) ⟹ (4) : C'est évident même si les (X_n) ne sont pas indépendantes, ni centrées.

(4) ⟹ (1) : En effet (4) implique que, pour tout n, on a une application A_n linéaire de E' dans $L^\infty(\mathbb{K})$ ($\mathbb{K} = \mathbb{R}$ ou $\mathbb{C}$), à savoir :

$$A_n x' = \langle x', S_n\rangle .$$

Je dis que cette application est continue. Cela résulte en effet du théorème du graphe fermé, car si :

$$x_i' \to x' \quad \text{et} \quad A_n x_i' \to f \ \text{dans} \ L^\infty ,$$

alors $\langle x_i', S_n(\omega)\rangle \to \langle x', S_n(\omega)\rangle$, $\forall \omega \in \Omega$.

D'autre part, (4) s'écrit :

$$\sup_n \|A_n x'\|_{L^\infty} < \infty \ \forall x' ;$$

C'est à dire encore que les (A_n) sont bornées dans $\mathcal{L}(E', L^\infty)$ muni de la topologie de la convergence simple. Mais alors, par le théorème de Banach-Steinhaus :

$$\sup_n \|A_n\|_{\mathcal{L}(E', L^\infty)} < \infty .$$

Ceci signifie qu'il existe $K < \infty$ telle que

$$P\{|\langle x', S_n\rangle| \le K\} = 1 \quad \forall n \ge 1, \quad \forall \|x'\| \le 1.$$

Maintenant, dû au fait que les (X_n) sont Bochner-mesurables et qu'elles prennent donc presque sûrement leurs valeurs dans un sous-espace séparable, on peut supposer E séparable. Dans ce cas, la boule-unité de E' contient un sous-ensemble dénombrable $(x'_k)_{k\in\mathbb{N}}$ tel que

$$\forall x \in E, \ \|x\|_E = \sup_k |\langle x'_k, x\rangle| .$$

Par conséquent, il existe $\Omega_o \in \mathcal{F}$ avec $P(\Omega_o) = 1$ et tel que

$\forall k$, $\forall n$, $\forall \omega \in \Omega_o$, on ait $|\langle x'_k, S_n(\omega)\rangle| \le K$.

Mais ceci signifie que $\|S_n(\omega)\| \le K \quad \forall n, \ \forall \omega \ \ \Omega_o$.

Donc (1) est vérifié (remarquons que l'implication (4) ⟹ (1) a été démontrée sans hypothèse de centrage et d'indépendance).

On peut, à partir de là, obtenir très facilement le

THEOREME 6 :

Soit (X_n) une suite de v.a. à valeurs dans le Banach E, intégrables, centrées et indépendantes. Supposons que $\{S_n, n \in \mathbb{N}\}$ est bornée dans $L^\infty(E)$. Si E est un C-espace, (S_n) converge dans $L^\infty(E)$.

DEMONSTRATION : Il résulte du théorème (5) que presque sûrement $\left(X_n(\omega)\right)_{n\in\mathbb{N}}$ est scalairement dans L^1.

Donc, E étant un C-espace, $S = \sum X_n$ existe presque sûrement, et bien sûr $S \in L^\infty(E)$ puisque $\{S_n, n \in \mathbb{N}\}$ est bornée dans $L^\infty(E)$. Il suffit alors d'appliquer le théorème 4.

N° 5 : COMPARAISON DES CONVERGENCES DES SERIES DE VARIABLES ALEATOIRES

Nous aurons souvent à considérer le problème suivant :

Soit (X_n) une suite de variables aléatoires à valeurs dans le Banach E et définie sur un $(\Omega, \mathcal{F}, P)$. Soit (Y_n) une autre suite de variables aléatoires à valeurs dans E, définies sur un $(\Omega', \mathcal{F}', P')$ au moyen des (X_n) (par différents procédés que nous expliciterons).

Quand peut-on dire que $\sum Y_n$ converge, ou encore que $\{\sum_{k\leq n} Y_k, n \in \mathbb{N}\}$ est bornée en probabilité, ou que $\sum Y_n$ est commutativement bornée dans $L^p(\Omega', \mathcal{F}', P', E)$ $(0 \leq p \leq \infty)$?

Par exemple, si $\sum X_n$ est commutativement bornée dans $L^p(\Omega, \mathcal{F}, P, E)$ $(0 \leq p \leq \infty)$, $\sum a_n X_n$ est commutativement bornée (resp. convergente) dans $L^p(\Omega, \mathcal{F}, P, E)$ pour tout $(a_n) \in l^\infty$ (resp. C_o).

Le résultat fondamental qui nous permettra de faire des comparaisons est le

LEMME 8 :

Soit (X_n) une suite de v.a. à valeurs dans le Banach E. On suppose que l'une des conditions suivantes est réalisée :

(a) (X_n) est une suite symétrique et $(X_n) \in L^p(\Omega, \mathcal{F}, P, E)$ $\forall n$ $(o\leq p\leq\infty)$.

(b) Les (X_n) sont indépendantes ; $X_n \in L^p(\Omega, \mathcal{F}, P, E)$ $\forall n$ avec $1 \leq p \leq \infty$ et $E(X_n = 0)$.

Sous ces hypothèses, on a alors :

(1) $$\sup_{\sigma\in\Phi(\mathbb{N})} \left\| 2 \sum_{k\in\sigma} X_k \right\|_{L^p(E)} \leq 2 \sup_n \left\| \sum_{i\leq n} X_i \right\|_{L^p(E)}$$

(2) Pour tout $n \in \mathbb{N}$ et toute suite $(a_k)_{k\in\mathbb{N}} \in \mathbb{R}^{\mathbb{N}}$, on a si $p \neq 0$:

$$\left\| \sum_{k\leq n} a_k X_k \right\|_{L^p(E)} \leq A_p \sup |a_k|^{\min(p,1)} \left\| \sum_{i\leq n} X_i \right\|_{L^p(E)}$$

avec $$A_p = \frac{4}{2^{\min(p,1)} - 1} \times \frac{2}{2^{\min(p,1)}} .$$

DEMONSTRATION : (1) résulte trivialement du lemme 3 de ce chapitre, car si $\sigma \subset \{0, 1\ldots n\}$, en posant $Y = \sum_{k\in\sigma} X_k$; $X = \sum_{k\in\sigma'} X_k$ où $\sigma' = \{0, 1\ldots n\}\setminus\sigma$, X et Y sont comme dans ce lemme.

(2) Par le chapitre I, n° 5, lemme , l'on sait que :

$$\|\sum_{k\le n} a_k X_k\|_{L^p(E)} \le \frac{2}{2^{\min(p,1)}-1} \sup_{k\le n} |a_k|^{\min(p,1)} \sup_{\sigma\subset\{0,\ldots,n\}} \|\sum_{k\in\sigma} X_k\|_{L^p(E)}$$

et par le lemme 3 on sait que :

$$\sup_{\sigma\subset\{0,1,\ldots,n\}} \|\sum_{k\in\sigma} X_k\|_{L^p(E)} \le \frac{2}{2^{\min(p,1)}} \|\sum_{i\le n} X_i\|_{L^p(E)} ,$$

d'où le résultat.

On en déduit immédiatement la

PROPOSITION 1 : Sous l'une des conditions du lemme 8 :

(1) Si $\{S_n, n \in N\}$ est bornée dans $L^p(E)$, $\sum X_n$ est commutativement bornée dans $L^p(E)$ $(0 \le p \le \infty)$.

(2) Si (S_n) converge dans $L^p(E)$, elle converge commutativement dans $L^p(E)$ $(0 \le p \le \infty)$.

Remarquons que pour $p \ge 1$, la constante A_p qui figure dans le lemme 8 est égale à 2.

COROLLAIRE 1 : Soit (X_n) une suite indépendante de variables aléatoires dans le Banach E, p-intégrables avec $p \ge 1$, et centrées ($E(X_n) = 0 \ \forall n$). Soit $(a_n) \in \mathbb{R}^{\mathbb{N}}$; pour tout $n \in \mathbb{N}$, on a la double inégalité :

(1) $$\frac{1}{2} \inf_{k\le n} |a_k| . \|\sum_{k\le n} X_k\|_{L^p(E)} \le \|\sum_{k\le n} a_k X_k\|_{L^p(E)} \le 2 \sup_{k\le n} |a_k| . \|\sum_{k\le n} X_k\|_{L^p(E)} .$$

Et par conséquent, si (ξ_n) est une suite de v.a. numériques telle que les (ξ_n) sont indépendantes des X_n, on a pour tout n :

(2) $$\frac{1}{2} \|\inf_{k\le n} |\xi_k|\|_{L^p(E)} \|\sum_{k\le n} X_k\|_{L^p(E)} \le \|\sum_{k\le n} \xi_k X_k\|_{L^p(E)} \le 2 \|\sup_{k\le n} |\xi_k|\|_{L^p(E)} \|\sum_{k\le n} X_k\|_{L^p(E)} .$$

DEMONSTRATION : L'inégalité de droite dans (1) a déjà été démontrée. L'inégalité de gauche est triviale si $\inf |a_k| = 0$. Sinon, en posant $Y_k = a_k X_k$, on obtient :

$$\| \sum_{k\leq n} X_k \|_{L^p(E)} = \| \sum_{k\leq n} \frac{1}{a_k} a_k X_k \|_{L^p(E)} \leq 2 \sup \frac{1}{|a_k|} \| \sum_{k\leq n} a_k X_k \|_{L^p(E)} ,$$

ce qui donne le résultat cherché.

(2) se déduit immédiatement de (1) en intégrant les membres de (1) par rapport à la loi de $(\xi_1, \xi_2, \ldots, \xi_n)$.

Le corollaire 1.(2) sera principalement appliqué dans le cas où les (ξ_n) ne peuvent prendre que les valeurs 1 et -1 presque sûrement.

Auquel cas $\inf |\xi_k| = \sup |\xi_k| = 1$.

Ce sera le cas si les (ξ_n) sont des Bernoulli (par exemple les Rademacher).

COROLLAIRE 2 : Soit $1 \leq p < \infty$ et soit (ε_n) une suite de Bernoulli. Supposons qu'il existe une constante $C < \infty$ telle que pour tout entier n et toute famille $(x_o, x_1, \ldots, x_n)$ d'éléments de E^n on ait :

$$(3) \qquad \| \sum_{k\leq n} \varepsilon_k x_k \|_{L^p(E)} \leq C \left(\sum_{k\leq n} \|x_k\|_E^p \right)^{\frac{1}{p}}$$

Alors pour toute suite de variables aléatoires à valeurs dans E, indépendantes, p-intégrables et centrées, on a pour tout n :

$$(4) \qquad \| \sum_{k\leq n} X_k \|_{L^p(E)} \leq 2C \left(\sum_{k\leq n} \|X_k\|^p_{L^p(E)} \right)^{\frac{1}{p}} .$$

DEMONSTRATION : La suite (X_n) étant donnée, choisissons la suite (ε_n) de Bernoulli indépendante de (X_n). En intégrant les deux membres de (3) par rapport à la loi des (ε_n), puis la loi des (X_n), on obtient :

$$\| \sum_{k\leq n} \varepsilon_k X_k \|_{L^p(E)} \leq C \left(\sum_{k\leq n} \|X_k\|^p_{L^p(E)} \right)^{\frac{1}{p}}$$

D'autre part, par le corollaire (3, 2) et la remarque ci-dessus :

$$\| \sum_{k\leq n} X_k \|_{L^p(E)} \leq 2 \| \sum_{k\leq n} \varepsilon_k X_k \|_{L^p(E)}$$. D'où le résultat.

A partir du corollaire 1, on peut très facilement déduire des résultats de comparaison. Nous laissons au lecteur éventuel le soin de la faire.

COROLLAIRE 3 : Soit $1 \le p < \infty$ et soit (η_n) une suite de v.a. réelles indépendantes et p-intégrables. Soit E un Banach et (X_n) une suite de v.a. à valeurs dans E, indépendantes et p-intégrables. Soit (ε_n) une suite de Bernoulli. L'on suppose que :

- les (η_n) sont indépendantes de (X_n) ;
- (ε_n) est indépendante de $\big((\eta_n), (X_n)\big)$;
- $E\{\eta_n X_n\} = 0 \quad \forall n.$

On pose $N = \sup_n |\eta_n|$. Alors pour tout n on a l'inégalité

$$(5) \qquad E(\|\sum_{k\le n} \eta_k X_k\|^p) \le 4^p E(N^p) E(\|\sum_{k\le n} \varepsilon_k X_k\|^p).$$

(Naturellement, cette inégalité n'a d'intérêt que si $E(N^p) < \infty$).

DEMONSTRATION : Puisque pour tout n, $\eta_n X_n \in L^p(E)$, que les $\eta_n X_n$ sont centrées et que (ε_n) est indépendante de $(\eta_n X_n)$, on a par le corollaire 1 :

$$E(\|\sum_{k\le n} \eta_k X_k\|^p) \le 2^p E(\|\sum_{k\le n} \varepsilon_k \eta_k X_k\|^p).$$

D'autre part, puisque (η_n) est indépendante de $(\varepsilon_n X_n)$ et que la suite $(\varepsilon_n X_n)$ est indépendante centrée, on a

$$E(\|\sum_{k\le n} \eta_k \varepsilon_k X_k\|^p) \le 2^p E(\max_{k\le n} |\eta_k|^p) \cdot E(\|\sum_{k\le n} \varepsilon_k X_k\|^p).$$

D'où le résultat.

On peut maintenant en déduire le

LEMME 10 : Soient p, (η_n), (X_n), E comme dans le corollaire 3 ci-dessus. Soit (ξ_n) une suite de v.a. réelles, indépendantes et p-intégrables. On suppose que :

- les (ξ_n) et les (X_n) sont indépendantes.
- $E(\xi_n X_n) = 0 \quad \forall n.$

et l'on pose $a = \inf_n E(|\xi_n|)$.

Pour tout n, on a alors :

(6) $$E\{||\sum_{k\le n} \eta_k X_k||^p\} \le \left(\frac{16}{a}\right)^p E(N^p)\, E\{||\sum_{k\le n} \xi_k X_k||^p\}.$$

(Cette inégalité n'a d'intérêt que si a > 0).

DEMONSTRATION : Soit (ε_n) une suite de Bernoulli indépendante de $\big((\xi_n)$, (η_n), $(X_n)\big)$. Posons $a_n = E(|\xi_n|)$. Par le corollaire 1, on a :

$$E(||\sum_{k\le n} \varepsilon_k X_k||^p) \le 2^p \max_{k\le n} \left(\frac{1}{a_k}\right)^p E(||\sum_{k\le n} a_k\varepsilon_k X_k||^p)$$

et, par le corollaire 3 :

$$E(||\sum_{k\le n} \eta_k X_k||^p) \le \left(\frac{8}{a}\right)^p E(N^p)\, E(||\sum_{k\le n} a_k\varepsilon_k X_k||^p).$$

Soit ε_n^* la suite de v.a. réelles définies par :

$$\varepsilon_n^* = \begin{cases} -\varepsilon_n & \text{si } \xi_n < 0 \\ \varepsilon_n & \text{si } \xi_n \ge 0 .\end{cases}$$

Il est facile de voir que les ε_n^* ne prennent que la valeur -1 et +1 et que $\xi_n \cdot \varepsilon_n^* = |\xi_n| \cdot \varepsilon_n \quad \forall\, n.$

Par ailleurs, on vérifie facilement que (ε_n^*) est indépendante de (ξ_n). Donc la suite (ε_n^*) est indépendante de $\big((\xi_n), (X_n)\big)$.

Soit $\mathcal{F}_n = \sigma\{\varepsilon_k, X_k ; k \le n\}$ la tribu engendrée par des ε_k et les X_k $(k \le n)$. Alors :

$$\begin{aligned} ||\sum_{k\le n} a_k\varepsilon_k X_k||_E^p &= ||E(\sum_{k\le n} |\xi_k|\varepsilon_k X_k \mid \mathcal{F}_n)||_E^p \\ &\le E(||\sum_{k\le n} |\xi_k|\varepsilon_k X_k||_E^p \mid \mathcal{F}_n) \\ &= E\{||\sum_{k\le n} \xi_k\varepsilon_k^* X_k||_E^p \mid \mathcal{F}_n\} \end{aligned}$$

(ces inégalités ayant lieu presque sûrement). Donc, par intégration :

$$E\{||\sum_{k\le n} \eta_k X_k||^p\} \le \left(\frac{8}{a}\right)^p E(N^p)\, E(||\sum_{k\le n} \varepsilon_k^*\xi_k X_k||^p)$$

Mais, comme nous l'avons remarqué, (ε_n^*) est indépendante de $\big((\xi_n), (X_n)\big)$;

et par le corollaire 1, nous obtenons

$$E\left(\left\|\sum_{k\le n} \eta_k X_k\right\|^p\right) \le \left(\frac{16}{a}\right)^p E(N^p)\, E\left(\left\|\sum_{k\le n} \xi_k X_k\right\|^p\right).$$

Le lemme est donc démontré.

Nous pouvons maintenant obtenir sans peine le :

THEOREME :

Soit $1 \le p < \infty$ et soit E un Banach. Soit (ξ_n), (η_n) deux suites de v.a. réelles indépendantes et p-intégrables. Soit (X_n) une suite de v.a. à valeurs dans E, indépendantes et p-intégrables. L'on suppose que

- $N = \sup_n |\eta_n| \in L^p(R)$
- $\inf_n E(|\xi_n|) > 0$
- les (ξ_n) sont indépendantes des (X_n) et les (η_n) sont indépendantes des (X_n)
- $E(\xi_n X_n) = E(\eta_n X_n) = 0 \quad \forall n.$

Alors on a les implications :

(a) $\{\sum_{k\le n} \xi_k X_k, n \in \mathbb{N}\}$ bornée dans $L^p(E)$ $\Rightarrow$ $\{\sum_{k\le n} \eta_k X_k ; n \in \mathbb{N}\}$ bornée ;

(b) $\sum \xi_k X_k$ converge dans $L^p(E)$ $\Rightarrow$ $\sum \eta_k X_k$ converge dans $L^p(E)$;

(c) $\{\sum_{k\le n} \xi_k X_k, n \in N\}$ bornée dans $L^p(E)$ et $(\eta_n) \to 0$ p.s. $\Rightarrow$ $\sum \eta_k X_k$ converge dans $L^p(E)$.

C'est en effet immédiat d'après ce qui précède.

REMARQUE : On peut ajouter "commutativement" dans les termes des implications du théorème.

CHAPITRE IV

ESPACES DE SUITES ASSOCIÉS À UNE LOI SUR $\mathbb{R}$

N° 1 : DEFINITIONS FONDAMENTALES

Dans tout ce chapitre, E désignera un espace de Banach. (ξ_n), (η_n), etc..., désigneront des suites de variables aléatoires réelles indépendantes. (ε_n) désignera une suite de Bernoulli. Si μ est une probabilité sur $\mathbb{R}$, on dira que μ est dégénérée si $\mu = \delta_{(0)}$.

Enfin, une probabilité sur $\mathbb{R}$ sera appelée simplement <u>une loi</u>.

DEFINITION 1 : Soit E, (ξ_n) comme plus haut et soit $p \in [0, \infty]$. On posera :

- $\mathcal{C}^p_{(\xi_n)}(E) = \{(x_n) \in E^{\mathbb{N}}$; $\sum \xi_n x_n$ converge commutativement dans $L^p(E)\}$.
- $\mathcal{B}^p_{(\xi_n)}(E) = \{(x_n) \in E^{\mathbb{N}}$; $\sum \xi_n x_n$ est commutativement bornée dans $L^p(E)\}$.

En d'autres termes, dire que $(x_n) \in \mathcal{C}^p_{(\xi_n)}(E)$ équivaut à dire, avec les notations du chapitre I, que $(\xi_n x_n) \in \mathcal{C}(L^p(E))$. Interprétation analogue pour $\mathcal{B}^p_{(\xi_n)}(E)$.

Si toutes les (ξ_n) ont même loi μ, on écrira $\mathcal{C}^p_\mu(E)$ (resp. $\mathcal{B}^p_\mu(E)$) au lieu de $\mathcal{C}^p_{(\xi_n)}(E)$ (resp. $\mathcal{B}^p_{(\xi_n)}(E)$).

REMARQUE 1 : On pourrait de même considérer l'ensemble des $(x_n) \in E^{\mathbb{N}}$ telles que :

- $\sum \xi_n x_n$ converge dans $L^p(E)$
- ou bien $\{\sum_{k \leq n} \xi_k x_k$; $n \in \mathbb{N}$ est bornée dans $L^p(E)$.

Mais cela ne présentera guère d'intérêt par la suite.

D'ailleurs, dans les deux cas suivants,

(a) les (η_n) sont symétriques et appartiennent à $L^p(\mathbb{R})$;

(b) les (η_n) appartiennent à $L^p(\mathbb{R})$ $(1 \le p < \infty)$ et $E(\xi_n) = 0$ pour tout n.

Ces définitions coïncident d'aprés ce que l'on a vu au chapitre précédent.

On notera par β la répartition de Bernoulli : $\beta = \frac{1}{2}\,\delta_{(1)} + \frac{1}{2}\,\delta_{(-1)}$. Alors $\mathcal{C}^p_{(\varepsilon_n)}(E) = \mathcal{C}^p_\beta(E)$ et $\mathcal{B}^p_{(\varepsilon_n)}(E) = \mathcal{B}^p_\beta(E)$.

Naturellement, si les (ξ_n) et les (ξ'_n) ont même répartition (sur $\mathbb{R}^{\mathbb{N}}$), on obtient les mêmes espaces de suites.

Les propriétés suivantes résultent presque immédiatement de ce que l'on a vu plus haut, au chapitre III :

(1) Si la suite (ξ_n) est symétrique,

$\mathcal{C}^o_{(\xi_n)}(E) = \{(x_n) \in E^{\mathbb{N}} ; \sum \xi_n x_n$ converge p.s.$\}$

et $\mathcal{B}^o_{(\xi_n)}(E) = \{(x_n) \in E^{\mathbb{N}} ; \sup_n \|\sum_{k\le n} \xi_k x_k\| < \infty$ p.s.$\}$.

(2) $\mathcal{C}^p_{(\xi_n)}(E) = \{(x_n) \in \mathcal{C}^o_{(\xi_n)}(E)$ et $\sup_n \|\xi_n x_n\| \in L^p(\mathbb{R})\}$;

$\mathcal{B}^p_{(\xi_n)}(E) = \{(x_n) \in \mathcal{B}^o_{(\xi_n)}(E)$ et $\sup_n \|\xi_n x_n\| \in L^p(\mathbb{R})\}$,

comme cela résulte du théorème 3' et de ses corollaires du chapitre III.

(3) Si μ est non-dégénérée, $\mathcal{C}^o_\mu(E) \subset C_o(E)$ et $\mathcal{B}^o_\mu(E) \subset l^\infty(E)$ ($C_o(E)$ est l'espace des suites d'éléments de E tendant vers zéro).

(4) Si μ est une loi telle que $\int |t|^p \, d\mu(t) < \infty$ $(0 < p \le 1)$, on a $l^p(E) \subset \mathcal{C}^p_\mu(E)$.

(5) Si μ est une loi telle que $\int |t|^p \, d\mu(t) < \infty$ $(1 \le p < \infty)$, on a $l^1(E) \subset \mathcal{C}^p_\mu(E)$.

(6) <u>Si Supp μ est compact</u>, pour tout $p \in [0, \infty[$ on a $\mathcal{C}^o_\mu(E) = \mathcal{C}^p_\mu(E)$ et $\mathcal{B}^o_\mu(E) = \mathcal{B}^p_\mu(E)$. En particulier, $\mathcal{C}^p_\beta(E)$ et $\mathcal{B}^p_\beta(E)$ ne dépendent pas de $p \in [0, \infty[$; on les notera par $\mathcal{C}_\beta(E)$ et $\mathcal{B}_\beta(E)$. $\mathcal{C}_\beta(E)$ est alors l'ensemble des suites $(x_n) \in E^{\mathbb{N}}$ telles que $\sum x_n \varepsilon_n$ converge presque sûrement.

(7) Si pour tout $n \in \mathbb{N}$, ξ_n^s désigne une symétrisée de ξ_n, alors

$$\mathcal{C}^p_{(\xi_n)}(E) \subset \mathcal{C}^p_{(\xi_n^s)}(E) \quad \text{et} \quad \mathcal{B}^p_{(\xi_n)}(E) \subset \mathcal{B}^p_{(\xi_n^s)}(E).$$

(8) Si μ^{*n} désigne la $n^{\text{ième}}$ convoluée de μ $(n \geq 1)$, on a pour tout n :

$$\mathcal{C}^p_\mu(E) \subset \mathcal{C}^p_{\mu^{*n}}(E) \quad \text{et} \quad \mathcal{B}^p_\mu(E) \subset \mathcal{B}^p_{\mu^{*n}}(E).$$

(9) On a les implications suivantes :

$$(x_n) \in \mathcal{C}^p_{(\xi_n)}(E),\ (a_n) \in l^\infty \Rightarrow (a_n x_n) \in \mathcal{C}^p_{(\xi_n)}(E) ;$$

$$(x_n) \in \mathcal{B}^p_{(\xi_n)}(E),\ (a_n) \in l^\infty \Rightarrow (a_n x_n) \in \mathcal{B}^p_{(\xi_n)}(E) ;$$

$$(x_n) \in \mathcal{B}^p_{(\xi_n)}(E),\ (a_n) \in c_o \Rightarrow (a_n x_n) \in \mathcal{C}^p_{(\xi_n)}(E) .$$

Naturellement, si μ est dégénérée, $\mathcal{B}^p_\mu(E) = \mathcal{C}^p_\mu(E) = E^{\mathbb{N}}$.

Nous allons maintenant mettre une topologie sur $\mathcal{B}^p_\mu(E)$ et $\mathcal{C}^p_\mu(E)$, si <u>μ est non dégénérée</u>.

Soit $(x_n) \in E^{\mathbb{N}}$; $E^{\mathbb{N}}$ s'envoie dans $\left(L^p(E)\right)^{\mathbb{N}}$ par l'application

$$(x_n) \leadsto (\xi_n x_n)_{n \in \mathbb{N}}$$

où les (ξ_n) sont des copies indépendantes de loi μ.

Cette application est évidemment injective (μ étant non dégénérée !) et elle envoie $\mathcal{C}^p_\mu(E)$ dans $\mathcal{C}\left(L^p(E)\right)$ et $\mathcal{B}^p_\mu(E)$ dans $\mathcal{B}\left(L^p(E)\right)$.

On munira $\mathcal{B}^p_\mu(E)$ et $\mathcal{C}^p_\mu(E)$ de la topologie induite par celle de $\mathcal{B}\left(L^p(E)\right)$.

<u>LEMME 1</u> :

μ étant non dégénérée, $\mathcal{B}^p_\mu(E)$ et $\mathcal{C}^p_\mu(E)$ sont des F-espaces ; $\mathcal{C}^p_\mu(E)$ est l'adhérence dans $\mathcal{B}^p_\mu(E)$ des suites presques nulles.

<u>DEMONSTRATION</u> : $\mathcal{B}^p_\mu(E)$ pouvant être considéré comme un sous-espace de $\mathcal{B}\left(L^p(E)\right)$, et ce dernier étant un F-espace, il suffit de démontrer que $\mathcal{B}^p_\mu(E)$ est fermé dans $\mathcal{B}\left(L^p(E)\right)$.

Soit (ξ_n) une suite de copies indépendantes de loi ; soit, pour tout k, $X^k = (x_n^k\, \xi_n)_{n\in\mathbb{N}}$, on suppose que (X^k) converge vers $X = (X_n) \in \mathcal{B}(L^p(E))$. Pour tout n, les $(x_n^k)_{n\in\mathbb{N}}$ forment une suite de Cauchy dans E, donc convergeant vers x_n. Il est maintenant facile de voir que $(x_n^k\, \xi_n)_n \xrightarrow[k\to\infty]{} (x_n\, \xi_n)_n$ pour la topologie de $\mathcal{B}(L^p(E))$.

Le reste de la démonstration est trivial.

REMARQUE 2 : Si $x = (x_n) \in \mathcal{C}_\mu^p(E)$, posons

$$Tx = \sum \xi_n x_n \quad (\xi_n \text{ de loi } \mu)\ ;$$

on a vu que $\quad \|Tx\|_{L^p(E)} \leq \|x_n\|_{\mathcal{C}_\mu^p(E)}$ (Chapitre I, n°6).

En outre, si μ est symétrique ($\mu(A) = \mu(-A)$ pour tout borélien A de $\mathbb{R}$), ou si μ est telle que $\int |t|^p\, d\mu(t) < \infty$ $(1 \leq p < \infty)$ et $\int t\, d\mu(t) = 0$, on a en outre, pour $p < \infty$,

$$\frac{1}{2}\, \|2x\|_{\mathcal{C}_\mu^p(E)} \leq \|Tx\|_{L^p(E)} \leq \|x\|_{\mathcal{C}_\mu^p(E)}\ ;$$

(Donc pour $p \geq 1$, on a une isométrie de $\mathcal{C}_\mu^p(E)$ dans $L^p(\mu)$).

En effet, cela résulte immédiatement de la définition de $\|x\|_{\mathcal{C}_\mu^p(E)}$ et du lemme 3 du chapitre III.

On a un résultat analogue pour $p = \infty$ si μ est à support compact.

N° 2 : COMPARAISON DES $\mathcal{C}_\mu^p(E)$ ET $\mathcal{C}_\nu^q(E)$.

Dans toute la suite, toutes les lois que nous considérerons seront supposées non dégénérées (sauf mention expresse du contraire).

PROPOSITION 1 : Soient μ et ν deux lois, p et q deux éléments de $[0, \infty]$. On suppose que $\mathcal{C}_\mu^p(E) \subset \mathcal{B}_\nu^q(E)$, alors

(a) $\mathcal{C}_\mu^p(E) \subset \mathcal{C}_\nu^q(E)$

(b) $\mathcal{B}_\mu^p(E) \subset \mathcal{B}_\nu^q(E)$.

DEMONSTRATION : Soit i l'injection canonique de $\mathcal{C}^p_\mu(E)$ dans $\mathcal{B}^q_\nu(E)$; alors

- i est continue : En effet, si $x_n \to x$ dans $\mathcal{C}^p_\mu(E)$ et si $i(x_n) \to y$ dans $\mathcal{B}^q_\nu(E)$, alors $y = i(x)$ car les topologies des espaces considérés sont plus fines que les topologies induites par la topologie produit sur $E^{\mathbb{N}}$. Le théorème du graphe fermé permet alors de conclure.

- i envoie des suites presque nulles sur les suites presque nulles. Or les suites presque nulles sont denses dans $\mathcal{C}^p_\mu(E)$; donc l'image de $\mathcal{C}^p_\mu(E)$ par i est contenue dans l'adhérence dans $\mathcal{B}^q_\nu(E)$ des suites presque nulles, qui est $\mathcal{C}^q_\nu(E)$.

Soit maintenant $x = (x_n) \in \mathcal{B}^p_\mu(E)$. Soit $\sigma \in \Phi(\mathbb{N})$ et soit $x_\sigma = (y_0, y_1, \ldots)$ avec $y_i = x_i$ si $i \in \sigma$, $y_i = 0$ si $i \notin \sigma$; alors l'ensemble x_σ est borné dans $\mathcal{C}^p_\mu(E)$; donc son image par i est bornée dans $\mathcal{B}^q_\nu(E)$. Donc $i(x) \in \mathcal{B}^q_\nu(E)$.

COROLLAIRE : Soient μ, ν, p, q, comme dans la proposition 1.

On a l'équivalence :

$$\mathcal{C}^p_\mu(E) = \mathcal{C}^q_\nu(E) \iff \mathcal{B}^p_\mu(E) = \mathcal{B}^q_\nu(E).$$

Si en outre on a $\mathcal{B}^p_\mu(E) = \mathcal{C}^q_\nu(E)$, alors

$$\mathcal{C}^p_\mu(E) = \mathcal{B}^p_\mu(E) = \mathcal{C}^q_\nu(E) = \mathcal{B}^q_\nu(E).$$

C'est en effet immédiat.

LEMME 2 :

Soit (X_n) une suite symétrique de v.a. à valeurs dans le Banach E. On a les équivalences :

(1) $\{\sum_{k\le n} X_k \,;\, n \in \mathbb{N}\}$ est p.s. bornée $\iff (X_n(\omega))_{n\in\mathbb{N}} \in \mathcal{B}_\beta(E)$;

(2) $\sum_n X_n$ converge p.s. $\iff (X_n(\omega))_{n\in\mathbb{N}} \in \mathcal{C}_\beta(E)$ p.s.

Démontrons (1), (2) se démontrant de manière tout à fait analogue. Naturellement, d'après les résultats du chapitre III, dire que $\{\sum_{k\le n} X_j \,;\, n \in \mathbb{N}\}$

est p.s. bornée, signifie que $(X_n) \in \mathscr{C}(L^0(E))$ ((X_n) étant symétrique).

Posons $S_n = \sum_{k \leq n} X_k$. Soit ε_n des Rademacher indépendantes des (X_n). On a vu que $(\varepsilon_n X_n)$ et (X_n) ont même répartition. Par conséquent :

$$P\left(\{S_n \,;\, n \in \mathbb{N}\} \text{ est bornée}\right) = \int_{E^{\mathbb{N}}} P\left(\omega \,;\, \{\sum_{k \leq n} \varepsilon_n(\omega)\, x_n \,;\, n\} \text{ est bornée}\right) P_X(dx_0, dx_1, \ldots).$$

Maintenant, l'intégrant vaut 1 si $(x_n) \in \mathscr{B}^0_\beta(E)$ et zéro sinon.

Donc $\quad P(\{S_n \,;\, n \in \mathbb{N}\} \text{ est bornée}) = P\,\{\omega \,;\, (X_n(\omega)) \in \mathscr{B}^0_\beta(E)\}$

et ceci démontre (1).

On déduit de ce résultat un résultat de comparaison :

PROPOSITION 2 : Soit (X_n) une suite de v.a. à valeurs dans le Banach E, (ξ_n) une suite de v.a. numériques. On suppose que :

(a) les suites (X_n) et $(\xi_n X_n)$ sont symétriques ;

(b) $\sup_n |\xi_n| < \infty$ p.s.

Alors

- $\sum X_n$ converge p.s. $\Longrightarrow$ $\sum \xi_n X_n$ converge p.s.

- $\{\sum_{k \leq n} X_k \,;\, n \in \mathbb{N}\}$ est bornée en proba. $\Longrightarrow$ $\{\sum_{k \leq n} \xi_k X_k \,;\, n \in \mathbb{N}\}$ est bornée en probabilité.

Si l'on suppose en outre

(b') $\xi_n \to 0$ p.s., alors

$\{\sum_{k \leq n} X_k \,;\, n \in \mathbb{N}\}$ bornée en probabilité $\Longrightarrow$ $\sum \xi_n X_n$ converge p.s.

DEMONSTRATION : Comme (X_n) et $(\xi_n X_n)$ sont symétriques, on a

$P\,\{\sum X_n \text{ converge}\} = P\,\{\omega \,;\, (X_n(\omega))_n \in \mathscr{C}_\beta(E)\}$

$P\,\{\sum \xi_n X_n \text{ converge}\} = P\{\omega \,;\, (X_n(\omega)\, \xi_n(\omega)) \in \mathscr{C}_\beta(E)\}$.

D'après la propriété (9) du n° 1,

$P\,\{\omega \,;\, (X_n(\omega))_n \in \mathscr{C}_\beta(E)\} = 1 \Longrightarrow P\,\{\omega \,;\, (\xi_n(\omega) X_n(\omega))_n \in \mathscr{C}_\beta(E)\} = 1$;

d'où le résultat.

PROPOSITION 3 : Soit $p \geq 1$ et $\xi_n \in L^p(\mathbb{R})$ $\forall n$; supposons $E(\xi_n) = 0$ $\forall n$.

Alors on a les égalités :

(1) $\mathcal{B}^p_{(\xi_n)}(E) = \mathcal{B}^p_{(\varepsilon_n \xi_n)}(E)$; et par conséquent

(2) $\mathcal{C}^p_{(\xi_n)}(E) = \mathcal{C}^p_{(\varepsilon_n \xi_n)}(E)$,

où $(\varepsilon_n)_n$ est indépendante de $(\xi_n)_n$.

DEMONSTRATION : Par le corollaire 1 de la proposition 1 du chapitre III, on a

$$\frac{1}{2} \| \inf_{k \leq n} |\varepsilon_k| \|_{L^p(E)} \quad \| \sum_{k \leq n} \xi_k x_k \|_{L^p(E)} \leq \| \sum_{k \leq n} \varepsilon_k \xi_k x_k \|_{L^p(E)}$$

$$\leq 2 \| \sum_{k \leq n} |\xi_k| \|_{L^p(E)} \quad \| \sum_{k \leq n} \xi_k x_k \|_{L^p(E)} ,$$

ce qui suffit pour démontrer (1).

(2) résulte alors trivialement de (1) et de la proposition 1.

PROPOSITION 4 : Soit (ξ_n) une suite de variables aléatoires indépendantes.

L'on suppose que :

(1) $\operatorname{Sup} |\xi_n| \in L^p(\mathbb{R})$ $(1 \leq p)$ et $\inf E\{|\xi_n|\} = a > 0$;

(2) $E(\xi_n) = 0$ $\forall n$.

Alors

- $\mathcal{C}^0_\beta(E) = \mathcal{C}^p_\beta(E) = \mathcal{C}^p_{(\xi_n)}(E)$;
- $\mathcal{B}^0_\beta(E) = \mathcal{B}^p_\beta(E) = \mathcal{B}^p_{(\xi_n)}(E)$.

DEMONSTRATION : Soit (ε_n) une suite de Bernoulli indépendante de la suite (ξ_n). Nous allons appliquer le théorème 7 du chapitre III deux fois :

- la première fois en remplaçant X_n par x_n, ξ_n par ε_n et η_n par ξ_n.

On en déduit alors :

$$\mathcal{C}^p_\beta(E) \subset \mathcal{C}^p_{(\xi_n)}(E) ;$$

- la seconde fois en remplaçant X_n par x_n, ξ_n par ξ_n et η_n par ε_n.

Alors $\mathcal{C}^p_{(\xi_n)}(E) \subset \mathcal{C}^p_\beta(E)$.

Donc on a $\mathcal{C}^p_{(\xi_n)}(E) = \mathcal{C}^p_\beta(E)$. Comme l'on sait que $\mathcal{C}^p_\beta(E) = \mathcal{C}^o_\beta(E)$, on a démontré la première partie.

La seconde partie se déduit trivialement de la première ; on peut d'ailleurs la démontrer directement à l'aide du théorème 7 du chapitre III.

Comme conséquence facile, on obtient alors le

THEOREME 1 :

Soit μ une loi non dégénérée à support compact et de moyenne nulle. Pour tout $p \in [0, \infty[$ on a :

(1) $\mathcal{B}^p_\mu(E) = \mathcal{B}_\beta(E)$

(2) $\mathcal{C}^p_\mu(E) = \mathcal{C}_\beta(E)$.

DEMONSTRATION : On sait déjà que $\mathcal{B}^p_\mu(E)$ ne dépend pas de p (μ étant à support compact). Soit (ξ_n) une suite de copies indépendantes de loi μ. La suite (ξ_n) satisfait aux conditions (1) et (2) de la proposition 4 pour tout $p \geq 1$.

On en déduit donc que pour tout $p \geq 1$, $\mathcal{B}^p_\mu(E) = \mathcal{B}^p_\beta(E)$. D'où le résultat pour tout $p \in [0, \infty[$.

Le théorème 1 signifie que $\mathcal{C}^p_\mu(E)$ et $\mathcal{B}^p_\mu(E)$ ne dépendent pas de μ pour autant qu'elle soit non dégénérée, à support compact et de moyenne nulle. Dans le cas général, on a le

THEOREME 2 :

Pour toute loi μ (non dégénérée !) on a les inclusions

- $\mathcal{C}^p_\mu(E) \subset \mathcal{C}^o_\beta(E)$ $\quad \forall\, p \in [0, \infty[$
- $\mathcal{B}^p_\mu(E) \subset \mathcal{B}^o_\beta(E)$ $\quad \forall\, p \in [0, \infty[$.

DEMONSTRATION : Il suffit de démontrer la 2ème inclusion. On peut, d'après les propriétés énoncées au n° 1, supposer μ symétrique.

Par ailleurs, on peut, pour tout $n \geq 1$ remplacer μ par μ^{*n}. Mais il est bien connu que pour tout intervalle borné I de $\mathbb{R}$, $\mu^{*n}(I)$ tend vers zéro (uniformément sur la longueur de l'intervalle). En définitive, on supposera :

- μ symétrique ;
- $\mu([-1, +1]) < \frac{1}{2}$.

Soit (η_n) une suite de v.a. réelles indépendantes et de loi μ. Si $(x_n) \in \mathcal{B}^p_\mu(E)$, alors d'après le lemme 2, pour presque tout ω,
$\left(X_n(\omega)\right)_n = \left(\xi_n(\omega)\; x_n\right)_n \in \mathcal{B}^o_\beta(E) = \mathcal{B}^1_\beta(E)$.

Il résulte alors des principes de contraction que si (ξ_n) est une famille de v.a. (sur le même espace probabilisé que celui sur lequel sont définis les (η_n)) telle que

$$|\xi_n| \leq |\eta_n| \text{ p.s. } \forall n ,$$

la famille $(x_n \xi_n)$ appartient à $\mathcal{B}^o_\beta(E)$ p.s.

Nous allons maintenant choisir les (ξ_n) satisfaisant à la condition ci-dessus. Pour cela, nous aurons besoin du

LEMME 3 :

Soit (ξ_n) une suite de v.a. indépendantes de loi $\frac{1}{2}\,\delta_{(0)} + \frac{1}{2}\,\delta_{(1)}$. Soit (x_n) une suite d'éléments de E. On suppose que p.s. $(\xi_n x_n) \in \mathcal{B}^o_\beta(E)$. Alors $x_n \in \mathcal{B}^o_\beta(E)$.

DEMONSTRATION : On peut supposer pour le moment que les (ξ_n) sont définis sur l'espace

$$(\mathbb{Z}_2^{\mathbb{N}}, \mathcal{B}_{\mathbb{Z}_2^{\mathbb{N}}}, m) ,$$

où $\mathbb{Z}_2$ désigne le groupe additif modulo 2, $\mathcal{B}_{\mathbb{Z}_2^{\mathbb{N}}}$ est la tribu borélienne du groupe compact $\mathbb{Z}_2^{\mathbb{N}}$ et m la probabilité de Haar : c'est la mesure produit des probabilités de Haar des composantes ; les (ξ_n) sont alors les composantes.

On désignera par $\oplus$ l'addition dans $\mathbb{Z}_2$ et dans $\mathbb{Z}_2^{\mathbb{N}}$.

Soit $A = \{\omega \in \mathbb{Z}_2^{\mathbb{N}} ; (\omega_n x_n)_n \in \mathcal{B}^o_\beta(E)\}$.

Par hypothèse, m(A) = 1. Donc, et c'est une propriété bien connue de "la" mesure de Haar d'un groupe localement compact, A ⊕ A contient un voisinage de zéro. On peut naturellement supposer que ce voisinage de zéro est un ouvert élémentaire de la forme

$$V = \{\omega = (\omega_n),\ \omega_0 = 0,\ \omega_1 = 0,\ \dots\ \omega_N = 0\} \text{ où } N \in \mathbb{N}.$$

Par conséquent, si $(\omega_n) \in V$, il existe (ω'_n) et (ω''_n) dans A tels que

$$\omega'_n \oplus \omega''_n = 1 \quad \forall\ n \geq N+1.$$

Mais si $\omega'_n \oplus \omega''_n = 1$, on a aussi $\omega'_n + \omega''_n = 1$ au sens de l'addition dans $\mathbb{Z}$.

Or, par hypothèse, $(\omega'_n x_n)$ et $(\omega''_n x_n)$ appartiennent à $\mathcal{B}^0_\beta(E)$; donc aussi $\big((\omega'_n \oplus \omega''_n) x_n\big) = (y_n)$.

Mais si $n \geq N+1$, $(\omega'_n + \omega''_n)\, x_n = x_n$. Donc si $(y_n) \in \mathcal{B}^0_\beta(E)$, on a également $(x_n) \in \mathcal{B}^0_\beta(E)$; et le lemme est démontré.

<u>REMARQUE 3</u> : On aurait pu seulement supposer que $(\xi_n x_n)$ appartient à $\mathcal{B}^0_\beta(E)$ pour un ensemble de ω de probabilité non nulle.

<u>REMARQUE 4</u> : La démonstration du lemme a utilisé un espace probabilisé particulier. Il est clair que la conclusion ne dépend pas de cet espace.

Pour achever la démonstration du théorème 2, il nous faut trouver des v.a. indépendantes (ξ_n) de loi $\frac{1}{2}\delta_{(0)} + \frac{1}{2}\delta_{(1)}$, et telles que $|\xi_n| \leq |\eta_n|$ p.s. $\forall$ n. Nous allons faire intervenir le fait que $\mu([-1, +1]) < \frac{1}{2}$.

Soit η une v.a. de loi μ. On peut supposer que η est définie sur l'espace probabilisé unité $([0, 1]\ ,\ \lambda = dx)$.

Il suffit en effet pour cela de poser pour $\omega \in [0, 1]$:

$$\eta(\omega) = \sup \{x\ ;\ \mu(]-\infty, x]) \leq \omega\}\ .$$

Puisque $\quad \mu\ ([-1, +1]) < \frac{1}{2}$, il existe $a > 0$ tel que

$$\mu\ \{|t| > a\} \leq \frac{1}{2} \leq \mu\ \{|t| \geq a\}\ .$$

Et par conséquent

$$\lambda\ \{\omega\ ;\ |\eta(\omega)| > a\} \leq \frac{1}{2} \leq \lambda\ \{\omega\ ;\ |\eta(\omega)| \geq a\}.$$

Mais, λ étant diffuse, il existe un borélien B de [0, 1] tel que :

- $\{\omega \,;\, |\eta(\omega)| > a\} \subset B \subset \{\omega \,;\, |\eta(\omega)| \geq a\}$;

- $\lambda(B) = \frac{1}{2}$.

Posons alors $\xi(\omega) = 1_B \circ \eta$. Il est clair que ξ a pour loi $\frac{1}{2}\delta_{(0)} + \frac{1}{2}\delta_{(1)}$ et que $|\xi| \leq |\eta|$.

Maintenant, à partir de là, il est facile de définir une suite (ξ_n) de v.a. indépendantes, de loi $\frac{1}{2}\delta_{(0)} + \frac{1}{2}\delta_{(1)}$ et telles que $|\xi_n| \leq |\eta_n|$ $\forall$ n.

Examinons maintenant où nous en sommes :

- D'après le principe de contraction :

$$\text{si } (x_n) \in \mathcal{B}^p_\mu(E) \text{ alors p.s. } (\xi_n x_n) \in \mathcal{B}_\beta(E).$$

- Il résulte alors du lemme 3 que $(x_n) \in \mathcal{B}_\beta(E)$.

Le théorème est donc démontré.

<u>COROLLAIRE</u> : Soient $\mu \in \mathcal{P}(\mathbb{R})$ $(\mu \neq \delta_{(0)})$ et $p \in]0, \infty[$. Il existe une constante K (dépendant de μ et de p en général) telle que, pour tout n et pour toute famille finie $\{x_1, x_2, \ldots, x_n\}$ de vecteurs de E on ait :

$$E\{||\sum_{j=0}^{n} \varepsilon_j x_j||^p\} \leq K \max_{0\leq k\leq n} E\{||\sum_{j=0}^{k} \eta_j x_j||^p\},$$

où (ε_n) est une suite de Bernoulli et les (η_n) des copies indépendantes de loi μ.

<u>DEMONSTRATION</u> : Soit (η^s_n) une symétrisée de (η_n) et soit $(x_n) \in E^{\mathbb{N}}$. Notons tout d'abord que :

$$\sup_n ||\sum_{j\leq n} \eta^s_j x_j||_{L^p(E)} \leq 2 \sup_n ||\sum_{j\leq n} \eta_j x_j||_{L^p(E)}.$$

Donc la quantité du 1er membre de cette inégalité est finie quand celle du 2è membre l'est.

Mais, à cause de la symétrie, dire que $\sup_n ||\sum_{j\leq n} \eta^s_j x_j||_{L^p(E)} < \infty$ équivaut à dire que $(x_n) \in \mathcal{B}^p_{\mu^s}(E)$; par le théorème 2, on en déduit que $(x_n) \in \mathcal{B}^o_\beta(E)$.

Soit $\mathcal{E}$ l'espace vectoriel des suites $x = (x_n) \in E^{\mathbb{N}}$ telles que :

$$\|x\|_{\mathcal{E}} = \sup_n \|\sum_{j\leq n} \eta_j x_j\|_{L^p(E)} < \infty .$$

Il est facile de voir, comme dans le lemme 1, que $\mathcal{E}$ est un F-espace muni de la F-norme ci-dessus.

En outre, la topologie de $\mathcal{E}$ est plus fine que celle induite par la topologie produit sur $E^{\mathbb{N}}$.

Maintenant, l'injection canonique de $\mathcal{E}$ dans $\mathcal{B}^p_\beta(E)$ étant continue pour la topologie produit, est, par le théorème du graphe fermé, continue pour les topologies de F-espaces. Mais c'est précisément équivalent à ce qu'il fallait démontrer.

<u>REMARQUE 5</u> : Les variables (ε_n) et (η_n) n'ont pas besoin d'être définies sur le même espace probabilisé. C'est ainsi que l'on peut écrire :

$$\int_0^1 \|\sum_{i\leq n} R_i(t)\, x_i\|^p\, dt \leq K \sup_{0\leq k\leq n} \int \|\sum_{i\leq k} \eta_i(\omega)\, x_i\|^p\, P(d\omega).$$

N° 3 : <u>ESPACES DE SUITES ASSOCIES A UNE LOI STABLE D'ORDRE</u> p

Soit $0 < p \leq 2$, on appelle γ_p la loi sur $\mathbb{R}$ dont la transformée de Fourier est la fonction $t \rightsquigarrow e^{-|t|^p}$. On dit que γ_p est la loi stable symétrique d'ordre p. Naturellement, si $p = 2$, γ_2 n'est autre que la loi gaussienne normale réduite.

Si $p = 2$, nous savons que γ_2 possède des moments absolus de tous ordres et nous connaissons la densité de γ_2 (par rapport à la mesure de Lebesgue).

<u>Aussi, supposons d'abord que $p < 2$</u>. Et nous étudierons ensuite directement le cas $p = 2$.

Posons $\psi(t) = \int_0^\infty (1 - \cos ut)\, \frac{du}{u^{1+p}}$ (cette intégrale ayant évidemment un sens pour $0 < p < 2$).

Alors, si $s > 0$, on a :

$$\psi(st) = s^p \psi(t) .$$

Puisque la fonction $t \rightsquigarrow \psi(t)$ est paire, on en déduit que :

$$\psi(t) = K'_p |t|^p \quad \text{où } K'_p \text{ est une constante.}$$

La formule (1) : $|t|^p = K_p \int_0^\infty (1 - \cos ut) \frac{du}{u^{p+1}}$ (où l'on pose $K_p = K'^{-1}_p$)

a une conséquence importante : Pour tout $q \in]0, p[$, γ_p a des moments absolus d'ordre q. En outre, γ_p n'a pas de moment absolu d'ordre p.

En effet, soit X une v.a. réelle quelconque. On déduit de (1) que si

$0 < q < 2$,
$$E\{|X|^q\} = K_q \times \int_0^\infty (1 - \mathrm{Re}\, \varphi_X(t)) \frac{dt}{t^{q+1}} \quad (\text{avec } \varphi_X(t) = E\{e^{itX}\})$$

En particulier, si X a une loi stable d'ordre p :

$$E\{|X|^q\} = K_q \int_0^\infty (1 - e^{-|t|^p}) \frac{dt}{t^{q+1}} .$$

Et la dernière intégrale n'est finie que si $0 < q < p$. D'où le résultat annoncé.

Pour $p = 1$, γ_p n'est autre que la loi de Cauchy, et l'on connaissait déjà le résultat relatif à l'existence des moments.

Dû au fait que $t \rightsquigarrow e^{-|t|^p}$ est intégrable pour la mesure de Lebesgue, γ_p a une densité, disons f_p (et naturellement, c'est un fait archi-connu si $p = 1$ ou 2 !).

Indiquons un résultat qui sera très important pour la suite :

Si $0 < p < 2$, $f_p(x)$ est équivalent à $\frac{1}{|x|^{p+1}}$ au voisinage de l'infini : c'est-à-dire, il existe a et $b > 0$:

$$\frac{a}{|x|^{p+1}} \le f_p(x) \le \frac{b}{|x|^{p+1}}$$

pour x suffisamment grand. (Ce qui permet de retrouver le résultat sur l'existence des moments). En effet :

- c'est bien connu si $p = 1$ (et c'est trivial !)
- pour $p \neq 1$, cela résulte de FELLER, Volume II, p. 583.

Naturellement, $f_2(x)$ est rapidement décroissante, donc la propriété ci-dessus est fausse pour p = 2.

On en déduit que pour $|x|$ suffisamment grand, on a :

$$\limsup_{|y| \to \infty} \frac{f_p(xy)}{f_p(y)} \simeq \frac{K}{|x|^{p+1}} . \qquad (2)$$

De (2), on déduit alors que si X est une v.a. stable symétrique d'ordre p, on a : il existe $K_1 > 0$ tel que

$$\text{pour tout } t \geq 1, \quad P\{|X| \geq st\} \leq K\,|t|^{-p}\, P\{|X| \geq s\} \qquad (3)$$

pour $|s| > K_1$.

REMARQUE 6 : Si p = 2, $f_2(x)$, densité de la loi γ_2, est a décroissance rapide ; en outre, pour tout $q \in]0, \infty[$ il existe une constante K_1 et une constante K_2, positives, telles que :

$$\forall\, t \geq 1, \qquad P\{|X| \geq st\} \leq K_1\, |t|^{-q}\, P\{|X| \geq s\}$$

pour tout $s > K_2$.

Dans la suite, nous utiliserons la convention suivante :

Si p est tel que $0 < p \leq 2$, on posera :

$$p^* = \begin{cases} p & \text{si } p < 2 \\ +\infty & \text{si } p = 2 \end{cases}$$

Le principal résultat est alors le suivant :

THEOREME 2 :

Soit E un Banach et $(\xi_n)_n$ une suite de v.a. réelles indépendantes de loi γ_p $(0 < p \leq 2)$. Soit (x_n) une suite de vecteurs de E. On pose :

$$S_n = \sum_{k=0}^{n} \xi_k\, x_k \quad \text{si } n \in \mathbb{N}. \text{ Alors :}$$

1) Si $\{S_n, n \in \mathbb{N}\}$ est bornée en probabilité dans $L^0(E)$, elle est bornée dans $L^q(E)$ pour tout $q \in]0, p^*[$.

2) Si (S_n) converge dans $L^0(E)$, elle converge dans $L^q(E)$ pour tout $q \in]0, p^*[$.

<u>DEMONSTRATION</u> : Soit $q \in]0, p^*[$, nous nous servirons du fait qu'il existe deux constantes positives C_1 et C_2 telles que :

$$P\{|\xi_1| > st\} \leq C_1 |t|^{-q} P\{|\xi_1| > s\}$$

pour tout $t \geq 1$ et tout $s \geq C_2$.

Démontrons 1). $\{S_n, n \in \mathbb{N}\}$ étant bornée en probabilité par le corollaire 1 du théorème 3 du chapitre III, il suffit de démontrer que $q \in]0, p^*[$ étant donné, $N = \sup_n ||\xi_n x_n|| \in L^{q'}(\mathbb{R})$ pour tout $q' < q$.

Ce qui revient à dire que $\sum_{k \in \mathbb{N}} P\{N \geq k^{\frac{1}{q'}}\} < \infty$. Il nous faut donc évaluer $P\{N \geq t\}$ pour $t > 0$.

Soit $t > 0$, on a $P\{\sup_n ||\xi_n x_n|| > t\} \leq \sum_n P\{||\xi_n x_n|| > t\}$.

Remarquons tout d'abord que, d'après la remarque (2) suivant le théorème 1 du chapitre III, $N < \infty$ presque sûrement.

La v.a. réelle $\limsup_n ||\xi_n x_n||$ appartient à la tribu asymptotique des v.a. (ξ_n). D'après la loi de zéro-un, elle est presque certaine, et finie, car $N < \infty$ p.s.

Posons donc $c = \limsup_n ||\xi_n x_n||$.

Soit $A_n = \{||\xi_n x_n|| \geq c+1\}$; les A_n sont indépendantes et $P\{\limsup_n A_n\} = 0$. Donc, par Borel-Cantelli, cela implique que $\sum P(A_n) < \infty$.

Pour tout $t \geq 0$, posons $F_p(t) = P\{|\xi_1| \geq t\}$.

Si l'on pose $a_n = \dfrac{c+1}{||x_n||}$, alors $P(A_n) = F_p(a_n)$ et par conséquent $\sum_n F_p(a_n) < \infty$.

Dû au fait que F_p est décroissante et que γ_p est non dégénérée, on a :

$$\inf_n a_n = b > 0 .$$

En effet, il existe $\alpha > 0$ tel que $F_p(\alpha) > 0$ et alors $a_n > \alpha$ pour n assez grand. D'où le résultat annoncé.

Naturellement :

$$\sum_n P\{||\xi_n x_n|| \geq t\} = \sum_n P\{|\xi_n| \geq \frac{t}{||x_n||}\}$$

$$= \sum_n P\{|\xi_n| \geq \frac{a_n}{c+1} t\} .$$

Remplaçant le cas échéant x_n par $\frac{b}{C_2} x_n$, on peut supposer que $a_n \geq C_2 \ \forall \ n$. Alors, si $\frac{t}{c+1} \geq 1$:

$$P\{|\xi_n| \geq \frac{a_n}{c+1} t\} \leq C_1 (c+1)^q t^{-q} P\{|\xi_n| \geq a_n\}$$
$$\leq C_1 (c+1)^q t^{-q} F_p(a_n).$$

Mais, dû au fait que $\sum_n F_p(a_n) < \infty$, on déduit que :

$$P\{N \geq t\} \leq \sum_n P\{\|\xi_n x_n\| \geq t\} \leq K_1 t^{-q}$$

où K_1 est une constante. Si maintenant $q' < q$, on en déduit :

$$\sum_{k \geq k_o} P\{N \geq k^{\frac{1}{q'}}\} \leq K_1 \sum_{k \geq k_o} k^{-\frac{q}{q'}} + k_o < \infty \quad \text{pour un } k_o \text{ de } \mathbb{N}.$$

Donc, pour tout $q' < q$, $E\{N^{q'}\} < \infty$ et (1) est donc démontré.

2) se déduit alors immédiatement de 1) en utilisant le corollaire 1 du théorème 3 du chapitre III. Et le théorème est complètement démontré.

<u>REMARQUE 7</u> : Pour démontrer le théorème 2, nous n'avons pas utilisé toutes les propriétés de la loi γ_p, mais seulement le fait suivant :

"Il existe une constante $r \in]0, \infty]$ (en l'occurence, dans le théorème 2 $r = p^*$) tel que pour tout $q \in]0, r[$ on ait :

$$P\{|\xi_1| \geq st\} \leq C_1 t^{-q} P\{|\xi_1| > s\}, \ \forall \ t \geq 1, \forall \ s \geq C_2$$

(où C_1 et C_2 sont des constantes finies positives dépendant de q éventuellement)".

Par conséquent, si μ est une loi satisfaisant seulement à la condition ci-dessus, les conclusions du théorème 2 restent valables. Par exemple, si la loi de μ est à support compact, $r = +\infty$.

<u>COROLLAIRE 1</u> : Soit $p \in]0, 2]$ et E un Banach, alors :

- $\mathcal{B}^o_{\gamma_p}(E) = \mathcal{B}^q_{\gamma_p}(E) \quad \forall \ q \in]0, p^*[$;
- $\mathcal{C}^o_{\gamma_p}(E) = \mathcal{C}^q_{\gamma_p}(E) \quad \forall q \in]0, p^*[$;

C'est immédiat.

Dû au fait que l'on a affaire à des F-espaces, les isomorphismes algébriques ci-dessus sont des isomorphismes topologiques. Donc :

COROLLAIRE 2 : Si E est un Banach et si les (ξ_n) sont des copies réelles indépendantes de loi γ_p, pour tout q, r $\in]0, p^*[$ il existe une constante finie $C_{q,r}$ telle que pour toute famille $(x_j)_{j\in\sigma}$ finie de vecteurs de E on ait :

$$\|\sum_{j\in\sigma} x_j \xi_j\|_{L^r(E)} \leq C_{q,r} \|\sum_{j\in\sigma} x_j \xi_j\|_{L^q(E)} .$$

REMARQUE 8 : Les résultats ci-dessus peuvent s'interpréter autrement. Soit $(\xi_j)_{j\in J}$ une famille quelconque (donc pas forcément dénombrable !) de v.a. indépendantes réelles de loi γ_p $(0 < p \leq 2)$ (Naturellement, on a choisi $(\Omega, \mathfrak{F}, P)$ de telle façon que cette famille existe !) et soit E un Banach.

On considère le sous-espace de $L^0(E)$ formé des v.a. de la forme :

$$X = \sum_{j\in\sigma} \xi_j x_j$$

où σ décrit l'ensemble des parties finies de J et où les x_j sont des vecteurs de E.

Soit $\mathcal{E}$ sa fermeture en probabilité. Alors, pour tout q $\in [0, p^*[$, on a $\mathcal{E} \subset L^p(E)$; en outre, les topologies induites sur $\mathcal{E}$ par les topologies des $L^q(E)$ coïncident.

En particulier si p > 1, la topologie de $\mathcal{E}$ est une topologie de Banach. Dans le cas de E = $\mathbb{R}$, ce résultat pouvait s'obtenir plus facilement en remarquant que :

1) Si ξ est une v.a. de loi γ_p et si a $\in \mathbb{R}$, aξ a pour loi la loi dont la fonction caractéristique est $t \rightsquigarrow \exp(-|a|^p |t|^p)$.

2) Si $\xi_1, \xi_2, \ldots, \xi_n$ sont des v.a. indépendantes de loi γ_p et si $a_1, a_2, \ldots, a_n$ sont des constantes réelles, $\sum a_i \xi_i$ a pour fonction caractéristique $t \rightsquigarrow \exp\left(-(\sum|a_i|^p) |t|^p\right)$. D'où l'on conclut que :

3) Si les $(\xi_n)_{n\in\mathbb{N}}$ sont des v.a. indépendantes de loi γ_p et si $(a_n) \in \mathbb{R}^{\mathbb{N}}$, on a l'équivalence :

$$(a_n) \in l^p \iff \sum_{n\in\mathbb{N}} a_n \xi_n \quad \text{existe en probabilité ; et}$$

$\sum a_n \xi_n$ a pour fonction caractéristique $t \leadsto e^{-\sum |a_n|^p |t|^p}$.

4) Si $r \in]0, p^*[$, il existe une constante finie $K_{r,p}$ telle que l'on ait :

$$(\sum |a_i|^p)^{\frac{1}{p}} = K_{r,p}\left(\int |\sum a_i \xi_i(\omega)|^r P(d\omega)\right)^{1/r}$$

pour toute $(a_i) \in \mathbb{R}_o^N$ (où les ξ_i sont indépendantes de loi γ_p). En effet, il suffit par raison d'homogénéité de supposer $\sum |a_i|^p = 1$. Mais alors $\sum a_i \xi_i$ est une v.a. stable symétrique d'ordre p. On trouve alors :

$$K_{r,p} = ||\gamma_p||^{-1}_{L^r(\Omega,\mathcal{F},P)}.$$

5) Pour tout $\varepsilon > 0$, si l'on pose, X étant une v.a. réelle :

$$J_\varepsilon(X ; P) = \inf \{A > 0, P\{|X| > A\} \leq \varepsilon\}, \quad \text{alors}$$

$$(\sum |a_i|^p)^{1/p} = K_{\varepsilon,p} J_\varepsilon(\sum a_i \xi_i ; P),$$

où les (a_i) et les (ξ_i) sont comme dans le point 4). Il suffit en effet de prendre $K_{\varepsilon,p} = J_\varepsilon(\gamma_p)^{-1}$.

Maintenant, le résultat annoncé se déduit, si $r > 0$, de la définition de la topologie de $L^r(\Omega, \mathcal{F}, P)$ et du fait que la topologie de $L^0(\Omega, \mathcal{F}, P)$ est définie par la famille de "jauges" $(J_\varepsilon)_{\varepsilon>0}$.

N° 4 : UNE NOUVELLE CARACTERISATION DES C-ESPACES DE BANACH

Jusqu'à présent, nous avons surtout composé les $\mathcal{B}^p_\mu(E)$ entre eux et les $\mathcal{C}^p_\mu(E)$ entre eux.

On peut naturellement se poser alors le problème : à quelles conditions portant sur μ et E a-t-on l'égalité suivante :

$$\mathcal{C}^p_\mu(E) = \mathcal{B}^p_\mu(E) \quad ?$$

Le seul résultat dans ce sens que l'on a obtenu est lorsque μ est la répartition de Bernoulli. Plus précisément :

THEOREME 3 :

Soit E un Banach ; on a l'équivalence de :

(1) E est un C-espace ;

(2) $\mathcal{B}_\beta(E) = \mathcal{C}_\beta(E)$;

(3) $\mathcal{B}_\beta(E) \subset C_o(E)$.

Pour démontrer ce résultat, il suffit de démontrer le

THEOREME 3' :

Soit E un Banach ; on a l'équivalence de :

(1) E n'est pas un C-espace (i.e. E contient C_o isomorphiquement) ;

(2) $\mathcal{B}_\beta(E) \neq \mathcal{C}_\beta(E)$;

(3) $\mathcal{B}_\beta(E) \not\subset C_o(E)$.

DEMONSTRATION :

(1) $\Rightarrow$ (2) est trivial, en vertu du fait que la base canonique de C_o appartient à $\mathcal{B}_\beta(E)$ mais non à $\mathcal{C}_\beta(E)$ comme on le voit facilement.

(2) $\Rightarrow$ (3) : Supposons donc que $\mathcal{B}_\beta(E) \neq \mathcal{C}_\beta(E)$ et soit $(x_n) \in \mathcal{B}_\beta(E) \setminus \mathcal{C}_\beta(E)$. Soit (ε_n) une suite de Bernoulli indépendantes ; alors la suite $(\sum_{k \leq n} \varepsilon_k x_k)_{n \in \mathbb{N}}$ n'est pas de Cauchy dans $L^1(E)$. Il existe donc $\alpha > 0$ et une suite $0 = n_o < n_1 < n_2 < \ldots$ telle que :

$$E\{||\sum_{n_k \leq j < n_{k+1}} \varepsilon_j x_j||\} \geq a \quad \forall k.$$

Posons $X_k = \sum_{n_k \leq j < n_{k+1}} \varepsilon_j x_j$; les X_k sont indépendantes et symétriques.

Alors $E\{||X_k||\} \geq a \quad \forall k$; en outre, dû au fait que $\mathcal{B}^o_\beta(E) = \mathcal{B}^1_\beta(E)$, il existe $M \in L^1(\mathbb{R})$ tel que :

$$||X_k(\omega)|| \leq M(\omega) \quad \text{p.s.}$$

Il résulte alors du théorème de Lebesgue que :

$$P\{X_n \not\rightarrow 0\} > 0 .$$

Maintenant, grâce au fait que les (X_k) sont symétriques, il résulte du lemme 2 que $(X_n(\omega))_n \in \mathcal{B}_\beta(E)$ presque sûrement.

En définitive, il existe $\omega \in \Omega$ tel que $(X_n(\omega))_n \notin C_o(E)$ et $(X_n(\omega))_n \in \mathcal{B}_\beta(E)$. Donc (2) $\Longrightarrow$ (3).

(3) $\Longrightarrow$ (1) : Si (3) est vérifiée, on voit facilement qu'il existe une suite (x_n) de vecteurs telle que

$$\inf ||x_n|| > 0 \quad \text{et} \quad P\{\sup_n ||\sum_{i \leq n} \varepsilon_i x_i|| = \infty\} = 0$$

où les (ε_i) sont des v.a.de Bernoulli (définies sur un $(\Omega, \mathcal{F}, P)$).

Soit $\mathcal{G}$ la plus petite tribu sur Ω rendant les (ε_n) mesurables ; pour tout $B \in \mathcal{G}$ on a :

$$(1) \quad \lim_{n\to\infty} P\left(B \cap \{\varepsilon_n = 1\}\right) = \lim_{n\to\infty} P\left(B \cap \{\varepsilon_n = -1\}\right) = \frac{1}{2} P(B) .$$

En effet, cela est trivial si $B \in \sigma(\varepsilon_k ; k \leq n)$; et le cas général en résulte facilement.

Soit $M(\omega) = \sup_n ||\sum_{k\leq n} \varepsilon_k x_k||$; et soit $\infty > K > 0$ telle que :

$$P\{\omega ; M(\omega) < K\} > \frac{1}{2} \quad ; \quad \text{Posons } A = \{M < K\} .$$

Alors $A \in \mathcal{G}$. Il résulte de (1) que l'on peut définir par récurrence eune suite croissante d'indices (n_k) telle que :

$$(2) \quad \begin{cases} - P(A \cap \{\varepsilon_{n_0} = 1\}) > \frac{1}{4} \text{ et } P(A \cap \{\varepsilon_{n_1} = -1\}) > \frac{1}{4} ; \\ - P(A \cap \bigcap_{i=0}^{k} \{a_i \varepsilon_{n_i} = 1\}) > \frac{1}{2^{k+2}} \text{ pour toute famille} \\ \quad (a_i)_{0\leq i\leq k} \in \{-1, +1\}^{(k+1)} \quad (k = 1, 2, \ldots) \end{cases}$$

Soit $\varepsilon'_i = \varepsilon_i$ si $i = n_k$ et $\varepsilon'_i = -\varepsilon_i$ autrement, et soit

$$A' = \{\omega ; \sup_n ||\sum_{i\leq n} \varepsilon'_i(\omega) x_i|| \leq K\} .$$

Dû au fait que les suites (ε_n) et (ε'_n) ont même loi, il résulte de (2) que :

$$(3) \quad P\left(A \cap \bigcap_{i=0}^{k} \{a_i \varepsilon_i = 1\}\right) = P\left(A \cap \bigcap_{i=0}^{k} \{a_i \varepsilon'_i = 1\}\right) > \frac{1}{2^{k+2}}$$

pour tout $(a_i)_{i\in\mathbb{N}} \in \{-1, +1\}^{\mathbb{N}}$ et tout $k \in \mathbb{N}$.

Fixons-nous $k \in \mathbb{N}$ et $a_0, a_1, \ldots, a_k$; alors, puisque

$$P\{a_0 \varepsilon_{n_0} = 1, a_1 \varepsilon_{n_1} = 1, \ldots, a_k \varepsilon_{n_k} = 1\} = \frac{1}{2^{k+1}} ,$$

il résulte de (2) et (3) qu'il existe $\omega_o \in A \cap A' \cap \bigcap_{i=0}^{k} \{a_i \varepsilon_{n_i} = 1\}$.

Ainsi donc :

$$\left\|\sum_{i=0}^{k} a_i x_{n_i}\right\| = \left\|\frac{1}{2}\left(\sum_{j=0}^{n_k} \varepsilon_j(\omega_o)x_j + \sum_{j=0}^{n_k} \varepsilon'_j(\omega_o)x_j\right)\right\| \leq K .$$

De par le principe de contraction, il résulte alors que (x_{n_k}) est une C-suite telle que $\inf \|x_{n_i}\| > 0$. Donc E n'est pas un C-espace. Et le théorème est démontré.

<u>COROLLAIRE</u> : Soit E un espace de Banach ; les propriétés suivantes sont équivalentes :

(1) E est un C-espace ;

(2) Pour toute suite (X_n) symétrique de v.a. à valeurs dans E, la bornitude p.s. des sommes partielles $S_n = \sum_{j\leq n} X_j$ implique la convergence presque sûre de (S_n).

<u>DEMONSTRATION</u> : Il suffit de remarquer que la suite (X_n) étant symétrique, la bornitude p.s. des S_n équivaut à $\left(S_n(\omega)\right)_n \in \mathcal{B}_\beta(E)$ pour presque tout ω (grâce au lemme 2).

<u>REMARQUE</u> : Dans le cas $E = \mathbb{R}$ où plus généralement E est un Hilbert, ce résultat était connu.

CHAPITRE V

TYPES DES ESPACES DE BANACH

N° 1 : DEFINITIONS GENERALES

DEFINITION 1 : Soit E un espace de Banach, μ une probabilité sur $\mathbb{R}$ ($\mu \neq \delta_{(0)}$) et soient p et q deux nombres réels tels que $0 < p < \infty$ et $0 \leq q < \infty$. L'on dit que :

- E est de type (p, q, μ) si $l^p(E) \subset \mathcal{C}_\mu^q(E)$
- E est de cotype (p, q, μ) si $\mathcal{C}_\mu^q(E) \subset l^p(E)$.

Nous nous bornerons dans la suite à étudier le type.

En vertu du théorème du graphe fermé, dire que le Banach E est du type (p, q, μ) équivaut à dire que $l^p(E)$ s'injecte continuement dans $\mathcal{C}_\mu^q(E)$.

DO au fait que les suites presque nulles sont denses dans $l^p(E)$, E est de type (p, q, μ) si et seulement si $l^p(E) \subset \mathcal{B}_\mu^q(E)$.

Si (η_n) est une suite de copies indépendantes de loi μ, la condition "E est de type (p, q, μ)" équivaut aux conditions suivantes :

- dans le cas $q \neq 0$:

A) Il existe une constante $K < \infty$ telle que pour tout $(x_n) \in E^{\mathbb{N}}$ on ait :

$$\left(\int \left\|\sum \eta_n(\omega)x_n\right\|^q P(d\omega)\right)^{1/q} \leq K \left(\sum \|x_n\|\right)^{1/p} ,$$

ou encore

A') Il existe une constante $K < \infty$ telle que pour toute famille finie $\{x_1, x_2, \ldots, x_n\}$ d'éléments de E on ait :

$$\left(\int \left\|\sum_{i=1}^n \eta_i(\omega)x_i\right\|^q P(d\omega)\right)^{1/q} \leq K \left(\sum_{i=1}^n \|x_i\|^p\right)^{1/p} .$$

- dans le cas $q = 0$:

B) Pour tout $\alpha \in]0, 1[$, il existe une constante $K_\alpha < \infty$ telle que pour toute suite $(x_n) \in E^{\mathbb{N}}$ on ait :

$$J_\alpha(\|\sum \eta_n x_n\|, P) \leq K_\alpha(\sum \|x_n\|^p)^{1/p} ;$$

ou encore

B') Pour tout $\alpha \in]0, 1[$, il existe une constante $K_\alpha < \infty$ telle que pour toute famille finie $\{x_1, x_2, \ldots, x_n\}$ d'éléments de E on ait :

$$J_\alpha(\|\sum_{i=1}^{n} \eta_i x_i\|, P) \leq K_\alpha(\sum_{i=1}^{n} \|x_i\|^p)^{1/p} .$$

L'on rappelle que :

$$J_\alpha(\|\sum \eta_n x_n\|, P) = \inf \{A > 0 ; P\{\|\sum \eta_n x_n\| > A\} \leq \alpha\} .$$

Sous cette forme, on peut généraliser la notion de type à un espace normé, ou même un espace r-normé $(0 < r \leq 1)$.

<u>DEFINITION 2</u> : Soit E un espace r-normé ; E est dit de type (p, q, μ) si l'une des conditions A') ou B') est satisfaite.

On peut également généraliser la notion de type comme suit :

<u>DEFINITION 3</u> : Soient E et F deux espaces quasi-normés et $u : E \to F$ linéaire continue. u est dite de type (p, q, μ) si elle satisfait à la condition suivante, <u>dans le cas $q \neq 0$</u> : Il existe une constante $K < \infty$ telle que pour toute famille finie $\{x_1, x_2, \ldots, x_n\}$ d'éléments de E on ait :

$$(\int \|\sum \eta_i(\omega) u(x_i)\|_F^q \, P(d\omega))^{1/q} \leq K(\sum_{i=1}^{n} \|x_i\|_E^p)^{1/p}$$

(définition analogue dans le cas $q = 0$).

Dire que E est de type (p, q, μ) équivaut alors à dire que l'application identique de E dans E est de type (p, q, μ).

Soit E un espace normé de type (p, q, μ) :

- il est de type (p', q', μ) pour tout $p' \leq p$ et $q' \geq q$;
- tout sous-espace de E est de type (p, q, μ) ;
- tout quotient séparé de E est de type (p, q, μ).

Les principaux cas que nous examinerons par la suite sont :

- $\mu = \beta$ est la répartition de Bernoulli.
- $\mu = \gamma_p$ est la loi stable symétrique d'ordre p $(0 < p \leq 2)$.

REMARQUE : On peut encore généraliser comme suit la notion de type : soit (φ_n) une suite de v.a. sur un $(\Omega, \mathcal{F}, P)$; on dit que E est de type $(p, q, (\varphi_n))$ où p et q sont comme dans la définition 1 si sont satisfaites des conditions analogues aux conditions A') et B') en remplaçant les (η_n) par les (φ_n).

N° 2 : ESPACES DE TYPE RADEMACHER (OU BERNOULLI)

L'on sait que pour tout $q \in]0, \infty[$ on a :

$$\mathcal{C}^q_\beta(E) = \mathcal{C}^0_\beta(E) .$$

On en déduit alors que si le Banach E est de type (p, q_0, β) pour un $q_0 \in [0, \infty[$, il est de type (p, q, β) pour tout $q \in [0, \infty[$.

On dira donc que E est de type p-Rademacher (ou simplement de type p) s'il est de type (p, q, β) pour un certain $q \in [0, \infty[$.

E est de type p-Rademacher s'il existe un $q \in [0, \infty[$ tel qu'une condition de type A) ou B) ci-dessus soit satisfaite. Les propriétés suivantes sont immédiates :

1) Tout espace normé est de type p-Rademacher pour tout $p \in]0, 1]$.

2) $\mathbb{R}$ est de type 2-Rademacher (et aussi de cotype 2-Rademacher). Cela résulte en effet de l'équivalence suivante :

$(x_n) \in l^2 \iff \sum x_n \varepsilon_n$ converge presque sûrement,

(où (ε_n) est une suite de Bernoulli).

3) Si $E \neq 0$ est de type p-Rademacher, nécessairement $p \leq 2$. En effet, soit $e \in E$ non nul et soit $(\lambda_n) \in \mathbb{R}^{\mathbb{N}}$ tel que $\sum (\lambda_n e)\varepsilon_n$ converge p.s. ; alors $\sum \lambda_n \varepsilon_n$ converge presque sûrement ; donc $\sum |\lambda_n|^2 < \infty$.

Si donc E est de type p, la condition $\sum |\lambda_n|^p < \infty$ implique $\sum |\lambda_n|^2 < \infty$; d'où le résultat.

EXEMPLE : Soit $(X, \mathcal{F}, \mu)$ un espace mesuré σ-fini et $p \in [1, \infty[$; l'espace $L^p(X, \mathcal{F}, \mu)$ est de type min (p, 2)-Rademacher. Plus généralement, si E est un Banach de type s-Rademacher, $L^p(X, \mathcal{F}, \mu, E)$ a le type min (p, s).

DEMONSTRATION : Soient $f_1, f_2, \ldots, f_n$ n éléments de $L^p(E)$ et soit (ε_n) une suite de Bernoulli définie sur un $(\Omega, \mathcal{F}, P)$. Alors :

$$\int_\Omega \left\|\sum_{i=1}^n f_i \varepsilon_i(\omega)\right\|^p_{L^p(E)} P(d\omega) = \int_X d\mu(x) \int_\Omega \left\|\sum_{i=1}^n f_i(x)\, \varepsilon_i(\omega)\right\|^p_E P(d\omega).$$

Mais E étant de type s-Rademacher, pour tout x on a :

$$\int_\Omega \left\|\sum_{i=1}^n f_i(x)\, \varepsilon_i(\omega)\right\|^p_E P(d\omega) \leq \text{Cte} \left(\sum_{i=1}^n \| f_i(x)\|^s_E\right)^{p/s}$$

(on a noté par la même lettre un élément de $L^p(E)$ et un de ses représentants.)

Donc, en définitive :

$$\int_\Omega \left\|\sum_{i=1}^n f_i \varepsilon_i(\omega)\right\|^p_{L^p(E)} P(d\omega) \leq \text{Cte} \int_X \left(\sum_{i=1}^n \|f_i(x)\|^s_E\right)^{p/s} d\mu(x) .$$

Si donc $p \leq s$, $\left(\sum_{i=1}^n \|f_i(x)\|^s_E\right)^{p/s} \leq \sum \|f_i(x)\|^p$ et $L^p(X, \mathcal{F}, \mu, E)$ est de type p-Rademacher.

Si $p > s$, par Minkowski on obtient :

$$\left[\int_X \left(\sum_{i=1}^n \|f_i(x)\|^s_E\right)^{p/s} d\mu(x)\right]^{s/p} \leq \sum_{i=1}^n \left(\int_X \|f_i(x)\|^p_E\, d\mu(x)\right)^{s/p}$$

$$= \sum_{i=1}^n \|f_i\|^s_{L^p(E)}$$

et $L^p(E)$ est donc de type s-Rademacher.

REMARQUE 1 : On en déduit que E est de type p-Rademacher $(1 < p \leq 2)$ si et seulement s'il existe un espace $(X, \mathcal{F}, \mu)$ σ-fini tel que $L^p(X, \mathcal{F}, \mu, E)$ soit de type p-Rademacher.

En effet, il suffit de remarquer que E peut alors s'identifier à un sous-espace de $L^p(X, \mathcal{F}, \mu, E)$ par l'application $e \rightsquigarrow 1_A \cdot e$ de E dans $L^p(X, \mathcal{F}, \mu, E)$ où $A \in \mathcal{F}$ et $0 < \mu(A) < \infty$.

PROPOSITION 1 :

Soit $1 \leq p \leq 2$ et E un Banach ; on a équivalence de :

(1) E est de type p ;

(2) Il existe $C < \infty$ telle que l'on ait :

$$E\{\|\sum_{k=1}^{n} X_k\|^p\} \leq C \sum_{k=1}^{n} E\{\|X_k\|^p\} \quad ,$$

quelle que soit la suite (X_k) de v.a. dans $L^p(E)$ indépendantes et centrées.

DEMONSTRATION :

(1) ⟹ (2) : Ce n'est autre qu'une reformulation du corollaire 2 du lemme 8 du chapitre III.

(2) ⟹ (1) : Il suffit de prendre $X_k = \varepsilon_k x_k$ où $(\varepsilon_1, \varepsilon_2, \ldots, \varepsilon_n)$ est une suite de Bernoulli et les x_k sont des vecteurs de E.

COROLLAIRE : Soit $1 \leq p \leq 2$, et μ une loi non dégénérée et symétrique sur $\mathbb{R}$. On suppose que $\int |t|^p \, d\mu < \infty$. Soit E un Banach. Les propriétés suivantes sont équivalentes :

(1) E est de type p ;

(2) $l^p(E) \subset \mathcal{C}_\mu^o(E)$;

(3) $l^p(E) \subset \mathcal{B}_\mu^o(E)$; et en particulier :

(4) $l^p(E) \subset \mathcal{B}_{\gamma_2}^o(E)$ (où γ_2 est la loi gaussienne réduite).

DEMONSTRATION :

(1) ⟹ (2) : cela résulte de la proposition (1) en prenant les X_k de loi μ.

(2) ⟹ (3) : cela a déjà été remarqué au n° 1.

(3) ⟹ (1) : cela résulte de $\mathcal{B}_\mu^o(E) \subset \mathcal{B}_\beta^o(E)$ comme nous l'avons vu au chapitre IV.

On en déduit alors (1) ⟺ (4) en faisant $\mu = \gamma_2$.

Le résultat suivant montre l'équivalence de la condition "E est de type p-Rademacher" avec la condition "E satisfait à une loi forte des grands nombres". Plus précisément :

THEOREME 1 : (HOFFMANN - JØRGENSEN)

Soit E un Banach et $p \in [1, 2]$. Les propriétés suivantes sont équivalentes :

(1) E est de type p ;

(2) Pour toute suite de v.a. de $L^p(E)$ indépendantes, centrées et vérifiant :

$$(*) \quad \sum_{n\geq 1} \frac{E\{||X_n||^p\}}{n^p} < \infty ;$$

alors $\frac{1}{n} \sum_{1\leq k\leq n} X_k \longrightarrow 0$ presque sûrement ;

(3) Pour toute suite $(x_k) \in E^{\mathbb{N}}$ telle que $\sum_n \frac{||x_n||^p}{n^p} < \infty$, alors $\frac{1}{n} \sum_{1\leq k\leq n} \varepsilon_k x_k \longrightarrow 0$ presque sûrement.

DEMONSTRATION : Soit (X_n) une suite satisfaisant aux conditions de (2). Alors, d'après la proposition 1 :

$$E\{||\sum_{k=1}^{n} \frac{X_k}{k}||^p\} \leq C \sum_{k=1}^{n} \frac{E\{||X_k||^p\}}{k^p}$$

Donc $\sum_{k\geq 1} \frac{1}{k} X_k$ converge dans $L^p(E)$, et aussi presque sûrement. Il résulte alors du lemme de KRONECKER que $\frac{1}{n} \sum_{k=1}^{n} X_k \longrightarrow 0$ presque sûrement.

(2) ⟹ (3) est trivial.

(3) ⟹ (1) : Soit $\mathcal{E}$ le sous-espace de $E^{\mathbb{N}^*}$, formé des suites $(x_n)_{n\geq 1}$ telles que :

$$\sum_{n\geq 1} \frac{||x_n||^p}{n^p} < \infty.$$

La fonction $(x_n) \rightsquigarrow \left(\sum_{n\geq 1} \frac{||x_n||^p}{n^p}\right)^{1/p}$ est alors une norme sur $\mathcal{E}$; et $\mathcal{E}$ est un Banach pour cette norme.

Soit $\mathcal{E}_1$ le sous-espace de $E^{\mathbb{N}^*}$ formé des suites $(x_n)_{n\geq 1}$ pour lesquelles

$$\sup_{n\geq 1} \frac{1}{n} \left(E(||\sum_{k\leq n} \varepsilon_k x_k||^p)\right)^{1/p} < \infty ;$$

$\mathcal{E}_1$ est un Banach pour la norme

$$(x_n) \rightsquigarrow \sup_n \frac{1}{n} ||\sum_{k\leq n} \varepsilon_k x_k||_{L^p(E)} .$$

Par hypothèse, $\mathcal{E} \subset \mathcal{E}_1$; il résulte alors du théorème du graphe fermé que l'injection $\mathcal{E} \longrightarrow \mathcal{E}_1$ est continue. Par conséquent, il existe une constante

$C < \infty$ telle que :

$$E\{\|\sum_{k=1}^{n} \varepsilon_k x_k\|^p\} \leq C\, n^p \sum_{k=1}^{n} \frac{\|x_k\|^p}{k^p} ,$$

pour tout $n \geq 1$ et toute famille $(x_1, x_2, \ldots, x_n)$ d'éléments de E.

Soient donc $x_1, x_2, \ldots, x_n$ donnés et soit un entier $N \geq 1$. Considérons la famille $\{y_1^N, y_2^N, \ldots, y_n^N, \ldots, y_{N+n}^N\}$ définie comme suit :

$$y_k^N = \begin{cases} 0 & \text{si } 1 \leq k \leq N \\ x_{k-N} & \text{si } N < k \leq N+n . \end{cases}$$

Alors
$$E\{\|\sum_{k=1}^{n} \varepsilon_k x_k\|^p\} = E\{\|\sum_{k=1}^{N+n} \varepsilon_k y_k^N\|^p\}$$

$$\leq C\,(N+n)^p \sum_{k=1}^{N+n} \frac{\|y_N^k\|^p}{k^p} = C\,(N+n)^p \sum_{k=1}^{n} \frac{\|x_k\|^p}{(N+k)^p}$$

$$\leq C\,(\frac{N+n}{N+1})^p\,(\sum_{k=1}^{n} \|x_k\|^p) .$$

Ceci étant vrai pour tout $N \geq 1$, on en déduit :

$$E\{\|\sum_{k=1}^{n} \varepsilon_k x_k\|^p\} \leq C(\sum_{k=1}^{n} \|x_k\|^p) ;$$

donc E est de type p et le théorème est démontré.

REMARQUE 1 : Dans le cas où E est un Hilbert, donc de type deux, ce résultat était déjà connu.

REMARQUE 2 : Si E est un Banach quelconque, E. MOURIER a démontré que la loi suivantes des grands nombres était valable : Si (X_n) est une suite de v.a. à valeurs dans E, indépendantes, intégrables, centrées et de même loi,

$$\frac{X_1 + X_2 + \ldots + X_n}{n} \longrightarrow 0 \text{ presque sûrement.}$$

Le théorème 1 n'implique pas ce résultat (compte tenu du fait qu'un Banach est de type un) et n'est pas impliqué par cette loi des grands nombres.

Nous reviendrons encore sur ce point au n° 4.

N° 3 : ESPACES DE TYPE p-STABLE

Soit $p \in]0, 2]$ et soit γ_p la loi stable symétrique d'ordre p. L'on sait que pour tout $q \in [0, p^*[$ on a :

$$\mathcal{C}^q_{\gamma_p}(E) = \mathcal{C}^0_{\gamma_p}(E) \quad \text{(algébriquement et topologiquement)}.$$

Par conséquent :

E est de type (r, q, γ_p) $r \in]0, \infty[$, $0 < q < p^*$, $0 < p \leq r$, si et seulement si E est de type $(r, 0, \gamma_p)$.

DEFINITION 3 : Soit E un Banach et $p \in]0, 2[$, E est dit p-stable si $l^p(E) \subset \mathcal{C}^0_{\gamma_p}(E)$.

Cela équivaut encore à : il existe $r \in]0, p^*[$ et il existe une constante $C < \infty$ telle que pour toute famille finie $x_1, x_2, \ldots, x_n$ d'éléments de E on ait :

$$\left(\int_\Omega \left\|\sum_{k=1}^n \xi_k(\omega)\, x_k\right\|^r P(d\omega)\right)^{1/r} \leq C \left(\sum_{k=1}^n \|x_k\|^p\right)^{1/p},$$

où les (ξ_k) sont indépendantes de loi γ_p.

Nous allons tout d'abord comparer la notion de type p-Rademacher et celle de type p-stable.

Pour cela, nous aurons besoin de lemmes.

LEMME 1 :

Soit E un espace normé et $p \in [1, \infty[$. Soit (φ_n) une suite symétrique de v.a. réelles intégrables sur un $(\Omega, \mathcal{F}, P)$ et soit (ε_n) une suite de Bernoulli définie sur un $(\Omega', \mathcal{F}', P')$. Soit $x = (x_n)$ une suite presque nulle d'éléments de E. Alors :

$$\inf_n \|\varphi_n\|_{L^1} \left(\int_{\Omega'} \|\varepsilon_n(\omega')\, x_n\|^p P'(d\omega')\right)^{1/p} \leq \left(\int_\Omega \left\|\sum \varphi_n(\omega) x_n\right\|^p P(d\omega)\right)^{1/p}.$$

DEMONSTRATION : Soit ω' fixé. Alors :

$$\left\| \int \left(\sum \varepsilon_n(\omega') \; |\varphi_n(\omega)| \; x_n\right) P(d\omega)\right.$$

$$\leq \int \left\|\sum \varepsilon_n(\omega') \; |\varphi_n(\omega)| \; x_n\right\| P(d\omega) \; ;$$

et par conséquent,

$$\left\|\sum \varepsilon_n(\omega') \; x_n \; \|\varphi_n\|_{L^1}\right\|^p$$

$$\leq \int \left\|\sum \varepsilon_n(\omega') \; |\varphi_n(\omega)| \; x_n\right\|^p P(d\omega) \; .$$

Donc, en intégrant par rapport à ω' :

$$\int_{\Omega'} \left\|\sum \; \varepsilon_n(\omega') \; x_n \; \|\varphi_n\|_{L^1}\right\|^p P'(d\omega')$$

$$\leq \int_{\Omega\times\Omega'} \left\|\sum \varepsilon_n(\omega') \; |\varphi_n(\omega)| \; x_n\right\|^p dP \; dP' \; .$$

Mais, d'après le principe de contraction :

$$\inf_n \|\varphi_n\|_{L^1} \left(\int_{\Omega'} \left\|\sum \varepsilon_n(\omega') \; x_n\right\|^p P'(d\omega')\right)^{1/p}$$

$$\leq \left(\int_{\Omega'} \left\|\sum \varepsilon_n(\omega') \; x_n \|\varphi_n\|_{L^1}\right\|^p dP'\right)^{1/p}.$$

D'autre part, la suite (φ_n) étant symétrique :

$$\left(\int_{\Omega\times\Omega'} \left\|\sum \varepsilon_n(\omega')|\varphi_n(\omega)|x_n\right\|^p dPdP'\right)^{1/p} = \left(\int_{\Omega} \left\|\sum \varphi_n(\omega)x_n\right\|^p dP\right)^{1/p} \; .$$

Donc le lemme 1 est démontré.

LEMME 2 :

Soient p, q, r des nombres réels tels que $0 < r < q < p \leq 2$; soit $(\alpha_n) \in \mathbb{R}^{\mathbb{N}}$ et soit (f_n) une suite de v.a. réelles indépendantes de loi γ_q. Soit g_1 une v.a. de loi γ_p. On a alors

$$\|f_1\|_{L^2}\left(\sum |\alpha_n|^q\right)^{1/q} \leq \left[\int \left(\sum |\alpha_n|^p \; |f_n(\omega)|^p\right)^{r/p} P(d\omega)\right]^{1/r}$$

$$\leq \frac{\|f_1\|_{L^r} \; \|g_1\|_{L^q}}{\|g_1\|_{L^r}} \; \left(\sum |\alpha_n|^q\right)^{1/q} \; .$$

DEMONSTRATION : Soit (g_n) une suite stable d'ordre p et soit $(\beta_n) \in \mathbb{R}_o^N$

D'après ce que l'on a vu au chapitre IV, on a :

$$(1) \qquad \left(\sum |\beta_n|^p\right)^{1/p} ||g_1||_{L^r} = \left(\int |\sum \beta_n g_n(\omega)|^r \, P(d\omega)\right)^{1/r}$$

$$(2) \qquad \left(\sum |\beta_n|^q\right)^{1/q} ||f_1||_{L^r} = \left(\int |\sum \beta_n f_n(\omega')|^r \, P'(d\omega')\right)^{1/r} .$$

De (1) on déduit alors que

$$\int_{\Omega'} \left(\sum |\alpha_n|^p |f_n(\omega')|^p dP'\right)^{r/p} = \frac{1}{||g_1||_{L^r}} \left(\int_{\Omega\times\Omega'} |\sum \alpha_n f_n(\omega') g_n(\omega)|^r dP dP'\right)^{1/r}$$

Mais, par (2), l'intégrale du second membre vaut :

$$||f_1||_{L^1} \, ||g_1||_{L^r}^{-1} \left(\int_\Omega \left(\sum |\alpha_n|^q \, |g_n(\omega)|^q\right)^{r/q} dP\right)^{1/r}$$

Par ailleurs, on a :

$$\left(\int_\Omega \left(\sum |\alpha_n|^q \, |g_n(\omega)|^q\right)^{r/q} dP\right)^{1/r} \leq \left(\int \sum |\alpha_n|^q \, |g_n(\omega)|^q \, dP\right)^{1/q}$$

$$= \left(\sum |\alpha_n|^q\right)^{1/q} ||g_1||_{L^q} ,$$

et d'autre part :

$$\left(\int \left(\sum |\alpha_n|^q \, |g_n(\omega)|^q\right)^{r/q} P(d\omega)\right)^{1/r} \geq \left(\sum \left(\int |\alpha_n|^r \, |g_n(\omega)|^r \, dP\right)^{q/r}\right)^{1/q}$$

$$= ||g_1||_{L^r} \left(\sum |\alpha_n|^q\right)^{1/q} .$$

CQFD.

Comme conséquence, nous obtenons alors la :

PROPOSITION 2 : Soit E un Banach et $p \in]1, 2]$. Si E est de type p-stable, il est de type p-Rademacher.

DEMONSTRATION : Soit (φ_n) une suite stable d'ordre p. (φ_n) est symétrique et, du fait que $p > 1$, les φ_n sont intégrables. Puisque

$$\inf_n ||\varphi_n||_{L^1} = ||\varphi_1||_{L^1} > 0 ,$$

le lemme 1 montre que E est de type p-Rademacher.

REMARQUE 3 : La réciproque de la proposition 2 est vraie si $p = 2$:

Donc type 2-stable $\iff$ type 2-Rademacher.

En effet, cela résulte trivialement du corollaire de la proposition 1.

REMARQUE 4 : Si $p < 2$, la réciproque de la proposition 2 est fausse, comme le montre l'exemple suivant :

Soit $E = l^p$ $(1 \leq p < 2)$; E est alors de type p-Rademacher comme on l'a vu plus haut. Je dis alors que E n'est pas de type p-stable.

En effet, supposons $E = l^p$ de type p-stable, c'est-à-dire $l^p(E) \subset \mathcal{C}^o_{\gamma_p}(E)$.

Soit (e_n) la base canonique de l^p et soit $(\lambda_n) \in l^p$. Posons $x_n \in \lambda_n e_n$. Alors $(x_n) \in l^p(E)$. On en déduit donc :

$$\sum |\lambda_n|^p < \infty \quad \Rightarrow \quad \sum |\lambda_n f_n|^p < \infty \ \text{p.s.} ,$$

(f_n) désignant une suite stable d'ordre p.

Mais ce résultat contredit alors le

LEMME 3 :

Soit $0 < p < 2$ et (f_n) une suite stable d'ordre p. Soit $(\lambda_n) \in \mathbb{R}^{\mathbb{N}}$. On a l'équivalence de :

(a) $\sum |\lambda_n|^p \left(1 + \log \left| \frac{1}{\lambda_n} \right|\right) < \infty$;

(b) $\sum |\lambda_n f_n|^p < \infty$ presque sûrement.

DEMONSTRATION du lemme : Par le théorème des deux séries, on a l'équivalence :

$$\sum |\lambda_n f_n|^p < \infty \ \text{p.s.} \iff \begin{cases} - \sum P\,\{|\lambda_n f_n| > 1\} < \infty \ ; \\ - \sum |\lambda_n|^p \int_{|\lambda_n f_n| \leq 1} |f_n|^p \, dP < \infty \ . \end{cases}$$

Mais, dû au fait que $\gamma_p \{u \in \mathbb{R} ; |u| \geq t\} \sim \frac{1}{t^p}$ $(t \to \infty)$, la première condition de droite équivaut à $\sum |\lambda_n|^p < \infty$. D'autre part, les conditions $(\lambda_n) \in C_0$ et la seconde condition de droite équivalent à :

$$\sum |\lambda_n|^p \int_1^{\frac{1}{|\lambda_n|}} \frac{dt}{t} < \infty .$$

Le lemme est donc démontré.

Toutefois, on a le :

THEOREME 2 :

Soit E un Banach et $p \in]0, 2]$. Si u est de type p-Rademacher, il est de type q-stable pour tout $q < p$.

DEMONSTRATION : Supposons que E est de type p-Rademacher. Alors pour tout $r \in]0, \infty[$ il existe $C_r < \infty$ tel que

$$\|\sum x_n \varepsilon_n\|_{L^r(E)} \leq C_r \left(\sum_n \|x_n\|^p\right)^{1/p} .$$

Soit donc $q \in]0, p[$ et choisissons $r < p$. Si (f_n) est une suite stable d'ordre p, alors :

$$\|\sum x_n f_n \varepsilon_n\|_{L^r} = \|\sum f_n x_n\|_{L^r} ,$$

si (ε_n) et (f_n) sont indépendantes. Et par conséquent,

$$\|\sum f_n x_n\|_{L^r} \leq C_r \left(\int \left(\sum_n |f_n(\omega)|^p \|x_n\|^p\right)^{r/p} dP\right)^{1/r} .$$

Le lemme 2 donne immédiatement le résultat.

En particulier, tout Banach est de type q-stable pour tout $q < 1$; tout $L^p(X, \mathcal{F}, \mu)$ $(1 \leq p \leq 2)$ est de type q-stable pour tout $q < p$.

COROLLAIRE : Soit E un Banach et $p \in]0, 2]$; si E est de type p-stable, il est de type q-stable pour tout $q \in]0, p]$.

DEMONSTRATION : Le résultat est trivial si $p \leq 1$, car tout Banach est de type q-stable $(0 < q < 1)$.

Supposons donc $p > 1$. Par la proposition 2, E est de type p-Rademacher et le théorème 2 donne alors le résultat.

COROLLAIRE 2 : Si E est un espace de Banach de type p-Rademacher, $(p \in [1,2])$ pour tout $q \in]0, p[$ on a :

$$\mathcal{C}^o_{\gamma_q}(E) = l^q(E) .$$

DEMONSTRATION : On sait déjà par le théorème 2 que

$$l^q(E) \subset \mathcal{C}^o_{\gamma_q}(E) .$$

D'autre part, si E est un Banach et si $r \in]0, 2[$ on a :

$$\mathcal{C}^o_{\gamma_r}(E) \subset l^r(E) .$$

En effet, si les (f_n) sont des copies indépendantes de loi γ_p et si $(x_n) \in \mathcal{C}^o_{\gamma_r}(E)$, $\sum f_n x_n$ converge presque sûrement. Et par conséquent,

$$\sup_n \|f_n x_n\| < \infty \quad \text{p.s.}$$

Il existe donc $C > 0$ tel que $\sum P\{\|f_n x_n\| \geq C\} < \infty$. D'où résulte que $(x_n) \in l^r(E)$. Et cela démontre le corollaire 2.

En particulier pour tout Banach E et tout $q \in]0, 1[$ on a

$$l^q(E) = \mathcal{C}^o_{\gamma_q}(E) .$$

REMARQUE 5 : Si $E = \mathbb{R}$, on peut voir directement grâce aux propriétés des lois stables énoncées au chapitre IV que $\forall\ p \in]0, 2]$,

$$l^p = l^p(\mathbb{R}) = \mathcal{C}^o_{\gamma_p}(\mathbb{R}) .$$

Indiquons sans les démontrer quelques propriétés des espaces de type p-stable :

1) Soit $p \in [1, 2[$; tout Banach de type p-stable est de type $(p+\varepsilon)$-stable pour un $p \in]0, 2-p]$ (PISIER).

2) Soit $p \in]0, 2]$ et soit E un Banach de type p-stable. Soit $(\Omega, \mathcal{F}, P)$ un espace probabilisé et soit $q \in [0, p[$, soit $u : E \to L^q(\Omega, \mathcal{F}, P)$ linéaire continue. Soit r tel que $\frac{1}{q} = \frac{1}{r} + \frac{1}{p}$ ($r = 0$ si $q = 0$). u admet la factorisation suivante :

$$\begin{array}{ccc} E & \xrightarrow{\quad u \quad} & L^q(\Omega, \mathcal{F}, P) \\ & {}_{v}\searrow \quad \nearrow_{M_h} & \\ & L^p(\Omega, \mathcal{F}, P) & \end{array}$$

où v est linéaire continue et M_h est définie par $\varphi \rightsquigarrow h\varphi$, où $h \in L^r(\Omega, \mathcal{F}, P)$. Ce résultat est dû à MAUREY.

3) Soit $p \in [1, 2[$ et soit S un sous-espace d'un $L^p(\Omega, \mathfrak{F}, P)$ (où $(\Omega, \mathfrak{F}, P)$ est un espace probabilisé). Les propriétés suivantes sont équivalentes :

a) S est de type p-stable ;

b) S ne contient pas l^p isomorphiquement ;

c) S ne contient pas de sous-espace complémenté isomorphe à l^p ;

d) $L^p(\Omega, \mathfrak{F}, P)$ et $L^o(\Omega, \mathfrak{F}, P)$ induisent sur E la même topologie ;

En outre, si p = 1, les propriétés ci-dessus équivalent à :

c) S est réflexif.

(Ce résultat est dû à KADEC-PELCZYNSKI-PISIER, voir Studia Mathematica 21, pp. 161-176).

N° 4 : ESPACES DE BANACH DE TYPE RADEMACHER

Nous avons vu que tout Banach est de type p-Rademacher pour tout $p \in]0, 1]$. D'autre part, il existe des Banach qui ne sont pas de type p-Rademacher pour un $p \in]1, 2]$: c'est le cas pour l^1. En effet, si l^1 était de type p-Rademacher pour $p > 1$, il serait de type 1-stable, ce qui ne peut être.

Par ailleurs, il existe des Banach réflexifs qui ne sont pas de type p-Rademacher pour $p \in]1, 2]$. Par exemple, si

$$E = (\oplus_n l^1_n)_2 = \{y = (y_n)_n \quad y_n \in l^1_n \text{ et } ||y|| = (\sum ||y_n||^2_{l^1_n})^{1/2} < \infty\} ,$$

on voit que E muni de la norme $||.||$ est réflexif et ne peut être de type p-Rademacher pour un $p > 1$.

Aussi, la définition suivante présente a priori un intérêt :

DEFINITION 4 : Un espace de Banach E est dit de type Rademacher s'il existe $p \in]1, 2]$ tel que E soit de type p-Rademacher.

Nous nous proposons de donner différentes caractérisations du type Rademacher. Pour cela, nous aurons besoin de nouvelles définitions.

DEFINITION 5 : Un Banach E est dit B-convexe s'il existe un entier $N \geq 2$ et $\varepsilon \in]0, 1[$ tel que pour tout $(x_1, x_2, \ldots, x_N) \in E^N$ on ait :

$$\inf_{\varepsilon_i = \pm 1} \left\| \sum_{k=1}^{N} \varepsilon_k x_k \right\| \leq N(1-\varepsilon) \sup_{k \leq N} \|x_k\| .$$

Cette condition a été introduite par A. BECK. Nous verrons plus loin son intérêt en liaison avec la loi des grands nombres.

DEFINITION 6 : Un espace de Banach E est dit uniformément convexe si pour tout $\varepsilon \in]0, 2[$ le nombre

$$\delta(\varepsilon) = \inf \{1 - \frac{\|x+y\|}{2} \; ; \; \|x\| \leq 1 \; ; \; \|y\| \leq 1 \; ; \; \|x-y\| \geq \varepsilon\}$$

est strictement positif.

On démontre qu'un espace uniformément convexe est réflexif. Les espaces $(L^p(X, \mathcal{F}, \mu)$ $(1 < p < \infty)$ sont uniformément convexes. Il existe des espaces réflexifs non uniformément convexes ; c'est le cas pour l'espace E ci-dessus.

DEFINITION 7 : Soit E un Banach et $\lambda \geq 1$; on dit que E contient les l^1_n λ-uniformément si pour tout $n \geq 1$ il existe $(x_1, x_2, \ldots, x_n)$ dans E tels que pour tous réels $\alpha_1, \alpha_2, \ldots, \alpha_n$ on ait la double inégalité :

$$\frac{1}{\lambda} \sum_{k=1}^{n} |\alpha_k| \leq \left\| \sum_{k=1}^{n} \alpha_k x_k \right\| \leq \sum_{k=1}^{n} |\alpha_k| .$$

Cela signifie encore que pour tout $n \geq 1$ il existe un sous-espace E_n de E de dimension n et un isomorphisme T_n de l^1_n sur E_n tel que :

$$\|T_n\| \cdot \|T_n^{-1}\| \leq \lambda \; ;$$

On dit que E_n et l^1_n sont λ-isomorphes.

REMARQUE : Les définitions ci-dessus nous conduisent à définir des constantes liées à E, exprimant certaines propriétés géométriques de la norme.

Si N est un entier, $\lambda_N(E)$ est définie comme la plus petite constante positive λ vérifiant pour tout N-uple $(x_1, x_2, \ldots, x_N)$ dans E :

$$\inf_{\varepsilon_i=\pm 1} \left\| \sum_{i=1}^{N} \varepsilon_i x_i \right\| \leq \lambda N \sup_{1\leq i\leq N} \|x_i\| .$$

L'on voit facilement que :

- $0 \leq \lambda_N(E) \leq 1 \quad \forall N$;
- $\lambda_N(E) \geq \frac{1}{N}$ si $E \neq \{0\}$; $\lambda_N(\{0\}) = 0 \quad \forall N$;
- $(N + N')\, \lambda_{N+N'}(E) \leq N\, \lambda_N(E) + N'\lambda_{N'}(E) \quad \forall N, N'$.
- $N < N' \Longrightarrow N\lambda_N(E) \leq N'\lambda_{N'}(E)$.

De même, si N est un entier, on définit $\rho_N(E)$ par :

$$\frac{1}{\inf \|T_N\| \, \|T_N^{-1}\|}$$

où l'infimum est pris sur les isomorphismes linéaires de l_N^1 sur un sous-espace de dimension N de E. On voit facilement que

- $\rho_1(E) = 1$ et $N \rightsquigarrow \rho_N(E)$ est décroissante ;
- $\rho_N(E)=\inf\{\delta>0 \,\forall (x_1,x_2,\ldots x_N) \in E^{\mathbb{N}} \inf\limits_{\sum_{k=1}^{N} |\alpha_k|=1} \|\sum_1^N \alpha_k x_k\| \leq \delta \sup\limits_{k\leq N} \|x_k\|\}$;

<u>REMARQUE</u> : Toutes les définitions ci-dessus gardent évidemment un sens si E est seulement supposé normé.

Indiquons une autre propriété des $\lambda_N(E)$:

<u>PROPOSITION 3</u> :

Soit E un espace normé.

$\forall\, k, n \in \mathbb{N}$, on a $\lambda_{nk}(E) \leq \lambda_n(E)\, \lambda_k(E)$ (autrement dit, $N \to \lambda_N(E)$ est sous-multiplicatif).

<u>DEMONSTRATION</u> : Soit $(x_j)_{1 \leq j \leq nk}$ un nk-uple d'éléments de E. Soit $i \in [1, n]$ et soit

$(\varepsilon_j^i)_{(i-1)k< j\leq ik}$ tel que l'on ait :

$$\Big\| \sum_{(i-1)k<j\leq ik} \varepsilon_j^i x_j \Big\| = \inf_{\varepsilon_j=\pm 1} \Big\| \sum_{(i-1)k<j\leq ik} \varepsilon_j x_j \Big\| .$$

Posons alors

$$X^i = \sum_{(i-1)k<j\leq ik} \varepsilon_j^i x_j \quad (i \in [1, n]).$$

Alors il est clair que :

$$\|X_i\| \leq \lambda_k(E) k \sup_{(i-1)k<j\leq ik} \|x_j\| .$$

En outre,

$$\inf_{\varepsilon_i=\pm 1} \Big\| \sum_{i=1}^{n} \varepsilon_i X_i \Big\| \leq n\, \lambda_n(E) \sup_{1\leq i\leq n} \|X_i\|$$

$$\leq n\, \lambda_n(E)\, k\, \lambda_k(E) \sup_{1\leq j\leq nk} \|x_j\| .$$

En définitive,

$$\inf_{\varepsilon_j=\pm 1} \Big\| \sum_{j=1}^{nk} \varepsilon_j x_j \Big\| \leq \inf_{\varepsilon_i=\pm 1} \Big\| \sum_{i=1}^{n} \varepsilon_i X_i \Big\|$$

$$\leq nk\, \lambda_n(E)\, \lambda_k(E) \sup_{1\leq j\leq nk} \|x_j\| ;$$

Et ceci n'est autre que la conclusion.

On peut alors énoncer (et démontrer) le

THEOREME 3 :

Soit E un espace normé ; les propriétés suivantes sont équivalentes :

a) Pour tout $\lambda \geq 1$, E ne contient pas l_n^1 λ-uniformément ;

b) Il existe $\lambda > 1$ tel que E ne contienne pas de l_n^1 λ-uniformément ;

c) E est B-convexe.

DEMONSTRATION :

a) $\Longrightarrow$ b) : c'est trivial.

b) $\Longrightarrow$ c) : supposons que E ne soit pas B-convexe. Pour tout n et tout $\varepsilon \in]0, 1[$ il existe un n-uple $(x_1, \ldots, x_n)$ d'éléments de E tel que :

$$\inf_{\varepsilon_i=\pm 1} \Big\|\sum \varepsilon_i x_i\Big\| \geq n-\varepsilon \quad \text{et} \quad \sup \|x_i\| \leq 1 .$$

Soit $(\alpha_i)_{1\leq i\leq n} \in \mathbb{R}^{\mathbb{N}}$ tel que $\sum_{i=1}^{n} |\alpha_i| = 1$ et soit $\varepsilon_i = \operatorname{sgn} \alpha_i$. Alors :

$$n-\varepsilon \leq \|\sum_{i=1}^{n} \varepsilon_i x_i\| = \|\sum_{i=1}^{n} [\varepsilon_i(1-|\alpha_i|) + \alpha_i] x_i\| ;$$

et par conséquent :

$$n-\varepsilon \leq \|\sum_{i=1}^{n} \varepsilon_i(1-|\alpha_i|) x_i\| + \|\sum_{i=1}^{n} \alpha_i x_i\|$$

$$\leq \sum_{i=1}^{n} |(1-|\alpha_i|)| + \|\sum_{i=1}^{n} \alpha_i x_i\| .$$

Donc, on a démontré que

$$\sum |\alpha_i| = 1 \Longrightarrow 1-\varepsilon \leq \|\sum_{i=1}^{n} \alpha_i x_i\| \leq 1 ,$$

c'est-à-dire, par raison d'homogénéité :

$$(1-\varepsilon) \sum_{i=1}^{n} |\alpha_i| \leq \|\sum_{i=1}^{n} \alpha_i x_i\| \leq \sum_{i=1}^{n} |\alpha_i| \qquad \forall (\alpha_i) \in \mathbb{R}^n .$$

Mais cela signifie que les (x_i) engendrent un sous-espace de E qui est $(\frac{1}{1-\varepsilon})$-isomorphe à l_n^1.

En définitive, si E n'est pas B-convexe, pour tout $\varepsilon \in]0, 1[$ E contient l_n^1 $(\frac{1}{1-\varepsilon})$-uniformément, et b) ne peut être vérifiée.

c) $\Longrightarrow$ a) : Remarquons tout d'abord que si E est B-convexe, la proposition 3 implique que $\lambda_n(E) \xrightarrow[n \to \infty]{} 0$.

Supposons alors que a) n'est pas vérifiée : il existe λ tel que $\lambda_n(E) \geq \frac{1}{\lambda}$ $\forall n$, donc E ne peut être B-convexe.

Le théorème est donc démontré.

Nous indiquerons sans démonstration le principal résultat de ce chapitre (Voir PISIER, exposé VII du Séminaire MAUREY-SCHWARTZ, 1973-1974).

THEOREME 4 :

Soit E un Banach ; les propriétés suivantes sont équivalentes :

a) E est de type Rademacher ;

b) E est de type p-stable pour un $p \in]1, 2]$;

c) E est de type 1-stable ;

d) E est B-convexe.

(Les implications a) ⇒ b) ⇒ c) ont déjà été démontrées).

Ce théorème a d'intéressantes conséquences que nous allons démontrer.

COROLLAIRE 1 : Un Banach E de type Rademacher ne peut contenir les l_n^∞ C-uniformément.

DEMONSTRATION : Supposons que E contient l_n^∞ C-uniformément. Par analogie avec la définition 7, on dit que E contient les l_n^∞ C-uniformément s'il existe une suite (E_n) de sous-espaces de E de dimension n et une suite d'isomorphismes T_n de E_n sur l_n^∞ tels que

$$\sup_n ||T_n|| \, ||T_n^{-1}|| < C .$$

Cela signifie encore que pour tout $n \geq 1$ il existe un n-uple de E $(x_1^n, x_2^n, \dots, x_n^n)$ tel que pour tout $(\lambda_k)_{1\leq k\leq n} \in \mathbb{R}^n$ on ait :

$$\sup_{1\leq k\leq n} |\lambda_k| \leq || \sum_{1\leq k\leq n} \lambda_k x_k || \leq C \sup_{1\leq k\leq n} |\lambda_k| .$$

Soit $\{\sigma_1^n, \sigma_2^n, \dots, \sigma_{2^n}^n\}$ une énumération de l'ensemble $\{-1, +1\}^n$, et pour tout $l \in \{1, 2, \dots, n\}$ posons

$$y_l^n = \sum_{k=1}^{2^n} \sigma_k^n(l) \, x_k^{2^n} .$$

En remarquant que :

$$\sum_{k\leq n} |\lambda_k| = \sup_{1\leq k\leq 2^n} | \sum_{l=1}^{n} \sigma_k^n(l) \, \lambda_l |$$

on obtient

$$\sum_{k\leq n} |\lambda_k| \leq || \sum_{k\leq n} \lambda_k y_k^n || \leq C \sum_{k\leq n} |\lambda_k| .$$

Donc, par le théorème 2, E ne peut être B-convexe ; et par le théorème 3, E ne peut être de type Rademacher.

COROLLAIRE 2 : Un espace de Banach de type Rademacher est un C-espace, et ne peut contenir de sous-espace isomorphe à l^1.

DEMONSTRATION : Il suffit de remarquer que si E n'est pas un C-espace, c'est à dire si E contient isomorphiquement C_0, il contient les $(l^{\infty}_n)_n$ λ-uniformément.

On déduit de ce corollaire que si E est de type Rademacher, $\mathcal{C}_\beta(E) = \mathcal{B}_\beta(E)$. En outre, $L^\infty([0, 1], dx)$, $L^1([0, 1], dx)$, $\mathcal{C}([0, 1])$ qui ne sont pas des C-espaces ne sont pas de type Rademacher.

COROLLAIRE 3 : Tout Banach uniformément convexe est de type Rademacher.

DEMONSTRATION : Supposons donc le Banach E uniformément convexe. Démontrons que E est B-convexe ; cela sera fait si l'on démontre que

$$\{\inf (||x+y||, ||x-y||)\} < 2 .$$

Soit $\delta(1)$ la quantité correspondant à 1 comme il est dit dans la définition 6 (en fait $\delta(1) \leq \frac{1}{2}$ comme on le voit facilement).

Soient x et y dans E tels que $\sup (||x||, ||y||) \leq 1$. Si $||x-y|| \geq 1$, alors $||x+y|| \leq 2(1-\delta(1))$ et $\inf (||x-y||, ||x+y||) < 2$.

Si $||x-y|| < 1$, a fortiori $\inf (||x-y||, ||x+y||) < 1 \leq 2(1-\delta(1))$.

Donc le corollaire est démontré.

COROLLAIRE 4 : Soient E un Banach et E' son dual. E est de type Rademacher si et seulement si E' est de type Rademacher.

DEMONSTRATION : Supposons que E n'est pas de type Rademacher, c'est-à-dire d'après les théorèmes 4 et 3 ci-dessus, il existe $\lambda > 1$ tel que E contient les (l^1_n) λ-uniformément. Démontrons que E' contient alors les (l^1_n) 2λ-uniformément.

Il existe par hypothèse, pour tout n, un sous-espace E_n de E, de dimension n, et un isomorphisme T_n de E_n sur l^1_n tel que :

$$||T_n|| \, ||T_n^{-1}|| \leq \lambda \ , \ \forall n .$$

La transposée T'_n de T_n envoie l^∞_n sur $E'_n = E'/E^\perp_n$ ($E^\perp_n$ orthogonal de E_n relativement à la dualité entre E et E'), et :

$$||T'_n|| \, ||T'^{-1}_n|| \leq \lambda \ , \ \forall n.$$

On en déduit que, pour tout n, il existe un n-uple $(y_1^n, y_2^n, \ldots, y_n^n)$ dans E' tel que :

$$\sup_{1\le k\le n} |\alpha_k| \le \|\sum_{k\le n} \alpha_k y_k^n\|_{E'} \le 2\lambda \sup_{k\le n} |\alpha_k|$$

pour tout n-uple $(\alpha_1, \alpha_2, \ldots, \alpha_n) \in \mathbb{R}^n$. Mais, d'après ce que l'on a vu dans la démonstration du corollaire 1, cela implique que E' contient les (l_n^1) 2λ-uniformément, et E' n'est pas de type Rademacher.

On démontrerait de même que si E' n'est pas de type Rademacher, E n'est pas de type Rademacher. CQFD.

Donnons enfin une caractérisation des espaces de type Rademacher (ou des espaces B-convexes) au moyen d'une loi des grands nombres.

THEOREME 5 :

Soit E un Banach ; les propriétés suivantes sont équivalentes :

a) E est de type Rademacher ;

b) Pour toute suite (X_n) de v.a. indépendantes, à valeurs dans E telles que :

$$\sup_n E\{\|X_n\|^2\} < \infty \quad \text{et} \quad E\{X_n\} = 0 \quad \forall n,$$

la suite

$$\left(\frac{1}{n} \sum_{1\le k\le n} X_k\right)_n \quad \text{converge vers zéro en probabilité ;}$$

c) Pour toute suite bornée (x_n) d'éléments de E et toute suite (ε_n) de Bernoulli,

$$\frac{1}{n} \sum_{1\le k\le n} \varepsilon_k x_k \xrightarrow{\text{Probabilité}} 0 .$$

DEMONSTRATION :

a) ⟹ b) : Si E est de type Rademacher, E est de type p pour un $p \in]1,2]$. Si (X_n) vérifie la condition de b), elle vérifie aussi

$$\forall n \quad E\{X_n\} = 0 \quad \text{et} \quad \sum_{n\ge 1} \frac{E\{\|X_n\|^p\}}{n^p} < \infty .$$

Mais alors, par le théorème 1, la conclusion de b) est vraie.

b) $\Rightarrow$ c) : C'est trivial.

c) $\Rightarrow$ a) : Supposons donc que c) est vérifiée et que a) ne soit pas vraie. Alors pour tout entier N on a :

$$\sup_{\sup_{1\le k\le N}\|x_k\|\le 1} \Big(\inf_{\sum_{k\le N}|\alpha_k|=1} \|\sum_{k\le N} \alpha_k x_k\|\Big) = 1 .$$

Par conséquent, pour tout entier $N \geq 1$ on a également :

$$\sup_{\sup_{k\le N}\| x_k\|\le 1} \frac{1}{N}\int \|\sum_{k\le N} \varepsilon_k x_k\| \, dP = 1 .$$

(où (ε_n) désigne une suite de Bernoulli sur un $(\Omega, \mathcal{F}, P)$).

Alors, pour tout entier $n \geq 1$, il existe n^n éléments de E, soient $x_1^n, x_2^n, \dots, x_{n^n}^n$ tels que :

$$\sup_{1\le k\le n^n} \|x_k^n\| = 1 \quad \text{et} \quad \frac{1}{n^n}\int \|\sum_{k=1}^{n^n} \varepsilon_k x_k^n\| \, dP > \frac{1}{2} .$$

Posons $k_n = 1 + 2^2 + \dots + n^n$ et $y_i = x^l_{i-k_l}$ si $k_l < i \leq k_{l+1}$. Nous obtenons :

$$\frac{1}{k_n}\int \|\sum_{k=1}^{k_n} \varepsilon_k y_k\| \, dP \;\geq\; \frac{1}{k_n}\left(\frac{1}{2} n^n - k_{n-1}\right)$$

$$\geq \frac{1}{2n^n}\left(\frac{1}{2} n^n - (n-1)^n\right) \;\geq\; \frac{1}{2n^n}\left(\frac{1}{2} n^n\right) \frac{1}{2}\left(1 - \frac{1}{n}\right)^n$$

$$\to \frac{1}{4} - \frac{1}{2c} > 0 \text{ . Ce qui est contradictoire.}$$

Et le théorème 5 est donc démontré.

Enfin, indiquons un dernier résultat démontré par PISIER et HOFFMANN-JØRGENSEN :

Un Banach E est de type r-Rademacher si et seulement si dans E un "théorème central limite" est vrai.

Ce sera l'objet du cours 1976 de St-Flour.

CHAPITRE VI

ESPACES DE BANACH POSSÉDANT LA PROPRIÉTÉ DE RADON-NYKODYM

Dans ce chapitre, nous utiliserons constamment les notations et résultats du chapitre II. Les remarques qui suivent aideront à la compréhension de ce chapitre. Aussi les mettrons-nous en tête.

$(X, \mathcal{F}, \mu)$ désignera un espace mesuré σ-fini (ou bien de Radon). On identifiera une fonction avec sa classe dans $L^p(X, \mu, E)$, ou $L^p_s(X, \mu, E)$ si E est un Banach.

1) Soit F un Banach et $v : F \to L^p(X, \mathcal{F}, \mu, R)$ $(0 \leq p \leq \infty)$ linéaire et p-latticiellement bornée. Soit $\varphi : X \to F'$ une décomposition de v : $\varphi \in L^p_*(X, \mu, F')$. Comme d'habitude, on posera $\Phi = \bigvee_{||e|| \leq 1} |v(e)| = \bigvee_{||e|| \leq 1} |\widehat{\langle \varphi, e \rangle}|$.

Par définition même, $\Phi \in L^p(X, \mu, \mathbb{R})$. Alors, pour tout $B \in \mathcal{F}$ $\Phi\mu$-intégrable, $\int_B \varphi \, d\mu$ existe et $\int_B \varphi \, d\mu \in E'$.

En effet, $\int_B \langle \varphi, e \rangle \, d\mu$ existe pour tout $e \in F$; donc $\int_B \varphi \, d\mu$ existe. A priori $\int_B \varphi \, d\mu \in F^*$ (dual algébrique de F). Mais, dû au fait que $|\langle \varphi, e \rangle| \leq \Phi ||e||$ μ-presque partout, il résulte du théorème de Lebesgue que $e \rightsquigarrow \int \langle \varphi, e \rangle \, d\mu$ est continue sur F ; donc $\int_B \varphi \, d\mu \in F'$.

On démontrerait de même que, plus généralement, si $f : X \to \mathbb{R}$ est $\Phi\mu$-intégrable, $\int f \varphi \, d\mu$ existe et appartient à F'.

2) Soit E un Banach, E' son dual et $\varphi \in L^p_s(X, \mu, E)$. Soit v l'application linéaire $E' \to L^p(X, \mu, \mathbb{R})$ correspondante : elle est p-latticiellement bornée.

Alors, si $B \in \mathcal{F}$ est $\Phi\mu$-intégrable (Φ ayant été définie comme plus haut), on a $\int_B \varphi \, d\mu \in E''$.

De même, si $f : X \to \mathbb{R}$ est $\Phi\mu$-intégrable, on a $\int f\varphi\, d\mu \in E''$. (Il suffit en effet d'appliquer le résultat précédent à $F = E'$).

3) Soit E un Banach ; on a vu que l'on a un isomorphisme algébrique, entre $L^{\infty}_{*}(X, \mu, E')$ et $\mathcal{L}(E, L^{\infty}(X, \mu, \mathbb{R}))$.

Je dis que cet isomorphisme est également une isométrie. En effet, soit $v : E \to L^{\infty}(X, \mu, \mathbb{R})$ et soit φ_M une décomposition de Maharam de v. Alors, pour μ-presque tout x :

$$|| \varphi_M(x) || = |\Phi(x)| \leq ||v|| .$$

Donc

$$|| \varphi_M ||_{L^{\infty}_{*}(X, \mu, E')} = ||\Phi||_{L^{\infty}(\mu, \mathbb{R})} \leq ||v|| .$$

D'autre part :

$$||v(e)||_{L^{\infty}(\mu, \mathbb{R})} \leq ||\Phi||_{L^{\infty}(\mu, \mathbb{R})} \quad \forall\ ||e|| \leq 1.$$

Donc

$$||v|| \leq ||\Phi||_{L^{\infty}(\mu, \mathbb{R})} .$$ D'où le résultat.

En conséquence, $\mathcal{L}(E, L^{\infty}(\mu, \mathbb{R}))$, l'espace des applications bilinéaires de $L^1(X, \mu, \mathbb{R}) \times E$ dans $\mathbb{R}$ $\mathcal{L}(L^1(\mu, \mathbb{R}), E')$, $L^1(X, \mu, E)'$ et $L^{\infty}_{*}(X, \mu, E')$ sont isométriques.

N° 1 : LES ESPACES $L^p_{**}(X, \mu, E)$ ET LES ESPACES DE RADON-NIKODYM

DEFINITION 1 : Soit E un Banach et $p \in [0, \infty]$. On désigne par $L^p_{**}(X, \mu, E)$ le sous-espace de $L^p_{*}(X, \mu, E'')$ formé des $\varphi : X \to E''$ telles que pour toute $B \in \mathcal{R}$ $\Phi\mu$-intégrable on ait $\int_B \varphi\, d\mu \in E$.

(On a posé $\Phi = \bigvee_{\substack{||e'|| \leq 1 \\ e' \in E'}} |\widehat{<\varphi, e'>}|$).

Cette notation est ambigue, car on appelle $L^p_{**}(X, \mu, E)$ un espace de fonctions à valeurs dans E", mais elle est commode.

PROPOSITION 1 :

Soit $\varphi \in L^p_*(X, \mu, E'')$; on a l'équivalence de :

a) $\varphi \in L^p_{**}(X, \mu, E)$;

b) Pour tout $B \in \mathfrak{F}$ à la fois μ et $\Phi\mu$-intégrable, on a $\int_B \varphi d\mu \in E$.

DEMONSTRATION : Il est clair que a) ⟹ b).

Supposons donc b) vérifiée et soit $B \in \mathfrak{F}$, $\Phi\mu$-intégrable. On a évidemment $B = B \cap \{\Phi = 0\} \cup B \cap \{\Phi > 0\}$, et $B \cap \{\Phi = 0\}$ est $\Phi\mu$-intégrable. En outre, $\int_{B\cap\{\Phi=0\}} d\mu = 0$. D'autre part, $B \cap \{\Phi > 0\} = \bigcup_n B \cap \{\Phi \geq \frac{1}{n}\}$.

Posons $B_n = B \cap \{\Phi \geq \frac{1}{n}\}$; B_n est $\Phi\mu$-intégrable ; en outre, B_n est μ-intégrable, car

$$\int_B \Phi \, d\mu \geq \int_{B_n} \frac{1}{n} d\mu = \frac{1}{n} \mu(B_n) .$$

Donc $\int_{B_n} \varphi \, d\mu \in E$ pour tout n. Mais alors

$$\|\int_B \varphi d\mu - \int_{B_n} \varphi d\mu\|_{E''} \leq \int_{B \cap \{\Phi<\frac{1}{n}\}} \Phi d\mu .$$

(En effet, on peut sans changer l'intégrale vectorielle "faible" remplacer φ par une décomposition de Maharam de l'application $e' \rightsquigarrow \widehat{<\overset{\circ}{\varphi}, e'>}$)

B étant $\Phi\mu$-intégrable, ce dernier terme tend vers zéro quand n tend vers l'infini, d'après le théorème de Lebesgue. Et par conséquent $\int_B \varphi \, d\mu \in E$.

REMARQUE 1 : $L^\infty_{**}(X, \mu, E)$ peut encore être défini comme le sous-espace de $L^\infty_*(X, \mu, E'')$ formé des φ telles que pour toute $B \in \mathfrak{F}$ <u>μ-intégrable</u> , on ait $\int_B \varphi \, d\mu \in E$.

En effet, si B est μ-intégrable, elle est $\Phi\mu$-intégrable car Φ est μ-essentiellement bornée.

Naturellement, $L^p_{**}(X, \mu, E)$ sera muni de la topologie induite par celle de $L^p_*(X, \mu, E'')$. On voit facilement qu'il est fermé dans cet espace.

PROPOSITION 2 :

L'espace $\mathcal{L}(L^1(X, \mu, R), E)$ est isométrique à $L^\infty_{**}(X, \mu, E)$. L'isomorphisme entre ces espaces associe à $\varphi \in L^\infty_{**}(X, \mu, E)$, l'application linéaire continue de $L^1(X, \mu, R)$ dans E : $f \rightsquigarrow \int \varphi f \, d\mu \in E$.

DEMONSTRATION : On sait déjà que $L^\infty_*(X, \mu, E")$ est isométrique à $\mathcal{L}(L^1(X,\mu),E")$. D'autre part, $\mathcal{L}(L^1(X, \mu), E)$ est le sous-espace de $\mathcal{L}(L^1(X, \mu, \mathbb{R}), E")$ envoyant $L^1(X, \mu)$ dans E.

Maintenant une application linéaire continue de $L^1(X, \mu)$ dans E" envoie $L^1(X, \mu)$ dans E si et seulement si elle envoie les fonctions étagées μ-intégrables dans E, donc si elle envoie les 1_B($B \in \mathcal{F}$, B μ-intégrable) dans E. D'où le résultat.

On peut maintenant poser la

DEFINITION 2 : Soit E un Banach ; on dit que E est de Radon-Nikodym (en abrégé E est R.N.) si toute $\varphi \in L^0_{**}(X, \mu, E)$ admet un représentant $\varphi_1 \in L^0(X,\mu,E)$, quel que soit l'espace mesuré $(X, \mathcal{F}, \mu)$.

Dire que E est de Radon-Nikodym signifie encore que l'application naturelle de $L^0(X, \mu, E)$ dans $L^0_*(X, \mu, E")$ est une bijection de $L^0(X, \mu, E)$ sur $L^0_{**}(X, \mu, E)$, ou encore en abrégé $L^0(X, \mu, E) = L^0_{**}(X, \mu, E)$.

Il est clair que si E est de Radon-Nikodym, quel que soit l'espace mesuré $(X, \mathcal{F}, \mu)$ et quel que soit $p \in [0, \infty]$, toute φ appartenant à $L^p_{**}(X,\mu,E)$ admet un représentant φ_1 dans $L^p(X, \mu, E)$.

REMARQUE 2 : Si E est de Radon-Nikodym et si $\varphi \in L^p_{**}(X, \mu, E)$, son représentant $\varphi_1 \in L^p(X, \mu, E)$ réalise le module minimum de la classe φ, car on a vu que $||\varphi_1||_{L^p(X,\mu,E")} = ||\varphi||_{L^p_*(X,\mu,E")}$.

THEOREME 1 :

Soit E un Banach ; E est de Radon-Nikodym si et seulement si pour tout $(X, \mathcal{F}, \mu)$ σ-fini, on a :

$$L^\infty_{**}(X, \mu, E) = L^\infty(X, \mu, E) .$$

DEMONSTRATION : La partie "seulement si" a déjà été remarquée. Supposons alors que E satisfait la condition du théorème et soit $\varphi \in L^0_{**}(X, \mu, E)$, à laquelle est associée $\Phi \in L^0(X, \mu, \mathbb{R})$.

Si $f \in L^1(X, \Phi\mu, \mathbb{R})$, on a vu que $\int f\varphi \, d\mu \in E$. En outre l'application $f \rightsquigarrow \int f\varphi d\mu$ de $L^1(X, \Phi\mu, \mathbb{R})$ dans E est continue, et de norme ≤ 1.

Elle est donc définie par une fonction de $L^\infty_{**}(X, \Phi\mu, E)$. Mais E vérifiant la condition du théorème, il existe $\psi \in L^\infty(X, \Phi\mu, E)$, $||\psi|| \leq 1$ telle que

$$\int \varphi f \, d\mu = \int \psi f \Phi \, d\mu \qquad \forall f \in L^1(X, \Phi\mu, \mathbb{R}) .$$

On peut évidemment remplacer ψ par 0 sur $\{\Phi = 0\}$ et par conséquent supposer que $\psi \in L^\infty(X, \mu, E)$. Posons $\bar{\varphi} = \Phi.\psi$. Alors $\int \varphi f \, d\mu = \int \bar{\varphi} f \, d\mu$ $\forall f \in L^1(X, \Phi\mu, \mathbb{R})$ et $||\bar{\varphi}|| \leq \Phi$; en outre, $\bar{\varphi} \in L^0(X, \mu, E)$. Donc $\bar{\varphi} = \varphi$ scalairement $\Phi\mu$-partout. D'autre part, $\bar{\varphi} = 0$ sur $\{\Phi = 0\}$ et $\psi = 0$ scalairement μ-presque partout (par la dualité entre E" et E'). Donc $\varphi = \bar{\varphi}$ scalairement μ-presque partout. Et par conséquent $L^0(X, \mu, E)$ s'envoie surjectivement sur $L^0_{**}(X, \mu, E)$ (et l'on savait déjà qu'il s'envoie injectivement).

Le théorème est donc démontré.

REMARQUE 3 : Dans la condition de la définition 2, on peut supposer que $(X, \mathcal{F}, \mu)$ est un espace mesuré fini (ou même un espace probabilisé).

En effet, le cas général (i.e. μ σ-finie, ou μ de Radon) se ramène au cas"fini"par concassage.

On en déduit alors la :

PROPOSITION 3 :

Si E est de Radon-Nikodym, pour tout $p \in [0, \infty]$ on a $L^p(X, \mu, E) = L^p_{**}(X, \mu, E)$, quel que soit $(X, \mathcal{F}, \mu)$.

Inversement, s'il existe $p \in [0, \infty]$ tel que pour tout espace probabilisé $(X, \mathcal{F}, \mu)$ on ait l'égalité, E est de Radon-Nikodym.

DEMONSTRATION : La première partie a été remarquée.

Si pour tout espace probabilisé on a $L^p(X, \mu, E) = L^p_{**}(X, \mu, E)$, on a $L^\infty(X, \mu, E) = L^\infty_{**}(X, \mu, E)$, donc E est de Radon-Nikodym.

Nous verrons plus loin des exemples d'espaces de Radon-Nikodym. Remarquons au préalable que, E étant un Banach, on a

$$L^\infty_{**}(X, \mu, E') = L^\infty_{*}(X, \mu, E')$$

(algébriquement et topologiquement). (Naturellement, $L^\infty_{**}(X, \mu, E')$ est un espace de fonctions à valeurs dans E''').

En effet, $L^\infty_{**}(X, \mu, E') \simeq \mathcal{L}(L^1(\mu, R), E')$

$\simeq \mathcal{L}(E, L^\infty(\mu, R)) \simeq L^\infty_{*}(X, \mu, E')$.

D'où le résultat.

On en déduit, avec l'aide du théorème 1, que E' est de Radon-Nikodym si et seulement si

$$L^\infty_{*}(X, \mu, E') = L^\infty(X, \mu, E').$$

Mais alors :

PROPOSITION 4 :

E' est de Radon-Nikodym si et seulement si, pour tout $(X, \mathcal{F}, \mu)$ on a :

$$L^0(X, \mu, E') = L^0_{*}(X, \mu, E') .$$

DEMONSTRATION : Il est clair que si E' satisfait à la condition de la proposition 4, on a $L^\infty(X, \mu, E') = L^\infty_{*}(X, \mu, E')$; donc E' est de Radon-Nikodym.

Réciproquement, supposons que E' est de Radon-Nikodym, ou, ce qui revient au même, que $L^\infty_{*}(X, \mu, E') = L^\infty(X, \mu, E')$. Soit $\varphi \in L^0_{*}(X, \mu, E')$, à laquelle est associée $\Phi \in L^0(\mu, \mathbb{R})$.

Alors l'application $e \rightsquigarrow \frac{<\varphi, e>}{\Phi}$ envoie continuement E dans $L^\infty(X,\mu,\mathbb{R})$ et est de norme ≤ 1 ; elle est donc définie par un élément de $L^\infty_{*}(X, \mu, E')$. Mais E' étant R.N., il existe $\psi \in L^\infty(X, \mu, E')$ tel que $||\psi|| \leq 1$ et $<\psi, e> = <\frac{\varphi}{\Phi}, e> \forall e \in E$. Donc $\varphi = \psi\Phi$ scalairement presque partout. Puisque $\psi\Phi \in L^0(X, \mu, E')$, on a le résultat annoncé.

REMARQUE 4 : Comme plus haut, on démontrerait que si E' est de Radon-Nikodym et si $p \in [0, \infty]$ on a

$$L^p_*(X, \mu, E') = L^p(X, \mu, E')$$

pour tout $(X, \mathcal{F}, \mu)$.

Réciproquement, si pour un $p \in [0, \infty]$ on a l'égalité ci-dessus pour tout espace probabilisé, E' est de Radon-Nikodym.

On en déduit alors :

THEOREME 2 :

E' est de Radon-Nikodym si et seulement si il existe $p \in [1, \infty[$ tel que pour tout $(X, \mathcal{F}, \mu)$ on ait $L^p(X, \mu, E)' = L^{p'}(X, \mu, E')$ (avec $\frac{1}{p} + \frac{1}{p'} = 1$).
Et l'égalité ci-dessus est vraie pour tout p tel que $1 \leq p < \infty$.

DEMONSTRATION : On sait en effet (chapitre II) que $L^p(X, \mu, E)' = L^{p'}_*(X,\mu, E')$ et l'on applique alors la remarque 4.

N° 2 : MESURES A VALEURS DANS UN ESPACE DE RADON-NIKODYM

Soit $(X, \mathcal{F})$ un espace mesurable et soit E un Banach.

On appelle mesure vectorielle à valeurs dans E une application $\vec{\nu} : \mathcal{F} \to E$ dénombrablement additive, c'est à dire :

Si (A_n) est une suite d'éléments de $\mathcal{F}$ deux à deux disjoints et si $A = \cup A_n$, on a

$$\vec{\nu}(A) = \sum_n \vec{\nu}(A_n)$$ (la série du second membre étant d'ailleurs commutativement convergente).

DEFINITION 3 : Soit $(X, \mathcal{F}, \mu)$ un espace mesuré ; $\vec{\nu}$ une mesure vectorielle sur $(X, \mathcal{F})$ à valeurs dans E. On dit que $\vec{\nu}$ est majorée par μ si :

$$||\vec{\nu}(A)|| \leq \mu(A) \qquad \forall\ A \in \mathcal{F}.$$

On démontre que l'ensemble des majorantes de $\vec{\nu}$ possède un plus petit élément : c'est la variation de $\vec{\nu}$, désignée par $||\vec{\nu}||$

La mesure positive $||\vec{\nu}||$ n'est pas forcément bornée : elle l'est si E est de dimension finie.

On peut même démontrer que E est de dimension finie si et seulement si toute mesure vectorielle à valeurs dans E est à variation bornée. Donc, dans un Banach, il existe des mesures non-majorables par une mesure finie.

Si $\vec{\nu}$ est majorée par μ , on écrira $\vec{\nu} << \mu$

Une des formes du théorème de Radon-Nikodym classique affirme que si $\vec{\nu}$ est une mesure complexe majorée par μ <u>finie</u>, alors $\vec{\nu} = f \cdot \mu$ avec $f \in L^{\infty}(X, \mathscr{F}, \mu, \mathbb{C})$. On va chercher ce que devient ce résultat si on remplace $\mathbb{C}$ par un Banach.

En première étape, on a le :

<u>THEOREME 3</u> :

> Soit $(X, \mathscr{F}, \mu)$ un espace mesuré fini et E un Banach. Soit $\varphi \in \mathscr{L}^{\infty}_{**}(X, \mu, E)$ de norme ≤ 1 ; l'application
>
> $$A \rightsquigarrow \int_A \varphi \, d\mu = \vec{\nu}_{\varphi}(A)$$ définit une mesure à valeurs dans E majorée par μ .
>
> φ et φ' définissent la même mesure vectorielle si et seulement si elles sont égales scalairement μ-presque partout (par la dualité entre E' et E").
>
> Inversement, si $\vec{\nu}$ est une mesure vectorielle majorée par μ il existe $\varphi \in L^{\infty}_{**}(X, \mu, E)$ unique telle que $\vec{\nu} = \vec{\nu}_{\varphi}$. Donc la boule unité de $L^{\infty}_{**}(X, \mu, E)$ est en correspondance bijective avec les mesures vectorielles à valeurs dans E majorées par μ.

<u>DEMONSTRATION</u> : Soit $\vec{\nu} << \mu$, on définit une application u de l'ensemble des fonctions étagées, définies sur X et à valeurs réelles dans E par :

$$u\left(\sum 1_{B_i} c_i\right) = \sum c_i \, \vec{\nu}(B_i) .$$

En outre, $||u(\sum 1_{B_i} C_i)||_E \leq \sum |C_i| \mu(B_i)$; donc $||u(f)||_E \leq \int |f| d\mu$ $\forall$ f μ-étagée à valeurs dans E. u se prolonge donc de manière unique en une application de $L^1(X, \mathcal{F}, \mu)$ dans E, linéaire et continue, de norme ≤ 1. Inversement, une telle application u, définit une mesure vectorielle sur $(X, \mathcal{F})$ par

$$B \rightsquigarrow \vec{\nu}(B) = u(1_B) \qquad B \in \mathcal{F}$$

(Il est facile de prouver la σ-additivité).

En outre :

$$||\vec{\nu}(B)|| = ||u(1_B)|| \leq ||u|| \, ||1_B||_{L^1(X,\mu,R)}$$
$$\leq \mu(B) \text{ (car } ||u|| \leq 1).$$

En résumé, la boule unité $\mathcal{L}(L^1(X, \mu, R), E)$ est en bijection avec l'ensemble des mesures majorées par μ.

Comme $\mathcal{L}(L^1(X, \mu, R), E)$ est en bijection isométrique avec $L^\infty_{**}(X,\mu, E)$, le théorème est complétement démontré.

REMARQUE 5 : On démontrerait de même que si E est un Banach (ou même un espace normé), l'espace des mesures vectorielles à valeurs dans E', majorées par μ est en bijection avec la boule-unité de $L^\infty_*(X,\mu, E') = \mathcal{L}(L^1(X, \mu, R), E')$.

On en déduit immédiatement le :

THEOREME 4 :

Soit E un Banach ; E est de Radon-Nikodym si et seulement si pour tout espace mesuré fini $(X, \mathcal{F}, \mu)$, toute mesure vectorielle $\vec{\nu}$ à valeurs dans E, majorée par μ se met sous la forme suivante

$$\vec{\nu}(A) = \int_A \varphi \, d\mu \qquad \text{avec } \varphi \in L^\infty(X, \mu, E).$$

On notera par $\varphi \cdot \mu$ les mesures figurant dans les énoncés des théorèmes 3 et 4.

DEFINITION 4 : Soit $(X, \mathcal{F}, \mu)$ un espace mesuré fini ; E un Banach et $\vec{\nu}$ une mesure sur $(X, \mathcal{F})$ à valeurs dans E.

1) On dit que $\vec{\nu}$ est dominée par μ et on écrit $\vec{\nu} < \mu$ si $B \in \mathcal{F}$ et

$$\mu(B) = 0 \implies \vec{\nu}(B) = 0 .$$

2) On dit que $\vec{\nu}$ est de base μ si $\vec{\nu} = \varphi . \mu$, avec $\varphi \in \mathcal{L}^1(X, \mu, E)$ (c'est-à-dire $\vec{\nu}(A) = \int_A \varphi \, d\mu \quad \forall A \in \mathcal{F}$).

Dans le cas où $\vec{\nu}$ est une mesure complexe, les conditions 1) et 2) de la définition 4 sont équivalentes. En outre, toute mesure majorée par μ a pour base μ.

C'est faux si E est un Banach quelconque, comme nous le verrons.

REMARQUE 6 : $\vec{\nu}$ est dominée par μ si et seulement si pour tout $e' \in E'$, $e'(\vec{\nu})$ (mesure à valeurs dans $\mathbb{R}$) est dominée par μ (ou, ce qui revient au même, est de base μ).

En effet, $\vec{\nu}(B) = 0$ équivaut à $< \vec{\nu}(B), e' > = 0 \quad \forall e' \in E' \quad (B \in \mathcal{F})$.

Nous allons examiner certaines implications mutuelles entre ces définitions.

THEOREME 5 :

Soit $(X, \mathcal{F}, \mu)$ un espace mesuré fini.

1) Si $\varphi \in L^1_{**}(X, \mu, E)$, la mesure $\varphi . \mu$ est majorable par une mesure finie (donc est à variation totale bornée). Sa variation (ou plus petite majorante finie) est égale à $\Phi\mu$, où Φ est associée à φ comme il a été dit.

2) Si $\vec{\nu}$ est une mesure sur $(X, \mathcal{F})$ à valeurs dans E majorée par μ et ayant une base finie σ, elle s'écrit $\vec{\nu} = \varphi . \mu$ avec $\varphi \in L^\infty(X, \mu, E)$ de norme ≤ 1 (ou encore $\vec{\nu}$ a μ pour base).

3) Si $\vec{\nu}$ est dominée par μ et si elle admet une mesure de base finie σ, elle admet μ pour base, μ étant finie.

DEMONSTRATION :

1) Il est facile de voir que $B \rightsquigarrow \int_B \varphi \, d\mu$ est une mesure à valeurs dans E si $\varphi \in L^1_{**}$. On peut supposer que $||\varphi|| = \Phi$ car la mesure $\varphi . \mu$ ne dépend que de la classe de scalaire équivalence de φ.

Il est clair alors que $\Phi\mu$ est une majorante finie de $\varphi . \mu = \vec{\nu}$. Je dis que c'est la plus petite majorante.

En effet, $||\vec{\nu}|| \leq \Phi\mu$ donc par Radon-Nikodym classique $||\nu|| = f . \Phi\mu$ avec $f \geq 0$, $\Phi\mu$-mesurable et $0 \leq f \leq 1$. On peut supposer que $f = 0$ si $\Phi = 0$, donc f est μ-mesurable.

Soit $e' \in E'$ tel que $||e'|| \leq 1$; alors $e'(\vec{\nu}) = \langle \varphi, e' \rangle \mu$ est une mesure réelle majorée par $f \, \Phi\mu = ||\vec{\nu}||$.

Donc $|\langle \varphi, e' \rangle| \leq f . \Phi$, μ-presque partout.

Par conséquent,

$$\bigvee_{||e'|| \leq 1} |\widehat{\langle \varphi, e' \rangle}| = \Phi$$

est majorée par $f . \Phi$, μ-presque partout. Donc $f = 1$ μ-presque partout et

$$||\vec{\nu}|| = \Phi \mu. \qquad \text{CQFD.}$$

2) Soit $\vec{\nu}$ une mesure majorée par μ finie et ayant une base finie σ. Alors $\vec{\nu} = \psi \sigma$ avec $\psi \in L^1(X, \sigma, E)$. D'après 1), $||\nu|| = ||\psi|| . \sigma$. Donc $||\psi|| \sigma \leq \mu$, et $||\psi|| \sigma = f\mu$ avec f, μ-mesurable et $0 \leq f \leq 1$.

Cela étant,

$$\vec{\nu} = \psi . \sigma = \frac{\psi}{||\psi||} ||\psi|| \sigma = \frac{\psi}{||\psi||} f\mu = \varphi . \mu .$$

En outre, $\varphi \in L^\infty(X, \mu, E)$ et $||\varphi|| \leq 1$. D'où le résultat.

3) Soit $\vec{\nu}$ dominée par μ et ayant une base finie σ : $\nu = \psi . \sigma$ avec $\psi \in L^1(X, \sigma, E)$.

$\vec{\nu}$ est alors dominée par μ et σ donc par $\inf(\mu, \sigma) = f . \sigma$ (f borélienne, $0 \leq f \leq 1$).

Je dis que $\psi(x) = 0$ σ-presque partout sur $\{f = 0\}$.

En effet, $\{f = 0\}$ est inf (μ, σ) négligeable, donc si $B \in \mathcal{F}$, $B \subset \{f = 0\}$, on a : $\vec{\nu}(B) = 0$.

Comme pour $e' \in E'$, $< \vec{\nu}, e' > = < \psi, e' > .\sigma$, si $B \in \mathcal{F}$ est telle que $B \subset \{f = 0\}$ on a $\int_B < \psi, e' > d\sigma = 0$. Donc $< \psi, e' > = 0$ μ-presque partout sur $\{f = 0\}$ pour tout $e' \in E'$. Mais ψ étant σ-mesurable, $\psi = 0$ σ-presque partout sur $\{f= 0\}$.

On peut définir $\frac{\psi}{f}$ (en posant $\frac{0}{0} = 0$). Il est clair alors que

$$\vec{\nu} = \psi \, . \, \sigma = \frac{\psi}{f} f\sigma \, .$$

D'autre part, inf $(\mu, \sigma) = g\mu$ $(0 \leq q \leq 1$, μ-mesurable$)$. Donc

$$\vec{\nu} = \frac{\psi}{f} \inf(\mu, \sigma) = \frac{\psi}{f} g\mu = \varphi\mu$$

avec φ μ-mesurable. En outre :

$$\int \frac{||\psi||}{f} \, g \, d\mu = \int \frac{||\psi||}{f} \, d(\inf(\mu, \sigma)) = \int \frac{||\psi||}{f} \, f \, d\sigma$$

$$= \int ||\psi|| \, d\sigma < .\infty$$

Donc $\vec{\nu} = \varphi \, . \, \mu$ et $\varphi \in L^1(X, \mu, E)$.

Le théorème est donc démontré.

A partir de là, on obtient le :

<u>THEOREME 6</u> :

Soit E un Banach, les propriétés suivantes sont équivalentes :

a) E est de Radon-Nikodym ;

b) Toute mesure à valeurs dans E à variation bornée possède une mesure de base ;

c) Quel que soit l'espace mesuré $(X, \mathcal{F}, \mu)$, toute mesure sur $(X, \mathcal{F})$ à valeurs dans E, à variation bornée et dominée par μ admet μ pour base.

<u>DEMONSTRATION</u> :

a) $\Rightarrow$ b) : Soit $\vec{\nu} \ll \mu$ (μ mesure finie), alors $\vec{\nu} = \varphi \, . \, \mu$, $\varphi \in L^\infty(X,\mu,E)$ et $||\varphi|| \leq 1$ d'après le théorème 4 ; donc $\vec{\nu}$ est basée sur μ.

b) ⟹ a) : Supposons que toute $\vec{\nu}$ à valeurs dans E, à variation bornée admet une base ; et soit $\vec{\nu} \ll \mu$. Alors $\vec{\nu}$ admet une base et d'après le théorème(5, 2), elle a une densité par rapport à μ :

$$\vec{\nu} = \varphi \cdot \mu \qquad \varphi \in L^{\infty}(X, \mu, E), \ \|\varphi\| \leq 1.$$

Donc E est de Radon-Nikodym d'après le théorème 4.

a) ⟹ c) : Supposons que E est de Radon-Nikodym, et soit $\vec{\nu}$ à variation bornée, dominée par μ. D'après ce qui précède, $\vec{\nu}$ admet une mesure de base ; mais d'après le théorème 5, 3), $\vec{\nu}$ admet μ pour base.

c) ⟹ a) : Supposons que toute mesure à variation bornée $\vec{\nu}$ dominée par une mesure finie μ ait μ pour base ; alors toute mesure à variation bornée admet une base, et E vérifie R.N. d'après l'implication b) ⟹ a).

Le théorème est donc complétement démontré.

<u>REMARQUE 7</u> : Si $\vec{\nu} = \varphi \cdot \mu$ on dit que la mesure $\vec{\nu}$ a pour densité φ par rapport à μ.

Par exemple, le théorème 3 dit que $\vec{\nu}$ a une densité $\varphi \in L^{\infty}_{**}(X, \mu, E)$ si et seulement si $\vec{\nu}$ est majorée par μ.

Cela étant, le théorème 6 s'énonce sous la forme suivante :

Soit E un Banach ; les propriétés suivantes sont équivalentes :

a) E est de Radon-Nikodym

b) Quel que soit l'espace mesurable $(X, \mathfrak{F})$ et la mesure $\vec{\nu}$ définie sur $(X, \mathfrak{F})$ à valeurs dans E, et à variation totale bornée, $\vec{\nu}$ a une densité par rapport à $\|\vec{\nu}\|$ dans $L^{\infty}(X, \|\vec{\nu}\|, E)$.

c) Quel que soit l'espace mesuré fini $(X, \mathfrak{F}, \mu)$ et quelle que soit la mesure vectorielle $\vec{\nu}$ à <u>variation bornée</u>, à valeurs dans E définie sur $(X, \mathfrak{F})$, si $\vec{\nu}$ est dominée par μ, elle admet une densité dans $L^1(X, \mu, E)$.

N° 3 : EXEMPLES D'ESPACES DE RADON-NIKODYM

PROPOSITION 5 :

Soit E un espace de Radon-Nikodym. Tout sous-espace fermé F de E est de Radon-Nikodym.

DEMONSTRATION : Soit $\varphi \in L^{\infty}_{**}(X, \mu, F)$; φ définit un élément de $L^{\infty}_{**}(X, \mu, E)$ que l'on désignera par φ_1.

Il existe alors dans la classe de scalaire équivalence de φ_1 un élément $\varphi'_1 \in L^{\infty}(X, \mu, E)$.

Par hypothèse, pour tout A μ-intégrable, $\int_A \varphi'_1 \, d\mu \in F$; Donc par le théorème de la moyenne, φ'_1 prend p.p. ses valeurs dans F ; donc définit un élément φ' dans $L^1(X, \mu, F)$. Ceci démontre que F est de Radon-Nikodym.

On en déduit que si un Banach E ne possède pas la propriété de Radon-Nikodym, tout Banach E_1 contenant E isomorphiquement ne peut être de Radon-Nikodym.

EXEMPLE 1 : L'espace C_o n'est pas de Radon-Nikodym.

En effet, soit $([0, 1], \mathcal{B}_{[0, 1]}, dt)$ l'espace mesuré "unité". Soit $\vec{\nu} : \mathcal{B}_{[0, 1]} \to C_o$ définie par

$$\vec{\nu}(A) = \left(\int_A \cos 2\pi\, nt\, dt \right)_{n \in \mathbb{N}} \qquad A \in \mathcal{B}_{[0,1]} .$$

$\vec{\nu}$ envoie $\mathcal{B}_{[0,1]}$ dans C_o par le théorème de Riemann-Lesbesgue. Par ailleurs, on voit facilement que $\vec{\nu}$ est une mesure. Il est facile de voir que $\vec{\nu}$ est majorée par dt et est dominée par dt.

Je dis que $\vec{\nu}$ ne peut posséder une densité $\vec{\varphi} : [0, 1] \to C_o$. En effet, si $\vec{\varphi}(t) = (\varphi_n(t))_{n \in \mathbb{N}}$ était une densité de $\vec{\nu}$, on aurait pour tout n et tout A

$$\int_A \cos 2\pi nt \, dt = \int_A f_n(t)\, dt$$

Donc $f_n(t) = \cos(2\pi\, nt)$ dt presque partout. Or ceci est absurde, car $(\cos(2\pi\, nt))_n$ n'appartient à C_o pour aucune valeur de t.

Comme conséquence, on obtient :

PROPOSITION 6 :

Un Banach qui n'est pas un C-espace ne peut être de Radon-Nikodym.

DEMONSTRATION : Il suffit de remarquer que E n'est pas un C-espace si et seulement si E contient C_o isomorphiquement.

En d'autres termes, un espace de Radon-Nikodym est un C-espace. Toutefois, un C-espace peut satisfaire ou non la propriété de Radon-Nikodym, comme le montrent les exemples suivants :

EXEMPLE 2 : l^1 (qui est un C-espace) vérifie la propriété de Radon-Nikodym.

Soit en effet $(X, \mathcal{F}, \mu)$ espace mesuré fini et soit $\vec{\nu} : \mathcal{F} \to l^1$ mesure à variation bornée $v = ||\vec{\nu}||$. $\vec{\nu}$ est donnée par une suite de mesures scalaires ν_n v-absolument continues. Donc $\nu_n = \varphi_n . v \ \forall n$ (φ_n mesurables).

Il nous reste à montrer que la fonction $x \to (f_n(x))_n = \vec{f}(x)$ peut être choisie à valeurs dans l^1.

Commençons par remarquer que la boule unité B_1 de l^1 est un disque compact de l'espace $\mathbb{R}^{\mathbb{N}}$.

La fonction $\vec{f} : X \to \mathbb{R}^{\mathbb{N}}$ est mesurable. Pour tout $z' = (z'_n) \in \mathbb{R}^{\mathbb{N}}_o$ (qui est le dual de $\mathbb{R}^{\mathbb{N}}$) et pour tout $A \in \mathcal{F}$ on a :

$$\frac{1}{v(A)} \int_A < \vec{f}, z'> dv = < \frac{\vec{\nu}(A)}{v(A)}, z'> \in z'(B_1)$$

(puisque $||\vec{\nu}(A)|| \leq v(A)$). Comme $z'(B_1)$ est un intervalle compact, le théorème de la moyenne dit que $< \vec{f}(x), z'> \in z'(B_1)$ v-presque partout. Donc $\vec{f} : X \to \mathbb{R}^{\mathbb{N}}$ est v-scalairement presque partout dans B_1. Dû au fait que $\mathbb{R}^{\mathbb{N}}$ est métrisable, donc limite projective d'une famille dénombrable de Banach, on en déduit que $\vec{f}$ est v-presque partout dans l^1. (En effet, si E est un Banach et si $\varphi : X \to E$ est μ-mesurable et scalairement presque partout à valeurs dans un disque fermé, elle prend presque partout ses valeurs dans ce disque fermé.

Reste à démontrer que $\vec{f} : X \to l^1$ est v-mesurable pour la topologie de l^1. Or, cela résulte du fait que l^1 est séparable et du fait que $\vec{f} : X \to l^1$

est scalairement v-mesurable (cas pour tout $\xi = (\xi_n) \in l^\infty$, la série $\sum \xi_n f_n(x)$ est convergente pour tout x).

Donc en définitive on a démontré que l^1 est de Radon-Nikodym.

EXEMPLE 3 : Soit K un espace compact. Pour toute mesure de Radon ρ diffuse sur K, l'espace $E = L^1(K, \rho)$ ne vérifie pas la propriété de Radon-Nikodym (or on sait que $L^1(K, \rho)$ est un C-espace).

(Nous admettrons ce résultat).

THEOREME 7 :

Tout espace de Banach réflexif possède la propriété de Radon-Nikodym.

SCHEMA DE LA DEMONSTRATION : Soit $\vec{\nu} : \mathcal{F} \to E$ une mesure sur $(X, \mathcal{F})$ à valeurs dans E et de variation totale $v = ||\vec{\nu}||$ bornée. Pour tout $B \in \mathcal{F}$, l'ensemble $\{\frac{\vec{\nu}(A)}{v(A)}, A \in \mathcal{F}\}$ est contenu dans la boule unité de E, qui est faiblement compacte (vu la réflexivité).D'après un théorème de MOEDOMO-UHL, cela suffit pour affirmer que $\vec{\nu}$ est de base v. Donc E est de Radon-Nikodym.

Par exemple, un Hilbert, ou un $L^p(X, \mathcal{F}, \mu)$ $(1 < p < \infty)$ est de Radon-Nikodym.

THEOREME 8 :

Un dual séparable de Banach a la propriété de Radon-Nikodym.

DEMONSTRATION : Soit en effet $\vec{\nu} : \mathcal{F} \to E'$ une mesure sur $(X, \mathcal{F})$ à valeurs dans E' et de variation bornée $v = ||\vec{\nu}||$. Il existe donc $\varphi \in L^\infty_{**}(X, v, E') = L^\infty_*(X, v, E')$ (voir théorème 3 et remarque 5 suivant le théorème) telle que $\vec{v} = \varphi . v$. Dû au fait que E' est séparable, on en déduit que φ est v-mesurable : $\varphi \in L^\infty(X, v, E')$. et E' satisfait à Radon-Nikodym.

On redémontre ainsi que l^1, dual de C_0 et séparable est de Radon-Nikodym.

CORROLLAIRE : C_0 et $L^1([0, 1], dx)$ ne peuvent être isomorphes à un dual d'espace de Banach (ou même à un sous-espace d'un dual séparable).

DEMONSTRATION : On a vu en effet que ces espaces ne satisfont pas à Radon-Nikodym et sont séparables. Le théorème 8 implique qu'ils ne peuvent être des duals.

D'autre part, si C_0 ou $L^1([0, 1], dx)$ étaient isomorphes à un sous-espace d'un dual séparables, ils satisferaient à la propriété de Radon-Nikodym.

Le corollaire est donc démontré.

N° 4 : MARTINGALES A VALEURS DANS UN ESPACE DE RADON-NIKODYM

Nous aurons besoin ici de considérer des martingales indéxées par un ensemble filtrant quelconque. Rappelons-en la définition :

Soit $(\Omega, \mathcal{F}, P)$ un espace probabilisé ; soit T un ensemble ordonné filtrant, $(\mathcal{F}_t)_{t\in T}$ une famille filtrante croissante de sous-tribus de $\mathcal{F}$. On pose $\mathcal{F}_\infty = \bigvee_{t\in T} \mathcal{F}_t$.

Soit d'autre part E un Banach quelconque (pour le moment, E n'est pas de Radon-Nikodym) : Si $X \in L^1(\Omega, \mathcal{F}, P, E)$ et si $\mathcal{G}$ est une sous-tribu de $\mathcal{F}$ on notera $E^{\mathcal{G}}(X)$ l'espérance conditionnelle de X relativement à $\mathcal{G}$.

DEFINITION 5 : T, $(\mathcal{F}_t)_{t\in T}$ étant comme plus haut, on appelle martingale à valeurs dans E, et indexée par T, une famille $(X_t)_{t\in T}$ d'éléments de $\mathcal{F}$ $L^1(\Omega, \mathcal{F}, P, E)$ telle que :

1) $X_t \in L^1(\Omega, \mathcal{F}_t, P, E) \quad \forall\, t \in T$

2) $\forall\ s < t\ , \quad E^{\mathcal{F}_s}(X_t) = X_s$.

Par exemple, si $X \in L^1(\Omega, \mathcal{F}, P, E)$ et si l'on pose pour tout $t \in T$ $X_t = E^{\mathcal{F}_t}(X)$, $(X_t)_{t\in T}$ forme une martingale. Dans ce cas, les $||X_t||$ sont uniformément intégrables, c'est-à-dire :

$$\text{(A)} \quad \sup_{t\in T} \int_{\{||X_t||\geq a\}} ||X_t|| \, dP \xrightarrow[a \to \infty]{} 0 .$$

En outre, $(X_t) \to X_\infty = E^{\mathcal{F}_\infty}(X)$ pour la topologie de $L^1(\Omega, \mathcal{F}, P, E)$.

En effet, cela est bien connu si $T = \mathbb{N}$ et $E = \mathbb{R}$.

La partie "uniforme intégrabilité" se généralise très facilement si T est quelconque et E est un Banach.

La partie "convergence" se généralise facilement au cas T = N et E Banach. On passe ensuite au cas T quelconque en remarquant que pour toute suite(t_n)d'éléments de T telle que $t_n < t_{n+1}$ $\forall$ n, la famille $(X_{t_n})_{n\in N}$ est une martingale relative aux $(\mathcal{F}_{t_n})$. En outre :

- Si T = N, E Banach, $X_n \to X_\infty$ presque sûrement.
- Si $T = R_+$, E Banach, il existe pour tout t un représentant $\tilde{X}_t$ dans la classe des X_t et $\tilde{X}_\infty$ dans la classe des X_∞ tels que
  - les $t \rightsquigarrow X_t$ sont continues à droite et possèdent une limite à gauche ;
  - $X_t \xrightarrow[t\to\infty]{} X_\infty$ presque sûrement.

REMARQUE 8 : En général, si T est un ensemble ordonné filtrant quelconque, on n'a pas de convergence presque sûre vers X_∞, même si $E = \mathbb{R}$, comme DIEUDONNE l'a remarqué.

Un des problèmes fondamentaux de la théorie des martingales est le suivant :

"Soit $(X_t)_{t\in T}$ une martingale à valeurs dans le Banach E. Existe-t-il une application $X_\infty : \Omega \to E$ telle que $X_t \to X_\infty$ (dans un sens à préciser) ? Identifier ensuite cette X_∞".

Le résultat suivant est un résultat fondamental de la théorie des martingales réelles.

THEOREME 9 :

Soit $(\Omega, \mathcal{F}, P)$ un espace probabilisé ; soit $(\mathcal{F}_t)_{t\in\mathbb{R}_+}$ une famille croissante de sous-tribus de $\mathcal{F}$. On suppose que :

- les $(\mathcal{F}_t)$ sont continues à droite i.e. $\mathcal{F}_t = \bigcap_{s>t} \mathcal{F}_s$;
- $\mathcal{F}$ et les $\mathcal{F}_t$ sont P-complètes, c'est-à-dire contiennent tous les ensembles de Ω, P-négligeables.

Soit $(X_t)_{t\in\mathbb{R}_+}$ une martingale réelle relative aux $(\mathcal{F}_t)$. Alors :

1) La martingale (X_t) admet une modification continue à droite et ayant des limites à gauche ; on la notera encore (X_t).

2) Si $\sup_{t\in\mathbb{R}^+} E\{|X_t|\} < \infty$, les v.a. X_t convergent p.s. vers une v.a. intégrable X_∞, quand $t \to \infty$.

3) Si en outre les $||X_t||$ sont uniformément intégrables, (X_t) converge au sens de $L^1(\Omega, P, \mathbb{R})$ vers X_∞, X_∞ est mesurable par rapport à la tribu complétée de $\mathcal{F}_\infty$ relativement à P, et $(X_t)_{t\in\mathbb{R}_+\cup\{\infty\}}$ est une martingale.

Pour la démonstration de ce résultat, nous renvoyons à MEYER (Probabilités et Potentiel).

Dans le cas où E est un Banach, on a le résultat général suivant :

THEOREME 10 :

Soit E un Banach ; $(\Omega, \mathcal{F}, P)$, $(\mathcal{F}_t)_{t\in\mathbb{R}^+}$ une famille croissante de sous-tribus de $\mathcal{F}$, P-complètes et continues à droite. Soit (X_t) une martingale relative aux $(\mathcal{F}_t)$ et régulière (i.e. ayant une modification, c.a.d.l.a.g.).

Alors :

1) Si $\sup_t E\{||X_t||\} < \infty$, il existe $X_\infty \in L^1_*(\Omega, P, E")$ telle que pour tout $e' \in E'$, $< X_t, e'>$ converge vers $< X_\infty, e'>$ presque sûrement, quand t tend vers l'infini.

2) Si les $||X_t||$ sont en outre uniformément intégrables, pour tout $e' \in E'$, les $< X_t, e'>$ convergent au sens de $L^1(\Omega, P, \mathbb{R})$ vers $< X_\infty, e'>$ et la famille $(< X_t, e'>)_{t \in \mathbb{R}_+ \cup \{\infty\}}$ est une martingale relative aux $\mathcal{F}_t$ et à la tribu P-complète de $\mathcal{F}_\infty$. En outre, $X_\infty \in L^1_{**}(\Omega, P, E)$.

DEMONSTRATION :

1) Les $||X_t||$ forment une sous-martingale dans L^1 à trajectoires c.a.d.l.a.g. et à intégrales uniformément bornées.

D'après le théorème de convergence des sous-martingales, analogue au théorème de convergence des martingales (9. 1), $||X_t||$ converge p.s. vers une v.a. $\Phi \geq 0$ et P-intégrable.

Soit maintenant $e' \in E'$, alors les $< X_t, e'>$ forment une martingale c a d l a g telle que $\sup_t E\{|< X_t, e'>|\} < \infty$; donc elle converge p.s. vers une limite $X_\infty^{e'}$ P-intégrable. En outre :

$$< X_t, e'> \leq ||X_t|| \; ||e'||$$

donc $$|X_\infty^{e'}| \leq \Phi \, . \, ||e'|| \, .$$

Par conséquent, l'application $e' \to \dfrac{X_\infty^{e'}}{\Phi}$ envoie E' continue dans $L^\infty(\Omega, \mathcal{F}, \mathbb{R})$ et est de norme ≤ 1.

Elle est donc définie par une $\varphi \in \mathcal{L}^\infty_*(\Omega, \mathcal{F}, E")$ telle que

$$< \varphi, e'> = \frac{X_\infty^{e'}}{\Phi} \quad \text{presque sûrement.}$$

Donc, si l'on pose $X_\infty = \varphi\,\Phi$, on a pour tout $e' \in E'$ $< X_\infty, e'> = X_\infty^{e'}$ presque sûrement et $||X_\infty|| \leq \Phi$. Donc $X^\infty \in \mathcal{L}^1_*(\Omega, \mathcal{F}, E")$.

On peut considérer P comme une probabilité sur la tribu P-complétée de $\mathcal{F}_\infty$, soit $\hat{\mathcal{F}}_\infty$ par rapport à laquelle sont mesurables les X_t, $||X_t||$, Φ ; donc on peut prendre $\varphi \in \mathcal{L}^\infty_*(\Omega, \hat{\mathcal{F}}_\infty, P, E")$ et $X \in \mathcal{L}^1_*(\Omega, \hat{\mathcal{F}}_\infty, P, E")$.

2) Si on suppose en plus les $||X_t||$ uniformément intégrables, pour tout $e' \in E'$, il en est de même des $|< X_t, e'>|$. Et, par conséquent,

$\langle X_t, e'\rangle \xrightarrow[t\to\infty]{} \langle X_\infty, e'\rangle$ dans $L^1(\Omega, P, \mathbb{R})$ et les $(\langle X_t, e'\rangle)_{0\le t\le\infty}$ forment une martingale relative aux $(\mathcal{F}_t)_{t<\infty}$ et $\hat{\mathcal{F}}_\infty$.

D'autre part, on peut toujours supposer que X_∞ réalise le module minimum de sa classe : $||X_\infty||$ est alors P-mesurable, donc P-intégrable.

Il nous reste à montrer que $X_\infty \in \mathcal{L}^1_{**}(\Omega, P, E)$, c'est-à-dire que pour toute fonction $\mathcal{F}$-mesurable réelle bornée, on a :

$$\int X_\infty f \, dP \in E .$$

Or X_∞ étant scalairement $\hat{\mathcal{F}}_\infty$-mesurable, on a :

$$\int X_\infty f \, dP = \int X_\infty E^{\hat{\mathcal{F}}_\infty}(f) \, dP ;$$

donc on peut supposer f mesurable par rapport à $\hat{\mathcal{F}}_\infty$.

Maintenant,

$$||\int (X_\infty - X_t) f \, dP|| = || \int (X_\infty f - X_t f_t) \, dP||$$
$$= || \int X_\infty (f - f_t) \, dP|| \le \int ||X_\infty|| \, |f - f_t| \, dP$$

(si l'on pose $f_t = E^{\mathcal{F}_t}(f)$).

D'autre part, pour tout $t \in \mathbb{R}_+$, $\int X_t f \, dP \in E$; en outre, f_t converge p.s. vers f en restant bornée d'après ce que l'on a vu au début de ce numéro. Il résulte alors de Lebesgue que :

$$||\int (X_\infty - X_t) f \, dP|| \to 0 ;$$

donc $\int X_\infty f \, dP \in E$

et le théorème est démontré.

On en déduit immédiatement le

THEOREME 11 :

Supposons, en plus des hypothèses générales du théorème 10, que E est de Radon-Nikodym. Supposons en outre que les $||X_t||$ soient uniformément intégrables. Alors la v.a. X_∞ du théorème 10 peut être choisie appartenant à $L^1(\Omega, P, E)$. En outre, $X_t \to X_\infty$ dans $L^1(\Omega, P, E)$ et $(X_t)_{0\le t\le\infty}$ forme une martingale relative aux $(\mathcal{F}_t)_{t\in\mathbb{R}_+}$ et $\hat{\mathcal{F}}_\infty$.

DEMONSTRATION : Par le théorème 10, il existe $X_\infty \in L^1_{**}(\Omega, P, E)$ tel que pour tout $e' \in E'$

$$< X_t, e'> \xrightarrow[t \to \infty]{} < X , e'> \text{ dans } L^1(\Omega, P, \mathbb{R}).$$

E étant de Radon-Nikodym, on peut supposer que $X_\infty \in L^1(\Omega, P, \mathbb{R})$. Mais alors, dû au fait que $(X_t, \mathcal{F}_t)$ est une "martingale scalaire", on a $X_t = E^{\mathcal{F}_t}(X_\infty)$ $\forall\, t \in \mathbb{R}_+$. Il suffit alors d'appliquer les remarques du début.

REMARQUE 9 : On peut démontrer que si E est de Radon-Nikodym, la fonction X_∞ du théorème (10. 1) (X_t satisfaisant aux hypothèses de ce théorème) peut être choisie P-intégrable à valeurs dans E et que $X_t \to X_\infty$ P-presque sûrement. (Voir par exemple SCHWARTZ, Séminaire MAUREY-SCHWARTZ 1974-75). La démonstration en est assez longue. Nous l'omettrons, car nous n'utiliserons pas ce résultat.

COROLLAIRE : Soit E un espace de Radon-Nikodym ; $(X_n, \mathcal{F}_n)_{n\in\mathbb{N}}$ une martingale à valeurs dans E telle que les $||X_n||$ soient uniformément intégrables. Cette martingale converge dans $L^1(\Omega, P, E)$ quand n tend vers l'infini.

En effet, à partir de $(X_n, \mathcal{F}_n)$ il est facile de construire une martingale $(X_t, \mathcal{F}_t)_{t\in\mathbb{R}_+}$ ayant les propriétés du théorème 10, en interpolant

$$X_t = X_n \quad \text{si} \quad n \le t < n+1$$
$$\mathcal{F}_t = \mathcal{F}_n \quad \text{si} \quad n \le t < n+1 .$$

Remarquons que, dans le cas $E = \mathbb{R}$, on démontre d'abord le théorème 9 dans le cas dénombrable, et on en déduit ensuite le théorème de convergence pour les $(X_t)_{t\in\mathbb{R}_+}$ presque immédiatement.

PROPOSITION 7 :

Soit E un Banach ; les propriétés suivantes sont équivalentes :

1) Toute martingale dénombrable $(X_n, \mathcal{F}_n)$ à valeurs dans E telle que $||X_n||$ soient uniformément bornées converge dans $L^1(\Omega, P, E)$.

2) Toute martingale $(X_t, \mathcal{F}_t)_{t\in T}$ indexée par un ensemble filtrant quelconque et uniformément intégrable, converge dans $L^1(\Omega, P, E)$.

DEMONSTRATION : La seule chose à démontrer est 1) ⟹ 2).

Supposons que $(X_t)_{t\in T}$ ne converge pas dans $L^1(\Omega, P, E)$; les (X_t) ne forment donc pas un filtre de Cauchy. Par conséquent, il existe $\varepsilon > 0$ et une suite $t_o < t_1 < t_2 < \dots$ telle que

$$E\{\|X_{t_{n+1}} - X_{t_n}\|\} > \varepsilon \quad \forall n .$$

Mais alors les $(Y_n) = (X_{t_n})$ formeraient une martingale uniformément intégrable et non convergente. La logique s'écroule !

On en déduit que si E est de Radon-Nikodym, toute martingale uniformément intégrale converge dans $L^1(\Omega, P, E)$.

THEOREME 12 :

Soit E un Banach ; les propriétés suivantes sont équivalentes :

a) E est de Radon-Nikodym ;

b) Toute martingale à valeurs dans E uniformément intégrable est convergente dans $L^1(\Omega, P, E)$.

DEMONSTRATION : La seule chose qui reste à démontrer est l'implication b) ⟹ a).

Supposons b) vérifiée ; il nous suffit de démontrer que toute

$$u \in \mathcal{L}(L^1(\Omega, P, \mathbb{R}), E)$$

peut être définie par une $\varphi \in L^\infty(\Omega, P, E)$ de façon à ce que

$$u(f) = \int f \varphi \, dP \qquad \forall f \in L^1(\Omega, P, \mathbb{R}).$$

Soit $\mathcal{G}$ une sous-tribu finie de $\mathcal{F}$, engendrée par la partition finies $(A_i)_{i\in I}$. L'application $u^{\mathcal{G}}$ de $L^1(\Omega, P, \mathbb{R})$ dans E définie par

$u^{\mathcal{G}}(f) = u(E^{\mathcal{G}}(f))$, est associée à une fonction

$\varphi_{\mathcal{G}} \in L^\infty(\Omega, P, E)$. En effet :

$$u^{\mathcal{G}}(f) = \sum_{i\in I} \frac{1}{P(A_i)} \int_{A_i} f \, dP \; u(1_{A_i})$$
$$= \int \varphi_{\mathcal{G}} \, f \, dP$$

avec

$$\varphi_{\mathcal{G}} = \sum_{i\in I} \frac{1}{P(A_i)} \; u\,(1_{A_i}) \,.\, 1_{A_i} \; .$$

En outre,

$$\|\varphi_{\mathcal{G}}(\omega)\| \leq \|u\| \; ;$$

En effet, si $\omega \in A_i$:

$$\varphi_{\mathcal{G}}(\omega) = \frac{u(1_{A_i})}{P(A_i)} \leq \|u\| \frac{1}{P(A_i)} \|1_{A_i}\|_{L^1(\Omega,\,P,\,\mathbb{R})} = \|u\| \; .$$

Je dis que, quand $\mathcal{G}$ décrit l'ensemble ordonné filtrant des sous-tribus finies de $\mathcal{F}$, les $\varphi_{\mathcal{G}}$ forment une martingale. En effet, dû au fait que si $f \in L^1(\Omega, P, \mathbb{R})$ est $\mathcal{G}$-mesurable, on a $E^{\mathcal{G}}(f) = f$, on en déduit :

$$u(f) = u^{\mathcal{G}}(f) = \int \varphi_{\mathcal{G}} \,.\, f \, dP \quad \forall f,\ \mathcal{G}\text{-mesurable et intégrable.}$$

Si donc $\mathcal{G}_1 \subset \mathcal{G}_2$ et f est intégrable $\mathcal{G}_1$-mesurable, on a

$$\int \varphi_{\mathcal{G}_1} f \, dP = \int \varphi_{\mathcal{G}_2} f \, dP = u(f) \; ;$$

donc

$$E^{\mathcal{G}_1}(\varphi_{\mathcal{G}_2}) = \varphi_{\mathcal{G}_1} \, .$$

Les $(\varphi_{\mathcal{G}}, \mathcal{G})$ (quand $\mathcal{G}$ décrit l'ensemble des sous-tribus finies de $\mathcal{F}$) forment une martingale bornée donc uniformément intégrable. D'autre part, $\mathcal{F}$ est la tribu engendrée par ses sous-tribus finies.

Cela étant, $E^{\mathcal{G}}(f) \to f$ dans $L^1(\Omega, P, \mathbb{R})$, donc $u^{\mathcal{G}}(f) = u\,(E^{\mathcal{G}}(f))$ converge vers u(f) dans E. D'autre part, d'après l'hypothèse $\varphi_{\mathcal{G}}$ converge vers φ dans $L^1(\Omega, P, E)$. Mais la boule unité de $L^\infty(\Omega, P, E)$ étant un fermé de $L^1(\Omega, P, E)$ (car de toute suite convergente dans L^1 on peut extraire une sous-suite convergeant p.s.), on a $\|\varphi(\omega)\| \leqq 1 \;\; \forall \omega$.

Il reste à démontrer que $u(f) = \int f \varphi \, dP \quad \forall f \in L^1(\Omega, P, \mathbb{R})$.

Mais si f est bornée, du fait que $\varphi_{\mathcal{G}} \to \varphi$ dans $L^1(\Omega, P, E)$, on a :

$$\int \varphi \, f \, dP = \lim_{\mathcal{G}} \int \varphi_{\mathcal{G}} \, f \, dP = \lim_{\mathcal{G}} u^{\mathcal{G}}(f) = u(f) \quad ;$$

Donc $f \leadsto u(f)$ et $f \leadsto \int f \varphi \, dP$ sont deux applications linéaires continues de $L^1(P, \mathbb{R})$ dans E coïncidant sur $L^\infty(P, \mathbb{R})$. Elles coïncident donc partout, et a) est vérifiée.

REMARQUE 10 : On peut encore dire que E vérifie Radon-Nikodym si et seulement si toute martingale dénombrable à valeurs dans E uniformément intégrable converge dans $L^1(\Omega, P, E)$.

COROLLAIRE 1 :

Si E vérifie Radon-Nikodym, tous ses sous-Banach aussi.

DEMONSTRATION : On a déjà démontré ce résultat d'une autre façon. Mais on peut la redémontrer autrement :

Soit F un sous-Banach de E, et soit une martingale à valeurs dans F uniformément intégrable : c'est aussi une martingale à valeurs dans E uniformément intégrable, donc convergente dans $L^1(\Omega, P, E)$. Mais alors la limite est nécessairement dans $L^1(\Omega, P, E)$.

COROLLAIRE 2 :

E est de Radon-Nikodym si et seulement si tous ses Banach séparables le sont.

Cela résulte immédiatement de ce qu'une martingale dénombrable prend p.s ses valeurs dans un sous-espace séparable.

REMARQUE 11 : On peut encore retrouver qu'un espace de Radon-Nikodym est un C-espace.

En effet, E est un C-espace si et seulement si $\mathcal{C}_\beta(E) = \mathcal{B}_\beta(E)$ par le théorème 3 du chapitre IV.

Maintenant, si $(x_n) \in \mathcal{B}_\beta(E)$, (x_n) définit une martingale uniformément intégrable $X_n = (x_n \varepsilon_n)$, donc convergente si E est de Radon-Nikodym (les tribus $\mathcal{F}_n$ sont celles rendant mesurables les ε_i $0 \le i \le n$).

BIBLIOGRAPHIE

- BUCCHIONI - BUCHWALTER : Intégration vectorielle et théorème de Radon-Nikodym - Université Claude-Bernard Lyon I - Mathématiques - 1975

- CHEVET S. : Notes manuscrites impubliées -

- HOFFMANN - JØRGENSEN :

  [1] Sums of independent Banach Space valued random variables - Preprint Series n° 15 - 1972-73 - AARHUS -

  [2] Sums of independent Banach Space valued random variables - Studia Mathematica - T. III (1974) pp. 159-186 -

- KWAPIEN

  [1] Complément au Théorème de SAZONOV-MINLOS - C.R. Acad. Sci. Paris 267 (1968) pp. 698-700 -

  [2] On Banach space containing C_0 - Studia Mathematica T LII - 1974 - pp. 187-188 -

- MAUREY - SCHWARTZ : Séminaires 1972-73, 1973-74 et 1974-75 - Ecole Polytechnique, Paris -

- MOEDOMO - UHL : Radon-Nikodym Theorem for Bochner and Pettis Integrales : Pacific Journal of Mathematics 38 (1971) -

- PISIER G. : Exposés du Séminaire SCHWARTZ-MAUREY

- ROLEWICZ S. : Metric Linear Spaces - Varsovie, 1972

- RYLL-NARDZENSKI C. et WOYCZINSKI W.A. : Bounded Multiplier convergence in measure of Random Series - Proceedings A.M.S. 53 (1) (1973) pp. 96-98 -

- SCHWARTZ L. :

  [1] Un théorème de convergence dans les L^p $(0 \leq p < \infty)$ - C.R. Acad. Sci. Paris 268 (1969) pp. 704-706 -

[2] Exposés 4, 5, 6 du Séminaire Maurey-Schwartz 1974-75

URPIN : Exposé 6bis du Séminaire Maurey-Schwartz 1974-75 -

THE LAW OF THE ITERATED LOGARITHM AND RELATED STRONG CONVERGENCE THEOREMS FOR BANACH SPACE VALUED RANDOM VARIABLES

PAR J. KUELBS

Originally published in: *Ecole d'Eté de Probabilités de Saint-Flour V – 1975*, Lecture Notes in Mathematics, Vol. **539**, 224–314, DOI: 10.1007/BFb0079698, © Springer-Verlag Berlin Heidelberg 1976, Reprint by Springer-Verlag Berlin Heidelberg 2012

1. Introduction. These lectures contain a survey of recent results on the law of the iterated logarithm (LIL) for Banach space valued random variables, and related topics. Many of the results can be found in the papers included in the bibliography, but the contents of Sections five and six, and Theorem 3.2 and its corollaries are new. Furthermore, a number of the results have been improved as is evident in the case of Theorem 3.1 and Corollary 3.1 when contrasted with similar results in [12]. Theorem 4.1 is also improved over its counterpart in [12], and this is due largely to [3].

The law of the iterated logarithm is, without doubt, one of the crowning achievements of probability theory. It has caught the interest of a great number of mathematicians, and in order to motivate related limit theorems for Banach space valued random variables we first provide a brief outline of some of the history leading up to what we call the classical law of the iterated logarithm. There are many gaps in this historical sketch, but hopefully it will provide the motivation intended.

For the moment assume $X_1, X_2, \ldots$ are independent random variables such that $P(X_k = \pm 1) = 1/2$ for $k = 1, 2, \ldots,$ and set $S_n = X_1 + \ldots + X_n$ for $n \geq 1$. Under these conditions Hausdorff (1913) proved that $P(\lim_n \frac{S_n}{n^\alpha} = 0) = 1$ for each $\alpha > 1/2$. If $\alpha \geq 1$ this result was already known from the law of large numbers, and if $\alpha \leq 1/2$ then it is not hard to prove (combining the central limit theorem and that $\{\overline{\lim_n} \frac{S_n}{n^{1/2}} \leq M\}$ is a tail event for the sequence $\{X_k : k \geq 1\}$) that

$$P\left(\overline{\lim_n}\ \frac{S_n}{n^{1/2}} = +\infty\right) = P\left(\underline{\lim_n}\ \frac{S_n}{n^{1/2}} = -\infty\right) = 1 \quad .$$

In 1914 Hardy and Littlewood improved Hausdorff's result by proving

$$P\left(\lim_n \frac{S_n}{\sqrt{n \log n}} = 0\right) = 1 \quad ,$$

and in 1924 Khintchine proved

$$P\left(\overline{\lim_n}\ \frac{S_n}{\sqrt{2n \log \log n}} = 1\right) = P\left(\underline{\lim_n}\ \frac{S_n}{\sqrt{2n \log \log n}} = -1\right) = 1 \quad .$$

All of the previous results were for Bernoulli random variables, but in 1941 Hartman and Wintner proved that if $X_1, X_2, \ldots$ are arbitrary independent identically distributed random variables such that $E(X_k) = 0$ and $E(X_k^2) = \sigma^2$, then

$$P\left(\overline{\lim_n}\ \frac{S_n}{\sqrt{2n \log \log n}} = +\sigma\right) = P\left(\underline{\lim_n}\ \frac{S_n}{\sqrt{2n \log \log n}} = -\sigma\right) = 1 \quad .$$

In 1964 Strassen proved (among many interesting things) that under the conditions used by Hartman and Wintner we have

$$P\left(\lim_n d\left(\frac{S_n}{\sqrt{2n \log \log n}}, [-\sigma, \sigma]\right) = 0\right) = 1$$

and

$$P\left(C\left(\left\{\frac{S_n}{\sqrt{2n \log \log n}} : n \geq 3\right\}\right) = [-\sigma, \sigma]\right) = 1$$

where $d(x, A) = \inf_{y \in A} |x - y|$ and $C(\{a_n\})$ denotes all possible limit points of the sequence $\{a_n\}$.

Strassen's version of the law of the iterated logarithm is what we generalize to the Banach space setting.

Henceforth we use Lx to denote $\log x$ for $x \geq e$ and 1 otherwise.

Now assume that B is a real separable Banach space with norm $\|\cdot\|$, and that $X_1, X_2, \ldots$ are i.i.d. B-valued random variables on $(\Omega, \mathfrak{F}, P)$ such that $E(X_k) = 0$ and $E\|X_k\|^2 < \infty$. Again let $S_n = X_1 + \ldots + X_n$ for $n \geq 1$. The optimist's version of the law of the iterated logarithm for Banach space valued random variables would be that there exists a bounded symmetric set $K \subseteq B$ such that

(1.1) $$P\left\{\omega : \lim_n d\left(\frac{S_n(\omega)}{\sqrt{2n\, LLn}}, K\right) = 0\right\} = 1 \quad ,$$

and

(1.2) $$P\left\{\omega : C\left(\left\{\frac{S_n(\omega)}{\sqrt{2n\, LLn}} : n \geq 1\right\}\right) = K\right\} = 1$$

where

$$d(x, A) = \inf_{y \in A} \|x - y\|$$

and

$$C(\{a_n\}) = \text{all limit points of } \{a_n\} \text{ in } B \quad .$$

This result, however, is simply too optimistic as can easily be seen from some interesting examples due to R. M. Dudley. Dudley has examples involving random variables in $C[0,1]$ [5] and also in $L^p[0,1]$ $(p < 2)$. The example in the $C[0,1]$ setting was constructed in connection with the central limit theorem for $C[0,1]$ valued random variables, but applies to the law of the iterated logarithm as well. The examples in L^p $(p < 2)$ are similar, but are interesting since both the central limit theorem and the law of the iterated logarithm are true in L^p, $2 \le p < \infty$. Of course, $L^p[0,1]$ is not a Banach space if $0 < p < 1$, but we can formulate the LIL in linear metric spaces as well, and the cases $0 < p < 1$ serve as counterexamples in this setting. Some positive results for locally convex Frechet spaces will be given as an application to Theorem 3.2, and others appear in [15] and [16].

The examples of Dudley in $L^p[0,1]$ $(0 < p < 2)$ are the following. Fix $0 < p < 2$ and choose α such that $p < \alpha < 2$. Let Y be a symmetric stable law of index α defined on the probability space $[0,1]$ with probability given by the Lebesgue measure λ. Let $\{\theta_k : k \ge 1\}$ be independent identically distributed (i.i.d.) random variables uniformly distributed on $[0,1]$ defined on the probability space $(\Omega, \mathcal{F}, P)$. Define $X_k(\omega)(t) = Y((\theta_k(\omega) + t) \bmod 1)$ for $0 \le t \le 1$, $\omega \in \Omega$, $k \ge 1$. Then $EX_k = 0$, and since $p < \alpha$

$$\|X_k(\cdot)\|_p = \left(\int_0^1 |X_k(\cdot)(t)|^p \, dt \right)^{1/p}$$

$$= \left(\int_0^1 |Y(s)|^p \, ds \right)^{1/p} = c < \infty$$

independent of $\omega \in \Omega$. Hence X_k has all possible moments. Furthermore, for each $t \in [0, 1]$ we have $\mathcal{L}(X_k(\cdot)(t)) = \mathcal{L}(Y)$, and by standard properties of the symmetric stable laws we also have

$$\mathcal{L}\left(\frac{S_n(\cdot)(t)}{n^{1/\alpha}}\right) = \mathcal{L}(Y) \qquad (0 \le t \le 1)$$

where, of course, $S_n = X_1 + \ldots + X_n$ $(n \ge 1)$. Thus, independent of t, we have for each $M > 0$

$$\lim_{n\to\infty} P\left\{\omega : \frac{|S_n(\omega)(t)|}{n^{1/2}} > M\right\} = \lim_{n\to\infty} \lambda\left\{|Yn^{1/\alpha - 1/2}| > M\right\} = 1 \quad .$$

Now fix $M > 0$ and choose $\varepsilon > 0$. Let $0 < \delta < 1/\alpha - 1/2$ and define

$$A_n = \left\{(\omega, t) : \frac{|S_n(\omega)(t)|}{n^{1/2+\delta}} > M\right\} \quad .$$

Then, $\exists n_0$ such that $n \ge n_0$ implies

$$P\{\omega : (\omega, t) \in A_n\} > 1 - \varepsilon \qquad (0 \le t \le 1) \quad .$$

Therefore, for $n \ge n_0$

$$(\lambda \times P)(A_n) > 1 - \varepsilon \quad ,$$

and hence

$$P\left\{\omega : \lambda\left\{t : \frac{|S_n(\omega)(t)|}{n^{1/2+\delta}} > M\right\} > 1 - \sqrt{\varepsilon}\right\} > 1 - \sqrt{\varepsilon} \quad .$$

That is, if $P\{\omega : \lambda\{t : \frac{|S_n(\omega)(t)|}{n^{1/2+\delta}} > M\} \leq 1 - \sqrt{\varepsilon}\} \geq \sqrt{\varepsilon}$, then by Fubini's theorem for $n \geq n_0$

$$1 - \varepsilon < \int_\Omega \int_0^1 1_{A_n}(\omega, t)\, dt\, dP(\omega)$$

$$\leq (1 - \sqrt{\varepsilon})\sqrt{\varepsilon} + 1(1 - \sqrt{\varepsilon}) = 1 - \varepsilon$$

which is a contradiction. Now $n \geq n_0$ implying

$$P\left\{\omega : \lambda\left\{t : \frac{|S_n(\omega)(t)|}{n^{1/2+\delta}} > M\right\} > 1 - \sqrt{\varepsilon}\right\} > 1 - \sqrt{\varepsilon},$$

implies that

$$P\left\{\omega : \frac{\|S_n(\omega)\|_p}{n^{1/2+\delta}} > \frac{M}{1 - \sqrt{\varepsilon}}\right\} > 1 - \sqrt{\varepsilon} \quad ,$$

and since M and ε are arbitrary we actually have $\frac{\|S_n\|_p}{n^{1/2+\delta}}$ converging to infinity in probability. Hence $\frac{S_n}{\sqrt{2n\, LLn}}$ does not converge in probability to any bounded set K in $L^p[0, 1]$ and thus (1.1) is impossible for such sets K.

In the previous examples $\|X_k\|_p$ is uniformly bounded with probability one, so any result valid for i.i.d. sequences in all separable Banach spaces must involve something more than moment conditions. What is more important, however, is that these examples suggest a number of directions of possible research.

They are:

(1) For which infinite dimensional Banach spaces, if any, does the LIL always hold for i.i.d. random variables under the classical moment conditions $E(X_k) = 0$ and $E\|X_k\|^2 < \infty$?

(2) If one considers special sequences of i.i.d. random variables with values in spaces like $C[0,1]$ can one then prove a LIL for these sequences?

(3) Is there a "general result" holding for all real separable Banach spaces B and all i.i.d. B-valued random variables satisfying the classical moment assumptions?

We turn to the answer of (3) first. Its proof will follow easily from the first theorem we give.

Corollary 3.1. (N.A.S.C. for the LIL in the Banach space setting). Let $X_1, X_2, \ldots$ be i.i.d. B-valued such that $E(X_k) = 0$ and $E\|X_k\|^2 < \infty$. Then:

I. There exists a compact, symmetric, convex set $K \subseteq B$ such that

$$P\left\{\omega : C\left(\left\{\frac{S_n(\omega)}{\sqrt{2n\ LLn}} : n \geq 1\right\}\right) \not\subseteq K\right\} = 0 \quad . \tag{1.3}$$

II. In addition, there exists a compact, symmetric, convex set K satisfying (1.3) such that

$$P\left\{\omega : \lim_n d\left(\frac{S_n(\omega)}{\sqrt{2n\ LLn}}, K\right) = 0\right\} = 1 \tag{1.4}$$

and

$$(1.5) \qquad P\left\{\omega : C\left(\left\{\frac{S_n(\omega)}{\sqrt{2n\,LLn}} : n \geq 1\right\}\right) = K\right\} = 1 \quad ,$$

iff

$$(1.6) \qquad P\left\{\omega : \left\{\frac{S_n(\omega)}{\sqrt{2n\,LLn}} : n \geq 1\right\} \text{ is conditionally compact in } B\right\} = 1 \quad .$$

The event in (1.6) is a tail event for the sequence $X_1, X_2, \ldots$ so it has probability zero or one, and hence the LIL holds with limit set K or not at all.

We now turn to the details required to get at the limit set K.

2. Construction of the limit set K. The limit set K in our limit theorems depend on the covariance function of the random variables involved, and is intimately related to the mean-zero Gaussian measure on B with the given covariance function provided this measure exists.

A measure μ on B is called a mean-zero Gaussian measure if every $f \in B^*$ has a mean-zero Gaussian distribution with variance $\int_B [f(x)]^2 \, d\mu(x)$.

If μ is a measure on B (not necessarily Gaussian) such that $\int_B x \, d\mu(x) = 0$ and $\int_B \|x\|^2 \, d\mu(x) < \infty$, then the bilinear function T defined on $B^* \times B^*$ by

$$T(f, g) = \int_B f(x) \, g(x) \, d\mu(x) \qquad (f, g \in B^*)$$

is called the covariance function of μ.

If μ is a mean-zero Gaussian measure then it is well known that $\int_B \|x\|^2 \, d\mu(x) < \infty$, and that μ is uniquely determined by its covariance function. However, a mean-zero Gaussian measure μ is also determined by a unique subspace H_μ of B which has a Hilbert space structure. We describe this relationship by saying μ is generated by H_μ, and mention that the pair (B, H_μ) is an abstract Wiener space in the sense of [9].

One method of finding this Hilbert space is given in the next lemma which applies to non-Gaussian measures as well. It also provides a construction of the limit set K used in our results, and the relationship to Gaussian measures is given in part (vi) of the lemma. Finally, I emphasize that most of Lemma 2.1 is known in one form or another, but to avoid sending the reader to various references the crucial facts regarding K are collected here.

Lemma 2.1. Let μ denote a Borel probability measure on B (not necessarily Gaussian) such that $\int_B \|x\|^2 \, d\mu(x) < \infty$ and $\int_B x \, d\mu(x) = 0$. Let S denote the linear operator from B^* to B defined by the Bochner integral

$$(2.1) \qquad Sf = \int_B xf(x) \, d\mu(x) \qquad (f \in B^*) \quad .$$

Let H_μ denote the completion of the range of S with respect to the norm obtained from the inner product

$$(2.2) \qquad (Sf, Sg)_\mu = \int_B f(x) \, g(x) \, d\mu(x) \quad .$$

Then: (i) H_μ can be realized as a subset of B and the identity map $i : H_\mu \to B$ is continuous. In fact, for $x \in H_\mu$

$$(2.3) \qquad \|x\| \le \left(\int_B \|y\|^2 \, d\mu(y) \right)^{1/2} \|x\|_\mu \quad .$$

(ii) If $e : B^* \to H_\mu^*$ is the linear map obtained restricting an element in B^* to the subspace H_μ of B and if we identify H_μ^* and H_μ in the usual way then

$$e = S \quad .$$

(iii) Let $\{f_k : k \ge 1\}$ be a weak-star dense subset of the unit ball of B^*. Let $\{\alpha_k : k \ge 1\}$ be an orthonormal sequence obtained from the sequence $\{f_k\}$ by the usual Gram-Schmidt orthogonalization method with respect to the inner product given by the right-side of (2.2). Then each $\alpha_k \in B^*$, and $\{S\alpha_k : k \ge 1\}$ is a C. O. N. S. in $H_\mu \subseteq B$. Further, the linear operators

$$\Pi_N(x) = \sum_{k=1}^{N} \alpha_k(x)\, S\alpha_k \quad \text{and} \quad Q_N(x) = x - \Pi_N(x) \qquad (N \geq 1) \tag{2.4}$$

are continuous from B into B where by $\alpha_k(x)$ we mean the linear functional α_k applied to x.

(iv) If K is the unit ball of H_μ, then K is a compact symmetric convex set in B. Further, for each $f \in B^*$ we have

$$\sup_{x \in K} f(x) = \left\{ \int_B [f(y)]^2 \, d\mu(y) \right\}^{1/2} . \tag{2.5}$$

(v) If μ and ν are two measures on B satisfying the basic hypothesis of the lemma and having common covariance function, then $H_\mu = H_\nu$.

(vi) If μ is a mean-zero Gaussian measure on B, then $\int_B \|x\|^2 \, d\mu(x) < \infty$ and H_μ is the generating Hilbert space for μ.

<u>Proof</u>. Take $f \in B^*$. Then $\int_B \|y\|^2 \, d\mu(y) < \infty$ implies the Bochner integral defining $Sf = \int_B y f(y) \, d\mu(y)$ exists and $Sf \in B$. Further,

$$\|Sf\| \leq \left(\int_B \|y\|^2 \, d\mu(y) \right)^{1/2} \|Sf\|_\mu , \tag{2.6}$$

and hence the map $i : S(B^*) \to B$ is continuous. Now (2.6) also implies the completion of $S(B^*)$ with respect to the norm given by the inner product in (2.2) can be realized as a subspace of B, and that the map $i : H_\mu \to B$ is continuous as indicated. Further, (2.3) follows from (2.6) since $S(B^*)$ is dense in H_μ with respect to the norm $\| \cdot \|_\mu$. Hence (i) holds.

Let $e : B^* \to H_\mu^* \equiv H_\mu$ as in (ii). Take $f \in B^*$. Then for $g \in B^*$ we have

$$f(Sg) = \int_B f(x)\ g(x)\ d\mu(x) = (Sf, Sg)_\mu$$

and hence $e(f) = Sf$ when acting on the elements in SB^*. Since SB^* is dense in H_μ we have $e(f) = Sf$ provided we identify H_μ and H_μ^* in the canonical way.

The assertions of (iii) are obvious since each α_k is a finite linear combination of the f_j's. To see that $\{S\alpha_k : k \geq 1\}$ is complete in H_μ simply observe that the f_j's separate points of B (and hence in H_μ). That is, if $\alpha_k(y) = 0$ for every k and some $y \in H_\mu$, then by undoing the Gram-Schmidt proceedure we thus have $f_j(y) = 0$ for every j. Since the f_j's separate points we have $y = 0$ as required. Perhaps it should be pointed out that when we undo the Gram-Schmidt proceedure we omit all f_j's which are linear combinations of previous f_i $(i < j)$ and those such that $\int_B [f_j(x)]^2\ d\mu(x) = 0$. However, if f_j is a finite linear combination of f_i $(i < j)$ and $f_i(y) = 0$ for $i < j$ then $f_j(y) = 0$ as asserted. On the other hand, if $\int_B [f_j(x)]^2\ d\mu(x) = 0$, then $S(f_j) \equiv e(f_j) = 0$ and hence $f_j(y) = 0$ again.

To verify (2.5) note that

$$\sup_{x \in K} f(x) = \sup_{Sg \in K} f(Sg) = \sup_{Sg \in K} \int_B f(x)\ g(x)\ d\mu(x)$$

$$\leq \left(\int_B f^2(x)\ d\mu(x) \right)^{1/2}$$

since $Sg \in K$ implies $\left(\int_B g^2(x)\, d\mu(x)\right)^{1/2} \leq 1$. Now set

$g = \dfrac{f}{\left(\int_B f^2(x)\, d\mu(x)\right)^{1/2}}$ and (2.5) holds.

To finish the proof of (iv) we show K is compact in B by first showing K is closed in B and then verifying that every subsequence $\{y_n\} \subseteq K$ has a convergent subsequence in B.

Take $\{y_n\} \subseteq B$ and assume $\|y_n - y\| \to 0$ for $y \in B$. Since K is compact in the weak topology induced by H_μ^* we have a subsequence $\{y_{n_j}\}$ such that $y_{n_j} \xrightarrow{\text{weakly}} z$ and $z \in K$. Thus $\{y_{n_j}\}$ converges weakly to z in the weak topology on B induced by B^* as $i : H_\mu \to B$ is continuous by (i). Since B^* separates points of B we have $y = z$ so $y \in K$ and K is closed.

Since $SB^* \cap K$ is dense in K it now suffices to prove that if $\{y_n\} \subseteq SB^* \cap K$ then $\{y_n\}$ has a convergent subsequence.

Let U denote the unit ball of B^* with the weak-star topology. Since B is separable we have that U is a compact metric space in the weak-star topology. For $x \in B$, $f \in B^*$ let $\theta x(f) = f(x)$. Then $\theta : B \to C(U)$ is an isometry from B into the Banach space C(U) with the supremum norm. Thus to show $\{y_n\}$ has a B-convergent subsequence we need only show that $\{\theta y_n\}$ is an equicontinuous and uniformly bounded sequence in C(U) (apply Ascoli's Theorem).

Let $f, g \in U$. Then since $\{y_n\} \subseteq K \cap SB^*$ we have $y_n = Sr_n$ for $r_n \in B^*$ and such that $\int_B r_n^2(x)\, d\mu(x) \leq 1$. Hence

$$|\theta y_n(f) - \theta y_n(g)| = |(f - g)(Sr_n)|$$

$$= \left| \int_B (f - g)(x)\, r_n(x)\, d\mu(x) \right| \tag{2.7}$$

$$\leq \left\{ \int_B [(f - g)(x)]^2\, d\mu(x) \right\}^{1/2} .$$

Now

$$\int_B [(f-g)(x)]^2 \, d\mu(x) \le \|f-g\|^2_{B^*} \int_B \|x\|^2 \, d\mu(x)$$

so setting $g = 0$ we have from (2.7) that

$$\sup_{f \in U} |\theta y_n(f)| \le \left(\int_B \|x\|^2 \, d\mu(x) \right)^{1/2} .$$

Thus $\{\theta y_n : n \ge 1\}$ is uniformly bounded on U and it remains to prove $\{\theta y_n : n \ge 1\}$ is equicontinuous on U.

Recall that the weak star topology on U is equivalent to that given by the metric

$$d(f, g) = \sum_{j=1}^{\infty} \frac{1}{2^j} \frac{|f(x_j) - g(x_j)|}{1 + |f(x_j) - g(x_j)|}$$

where $\{x_1, x_2, \ldots\}$ is dense in B.

Fix ε such that $0 < \varepsilon \le 1$. In view of (2.7) to establish equicontinuity of $\{\theta y_n : n \ge 1\}$, we need only show that there exists a $\delta > 0$ such that $d(f, g) < \delta$ implies

$$\int_B [(f-g)(x)]^2 \, d\mu(x) < \varepsilon .$$

Our first step is to choose a compact set C in B such that

$$\int_{B-C} \|x\|^2 \, d\mu(x) < \varepsilon/2 .$$

Then we observe that since weak-star convergence of elements in U is equivalent to uniform convergence on compact subsets of B we have a $\delta > 0$ such that $d(f, g) < \delta$ implies

$$\int_C [(f - g)(x)]^2 \, d\mu(x) < \varepsilon/2 \quad .$$

Combining these two inequalities we have for $f, g \in U$ and $d(f, g) < \delta$ that

$$\int_B [(f - g)(x)]^2 \, d\mu(x) < \varepsilon/2 + \varepsilon/2 = \varepsilon \quad .$$

Thus K is compact as asserted.

If μ and ν have the same covariance function then for every $f \in B^*$ we have

$$\int_B xf(x) \, d\mu(x) = \int_B xf(x) \, d\nu(x) \quad .$$

This follows since applying $g \in B^*$ to both sides we get $T(f, g)$, the common covariance function of μ and ν. Since such elements are dense in $H_\mu(H_\nu)$ and the norms induced by μ and ν are identical on these elements $H_\mu = H_\nu$ as asserted.

The verification of (vi) follows from well known results on Gaussian measures so the details are omitted.

3. <u>A basic convergence result and some corollaries.</u> We first give a general result which will have corollaries dealing with sums of independent identically distributed B-valued random variables as well as with other stochastic processes. In the applications of Theorem 3.1 which we have in mind the Y_n's should be viewed as approximately Gaussian with approximately a fixed covariance structure, and the ϕ_n's are positive constants taken to provide the necessary convergence.

<u>Theorem 3.1.</u> Let K denote the unit ball of the Hilbert space $H_\mu \subseteq B$ where μ is a mean-zero measure on B such that $\int_B \|x\|^2 \, d\mu(x) < \infty$. Let $\{Y_n : n \geq 1\}$ be a sequence of B-valued random variables such that for some sequence of positive constants $\{\phi_n\}$ we have

$$(3.1) \qquad P\left\{\omega : \overline{\lim_n} \, f\left(\frac{Y_n(\omega)}{\phi_n}\right) \leq \sup_{x \in K} f(x)\right\} = 1 \qquad (f \in B^*) \quad .$$

Then:

I. We have

$$(3.2) \qquad P\left\{\omega : C\left(\left\{\frac{Y_n(\omega)}{\phi_n}\right\}\right) \not\subseteq K\right\} = 0 \quad ,$$

and hence $P\left\{\omega : \left\{\frac{Y_n(\omega)}{\phi_n} : n \geq 1\right\} \text{ is conditionally compact in } B\right\} = 1$ iff

$$(3.3) \qquad P\left\{\omega : \lim_n d\left(\frac{Y_n(\omega)}{\phi_n}, K\right) = 0\right\} = 1 \quad .$$

Here $d(x, K) = \inf_{y \in K} \|x - y\|$.

II. If $P\left\{\omega : \overline{\lim_n}\, f\left(\frac{Y_n(\omega)}{\phi_n}\right) = \sup_{x\in K} f(x)\right\} = 1$ for f in B^* and if

$$(3.4)\qquad P\left\{\omega : \left\{\frac{Y_n(\omega)}{\phi_n} : n \geq 1\right\} \text{ is conditionally compact in } B\right\} = 1 \quad ,$$

then H_μ infinite dimensional implies

$$(3.5)\qquad P\left\{\omega : C\left(\left\{\frac{Y_n(\omega)}{\phi_n} : n \geq 1\right\}\right) = K\right\} = 1 \quad .$$

Proof. Let $K(\omega) = C\left(\left\{\frac{Y_n(\omega)}{\phi_n} : n \geq 1\right\}\right)$ for $\omega \in \Omega$. If $K(\omega) = \phi$, then, of course, $\phi = K(\omega) \subseteq K$. Now $B - K$ is open and B is separable so

$$B - K = \bigcup_{r=1}^{\infty} N_r \quad ,$$

where each N_r is a closed sphere in B. Then

$$\{\omega : K(\omega) \not\subseteq K\} = \bigcup_{r=1}^{\infty} \{\omega : K(\omega) \cap N_r \neq \phi\} \quad ,$$

and hence if P^* denotes the outer measure induced by P

$$P^*(\omega : K(\omega) \not\subseteq K) \leq \sum_{r=1}^{\infty} P^*(\omega : K(\omega) \cap N_r \neq \phi) \quad .$$

If $P^*(\omega : K(\omega) \not\subseteq K) > 0$, then $P^*(\omega : K(\omega) \cap N_r \neq \phi) > 0$ for some r and this will produce a contradiction.

To verify this last assertion choose $g \in B^*$ such that

$$\text{(3.6)} \qquad \sup_{x \in K} g(x) = \gamma_1 < \gamma_2 = \inf_{x \in N_r} g(x) .$$

Then

$$\{\omega : K(\omega) \cap N_r \neq \phi\} \subseteq \left\{\omega : \overline{\lim_n}\, g\left(\frac{Y_n(\omega)}{\phi_n}\right) \geq \gamma_2\right\} ,$$

so $P^*(\omega : K(\omega) \cap N_r \neq \phi) > 0$ implies

$$P\left(\omega : \overline{\lim_n}\, g\left(\frac{Y_n(\omega)}{\phi_n}\right) \geq \gamma_2\right) > 0 .$$

This contradicts (3.1) since (3.6) holds for g. Thus we have

$$P^*(\omega : K(\omega) \not\subseteq K) = 0 ,$$

and since we assume our probability space to be complete this gives (3.2).

If (3.4) holds, then (3.2) implies (3.3), and the proof of (I) is complete.

Now we establish (II). To do so we need the linear operators Π_N and Q_N defined in (2.4) with $\{S\alpha_k : k \geq 1\}$ a C.O.N.S. in H_μ such that each $\alpha_k \in B^*$.

Fix $\varepsilon > 0$. First we shown there exists N_0 such that $N \geq N_0$ implies

$$\text{(3.7)} \qquad Q_N K \subseteq \{x \in B : \|x\| < \varepsilon\} .$$

If (3.7) does not hold, then we have a sequence $\{x_j\}$ such that

$$x_j \in Q_j K \quad \text{and} \quad \|x_j\| \geq \varepsilon \qquad (j = 1, 2, \ldots) \quad .$$

Now $Q_j K \subseteq K$ for all $j \geq 1$ and K compact implies there exists a subsequence j' such that

$$\lim_{j' \to \infty} x_{j'} = z$$

in B. Thus $\|z\| \geq \varepsilon$ and since $\{x_j : j \geq N\} \subseteq Q_N K$ for $N = 1, 2, \ldots$ $(Q_1 K \supseteq Q_2 K \supseteq \ldots)$ with each $Q_N K$ compact we have $z \in \bigcap_{N \geq 1} Q_N K$. This is impossible since $\bigcap_{N \geq 1} Q_N K = \{0\}$ and $\|z\| \geq \varepsilon > 0$. Hence (3.7) holds as indicated.

Therefore for $N \geq N_0$ we have

$$\left\{ \omega : \overline{\lim_k}\, d\left(Q_N \frac{Y_k(\omega)}{\phi_k}, Q_N K \right) \leq \varepsilon \right\} \subseteq \left\{ \omega : \overline{\lim_k}\, \| Q_N \frac{Y_k(\omega)}{\phi_k} \| \leq 2\varepsilon \right\} \quad . \tag{3.8}$$

Since (3.4) holds we have, as mentioned previously, that (3.3) holds. Since Q_N maps B into B continuously we have

$$P\left\{ \omega : \overline{\lim_k}\, d\left(Q_N \frac{Y_k(\omega)}{\phi_k}, Q_N K \right) = 0 \right\} = 1 \quad , \tag{3.9}$$

and hence for $N \geq N_0$ (3.8) implies

$$P\left\{ \omega : \overline{\lim_k}\, \| Q_N \frac{Y_k(\omega)}{\phi_k} \| \leq 2\varepsilon \right\} = 1 \quad . \tag{3.10}$$

Choose $h \in K$ and take $N \geq N_0$ such that $\|Q_N h\| \leq \varepsilon$. Then for an ω-set of probability one we have

$$(3.11)\qquad \left\|\frac{Y_k(\omega)}{\phi_k} - h\right\| \leq \left\|\Pi_N\left(\frac{Y_k(\omega)}{\phi_k} - h\right)\right\| + \left\|Q_N \frac{Y_k(\omega)}{\phi_k}\right\| + \|Q_N h\|$$

$$\leq \left\|\Pi_N\left(\frac{Y_k(\omega)}{\phi_k} - h\right)\right\| + 3\varepsilon$$

for all k sufficiently large (the largeness of k depends, of course, on ω).

Since K is separable (3.5) follows from (3.11) if

$$(3.12)\qquad P\left\{\omega : \left\|\Pi_N\left(\frac{Y_k(\omega)}{\phi_k} - h\right)\right\| < \varepsilon \text{ for infinitely many } k\right\} = 1$$

for any $\varepsilon > 0$.

Now $\Pi_N B = \Pi_N H_\mu$ and all norms on a finite dimensional space are equivalent so (3.12) holds if

$$(3.13)\qquad P\left\{\omega : \left\|\Pi_N\left(\frac{Y_k(\omega)}{\phi_k} - h\right)\right\|_\mu \leq \varepsilon \text{ i.o. in } k\right\} = 1$$

for each $\varepsilon > 0$.

To show (3.13) we first prove that for every $g \in \Pi_{N+1}K$ such that $\|g\|_\mu = 1$ we have

$$(3.14)\qquad P\left(\omega : \left\|\Pi_{N+1}\left(\frac{Y_k(\omega)}{\phi_k} - g\right)\right\|_\mu \leq \varepsilon \text{ i.o. in } k\right) = 1$$

for each $\varepsilon > 0$. Then (3.13) follows from (3.14) by taking $g = \Pi_N h + c\alpha_{N+1}$ where c is such that $\|g\|_\mu = 1$. That is,

$$\left\|\Pi_{N+1}\left(\frac{Y_k(\omega)}{\phi_k}\right) - g\right\|_\mu^2 = \left\|\Pi_N \frac{Y_k(\omega)}{\phi_k} - \Pi_N h\right\|_\mu^2 + \left|\alpha_{N+1}\left(\frac{Y_k(\omega)}{\phi_k}\right) - c\right|^2$$

so the event in (3.13) contains the event in (3.14).

Therefore (3.14) is to be established to complete the proof. Take $g \in \Pi_{N+1}K$ such that $\|g\|_\mu = 1$. Then $g = \sum_{k=1}^{N+1} \alpha_k(g)\, S\alpha_k$ where $\sum_{k=1}^{N+1} \alpha_k^2(y) = 1$. Furthermor[e] $g = Sf_0$ where $f_0 = \sum_{k=1}^{N+1} \alpha_k(g)\,\alpha_k$ is in B^*. Thus if (3.14) does <u>not</u> hold there exists a $\delta > 0$ such that

$$P\left\{\omega : \overline{\lim_k}\, f_0\left(\frac{Y_k(\omega)}{\phi_k}\right) \le 1 - \delta\right\} > 0 \quad . \tag{3.15}$$

That is,

$$f_0\left(\frac{Y_k(\omega)}{\phi_k}\right) = \sum_{j=1}^{N+1} \alpha_j(g)\,\alpha_j\left(\frac{Y_k(\omega)}{\phi_k}\right) = \left(\Pi_{N+1}\left(\frac{Y_k(\omega)}{\phi_k}\right), g\right)_\mu , \tag{3.16}$$

and hence $f_0\left(\frac{Y_k(\omega)}{\phi_k}\right)$ denotes the length of $\Pi_{N+1}\left(\frac{Y_k(\omega)}{\phi_k}\right)$ in the direction g (computed in H_μ). Letting

$$A = \left\{\omega : \lim_k d\left(\frac{Y_k(\omega)}{\phi_k}, K\right) = 0 \text{ and } \underline{\lim_{k\to\infty}} \left\|\Pi_N \frac{Y_k(\omega)}{\phi_k} - g\right\| \ge \varepsilon\right\}$$

we have that $P(A) > 0$ if (3.14) fails. Therefore for each $\omega \in A$ there exists a $\delta > 0$ (depending only on N and ε) such that $\overline{\lim_k}\, f_0\left(\frac{Y_k(\omega)}{\phi_k}\right) \le (g, g)_\mu - \delta = 1 - \delta$. Thus $P(A) > 0$ implies (3.15). Now (3.15) contradicts the condition

$$P\left\{\omega : \overline{\lim_k}\, f_0\left(\frac{Y_k(\omega)}{\phi_k}\right) = \sup_{x\in K} f_0(x)\right\} = 1$$

since $\sup_{x \in K} f_0(x) = \sup_{x \in K} (x, g)_\mu = 1$. Thus (3.14) holds and the proof is complete.

Remark. If H_μ is infinite dimensional, then Corollary 3.1 of section one is an immediate corollary of Theorem 3.1.

To see this recall that K is compact so (1.4) implies (1.6). For the remainder let $Y_n = \frac{S_n}{\sqrt{n}}$ and $\phi_n = \sqrt{2\, LLn}$ in Theorem 3.1. Then by the Hartman-Wintner result applied to the i.i.d. real valued random variables

$$f(X_1), f(X_2), \ldots$$

we have

$$P\left\{\omega : \overline{\lim_n}\ f\left(\frac{Y_n(\omega)}{\phi_n}\right) = \left(\int_B [f(y)]^2\, d\mu(y)\right)^{1/2}\right\} = 1$$

for each $f \in B^*$ where $\mu = \mathcal{L}(X_1)$. By Lemma 2.1 (iv) we have

$$\left\{\int_B [f(y)]^2\, d\mu(y)\right\}^{1/2} = \sup_{x \in K} f(x)$$

and hence the conditions of Theorem 3.1 hold proving the corollary.

If $\dim H_\mu < \infty$ then Corollary 3.1 follows from a result of H. Finkelstein (Ann. Math. Stat., 42, 1971, 607-615). That is, if $\dim H_\mu < \infty$, then $P(S_n \in H_\mu) = 1$ for every n and we can work with the H_μ norm instead of the B-norm on H_μ because all locally convex Hausdorff topologies compatible with the vector space structure are equivalent on finite dimensional vector spaces.

For an example where the normalizing constants ϕ_n appearing in Theorem 3.1 are something other than $\sqrt{2\, LLn}$ we turn to a generalization of some of the recent work of T. L. Lai [20].

First, however, we need the definition of the Prohorov metric for probability measures.

Let μ_1 and μ_2 be probability measures on the Borel subsets of the metric space (M, d) which is complete and separable. Let $\mathcal{C}$ denote the closed sets of (M, d) and define for each $\varepsilon > 0$ and subset A of M the set $A^\varepsilon = \{y \in M : d(y, A) < \varepsilon\}$ where, of course, $d(y, A) = \inf_{x \in A} d(y, x)$. Let

$$\varepsilon_{12} = \inf\{\varepsilon > 0 : \mu_1(F) \le \mu_2(F^\varepsilon) + \varepsilon \ \forall F \in \mathcal{C}\}$$

$$\varepsilon_{21} = \inf\{\varepsilon > 0 : \mu_2(F) \le \mu_1(F^\varepsilon) + \varepsilon \ \forall F \in \mathcal{C}\}$$

and define

$$L(\mu_1, \mu_2) = \max(\varepsilon_{12}, \varepsilon_{21}) \quad .$$

Then L is the Prohorov metric on the class of all Borel probability measures on M and weak convergence for these measures is equivalent to L-convergence.

<u>Corollary 3.2.</u> Let $\{Y_k : k \ge 1\}$ be a sequence of B-valued random variables and assume μ is a mean-zero Gaussian measure on B. Let K denote the unit ball of H_μ. If

$$L(\mathcal{L}(Y_k), \mu) = b_k \qquad (k \ge 1) \tag{3.17}$$

where $\sum_k b_k < \infty$, and L is the Prohorov metric for probability measures on $(B, \|\cdot\|)$, then

$$P\left\{\omega : \lim_n d\left(\frac{Y_n(\omega)}{\sqrt{2\,Ln}}, K\right) = 0\right\} = 1 \quad . \tag{3.18}$$

If the Y_k's are independent as well, then (3.17) also implies

$$P\left\{\omega : C\left(\left\{\frac{Y_n(\omega)}{\sqrt{2\,Ln}} : n \geq 1\right\}\right) = K\right\} = 1 \quad . \tag{3.19}$$

<u>Remark.</u> If $\mathcal{L}(Y_k) = \mu$ for every k then $L(\mathcal{L}(Y_k), \mu) = 0$ so we have (3.17) with $b_k = 0$, and hence (3.18) holds. If, in the case $\mathcal{L}(Y_k) = \mu$ for $k \geq 1$, we also have

$$\lim_{\substack{m \to \infty \\ k - m \to \infty}} E\left(\left\{E\left(f(Y_k) \mid \mathcal{F}_m\right)\right\}^2\right) = 0 \tag{3.20}$$

for every $f \in B^*$ where $\mathcal{F}_m = \mathcal{F}(Y_k : k \leq m)$, then (3.19) holds.

Corollary 3.2 and the remark following it are not immediate consequences of Theorem 3.1. Nevertheless, we ask the reader to examine Theorem 4.3 and Corollary 4.2 of [12] for the details of their proofs, so that we may continue our development of the LIL.

Before returning to the LIL, however, perhaps it is worthwhile to point out that Strassen's functional law of the iterated logartihm [22] can be obtained from Corollary 3.2. This observation was first made by T. L. Lai in [20]. Let $\{W(t) : 0 \leq t < \infty\}$ be standard Brownian motion on $(\Omega, \mathcal{F}, P)$ and define

$$Z_n(t, \omega) = \frac{W(nt, \omega)}{\sqrt{n}} \qquad (0 \leq t \leq 1, n \geq 1, \omega \in \Omega) \quad . \tag{3.21}$$

Then each $\{Z_n(t) : 0 \le t \le 1\}$ is Brownian motion on $[0, 1]$ and it induces Wiener measure μ on $C[0, 1]$ which, of course, is a Gaussian measure. Further, it is well known that

$$H_\mu = \left\{ f \in C[0,1] : f(t) = \int_0^t g(s)\, ds \text{ where } \int_0^1 g^2(s)\, ds < \infty \right\}$$

with inner product

$$(f_1, f_2)_\mu = \int_0^1 f_1'(s) f_2'(s)\, ds \quad ,$$

and hence

$$K = \left\{ f \in C[0,1] : f(t) = \int_0^t g(s)\, ds \text{ where } \int_0^1 g^2(s)\, ds \le 1 \right\} \quad .$$

Now let $\beta > 1$ and define n_k = greatest integer in β^k. Let

(3.22) $$Y_k = Z_{n_k} \qquad (k \ge 1) \quad .$$

Then, by (3.18) we have

(3.23) $$P\left\{ \omega : \lim_k d\left(\frac{W(n_k(\cdot), (\omega)}{\sqrt{2 n_k \, LLk}}, K \right) = 0 \right\} = 1$$

where $d(x, K) = \inf_{y \in K} \sup_{0 \le t \le 1} |x(t) - y(t)|$. Given $\varepsilon > 0$ we define

$$A_k = \left\{\omega : \max_{n_k \le j \le n_{k+1}} \sup_{0 \le t \le 1} \left| \frac{W(n_k t, \omega)}{\sqrt{2n_k \, LLn_k}} - \frac{W(jt, \omega)}{\sqrt{2j \, LLj}} \right| > \varepsilon/2 \right\} .$$

Then there exists $\beta > 1$ such that

(3.24) $$P(A_k \text{ i.o.}) = 0 ,$$

and since $LLn_k \sim Lk$ as $k \to \infty$ we have by combining (3.23) and (3.24) that

$$P\left\{\omega : \frac{W(n(\cdot), \omega)}{\sqrt{2n \, LLn}} \in K^{\varepsilon} \text{ for all } n \text{ sufficiently large}\right\} = 1 .$$

Thus

(3.25) $$P\left\{\omega : \lim_{n \to \infty} d\left(\frac{W(n(\cdot), \omega)}{\sqrt{2n \, LLn}}, K\right) = 0\right\} = 1 .$$

In view of (3.25) to show

(3.26) $$P\left\{\omega : C\left(\left\{\frac{W(n(\cdot), \omega)}{\sqrt{2n \, LLn}} ; n \ge 1\right\}\right) = K\right\} = 1$$

it suffices to show

(3.27) $$P\left\{\omega : C\left(\left\{\frac{W(n_k(\cdot), \omega)}{\sqrt{2n_k \, LLn_k}} : k \ge 1\right\}\right) = K\right\} = 1 .$$

Now (3.27) follows by using (3.22), $LLn_k \sim Lk$, and (3.19) if we can verify (3.20). If $f \in C^*[0,1]$ with $f(x) = \int_0^1 x(s) \, dF(x)$ for $x \in C[0,1]$, then

$$E(f(Y_k) \mid \mathfrak{F}_m) = E\left(\int_0^1 \frac{W(n_k t)}{\sqrt{n_k}} \, dF(t) \mid \mathfrak{F}_m \right)$$

$$= E\left(\int_0^{\frac{n_m}{n_k}} \frac{W(n_k t)}{\sqrt{n_k}} \, dF(t) + \int_{\frac{n_m}{n_k}}^1 \frac{W(n_k t)}{\sqrt{n_k}} \, dF(t) \mid \mathfrak{F}_m \right)$$

$$= \int_0^{a_{m,k}} \frac{W(n_k t)}{\sqrt{n_k}} \, dF(t) + \int_{a_{m,k}}^1 \frac{W(n_m)}{\sqrt{n_k}} \, dF(t)$$

where $a_{m,k} = \frac{n_m}{n_k}$. Hence

$$E(E(f(Y_k) \mid \mathfrak{F}_m)^2) = \frac{1}{n_k} \left\{ \int_0^{a_{m,k}} \int_0^{a_{m,k}} \min(n_k s, n_k t) \, dF(s) \, dF(t) \right.$$

$$+ 2 \int_0^{a_{m,k}} n_k s \, dF(s) \int_{a_{m,k}}^1 dF(t)$$

$$\left. + \int_{a_{m,k}}^1 \int_{a_{m,k}}^1 n_m \, dF(s) \, dF(t) \right\} ,$$

and (3.20) holds since $\lim\limits_{\substack{m \to \infty \\ k - m \to \infty}} a_{m,k} = \lim\limits_{\substack{m \to \infty \\ k - m \to \infty}} \frac{n_m}{n_k} = 0.$

The functional law of the iterated logarithm for Brownian motion in B given in [18] also follows exactly as above.

With the many important topologies on linear topological spaces other than norm topologies, it is reasonable to examine the LIL for random variables when the convergence to the limit set K, and clustering throughout K, is computed with respect to a topology other than one given by a norm. Our next theorem and its corollaries deal with this situation in some special cases. However, perhaps the main point of these results is that they leave little doubt about the "correctness of K" for the limiting set in the LIL.

If τ is a topology on some set M and $\{a_n\} \subseteq M$, then $C_\tau(\{a_n\})$ denotes the set of all limit points of the sequence $\{a_n\}$ in the τ-topology.

Theorem 3.2. Let B denote a real separable Banach space with norm $\|\cdot\|$, and assume $X_1, X_2, \ldots$ is a sequence of B valued random variables such that

$$(3.28)\qquad E(X_k) = 0 \text{ and } E\|X_k\|^2 < \infty .$$

Let τ be a locally convex Haudorff topology on B which is weaker then the norm topology. If K is the unit ball of $H_{\mathcal{L}(H_1)'}$, then

$$(3.29)\qquad P\left\{\omega : \left\{\frac{S_n(\omega)}{\sqrt{2n\, LLn}} : n \geq 1\right\} \text{ is eventually in } V \text{ for every } \tau\text{-open set } V \supseteq K\right\} = 1$$

and

$$(3.30)\qquad P\left\{\omega : C_\tau\left(\left\{\frac{S_n(\omega)}{\sqrt{2n\, LLn}} : n \geq 1\right\}\right) = K\right\} = 1$$

iff

$$(3.31)\qquad P\left\{\omega : \left\{\frac{S_n(\omega)}{\sqrt{2n\, LLn}} : n \geq 1\right\} \text{ is } \tau\text{-conditionally compact in } B\right\} = 1 .$$

Remark. The events in (3.29) and (3.31) are assumed to be completion measurable events. This will always be the case in the corollaries we indicate, but it seems that it must be assumed for the general result. In fact, if the event in (3.29) is completion measurable with probability one, then we show the event in (3.31) is completion measurable with probability one. Similarly, if the event in (3.31) is completion measurable with probability one, then we show the events in (3.29) and (3.30) are completion measurable with probability one.

Proof. If (3.29) holds, then (3.31) holds. That is, if

$$A = \left\{ \omega : \left\{ \frac{S_n(\omega)}{\sqrt{2n\, LLn}} : n \geq 1 \right\} \text{ is eventually in } V \text{ for every } \tau\text{-open set } V \supseteq K \right\}$$

and $\omega \in A$, then $\left\{ \frac{S_n(\omega)}{\sqrt{2n\, LLn}} : n \geq 1 \right\} \cup K$ is τ-compact in B. To see this last assertion let $\{U_t : t \in T\}$ be a τ-open cover of $\{x_n : n \geq 1\} \cup K$ where $x_n = \frac{S_n(\omega)}{\sqrt{2n\, LLn}}$ for $n \geq 1$. Recall K is compact in B and hence also τ-compact. Since K is compact there exists $t_1, \ldots, t_n \in T$ such that $W \equiv \bigcup_{j=1}^{n} U_{t_j} \supseteq K$. Now let $\{x_{n'}\}$ denote the subset of $\{x_n\}$ not in W. Then $\{x_{n'}\}$ is finite since $\omega \in A$ implies $\{x_n\}$ is eventually in W. Hence the arbitrary open cover $\{U_t : t \in T\}$ of $K \cup \{x_n : n \geq 1\}$ has a finite subcover and $K \cup \{x_n : n \geq 1\}$ is compact as asserted. Hence $\{x_n : n \geq 1\}$ is τ-conditionally compact, and since $P(A) = 1$ we have (3.31) holding. In fact, we have shown that A is a subset of the event appearing in (3.31) and since A is completion measurable with $P(A) = 1$ we thus have the event in (3.31) completion measurable and of probability one.

Now assume (3.31) holds. We first show that

$$P\left\{ \omega : C_\tau\left(\left\{ \frac{S_n(\omega)}{\sqrt{2n\, LLn}} : n \geq 1 \right\} \right) \not\subseteq K \right\} = 0 \quad . \tag{3.32}$$

In fact, (3.32) holds without using (3.31) and this is something we wish to make note of.

Since B is separable in the norm topology we can write $B - K = \bigcup_{r=1}^{\infty} N_r$ where each N_r is a τ-closed convex set having non-empty τ-interior. That is, cover each point $x \in B - K$ with a τ-open convex set U_x whose closure lies within $B - K$. This is possible since x fixed, $x \notin K$, τ-Hausdorff, and K compact implies there are open sets U_x and V_x such that $K \subseteq V_x$, $x \in U_x$, U_x is convex and $U_x \cap V_x = \phi$. Since τ is weaker than the norm topology and B is separable in the norm topology, we can reduce any open cover to a countable open cover, and hence

$$B - K = \bigcup_{j=1}^{\infty} U_{x_j} \quad .$$

Let N_r denote the τ-closure of U_{x_r} and then N_r is as indicated.

Let $K(\omega) = C_\tau\left(\left\{\frac{S_n(\omega)}{\sqrt{2n\, LLn}} : n \geq 1\right\}\right)$ for $\omega \in \Omega$. If $K(\omega) = \phi$, then, of course, $K(\omega) \subseteq K$. Thus

$$\{\omega : K(\omega) \not\subseteq K\} = \bigcup_{r=1}^{\infty} \{\omega : K(\omega) \cap N_r \neq \phi\} \;,$$

and hence if P^* denotes the outer measure induced by P, then

$$P^*\{\omega : K(\omega) \not\subseteq K\} \leq \sum_{r=1}^{\infty} P^*\{\omega : K(\omega) \cap N_r \neq \phi\} \quad .$$

If $P^*\{\omega : K(\omega) \cap N_r \neq 0\} > 0$ we produce a contradiction.

Choose $f \in B^*$ such that f is τ-continuous, and

$$\sup_{x \in K} f(x) = \gamma_1 < \gamma_2 = \inf_{x \in N_r} f(x) \quad .$$

Then f τ-continuous implies

$$\left\{\omega : K(\omega) \cap N_r \neq \phi\right\} \subseteq \left\{\omega : \overline{\lim_n}\, f\left(\frac{S_n(\omega)}{\sqrt{2n\, LLn}}\right) \geq \gamma_2\right\} .$$

Hence $P^*\{\omega : K(\omega) \cap N_r \neq \phi\} > 0$ implies

$$P\left\{\omega : \overline{\lim_n}\, f\left(\frac{S_n(\omega)}{\sqrt{2n\, LLn}}\right) \geq \gamma_2\right\} > 0 \quad \text{(and hence } = 1) .$$

This is a contradiction to the LIL applied to the real valued random variables $f(X_1), f(X_2), \ldots$ which implies by (2. 5) that

$$P\left\{\omega : \overline{\lim_n}\, f\left(\frac{S_n(\omega)}{\sqrt{2n\, LLn}}\right) = \left(\int_B f^2(x)\, d\mu(x)\right)^{1/2} = \sup_{x \in K} f(x) = \gamma_1 < \gamma_2\right\} = 1$$

where $\mu = \mathcal{L}(X_1)$. Therefore $P^*\{\omega : K(\omega) \not\subseteq K\} = 0$, and since our probability space is always assumed complete we have established (3. 32).

Next we show (3. 29). Let

$$D = \left\{\begin{array}{l} \omega : \left\{\dfrac{S_n(\omega)}{\sqrt{2n\, LLn}} : n \geq 1\right\} \text{ is } \tau\text{-conditionally compact in} \\ B \text{ and } C_\tau\left(\left\{\dfrac{S_n(\omega)}{\sqrt{2n\, LLn}} : n \geq 1\right\}\right) \subseteq K \end{array}\right\} . \tag{3. 33}$$

Since we are assuming (3. 31) holds and (3. 32) holds we have $P(D) = 1$, and if $\omega_0 \in D$ then

$$\omega_0 \in \left\{\omega : \left\{\frac{S_n(\omega)}{\sqrt{2n\,LLn}} : n \geq 1\right\} \text{ is eventually in } V \text{ for every } \tau\text{-open set } V \supseteq K\right\}.$$

That is, let V be τ-open and assume $V \supseteq K$. Denote the points of $\left\{\frac{S_n(\omega_0)}{\sqrt{2n\,LLn}} : n \geq 1\right\}$ outside of V by N. Then N is a finite set or, since $\omega_0 \in D$, the infinite set would be τ-conditionally compact and hence have a limit point which is outside of V. This, of course contradicts the fact that $C_\tau\left(\left\{\frac{S_n(\omega_0)}{\sqrt{2n\,LLn}} : n \geq 1\right\}\right) \subseteq K$. Hence N is finite and (3.29) holds as $V \supseteq K$ was arbitrary.

We finish the proof by establishing (3.30). Now K is separable in the τ-topology and since (3.32) holds we have (3.30) if we show

$$P\left\{\omega : h \in C_\tau\left(\left\{\frac{S_n(\omega)}{\sqrt{2n\,LLn}} : n \geq 1\right\}\right)\right\} = 1 \tag{3.34}$$

for any $h \in K$.

The next step of the proof of (3.30) is to choose a sequence $\{\alpha_k : k \geq 1\}$ from the τ-continuous linear functionals on B such that $\{S\alpha_k : k \geq 1\}$ is a C.O.N.S. in H_μ. We then define the operators

$$\Pi_N(x) = \sum_{k=1}^{N} \alpha_k(x)\, S\alpha_k \quad \text{and} \quad Q_N(x) = x - \Pi_N(x) \qquad (N \geq 1)$$

which are τ-continuous from B into B and of use in the proof of (3.30). If H_μ is only finite dimensional, then the related remark following the proof of Theorem 3.1 applies so we assume without loss of generality that H_μ is infinite dimensional.

To find the sequence $\{\alpha_k : k \geq 1\}$ let $M = \{f \in B^* : f$ is τ-continuous on $B\}$. Then M is a linear subspace of $L^2(B, \mu)$ and since $L^2(B, \mu)$ is separable we have that M has a countable dense subset $\{f_1, f_2, \ldots\}$ in the $L^2(B, \mu)$ topology. Using the Gram-Schmidt proceedure on $\{f_1, f_2, \ldots\}$ we obtain an orthonormal sequence $\{\alpha_1, \alpha_2, \ldots\}$ in $L^2(B, \mu)$ such that $\{\alpha_k : k \geq 1\} \subseteq M$ and the

$$\operatorname{span}\{f_k : k \geq 1\} = \operatorname{span}\{\alpha_k : k \geq 1\} \quad .$$

Then $\{S\alpha_k : k \geq 1\}$ is a C.O.N.S. in $H_\mu \subseteq B$ as indicated. To see this, note that if $h \in H_\mu$, $\|h\|_\mu = 1$, and $(h, S\alpha_k)_\mu = 0$ for each k, then by (ii) of Section two we have $\alpha_k(h) = 0$ for every k. Undoing the Gram-Schmidt proceedure we then have $f_k(h) = 0 \, \forall k$. Since M separates points of B, and hence of H_μ, there exists $f \in M$ such that $f(h) = 1$. Then from (2.5) we have

$$\int_B [(f - f_k)(y)]^2 \, d\mu(y) = \sup_{x \in K} |(f - f_k)(x)|^2 \geq 1 \quad .$$

This contradicts the fact that $\{f_1, f_2, \ldots\}$ is dense in M. Thus $\{S\alpha_k : k \geq 1\}$ is a C.O.N.S. in H_μ and, of course, $\{\alpha_k\} \subseteq M$. This makes the operators Π_N and Q_N $(N \geq 1)$ τ-continuous as asserted.

Let $\mathfrak{n}$ denote the collection of all τ-open neighborhoods of zero. Let $U \in \mathfrak{n}$ and choose $V \in \mathfrak{n}$ so that

$$V + V \subseteq U \quad .$$

Next, since the τ-topology is weaker than the norm topology on B, we take $\varepsilon > 0$ sufficiently small so that $\{x : \|x\| < \varepsilon\} \subseteq V$. Since $Q_1K \supseteq Q_2K \supseteq \ldots$ and $\bigcap_N Q_NK = \{0\}$ with K compact in B we can choose N_V such that $N \geq N_V$ implies

$$Q_NK \subseteq \{x : \|x\| < \frac{\varepsilon}{2}\} \subseteq V ,$$

and hence

$$Q_NK \cap Q_NB = Q_NK \subseteq V \cap Q_NB \quad . \tag{3.35}$$

Note that $V \cap Q_NB$ is an open set in Q_NB in the τ-induced topology on Q_NB.

Since $Q_NB = \{y : \Pi_N y = 0\}$, and Π_N is continuous in both the norm and τ-topologies we have Q_NB closed in both of these topologies. Applying the argument used to establish (3.32) to the random variables

$$Q_NX_1, Q_NX_2, \ldots$$

taking values in the Banach space Q_NB (which is also τ-closed in B) we have

$$P\left\{\omega : C_\tau\left(\left\{Q_N\left(\frac{S_n(\omega)}{\sqrt{2n\, LLn}}\right) : n \geq 1\right\}\right) \subseteq Q_NK\right\} = 1 \quad . \tag{3.36}$$

Furthermore, from (3.31) and that Q_N is τ-continuous, we have for each N that

$$(3.37)\qquad P\left\{\omega : \left\{Q_N\left(\frac{S_n(\omega)}{\sqrt{2n\,LLn}}\right) : n \ge 1\right\} \text{ is } \tau\text{-conditionally compact in } Q_N B\right\} = 1 .$$

Let

$$(3.38)\qquad \Omega_0 = \left\{\begin{array}{l} \omega : \left\{\dfrac{S_n(\omega)}{\sqrt{2n\,LLn}} : n \ge 1\right\} \text{ is } \tau\text{-conditionally compact in } B \text{ and} \\ C_\tau\left(\left\{Q_N\left(\dfrac{S_n(\omega)}{\sqrt{2n\,LLn}}\right) : n \ge 1\right\}\right) \subseteq Q_N K \text{ for } N = 1, 2, \ldots \end{array}\right\}$$

From (3.36) and (3.37) we have $P(\Omega_0) = 1$. Further, by the argument used to establish (3.29) and using (3.38), we have for $N \supseteq N_V$ (recalling (3.35)) that

$$(3.39)\qquad \Omega_0 \subseteq \left\{\omega : Q_N\left(\frac{S_n(\omega)}{\sqrt{2n\,LLn}}\right) \in V \cap Q_N B \supseteq Q_N K \text{ for all sufficiently large } n\right\} .$$

Note that Ω_0 is independent of N and of the τ-open set $V \in \mathfrak{h}$. Further, if $h \in K$, and

$$(3.40)\qquad \Omega_1 = \Omega_0 \cap \bigcap_{N=1}^{\infty} \bigcap_{k=1}^{\infty} \left\{\omega : \left\| \pi_N \frac{S_n(\omega)}{\sqrt{2n\,LLn}} - \pi_N h \right\| < 1/k \ \text{ i.o. in } n\right\}$$

then by the LIL in finite dimensional spaces (Theorem 4.1) $P(\Omega_1) = 1$.

Now for $h \in K$

$$(3.41)\qquad \frac{S_n(\omega)}{\sqrt{2n\,LLn}} - h = \Pi_N\left(\frac{S_n(\omega)}{\sqrt{2n\,LLn}} - h\right) + Q_N h + Q_N\left(\frac{S_n(\omega)}{\sqrt{2n\,LLn}}\right) ,$$

and hence for $\omega_0 \in \Omega_1$ we have

$$\omega_0 \in \bigcap_{U \in \mathfrak{h}} \left\{ \omega : \frac{S_n(\omega)}{\sqrt{2n\, LLn}} - h \in U \text{ i.o. in } n \right\} \tag{3.42}$$

$$= \left\{ \omega : h \in C_\tau \left(\left\{ \frac{S_n(\omega)}{\sqrt{2n\, LLn}} : n \ge 1 \right\} \right) \right\} .$$

That is, if $\omega_0 \in \Omega_1$ and $U \in \mathfrak{h}$ is given choose V and N_V as above. Then, for fixed $N \ge N_V$ and infinitely many n,

$$\frac{S_n(\omega_0)}{\sqrt{2n\, LLn}} - h = \pi_N\left(\frac{S_n(\omega_0)}{\sqrt{2n\, LLn}} - h\right) + Q_N h + Q_N\left(\frac{S_n(\omega_0)}{\sqrt{2n\, LLn}}\right) \in U \tag{3.43}$$

since for fixed $N \ge N_V$ we have

(a) $\left\|\pi_N\left(\frac{S_n(\omega_0)}{\sqrt{2n\, LLn}} - h\right)\right\| < \varepsilon/2$ i.o. in n,

(b) $\|Q_N h\| < \varepsilon/2$,

(c) $Q_N\left(\frac{S_n(\omega_0)}{\sqrt{2n\, LLn}}\right) \in V \cap Q_N B \subseteq V$ for all sufficiently large n,

(d) $V + V \subseteq U$, and $\{x : \|x\| < \varepsilon\} \subseteq V$.

Since $P(\Omega_1) = 1$ and (3.42) holds we have (3.34) for any $h \in K$. This completes the proof.

Corollary 3.3. Let B denote a real separable Banach space with norm $\|\cdot\|$, and assume $X_1, X_2, \ldots$ is a sequence of i.i.d. B-valued random variables such that

$$E(X_k) = 0 \quad \text{and} \quad E\|X_k\|^2 < \infty \quad . \tag{3.44}$$

Furthermore, assume B is the dual of the Banach space E and let $\tau = \sigma(B, E)$ denote the weak-star topology on B. If K is the unit ball of $H_{\mathcal{L}(X_1)}$, then (3.29) and (3.30) hold iff

$$P\left\{\omega : \sup_n \left\|\frac{S_n(\omega)}{\sqrt{2n\, LLn}}\right\| < \infty\right\} = 1 \quad . \tag{3.45}$$

Proof. The condition defining the event in (3.45) is equivalent to being τ-conditionally compact in B. Hence (3.45) is equivalent to (3.31) and the corollary follows immediately from Theorem 3.2.

Remark. If B is as in Corollary 3.3, then (3.45) implies convergence to K and clustering throughout K in the weak-star topology. However, I am unaware of a situation where (3.45) holds, and we do not, in fact, have

$$P\left\{\omega : \left\{\frac{S_n(\omega)}{\sqrt{2n\, LLn}} : n \geq 1\right\} \text{ is norm conditionally compact in } B\right\} = 1 \quad .$$

Corollary 3.4. Let E denote a real separable Frechet space, and assume $X_1, X_2, \ldots$ is a sequence of i.i.d. E-valued random variables such that

$$E(f(X_k)) = 0 \text{ and } E\|X_k\|_j^2 < \infty \qquad (j \geq 1,\ f \in E^*) \tag{3.46}$$

where $\{\|\cdot\|_j : j \geq 1\}$ is an increasing sequence of semi-norms on E generating the metric topology τ of E. Then, there is a compact convex symmetric set K of E such that

$$(3.47)\qquad P\left\{\omega : \left\{\frac{S_n(\omega)}{\sqrt{2n\,LLn}} : n \ge 1\right\} \text{ is eventually in } V \text{ for every } \tau\text{-open set } V \supseteq K\right\} = 1$$

and

$$(3.48)\qquad P\left\{\omega : C_\tau\left\{\frac{S_n(\omega)}{\sqrt{2n\,LLn}} : n \ge 1\right\} = K\right\} = 1 ,$$

iff

$$(3.49)\qquad P\left\{\omega : \left\{\frac{S_n(\omega)}{\sqrt{2n\,LLn}} : n \ge 1\right\} \text{ is } \tau\text{-conditionally compact in } E\right\} = 1 .$$

Proof. First of all, let $B \subseteq E$ denote the Banach space determined as in Corollary 1 of [15], and choose the sequence $\{b_j\}$ such that the sequence $\{a_j\}$ involved in the definition of the norm $\|\cdot\|_0$ [15, p. 30] satisfies

$$(3.50)\qquad \sum_j a_j(E\|X_k\|_j^2)^{1/2} < \infty .$$

Then

$$(3.51)\qquad E\|X_k\|_0^2 < \infty ,$$

and since $E(f(X_k)) = 0$ for every $f \in E^*$ we also have $E(X_k) \equiv \int_B x\, d\mu(x) = 0$ where $\mu = \mathcal{L}(X_k)$ on B. That is, the Bochner integral $\int_B x\mu(dx)$ is perfectly well defined, and for each $f \in E^* \subseteq B^*$ (recall B maps continuously into E under the identity) we have

$$f\left(\int_B x\, d\mu(x)\right) = \int_B f(x)\, d\mu(x) = E(f(X_k)) = 0 .$$

Hence $\int_B x\, d\mu(x) = 0$ since E^* separates points of B.

Recall, also, that $\mu(B) = 1$ so the random variables $X_1, X_2, \ldots$ can also be viewed as B valued random variables.

Let K be the unit ball of $H_{\mathcal{L}(X_1)}$ where $H_{\mathcal{L}(X_1)}$ is constructed from the operator $S : B^* \to B$ defined by $Sf = \int_B xf(x)\, d\mu(x)$. The construction used, of course, is that indicated in Section two. Then, since E^* is dense in B^* with respect to the topology induced by $L^2(\mu)$, we see that $H_{\mathcal{L}(X_1)}$ and, of course, K are independent of the choice of B provided B is as in Corollary 1 of [15] and (3.51) holds.

To see E^* is $L^2(\mu)$-dense in B^* suppose the $L^2(\mu)$ closure of E^* is H_1 and the $L^2(\mu)$ closure of B^* is H_2. Then $H_1 \subseteq H_2$, and assume $h \in H_2$ is orthogonal to H_1. Now H_2 is isometric to $H_{\mathcal{L}(X_1)}$ under the extension to all of H_2 of the densely defined linear map S which we will denote by $\tilde{S}$. Then $\tilde{S}h$ is orthogonal to $\tilde{S}H_1 \supseteq SE^*$. Using property (ii) of Section two we have $f(\tilde{S}h) = 0$ for ever $f \in E^*$, and hence since E^* separates points of E (and hence H_μ) we have $\tilde{S}h = 0$. Thus $H_1 = H_2$ and E^* is $L^2(\mu)$ dense in B^* as asserted.

To see $H_{\mathcal{L}(X_1)}$, and hence K, are independent of the choice of B under the conditions stated note that for $f \in E^*$ we have

(3.52) $$\int_{B_1} xf(x)\, d\mu(x) = \int_{B_2} xf(x)\, d\mu(x)$$

whenever B_1 and B_2 are possible choices of B. That is, the Bochner integrals are equal since $g \in E^*$ implies

$$(3.53)\quad g\left(\int_{B_1} xf(x)\,d\mu(x)\right) = \int_{B_1} g(x)\,f(x)\,d\mu(x) = \int_{B_2} g(x)\,f(x)\,d\mu(x)$$

$$= g\left(\int_{B_2} xf(x)\,d\mu(x)\right)$$

where the middle equality holds since $\mu(B_1) = \mu(B_2) = 1$. Then, since E^* separates points of E (3.53) implies (3.52). Now (3.52) and E^* being $L^2(\mu)$ dense in B^* makes $H_{\mathcal{L}(X_1)}$ independent of the possible choices of B. Hence K is independent of the possible choices of B, and since K is compact in any such B we have K compact in E as asserted.

To finish the proof fix B as indicated earlier in the proof. Then $P\{\omega : S_n(\omega) \in B \text{ for all } n\} = 1$, and since E is a metric space (3.47) implies that

$$(3.54)\qquad P\left\{\omega : \lim \rho\left(\frac{S_n(\omega)}{\sqrt{2n\,LLn}}, K\right) = 0\right\} = 1$$

where $\rho(x, A) = \inf_{y \in A} \rho(x, y)$ and ρ is a metric giving the topology τ on E. Now K compact in E and (3.54) imply (3.49).

On the other hand, if (3.49) holds then the arguments used in the proof of Theorem 3.2 imply (3.47). That is, we establish (3.32) for E independent of (3.49) just as in Theorem 3.2. Combining (3.32) and (3.49) we then have (3.47) by the same argument used in Theorem 3.2 to prove (3.29) from (3.31). Now (3.47) and $P\{\omega : S_n(\omega) \in B \text{ for all } n\} = 1$ implies (3.31) (see the proof of Theorem 3.2). Hence (3.30) holds by Theorem 3.2 and this gives (3.48), so the proof is complete.

<u>Remark.</u> Situations where (3.49) can be demonstrated are considered in [16].

4. Further results for the LIL. Some situations where Corollary 3.1 applies are examined here. The first application provides sufficient conditions on B so that the classical assumptions for the LIL actually imply the LIL. The second group of results, namely Theorem 4.2 and Theorem 4.3, deals with special conditions on the random variables which suffice for the LIL.

Let B denote a real separable Banach space with norm $\|\cdot\|$. The norm $\|\cdot\|$ on B is twice directionally differentiable on $B - \{0\}$ if for $x, y \in B$, $x + ty \neq 0$, we have

$$\frac{d}{dt}\|x + ty\| = D(x + ty)(y) \tag{4.1}$$

where $D : B - \{0\} \to B^*$ is Lip(1) on the surface of the unit sphere of B (and hence Lip(1) away from zero), and

$$\frac{d^2}{dt^2}\|x + ty\| = D^2_{x+ty}(y, y) \tag{4.2}$$

where D^2_x is a bounded symmetric bilinear form on $B \times B$. We call D^2_x the second directional derivative of the norm, and, of course, if the norm is actually twice Frechet differentiable on B with second derivative at x given by Λ_x, then $\Lambda_x = D^2_x$.

If $D^2_x(y, y)$ is continuous in x $(x \neq 0)$ and for all $r > 0$ and $x, h \in B$ such that $\|x\| \geq r$, $\|h\| \leq r/2$ we have

$$|D^2_{x+h}(h, h) - D^2_x(h, h)| \leq C_r\|h\|^{2+\alpha} \tag{4.3}$$

for some fixed $\alpha > 0$ and some constant C_r then we say the second directional derivative is Lip(α) away from zero.

Remark. If $B = L^p(\Omega, \mathfrak{F}, m)$ where m is a σ-finite measure on Ω then the second directional derivative of the usual norm on L^p is Lip α with $\alpha = p - 2$ for $2 < p \leq 3$ and Lip(1) for $p = 2$, $3 \leq p < \infty$. For the proof of this assertion we ask the reader to consider Theorem 4.1 of [11].

The norms in these examples are, in fact, Frechet differentiable, but we will not use that information here. For motivational purposes, however, we will examine the differentiability of the norm when B is a real separable Hilbert space or, equivalently, in the above notation when $B = L^2(\Omega, \mathfrak{F}, m)$.

Example. Let B denote a real separable Hilbert space with norm $\|x\| = (x, x)^{1/2}$ as usual. Then for $x + ty \neq 0$

$$\frac{d}{dt}\|x + ty\| = \frac{d}{dt}(x + ty, x + ty)^{1/2} = \frac{(x + ty, y)}{\|x + ty\|} , \tag{4.4}$$

and hence $D(x) = \frac{x}{\|x\|}$ for $x \neq 0$. That is, $D(x)$ is the linear functional (continuous) on B generated by the element $\frac{x}{\|x\|}$ in the usual way. Furthermore, the mapping D is Lip(1) on the surface of the unit sphere of B since $\|x\| = \|y\| = 1$ implies

$$\|D(x) - D(y)\| = \left\|\frac{x}{\|x\|} - \frac{y}{\|y\|}\right\| = \|x - y\| .$$

Differentiating (4.4) we obtain

$$\frac{d^2}{dt^2}\|x + ty\| = \frac{\|x + ty\|^2 (y, y) - (x + ty, y)^2}{\|x + ty\|^3} , \tag{4.5}$$

and hence for $x \neq 0$, $u, v \in B$ we have

$$(4.6) \qquad D_x^2(u, v) = \frac{\|x\|^2(u, v) - (x, u)(x, v)}{\|x\|^3} .$$

From (4.6) we see that for $\|x\| \geq r > 0$ and $\|h\| \leq r/2$ we have

$$(4.7) \qquad |D_{x+h}^2(h, h) - D_x^2(h, h)| \leq C_r \|h\|^3$$

where $C_r = C(1/r^3 + 1/r^2)$ and C is some absolute constant. We also have for the bilinear form D_x^2 that

$$(4.8) \qquad \sup_{\|x\| = 1} \|D_x^2\| = 2 ,$$

and this is a condition which appears in Theorem 4.1 below.

Theorem 4.1. Let B denote a real separable Banach space with norm $\|\cdot\|$. Let $\|\cdot\|$ be twice directionally differentiable on $B - \{0\}$ with the second directional derivative D_x^2 being Lip(1) away from zero, and such that

$$\sup_{\|x\| = 1} \|D_x^2\| < \infty .$$

Let $X_1, X_2, \ldots$ be i.i.d. B-valued such that

$$E(X_1) = 0 , \quad E\|X_1\|^2 < \infty ,$$

and define $S_n = X_1 + \ldots + X_n$. Then, if K is the unit ball of $H_{\mathcal{L}(X_1)}$ we have

$$P\left(\omega : \lim_{n} d\left(\frac{S_n(\omega)}{\sqrt{2n\,LLn}}, K\right) = 0\right) = 1 \quad , \tag{4.9}$$

and

$$P\left(\omega : C\left(\left\{\frac{S_n(\omega)}{\sqrt{2n\,LLn}} : n \geq 1\right\}\right) = K\right) = 1 \quad . \tag{4.10}$$

<u>Remark.</u> The proof of Theorem 4.1 will follow several lemmas.

<u>Lemma 4.1.</u> If the norm on B is twice directionally differentiable on $B - \{0\}$ with first derivative $D(x)$ and second derivative D_x^2, then

(a) $D(\lambda x) = (\operatorname{sgn} \lambda)\, D(x)$ for all real $\lambda \neq 0$, $x \neq 0$.

(b) $\|D(x)\| = 1$ for $x \neq 0$.

(c) $D(x)(x) = \|x\|$ for $x \neq 0$.

(d) D is Lip(1) away from zero.

(e) If $\lambda \neq 0$, $x \neq 0$, then $D_{\lambda x}^2 = \frac{1}{|\lambda|} D_x^2$.

(f) $D_x^2(h, h) \geq 0$ for all $x \neq 0$, $h \in B$.

(g) If $X_1, X_2, \ldots, X_n$ are independent B-valued random variables such that $EX_j = 0$ and $E\|X_j\|^2 < \infty$ $(j = 1, \ldots, n)$ then there exists a constant A independent of n and the random variables such that

$$E\|X_1 + \ldots + X_n\|^2 \leq A \sum_{j=1}^{n} E\|X_j\|^2 \quad . \tag{4.11}$$

Proof. For all real $\lambda \neq 0$ and $x \neq 0$

$$D(\lambda x)(y) = \frac{d}{dt} \|\lambda x + ty\|\Big|_{t=0} = |\lambda| \frac{d}{dt} \|x + ty/\lambda\|\Big|_{t=0}$$

$$= |\lambda| \; D(x)(y/\lambda)$$

$$= (\operatorname{sgn} \lambda) \; D(x)(y) \quad .$$

Since $y \in B$ was arbitrary the linear functionals $D(\lambda x)$ and $(\operatorname{sgn} \lambda)\, D(x)$ are equal and (a) holds.

Fix x, $x \neq 0$, and take $y \in B$. Then

$$D(x)(y) = \frac{d}{dt} \|x + ty\|\Big|_{t=0} = \lim_{t \to 0} \frac{\|x + ty\| - \|x\|}{t} \quad , \tag{4.12}$$

and hence $|D(x)(y)| \leq \|y\|$. If $y = x$ in (4.12), then we see $D(x)(x) = \|x\|$. Hence (b) and (c) hold.

Take $\|x\| \geq r > 0$, $\|x + h\| \geq r$. Then

$$\|D(x + h) - D(x)\|_{B^*} = \|D(\frac{x + h}{\|x + h\|}) - D(\frac{x}{\|x\|})\|_{B^*}$$

$$\leq C \| \frac{x + h}{\|x + h\|} - \frac{x}{\|x\|} \| \quad \text{since } D \text{ is Lip(1) on the surface of the unit ball of } B \tag{4.13}$$

$$\leq \frac{2C\|h\|}{\|x\|} \leq \frac{2C}{r} \|h\| \quad ,$$

and hence D is Lip(1) away from zero.

If $\lambda \neq 0$, $x \neq 0$, and $h \in B$, then

$$D^2_{\lambda x}(h, h) = \lim_{t \to 0} \frac{D(\lambda x + th)(h) - D(\lambda x)(h)}{t}$$

$$= \lim_{t \to 0} \frac{\lambda}{t} [D(\lambda(x + th/\lambda))(h/\lambda) - D(\lambda x)(h/\lambda)]$$

$$= \lim_{t \to 0} \frac{\lambda \operatorname{sgn} \lambda}{t} [D(x + th/\lambda)(h/\lambda) - D(x)(h/\lambda)]$$

$$= |\lambda|\, D^2_x(h/\lambda, h/\lambda) = \frac{1}{|\lambda|} D^2_x(h, h) \quad .$$

Hence $D^2_{\lambda x} = \frac{1}{|\lambda|} D^2_x$ since a symmetric bilinear form is determined by its values on the diagonal of $B \times B$.

The non-negativity of D^2_x follows because the existence of the second derivative of $\|x + th\|$ implies

$$D^2_x(h, h) = \lim_{t \to 0} \frac{\|x + th\| + \|x - th\| - 2\|x\|}{t} ,$$

and since $\|2x\| \le \|x + th\| + \|x - th\|$, we easily see that $D^2_x(h, h) \ge 0$.

To prove property (g) let $G(x) = \|x\|\, D(\frac{x}{\|x\|})$ for $x \neq 0$ and define $G(0) = 0$. Then $G(x)(x) = \|x\|^2$, $\|G(x)\|_{B^*} = \|x\|$, and $\|G(x) - G(y)\|_{B^*} \le A\|x - y\|$ for all $x, y \in B$. Here $A = 2C + 1$ where C is any constant such that $\|D(x) - D(y)\|_{B^*} \le C\|x - y\|$ for $\|x\| = \|y\| = 1$ (such a $C > 0$ exists since we assume D is Lip(1) on the surface of the unit ball of B).

With these properties of G we can easily prove (g). That is,

$$E\|X_1 + \dots + X_n\|^2 = E\{G(X_1 + \dots + X_n)(X_1 + \dots + X_n)\}$$

$$= \sum_{j=1}^{n} E(G(T_j + X_j)(X_j))$$

$$\text{where } T_j = \sum_{\substack{i=1 \\ i \neq j}}^{n} X_i$$

$$(4.14) \qquad = \sum_{j=1}^{n} E\{G(T_j)(X_j) + [G(T_j + X_j) - G(T_j)](X_j)\}$$

$$= \sum_{j=1}^{n} E\{[G(T_j + X_j) - G(T_j)](X_j)\}$$

since $E(G(T_j)(X_j)) = EG(T_j)(E(X_j)) = 0$
by independence and that $EX_j = 0$

$$\leq A \sum_{j=1}^{n} E\|X_j\|^2 ,$$

and hence (g) holds.

Before stating our next lemma perhaps it should be mentioned that property (g) of Lemma 4.1 was first proved in [7], and in a more general set-up in [23]. The details were included here since (g) provides us with a first step in linking the derivatives of the norm and probability.

Remark. The proof of property (g) in Lemma 4.1 only requires that $D(x)$ $(x \neq 0)$ is Lip(1) on the surface of the unit ball of B. No second derivative is required.

Lemma 4.2.* Let B denote a real separable Banach space with norm $\|\cdot\|$, and assume $\|\cdot\|$ has derivative D on $B - \{0\}$ such that D is Lip(1) on the surface of the unit ball of B. If $X_1, X_2, \ldots$ are independent identically distributed B-valued random variables such that

$$E(X_1) = 0, \; E\|X_1\|^2 < \infty, \; T(f, g) = E(f(X_1)\, g(X_1)) \quad (f, g \in B^*) , \tag{4.15}$$

then there exists a unique mean zero Gaussian measure μ on B such that

$$T(f, g) = \int_B f(x)\, g(x)\, d\mu(x) \quad (f, g \in B^*) \tag{4.16}$$

and

$$\mathcal{L}\left(\frac{X_1 + \ldots + X_n}{\sqrt{n}}\right) \xrightarrow{\text{weakly}} \mu \; . \tag{4.17}$$

Proof. If $\mathcal{L}\left(\frac{S_n}{\sqrt{n}}\right)$ converges weakly to any probability measure μ on B, then μ must be a mean zero Gaussian measure with covariance as in (4.16). This is so because any probability measure on B is uniquely determined by its finite-dimensional distributions (recall that B is separable), and, furthermore, because all finite-dimensional distributions of $\mathcal{L}\left(\frac{S_n}{\sqrt{n}}\right)$ converge weakly to finite-dimensional Gaussian distributions which are determined by the covariance in (4.15).

Hence all that remains to be proved is that the sequence of probability measures $\left\{\mathcal{L}\left(\frac{S_n}{\sqrt{n}}\right) : n \geq 1\right\}$ is weakly conditionally compact on B. This is done through the use of property (g) of Lemma 4.1 (see the remark following Lemma 4.1).

---

* A more general version of Lemma 4.2 was first proved by J. Hoffman-Jorgensen and G. Pisier using a different method.

Now the sequence of probability measures $\left\{\mathcal{L}\left(\frac{S_n}{\sqrt{n}}\right): n \geq 1\right\}$ is conditionally compact in B if for every $\delta > 0$ there exists a compact set $C \subseteq B$ such that $\sup_n P\left\{\frac{S_n}{\sqrt{n}} \in C^{2\delta}\right\} \leq \delta$. Here, of course, $E^{\varepsilon} = \{y : \inf_{x \in E} \|y - x\| < \varepsilon\}$ for $E \subseteq B$, $\varepsilon > 0$.

Fix $\delta > 0$ and define $\tau_\delta(x) = \sum_{j=1}^{r} x_j 1_{A_j}(x)$ such that $E(\tau_\delta(X_1)) = 0$ and $E\|X_1 - \tau_\delta(X_1)\|^2 \leq \frac{\delta^3}{2(A+1)}$ where A is as in (4.11). Then, there exists a compact set C such that $C \subseteq \operatorname{span}\{x_1, \ldots, x_r\}$ and by the central limit theorem in finite dimensions

$$\sup_n P\left(\sum_{j=1}^{n} \frac{\tau_\delta(X_j)}{\sqrt{n}} \notin C^{\delta}\right) < \delta/2 .$$

Then,

$$\begin{aligned} P\left(\frac{S_n}{\sqrt{n}} \notin C^{2\delta}\right) &\leq P\left(\sum_{j=1}^{n} \frac{\tau_\delta(X_j)}{\sqrt{n}} \notin C^{\delta}\right) \\ &\quad + P\left(\left\| \sum_{j=1}^{n} \frac{(\tau_\delta(X_j) - X_j)}{\sqrt{n}} \right\| \geq \delta\right) \\ &\leq \delta/2 + \frac{A\delta^3}{2(A+1)\delta^2} \leq \delta \end{aligned}$$

where the second inequality follows by applying Chebyshev's estimate and property (g). Thus the lemma is proved.

Remark. As was mentioned previously, property (g) of Lemma 4.1 provides us with the first link between derivatives of the norm and probability. If we assume more about the derivatives of the norm we can obtain the following estimate which is crucial in our proof of Theorem 4.1.

Lemma 4.3. Let B denote a real separable Banach space with norm $\|\cdot\|$. Let $\|\cdot\|$ be twice directionally differentiable on B with the second directional derivative D_x^2 being Lip(α) away from zero for some $\alpha > 0$, and such that

(4.18) $$\sup_{\|x\| = 1} \|D_x^2\| < \infty \quad .$$

Let $X_1, X_2, \ldots$ be independent B-valued r.v.'s such that for some $\delta > 0$

(4.19) $$\sup E\|X_k\|^{2+\delta} < \infty$$ $$E(X_k) = 0 \qquad (k = 1, 2, \ldots)$$

and having common covariance function

(4.20) $$T(f, g) = E(f(X_k)\, g(X_k)) \qquad (f, g \in B^*) \quad .$$

Let μ denote the mean zero Gaussian measure on B determined by T. Then, it follows for $t \geq 0$ and any $\rho > 0$ that

(4.21) $$P\left\{\frac{\|X_1 + \ldots + X_n\|}{\sqrt{n}} \geq t\right\} \leq \mu(x : \|x\| \geq t - \rho) + C \sup E\|X_k\|^{2+\delta}\, n^{-\frac{\min(\alpha, \delta)}{2}}$$

where C is an absolute constant uniform in t for $t \geq 2\rho$.

Proof. If $0 \leq t \leq \rho$ then (4.21) is obvious, so fix $t > \rho$ and define a a function $f : (-\infty, \infty) \to [0, 1]$ such that f is monotone increasing, $f(u) = 0$ for $u \leq t - \rho$, $f(u) = 1$ for $u \geq t$, and $f''(u)$ is Lipschitz continuous (and hence in this case bounded) on $(-\infty, \infty)$. Let $g(x) = f(\|x\|)$, $W_n = (X_1 + \ldots + X_n)/\sqrt{n}$ and assume $Y_1, Y_2, \ldots$ are independent random variables each with Gaussian distribution μ. To be specific, we assume the sequences $\{X_k\}$ and $\{Y_k\}$ are defined on the probability space $(\Omega, \mathfrak{F}, P)$. We also assume the Y_k's are independent of the X_k's and that $Z_n = (Y_1 + \ldots + Y_n)/\sqrt{n}$. Then the distribution Z_n induces on B is μ and

(4.22)
$$P\{\|W_n\| \geq t\} = \mu(x : \|x\| \geq t) + \{P(\|W_n\| \geq t) - \mu(x : \|x\| \geq t)\}$$
$$\leq \mu(x : \|x\| \geq t - \rho) + E\{g(W_n) - g(Z_n)\} \quad .$$

Now

$$g(W_n) - g(Z_n) = \sum_{k=1}^{n} V_k$$

where

(4.23)
$$V_k = g(U_k + X_k/\sqrt{n}) - g(U_k + Y_k/\sqrt{n})$$

and

(4.24)
$$U_k = (X_1 + \ldots + X_{k-1} + Y_{k+1} + \ldots + Y_n)/\sqrt{n} \quad .$$

et $h(\lambda) = g(U_k + \lambda X_k/\sqrt{n})$ for $-\infty < \lambda < \infty$. Since $g(x) = f(\|x\|)$ and f vanishes a neighborhood of zero we have $h(\lambda)$ twice continuously differentiable on $(-\infty, \infty)$. ence by Taylor's formula

$$g(U_k + X_k/\sqrt{n}) = h(0) + h'(0) + \frac{h''(0)}{2} + \left[\frac{h''(\tau) - h''(0)}{2}\right]$$

$$= g(U_k) + f'(\|U_k\|)\, D(U_k)(X_k/\sqrt{n}) +$$

$$+ \frac{1}{2} f''(\|U_k\|)\{D(U_k)(X_k/\sqrt{n})\}^2 \tag{4.25}$$

$$+ \frac{1}{2} f'(\|U_k\|)\, D^2_{U_k}(X_k/\sqrt{n}, X_k/\sqrt{n}) + J_n(U_k, X_k)$$

$$(0 < \tau < 1) \quad ,$$

where

$$2J_n(U_k, X_k) = f''(\|U_k + \tau X_k/\sqrt{n}\|)\ [D(U_k + \tau X_k/\sqrt{n})(X_k/\sqrt{n})]^2$$

$$+ f'(\|U_k + \tau X_k/\sqrt{n}\|)\, D^2_{U_k + \tau X_k/\sqrt{n}}(X_k/\sqrt{n}, X_k/\sqrt{n}) \tag{4.26}$$

$$- f''(\|U_k\|)\, [D(U_k)(X_k/\sqrt{n})]^2$$

$$- f'(\|U_k\|)\, D^2_{U_k}(X_k/\sqrt{n}, X_k/\sqrt{n})$$

and τ is a non-negative random quantity bounded by one.

A similar expression holds for $g(U_k + X_k/\sqrt{n})$ except Y_k replaces X_k and τ is replaced by a random quantity τ^* which is also non-negative and bounded by one.

We will show below that

$$E(f'(\|U_k\|)\,D(U_k)(X_k)) = E(f'(\|U_k\|)\,D(U_k)(Y_k)) = 0 \quad ,$$

$$(4.27) \qquad E(f''(\|U_k\|)(D(U_k)(X_k))^2) = E(f''(\|U_k\|)(D(U_k)(Y_k))^2) \quad ,$$

$$E(f'(\|U_k\|)\,D^2_{U_k}(X_k, X_k)) = E(f'(\|U_k\|)\,D^2_{U_k}(Y_k, Y_k)) \quad ,$$

and hence by (4.23), (4.24), and (4.25) we have

$$(4.28) \qquad |E(V_k)| \le E|J_n(U_k, X_k)| + E|J_n(U_k, Y_k)| \quad .$$

Further, by showing both $E|J_n(U_k, X_k)|$ and $E|J_n(U_k, Y_k)|$ are dominated by $C_{t,\rho} \sup_j E\|X_j\|^{2+\delta} n^{-\frac{(1+\min(\alpha,\delta))}{2}}$ where $C_{t,\rho}$ is uniformly bounded in t for $t \ge 2\rho$ we see from (4.23) and (4.28) that

$$(4.29) \qquad |E(g(W_n) - g(Z_n))| \le C_{t,\rho} \operatorname{Sup}_j E\|X_j\|^{2+\delta} n^{-\frac{(1+\min(\alpha,\delta))}{2}} \quad .$$

We first establish the equalities in (4.27). Since U_k and X_k are independent, $\|D(x)\| = 1$, and f' vanishes in a neighborhood of zero we have $E(f'(\|U_k\|)\,D(U_k)(X_k)) = E(f'(\|U_k\|)\,D(U_k)(EX_k)) = 0$. Replacing X_k by Y_k we thus have the first equality in (4.27).

The second equality in (4.27) follows exactly in the same way except we use the fact that X_k and Y_k have common covariance functions.

The third part of (4.27) is a bit more complicated and we turn to this now.

Since X_k and U_k are independent, Y_k and U_k are independent, and vanishes in a neighborhood of zero the third equality in (4.27) holds provided

$$E(D_x^2(X_k, X_k')) = E(D_x^2(Y_k, Y_k)) \tag{4.30}$$

or all $x \in B$, $x \neq 0$.

Fix $x \neq 0$, $x \in B$. Then D_x^2 is a non-negative, symmetric, bounded, bilinear form on $B \times B$. Hence there exists a non-negative bounded linear operator $A : B \to B^*$ such that

$$D_x^2(y, z) = \langle A(y), z \rangle = A(y)(z) \qquad (y, z \in B) \quad . \tag{4.31}$$

Hence A restricted to H_μ maps H_μ to B^*. Letting Γ denote the linear map obtained by restricting an element in B^* to H_μ we have $\Gamma: B^* \to H_\mu^*$. Now let ϕ denote the usual linear isometry identifying H_μ^* and H_μ Then, as in Lemma 2.1 (ii), we have $S = \phi \circ \Gamma$ so $\phi \circ \Gamma \circ A : H_\mu \to H_\mu$. Thus the bilinear form D_x^2 restricted to $H_\mu \times H_\mu$ satisfies

$$\begin{aligned} D_x^2(y, z) &= (\phi \circ \Gamma \circ A(y), z)_\mu \qquad (y, z \in H_\mu) \\ &= (S \circ A(y), z)_\mu \end{aligned} \tag{4.32}$$

and since D_x^2 is symmetric we have $S \circ A$ is symmetric on H_μ to H_μ. Since K (the unit ball of H_μ) is compact in B we have $S \circ A$ a compact, non-negative, symmetric operator on H_μ to H_μ.

Thus the spectral theorem for compact, symmetric, non-negative operators on H_μ implies that for $z \in H_\mu \subseteq B$

$$S \circ A(z) = \sum_j \lambda_j (z, e_j)_\mu e_j , \tag{4.33}$$

where $\{e_j : j \geq 1\}$ are orthonormal eigenvectors of $S \circ A$ corresponding to the eigenvalues $\{\lambda_i : \lambda \geq 1\}$ all of which are non-negative. Note that $(S \circ A)(e_j) = \lambda_j e_j$ implies that $e_j = Sf_j$ for some $f_j \in B^*$. That is, letting $Ae_j = \lambda_j f_j$ (which is in B^* as $A : B \to B^*$) we get $Sf_j = e_j$ as asserted. Thus

$$\begin{aligned} (S \circ A(z), z)_\mu &= \sum_j \lambda_j (z, e_j)_\mu^2 \\ &= \sum_j \lambda_j (z, Sf_j)_\mu^2 \qquad (4.34) \\ &= \sum_j \lambda_j [f_j(z)]^2 \end{aligned}$$

for every $z \in H_\mu$. Let

$$I(z) = \left\{ \sum_j \lambda_j [f_j(z)]^2 \right\}^{1/2} \quad (z \in B) . \tag{4.35}$$

Then, if M equals the closure of H_μ in B an easy application of Fatou's lemma implies that $I(z)$ is finite for each z in M. That is, if $z \in M$ and $\{z_n\} \subseteq H_\mu$ is such that $z_n \to z$ in B then by Fatou's lemma, (4.32), (4.34) and (4.35) we have

$$D_x^2(z, z) = \lim_n I^2(z_n) \geq \sum_j \lambda_j [f_j(z)]^2 . \tag{4.36}$$

Since (4.36) holds $I(z)$ is a continuous finite semi-norm on M, and since $I^2(z) = D_x^2(z, z)$ for $z \in H_\mu$ we have

$$I^2(z) = D_x^2(z, z) \quad (z \in M) . \tag{4.37}$$

Now each X_k and Y_k have covariance function T as defined in (4.20). Thus for $f \in B^*$ such that $f = 0$ on H_μ (and hence M) we have $T(f, f) = 0$, and hence it follows easily from the Hahn-Banach theorem that the support of the measure induced by each $X_k(Y_k)$ is a subset of M.

Thus with probability one we have for $k \geq 1$ that

$$D_x^2(X_k, X_k) = \sum_j \lambda_j [f_j(X_k)]^2 \tag{4.38}$$

$$D_x^2(Y_k, Y_k) = \sum_j \lambda_j [f_j(Y_k)]^2 \quad .$$

Since each $\lambda_j \geq 0$ and $E([f_j(X_k)]^2) = E([f_j(Y_k)]^2)$ $(j \geq 1)$ we have (4.30) immediately from (4.38).

Having established (4.27) we need only establish the estimate required for $E|J_n(U_k, X_k)|$ since a similar estimate applies for $E|J_n(U_k, Y_k)|$.

Set $\gamma = \min(\frac{t-\rho}{4}, \rho)$, and let $E = \{x : \|x\| \leq \rho\}$ and $E' = \{x : \|x\| > \rho\}$ throughout the remainder of the proof. Let $C = \sup_{-\infty < u < \infty} \{|f(u)| + |f'(u)| + |f''(u)|\}$.

First note that C can be taken uniform in t for $t \geq 2\rho$ since $\rho > 0$ is fixed.

Then from (4.26)

$$1_{E'}(\|X_k\|/\sqrt{n}) \, |2J_n(U_k, X_k)| \leq \tag{4.39}$$

$$1_{E'}(\|X_k\|/\sqrt{n}) \left[2C \frac{\|X_k\|^2}{n} + 2C \sup_{\|x\| \geq \gamma} \|D_x\|^2 \|X_k\|^2/n \right]$$

since f' and f'' vanish on $(-\infty, t-\rho]$.

If $\|X_k\|/\sqrt{n} \le \gamma$ we have two cases to consider. They are

(a) $$\|U_k + \tau X_k/\sqrt{n}\| \le 3(t - \rho)/4 ,$$

(b) $$\|U_k + \tau X_k/\sqrt{n}\| > 3(t - \rho)/4 .$$

Now case (a) is simple since $\dfrac{\|X_k\|}{\sqrt{n}} \le \gamma \le \dfrac{t-\rho}{4}$ and (a) implies $J_n(U_k, X_k) = 0$ since f' and f'' vanish on $(-\infty, t - \rho]$.

Now $\dfrac{\|X_k\|}{\sqrt{n}} \le \gamma$ and (b) implies $\|U_k\| \ge \dfrac{t-\rho}{2}$. For $x, y \in B$ and $0 < \tau < 1$ we have

$$\begin{aligned} 2J_n(x, \sqrt{n}\, y) = {} & [f''(\|x + \tau y\|) - f''(\|x\|)]\,[D(x + \tau y)(y)]^2 \\ & + f''(\|x\|)\,[[D(x + \tau y)(y)]^2 - [D(x)(y)]^2] \\ & + [f'(\|x + \tau y\|) - f'(\|x\|)]\, D^2_{x+\tau y}(y, y) \\ & + f'(\|x\|)\,[D^2_{x+\tau y}(y, y) - D^2_x(y, y)] \quad . \end{aligned} \tag{4.40}$$

We now estimate the right hand side of (4.40) under the assumption $\|y\| \le \gamma \le \dfrac{t-\rho}{4}$ and $\|x\| \ge \dfrac{t-\rho}{2}$.

Let C' denote a positive constant which dominates the Lipschitz constants of both f' and f'', and recall C from above. Note that C' can be made uniform in t since $\rho > 0$ is fixed.

Then we have

$$1_E(\|y\|)\,|f''(\|x+\tau y\|) - f''(\|x\|)|\;|D(x+\tau y)(y)|^2$$

$$\le 1_E(\|y\|)\min(2C, C'\|y\|)\,\|y\|^2$$

(4.41) $$1_E(\|y\|)\,|f'(\|x+\tau y\|) - f'(\|x\|)|\;D^2_{x+\tau y}(y,y)$$

$$\le 1_E(\|y\|)\min(2C, C'\|y\|)\sup_{\|z\|\ge 3(t-\rho)/4}\|D^2_z\|\cdot\|y\|^2 .$$

Further, since $\|D(x)\|_{B^*} = 1$ for $x \ne 0$ we have

$$1_E(\|y\|)\,|f''(\|x\|)|\;|[D(x+\tau y)(y)]^2 - [D(x)(y)]^2|$$

(4.42) $$\le 1_E(\|y\|)\,2C\|y\|\;|D(x+\tau y)(y) - D(x)(y)|$$

$$= 1_E(\|y\|)\,2C\|y\|\int_0^\tau \frac{d^2}{dt^2}\|x+ty\|\Big|_{t=s}\,ds$$

$$\le 1_E(\|y\|)\,2C\|y\|\sup_{\|z\|\ge\frac{t-\rho}{4}}\|D^2_z\|\,\|y\|^2$$

because $\|x\| \ge \frac{t-\rho}{2}$, $\|y\| \le \gamma \le \frac{t-\rho}{4}$, $0 < \tau < 1$. Finally, since D^2_x is Lip(α) away from zero we have for $\|x\| \ge \frac{t-\rho}{2}$, $\|y\| \le \frac{t-\rho}{4}$ that

(4.43) $$1_E(\|y\|)\,|f'(\|x\|)|\;|D^2_{x+\tau y}(y,y) - D^2_x(y,y)| \le$$

$$\le 1_E(\|y\|)\cdot C\cdot C_{\frac{t-\rho}{2}}\,\|y\|^{2+\alpha}$$

where C_r is defined in (4.3).

Combining (4.39), (4.40), (4.41) and (4.43) we have a constant $C_{t,\rho}$ which is uniform in t for $t \geq 2\rho$ such that

$$(4.44) \qquad E|J_n(U_k, X_k)| \leq C_{t,\rho} \sup_j E\|X_j\|^{2+\delta}/n^{1+\frac{\min(\alpha,\delta)}{2}} .$$

Now (4.44) and a similar estimate for $E|J_n(U_k, Y_k)|$ completes the proof of Lemma 4.3.

Proof of Theorem 4.1. In view of Corollary 3.1 we need only show that

$$(4.45) \qquad P\left\{\omega : \left\{\frac{S_n(\omega)}{\sqrt{2n\, LLn}} : n \geq 1\right\} \text{ conditionally compact in } B\right\} = 1 .$$

Now (4.45) holds if and only if for every $\varepsilon > 0$

$$(4.46) \qquad P\left\{\omega : \left\{\frac{S_n(\omega)}{\sqrt{2n\, LLn}} : n \geq 1\right\} \text{ is covered by finitely many } \varepsilon\text{-balls}\right\} = 1 .$$

Let Π_N and Q_N be defined as in Lemma 2.1 (iii). Then, by the Hartman-Wintner result of Section one, we have for each integer N that

$$(4.47) \qquad P\left\{\omega : \left\{\Pi_N \frac{S_n(\omega)}{\sqrt{2n\, LLn}} : n \geq 1\right\} \text{ is conditionally compact in } \Pi_N B \subseteq B\right\} = 1$$

That is, if (4.47) is false for some N, then since $\Pi_N B$ is of finite dimension we have

$$(4.48) \qquad P\left\{\omega : \left\{\Pi_N \frac{S_n(\omega)}{\sqrt{2n\, LLn}} : n \geq 1\right\} \text{ is unbounded in } \Pi_N B\right\} > 0 \qquad (= 1) .$$

Now (4.48) easily contradicts the Hartman-Wintner result and hence (4.47) holds.

Now (4.47) implies (4.46) if for every $\varepsilon > 0$ there exists an N (depending on ε) such that

$$(4.49) \qquad P\left\{\omega : \overline{\lim_n} \ \|Q_N \frac{S_n(\omega)}{\sqrt{2n\, LLn}}\| > \varepsilon\right\} = 0 \ .$$

Hence we fix $\varepsilon > 0$. Let $A = \left\{\overline{\lim_n} \|Q_N \frac{S_n}{\sqrt{2n\, LLn}}\| > \varepsilon\right\}$ and define

$$(4.50) \qquad B_r = \left\{\omega : \sup_{n_r \le n \le n_{r+1}} \|Q_N \frac{S_n(\omega)}{\sqrt{2n\, LLn}}\| > \varepsilon\right\}$$

for $n_r = 2^r$ and $r = 1, 2, \ldots$. Then $A \subseteq \{B_r \text{ i.o.}\}$ and for large values of r

$$\begin{aligned} P(B_r) &\le P\left\{\sup_{n_r \le n \le n_{r+1}} \|Q_N S_n\| > \varepsilon\sqrt{2n_r\, LLn_r}\right\} \\ (4.51) \qquad &\le 2P\left\{\|Q_N S_{n_{r+1}}\| > (\varepsilon/2)\sqrt{2n_r\, LLn_r}\right\} \\ &\le 2P\left\{\frac{\|Q_N S_{n_{r+1}}\|}{\sqrt{n_{r+1}}} > \varepsilon\sqrt{\frac{n_r}{n_{r+1}}}\sqrt{2\, LLn_r}\right\} \end{aligned}$$

where the second inequality follows in a standard way provided

$$(4.52) \qquad \sup_{n_r \le n \le n_{r+1}} P\left\{\|Q_N S_{n_{r+1}} - Q_N S_n\| > (\varepsilon/2)\sqrt{2n_r\, LLn_r}\right\} \le 1/2 \ .$$

Now by property (g) of Lemma 4.1 we have (4.52) for large r by an easy application of Chebyshev's inequality.

Now $A \subseteq \{B_r \text{ i.o.}\}$ implies $P(A) = 0$ if $\sum_r P(B_r) < \infty$, and since $n_r = 2^r$ we have $\sum_r P(B_r) < \infty$ whenever

$$\sum_r P\left\{\frac{\|Q_N S_{n_r}\|}{\sqrt{n_r}} > (\varepsilon/4)\sqrt{2\, LLn_r}\right\} < \infty \quad . \tag{4.53}$$

Next we will choose N so that (4.53) and hence (4.49) holds. Recall $\varepsilon > 0$ is fixed and define for each $j, n \geq 1$ the random variables

$$X_{j,n} = \begin{cases} X_j & \text{if } \|X_j\| \leq \sqrt{n} \\ 0 & \text{otherwise} \end{cases} . \tag{4.54}$$

The $\{X_{j,n} : j \geq 1\}$ are independent and identically distributed and have common covariance function

$$T_n(f, g) = E(f(X_{1,n} - m_n)\, g(X_{1,n} - m_n)) \qquad (f, g \in B^*) \tag{4.55}$$

where

$$m_n = E(X_{1,n}) = \int_{\{\|x\| \leq \sqrt{n}\}} x\, v(dx)$$

$n = 1, 2, \ldots$ and $v = \mathcal{L}(X_1)$.

Let $\mu_n(\mu)$ denote the mean zero Gaussian measure on B determined by the covariance function $T_n(T)$ where

$$T(f, g) = E(f(X_1)\, g(X_1)) \qquad (f, g \in B^*) \quad .$$

Recall Lemma 4.2 for the existence of μ and μ_n and notice that

$$T_n(f, f) \le T(f, f) \qquad (n \ge 1,\ f \in B^*) \quad . \tag{4.56}$$

Then by T. W. Anderson's inequality [2] for every convex symmetric Borel set $C \subseteq B$ we have

$$\mu(C) \le \mu_n(C) \qquad (n \ge 1) \quad . \tag{4.57}$$

That is, Anderson's inequality applies directly to convex symmetric Borel cylinder sets C and yields (4.57) for such sets. The extension of (4.57) to arbitrary convex symmetric Borel sets follows in a fairly standard way since it suffices to show (4.57) when the C are compact, convex, and symmetric in B. That (4.57) follows for such C results from the fact that C compact implies

$$\mu(C) = \inf_{C \subseteq I} \mu(I) \tag{4.58}$$

where I is an open cylinder set. Now one can insert a convex symmetric open cylinder U between C and any open cylinder set $I \supseteq C$ so we have

$$\mu(C) = \inf_{U \in \mathfrak{U}} \mu(U)$$

where $\mathfrak{U}$ denotes all open, convex, symmetric cylinder sets containing C. Similarly, $\mu_n(C) = \inf_{U \in \mathfrak{U}} \mu_n(U)$ and hence (4.57) follows from its validy on $\mathfrak{U}$.

Let $\Gamma(x)$ denote a continuous semi-norm on B. If $0 < s$ is such that $\mu(x : \Gamma(x) \leq s) > 1/2$ then by a lemma of Fernique [6] we have for each $t \geq 0$

$$(4.59) \qquad \mu(x : \Gamma(x) \geq t) \leq \exp\left\{\frac{-t^2}{24s^2} \log\left[\frac{\mu(x : \Gamma(x) \leq s)}{\mu(x : \Gamma(x) > s)}\right]\right\} .$$

Next observe that by a well known result we have

$$\lim_{N \to \infty} \|Q_N x\| = 0 \qquad \text{a.e. } (\mu)$$

so fix s such that $0 < s = \tau(\varepsilon) \equiv \sqrt{\frac{\varepsilon^2 \log 3}{16.24}}$. Now choose N sufficiently large so that

$$(4.60) \qquad \mu(x \in B : \|Q_N x\| \leq s) \geq 3/4 .$$

Then by (4.59) and inequality (4.57) we have

$$(4.61) \qquad \mu_n(x : \|Q_N x\| \geq t) \leq \mu(x : \|Q_N x\| \leq t) \leq \exp\left\{\frac{-t^2}{24s^2} \log 3\right\}$$

$$\leq \exp\left\{\frac{-t^2 \log 3}{24\tau^2(\varepsilon)}\right\} .$$

Assuming N fixed so that (4.60) and (4.61) holds we now apply Lemma 4.3.

Let $S'_n = X_{1,n} + \ldots + X_{n,n}$ for $n \geq 1$. Then

$$P\left\{\|Q_N\frac{S_n}{\sqrt{n}}\| \geq t\right\} \leq P\left\{\|Q_N\frac{S'_n}{\sqrt{n}}\| \geq t\right\} + nP\left\{\|X_1\| > \sqrt{n}\right\}$$

(4. 62) $$\leq P\left\{\|Q_N\frac{(S'_n - n\,m_n)}{\sqrt{n}}\| \geq t - \sqrt{n}\,\|Q_N m_n\|\right\} + nP\left\{\|X_1\| > \sqrt{n}\right\}$$

$$\leq P\left\{\|Q_N\frac{(S'_n - n\,m_n)}{\sqrt{n}}\| \geq 3t/4\right\} + nP\left\{\|X_1\| > \sqrt{n}\right\}$$

uniformly in $t \geq 1$ as $\lim_n \sqrt{n}\, m_n = 0$ and Q_N is continuous. To see that $\lim_n \sqrt{n}\, m_n = 0$ notice that $\int_B x\, dv(x) = 0$ implies

$$\|\sqrt{n}\, m_n\| = \sqrt{n}\, \|\int_{\{\|x\| > \sqrt{n}\}} x\, dv(x)\| \leq \int_{\{\|x\| > \sqrt{n}\}} \|x\|^2\, dv(x) \xrightarrow[n\to\infty]{} 0 .$$

Now apply Lemma 4. 3 to the random variables $Q_N(X_{j,n} - m_n)$ for $1 \leq j \leq n$. Therefore

(4. 63) $$P\left\{\|Q_N\frac{S_n}{\sqrt{n}}\| \geq t\right\} \leq \mu_n(x \in B : \|Q_N x\| \geq t/2) + \frac{C_n}{n^{1/2}} + nP\left\{\|X_1\| > \sqrt{n}\right\}$$

uniformly in $t \geq 1$ with $\rho = 1/4$ (so $3/4\, t - \rho \geq t/2$), and with an absolute constant C such that

$$C_n = CE\|Q_N(X_{1,n} - m_n)\|^3$$

(4. 64) $$\leq 4C\{E\|Q_N X_{1,n}\|^3 + \|Q_N m_n\|^3\}$$

$$\leq 4C'\{E\|X_{1,n}\|^3 + \|m_n\|^3\}$$

as N is fixed and Q_N is continuous and linear.

Combining (4. 63), (4. 64), and (4. 61) we have

$$(4.65) \qquad P\left\{\|Q_N \frac{S_n}{\sqrt{n}}\| \geq t\right\} \leq \exp\left\{\frac{-t^2 \log 3}{24\tau^2(\varepsilon)}\right\} + \frac{4C'}{\sqrt{n}}\left\{E\|X_{1,n}\|^3 + \|m_n\|^3\right\} + nP\left\{\|X_1\| > \sqrt{n}\right\} .$$

Therefore (4.53) holds if for $t = \varepsilon\sqrt{2\,\mathrm{LL}n_r}/4$ we have

$$(4.66) \qquad \sum_r n_r P\{\|X_1\| > n_r\} < \infty$$

and

$$(4.67) \qquad \sum_r \frac{E\|X_{1,n_r}\|^3}{\sqrt{n_r}} < \infty$$

as all other terms on the right side of (4.65) sum over the subsequence $n_r = 2^r$, and also

$$\exp\left\{\frac{-\varepsilon^2(2\,\mathrm{LL}n_r)\log 3}{16\cdot 24\cdot \tau^2(\varepsilon)}\right\} = \exp\{-2\,\mathrm{LL}n_r\} = \frac{1}{(r\log 2)^2}$$

sums over $r \geq 1$.

To verify (4.66) observe that $P\{\|X_1\| > \sqrt{k}\} \downarrow 0$ as k increases to infinity and hence

$$\begin{aligned}
\infty > E\|X_1\|^2 \geq \sum_k P\{\|X_1\|^2 > k\} &= \sum_k P\{\|X_1\| > \sqrt{k}\} \\
&= \sum_{r=1}^{\infty} \sum_{j=n_{r-1}+1}^{n_r} P\{\|X_1\| > \sqrt{j}\} \\
&\geq \sum_{r=1}^{\infty} (n_r - n_{r-1}) P\{\|X_1\| > \sqrt{n_r}\} \\
&= \frac{1}{2} \sum_{r=1}^{\infty} n_r P\{\|X_1\| > \sqrt{n_r}\} .
\end{aligned}$$

To proof (4.67) let $a_n = E\|X_{1,n}\|^3$ and note that

$$a_n \le \sum_{k=1}^{n} k^{3/2} P\{k-1 \le \|X_1\|^2 \le k\} .$$

ence

$$\begin{aligned}\sum_{n=1}^{\infty} \frac{a_n}{n^{3/2}} &\le \sum_{n=1}^{\infty} n^{-3/2} \sum_{k=1}^{n} k^{3/2} P\{k-1 \le \|X_1\|^2 \le k\} \\ &= \sum_{k=1}^{\infty} k^{3/2} P\{k-1 \le \|X_1\|^2 \le k\} \sum_{n=k}^{\infty} n^{-3/2} \\ &= O\left(\sum_{k=1}^{\infty} kP\{k-1 \le \|X_1\|^2 \le k\}\right) \\ &= O(E\|X_1\|^2) < \infty .\end{aligned}$$

ow $a_n \nearrow$ as n increases so

$$\infty > \sum_{n=1}^{\infty} \frac{a_n}{n^{3/2}} \ge \sum_{r=1}^{\infty} \sum_{j=n_r+1}^{n_{r+1}} a_j/j^{3/2} \ge \sum_{r=1}^{\infty} (n_{r+1} - n_r) \frac{a_{n_r}}{(n_{r+1})^{3/2}}$$

$$\ge \frac{1}{8} \sum_{r=1}^{\infty} \frac{a_{n_r}}{\sqrt{n_r}} .$$

hus (4.67) holds and the proof is complete.

Another application of Corollary 3.1 is given in our next result which stablishes the law of the iterated logarithm for $C(S)$ valued random variables nder conditions exactly the same as those used to establish the central limit heorem in this setting.

Let S denote a compact metric space with metric d. Let $C(S)$ denote the space of real-valued continuous functions on S, and for $f \in C(S)$ define $\|f\|_\infty = \sup_{t \in S} |f(t)|$. If S is a pseudo-metric space with pseudo-metric ρ, then $N(\rho, S, \varepsilon)$ denotes the minimal number of balls of ρ-radius less than ε which cover S. The ε-entropy of (S, ρ) is

$$H(\rho, S, \varepsilon) = \log N(\rho, S, \varepsilon)$$

where $\log x$ denotes the natural logarithm of x.

If S is a metric space under d and ρ is a pseudo metric on S we say ρ <u>is continuous with respect to d</u> if for every $\varepsilon > 0$ there exists $\delta > 0$ such that $d(s, t) < \delta$ implies $\rho(s,t) < \varepsilon$. If S is compact under d (with topology τ_d) then it is easy to see that ρ is continuous with respect to d iff τ_d is stronger than τ_ρ.

<u>Theorem 4.2.</u> Let X be a $C(S)$ valued random variable such that

$$E(X(s)) = 0 \text{ and } E(X^2(s)) < \infty \qquad (s \in S).$$

Suppose there exists a non-negative random variable M such that for given $s, t \in S$ and sample point ω we have

$$|X(s, \omega) - X(t, \omega)| \le M(\omega)\, \rho(s, t)$$

with $E(M^2) < \infty$ and ρ a pseudo-metric on S such that ρ is continuous with respect to d. If

(a) $\int_0 H^{1/2}(S, \rho, u)\, du < \infty$,

(b) $X_1, X_2, \ldots$ are independent identically distributed such that $\mathcal{L}(X_k) = \mathcal{L}(X)$, and if

(c) K is the unit ball of $H_{\mathcal{L}(X)}$, then

$$P\left\{\lim_n d\left(\frac{S_n}{\sqrt{2n\, LLn}}, K\right) = 0\right\} = 1 \tag{4.68}$$

and

$$P\left\{C\left(\left\{\frac{S_n}{\sqrt{2n\, LLn}} : n \geq 1\right\}\right) = K\right\} = 1 \quad . \tag{4.69}$$

Here $d(x, K) = \inf_{y \in K} \|x - y\|_\infty$ and, of course, the clustering is relative to the sup-norm $\|\cdot\|_\infty$.

Examples. Let $S = [0, 1]$ and assume $\{X(s) : 0 \leq s \leq 1\}$ is a stochastic process with continuous sample paths. Further, assume

$$E(X(s)) = 0 \quad \text{and} \quad E(X^2(s)) < \infty \quad (s \in S) \quad , \tag{4.70}$$

and that

$$|X(t, \omega) - X(s, \omega)| \leq M(\omega)|\log|s - t||^{-\alpha} \tag{4.71}$$

where $\alpha > 1/2$ and $E(M^2) < \infty$. Then $\{X(s) : 0 \leq s \leq 1\}$ satisfies the conditions of Theorem 4.2 and hence X satisfies the LIL.

To see that the conditions of Theorem 4.2 hold we introduce the natural metric ρ determined by the right hand side of (4.71). Then we show that

$$\int_0 H^{1/2}(S, \rho, u)\, du < \infty$$

with respect to this metric.

Let

$$\text{(4.72)} \qquad \phi(t) = \begin{cases} \dfrac{1}{|\log t|^{\alpha}} & 0 \le t \le \dfrac{1}{e^3} \\[2ex] \dfrac{1}{3^{\alpha}} & t \ge \dfrac{1}{e^3} \\[2ex] 0 & t = 0 \end{cases} .$$

Then $\phi(t)$ is continuous, increasing, and concave downward on $[0, \infty)$. We define the metric ρ on $[0, 1]$ by

$$\text{(4.73)} \qquad \rho(s, t) = \phi(|t - s|) \qquad (s, t \in [0, 1]) .$$

To check that ρ defined in (4.73) actually is a metric we need only verify the triangle inequality for ρ. Now the triangle inequality for ρ is equivalent to showing that

$$\text{(4.74)} \qquad \phi(t_1) \le \phi(t_2) + \phi(t_3)$$

whenever t_1, t_2, t_3 are in $(0, 1]$ and $t_1 \le t_2 + t_3$. Since (4.74) is easy to check we omit the details.

Thus ρ is a metric which is continuous with respect to the usual metric $d(s, t) = |s - t|$ on $[0, 1]$ and since $\alpha > 1/2$ we have

$$\int_0 H^{1/2}([0, 1], \rho, u)\, du < \infty \quad . \tag{4.75}$$

To verify (4.75) notice that

$$N([0, 1], \rho, u) = O(\frac{1}{2h}) \tag{4.76}$$

where $|\log h|^{-\alpha} = u$. Hence $h = \exp\{-(\frac{1}{u})^{1/\alpha}\}$ so $H([0, 1], \rho, u) = O((\frac{1}{u})^{1/\alpha})$, and (4.75) holds since $\int_0 (\frac{1}{u})^{1/2\alpha}\, du < \infty$ when $\frac{1}{2\alpha} < 1$.

A situation where (4.71) easily follows can be seen by integrating a stochastic process $\{Y(s) : 0 \leq s \leq 1\}$. That is, assume $E(Y(s)) = 0$ and $E(Y^2(s)) < \infty$ for $s \in [0, 1]$, $\{Y(s) : 0 \leq s \leq 1\}$ has continuous sample paths, and $E[\sup_{0 \leq s \leq 1} |Y(s)|]^2 < \infty$. Then

$$X(t, \omega) = \int_0^t Y(s, \omega)\, ds \qquad (0 \leq t \leq 1)$$

clearly satisfies (4.71) as well as the other conditions of Theorem 4.2.

One can also show that Brownian motion satisfies the condition of Theorem 4.2. That is, let $\{X(t) : 0 \leq t \leq T\}$ be standard. Brownian motion and take γ to be a positive constant such that $0 < \gamma < 1/2$. Then for any $h > 0$ we have

$$P\{\omega : |X(t, \omega) - X(s, \omega)| > h|s - t|^{\gamma} \text{ for some } s, t \in [0, T]\} \tag{4.77}$$

$$\leq Ch^{\frac{-4}{1-2\gamma}}$$

where $C = 2\left\{\frac{(1 - 2^{-\gamma})^2(1 - 2\gamma)\, e}{16}\right\}^{\frac{-2}{1-2\gamma}}$.

Letting

(4.78) $$M(\omega) = \sup_{\substack{s, t \in [0, T] \\ s \neq t}} \frac{|X(t, \omega) - X(s, \omega)|}{|s - t|^{\gamma}}$$

we have from (4.77) that

(4.79) $$P\{\omega : M(\omega) > h\} \leq \frac{C}{h^4}$$

as $\frac{4}{1 - 2\gamma} \geq 4$. Therefore $E(M^2) < \infty$, and $\{X(t) : 0 \leq t \leq T\}$ clearly satisfies the other conditions of Theorem 4.2 with $\rho(s, t) = |s - t|^{\gamma}$.

Further examples are included in [4] and [8] as well as in the references indicated there.

The proof of Theorem 4.2 is given in [14] and proceeds by showing (1.6) holds with $B = C(S)$. There are applications to $C(S)$ valued random variables with subgaussian increments in [14], and in [13] there are results for $C[0, 1]$ valued random variables. The results in [13] were proved first and the basic approach used in the proof of Theorem 4.2 is in the same spirit as that of [13], but the exact details for the proof are quite different.

As a final application of Corollary 3.1 we mention some results for $D[0, 1]$-valued random variables.

As usual $D[0, 1]$ denotes the space of real-valued functions on $[0, 1]$ which are right continuous on $[0, 1)$ and have left-hand limits on $(0, 1]$. The cylinder sets of $D[0, 1]$ induced by the maps $x \to x(t)$ induce a sigma algebra which we denote by $\mathcal{D}$.

For each $x \in D[0, 1]$ we define the norm

$$\|x\|_\infty = \sup_{0 \le t \le 1} |x(t)| .$$

Theorem 4.3. Let $X_1, X_2, \ldots$ be independent identically distributed $(D[0,1], \mathcal{D})$ valued random variables such that each $\{X_k(t) : 0 \le t \le 1\}$ is a martingale. Further, assume there exists a $\delta > 0$ such that

$$E(X_k(t)) = 0 \text{ and } E|X_k(t)|^{2+\delta} < \infty \quad (0 \le t \le 1) , \tag{4.80}$$

and the covariance function

$$R(s,t) = E(X_k(s) X_k(t))$$

is continuous on $[0,1] \times [0,1]$. Let K_R denote the unit ball of the reproducing kernel Hilbert space H_R determined by the covariance function R. Then

$$P\left(\lim_n d\left(\frac{S_n}{\sqrt{2n\, LLn}}, K_R \right) = 0 \right) = 1 \tag{4.81}$$

and

$$P\left(C\left(\left\{ \frac{S_n}{\sqrt{2n\, LLn}} : n \ge 1 \right\} \right) = K_R \right) = 1 \tag{4.82}$$

where the cluster set and distances are computed in the sup-norm $\|\cdot\|_\infty$.

If the processes $\{X_k(t) : 0 \le t \le 1\}$ are independent increment processes, then (4.81) and (4.82) hold with only a second moment condition in (4.80) rather than the $(2+\delta)^{th}$ moment.

The proof of Theorem 4.3 appears in [12] and depends on an application of Corollary 3.1 to a related sequence of random variables with values in $C[0,1]$.

5. The functional law of the iterated logarithm. The primary emphasis of the previous results in these lectures involved the LIL for sequences of i.i.d. Banach space valued random variables. Here we will examine the functional law of the iterated logarithm (FLIL) of Strassen for such sequences. In [17] we obtained a functional law for Hilbert space valued random variables, but our result here is more general, and demonstrates that it is the LIL for sequences which is more fundamental in the Banach space setting. This is analogous to the relationship between the central limit theorem and the invariance principle for Banach space valued random variables which was pointed out in [10].

Again, let B denote a real separable Banach space with norm $\|\cdot\|$, and assume $X_1, X_2, \ldots$ are i.i.d. B-valued random variables such that $E(X_k) = 0$ and $E\|X_k\|^2 < \infty$. We say the sequence $\{X_k\}$ satisfies the LIL with limit set K if (1.4) and (1.5) hold.

Of course, Corollary 3.1 asserts that the limit set K is always the unit ball of the Hilbert space $H_{\mathcal{L}(X_1)}$ constructed in Lemma 2.1. To describe the functional law of the iterated logarithm based on the sequence $\{X_k\}$ we need some additional terminology. However, we point out that the unit ball K of $H_{\mathcal{L}(X_1)}$ will be involved in our description of the limit set for the functional law of the iterated logarithm as well.

Let $C_B[0,1]$ denote the functions $f : [0,1] \to B$ which are continuous, and define $\|f\|_{\infty,B} = \sup_{0 \le t \le 1} \|f(t)\|$. Then $C_B[0,1]$ is a real separable Banach space in the norm $\|\cdot\|_{\infty,B}$. Let $\{\alpha_k\} \subseteq B^*$ be such that $\{S\alpha_k : k \ge 1\}$ is a C.O.N.S. in $H_{\mathcal{L}(X_1)} \subseteq B$ where the mapping $S : B^* \to B$ is as in Lemma 2.1. The limit set involved in the FLIL for the i.i.d. sequence $\{X_k\}$ is the set

$$(5.1)\qquad \mathcal{K} = \left\{ \begin{array}{l} f \in C_B[0,1] : f(t) \in H_{\mathcal{L}(X_1)} \quad (0 \le t \le 1) , \\ \qquad f(t) = \sum_k \int_0^t \frac{d}{ds} \alpha_k(f(s))\, ds\, S\alpha_k , \\ \qquad \text{and } \sum_k \int_0^1 [\frac{d}{ds} \alpha_k(f(s))]^2\, ds \le 1 \end{array} \right\} .$$

Now we make precise what we mean when we say the sequence $\{X_k\}$ satisfies the FLIL. For each sample point ω we define the polygonal functions

$$(5.2)\qquad Z_n(t,\omega) = \begin{cases} \dfrac{S_k(\omega)}{\sqrt{2n\, LLn}} & (t = k/n,\ k = 0, 1, \dots, n) \\ \text{linear elsewhere} & (0 \le t \le 1) . \end{cases}$$

Then for each sample point ω the sequence $\{Z_n(\cdot, \omega)\}$ is a subset of $C_B[0, 1]$ and we say $\{X_k\}$ satisfies the FLIL with limit set $\mathcal{K}$ if

$$(5.3)\qquad P\{\omega : \lim_n d(Z_n(\cdot, \omega), \mathcal{K}) = 0\} = 1 ,$$

and

$$(5.4)\qquad P\{\omega : C(\{Z_n(\cdot, \omega) : n \ge 1\}) = \mathcal{K}\} = 1$$

where

$$d(f, A) = \inf_{g \in A} \|f - g\|_{\infty, B}$$

and

$$C(\{f_n\}) = \text{all limit points of } \{f_n\} \text{ in } C_B[0, 1] \quad .$$

If $\Psi : C_B[0, 1] \to B$ is defined by $\Psi(f) = f(1)$, then it follows rather easily from the definition of $\mathcal{K}$ that $\Psi(\mathcal{K}) = K$. Hence if the i.i.d. sequence $\{X_k\}$ obey the functional LIL with limit set $\mathcal{K}$, then it also satisfies the LIL with limit set K. Theorem 5.1 provides a converse for this fact provided $\{X_k\}$ is an i.i.d. sequence of B-valued random variables such that $E(X_k) = 0$ and $E\|X_k\|^2 < \infty$.

Theorem 5.1. Let $\{X_k\}$ be a sequence of i.i.d. B-valued random variables such that $E(X_k) = 0$ and $E\|X_k\|^2 < \infty$. If $\{X_k\}$ satisfies the law of the iterated logarithm with limit set K, then $\{X_k\}$ satisfies the functional law of the iterated logarithm with limit set $\mathcal{K}$ as described in (5.1).

Proof. Fix $\varepsilon > 0$. For $N \geq 1$ and $x \in B$ let

$$\Pi_N(x) = \sum_{k=1}^{N} \alpha_k(x)\, S\alpha_k \quad \text{and} \quad Q_N(x) = x - \Pi_N x \tag{5.5}$$

where $\{\alpha_k\} \subseteq B^*$ and $\{S\alpha_k : k \geq 1\}$ is a C.O.N.S. in $H_{\mathcal{L}(X_1)} \subseteq B$. Then by the argument used in the proof of Theorem 3.1 we have an N_0 such that $N \geq N_0$ implies

$$Q_N K \subseteq \{x \in B : \|x\| < \varepsilon/2\} \quad . \tag{5.6}$$

Hence, since (1.4) holds and Q_N is continuous from B into B we have

(5.7) $$P\left\{\omega : \overline{\lim_k} \|Q_N \frac{S_k(\omega)}{\sqrt{2k\, LLk}}\| \le \varepsilon/2\right\} = 1 \quad .$$

Combining (5.2) and (5.7) we easily see that

(5.8) $$P\{\omega : \overline{\lim_n} \|Q_N Z_n(\cdot\,, \omega)\|_{\infty, B} \le \varepsilon/2\} = 1 \quad .$$

For the moment assume $E\|\Pi_N X_k\|^3 < \infty$ and observe that the random variables $\{\Pi_N X_k : k \ge 1\}$ take values in the finite-dimensional Banach space $\Pi_N B$. Since all norms on a finite-dimensional Banach space are equivalent we can put a Euclidean norm on $\Pi_N B$. Then the functional law of the iterated logarithm of [17] applies to the sequence $\{\Pi_N X_k : k \ge 1\}$. Further, the limit set is $\Pi_N \mathcal{K}$ so we have

(5.9) $$P\{\omega : \lim_k d(\Pi_N Z_k(\cdot\,, \omega), \Pi_N \mathcal{K}) = 0\} = 1$$

and

(5.10) $$P\{\omega : C(\{\Pi_N Z_k(\cdot\,,\omega) : k \ge 1\}) = \Pi_N \mathcal{K}\} = 1$$

where

$$d(x, A) = \inf_{y \in A} \|x - y\|_{\infty, \Pi_N B}$$

and the cluster set is computed with respect to the norm $\|\cdot\|_{\infty, \Pi_N B}$.

Combining (5.8), (5.9), and (5.10) completes the proof provided $E\|\Pi_N X_k\|^3 < \infty$.

Since the condition $E\|X_k\|^2 < \infty$ need not imply $E\|\Pi_N X_k\|^3 < \infty$ we must truncate as in the proof of Theorem 4.1. That is, we carry out the proof of the FLIL for the sequence $\{\Pi_N X_k\}$ with N fixed as in [17, Theorem 3.2]. At various points in the proof we replace a non-Gaussian probability by a Gaussian probability plus an error estimate, but now we must truncate and use an argument of C. Heyde which was employed in Theorem 4.1. The details are lengthy, but straightforward once one is armed with Heyde's technique and the basic outline of the proof provided by [17, Theorem 3.2]. Hence they are omitted.

6. An application to operator valued random variables. Here we combine the functional law of the iterated logarithm of Theorem 5.1 and our results on the LIL to obtain an application to operator valued random variables and the functional behavior of solutions of certain random evolutions. The terminology random evolution is used in the sense indicated by T. Kurtz in [19]*. The results presented here, in fact, were motivated by those in [19], but we hasten to point out that their domain of applicability is considerably less general. Of course, the mode of development of the random evolution used in [19] parallels the law of large numbers (LLN) for operator valued random variables, whereas that employed here is that of the LIL. Since the classical LIL is much more delicate for Banach space valued random variables than the classical LLN, perhaps this loss of generality is to be expected. Nevertheless, it would be of interest to improve these results to a setting approaching the scope of [19].

Let H denote a real separable Hilbert space, and let $L(H)$ denote the Banach space of bounded linear operators from H to H with the uniform operator norm giving the topology. That is, if $A \in L(H)$, then the norm of A is

$$\|A\| = \sup_{\|x\|_H \leq 1} \|Ax\|_H \,, \tag{6.1}$$

where $\|\cdot\|_H$ denotes the norm on H.

---

* The paper by R. Hersh and R. J. Griego entitled Random evolutions, Markov chains, and systems of partial differential equations which appeared in the Proc. Nat. Acad. Sci. U.S.A., 62 (1969), pp. 305-308 as well as recent work by Hersh, Griego, G. Papanicolaou, M. Pinsky, and others also deals with random evolutions.

Let B denote a closed separable subalgebra of L(H) consisting of self adjoint commuting operators. Then, it is known that there exists a fixed bounded resolution of the identity $E(\lambda)$ for H on [0, 1] such that $A \in B$ implies

(6.2) $$A = \int_0^1 f(\lambda)\, dE(\lambda)$$

for some bounded Borel function f on [0, 1] and $\|A\| \le \|f\|_\infty \equiv \sup_{0 \le t \le 1} |f(t)|$ (equality holds if f is continuous). For details see [1, p. 82], [21, p. 355-360]. We describe this situation by saying B has the spectral resolution $\{E(\lambda) : 0 \le \lambda \le 1\}$.

Now assume A is a B-valued random variable. Then for each sample point ω we have

(6.3) $$A(\omega) = \int_0^1 f(\lambda, \omega)\, dE(\lambda)$$

where $f(\cdot, \omega)$ is a bounded Borel function on [0, 1]. In our next theorem we will examine B-valued random variables A provided A is the spectral integral of certain types of stochastic processes $\{f(\lambda, \cdot) : 0 \le \lambda \le 1\}$.

One of the types of processes we deal with has what we call subgaussian increments. That is, a stochastic process $\{f(\lambda) : 0 \le \lambda \le 1\}$ has subgaussian increments if there exists a constant $A > 0$ such that for t real

(6.4) $$E\{\exp\{t[f(u) - f(v)]\}\} \le \exp\{At^2\tau^2(u, v)\} \qquad (u, v \in [0, 1]) \ .$$

where $\tau^2(u, v) = E\{f(u) - f(v)\}^2$ $(u, v \in [0, 1])$.

<u>Theorem 6.1.</u> Let B denote a closed separable subspace of L(H) consisting of self-adjoint commuting operators having spectral representation $\{E(\lambda) : 0 \le \lambda \le 1\}$. Let $\{f(\lambda) : 0 \le \lambda \le 1\}$ denote a stochastic process such that $E(f(\lambda)) = 0 \quad (0 \le \lambda \le 1)$ and $R(u, v) = E(f(u)\, f(v))$ is continuous on the square $[0, 1] \times [0, 1]$. Assume that one of the following conditions holds for $\{f(\lambda) : 0 \le \lambda \le 1\}$:

(6.5) $\{f(\lambda) : 0 \le \lambda \le 1\}$ has continuous sample paths on $[0, 1]$ such that for almost every sample point ω

$$|f(u, \omega) - f(v, \omega)| \le M(\omega)\, \big|\log |u - v|\big|^{-\rho} \quad (u, v \in [0, 1])$$

where $\rho > 1/2$ and $E(M^2) < \infty$.

(6.6) $\{f(\lambda) : 0 \le \lambda \le 1\}$ is an independent increment process with sample paths in $D[0, 1]$.

(6.7) $\{f(\lambda) : 0 \le \lambda \le 1\}$ is a martingale with sample paths in $D[0, 1]$, and for some $\delta > 0$, $E|f(u)|^{2+\delta} < \infty$, $0 \le u \le 1$.

(6.8) $\{f(\lambda) : 0 \le \lambda \le 1\}$ has sample paths in $C[0, 1]$ and has subgaussian increments such that for fixed $\Lambda > 0$

$$\tau(u, v) \le \Lambda \big|\log |u - v|\big|^{-\rho} \quad (u, v \in [0, 1])$$

where $\rho > 1/2$.

(6.9) $\{f(\lambda) : 0 \leq \lambda \leq 1\}$ is a Gaussian process with sample paths in $C[0, 1]$.

If $f_1, f_2, \ldots$ are independent identically distributed copies of $\{f(\lambda) : 0 \leq \lambda \leq 1\}$ on the probability space $(\Omega, \mathfrak{F}, P)$ and we define

$$A_k(\omega) = \int_0^1 f_k(\lambda, \omega)\, dE(\lambda) \qquad (k \geq 1, \omega \in \Omega) \quad , \tag{6.10}$$

then $A_1, A_2, \ldots$ are i.i.d. B-valued random variables (operators) such that

$$E(A_k) = 0 \quad \text{and} \quad E\|A_k\|^2 < \infty \ . \tag{6.11}$$

Furthermore, if K is the unit ball of $H_{\mathcal{L}(A_1)} \subseteq B$, then

$$P\left\{\omega : \lim_n d\left(\frac{A_1(\omega) + \ldots + A_n(\omega)}{\sqrt{2n\, LLn}}, K\right) = 0\right\} = 1 \tag{6.12}$$

and

$$P\left\{\omega : C\left(\left\{\frac{A_1(\omega) + \ldots + A_n(\omega)}{\sqrt{2n\, LLn}} : n \geq 1\right\}\right) = K\right\} = 1 \tag{6.13}$$

where the distance to K and the clustering throughout K is computed in terms of the uniform operator norm

Proof. That $A_1, A_2, \ldots$ are i.i.d. on $(\Omega, \mathfrak{F}, P)$ follows from their definition in (6.10), and that $f_1, f_2, \ldots$ are independent copies of the process $\{f(\lambda) : 0 \leq \lambda \leq 1\}$. Since the sample paths of each f_k are in $C[0, 1]$ or $D[0, 1]$ whenever one of (6.5)-(6.9) hold we have

$$\text{. 14)} \qquad \|A_k(\omega)\| = \| \int_0^1 f_k(\lambda, \omega)\, dE(\lambda)\| \le \|f_k(\cdot, \omega)\|_\infty$$

nd hence in each case we can prove $E\|A_k\|^2 < \infty$ since $E\|f_k\|_\infty^2 < \infty$. Further, e Bochner integral

$$E(A_k) = 0 .$$

o see this apply a continuous linear functional T to $E(A_k)$ getting $E(A_k)) = E(T(A_k))$. Hence if $T(A) = (Ax, y)_H$ for $x, y \in H$ then

$$T(A_k(\omega)) = \int_0^1 f(\lambda, \omega)\, d(E(\lambda)(x), y)_H$$

here $(E(\lambda)(x), y)_H$ is a finite variation signed measure on $[0, 1]$. Hence $(T(A_k)) = \int_0^1 E(f(\lambda,\omega))\, d(E(\lambda)(x), y) = 0$. Since the linear functionals of the orm $T(A) = (Ax, y)$ separates points in $L(H)$ we have $E(A_k) = 0$.

Thus by Lemma 2. 1 the Hilbert space $H_{\mathcal{L}(A_1)}$ is defined, and by orollary 3. 1 the unit ball K of $H_{\mathcal{L}(A_1)}$ is the limit set which must be used n (6. 12) and (6. 13). To get (6. 12) and (6. 13) to hold we need only show nat

$$\text{6. 15)} \qquad P\left\{\omega : \left\{\frac{A_1(\omega) + \ldots + A_n(\omega)}{\sqrt{2n\, LLn}} : n \ge 1\right\} \text{ is conditionally compact in } B\right\} = 1$$

Now (6. 15) holds since under the assumptions on the stochastic processes $f_k\}$ we have from Theorem 4. 2, Theorem 4. 3, [14, Theorem 2], and [18] that

$$(6.16)\qquad P\left\{\omega:\ \text{every subsequence of}\ \left\{\frac{f_1(\cdot,\omega)+\dots+f_n(\cdot,\omega)}{\sqrt{2n\,LLn}} : n\ge 1\right\}\ \text{has a convergent subsequence in the sup-norm on}\ [0,1]\right\} = 1$$

Now (6.14) and (6.16) combine to show that

$$P\left\{\omega:\ \text{every subsequence of}\ \left\{\frac{A_1(\omega)+\dots+A_n(\omega)}{\sqrt{2n\,LLn}} : n\ge 1\right\}\ \text{has a convergent subsequence in the uniform operator norm}\right\} = 1 ,$$

and hence (6.15) holds. This completes the proof.

Corollary 6.1. Let B be as in Theorem 6.1 and assume $A_1, A_2, \dots$ are i.i.d. B-valued random variables satisfying the conditions of Theorem 6.1. Let $\mathcal{K}$ denote the limit set constructed in $C_B[0,1]$ as in (5.1) from the Hilbert space $H_{\mathcal{L}(A_1)} \subseteq B$. Then, the polygonal partial sum processes

$$(6.17)\qquad Z_n(t,\omega) = \begin{cases} \dfrac{A_1(\omega)+\dots+A_k(\omega)}{\sqrt{2n\,LLn}} & (t = k/n,\ k = 0,\dots,n) \\ \text{linear elsewhere} & (0 \le t \le 1) \end{cases}$$

converge to $\mathcal{K}$ and cluster throughout $\mathcal{K}$ with probability one. That is, (5.3) and (5.4) hold where for $f \in C_B[0,1]$

$$(6.18)\qquad \|f\|_{\infty,B} = \sup_{0\le t\le 1}\ \sup_{\|x\|_H \le 1} \|f(t)(x)\|_H ,$$

and, of course, H is the Hilbert space which the operators in B act on, and $\|\cdot\|_H$ is the norm on H.

Proof. Combine Theorem 5.1 and Theorem 6.1.

Our next result applies to the functional behavior of a process whose environment varies randomly. As mentioned at the beginning of the section, this type of result is motivated by the results in [19] on random evolutions and the random Trotter product formula.

Let H denote a Hilbert space as before and let $\delta > 0$. Let $t_k = k\delta$ for $k = 0, 1, 2, \ldots,$ and assume for each sample point ω in some probability space $A_1(\omega), A_2(\omega), \ldots$ are bounded linear operators on H. Let $X_\delta(t, \omega)$ denote the solution of the differential equation

$$\frac{d\Phi(t)}{dt} = \begin{cases} A_1(\omega)\,\Phi(t) & 0 \le t \le t_1 \\ \\ A_k(\omega)\,\Phi(t) & t_{k-1} \le t \le t_k,\ k = 1, 2, \ldots \end{cases} \tag{6.19}$$

$$\Phi(0) = x_0 \in H \quad .$$

Then, for $t_{k-1} \le t \le t_k$ we have

$$X_\delta(t, \omega) = e^{A_k(\omega)(t - t_{k-1})} \cdot e^{\delta A_{k-1}(\omega)} \cdots e^{\delta A_1(\omega)}(x_0) \quad . \tag{6.20}$$

One natural interpretation of $X_\delta(t, \omega)$ is that it is the state of a process such that at fixed times $t_1, t_2, \ldots$ the random environments, namely the operators $A_1(\omega), A_2(\omega), \ldots,$ change. As in [19], we are interested in the asympotic behavior of $X_\delta(t, \omega)$ as the rate of change of the environment increases.

Theorem 6.2. Let $A_1, A_2, \ldots$ denote i.i.d. B-valued random variables satisfying the conditions of Theorem 6.1, and assume $\mathcal{K}$ is the limit set constructed in $C_B[0, 1]$ from the Hilbert space $H_{\mathcal{L}(A_1)} \subseteq B$ as in (5.1). Let $\delta_n = \frac{1}{\sqrt{2n\, LLn}}$ in (6.20) and let

$$e^{\mathcal{K}} = \{\exp\{f\} : f \in \mathcal{K}\} \quad .$$

Then, $e^{\mathcal{K}} \subseteq C_B[0, 1]$ and

$$\text{(6.21)} \qquad P\{\omega : \lim_n d(X_{\delta_n}(n\delta_n(\cdot), \omega), e^{\mathcal{K}}) = 0\} = 1$$

and

$$\text{(6.22)} \qquad P\{\omega : C(\{X_{\delta_n}(n\delta_n(\cdot), \omega) : n \geq 1\}) = e^{\mathcal{K}}\} = 1$$

where the convergence to $e^{\mathcal{K}}$ and the clustering throughout $e^{\mathcal{K}}$ is computed in the norm $\|\cdot\|_{\infty, B}$ given in (6.18).

Proof. If $f \in C_B[0, 1]$ then $\exp\{f\}$ also is in $C_B[0, 1]$ so $e^{\mathcal{K}} \subseteq C_B[0, 1]$. Further, since the operators are assumed to commute we have (6.21) and (6.22) immediately from (6.20), Corollary 6.1, and that

$$\|\exp\{f\} - \exp\{g\}\|_{\infty, B} \leq \|f - g\|_{\infty, B} \exp\{\max(\|f\|_{\infty, B}, \|g\|_{\infty, B})\} \quad .$$

<u>Remark</u>: If we assume the random operators $A_1, A_2, \ldots$ commute, and take values in the Hilbert space of Hilbert-Schmidt operators on H, then the results of this section hold with the uniform operator norm replaced by the Hilbert-Schmidt norm of the operator. Furthermore, we can apply the results of [17] directly to the operators $A_1, A_2, \ldots$. That is, the operators themselves can be viewed as Hilbert space valued random variables (namely, with values in the Hilbert space of Hilbert-Schmidt operators), and hence Theorem 4.1 gives the desired result.

7. Some recent developments. In the months between the writing of these lectures and their appearance in print a great deal has happened.

First of all, G. Pisier has shown that if B is a type 2 Banach space, i.e. B satisfies property (g) of Lemma 4.1, and $\{X_k : k \geq 1\}$ satisfies the conditions of Theorem 4.1, then (4.9) and (4.10) hold. This result improves Theorem 4.1 as can be seen from Lemma 4.1 (g). Furthermore, combining Pisier's results with some recent ideas of Joel Zinn regarding type 2 maps one can obtain the results for C(S) valued random variables of Theorem 4.2.

In view of the results in Corollary 3.1 and Section four we say a B-valued random variable X satisfies the LIL if for $X_1, X_2, \ldots$ independent copies of X we have a limit set K in B such that (1.1) and (1.2) hold. In case $E(X) = 0$ and $E\|X\|^2 < \infty$ we see from Lemma 2.1 that the limit set K must be compact.

When B is a finite dimensional Banach space then a result of V. Strassen and an easy application of Corollary 3.1 implies X satisfies the central limit theorem (CLT) and the LIL if and only if $E(X) = 0$ and $E\|X\|^2 < \infty$. Hence the LIL and the CLT for X taking values in finite dimensional spaces are equivalent. If B is infinite dimensional the relationship between these two theorems is still somewhat unclear.

However, in a recent note I produced an example of a random variable X which obeys the LIL and yet fails to satisfy the CLT. Previous examples, such as those of R. M. Dudley mentioned in Section one, where the CLT failed also had the property that the LIL failed. In still another recent paper N. Jain produced an example of a random variable X such that $E\|X\|^2 = \infty$, X satisfies the CLT, and X fails the LIL. Without going into the details of these examples it should be emphasized that they are not pathological, and though they answer some questions regarding the relationship of the CLT and LIL they also raise many others.

In closing some recent results of J. Crawford should also be mentioned. Crawford assumes X is a B-valued random variable such that $E(X) = 0$ and $E\|X\|^2 < \infty$. He then shows that if X' is an independent copy of X and if the symmetric random variable X - X' obeys the LIL, then X also satisfies the LIL. Furthermore, he has shown that if X is symmetric, and X^{γ} equals X for $\|X\| \le \gamma$ and 0 otherwise, then X satisfying the LIL implies that X^{γ} also obeys the LIL.

As one can easily see there are many differences between the CLT and the LIL in the infinite dimensional setting. Some progress has been made in understanding these theorems and their differences in this general setting, but a definitive state of affairs appears to be a long way from being achieved.

Bibliography

[1] N. I. Akhiezer and I. M. Glazman, Theory of linear operators in Hilbert space, Vol. II, Frederick Ungar Publishing Co., New York (1953).

[2] T. W. Anderson, The integral of a symmetric unimodal function over a symmetric convex set and some probability inequalities, Proceedings Amer. Math. Soc., 6 (1955), 170-176.

[3] J. Crawford, personal communication.

[4] J. L. Devary, Regularity properties of second order processes, thesis submitted to the University of Minnesota (1975).

[5] R. M. Dudley and V. Strassen, The central limit theorem and ε-entropy, Lecture Notes in Mathematics, 89, 223-233 Berlin, Heidelberg, New York, Springer (1969).

[6] X. Fernique, Integrabilite des vecteurs Gaussiens, C. R. Acad. Sci. Paris, 270 (1970), 1698-1699.

[7] R. Fortet and E. Mourier, Les fonctions aléatoires comme élements aléatoire dans les espaces de Banach, Studia Math., 15 (1955), 62-79.

[8] A. M. Garsia and E. Rodemich, Monotonicity of certain functionals under rearrangement, Ann. Inst. Fourier, Grenoble, 24 (1974), 67-116.

[9] L. Gross, Lectures in modern analysis and applications II, Lectures Notes in mathematics, 140, Berlin, Heidelberg, New York, Springer (1970).

[10] J. Kuelbs, The invariance principle for Banach space valued random variables, Journal of Multivariate Analysis, 3 (1973), 161-172.

[11] J. Kuelbs, An inequality for the distribution of a sum of certain Banach space valued random variables, Studia Mathematica, 52 (1974), 69-87.

[12] J. Kuelbs, A strong convergence theorem for Banach space valued random variables, submitted for publication.

[13] J. Kuelbs, The law of the iterated logarithm in C[0, 1], to appear in Z. Wahrscheinlichkeitstheorie und Verw. Gebiete.

[14] J. Kuelbs, The law of the iterated logarithm in C(S), submitted for publicatio

[15] J. Kuelbs, Some results for probability measures on linear topological vector spaces with an application to Strassen's log log law, Journal of Functional Analysis, 14 (1973), 28-43.

[16] J. Kuelbs, Strassen's law of the iterated logarithm, Ann. Inst. Fourier, Grenoble, 24 (1974), 169-177.

[17] J. Kuelbs and T. Kurtz, Berry-Essen estimates in Hilbert space and an application to the law of the iterated logarithm, Annals of Probability 2 (1974), 387-407.

[18] J. Kuelbs and R. LePage, The law of the iterated logarithm for Brownian motion in a Banach space, Trans. Amer. Math. Soc., 185 (1973), 253-264.

[19] T. Kurtz, A random Trotter product formula, Proceedings of Amer. Math. Soc., 35 (1972), 147-154.

[20] T. L. Lai, Reproducing kernel Hilbert spaces and the law of the iterated logarithm for Gaussian processes, preprint.

[21] F. Riesz and B. Sz-Nagy, Functional Analysis, Frederick Ungar Publishing Co., New York (1955).

[22] V. Strassen, An invariance principle for the law of the iterated logarithm, Z. Wahrscheinlichkeitstheorie und Verw. Gebiete, 3 (1964), 211-226.

[23] W. A. Woyczynski, Strong laws of large numbers in certain linear spaces, Ann. Inst. Fourier, Grenoble, 24 (1974), 205-223.

J. Kuelbs
Department of Mathematics
University of Wisconsin
Madison, Wisconsin 53706

PROBABILITY IN BANACH SPACE

PAR J. HOFFMANN-JØRGENSEN

Originally published in: *Ecole d'Eté de Probabilités de Saint-Flour VI – 1976*, Lecture Notes in Mathematics, Vol. **598**, 1–186, DOI: 10.1007/BFb0097492, © Springer-Verlag Berlin Heidelberg 1977, Reprint by Springer-Verlag Berlin Heidelberg 2012

CHAPTER I

Prerequisites

1. Introduction

Probability in Banach spaces was first studied by M.R. Fortet and E. Mourier, [29], [30] and [91], their studies was later continued by Chatterji, [15] and [16], K. Ito and M. Nisio, [45], A. Beck, [4] and others. However the subject first became popular after the inspiring nomograph by J.-P. Kahane, [57], which has been the inspiration of many probabilist in the field.

The recent years has given us a wealth of information and most of the questions, which was asked in the late sixties has now been answered. The subject has now reached maturity, and I have here tried to the best of my ability to describe some important parts of the theory. It is with some sadness, that I have to admit, that to my opion the subject is almost closed, in the sense that there are almost no important problems left open. The only opening I can see, is to study similar results in spaces like the right continuous functions or the cad-lag functions or the measurable functions, which are closer related to probability theory than the Banach spaces. However my feeling is that this study will need completely different methods than those treated here.

There is only few references in the main text, so let me comment the different sections below. I have tried to make the references as complete as possible, but I may have forgotten some, if so this is certainly not intended.

Chapter §.2. This section contains the basic notion of probability in linear spaces.

In connection with (I.2.4) we have the following open problem:

(1.1) Does there exist nonseparable a Banach space $(E, \|\cdot\|)$, such that $(E, \mathcal{B}(E))$ is a measurable linear space?

Or more specific

(1.2) Is ℓ^∞ a measurable linear space under its $\|\cdot\|$-Borel structure?

My guess is that these questions are connected with certain additional axioms of set theory like the continuum hypothesis or Martin's axiom.

I am sure that the spaces $(L_E^{(\varphi)}, \lambda_\varphi)$ has been treated in the litterature, but have not been able to find any references. Note that $L^{(\varphi)}$ is closely related to the Laurent spaces.

In connection with (I.2.22) I refer to reader to [110].

Chapter I.3 This section contains those parts of geometry in Banach spaces, which is needed in the sequel, but this is only the top of the iceberg. For more information I refer the reader to Lindenstraus and Tzafriri [80], Maurey [88], Maurey and Pisier [90].

Chapter I.4 This section contains the standard results of weak convergence of measures on topological spaces. The results may be found in any standard textbook in the subject, e.g. [9], [94] or [111].

Chapter I.5 The results of this section are inspired by V. Strassen [108]. In this section we study, when it is possible to find a probability measure on a product space in a given class with given marginals, and the results are extensions of the results in [108]. They will later be applied in connection with the contraction principle.

Chapter II.1 Here er study integrability of $\sup_n |X_n|$ where (X_n) are independent random variables. Lemma 1.2 has been proved in [53] (Lemma 3.1), however the result here is more informative and our proof is much simpler.

Chapter II.2 The first convex version of the contraction principle was proved in [57], and was later generalized in [41], [42] and [53]. Note the convex versions of the contraction principle (Theorems II.2.9 - II.2.12) are merely just consequences of the definition of $\xi \models \eta$. The non-convex version (see Theorem II.2.15) is a good deal more involved, and the idea is taken from some papers of Musial, Woyczynski and Ryll-Nardzewski, [92] and [105].

Chapter II.3 The theory of convex measures has been developed by C. Borell [10] - [13]. And I refer the reader to these for more information of this beautiful subject. The zero-one law is known for other classes of measures (see e.g. [59], [49] and [42])

Chapter II.4 Lemma 4.1 and Theorem 4.2. are known as the Lévy symmetrization inequalities. Note that Theorem 4.2 (b) does not hold for φ-substituted by φ, take for example $E = \mathbb{R}$ and

$$X_n = (1-2^{-n})\varepsilon_n$$

$$q(x) = \sup_n |x_n|$$

$$\varphi = 1_{[1,\infty[}$$

Then $\varphi(M) = 1$ and $\varphi(S_n) = 0$.

In connection with Theorem 4.7 (see also Corollary 4.8) one may ask the following question:

(13) Does $P(N > t) \leq Ke^{-at}$ imply $P(M > t) \leq ce^{-bt}$?

The space (CLT,c(•)) was introduced by Pisier in [95] and Theorem 4.10 is due to him and to N.C. Jain [46].

Chapter II.5 The first version of Theorem II.5.3 (case (6)) was proved by Ito and Nisio [45], and later extended in [57] and [41]. The version here seems to me to be the most satisfactory version possible. Theorems II.5.4 and II.5.5 can be found in [42] and [53].

The theorems II.5.6 - II.5.9 goes under the name "the comparison principle" and was first proved by Kahane in [57] and later extended in [53] and [41].

Chapter II.6 The type and cotype was introduced by Maurey, Pisier and myself simultaneously in [40], [87], [88], and [99]. For further information I refer the reader to these papers.

Chapter II.7 Theorem II.7.1 is due to S. Kwapien [75] and myself [41]. The rest of this section is taken from Maurey and Pisier, [89], to which I refer the reader for more information.

Chapter III.1 The law of large number was the start of probability and in probability we have ever since tried to understand this theorem, and we have proved it over and over, again and again.

(III.1.1) is the classical version of the law large numbers and has its roots back to Chebyshev, Markov and Lyapounov. The extension to Banach spaces was first made by Fortet and Mourier [29] and [91] (see also A. Beck [4])

(III.1.2) is Kolmogorov's law of large numbers. It was first extended to Banach spaces by A. Beck [4] (the Equivalence of (a) and (g) in Theorem III.1.2), and later Pisier [101] proved the other equivalences of Theorem III.1.2.

(III.1.3) is Chung's law of large numbers (see [17]). It was extended by Pisier and myself in [44].

Chapter III.2 The central limit theorem is the second pearl of probability. It was first proved by de Moivre (1733) for the Bernoulli sequence, Laplace proved in 1812 for skew Bernoulli sequences and it was later generalized to real i.i.d.'s big Lyapounov.

This beautiful theorem is even more astonishing than the law of large numbers, and with full right this theorem is still studied intensively in modern probability.

Fortet and Mourier was the first to consider the theorem in Banach spaces, [29], [30] and [91]. And a large number of probabilist has studied the theorem in C(S), see e.g. [2], [24], [32], [33], [35], [36], [38] , [39], [54], [83] and [117].

Corollary III.2.4 and Example III.2.5 are due to Pisier [96] (see also Jain [46] - [48]).

Chapter III.3 Stochastic integration of vectorvalued function in the form presented here was first introduced by myself (see [44]).

It has commonly been beleived that the "right" way of proving central limit theorem is to prove tightness of $\{(X_1+...+X_n)/\sqrt{n}\}$. This is to my opinion a wrong track, which actually mislead the investigation of the central limit theorem. And the method of stochastic integration (see Chapter III.4 or [44]) or direct use of the Prohorov metric (see [96]) has proved to much more efficient.

Chapter III.4 Theorem III.4.1 was proved by Pisier and myself in [44]. Theorem III.4.2 was partly proved by Pisier in [96].

Chapter III.5 The result of this section is in essence due to J. Zinn [117].

Let me at last comment on those sections which are not present in this exposition.

The third pearl of probability is the law of the iterated logarithm. This law has only been mentioned ěn passant in Chapter II.4. The law of the iterated logarithm belongs to modern probability and have not yet had an impact on probability, that can be compared with that of the law of large number or the central limit theorem. One reason may be, that even though the law of the iterated logarithm has a great theoretical importance, it can not be observed even in a large number of data, and that it contradiets, at least in intuitive terms, the Arcsine-law, which can be observed even in a small number of data.

Readers who are interested in the law of the iterated logarithm in Banach spaces is referred to [47], [61] - [71], [78], [95] - [97] and [107].

Another section which is not present is the theory of vector-valued martingales. For this important and exciting subject I refer the reader to [14] - [16], [44], [95], [98], [100] and [116].

2. Random variables

Let $(\Omega,\mathcal{F},P)$ be a probability space, which will be fixed once for all in these notes, except for the fact, that we will allow ourselves to think of $(\Omega,\mathcal{F},P)$ to be so rich that we may define any random variable or sequence of random variables we would like. Kolmogorov's consistency theorem justifies this attitude.

A random variable is an measurable function $X:\Omega \to \mathbb{R}$. More general if $(E,\mathcal{B})$ is a linear space with a σ-algebra $\mathcal{B}$, satisfying

(2.1) $(x,y,\lambda) \rightharpoonup \lambda x + y: E\times E \times \mathbb{R} \to E$ is a measurable map, if we equip $E \times E \times \mathbb{R}$ with its product σ-algebra,

then $(E,\mathcal{B})$ is called a measurable linear space. And a measurable function $X:\Omega \to E$ is called an E-valued random vector.

If T is a topological space, then $\mathcal{B}(T)$ denotes the Borel σ-algebra on T, that is the σ-algebra generated by all closed subsets of T. If T is a set, and (S,Σ) a measurable space, and $\mathcal{H}$ a class of functions: $T \to S$, then $\sigma(\mathcal{H})$ denotes the least σ-algebra, which makes all functions in $\mathcal{H}$ measurable. With This notation we have

(2.2) $(E,\mathcal{B}(E))$ is a measurable linear space, if $(E,\|\cdot\|)$ is a separable normed space

(2.3) If F is a subset of E^*(=the algebraic dual of E), then $(E,\sigma(F))$ is a measurable linear space.

However if $(E,\|\cdot\|)$ is a non-separable Banach space then

$(E,\mathcal{B}(E))$ is not in general a measurable linear space, which is seen from the following proposition:

(2.4) If $(E,\mathcal{B})$ is a measurable linear space, so that $\{0\} \in \mathcal{B}$, then there exists an injective measurable map $f: E \to \mathbb{R}$. In particular we have, that the cardinal of E is at most that of the continuum.

For this reason we shall call a Banach space valued function, $X:\Omega \to E$, an E-valued random vector, if X is Borel measurable, and has separable range.

Let $(E,\mathcal{B})$ be a measurable linear space, and X an E-valued random vector, the the law of X, denoted $L(X)$, is the probability measure on $(E,\mathcal{B})$ given by

$$L(X) = P \circ X^{-1}$$

A random vector X is called even if $L(X) = L(-X)$. If $X = (X_n)$ is a finite or infinite sequence of E_n-valued random vectors ($(E_n,\mathcal{B}_n)$ is a measurable linear space for all $n \geq 1$), then (X_n) is said to be symmetric if $L(X) = L(Y)$, whenever $Y = (\pm X_n)$ for some choice of signs $\pm$.

If X is an E-valued random vector, then X^s is said to be a symmetrization of X, if $X^s = X' - X''$, where

$$X',\ X'' \text{ are independent}, \quad L(X) = L(X') = L(X'')$$

And if $X = (X_n)$ is a random sequence then $X^s = (X_n^s)$ is called a symmetrization of X, if $X_n^s = X_n' - X_n''$ where

(X_n') and (X_n'') are independent and both has the same distribution as (X_n).

Then we have

(2.5) If (X_n) is a sequence of independent random vectors, and $X^s = (X_n^s)$ is a symmetrization of (X_n), Then X^s is symmetric.

Note that the symmetrization of a random sequence is always even, but not necessarily symmetric. Note also:

(2.6) If $X_1, X_2, \dots$ are independent and even, then (X_n) is symmetric.

We shall now introduce some notions for functions $q: E \to \bar{\mathbb{R}} = \mathbb{R} \cup \{\pm \infty\}$, where E is a linear space. We shall say that q is

<u>even</u> : $q(x) = q(-x)$

<u>convex</u> : $q(tx+(1-t)y) \leq tq(x) + (1-t)q(y) \quad \forall t \in [0,1]$

<u>quasiconvex</u>: $q(tx+(1-t)y) \leq \max\{q(x), q(y)\} \quad \forall t \in [0,1]$

<u>subadditive</u>: $q(x+y) \leq q(x) + q(y)$

<u>homogenuous</u>: $q(tx) = |t| q(x) \quad \forall t \in \mathbb{R}$

And if $q: E_1 \times \dots \times E_n \to \bar{\mathbb{R}}$, then q is said to be <u>symmetric</u> if

$$q(x_1, \dots, x_n) = q(\pm x_1, \dots, \pm x_n)$$

for all choices of signs $\pm$ and all $x_1 \in E_1, \dots, x_n \in E_n$.

We shall use $\mathbb{E}(X)$ for the expectation of a real random variable X, i.e.

$$\mathbb{E} X = \int_\Omega X dP$$

and we allow $\mathbb{E}X$ to assume the values $\pm\infty$. If X is a Banach space valued random vector, then $\mathbb{E}X$ denotes the Bochner integral of X (see e.g. chap. II §2 in [19]).

Let $(E, \mathcal{B})$ be a measurable linear space, and let q be a measurable map: $E \to \bar{\mathbb{R}}_+ = [0, \infty]$, satisfying:

(2.7) $\exists a \in \mathbb{R}\ \exists A > 0:\ q(x+y) \leq A(q(ax) + q(ay)) \quad \forall x,y \in E$

(e.g. convex function: $a = A = \frac{1}{2}$, or subadditive function: $a = A = 1$). Then we have

(2.8) $\mathbb{E}\,q(2Y) \leq 2A\ \mathbb{E}\,q(a(X+Y))$ whenever X and Y are independent and X is symmetric.

Which follow easily from

$$2Y = (Y+X) + (Y-X), \quad \mathcal{L}(Y+X) = \mathcal{L}(Y-X)$$

Now let $(E, \|\cdot\|)$ be a Banach space, then $L^0(\Omega,F,P,E)$ denotes the set of all E-valued random vectors, and if $0 < p \leq \infty$, then $L^p(\Omega,F,P,E)$ denote the set of $X \in L^0(\Omega,F,P,E)$, such that $\|X(\cdot)\| \in L^p(\Omega,F,P)$. We shall use the shorthand:

$$L_E^p = L^p(\Omega,F,P,E), \qquad L^p = L_{\mathbb{R}}^p$$

for $0 \leq p \leq \infty$.

If $0 \leq p < 1$, we can introduce a Fréchet metric $\|\cdot\|_p$ in L_E^p by

$$\|X\|_0 = \mathbb{E}\left\{\frac{\|X\|}{1+\|X\|}\right\} \qquad \text{if } p = 0$$

$$\|X\|_p = \mathbb{E}\|X\|^p \qquad \text{if } 0 < p < 1$$

If $1 \leq p \leq \infty$, we can introduce a Banach norm in L_E^p by

$$\|X\|_p = \{\mathbb{E}\|X\|^p\}^{1/p} \qquad \text{if } 1 \leq p < \infty$$

$$\|X\|_\infty = \operatorname{ess\,sup}_\omega \|X(\omega)\| \qquad \text{if } p = \infty$$

A function $q: E \to \bar{\mathbb{R}}_+$ is called measure convex, if q is Borel measurable and

$$q(\mathbb{E} X) \leq \mathbb{E}\, q(X) \qquad \forall X \in L_E^1$$

it is well known (Jensen's inequality) that we have

(2.9) If $\dim E < \infty$ then any measurable convex function $q: E \to \bar{\mathbb{R}}_+$ is measure convex.

(2.10) If $q = \varphi o p$, where $p: E \to \bar{\mathbb{R}}_+$ is lower semicontinuous and convex and $\varphi: \bar{\mathbb{R}}_+ \to \bar{\mathbb{R}}_+$ is increasing and convex, then q is measure convex

---

Let $\varphi: \mathbb{R}_+ \to \bar{\mathbb{R}}_+$ be decreasing and assume that $\varphi \not\equiv \infty$, then we define

$$\lambda_\varphi(X) = \inf\{a \geq 0 \mid P(\|X\| > at) \leq a\varphi(t) \qquad \forall t \geq 0\}$$

with the usual convention: $\inf \emptyset = \infty$. Then we have

(2.11) $a \geq \lambda_\varphi(X) \iff P(\|X\| > t) \leq a\varphi(t/a) \qquad \forall t \geq 0$

(2.12) $\lambda_\varphi(X) < \infty \iff P(\|X\| > t) = 0(\varphi(\varepsilon t))$ as $t \to \infty$ for some $\varepsilon > 0$

(2.13) λ_φ is subadditive on L_E^0

(2.14) $\lambda_\varphi(sX) \leq \max\{1, |s|\}\lambda_\varphi(X) \qquad \forall s \in \mathbb{R} \;\; \forall X \in L_E^0$

(2.15) $\lambda_\varphi(X) = 0 \iff X = 0$ a.s.

So the space

$$L_E^{(\varphi)} = L^{(\varphi)}(\Omega, F, P, E) = \{X \in L_E^0 \mid \lambda_\varphi(X) < \infty\}$$

is a linear subspace of L_E^0, and $\lambda_\varphi(X-Y)$ defines a metric on $L_E^{(\varphi)}$, which is stronger than $\|\cdot\|_0$, and it is easily checked that we have

(2.16) $(L_E^{(\varphi)}, \lambda_\varphi(\cdot))$ is a Fréchet space.

If $\varphi(t) = t^{-p}$ $(0 < p < \infty)$, we use the notation

$$L_E^{(\varphi)} = L_E^{(p)}, \quad \lambda_\varphi = \lambda_p$$

If $\varphi(t) = \infty$ on $[0,1[$ and $\varphi(t) = 1$ on $[1,\infty[$, then $L_E^{(\varphi)}$ and λ_φ is denoted by $L_E^{(0)}$ and λ_0, and λ_0 is given by

$$\lambda_0(X) = \inf\{a > 0 \mid P(\|X\| > a) \leq a\}$$

If $\varphi(t) = \infty$ on $[0,1[$ and $\varphi(t) = 0$ on $[1,\infty[$, then $L_E^{(\varphi)}$ and λ_φ is denoted by $L_E^{(\infty)}$ and λ_∞, and λ_∞ is given by

$$\lambda_\infty(X) = \inf\{a > 0 \mid P(\|X\| > a) = 0\}$$

It is easy to check that we have

(2.16) If $0 < p < \infty$ then $\lambda_p(X)^{p+1} \leq \mathbb{E}\|X\|^p$ and $L_E^p \subseteq L_E^{(p)}$

(2.17) $L_E^{(0)} = L_E^0$ and we have

$$\frac{\|X\|_0}{2-\|X\|_0} \leq \lambda_0(X) \leq \|X\|_0 + \sqrt{\|X\|_0}$$

(2.18) $L_E^{(\infty)} = L_E^\infty$ and $\lambda_\infty(X) = \|X\|_\infty$

(2.19) If $0 < p < q < \infty$ then $L_E^{(q)} \subseteq L_E^p$ and $\mathbb{E}\|X\|^p \leq \frac{q}{q-p}\lambda_q(X)^{p(1+1/q)}$

(2.20) $\lambda_p(aX) = |a|^{p/(p+1)}\lambda_p(X) \quad \forall a \in \mathbb{R} \quad \forall X \in L_E^{(p)}$

If $(E, \|\cdot\|)$ is a normed space, then on E^∞ (the countable product of E) we define

$$\|x\|_0 = \sum_{n=1}^{\infty} 2^{-n} \frac{\|x_n\|}{1+\|x_n\|}$$

$$\|x\|_p = \sum_{n=1}^{\infty} \|x_n\|^p \qquad \text{if} \quad 0 < p \le 1$$

$$\|x\|_p = \left(\sum_{n=1}^{\infty} \|x_n\|^p\right)^{1/p} \qquad \text{if} \quad 1 \le p < \infty$$

$$\|x\|_\infty = \sup_n \|x_n\|$$

$$\ell_E^p = \{x \in E^\infty \mid \|x\|_p < \infty\}$$

$$c_0(E) = \{x \in E^\infty \mid \lim_{n\to\infty} x_n = 0\}$$

where $x = (x_n)$ is a vector in E^∞. If $E = \mathbb{R}$ we use the notation ℓ^p and c_0.

Let $\varepsilon_1, \varepsilon_2, \ldots$ be independent random variables with $P(\varepsilon_j = \pm 1) = \frac{1}{2}$, then (ε_n) is called a <u>Bernouilli sequence</u>. The Bernouilli sequence will play an essential role in many contexts later on. A very simple, but extremely useful, observation is:

(2.21) If (X_n) is a symmetric sequence, and (ε_n) is a Bernouilli sequence independent of (X_n). Then (X_n) and $(\varepsilon_n X_n)$ has the same law.

Using the multinormal formula and the monotonicity of $\{\mathbb{E}|X|^p\}^{1/p}$, one easily derives the important <u>Khinchine inequalities</u>:

(2.22) $k(p)(\sum_1^n t_j^2)^{p/2} \le \mathbb{E}|\sum_{j=1}^n t_j\varepsilon_j|^p \le K(p)(\sum_1^n t_j^2)^{p/2}$

for all $p>0$, $n\ge 1$ and $t_1,\ldots,t_n \in \mathbb{R}$. Here $k(p)$ and $K(p)$ are universal constants.

If $(\xi_1,\ldots,\xi_n)$ is a symmetric n-dimensional random vector with finite p-th moment $(p\ge 2)$, then

$$\mathbb{E}|\sum_{j=1}^n \xi_j|^p = \int_{\mathbb{R}^n}\mathbb{E}|\sum_1^n t_j\varepsilon_j|^p \mu(dt_1,\ldots,dt_n)$$

where $\mu = L(\xi_1,\ldots,\xi_n)$. Hence

$$\{\mathbb{E}|\sum_{j=1}^n \xi_j|^p\}^{2/p} \le K(p)\{\mathbb{E}|\sum_{j=1}^n \xi_j^2|^{p/2}\}^{2/p}$$
$$\le K(p)\sum_{j=1}^n (\mathbb{E}|\xi_j|^p)^{2/p}$$

by Minkowski's inequality. That is

(2.23) $\mathbb{E}|\sum_{j=1}^n \xi_j|^p \le K(p)\{\sum_{j=1}^n (\mathbb{E}|\xi_j|^p)^{2/p}\}^{p/2} \quad \forall p\ge 2$

whenever $(\xi_1,\ldots,\xi_n)$ is symmetric and has finite p-th moment.

If $\xi_1\ldots\xi_n$ are independent with $\mathbb{E}\xi_j=0$ and $\mathbb{E}|\xi_j|^p<\infty$ where $p\ge 2$. Then by symmetrizing $(\xi_1,\ldots,\xi_n)$ and applying Jensen's inequality we find

(2.24) $\mathbb{E}|\sum_{j=1}^n \xi_j|^p \le 2^p K(p)\{\sum_{j=1}^n (\mathbb{E}|\xi_j|^p)^{2/p}\}^{p/2} \quad \forall p\ge 2$

Let $(E,\mathcal{B})$ be a measurable linear space where $\mathcal{B}$ is given by

$$\mathcal{B} = \sigma(E')$$

for some linear subset $E' \subseteq E^*$ (= the algebraie dual of E), where E' separates points in E. If μ is a probability measure on E we define its Fourier transform by

$$\hat{\mu}(x') = \int_E e^{i\langle x',x\rangle}\mu(dx) \qquad \forall x' \in E'$$

and its covariance function by

$$R(x',y') = \int_E \langle x',x\rangle\langle y',x\rangle\mu(dx) \qquad \forall x',y' \in E'$$

whenever $E' \subseteq L^2(\mu)$. Finally if $E' \subseteq L^1(\mu)$ we define the Gelfand mean of μ by:

$$E(x') = \int_E \langle x',x\rangle\ \mu(dx)$$

which is a linear functional on E'.

A probability measure μ on $(E,\mathcal{B})$ is called gaussian if we have

$$(2.25) \qquad \hat{\mu}(x') = \exp(i\,E(x') - R(x',x'))$$

where E is the Gelfand mean of μ and R is the covariance function of μ. (2.25) is evident equivalent to:

(2.26) $\mu_{x'_1,\dots,x'_n}$ is a Gauss measure on $\mathbb{R}^n$ for all $x'_1\dots x'_n \in E'$ $\forall n \geq 1$ where $\mu_{x'_1,\dots,x'_n}$ is the image measure of μ under the map

$$x \longrightarrow (\langle x'_1,x\rangle,\dots,\langle x'_n,x\rangle) : E \longrightarrow \mathbb{R}^n$$

If $(E,\|\cdot\|)$ is a Banach space and $G \subseteq L^0_E$, then G is said to gaussian, if $\mathcal{L}(X)$ is gaussian and $\mathbb{E}X = 0$ for all $X \in G$. We shall need the following two elementary facts about Gaussian measures and spaces:

Proposition 2.1. Let $G \subseteq L^0$ be a gaussian linear space, and $G_0 \subseteq G$. If $F_0 = \sigma(G_0)$, then we have

$$\mathbb{E}(X \mid F_0) = \pi_0 X \qquad \forall X \in G$$

where $\pi_0 : L^2 \to L^2$ is the orthogonal projection of L^2 onto $\overline{\text{span}}\,(G_0)$.

Proposition 2.2. If (X,Y) is an $E \times E$-valued gaussian random vector with $\mathbb{E}X = \mathbb{E}Y = 0$, then X and Y are independent if and only if

$$\mathbb{E}\langle x',X\rangle\langle y',Y\rangle = 0 \quad \forall x',y' \in E'$$

3. Geometry in Banach spaces.

I shall assume that the reader is accustomed to the introductory part of the theory of Banach spaces and Fréchet spaces e.g. the closed graph theorem, principle of uniform boundedness, and interior mapping principle (see e.g. [19])

However in connection with types and cotypes of a Banach space we shall need some of the more exotic parts of the theory of Banach space, which I will describe below, but without proofs.

Let E and F be normed spaces, then we define their distance, $d(E,F)$ by:

$$d(E,F) = \inf\{\|T\|\,\|T^{-1}\| \mid T \text{ isomorphism of } E \text{ onto } F\}$$

Hence $d(E,F) < \infty$ if and only if E and F are isomorphic and we have

(3.1) $$d(E,F) \geq 1 \qquad \forall E,F$$

And we say that E is finitely λ-representable in F where λ is a number ≥ 1, if they satisfies

(3.2) $\forall E_0$ finite dimensional subspace of E, $\exists F_0$, a finite dimensional subspace of F with $d(E_o,F_o) \leq \lambda$.

If E is finitely λ-representable in F for some $\lambda < \infty$, we just say that F parodies E. And if E is finitely λ-representable in F for all $\lambda > 1$, then we say that F mimics E.

There is a similar notion for a bounded linear operator $T: E \to G$, where E,F and G are normed linear spaces. We say that T is finitely λ-representable through F, if for every subspace E_0 of E with $\dim E_0 < \infty$, there exists a subspace F_0 of F, and bounded linear maps $U: E_0 \to F_0$, and $V: F_0 \to G$, so that

(3.3) $$VU = T_0 \quad \text{and} \quad \|V\| \|U\| \leq \lambda \|T_0\|$$

where T_0 is the restriction of T to E_o. Hence E is finitely λ-representable in F, if and only if the identity: $E \to E$ is finitely λ-representable through F. As before we say that T is parodied through F if T is finitely λ-representable through F for some $\lambda < \infty$. And we say that T is mimicked through F is T is finitely λ-representable through F for all $\lambda > 1$.

Clearly a bounded operator $T: E \to G$ is finitely λ-representable through F, if and only if:

(3.4) $\forall x_1 \ldots x_n \in E$, $\exists y_1, \ldots, y_n \in F$, so that $\forall t_1 \ldots t_n \in \mathbb{R}$:

$$\left\| \sum_{j=1}^{n} t_j T x_j \right\| \leq \left\| \sum_{1}^{n} t_j y_j \right\| \leq \lambda \|T_0\| \left\| \sum_{1}^{n} t_j x_j \right\|$$

where T_o is the restriction of T to $\overline{\text{span}}\{x_1,\ldots,x_n\}$.

And as above we may define $d(T,F)$, by

$$d(T,F) = \inf\{\|U\|\|V\| \mid T = VU,\ U:E\to F,\ V:F\to G\}$$

whenever $T:E\to G$ is a bounded linear operator.

From (3,4) it is fairly simple to prove the following 3 propositions:

Proposition 3.1. Let $T:E\to G$ be a bounded linear operator, then T is mimicked through any dense linear subspace $E_0\subseteq E$. □

Proposition 3.2. Let $T:E\to G$ be a bounded linear operator, and let $\{E_\alpha \mid \alpha\in A\}$ be a family of subspaces of E, satisfying:

(a) $\forall\alpha,\beta\in A$ $\gamma\in A$ so that $E_\alpha \cup E_\beta \subseteq E_\gamma$

(b) $\bigcup_\alpha E_\alpha$ is dense in E

(c) $d(T_\alpha,F)\leq\lambda$ $\forall\alpha\in A$

where T_α is the restriction of T to E_α. Then T is finitely λ-representable through F. □

Proposition 3.3. If F parodies E, then there exists a renorming of E (i.e. a norm on E which is equivalent to the original norm on E), such that F mimics E, if E is equipped with this new norm. □

Since every finite dimensional Banach space is isometric to a subspace of c_0, we have

Proposition 3.4. The space c_o mimics any normed space E, and any bounded linear operator $T:E \to G$ is mimicked through c_o. □

By the socalled principle of local reflexivity (see e.g. [80]) we have

Theorem 3.5. If E is a normed space, then E mimics E''.

And the famous and very deep Dvoretsky-Rogers' lemma states:

Theorem 3.5. If E is an infinite dimensional normed space, then E mimics any Hilbert space. □

See e.g. [80]

For the purpose of these notes, we shall only need to consider representability of the injections:

$$\ell^1 \to \ell^p \quad \text{and} \quad \ell^p \to \ell^\infty$$

for $1 \leq p \leq \infty$. And we note that by Proposition 3.2 and (3.5) we have

Proposition 3.6. The injection $\ell^1 \to \ell^p$ $(1 \leq p < \infty)$ is finitely λ-representable through E, if and only if there exists $\{x_j^n \mid j \leq n\} \subseteq E$, so that

(a) $\|x_j^n\| \leq \lambda \qquad \forall j \leq n$

(b) $\left(\sum_1^n |t_j|^p\right)^{1/p} \leq \left\|\sum_{j=1}^n t_j x_j^n\right\| \qquad \forall t_1 \ldots t_n \in \mathbb{R}^n$

<u>The injection</u> $\ell^p \to \ell^\infty$ $(1 \le p \le \infty)$ <u>is finitely</u> λ-<u>representable through</u> E, <u>if and only if there exists</u> $\{x_j^n \mid j \le n\} \subseteq E$, <u>so that</u>

$$\text{(c)} \quad \max_{1 \le j \le n} |t_j| \le \|\sum_{j=1}^n t_j x_j^n\| \le \lambda (\sum_{j=1}^n |t_j|^p)^{1/p} \qquad \forall t_1 \ldots t_n \in \mathbb{R}^n \quad \square$$

And from Theorem 3.5 it follows that we have

<u>Theorem 3.7.</u> If $1 \le p \le 2 \le q \le \infty$, <u>then the injection</u> $\ell^p \to \ell^q$ <u>is mimicked through any infinite dimensional normed space</u> E. $\square$

Moreover for the cases we are considering here there is no difference between "mimicked" and "parodied". To see this we return for a while to the general case.

Now let E, F and G be Banach spaces and T a bounded linear operator: $F \to G$. Let $(f_n) \subseteq F$ be a sequence of linearly independent vectors with

$$\overline{\text{span}}\{f_n \mid n \ge 1\} = F$$

And put $g_n = Tf_n$. Then we may define

$$p_n(x_1, \ldots, x_n) = \max\{ \left\| \sum_1^n t_j x_j \right\| : \quad \| \sum_1^n t_j f \| \le 1\}$$

$$q_n(x_1, \ldots, x_n) = \min\{ \left\| \sum_1^n t_j x_j \right\| : \quad \| \sum_1^n t_j g_j \| \ge 1\}$$

And obviously we have

$$(3.6) \quad q_n(x_1, \ldots, x_n) \| \sum_1^n t_j g_j \| \le \| \sum_1^n t_j x_j \| \le p_n(x_1 \ldots x_n) \| \sum_1^n t_j f_j \|$$

Now we put

$$\alpha(n) = \inf\{p_n(x_1,\ldots,x_n) \mid q_n(x_1,\ldots,x_n) \geq \|T_n\|^{-1}\}$$

$$\beta(n) = \sup\{q_n(x_1,\ldots,x_n) \mid p_n(x_1,\ldots,x_n) \leq \|T_n\|\}$$

where T_n is T restricted to $F_n = \mathrm{span}\{f_1,\ldots,f_n\}$. Then it is easily checked, that we have

(3.7) $\beta(n) \leq 1 \leq \alpha(n)$ $\quad \forall n \geq 1$

(3.8) $\beta(n)\cdot\alpha(n) = 1$ $\quad \forall n \geq 1$

(3.9) T is finitely $(\lambda+\varepsilon)$-representable through E for all $\varepsilon > 0$, if and only if $\alpha(n) \leq \lambda$ for all $n \geq 1$.

(3.10) $\alpha(1) = \beta(1) = 1$, and if $\|T_n\| = \|T\|$ for all $n \geq 1$, then $\alpha(\cdot)$ is increasing and $\beta(\cdot)$ is decreasing.

For the injections $\ell^1 \to \ell^p$ or $\ell^p \to \ell^\infty$ we of course take (f_n) and (g_n) to be the cannonical unit vector bases, and it is then fairly easy to see that $\alpha(\cdot)$ become supermultiplicative (i.e. $\alpha(nk) \geq \alpha(n)\alpha(k)$), and since α is increasing we have either $\alpha(n) \equiv 1$ or $\alpha(n) \to \infty$ at least as fast as some power of n. So we have (see e.g. [89]).

<u>Theorem 3.8.</u> <u>If</u> E <u>is a Banach space and</u> $1 \leq p \leq \infty$, <u>then we have</u>

(a) $\ell^1 \to \ell^p$ <u>is parodied through</u> E, <u>if and only if it is mimicked through</u> E.

(b) $\ell^p \to \ell^\infty$ is parodied through E, if and only if it is mimicked through E. □

It is clear that if $\ell^1 \to \ell^p$ is mimicked through E then so is $\ell^1 \to \ell^r$ for all $r \geq p$. And if $\ell^p \to \ell^\infty$ is mimicked through E then so is $\ell^r \to \ell^\infty$ for all $1 \leq r \leq p$. Hence the sets

$$\{p \in [1,\infty]: \ell^1 \to \ell^p \text{ is mimicked through } E\}$$

$$\{p \in [1,\infty]: \ell^p \to \ell^\infty \text{ is mimicked through } E\}$$

are intervals containing $[2,\infty]$ respectively $[1,2]$. What is not so clear is that these intervals are actually closed (see [89]). That is:

Theorem 3.9. Let E be a Banach space, then the set:

$$\{p \in [1,\infty] \mid \ell^1 \to \ell^p \text{ is mimicked through } E\}$$

is a closed interval containing $[2,\infty]$. And the set:

$$\{p \in [1,\infty] \mid \ell^p \to \ell^\infty \text{ is mimicked through } E\}$$

is a closed interval containing $[1,2]$. □

The next theorem may be found in [89] (p.68), and is an application of the Pietsch' factorization theorem

<u>Theorem 3.10</u>. <u>Let</u> $2<p<\infty$, <u>and suppose that</u> $\ell^p \to \ell^\infty$ <u>is not mimicked through</u> E. <u>Then there exists constant</u> $K>0$, <u>satisfying</u>

(a) $\forall x_1,\ldots,x_n \in E,\ \exists \alpha_1,\ldots,\alpha_n \geq 0,$ <u>with</u> $\sum_1^n \alpha_j = 1$ <u>and</u>

$$\| \sum_{j=1}^{n} t_j x_j \| \leq K \max_{\pm} \| \sum_{j=1}^{n} \pm x_j \| \left(\sum_{j=1}^{n} |t_j|^p \alpha_j \right)^{1/p}$$

<u>for all</u> $t_1,\ldots,t_n \in \mathbb{R}$. □

Even though the proof of Theorem 3.10 applies the theory of cotype developed in Chapter II §6, I shall not give the proof here but refer the reader to [89]. However, let us deduce some consequences of Theorem 3.10.

Suppose that $\ell^p \to \ell^\infty$ is not mimicked through E, and that (x_j) is a sequence with <u>unconditionally bounded partial sums</u>, that is

$$\sup_n \max_{\pm} \| \sum_{j=1}^{n} \pm x_j \| < \infty \tag{3.6}$$

Then by Theorem 3.10 there exist $\alpha_{jn} \geq 0$ for $1 \leq j \leq n < \infty$, so that

$$\sum_{j=1}^{n} \alpha_{jn} = 1 \qquad \forall n \geq 1$$

$$\| \sum_{j=1}^{n} t_j x_j \| \leq C \left(\sum_{j=1}^{n} |t_j|^p \alpha_{jn} \right)^{1/p} \qquad \forall t_1,\ldots,t_n \in \mathbb{R}$$

where C is a constant independent of n. Using this for $t=(0,\ldots,0,1,0,\ldots)$ we find

$$\|x_j\|^p \leq C^p \alpha_{jn} \qquad \forall\ j \leq n$$

So we find

$$\sum_{j=1}^{n} \|x_j\|^p \leq C^p \sum_{j=1}^{n} \alpha_{jn} = C^p \qquad \forall\ n\geq 1$$

Hence we have

Corollary 3.11. *If* $\ell^p \to \ell^\infty$ *is not mimicked through* E, *and* (x_j) *is a sequence in* E *with unconditionally bounded partial sums, then we have* $(x_j) \in \ell_E^p$. □

If E and F are Banach spaces, we shall say that F *contains* E if F contains a subspace isomorphic to E.

The final results we shall need from the geometric theory of Banach spaces are the following:

Theorem 3.12. *Let* (S,Σ,μ) *be a positive measure space, and* E *a Banach space. Then we have*

(a) *If* $\ell^p \to \ell^\infty$ *is not mimicked through* E, *then neither is it mimicked through* $L^q(\mu,E)$ *for any* $1\leq q<p$.

(b) *If* $\ell^1 \to \ell^p$ *is not mimicked through* E, *then neither is it mimicked through* $L^q(\mu,E)$ *for any* $p<q<\infty$.

(c) *If* c_o *is not contained in* E, *then neither is* c_o *contained in* $L^q(\mu,E)$ *for any* $1\leq q<\infty$. □

This theorem is a deep result and the proof of all 3 statements requires stochastic methods (see [89],[40] and [75]). But we shall sustain from the proof here.

The property of not containing c_o, may be expressed in similar facon as in Corollary 3.11 (see [8]):

Theorem 3.13. *Let* E *be a Banach space not containing* c_o, *and* (x_j) *a sequence with unconditionally bounded partial sums. Then we have* $x_j \to 0$ (i.e. $(x_j) \in c_o(E)$), *and* $\sum_{j=1}^{\infty} x_j$ *is unconditionally convergent*. □

4. Weak convergence

Let T be a completely regular Hausdorff space in all of this section, and let

$$C(T) = \{f \mid f \text{ continuous bounded: } T \to \mathbb{R}\}$$

$$Pr(T) = \{\mu \mid \mu \text{ is a Radon probability on } T\}$$

On $Pr(T)$ we define the weak topology, $w = \sigma(Pr,C)$, by

$$\mu_\alpha \xrightarrow{w} \mu \Leftrightarrow \int_T f\,d\mu_\alpha \longrightarrow \int_T f\,d\mu \qquad \forall f \in C(T)$$

If T is metrized by a metric d, we define the Prohorov metric d_o by

$$d_o(\mu,\nu) = \inf\left\{ \varepsilon > 0 \;\middle|\; \begin{array}{ll} \mu(F) \le \nu(F^\varepsilon) + \varepsilon & \forall F \in \mathcal{F} \\ \nu(F) \le \mu(F^\varepsilon) + \varepsilon & \forall F \in \mathcal{F} \end{array} \right\}$$

where $\mathcal{F}$ is the class of all closed sets and

$$A^\varepsilon = \{x \in T \mid \exists y \in A: \; d(x,y) < \varepsilon\} = \bigcup_{y \in A} b^o(y,\varepsilon)$$

The following propositions are well known

(4.1) If d is a metric for T, then d_o is a metric for $(Pr(T),w)$

(4.2) If (T,d) is complete, then so is $(Pr(T),d_o)$

(4.3) $\mu_\alpha \xrightarrow{w} \mu$ if and only $\mu(U) \le \liminf_\alpha \mu_\alpha(U)$ for all open sets $U \subseteq T$.

Let X,Y be random variables with valued in a separable subset of (T,d), and let $\varphi: \mathbb{R}_+ \to \overline{\mathbb{R}}_+$ be decreasing and $\not\equiv \infty$, then we define

$$\Lambda_\varphi(X,Y) = \lambda_\varphi(d(X,Y))$$

(cf. §2). Now using the inequality:

$$P(X\in F) \le P(d(X,Y) \ge \varepsilon) + P(Y\in F^\varepsilon)$$

we find

$$d_o(L(X),L(Y)) \le \Lambda_\varphi(X,Y)\max\{\varphi(t),t\} \qquad \forall\ t\ge 0 \tag{4.4}$$

Lemma 4.1. *Let* T *be a completely regular Hausdorff space and* F *a subset of* $C(T)$, *so that*

(a) $\quad f\cdot g\in F \qquad \forall\ f,g\in F$

(b) $\quad F$ *separates points in* T

If (μ_n) *and* μ *are Radon probabilities on* T, *so that*

(c) $\quad \int_T f\,d\mu_n \to \int_T f\,d\mu \qquad \forall\ f\in F$

then $\mu_n \overset{w}{\to} \mu$ *if* T *is equipped with the* $\sigma(T,F)$-*topology*.

Remark. The $\sigma(T,F)$-topology is the weakest topology on T which makes all functions $f\in F$ continuous, i.e.

$$t_\alpha \to t \text{ in } \sigma(T,F) \Leftrightarrow f(x_\alpha) \to f(x) \qquad \forall\ f\in F$$

Proof. Let H be the class of functions $f\in C(T)$, for which

$$\lim_{n\to\infty} \int_T f\,d\mu_n = \int_T f\,d\mu$$

Then H is a $\|\cdot\|_\infty$-closed linear subspace of $C(T)$ containing F and all constant functions. So if $F_o = \overline{\mathrm{span}}(F\cup\{1_T\})$, then $F_o \subseteq H$, and F_o is a uniformly closed algebra in $C(T)$.

Let U be a $\sigma(T,F)$-open set, then for every $x \in U$ there exist a finite set $F(x) \subseteq F$ and $\varepsilon(x) > 0$, so that

$$U(x) = \{y \in T \mid \max_{f \in F(x)} |f(y) - f(x)| < \varepsilon(x)\} \subseteq U$$

Let $g_x = \varepsilon(x)^{-1} \max_{f \in F(x)} |f(\cdot) - f(x)|$, then $g_x \in F_o$ and

$$x \in U(x) = \{g_x < 1\} \subseteq U$$

Since μ is a Radon measure and $U = \bigcup_{x \in U} U(x)$, there exists a finite set $\pi \subseteq U$, so that

$$\mu(\bigcup_{x \in \pi} U(x)) \geq \mu(U) - \varepsilon$$

where ε is any given positive number. Let

$$h = \min_{x \in \pi} g_x$$

then $h \in F_o$ and $\{h < 1\} = \bigcup_{x \in \pi} U(x) \subseteq U$.

Now let $\nu_n = \mu_n o h^{-1}$ and $\nu = \mu o h^{-1}$, then ν_n and ν are probability measures on $\mathbb{R}$. And since $\varphi o h \in F_o$ for all $\varphi \in C(\mathbb{R})$ (Stone-Weierstrass' theorem) we have $\nu_n \overset{w}{\to} \nu$. So by (4.3) we find

$$\begin{aligned} \mu(U) - \varepsilon \leq \mu(h < 1) &= \nu(-\infty, 1) \\ &\leq \liminf_{n \to \infty} \nu_n(-\infty, 1) \\ &= \liminf_{n \to \infty} \mu_n(h < 1) \\ &\leq \liminf_{n \to \infty} \mu_n(U) \end{aligned}$$

Hence the lemma follows from (4.3). □

<u>Proposition 4.2</u>. <u>Let</u> f <u>be a continuous map</u>: $T \to \mathbb{R}$, <u>and</u> $\mu_n \in Pr(T)$, <u>so that</u> $\mu_n \overset{w}{\to} \mu$. <u>If</u> f <u>is equiintegrable with</u>

<u>respect to</u> $\{\mu_n\}$, <u>that is if</u>

(a) $$\int_{\{|f|>a\}} |f| d\mu_n \xrightarrow[a\to\infty]{} 0 \quad \text{uniformly in} \quad n\geq 1$$

<u>Then we have</u>

(b) $$\lim_{n\to\infty} \int_T f\, d\mu_n = \int_T f\, d\mu$$

<u>Proof</u>. The proof is simple and we shall leave the verification to the reader. □

Let T and S be completely regular spaces, and F a continuous map: $T \to S$, then F induces a map: $\tilde{F}: Pr(T) \to Pr(S)$, by

$$\tilde{F}(\mu) = \mu \circ F^{-1}$$

i.e. $\tilde{F}(\mu)$ is the distribution law of F under μ or the image measure of μ under F. It is clear that we have:

(4.5) If $F: T \to S$ is continuous, then $\tilde{F}: Pr(T) \to Pr(S)$ is weakly continuous.

Another very important continuous map is the product measure:

(4.6) If T and S are completely regular Hausdorff spaces then $(\mu,\nu) \to \mu\times\nu$ is a continuous map: $Pr(T)\times Pr(S) \to Pr(S\times T)$.

The proof of this proposition is straight forward but requires some work. We shall leave the verification to the reader.

Let E be a Banach space and (X_n) and X be E-valued random vectors. Then $\mathcal{L}(X)$ is a Radon measure, since X has separable range. And we say that $\{X_n\}$ <u>converges in law to</u> X

if $L(X_n) \xrightarrow{w} L(X)$.

A family $M \subseteq Pr(T)$ is called uniformly tight, if M satisfies

(4.7) $\forall\, \varepsilon > 0 \;\; \exists\, K$ compact $\subseteq T$: $\mu(K) \geq 1-\varepsilon,\ \forall\, \mu \in M$

It is easy to see that

(4.8) If $M \subseteq Pr(T)$ is uniformly tight, then M is conditionally w-compact.

The converse is not true in general, but we have Pro orov's theorem:

(4.9) If T is a complete metric space, and $M \subseteq Pr(T)$ is w-compact, then M is uniformly tight.

5. Measures with given marginals

Let S and T denote completely regular spaces in all of this section. If $\sigma: S \to \mathbb{R}_+$ is continuous and bounded below away from 0 we define

$$M(S) = \{\mu \mid \mu \text{ is a finite Radon measure on } S\}$$

$$M_\sigma(S) = \{\mu \in M(S) \mid \sigma \text{ is } \mu\text{-integrable}\}$$

$$Pr_\sigma(S) = M_\sigma(S) \cap Pr(S)$$

$$C_\sigma(S) = \{f \mid f/\sigma \in C(S)\}$$

Then $f \in L_1(\mu)$ for all $f \in C_\sigma(S)$ and $\mu \in M_\sigma(S)$, so we can define the w_σ-topology on $Pr_\sigma(S)$ by

$$\mu_\alpha \to \mu \text{ in } w_\sigma \iff \int_S f d\mu_\alpha \to \int_S f d\mu \quad \forall f \in C_\sigma(S)$$

Clearly we have $w = w_1$ and

(5.1) $\mu \to \int \sigma d\mu$ is a homeomorphism of $(M_\sigma(S), w_\sigma)$ onto $(M(S), w)$

If $f: S \to \mathbb{R}$ and $g: T \to \mathbb{R}$ are maps, then $f \oplus g$ denotes the function:

$$f \oplus g(s,t) = f(s) + f(t) \quad \forall (s,t) \in S \times T$$

<u>Lemma 5.1</u>. <u>Let</u> (γ_α) <u>be a net in</u> $M_+(S\times T)$ <u>and let</u> μ_α <u>and</u> ν_α <u>be the marginals of</u> γ_α. <u>If</u>

(a) $$\mu_\alpha \xrightarrow{w} \mu, \quad \nu_\alpha \xrightarrow{w} \nu$$

<u>for some</u> $\mu \in M_+(S)$ <u>and some</u> $\nu \in M_+(T)$. <u>Then</u> (γ_α) <u>has a limit point</u> $\gamma \in M_+(S\times T)$ <u>with marginals</u> μ <u>and</u> ν.

<u>Proof</u>. Clearly any limit point γ for (γ_α) has marginals μ and ν, so it suffices to prove that (γ_α) has a limit point. To this we shall use a compactness criteria by F. Topsøe (Theorem 9.1 of [111]), which state that is suffices to prove:

(i) $\limsup_\alpha \gamma_\alpha(S\times T) < \infty$

(ii) $\forall\varepsilon > 0\ \exists\, G \in \mathcal{G}\colon \limsup_\alpha \gamma_\alpha(G^c) \le \varepsilon$

whenever $\mathcal{G}$ is a family of open subsets of $S\times T$, such that

(iii) $\forall K$ compact $\exists G \in \mathcal{G}$ so that $K \subseteq G$

Since $\gamma_\alpha(S\times T) = \mu_\alpha(S) = \nu_\alpha(T)$, (i) is fullfilled by (a). So let $\mathcal{G}$ satisfy (iii) and let $\varepsilon > 0$ be given, then we can find compact sets $K \subseteq S$, $L \subseteq T$, so that

$$\mu(K^c) \le \tfrac{1}{2}\varepsilon, \quad \nu(L^c) \le \tfrac{1}{2}\varepsilon$$

Let $G \in \mathcal{G}$ be chosen so that $G \supseteq K\times L$, then by compactness of K and L we can find open sets $U \supseteq K$ and $V \supseteq L$ so that $G \supseteq U\times V$. Hence

$$\limsup_\alpha \mu_\alpha(U^c) \le \mu(U^c) \le \mu(K^c) \le \tfrac{1}{2}\varepsilon$$

$$\limsup_\alpha \nu_\alpha(V^c) \le \nu(V^c) \le \nu(L^c) \le \tfrac{1}{2}\varepsilon$$

and since

$$G^c \subseteq (U\times V)^c \subseteq (U^c\times T) \cup (S\times V^c)$$

we have

$$\limsup_{\alpha} \gamma_\alpha(G^c) \leq \varepsilon$$

and so (ii) holds and the lemma is proved. □

Theorem 5.2. Let $\sigma: S \to \mathbb{R}_+$ and $\tau: T \to \mathbb{R}_+$ be continuous and bounded below away from 0, and let $\rho = \sigma \oplus \tau$. Suppose that $\mu \in Pr_\sigma(S)$, $\nu \in Pr_\tau(T)$, $\Lambda \subseteq Pr_\rho(S\times T)$ and that

(a) $$\int_S f d\mu + \int_T g d\nu \leq p(f \oplus g) \quad \forall f \in C_\sigma(S) \, \forall g \in C_\tau(T)$$

where

(b) $$p(\varphi) = \sup_{\lambda\in\Lambda} \int_{S\times T} \varphi d\lambda \qquad \text{for } \varphi \in C_\rho(S\times T)$$

Then there exist $\gamma \in Pr_\rho(S\times T)$ with marginals μ and ν, which satisfies

(c) $$\int_{S\times T} \varphi d\gamma \leq p(\varphi) \qquad \forall \varphi \in C_\rho(S\times T)$$

Remark. If Λ is convex and w_ρ-closed, then any $\gamma \in M_\rho(S\times T)$ satisfying (c) belongs to Λ.

Proof. Let Γ be the set of all measures in $Pr_\rho(S\times T)$, which satisfies (c). Then Γ is convex and w_ρ-closed, and $\Lambda \subseteq \Gamma$, moreover the definition of p implies:

(i) $$p(\varphi) = \sup_{\gamma \in \Gamma} \int \varphi d\gamma \qquad \forall \varphi \in C\rho(S \times T)$$

Now let Δ be the set of all $(\alpha, \beta) \in Pr_{\sigma}(S) \times Pr_{\tau}(T)$, for which there exists a $\gamma \in \Gamma$ with marginals α and β. Then Δ is a convex subset of $M_{\sigma}(S) \times M_{\tau}(T)$, which is the dual of $C_{\sigma}(S) \times C_{\tau}(T)$ under the pairing:

$$<(\alpha,\beta), (f,g)> = \int_S f d\alpha + \int_T g d\beta$$

(i) and (a) implies that

$$<(\mu,\nu), (f,g)> \leq \sup_{(\alpha,\beta) \in \Delta} <(\alpha,\beta), (f,g)>$$

So $(\mu,\nu) \in cl(\Delta)$ (closure in $w_{\sigma} \times w_{\tau}$).

But then there exists $\gamma_{\alpha} \subseteq \Gamma$ with marginals μ_{α} and ν_{α}, so that $\mu_{\alpha} \to \mu$ in w_{σ} and $\nu_{\alpha} \to \nu$ in w_{τ}. So by Lemma 5.1 we have that (γ_{α}) has a w-limit point γ with marginals μ and ν.

Now we note that

$$\begin{aligned} \int_{S \times T} \rho \, d \gamma_{\alpha} &= \int_S \sigma \, d \mu_{\alpha} + \int_T \tau \, d \nu_{\alpha} \\ &\underset{\alpha}{\to} \int_S \sigma \, d \mu + \int_T \tau \, d \nu \\ &= \int_{S \times T} \rho \, d \gamma \end{aligned}$$

But then the theorem follows from the following easy proposition

(ii) If $\mu_{\alpha} \overset{w}{\to} \mu$ and $\lim_{\alpha} \int_S \sigma \, d \mu_{\alpha} = \int_S \sigma \, d \mu$, then $\mu_{\alpha} \to \mu$ in w_{σ}. □

Corollary 5.3. Let σ, τ and $\rho = \sigma \oplus \tau$ be as in Theorem 5.2, let Λ be a convex w_ρ-closed subset of $Pr_\rho(S\times T)$ and $M(s)$ a subset of $Pr_\tau(T)$ for all $s \in S$, so that

(a) $\delta_s \times \alpha \in \Lambda \quad \forall s \in S \quad \forall \alpha \in M(s)$

If $g \in C_\tau(T)$ we define

$$g^*(s) = \sup_{\alpha \in M(s)} \int_T g d\alpha$$

$$g_*(s) = \inf_{\alpha \in M(s)} \int_T g d\alpha$$

Let $\mu \in Pr_\sigma(S)$ and $\nu \in Pr_\tau(T)$, then the following two statements are equivalent:

(b) $\int_S f d\mu + \int_T g d\nu \leq \sup_{s\in S}(f(s) + g^*(s)) \quad \forall f \in C_\sigma(S) \forall g \in C_\tau(T)$

(c) $\int_S f d\mu + \int_T g d\nu \geq \inf_{s\in S}(f(s) + g_*(s)) \quad \forall f \in C_\sigma(S) \forall g \in C_\tau(T)$

And if one of them holds then there exists a $\gamma \in \Lambda$ with marginals μ and ν.

Proof. The equivalence of (b) and (c) follows from the equation: $(-g)_* = -(g^*)$.

Suppose that (b) holds and define

$$p(\varphi) = \sup_{\gamma \in \Lambda} \int_{S\times T} \varphi d\gamma$$

$$\varphi^*(s) = \sup_{\alpha \in M(s)} \int \varphi(s,t)\alpha(dt)$$

for $\varphi \in C_\rho(S\times T)$. Then $\varphi^*(s) \leq p(\varphi)$ for all $s \in S$, since

$\delta_s \times \alpha \in \Lambda$ for $\alpha \in M(s)$, hence

$$\sup_{s \in S} \varphi^*(s) \leq p(\varphi)$$

and since $(f \oplus g)^* = f + g^*$ the corollary is a consequence of Theorem 5.2 and the remark to Theorem 5.2. □

Remark. Note that

$$(5,2) \qquad \int_T g\,d\nu \leq \int^* g^*\,d\mu \qquad \forall g \in C_\tau(T)$$

implies (b), where $\int^*$ denotes the outer integral. And note that

$$(5,3) \qquad \int_T g\,d\nu \geq \int_* g_*\,d\mu \qquad \forall g \in C_\tau(T)$$

implies (c), where $\int_*$ denote the inner integral.

Corollary 5.4. *Let* D *be a closed subset of* $S \times T$ *and* $\mu \in Pr(S)$, $\nu \in Pr(T)$ *such that*

$$\int_S f\,d\mu + \int_T g\,d\nu \leq \sup_{(s,t) \in D} (f(s) + g(t))$$

for all $f \in C(S)$ *and all* $g \in C(T)$. *Then there exists* $\gamma \in Pr(D)$ *with marginals* μ *and* ν

Proof. Let $D(s) = \{t \mid (s,t) \in D\}$, and put $\sigma = \tau \equiv 1$, $\Lambda = Pr(D)$ and

$$M(s) = \{\delta_t \mid t \in D(s)\}$$

in Corollary 5.3. □

In order to apply Corollary 5.3 and its remark it is important to know measurability or continuity properties of g^* and g_*. To do this we need the following definitions:

A map $R: S \to \{\text{the subsets of } T\}$, is called <u>lower continuous</u> if

$$\{s \mid R(s) \cap V \neq \emptyset\} \quad \text{is open} \quad \forall V \text{ open } \subseteq T$$

R is called <u>upper continuous</u> if

$$\{s \in S \mid R(s) \subseteq V\} \quad \text{is open} \quad \forall V \text{ open } \subseteq T$$

And R is called <u>continuous</u> if R is upper and lower continuous at the same time.

<u>Theorem 5.5.</u> <u>Let</u> $M(s) \subseteq Pr_\tau(T)$, <u>where</u> $\tau: T \to \mathbb{R}_+$ <u>is continuous and bounded below away from</u> 0. <u>Let</u> g^* <u>and</u> g_* <u>be defined by</u>

$$g^*(s) = \sup_{\alpha \in M(s)} \int_T g \, d\alpha$$

$$g_*(s) = \inf_{\alpha \in M(s)} \int_T g \, d\alpha$$

<u>for</u> $g \in C_\tau(T)$.

<u>If</u> M <u>is lower continuous, then</u> g^* <u>is lower semicontinuous and</u> g_* <u>is upper semicontinuous for all</u> $g \in C_\tau(T)$.

<u>If</u> M <u>is upper continuous, then</u> g^* <u>is upper semicontinuous and</u> g_* <u>is lower semicontinuous for all</u> $g \in C_\tau(T)$

<u>If</u> M <u>is continuous, then</u> g^* <u>and</u> g_* <u>are continuous for all</u> $g \in C_\tau(T)$.

<u>Proof</u>. Suppose that M is lower continuous and $g \in C_\tau(T)$. If $g^*(s_0) > a$, then

$$V = \{\alpha \in Pr_\tau(T) \mid \int_T g d\alpha > a\}$$

is an open set with $V \cap M(s_o) \neq \emptyset$. Now let

$$U = \{s \mid M(s) \cap V \neq \emptyset\}$$

then U is an open neighbourhood of s_0, and clearly $g^*(s) > a$ for $s \in U$. Hence g^* is lower semicontinuous and so $g_* = -(-g)^*$ is upper semicontinuous.

Suppose that M is upper continuous and $g \in C_\tau(T)$. If $g^*(s_0) < a$, then we choose $b \in \mathbb{R}$ so that $g^*(s_0) < b < a$. Let

$$V = \{\alpha \in Pr_\tau(T) \int_T g d\alpha < b\}$$

then V is open and $M(s_0) \subseteq V$, so we have

$$U = \{s \in S \mid M(s) \subseteq V\}$$

is an open neighbourhood of s_0 with $g^*(s) \leq b < a$ for all $s \in U$. Hence g^* is upper semicontinuous and $g_* = -(-g)^*$ is lower semicontinuous.

The last statement follows immediately from the previous two statements. □

<u>Theorem 5.6</u>. <u>Let</u> $q: C(S \times T) \to \mathbb{R} \cup \{-\infty\}$ <u>be superadditive</u> (<u>i.e.</u> $q(f+g) \geq q(f) + q(g)$) <u>and positive homogenuous (i.e.</u>

$q(af) = aq(f)$ <u>if</u> $a \geq 0$). <u>If</u> $\mu \in Pr(S)$ <u>and</u> $\nu \in Pr(T)$ <u>satisfies</u>

(a) $$\int_S f d\mu + \int_T g d\nu \geq q(f \oplus g) \quad \forall f \in C(S) \, \forall g \in C(T)$$

(b) $$q(\varphi) \geq 0 \quad \forall \varphi \in C_+(S\times T)$$

<u>Then there exists</u> $\gamma \in Pr(S\times T)$ <u>with marginals</u> μ <u>and</u> ν <u>satisfying</u>

(c) $$\int_{S\times T} \varphi d\gamma \geq q(\varphi) \quad \forall \varphi \in C(S\times T)$$

<u>Proof</u>. Let $p(\varphi) = -p(-\varphi)$, then p is subadditive and positively homogenuous. Let

$$L = \{f \oplus g \mid f \in C(S), g \in C(T)\}$$

$$\bar{\gamma}(f \oplus g) = \int_S f d\mu + \int_T g d\nu = \int_{S\times T} (f \oplus g) d(\mu\times\nu)$$

Then L is a linear subspace of $C(S\times T)$ and $\bar{\gamma}$ is a linear functional on L dominated by p on L. Hence by Hahn-Banach's theorem (which is also valid, in our case, due to (b) and the structure of L) $\bar{\gamma}$ may be extended to a linear functional $\bar{\bar{\gamma}}$ on $C(S\times T)$, satisfying

(i) $$q(\varphi) \leq \bar{\bar{\gamma}}(\varphi) \leq p(\varphi) \quad \forall \varphi \in C(S\times T)$$

Hence by (b) we have that $\bar{\bar{\gamma}}$ is a positive linear functional and $\bar{\bar{\gamma}}(1) = 1$. We shall now show that $\bar{\bar{\gamma}}$ is a Radon measure, i.e.

(ii) $\forall \varepsilon > 0$ $\exists C$ compact, so that $\bar{\bar{\gamma}}(\varphi) \leq \varepsilon$ whenever $0 \leq \varphi \leq 1$ and $\varphi = 0$ on C.

So let $\varepsilon > 0$ be given, and choose compact sets $K \subseteq S$ and $L \subseteq T$ with

$$\mu(K^c) \leq \varepsilon/4 \quad \text{and} \quad \nu(L^c) \leq \varepsilon/4$$

Now put $C = K \times L$ and let $\varphi \in C(S\times T)$ with $0 \leq \varphi \leq 1$ and $\varphi = 0$ on C. Then $K \times L \subseteq \{\varphi < \frac{1}{2}\varepsilon\}$, and so there exists open sets $W_1 \supseteq K$ and $W_2 \supseteq L$, so that

$$K \times L \subseteq W_1 \times W_2 \subseteq \{\varphi < \tfrac{1}{2}\varepsilon\}$$

And by complete regularity there exists $f \in C(S)$ and $g \in C(T)$, so that $0 \leq f \leq 1$, $0 \leq g \leq 1$ and

$$f(s) = \begin{cases} 1 & \forall s \notin W_1 \\ 0 & \forall s \in K \end{cases}$$

$$g(t) = \begin{cases} 1 & \forall s \notin W_2 \\ 0 & \forall s \in L \end{cases}$$

It is now easily checked that

$$\varphi \leq \tfrac{1}{2}\varepsilon + f \oplus g$$

So by positivity of $\bar{\bar{\gamma}}$ we find

$$\bar{\bar{\gamma}}(\varphi) \leq \tfrac{1}{2}\varepsilon + \int_S f d\mu + \int_T g d\mu$$

$$\leq \tfrac{1}{2}\varepsilon + \mu(K^c) + \nu(L^c)$$

$$\leq \varepsilon$$

so (ii) is proved. □

<u>Example 5.7</u>. Let me describe a typical situation to which the results applies:

Let S be a completely regular Hausdorff space and $\sigma : S \to \mathbb{R}_+$ be continuous and bounded below away from 0 (in the following we take $T = S$, $\sigma = \tau$ and $\rho = \sigma \oplus \sigma$). Let $\Lambda \subseteq Pr_\rho(S\times S)$ and $M(s) \subseteq Pr\ (S)$ $(s \in S)$ satisfy:

(5.4) $\delta_s \in M(s) \quad \forall s \in S$

(5.5) Λ is convex and w_ρ-closed

(5.6) $\delta_s \times \alpha \in \Lambda \quad \forall \alpha \in M(s)\ \forall s \in S$

As above we define g^* and g_* by

$$g^*(s) = \sup_{\alpha \in M(s)} \int g d\alpha$$

$$g_*(s) = \inf_{\alpha \in M(s)} \int g d\alpha$$

for $g \in C_\sigma(S)$. Now let H be a class of functions, $h : S \to \mathbb{R}_+$, satisfying

(5.7) $g_*(s) \in H \quad \forall g \in C_\sigma(S)$ with $0 \le g \le \sigma$

A function $f : S \to \bar{\mathbb{R}}$ is called M-<u>convex</u> if

(5.8) $f(s) \le a\ f(t) + (1-a) f(u)$, whenever $0 \le a \le 1$ and $aM(t) + (1-a)M(u) \subseteq M(s)$

The set of M-convex functions is denoted M.

With these assumptions and notation we clearly have:

(5.9) $g_* \le g \le g^* \quad \forall g \in C_\sigma(S)$

(5.10) $g_* \in M \quad \forall g \in C_\sigma(S)$

(5.11) If $f,g \in M$ and $a \geq 0$, then $f+g$, af and $\max\{f,g\}$ all belongs to M

(5.12) Every constant function is M-convex

And we have

__Theorem 5.8__. __Under the assumptions__ (5.4) - (5,7), __we have that if__ $\mu, \nu \in Pr_\sigma(S)$, __satisfies__

(a) $$\int_* g d\mu \leq \int_* g d\nu \qquad \forall g \in H \cap M$$

__Then there exist__ $\gamma \in \Lambda$ __with marginals__ μ __and__ ν.

__Proof__. Let $g \in C_\sigma(S)$ be bounded below, then there exists $a,b > 0$ so that $0 \leq ag + b \leq \sigma$, hence

$$(ag+b)_* = ag_* + b \in H \cap M$$

and so

$$\begin{aligned} a\int_* g_* d\mu + b &= \int_* (ag+b)_* d\mu \\ &\leq \int_* (ag+b)_* d\nu \\ &= a\int_* g_* d\nu + b \end{aligned}$$

from which we deduce that

(i) $$\int_* g_* d\mu \leq \int_* g_* d\nu$$

whenever $g \in C_\sigma(S)$ and g is bounded below.

Let $g \in C_\sigma(S)$, and put $g_n = \max\{g,-n\}$ then $g_n \in C_\sigma(S)$ and g_n is bounded below. Hence by (i) we have

(ii) $$\int_*(g_n)_* d\mu \leq \int_*(g_n)_* d\nu$$

Now $g_n \downarrow g$ so $(g_n)_*$ decreases to some function $h: S \to \mathbb{R} \cup \{-\infty\}$, with $h \geq g_*$. Let $a > g_*(s)$ then there exists $\alpha \in M(s)$, so that

$$\int_S g\,d\alpha < a$$

But since $g_n \downarrow g$ there exists $n_0 \geq t$, so that

$$\int_S g_n d\alpha < a \qquad \forall n \geq n_0$$

Hence $(g_n)_*(s) < a \quad \forall n \geq n_0$, and so $h(s) \leq a$ for any $a > g_*(s)$. That is $(g_n)_* \downarrow g_*$ and $(g_n)_* \leq g_0$, $g_0 \in L^1(\mu) \cap L^1(\nu)$. Since the decreasing convergence theorem holds for the inner integral we have by (ii):

$$\int_* g_* d\mu \leq \int_* g_* d\nu$$

So the theorem follows from Corollary 5.3 and the remark (5.3). □

Example 5.9. Let S be a Banach space with norm $\|\cdot\|$, and put $\sigma = \|\cdot\| + 1$, $\rho = \sigma \oplus \sigma$. We can then take

$$M(s) = \{\alpha \in Pr_\sigma(S) \mid \int_S x d(dx) = s\}$$

and Λ to be the set of all $\gamma \in Pr_\rho(S\times S)$ satisfying

$$\int_{S\times S} yf(x)\gamma(dx,dy) = \int_{S\times S} xf(x)\gamma(dx,dy)$$

for all $f \in C(S)$. Then clearly (5.4), (5.5) and (5.6) are satisfied. Now

$$aM(u) + (1-a)M(v) \subseteq M(s)$$

if and only if $au + (1-a)v = s$.

So M-convexity is ordinary convexity. Let g be continuous with $0 \le g \le \|\cdot\| + 1$. Then $0 \le g_* \le \sigma$ and g_* is convex. Suppose that $g_*(s_0) < a$, then there exist $\alpha \in M(s)$ so that

$$\int_S g d\alpha < a .$$

Let $\alpha_x(A) = \alpha(A-x)$, then

$$p(x) = \int_S g d\alpha_x = \int_S g(y+x)\alpha(dy)$$

is continuous and $p(0) = \int_S g d\alpha < a$. Hence there exists $\delta > 0$ so that $p(x) < a$ for $\|x\| < \delta$. But $\alpha_x \in M(s_0+x)$, and so $g_*(s_0+x) < a$ for $\|x\| < \delta$. Hence g_* is lower semicontinuous.

However any lower semicontinuous convex finite function on a Banach space is continuous. So if we take H to be the set of all continuous functions, f, satisfying: $0 \le f \le \sigma$, then by Theorem 5.8, and the definition of Λ we get:

<u>Theorem 5.10</u>. <u>If</u> μ <u>and</u> ν <u>are Radon measures on a Banach space</u> $(S, \|\cdot\|)$, <u>so that</u>

(a) $\int_S \|x\| \mu(dx) < \infty$, $\int_S \|x\| \nu(dx) < \infty$

(b) $\int_S f d\mu \le \int_S f d\nu$ $\forall f: S \to \mathbb{R}$ <u>convex continuous and with</u> $0 \le f \le 1 + \|\cdot\|$

Then there exist a probability space (Ω,F,P) and two E-valued random vectors, X and Y, with

(c) $L(X) = \mu$ and $L(Y) = \nu$

(d) $X = \mathbb{E}(Y|X)$ □

Example 5.11. Let $\leq$ be a relation on S satisfying

(5.13) $s \leq s \quad \forall s \in S$

(5.14) $s \leq t,\ t \leq u \Rightarrow s \leq u$

(5.15) $D = \{(s,t) | t \leq s\}$ is closed in $S \times S$

If $D(s) = \{t | t \leq s\}$ is lower continuous, upper continuous or continuous, we say that $\leq$ is lower continuous, upper continuous or continuous.

Put $\sigma \equiv 1$, and

$$M(s) = \{\delta_t | t \leq s\}$$

$$\Lambda = \{\gamma \in Pr(S\times S) | \gamma(D) = 1\}$$

Then clearly (5.4) and (5.6) holds.

Now $aM(s) + (1-a)M(t) \subseteq M(u)$, if and only if $a = 0$ and $t \leq u$, or $a = 1$ and $s \leq u$, so M-convexity is equivalent to:

$$f(u) \leq f(s) \qquad \forall u \geq s$$

Any function f satisfying this inequality is called decreasing, and any function f satisfying the converse inequality:

$$f(u) \geq f(s) \qquad \forall u \geq s$$

is called increasing.

A subset $A \subseteq S$ is called a <u>right interval</u> (<u>left interval</u>) if 1_A is increasing (decreasing)

<u>Theorem 5.12</u>. <u>Let</u> $\mu, \nu \in Pr(S)$ <u>and let</u> $\leq$ <u>be a relation satisfying</u> (5.13), (5.14) <u>and</u> (5.15). <u>Then the following 3 statements are equivalent</u>

(a) $\int^* f d\nu \leq \int^* g d\mu \quad \forall f,g: S \to \mathbb{R}$, <u>satisfying</u> $f(t) \leq g(s)$ $\forall t \geq s$, $f \geq f_0$ <u>and</u> $g \geq g_0$ <u>for some</u> $f_0 \in L^1(\nu)$ <u>and some</u> $g_0 \in L^1(\mu)$

(b) $\int^* f d\nu \leq \int^* f d\mu \quad \forall f: S \to [0,1]$, <u>increasing</u>

(c) $\exists \gamma \in Pr(D)$ <u>with marginals</u> μ <u>and</u> ν

<u>If</u> $\leq$ <u>is lower continuous, then</u> (a)-(c) <u>is equivalent to</u>

(d) $\nu(A) \leq \mu(A) \quad \forall A$ <u>a closed right interval</u>.

<u>If</u> $\leq$ <u>is upper continuous, then</u> (a)-(c) <u>is equivalent to</u>

(e) $\nu(A) \leq \mu(A) \quad \forall A$ <u>an open right interval</u>.

<u>If</u> $\leq$ <u>is continuous, then</u> (a)-(c) <u>is equivalent to</u>

(f) $\int_S f d\nu \leq \int_S f d\mu \quad \forall f: S \to [0,1]$ <u>continuous and increasing</u>.

<u>Proof</u>. The implications (a) $\Longrightarrow$ (b), (a) $\Longrightarrow$ (d), (a) $\Longrightarrow$ (e) and (a) $\Longrightarrow$ (f) are all evident.

(b) $\Longrightarrow$ (c): Let $H = \{f \mid f: S \to [0,1]\}$, then (5,7) is satisfied. If $g \in H$ is M-convex then g is decreasing, and $f = 1-g$ is increasing and $0 \leq f \leq 1$. Hence

$$\int_* g d\mu = \int_* (1-f) d\mu = 1 - \int^* f d\mu$$

$$\leq 1 - \int^* f d\nu = \int_* (1-f) d\nu = \int_* g d\nu$$

So (c) follows from Theorem 5.8.

(c) $\Longrightarrow$ (a): Follows from the following fact:

(*) If $\alpha \in \Pr(S)$ and $p: S \to T$ is continuous and $\beta = \alpha \circ p^{-1}$, then

$$\int^* h d\beta = \int^* (h \circ p) d\alpha$$

$\forall h: T \to \mathbb{R}$, so that $h \geq h_0$ for some $h_0 \in L^1(\beta)$

which implies

$$\int^* f d\nu = \int^* (f \circ q) d\gamma \leq \int^* (g \circ p) d\gamma = \int^* g d\mu$$

where $q(s,t) = t$ and $p(s,t) = s$, since $f \circ q \leq g \circ p$.

(*) is not as evident as it looks, and it is essential that p is <u>continuous</u> and α is a <u>Radon</u> measure. I shall however leave the verification to the reader.

Now suppose that $\leq$ is lower continuous, and that (d) holds. If $f: S \to [0,1]$ is decreasing and upper semicontinuous, then $\{g \geq t\}$ is a closed right interval for all $t \geq 0$, where $g = 1 - f$. So we have

$$\int_S f d\mu = 1 - \int_S g d\mu = 1 - \int_0^\infty \mu(g \geq t) dt$$

$$\leq 1 - \int_0^\infty \nu(g \geq t) dt = \int_S f d\nu$$

since $g \geq 0$. Hence (c) follows from Theorem 5.8 by putting $\mathcal{H} = \{f | f \text{ l.s.c. } : S \to [0,1]\}$ (cf. Theorem 5.5.)

The two last statements follows similarly. □

CHAPTER II

The tail distribution of convex functions of infinitely many variables

1. Supremum of independent random variables

The study of convergence or boundedness of $\sum_1^\infty X_n$ in L_E^p, where (X_n) is an independent E-valued sequence, may often be reduced to study $N = \sup_n \|X_n\|$ (see §4 and §5). This section is devoted to the study of such supremas.

On $\mathbb{R}_+^n$ we introduce coordinatewise ordering, i.e.

(1.1) $$(x_1,\dots,x_n) \le (y_1,\dots,y_n) \Leftrightarrow x_j \le y_j \quad \forall\, j = 1,\dots,n$$

which is a continuous ordering on $\mathbb{R}_+^n$ (cf. Example I.5.11).

On $M_+(\mathbb{R}_+^n)$ we can introduce the ordering:

(1.2) $$\mu \vdash \nu \Leftrightarrow \int f d\mu \le \int f d\nu \qquad \forall\, f \in H(\mathbb{R}_+^n)$$

where $H(\mathbb{R}_+^n)$ is the set of increasing measurable functions $f: \mathbb{R}_+^n \to \mathbb{R}$ which are bounded below. From Theorem I.5.12 we have that $\mu \vdash \nu$ if and only if one of the following 3 statements holds

(1.3) $\mu(U) \le \nu(U)$ $\forall\, U$ an open right interval

(1.4) $\mu(F) \le \nu(F)$ $\forall\, F$ a closed right interval

(1.5) $\int f d\mu \le \int f d\nu$ $\forall\, f$ bounded, non negative, continuous and increasing

If $\xi = (\xi_1,\dots,\xi_n)$ and $\eta = (\eta_1,\dots,\eta_n)$ are n-dimensional random vectors, we define

$$\xi \vdash \eta \Leftrightarrow \mathbb{E} f(|\xi|) \le \mathbb{E} f(|\eta|) \quad f \in H(\mathbb{R}_+^n)$$

where $|\xi| = (|\xi_1|,\ldots,|\xi_n|)$ and similarly for $|\eta|$. That is

$$\xi \vdash \eta \Leftrightarrow L(|\xi|) \vdash L(|\eta|)$$

Notice that if $n = 1$, then this is equivalent to (by (1.3))

$$P(|\xi| > t) \le P(|\eta| > t) \quad \forall t \ge 0.$$

Lemma 1.1. *Let ξ and η be n-dimensional random vectors, such that*

(a) $\xi_1,\ldots,\xi_n$ *are independent and* $\eta_1 \cdots \eta_n$ *are independent*

(b) $\xi_j \vdash \eta_j \quad \forall j = 1,\ldots,n$

where ξ_j respectively η_j is the j-th coordinate of ξ respectively η. Then $\xi \vdash \eta$, so if $\varphi: \mathbb{R}_+^n \to \mathbb{R}_+$ is increasing on $\mathbb{R}_+^n$ we have $\mathbb{E}\tilde{\varphi}(\xi) \le \mathbb{E}\tilde{\varphi}(\eta)$ where $\tilde{\varphi}$ is given by:

(c) $\tilde{\varphi}(t_1,\ldots,t_n) = \varphi(|t_1|,\ldots,|t_n|) \quad \forall (t_1,\ldots,t_n) \in \mathbb{R}^n$

Proof. We may assume without loss of generality that $\xi_j \ge 0$ and $\eta_j \ge 0$ for all $j = 1,\ldots,n$. If $n = 1$ then the statement is just the definition of $\xi_1 \vdash \eta_1$. Now suppose that the lemma holds for $n-1$. Let

$$\psi_o(t) = \mathbb{E}\varphi(\xi_1,\ldots,\xi_{n-1},t) \quad t \in \mathbb{R}_+$$

$$\psi_1(t) = \mathbb{E}\varphi(\eta_1,\ldots,\eta_{n-1},t) \quad t \in \mathbb{R}_+$$

then by induction hypothesis we have $\psi_o \le \psi_1$, and since ψ_o and ψ_1 are increasing on $\mathbb{R}_+$, we have

$$\mathbb{E}\,\psi_1(\xi_n) \le \mathbb{E}\,\psi_1(\eta_n)$$

and from (a) it then follows that

$$\mathbb{E}\varphi(\xi) = \mathbb{E}\,\psi_o(\xi_n) \leq \mathbb{E}\,\psi_1(\xi_n) \leq \mathbb{E}\,\psi_1(\eta_n) = \mathbb{E}\varphi(\eta)$$

Hence $\xi \vdash \eta$. □

Lemma 1.2. Let (ξ_n) be a sequence of independent random variables, so that

(a) $$N = \sup|\xi_n| < \infty \quad \text{a.s.}$$

If $\varphi: \mathbb{R}_+ \to \mathbb{R}_+$ is increasing and $\psi: \mathbb{R}_+ \to \mathbb{R}_+$ is left continuous, then we have

(b) $$P(N \leq a) \sum_1^\infty \int_{|\xi_n|>a} \varphi(|\xi_n|)\,dP \leq \mathbb{E}\,\varphi(N) \quad \forall\, a \geq 0$$

(c) $$\mathbb{E}\psi(N) \leq \sum_1^\infty \mathbb{E}\,\psi(|\xi_n|)$$

Proof. (b): Let $T = \inf\{n \mid |\xi_n| > a\}$, then $\varphi(|\xi_T|) \leq \varphi(N)$ for $T < \infty$, so we have

$$\mathbb{E}\varphi(N) \geq \mathbb{E}\,\varphi(|\xi_T|)\,1_{\{T<\infty\}} = \sum_{n=1}^\infty \int_{T=n} \varphi(|\xi_n|)\,dP$$

$$= \sum_{n=1}^\infty P(|\xi_1| \leq a, \dots, |\xi_{n-1}| \leq a) \int_{|\xi_n|>a} \varphi(|\xi_n|)\,dP$$

$$\geq P(N \leq a) \sum_1^\infty \int_{|\xi_n|>a} \varphi(|\xi_n|)\,dP$$

since $N \leq a$ implies $|\xi_j| \leq a \;\forall j$.

(c): By left continuity of ψ we have

$$\psi(N) \leq \sup_n \psi(|\xi_n|) \leq \sum_1^\infty \psi(|\xi_n|).$$ □

If (ξ_n) are independent and $N = \sup_n |\xi_n|$, then it follows from Lemma 1.2 and the Borel-Cantelli lemma that

$$(1.6) \qquad \begin{aligned} N < \infty \text{ a.s.} &\Leftrightarrow \exists t: \sum_1^\infty P(|\xi_n| > t) < \infty \\ &\Leftrightarrow \lim_{t\to\infty} \sum_1^\infty P(|\xi_n| > t) = 0 \end{aligned}$$

Moreover we have that if $N < \infty$ a.s. then

$$(1.7) \qquad P(N > t) \sim \sum_1^\infty P(|\xi_n| > t) \quad \text{as} \quad t \to \infty$$

where $f \sim g$ as $t \to \infty$ means $f(t)/g(t) \underset{t\to\infty}{\longrightarrow} 1$.

Lemma 1.3. *Let (ξ_n) be independent random variables, satisfying*

(a) $N = \sup_n |\xi_n| < \infty$ *a.s.*

(b) $P(|\xi_n| > ts) \leq K(s)\varphi(t)\, P(|\xi_n| > t) \quad \forall t,s \geq a \; \forall n \geq 1$

where $a > 0$, *and* K *and* φ *are functions:* $\mathbb{R}_+ \to \mathbb{R}_+$. *Then there exists constants* $K_o > 0$ *and* $\varepsilon > 0$, *so that*

(c) $P(N > t) \leq K_o\, \varphi(\varepsilon t) \quad \forall\, t \geq b$

Proof. Since $N < \infty$ a.s. we can find $s_o > a$, so that $\sum_1^\infty P(|\xi_n| > s_o) < \infty$. Now let $t \geq b = as_o$, then we have

$$\sum_1^\infty P(|\xi_n| > t) \leq K(s_o)\varphi(t/s_o) \sum_1^\infty P(|\xi_n| > s_o)$$

So (c) follows from Lemma 1.2. □

Lemma 1.4. Let (ξ_n) be independent identical distributed random variables, $\{a_n\} \subseteq \mathbb{R}_+$ and φ an even function: $\mathbb{R} \to \mathbb{R}_+$, which increases on $\mathbb{R}_+$. Now suppose that there exists $K < \infty$, so that

(a) $a_n \uparrow \infty$ and $\varphi(a_n) \leq K n \quad \forall\ n \geq 1$

(b) $N = \sup\{|\xi_n|/a_n\} < \infty$ a.s.

Then $\mathbb{E}\,\varphi(\varepsilon\xi_1) < \infty$ for some $\varepsilon > 0$.

Moreover if $\{a_n\}$ and φ in addition to (a) and (b) satisfies

(c) $a_{nm} \leq C\, a_n a_m \quad \forall\ n,m \geq 1$ for some $C > 0$

(d) $k\,n \leq \varphi(a_n) \quad \forall\ n \geq 1$ for some $k > 0$

Then for some $K_o < \infty$ and $\delta > 0$ we have

(e) $P(N>t) \leq K_o \varphi(\delta t)^{-1} \quad \forall\ t \geq 0$

Proof. Since $N < \infty$ a.s. we can find $T > 0$, so that $\sum_1^\infty P(|\xi| > a_j T) < \infty$. (Since ξ_j all have the same law we may drop the j). For $a > 0$ we define

$$f_a(x) = \sum_{j=1}^{\infty} 1_{]ja,\infty[}(x)$$

The one easily checks that f_a satisfies

(i) $a f_a(x) \leq x \leq a f_a(x) + a \quad \forall\ x \geq 0 \quad \forall\ a > 0$

Let $\varepsilon = T^{-1}$, then by use of (i) for $a = K$ (the constant appearing in (a)) we find

$$\begin{aligned}\mathbb{E}\varphi(\varepsilon\xi) &\leq K + K \sum_1^\infty P(\varphi(\varepsilon\xi) > jK) \\ &\leq K + K \sum_1^\infty P(\varphi(\varepsilon\xi) > \varphi(a_j)) \\ &\leq K + K \sum_1^\infty P(|\xi| > T a_j) < \infty\end{aligned}$$

which proves the first part of the lemma.

Now suppose that (c) and (d) hold. Then by Lemma 1.2 and (i) with $a = kp$, (where $k > 0$ is the constant appearing in (d), and $p \geq 1$ is a given integer) we have:

$$P(N > a_p t) \leq \sum_{j=1}^{\infty} P(|\xi| > a_j a_p t)$$

$$\leq \sum_{j=1}^{\infty} P(|\xi| > C^{-1} t\, a_{jp})$$

$$\leq \sum_{j=1}^{\infty} P(\varphi(s\xi) \geq \varphi(a_{jp}))$$

$$\leq \sum_{j=1}^{\infty} P(\varphi(s\xi) \geq k\, pj)$$

$$\leq k^{-1} p^{-1}\, \mathbb{E}\varphi(s\xi)$$

where $s = C t^{-1}$. So if $\delta = \varepsilon C^{-1}$, then we have

$$P(\delta N > a_p) \leq k^{-1} p^{-1}\, \mathbb{E}\varphi(\varepsilon\xi) = A/(p+1)$$

where A is a finite constant. Put $a_o = 0$ if $t \geq 0$ then we can find $p \geq 0$ so that $a_p \leq \delta t \leq a_{p+1}$ and we have

$$P(N>t) \leq P(\delta N > a_p) \leq A(p+1)^{-1}$$

$$\varphi(\delta t) \leq \varphi(a_{p+1}) \leq K(p+1)$$

So

$$P(N>t) \leq A K \varphi(\delta t)^{-1} \qquad \forall\, t \geq 0 \qquad \square .$$

Suppose that $\{X_n\}$ are independent identical distributed random vectors with values in a Banach space: $(E, \|\cdot\|)$. If X_1 satisfies the <u>strong law of large numbers</u>, that is if

$$\text{(1.8)} \qquad \lim_{n\to\infty} \frac{1}{n} \sum_{1}^{n} X_j \quad \text{exists a.s.}$$

then $\sup_n \frac{1}{n} \|X_n\| < \infty$ a.s. So applying Lemma 1.4, to

$$\xi_n = \|X_n\|, \quad a_n = n, \quad \varphi(t) = |t|$$

we find that

(1.9) $$\mathbb{E}\|X_1\| < \infty, \qquad P(\sup_n \frac{1}{n} \|X_n\| > t) \le \frac{K}{t}$$

Similarly if X_1 satisfies the <u>law of the iterated logarithm</u>, that is if

(1.10) $$\limsup_{n\to\infty} \frac{\|\sum_1^n X_j\|}{\sqrt{n \log\log n}} < \infty \text{ a.s.}$$

Then $\sup_n (\|X_n\|/a_n) < \infty$ a.s. where

$$a_n = \sqrt{n \log\log n} \qquad \text{for } n \ge 3$$

$$a_m = 1 \qquad \text{for } n = 1,2$$

and it is easily checked that $\{a_n\}$ satisfies (c), and if is defined by

$$\varphi(t) = \frac{t^2}{\log\log t} \qquad |t| \ge e^e$$

$$\varphi(t) = 1 \qquad |t| < e^e$$

Then it is easily checked that (a) and (d) are satisfied so we have

(1.11) $$\mathbb{E}\left\{\frac{\|X_1\|^2}{LL(X_1)}\right\} < \infty$$

where $LL(t)$ is defined by:

(1.12) $$LL(t) = \begin{cases} \log\log|t| & \text{for } |t| \ge e^e \\ 1 & \text{for } |t| \le e^e \end{cases}$$

Collecting these remarks we have proved:

Theorem 1.5. Let (X_n) be independent identical distributed random vectors with values in a Banach space $(E, \|\cdot\|)$.

If X_1 satisfies the strong law of large numbers, then we have

(a) $$\mathbb{E}\|X\| < \infty \quad \text{and} \quad P(\sup_n (\|X_n\|/n) > t) \leq K/t$$

If X_1 satisfies the law of the iterated logarithm, then we have

(b) $$\mathbb{E}\{\frac{\|X\|^2}{L\,L(X)}\} < \infty$$

(c) $$P(\sup_n \frac{\|x_n\|}{\sqrt{n\,L\,L(n)}} > t) \leq \frac{K\,t^2}{L\,L(t)} \qquad \forall t \qquad \square$$

2. The contraction principle

We shall in this chapter study the socalled contraction principle, which states that

$$\mathbb{E}q(X_1,\dots,X_n) \le \mathbb{E}q(Y_1,\dots,Y_n)$$

whenever X_j is "smaller" than Y_j and q belongs to a suitable class of functions.

If $x = (x_1,\dots,x_n) \in \mathbb{R}^n$ and $y = (y_1,\dots,y_n) \in \mathbb{R}^n$, then we define

$$|x| = (|x_1|,\dots,|x_n|)$$
$$xy = (x_1y_1,\dots,x_ny_n)$$
$$x \le y \iff x_1 \le y_1,\dots,x_n \le y_n$$

Let $\xi = (\xi_1,\dots,\xi_n)$ and $\eta = (\eta_1,\dots,\eta_n)$ be n-dimensional random vectors, then we defined $\xi \vdash \eta$ in §1, and it is clear that $\xi \vdash \eta$ if and only if

(2.1) $\quad \mathbb{E}\,\varphi(\xi) \le \mathbb{E}\varphi(\eta) \quad \forall\varphi\colon \mathbb{R}^n \to \bar{\mathbb{R}}_+$ symmetric Borel function, which increases on $\mathbb{R}^n_+$

We shall introduce another ordering among the n-dimensional random vectors: We say that $\xi \models \eta$ if we have

(2.2) $\quad \mathbb{E}\,\varphi(\xi) \le \mathbb{E}\varphi(\eta) \quad \forall\varphi\colon \mathbb{R}^n \to \bar{\mathbb{R}}_+$ symmetric, convex Borel function.

Since a symmetric convex function necessarily increases on $\mathbb{R}^n_+$, we have that (2.2) is equivalent to

(2.3) $\quad \mathbb{E}\varphi(|\xi|) \le \mathbb{E}\varphi(|\eta|) \quad \forall\varphi\colon \mathbb{R}^n_+ \to \bar{\mathbb{R}}_+$ increasing, convex Borel function.

And so we have

(2.4) $\xi \vdash \eta \Rightarrow \xi \models \eta$

If φ is a map: $\mathbb{R}^n \to \bar{\mathbb{R}}_+$, then we define its symmetrization, $\tilde{\varphi}$, by

$$\tilde{\varphi}(t) = 2^{-n} \sum_{\varepsilon} \varphi(\varepsilon t)$$

where we sum over all $\varepsilon = (\pm 1, \pm 1, \ldots, \pm 1)$. Then clearly we have

(2.5) $\tilde{\varphi}$ is symmetric

(2.6) If φ is convex then so is $\tilde{\varphi}$

(2.7) $\tilde{\varphi} = \varphi$ if φ is symmetric

(2.8) $\mathbb{E}\tilde{\varphi}(\xi) = \mathbb{E}\varphi(\xi)$ if ξ is symmetric.

It is also evident that (2.2) is equivalent to

(2.9) $\mathbb{E}\tilde{\varphi}(\xi) \leq \mathbb{E}\tilde{\varphi}(\eta)$ $\forall \varphi: \mathbb{R}^n \to \bar{\mathbb{R}}_+$ convex Borel function.

By definition (1.2) and Jensen's inequality (I.2.9) we have

(2.10) If $|\xi| \leq |\eta|$ then $\xi \vdash \eta$

(2.11) If $|\xi_j| \leq \mathbb{E}(|\eta_j| \,|G)$ $\forall_j$, then $\xi \models \eta$

Lemma 2.1 If μ and ν are probability measures on $\mathbb{R}^n$ so that $\mu \vdash \nu$, then there exists random variables ξ and η with distributions μ and ν, so that $|\xi| \leq |\eta|$

And if μ and ν are probability measures on $\mathbb{R}^n$ so that

(a) $\int \|x\| d\mu < \infty$, $\int \|x\| d\nu < \infty$

(b) $\int f d\mu \leq \int f d\nu \quad \forall f: \mathbb{R}^n \to \mathbb{R}_+$, convex continuous,

symmetric with $f(x) \leq \|x\| + 1$

Then there exist random vectors ξ and η with distributions μ and ν and satisfying $|\xi_j| \leq \mathbb{E}(|\eta_j| \,|\, \xi)$ for all $j = 1, \ldots, n$.

Proof. The first part follows from Theorem I. 5.12. For the second part we use Example I. 5.7 with

$$\sigma = \|\cdot\| + 1$$

$$M(s) = \{\alpha \mid \int |t| d\alpha \geq |s|\}$$

$$\Lambda = \{\gamma \mid \int |t| f(s) d\gamma \geq \int |s| f(s) d\gamma \quad \forall f \in C_+(\mathbb{R}^n)\}$$

Note that $\int |t| d\alpha$ and $\int |t| f(s) d\gamma$ are vector integrals. Then

$$aM(u) + (1-a)M(v) \subseteq M(s) \qquad (0 \leq a \leq 1)$$

if and only if $a|u| + (1-a)|v| \geq |s|$. So any M-convex function is convex and symmetric. Moreever if $f: \mathbb{R}^n \to \mathbb{R}_+$ is convex then f is continuous. So we can take $\mathcal{H}$ to be the set of all continuous functions: $\mathbb{R}^n \to \mathbb{R}_+$ and the lemma follows from Theorem I. 5.8. □

Corollary 2.2. If $\xi \vdash \eta$ and φ and ψ are measurable maps: $\mathbb{R}^n \to \bar{\mathbb{R}}_+$, satisfying

(a) $\varphi(t) \leq \psi(s)$ if $|t| \leq |s|$

Then we have

(b) $$\mathbb{E}\varphi(\xi) \leq \mathbb{E}\psi(\eta) \quad \square$$

Corollary 2.3. If $\mathbb{E}\|\xi\| < \infty$ and $\mathbb{E}\|\eta\| < \infty$ and

(a) $$\mathbb{E}\varphi(\xi) \leq \mathbb{E}\varphi(\eta)$$

for all continuous convex symmetric function with $0 \leq \varphi \leq \|\cdot\| + 1$, then $\xi \models \eta$. $\square$

Lemma 2.4. Let ξ and η be real random variables, so that

(a) $$aP(b|\xi| > t) \leq P(|\eta| > t) \quad \text{if} \quad t \geq t_0$$

where $a \in]0,1]$, $b \in \mathbb{R}_+$ and $t_0 \in \mathbb{R}_+$. Let α and η_0 be random variables so that

(b) α and ξ are independent

(c) $P(|\alpha| = b) = a, \quad P(\alpha = 0) = 1-a$

(d) $|\eta_0| \geq \max(|\eta|, t_0)$

Then if $\varphi: \mathbb{R}_+^n \to \mathbb{R}_+$ is an increasing Borel map we have

(e) $\alpha\xi \vdash \eta_0$

(f) $a\,\mathbb{E}\varphi(b|\xi|) \leq \mathbb{E}\varphi(|\eta_0|)$

(g) $ab\xi \models \eta_0$

Proof (a). We have

$$\begin{aligned} p(|\alpha\xi| > t) &= P(|\alpha| = b,\ b|\xi| > t) \\ &= a\,P(b|\xi| > t) \\ &\le \begin{cases} 1 & \text{if } t < t_0 \\ P(|\eta| > t) & \text{if } t \ge t_0 \end{cases} \\ &\le P(|\eta_0| > t) \end{aligned}$$

since $|\eta_0| > t$ a.s. if $t < t_0$ and $|\eta_0| \ge |\eta|$ if $t \ge t_0$. Hence $\alpha\xi \vdash \eta_0$ by (1.3)

(b): By independence of α and ξ we have

$$\mathbb{E}\,\varphi(|\alpha\xi|) = a\,\mathbb{E}\varphi(b|\xi|)$$

so (b) follows from (a).

(c): Let φ be convex increasing: $\mathbb{R}_+ \to \bar{\mathbb{R}}_+$, and note that $\mathbb{E}|\alpha| = a\,b$. Then we have

$$\varphi(abt) = \varphi(t\mathbb{E}|\alpha|) \le \mathbb{E}\varphi(t|\alpha|)$$

by Jensen's inequality (cf(I. 2.9)), and so by independence of α and ξ we have

$$\mathbb{E}\varphi(ab|\xi|) \le \mathbb{E}\varphi(|\alpha\xi|)$$

Hence $ab\xi \models \alpha\xi$, and $\alpha\xi \vdash \eta_0$, so $ab\xi \models \eta_0$ by (2.4). □

In analogy with Lemma 1.1 (and with an analogous proof) we have

Lemma 2.5. Let ξ and η be n-dimensional random vectors, satisfying

(a) $\xi_1,\dots,\xi_n$ are independent

(b) $\eta_1,\dots,\eta_n$ are independent

(c) $\xi_j \models \eta_j \quad \forall j=1,\dots,n$

Then $\xi \models \eta$. □

Lemma 2.6. Let ξ', ξ'', η' and η'' be n-dimensional vectors, so that

(a) ξ' and ξ'' are independent

(b) η' and η'' are independent

Then we have

(c) $\xi' \vdash \eta', \quad \xi'' \vdash \eta' \Longrightarrow \xi'\xi'' \vdash \eta'\eta''$

(d) $\xi' \models \eta', \quad \xi'' \models \eta'' \Longrightarrow \xi'\xi'' \models \eta'\eta''$

Proof (c): Let $\varphi: \mathbb{R}_+^n \to \bar{\mathbb{R}}_+$ be increasing then $\psi(t) = \mathbb{E}\varphi(t|\xi'|)$ is increasing on $\mathbb{R}_+^n$, and so

$$\mathbb{E}\varphi(|\xi'\xi''|) = \mathbb{E}\psi(|\xi''|) \leq \mathbb{E}\psi(|\eta''|)$$

and since $\psi(t) \leq \mathbb{E}\varphi(t|\eta'|)$ we have

$$\mathbb{E}\varphi(|\xi'\xi''|) \leq \mathbb{E}\varphi(|\eta'\eta''|)$$

(d) Similarly! □

Lemma 2.7. Let $\eta = (\eta_1, \ldots, \eta_n)$, so that $a_j = \mathbb{E}|\eta_j| < \infty$, then $a \models \eta$, where $a = (a_1, \ldots, a_n)$.

Proof. Let $\varphi: \mathbb{R}^n \to \bar{\mathbb{R}}_+$ be a symmetric convex Borel function, then by Jensen's inequality we have

$$\varphi(a) = \varphi(\mathbb{E}|\eta|) \leq \mathbb{E}\varphi(|\eta|) = \mathbb{E}\varphi(\eta) \quad \square$$

Corollary 2.8. Let α, ξ and η be n-dimensional random vectors, so that

(a) α and ξ are independent

(b) $\alpha\xi \models \eta$

(c) $a_j = \mathbb{E}|\alpha_j| < \infty \quad \forall_j = 1, \ldots n$

Then $a\xi \models \eta$ where $a = (a_1, \ldots, a_n)$. $\square$

Let us now apply these results to random vectors with values in a linear space. So let $(E_j, \mathcal{B}_j)$ be measurable linear spaces, and put

$$E^n = \prod_1^n E_j \qquad \mathcal{B}^n = \bigoplus_1^n \mathcal{B}_j$$

If $q: E^n \to \bar{\mathbb{R}}_+$ is a measurable function, we define its symmetrization, $\tilde{q}$, as before:

$$\tilde{q}(x_1, \ldots, x_n) = 2^{-n} \sum_{\pm} q(\pm x_1, \ldots, \pm x_n)$$

If $Y = (Y_1, \ldots, Y_n)$ is a E^n-valued random vector and Q is a class of measurable maps: $E^n \to \bar{\mathbb{R}}_+$, then we say that Y

admits a Q-central symmetrization, Y^s, if

$$(2.12)\quad \begin{cases} Y^s = Y' - Y'' \quad \text{where} \quad L(Y') = L(Y'') = L(Y) \\ Y^s = (Y_1^s,\dots,Y_n^s) \quad \text{is symmetric} \\ \mathbb{E}q(Y) \le \mathbb{E}q(Y^s) \qquad \forall q \in Q \end{cases}$$

Note that we do not require Y' and Y'' are independent. Actually they may very well be dependent.

For example let $E_1,\dots,E_n$ be Banach spaces and $Y_j = \gamma_j Z_j$ where γ_j is a real γ and Z are independent. If Q is the class of all measure convex functions: $E \to \bar{\mathbb{R}}_+$, then Y admits a Q-central symmetrization on each of the following cases:

(2.13) $\gamma_1,\dots,\gamma_n$ are independent and have mean 0

(2.14) $Z_1,\dots,Z_n$ are independent and have mean 0

(In the first case $(\gamma_1^s Z_1,\dots,\gamma_n^s Z_n)$ is a Q-central symmetrization, where γ^s is a symmetrization of γ which is independent of Z, and similar in the second case).

If $t = (t_1,\dots,t_n) \in \mathbb{R}^n$ and $x = (x_1,\dots,x_n) \in E^n$, then we define

$$tx = (t_1x_1,\dots,t_nx_n) \in E^n$$

with the notation we have.

Theorem 2.9. Let ξ and η be n-dimensional random vectors, and X an E^n-valued random vector such that

(a) ξ and X are independent

(b) η and X are independent

(c) $\xi \models \eta$

<u>If</u> $q:E^n \to \bar{\mathbb{R}}_+$ <u>is convex and measurable, then we have</u>

(d) $$\mathbb{E}\,\tilde{q}(\xi X) \le \mathbb{E}\,\tilde{q}(\eta X)$$

<u>Proof</u>. Apply (2.9) to ξ, η and $\varphi(t) = \mathbb{E}\,q(tX)$ for $t \in \mathbb{R}^n$. □

<u>Theorem 2.10</u>. <u>Let</u> ξ <u>and</u> η <u>be n-dimensional random vectors,</u> X <u>an</u> E^n<u>-valued random vector and</u> q <u>a convex measurable function</u>:$E^n \to \bar{\mathbb{R}}_+$, <u>such that</u> $\xi \models \eta$ and

(a) ξ <u>and</u> X <u>are independent</u>

(b) η <u>and</u> X <u>are independent</u>

(c) ξX <u>admits a q-central symmetrization</u>

(d) ηX <u>admits a r-central symmetrization</u>

<u>where</u> $r(t) = \tilde{q}(2t)$. <u>Then we have</u>

(e) $$\mathbb{E}\,q(\xi X) \le \tfrac{1}{2}\mathbb{E}\,q(4\eta X) + \tfrac{1}{2}\mathbb{E}\,q(-4\eta X)$$

<u>Proof</u>. Let $Y = \xi X$ and $Z = \eta X$, and let $Y^s = Y' - Y''$ and $Z^s = Z' - Z''$ be a q-central respectively r-central symmetrization of Y and Z. Then by (2.12) and (2.8) we have

$$\mathbb{E}\,q(Y) \le \mathbb{E}\,q(Y^s) = \mathbb{E}\,\tilde{q}(Y^s)$$

And by convexity and symmetry of $\tilde{q}$ we have

$$\mathbb{E}\,\tilde{q}(Y^s) \le \tfrac{1}{2}\mathbb{E}\,\tilde{q}(2Y') + \tfrac{1}{2}\mathbb{E}\,\tilde{q}(-2y'') = \mathbb{E}\,\tilde{q}(2Y)$$

And similarly

$$\mathbb{E}\,\tilde{q}(2Z) \leq \mathbb{E}\,\tilde{q}(2Z^s) = \mathbb{E}\,q(2Z^s)$$
$$\leq \tfrac{1}{2}\mathbb{E}\,q(4Z) + \tfrac{1}{2}\mathbb{E}\,q(-4Z)$$

And by Theorem 2.9 we have $\mathbb{E}\,\tilde{q}(2Y) \leq \mathbb{E}\,\tilde{q}(2Z)$, so (e) is proved. □

Now let E be a banach space, and let Q be the class of functions, $q:E^n \to \mathbb{R}_+$, of the form:

$$q(x_1,\ldots,x_n) = \varphi(\|\sum_{j=1}^{n} X_j\|)$$

where φ is an increasing convex function: $\mathbb{R}_+ \to \mathbb{R}_+$. If $Y = (Y_1,\ldots,Y_n)$ admits a Q-central symmetrization, we say that Y admits a <u>central symmetrization</u>. Since q is measure convex for all $q \in Q$ (cf. (I.2.10)) we have

(2.15) $Y = \gamma Z$, where γ and Z are independent, admits a central symmetrization if either (2.13) or (2.14) holds.

And as an immediate consequence of Theorem 2.10 we have

<u>Theorem 2.11</u>. <u>Let</u> ξ <u>and</u> η <u>be</u> n-<u>dimensional random vectors and</u> $(X_1,\ldots,X_n) = X$ E-<u>valued random vectors, such that</u>

(a) ξ <u>and</u> X <u>are independent</u>

(b) η <u>and</u> X <u>are independent</u>

(c) ξX <u>and</u> ηX <u>admit central symmetrizations</u>

(d) $\xi \models \eta$

Then for every increasing convex function: $\mathbb{R}_+ \to \mathbb{R}_+$:

(e) $\mathbb{E}\,\varphi(\| \sum_{j=1}^{n} \xi_j X_j \|) \le \mathbb{E}\varphi(4\| \sum_{j=1}^{n} \eta_j X_j \|)$. □

And as an immediate consequence of Theorem 2.9 we have

Theorem 2.12. Let ξ and η be n-dimensional random vectors, and $X = (X_1,\dots,X_n)$ a symmetric random sequence, such that

(a) ξ and X are independent

(b) η and X are independent

(c) $\xi \models \eta$

Then for every increasing convex function $\varphi: \mathbb{R}_+ \to \mathbb{R}_+$:

(d) $\mathbb{E}\varphi(\| \sum_1^n \xi_j X_j \|) \le \mathbb{E}\varphi(\| \sum_1^n \eta_j X_j \|)$. □

A sequence (ξ_n) of real random variables is said to be stochastically bounded away from 0, if

(2.19) The sequence $\{\xi_n\} \in L^0$, do not have 0 as a limit point in L^0

Let $f: \mathbb{R}_+ \to \mathbb{R}_+$ be bounded, increasing, continuous, and such that $f(x) > 0$ for $x > 0$ and $f(0) = 0$, then clearly (2.19) is equivalent to each of the following 4 statements:

(2.20) $\inf_n \mathbb{E}\, f(|\xi_n|) > 0$

(2.21) δ_0 is not a limit point of $\{\mathcal{L}(\xi_n)\}$

(2.22) $\exists a,b > 0$ so that $P(|\xi_n| > a) \geq b \quad \forall n \geq 1$

(2.23) $\exists a,b > 0$ and random variables (α_n) independent of (ξ_n), so that $P(|\alpha_n| = a) = b$, $P(\alpha_n = 0) = 1 - b$ $\alpha_n \vdash \xi_n \quad \forall n$

Let (ξ_n) be a sequence of random variables and let (ξ_n^s) be a symmetrization of (ξ_n), if (ξ_n^s) is stochastically bounded away from 0 we say that (ξ_n) is <u>totally non degenerated</u>. It is fairly easy to see that (ξ_n) is totally non degenerated if and only if any one of the following 2 conditions holds

(2.24) $\exists a,b > 0$: $P(|\xi_n - x| > a) \geq b \quad \forall n \geq 1 \ \forall x \in \mathbb{R}$

(2.25) $\{\xi_n - x_n\}$ is stockastically bounded away from 0 for all sequences $(x_n) \in \mathbb{R}^\infty$

The theorems 2.9-2.12 are all versions of the contraction principle. Note that in each of these theorems we require that q or φ is convex, and that they are all easy consequences of the definition of "$\xi \models \eta$". We shall now show a version of Theorem 2.12, where φ is only increasing. The non-convex case is however a good deal more complicated, and we shall need a couple of lemmas.

<u>Lemma 2.13</u>. <u>Let</u> ξ <u>be a non negative random variable with</u> $0 < \mathbb{E}\xi^2 < \infty$, <u>then we have</u>

$$P(\xi > \lambda \mathbb{E}\xi) \geq (1-\lambda)^2 \frac{(\mathbb{E}\xi)^2}{\mathbb{E}\xi^2} \qquad \forall 0 \leq \lambda \leq 1$$

<u>Proof</u>. Let $A=\{\xi>\lambda\mathbb{E}\xi\}$, $\eta=\xi 1_A$ and $\rho=\xi-\eta=\xi 1_{A^c}$, then $\rho\leq\lambda\mathbb{E}\xi$, so we have $\mathbb{E}\rho\leq\lambda\mathbb{E}\xi$ and

$$\mathbb{E}\eta = \mathbb{E}\xi - \mathbb{E}\rho \geq (1-\lambda)\mathbb{E}\xi$$

And by Cauchy-Schwarz' inequality we have

$$(\mathbb{E}\eta)^2 \leq (\mathbb{E}\xi^2)(\mathbb{E}1_A^2) = P(A)\mathbb{E}\xi^2$$

From which the lemma follows. □

<u>Lemma 2.14</u>. <u>Let</u> E <u>be a Banach space and let</u> t <u>and</u> s <u>belong to</u> $\mathbb{R}^n$ <u>so that</u> $|t|\leq|s|$. <u>Then there exists random variables</u> $\alpha_1,\ldots,\alpha_n$, <u>so that</u>

(a) $\alpha_j = \pm 1$ a.s. $\forall j=1,\ldots n$

(b) $P(5\|\sum_1^n \alpha_j s_j x_j\| \geq \|\sum_1^n t_j x_j\|) \geq 1/6 \qquad \forall x_1\ldots x_n \in E$

<u>Proof</u>. Choose $\lambda_j\in[-1,1]$, such that $t_j=\lambda_j s_j$, and let $\varepsilon_1,\ldots,\varepsilon_n,\beta_1\ldots,\beta_n$ be independent random variables only assuming the values $+1$ and -1, and such that

$$P(\varepsilon_j=1) = P(\varepsilon_j=-1) = \tfrac{1}{2}$$

$$P(\beta_j=1) = \tfrac{1}{2}(1+\lambda_j),\ P(\beta_j=-1) = \tfrac{1}{2}(1-\lambda_j)$$

Let $x_1,\ldots,x_n\in E$ and choose $x'\in E'$ so that

$$\|x'\| = 1 \qquad\qquad \|\sum_1^n t_j x_j\| = \langle x', \sum_1^n t_j x_j\rangle = a$$

Let $r_j = s_j\langle x',x_j\rangle$ and suppose that $\sum_{j=1}^{n} r_j^2 > \frac{8a^2}{25}$. We shall then prove:

(i) $$P(\|\sum_1^n \varepsilon_j s_j x_j\| > \frac{a}{5}) \geq \frac{1}{3}(1-\frac{1}{8})^2 = 0.2552 > \frac{1}{4}$$

Let $S = \sum_1^n \varepsilon_j r_j$, then $S^2 \leq \|\sum_1^n \varepsilon_j s_j x_j\|^2$, and so

$$P(\|\sum_1^n \varepsilon_j s_j x_j\| > \frac{a}{5}) \geq P(S^2 > \frac{a^2}{25}) \geq P(S^2 > \frac{1}{8}\mathbb{E}S^2)$$

since $\mathbb{E}\, S^2 = \sum_1^n r_j{}^2 > \frac{8a^2}{25}$. An easy computation show that $K(4) \leq 3$, where $K(4)$ is the constant in Khinchine's inequality (I.2.22). Hence $\mathbb{E}\, S^4 \leq 3(\mathbb{E}\, S^2)^2$, and so (i) follows from Lemma 2.13.

Let us now assume that $\sum_1^n r_j{}^2 \leq \frac{8a^2}{25}$. We shall then show

(ii) $$P(\|\sum_1^n \beta_j s_j x_j\| > \frac{a}{5}) \geq \tfrac{1}{2}$$

Let $T = \sum_1^n \beta_j r_j$, then

$$\mathbb{E}\, T = \sum_1^n \lambda_j r_j = \sum_1^n \lambda_j s_j < x',x_j> = \sum_1^n t_j\langle x',x_j\rangle = a$$

$$\mathrm{Var}\, T = \sum_1^n (1-\lambda_j^2) r_j^2 \leq \frac{8a^2}{25}$$

since $\mathbb{E}\, \beta_j = \lambda_j$ and $\mathrm{Var}\, \beta_j = (1-\lambda_j^2)$.. Now we note that $|T| \leq \|\sum_1^n \alpha_j s_j x_j\|$ and $a-|T| \leq |T-a|$, so by Chebyshev's inequality we find

$$P(\|\sum_1^n \alpha_j s_j x_j\| > \frac{a}{5}) \geq P(|T| > \frac{a}{5})$$

$$\geq P(|T-a| < \frac{4a}{5})$$

$$\geq 1 - (\frac{5}{4a})^2 \mathrm{Var}\, T$$

$$\geq 1 - \frac{25}{16}\,\frac{8}{25} = \tfrac{1}{2}$$

So (ii) is proved.

Now let β_0 be independent of $\varepsilon_1 \dots \varepsilon_n, \beta_1 \dots \beta_n$ with $P(\beta_0 = 1) = \frac{2}{3}$, $P(\beta_0 = -1) = \frac{1}{3}$, and put

$$\alpha_j = \begin{cases} \varepsilon_j & \text{if } \beta_0 = 1 \\ \beta_j & \text{if } \beta_0 = -1 \end{cases}$$

Then

$$P(\|\sum_1^n \alpha_j s_j x_j\| > \frac{a}{5}) = \frac{2}{3} P(\|\sum_1^n \varepsilon_j s_j x_j\| > \frac{a}{5}) + \frac{1}{3} P(\|\sum_1^n \beta_j s_j x_j\| > \frac{a}{5})$$

and since either (i) of (ii) holds we see that (b) holds for any choice of $x_1 \dots x_n$. □

<u>Theorem 2.15</u>. <u>Let</u> $(X_1, \dots, X_n)$ <u>be a symmetric sequence of</u> E-<u>valued random vectors, where</u> E <u>is a Banach space, and let</u> ξ <u>and</u> η <u>be</u> n-<u>dimensional random variables, so that</u>

(a) ξ <u>and</u> X <u>are independent</u>

(b) η <u>and</u> X <u>are independent</u>

(c) $\xi \vdash \eta$

<u>Then for every increasing function</u> $\varphi : \mathbb{R}_+ \to \bar{\mathbb{R}}_+$, <u>we have</u>

(d) $$\mathbb{E}\,\varphi(\|\sum_1^n \xi_j X_j\|) \le 6\,\mathbb{E}\,\varphi(5\|\sum_1^n \eta_j X_j\|)$$

<u>Proof</u>. First we show:

(i) $$P(\|\sum_1^n t_j X_j\| > c) \le 6P(5\|\sum_1^n s_j X_j\| > c) \qquad \text{if } |t| \le |s|$$

So let $|t| \le |s|$ and $c \ge 0$, then we choose a random

vector $\alpha = (\alpha_1, \ldots x_n)$ independent of X satisfying (a) and (b) in Lemma 2.13. Let $T = \| \sum_1^n t_j X_j \|$, then by symmetry of X and independence of α and X, we have $L(X) = L(\alpha X)$, and so we find

$$P(5\| \sum_1^n s_j X_j \| > c) = P(5\| \sum_1^n \alpha_j s_j X_j \| > c)$$

$$\geq P(5\| \sum_1^n \alpha_j s_j X_j \| > T, \quad T > c)$$

$$= \int_A P(5\| \sum_1^n \alpha_j s_j x_j \| > \| \sum_1^n t_j x_j \|) \; \mu(dx_1, \ldots, dx_n)$$

where $\mu = L(X)$ and

$$A = \{(x_1 \ldots, x_n) \mid \| \sum_1^n t_j x_j \| > c\}$$

Then by Lemma 2.13 we have

$$6P(5\| \sum_1^n s_j X_j \| > c) \geq \mu(A) = P(\| \sum_1^n t_j X_j \| > c)$$

and (i) is proved.

Let $\psi(t_1, \ldots, t_n) = \mathbb{E}\, \varphi(\| \sum_1^n t_j X_j \|)$, then by (i) and Lemma 2.4 we have

$$\psi(t) \leq 6\psi(5s) \qquad \forall |t| \leq |s|$$

And so by Corollary 2.2 we have

$$\mathbb{E}\, \psi(\xi) \leq 6\mathbb{E}\, \psi(5\eta)$$

But by (a) and (b) we have

$$\mathbb{E}\, \psi(\xi) = \mathbb{E}\, \varphi(\| \sum_1^n \xi_j X_j \|)$$

$$\mathbb{E}\psi(5\eta) = \mathbb{E}\, \varphi(5\| \sum_1^n \eta_j X_j \|)$$

and the theorem is proved. □

3. Convex measures

We shall now very briefly study some measures on linear spaces which were introduced by C. Borell. Let $(E,\mathcal{B})$ be a measurable linear space, and let μ be a probability measure on $(E,\mathcal{B})$. If μ_* denotes the inner measure, and if $\alpha \geq -\infty$ then we say that μ is <u>α-convex</u> if it satisfies

$$(3.1) \qquad \mu_*(\lambda A + (1-\lambda)B) \geq \{\lambda\mu(A)^\alpha + (1-\lambda)\mu(B)^\alpha\}^{1/\alpha}$$

for all $A,B \in \mathcal{B}$, where the right hand side should be interpreted by continuity for $\alpha = -\infty$ and $\alpha = 0$, that is:

$$\{\lambda x^\alpha + (1-\lambda)y^\alpha\}^{1/\alpha} = \begin{cases} x^\lambda y^{1-\lambda} & \text{for } \alpha = 0 \\ \min\{x,y\} & \text{for } \alpha = -\infty \end{cases}$$

If $E = \mathbb{R}^n$, μ = Lebesgue measure, then (3.1) holds for $\alpha = \frac{1}{n}$ (the Brun-Minkowski inequality), and actually any measure on $\mathbb{R}$ satisfying (3.1) for $\alpha = \frac{1}{n}$ is proportional to the Lebesgue measure. Moreover in $\mathbb{R}^n$ there exist no non-zero α-convex measure for $\alpha > \frac{1}{n}$. Hence in an infinite dimensional space α-convexity is only of interest if $\alpha \leq 0$.

Let $M_\alpha(E)$ denote the space of all α-convex probability measures on $(E,\mathcal{B})$, it is then clear that we have

$$(3.2) \qquad M_0(E) \subseteq M_\alpha(E) \subseteq M_\beta(E) \subseteq M_{-\infty}(E) \quad \forall\ 0 \geq \alpha \geq \beta \geq -\infty$$

So $M_{-\infty}(E)$ is the largest of these spaces, and a measure in $M_{-\infty}(E)$ will simply be called a <u>convex measure</u>.

If $-\infty \leq \alpha \leq 0$, then $\mu \in M_\alpha(\mathbb{R}^n)$ if and only if there exists an affine subspace $H \subseteq \mathbb{R}^n$ of dimension $k \leq n$, with the properties:

$$\mu \ll \lambda_H \qquad (\lambda_H = \text{Lebesgue measure on } H)$$

$$\left(\frac{d\mu}{d\lambda_H}\right)^{\alpha/(1-\alpha k)} \quad \text{is convex if} \quad -\infty < \alpha < 0$$

$$\left(\frac{d\mu}{d\lambda_H}\right)^{-1/k} \quad \text{is convex if} \quad \alpha = -\infty$$

$$\log\left(\frac{d\mu}{d\lambda_H}\right) \quad \text{is concave if} \quad \alpha = 0$$

In general we have that if $\mathcal{B} = \sigma(F)$ for some linear subspace F of the (algebraic) dual E^* then $\mu \in M_\alpha(E)$ if and only if $\mu_{x'_1,\dots,x'_n} \in M_\alpha(\mathbb{R}^n)$ for all $x'_1 \dots x'_n \in F$, where $\mu_{x'_1 \dots x'_n}$ is the image of μ under the map:

$$x \to (x'_1(x),\dots,x'_n(x)) : E \to \mathbb{R}^n$$

So in principle this solves the problem of determining whether or not a given measure belongs to $M_\alpha(E)$. I shall not prove any of these facts here, but refer to [10] and [11].

Theorem 3.1. Let $q: E \to \mathbb{R} \cup \{+\infty\}$ be measurable and convex, and let μ be an α-convex probability measure on $(E,\mathcal{B})$. Let $F(t)$ denote the distribution function of q under μ:

$$F(t) = \mu(q \le t) \qquad t \in \mathbb{R}$$

If $-\infty < \alpha < 0$, then $F(t)^\alpha$ is convex (here we define $0^\alpha = \infty$). If $\alpha = 0$ then $\log F(t)$ is concave (we define $\log 0 = -\infty$).

Let $a = \inf\{t \mid F(t) > 0\}$, then F may be written in the form

$$F(t) = F(a) + \int_a^t F'(s)\,ds \qquad \forall\ t \ge a$$

So F is absolutely continuous apart from a possible jump at a.

Proof. By convexity of q we have

$$\lambda\{q\le t\} + (1-\lambda)\{q\le s\} \subseteq \{q\le\lambda t + (1-\lambda)s\}$$

So $F(t)^\alpha$ is convex if $-\infty < \alpha < 0$, and $\log F(t)$ is concave if $\alpha = 0$ (recall that $\alpha < 0$, so raising both sides of (3.1) to the power α, reverse the inequality). Now a convex function is absolutely continuous on the interior of the set where it is finite, and since $F(t)^\alpha < \infty$ for $t > a$ and similar $\log F(t) > -\infty$ for $t > a$, the last part of the theorem follows. □

Theorem 3.2. Let $q: E \to \overline{\mathbb{R}}_+$ be a measurable function satisfying

(a) $$q(tx+sy) \le (|t|+|s|)\max\{q(x),q(y)\} \quad \forall t,s \in \mathbb{R},\ \forall x,y \in E$$

Let μ be an α-convex probability measure on $(E,\mathcal{B})$ where $-\infty < \alpha \le 0$, so that

(b) $$\mu(q = \infty) < \tfrac{1}{2}$$

Then we have $q < \infty$ μ- a.s., and for $t > 0$

(c) $$\mu(q > t) \le \begin{cases} K t^{1/\alpha} & \text{if } -\infty < \alpha < 0 \\ K e^{-\varepsilon t} & \text{if } \alpha = 0 \end{cases}$$

for some constants $K < \infty$ and $\varepsilon > 0$.

Note that (a) is equivalent to q being quasiconvex and satisfying: $q(tx) \le |t|\, q(x)$.

Proof. Let $a > 0$ be chosen so that $\theta = \mu(q\le a) > \tfrac{1}{2}$. Let us then show that

(i) $$\{q>a\} \supseteq \frac{2}{t+1}\{q > ta\} + \frac{t-1}{t+1}\{q \le a\} \quad \forall t\ge 1$$

So let $q(x) > ta$ and $q(y) \leq a$, and consider

$$z = \frac{2}{t+1} x + \frac{t-1}{t+1} y$$

Then we find

$$x = \tfrac{1}{2}(t+1)z + \tfrac{1}{2}(1-t)y$$

So by (a) we have:

$$ta < q(x) \leq t \max\{q(y), q(z)\}$$

and since $q(y) \leq a$, we find that $q(z) > a$, and (i) is proved.

If $-\infty < \alpha < 0$, then (i) and (3.1) gives

$$1-\theta \geq \{\frac{2}{t+1} \mu(q>ta)^{\alpha} + \frac{t-1}{t+1} \theta^{\alpha}\}^{1/\alpha}$$

Isolating $\mu(q>ta)$ we find (recall that α is negative):

$$\mu(q>ta) \leq (\beta t+\gamma)^{1/\alpha} \quad \forall\ t \geq 1$$

where $\beta = \tfrac{1}{2}(1-\theta)^{\alpha} - \tfrac{1}{2}\theta^{\alpha}$ and $\gamma = \tfrac{1}{2}(1-\theta)^{\alpha} + \tfrac{1}{2}\theta^{\alpha}$. Now since $\theta > \tfrac{1}{2}$ and $\alpha < 0$ we have that $\beta > 0$, so the first part of (b) and (c) are proved.

If $\alpha = 0$ then (i) and (3.1) gives

$$\log(1-\theta) \geq \frac{2}{t+1} \log \mu(q>ta) + \frac{t-1}{t+1} \log \theta$$

and isolating $\log \mu(q>ta)$ gives

$$\log \mu(q>ta) \leq -\varepsilon t + K$$

where $\varepsilon = \tfrac{1}{2} \log \frac{\theta}{1-\theta}$ and $K = \tfrac{1}{2} \log \theta(1-\theta)$. Now since $\theta > \tfrac{1}{2}$ we have $\varepsilon > 0$ and the second parts of (b) and (c) are proved. □

<u>Theorem 3.3</u>. <u>Let</u> E <u>be a linear topological Hausdorff space</u> <u>and</u> μ <u>a convex Radon measure. If</u> G <u>is any additive subgroup</u>

<u>of</u> E (that is $x,y \in G$ <u>implies</u> $x-y \in G$), <u>then</u> $\mu_*(G) = 0$ <u>or</u> $\mu_*(G) = 1$, <u>where</u> μ_* <u>is the inner measure corresponding to</u> μ.

<u>Note</u>. Even when μ is a gaussian Radon measure, $E = \mathbb{R}^\infty$ and G is a linear subspace, it is unknown whether the zero-one law above holds for the outer measure, μ^*.

<u>Proof</u>. Suppose that $\mu_*(G) > 0$, then we can find a symmetric compact set $K_o \subseteq G$, so that $\mu(K_o) > 0$. Hence

$$G_o = \bigcup_{n=1}^{\infty} (K_o + \cdots + K_o)$$

is a σ-compact additive subgroup of E, with $K_o \subseteq G_o \subseteq G$. So it suffices to show that $\mu(G_o) = 1$.

Suppose in contrary, that $\mu(G_o) < 1$, then we choose $\varepsilon > 0$ so that

$$\mu(G_o) < 1-\varepsilon \qquad \text{and} \quad \mu(K_o) > \varepsilon$$

Further we choose a compact subset $K_1 \subseteq E \setminus G_o$ with

$$\mu(G_o) + \mu(K_1) > 1-\varepsilon$$

Now let $K_n = (n-1)K_o + nK_1$ for $n \geq 0$, then we have

$$\text{(i)} \qquad E \setminus (G_o \cup K_1) \supseteq \frac{1}{n}\{E \setminus (G_o \cup K_n)\} + (1-\frac{1}{n})K_o$$

To see this let $x \in E \setminus (G_o \cup K_n)$ and $y \in K_o$, and put $z = \frac{1}{n}x + (1-\frac{1}{n})y$, then

$$x = nz + (n-1)(-y)$$

and $(-y) \in K_o \subseteq G_o$ so $(n-1)(-y) \in (n-1)K_o \subseteq G_o$. Now $x \notin G_o$ hence $z \notin G_o$, moreover since $x \notin K_n = (n-1)K_o + nK_1$ we have $z \notin K_1$. That is $z \in E \setminus (G_o \cup K_1)$, and (i) is proved.

From (i) and (3.1) we find

$$1 - \mu(G_o) - \mu(K_1) \geq \min\{\mu(E \setminus (G_o \cup K_n)), \mu(K_o)\}$$

By the choice of K_1 and ε we have

$$1 - \mu(G_o) - \mu(K_1) < \varepsilon < \mu(K_o)$$

and so

$$1 - \mu(G_o) - \mu(K_n) \leq \mu(E \setminus (G_o \cup K_n)) < \varepsilon$$

Hence we conclude

(ii) $$\exists\, a > 0: \quad \mu(K_n) \geq a \qquad \forall\, n \geq 1$$

Let C be a compact subset of E, then is it easy to check that for some $n \geq 1$ we have $K_n \cap C = \emptyset$ (notice that $0 \notin K_o + K_1$ and use compactness of K_o, K_1 and C). So by (ii) we have

$$\mu(E \setminus C) \geq a \qquad \forall\, C \text{ compact} \subseteq E$$

which contradicts our assumption that μ is a Radon measure. □

Let E be a linear space and E' a linear subspace of the algebraic dual of E, and suppose that E' separates points of E.

If we put $\mathcal{B} = \sigma(E')$, then $(E, \mathcal{B})$ is a measurable linear space and we can define a gaussian measure to be a probability measure on $(E, \mathcal{B})$, with the property:

(3.2) $$\mu_{x_1' \cdots x_n'} \text{ is gaussian on } \mathbb{R}^n \quad \forall\, x_1' \cdots x_n' \in E'$$

In terms of the Fourier transform:

$$\hat{\mu}(x') = \int_E e^{i\langle x', x\rangle} \mu(dx) \qquad x' \in E'$$

and the convariance function

$$R(x',y') = \int_E \langle x',x\langle \; \langle y',x\rangle \; \mu(dx) \quad x',y' \in E'$$

and the Gelfand-mean

$$\alpha(x') = \int_E \langle x',x\rangle \; \mu(dx)$$

(3.2) is equivalent to

(3.3) $$\hat{\mu}(x') = \exp(i \; \alpha(x') - \tfrac{1}{2}\mathbb{R}(x',x')) \quad \forall x' \in E'$$

Now any gaussian measure on $\mathbb{R}^n$ has a density of the form $C \exp(-Q(x-a))$, with respect to the Lebesgue measure on some affine subspace of $\mathbb{R}^n$, where Q is a quadratic form. So it follows from the remarks in the beginning of this §, that we have

(3.4) any gaussian measure belongs to $M_o(E)$.

So if X is an E-valued gaussian random vector and q is a measurable seminorm, with $q(X) < \infty$ a.s. then for some $\varepsilon > 0$ we have

$$\mathbb{E}\{e^{\varepsilon q(X)}\} < \infty$$

(see Theorem 3.2). Actually a theorem of X. Fernique (see [26]), states that we have:

Theorem 3.4. Let E be a locally convex space and $\mathcal{B} = \sigma(E')$. If X is an E-valued gaussian random variable, and q is a measurable seminorm: $E \to \overline{\mathbb{R}}_+$. Then $q(X) = \infty$ a.s. or $q(X) < \infty$ a.s., and in the latter case we have

$$\mathbb{E}\{e^{\varepsilon q(X)^2}\} < \infty$$

for some $\varepsilon > 0$.

Proof. Since $\{q < \infty\}$ is a linear space it has probability 0 or 1 by Theorem 3.3.

Now suppose that $q(X) < \infty$, and choose $\varepsilon > 0$ so that

$$K = \mathbb{E}\{ e^{\varepsilon q(X)} \} < \infty$$

Let $X_1, X_2, \ldots$ be independent copies of X, and assume that $\mathbb{E}X = 0$. Put

$$S_n = \sum_1^n X_j \quad \text{and} \quad Z_n = n^{-\frac{1}{2}} S_n$$

Then $Z_n \sim X$, and by Chebyshev's inequality we find:

$$\begin{aligned} P(q(X)>a\sqrt{n}) &= P(q(Z_n)>a\sqrt{n}) = P(q(S_n)>an) \\ &\leq \mathbb{E}\{\exp(\varepsilon q(S_n))\} \ e^{-\varepsilon an} \\ &\leq \mathbb{E}\{\exp(\varepsilon \sum_1^n q(X_j))\} \ e^{-\varepsilon an} \\ &= r^n \end{aligned}$$

where $r = K e^{-\varepsilon a}$. Hence we may choose a so large that $r \leq e^{-1}$, and then we have

$$P(q(X) > a\sqrt{n}) \leq e^{-n} \quad \forall \ n \geq 0$$

If $t \geq 0$ we can find $n \geq 1$ with $\sqrt{n} \leq t \leq \sqrt{n+1}$, and then we have

$$P(q(X) > at) \leq P(q(X)>a\sqrt{n}) \leq e^{-n} \leq e^{-t^2+1}$$

So we find

$$P(q(X) > t) \leq \exp(-(t/a)^2 + 1) \quad \forall \ t \geq 0$$

which proves the theorem. □

4. Integrability of seminorms

In §3 we saw that if $L(X)$ is α-convex $(-\infty < \alpha \leq 0)$ then $q(X) \in L^p$ for all $p < -1/\alpha$ for any measurable seminorm $q: E \to \overline{\mathbb{R}}_+$ with $q(X) < \infty$ a.s. We shall now show some similar results for

$$q^*(X) = \sup q(X_1, \dots, X_n, 0, 0, \dots)$$

where (X_n) are independent or symmetric and q an appropriate function: $E^\infty \to \overline{\mathbb{R}}_+$.

Let $(E_n, \mathcal{B}_n)$ be a measurable linear spaces for all $n \geq 1$, and put

$$E^\infty = \prod_1^\infty E_j \qquad \mathcal{B}^\infty = \bigotimes_1^\infty \mathcal{B}_j$$

Let Π_n and p_n be the projections respectively injections defined by

$$\pi_n(x) = (x_1, \dots, x_n, 0 \cdots) \quad \text{for} \quad x = (x_j) \in E^\infty$$

$$p_n(y) = (0, \dots, 0, y, 0 \dots) \quad \text{for} \quad y \in E_n$$

If q is a map: $E^\infty \to \overline{\mathbb{R}}_+$, we define

$$q^*(x) = \sup_n q(\Pi_n x) = \sup_n q(x_1, \dots, x_n, 0, \dots)$$

<u>Lemma 4.1</u>. <u>Let</u> $(E, \mathcal{B})$ <u>be a measurable linear space and</u> $q: E \to \overline{\mathbb{R}}_+$ <u>a measurable subadditive function</u>. <u>If</u> X <u>is an</u> E-<u>valued random vector and</u> X^s <u>a symmetrization of</u> X, <u>then we have</u>

(a) $$P(q(X) \leq a)\, \mathbb{E}\varphi(q(X)) \leq \mathbb{E}\varphi(q(X^s) + a)$$

(b) $$\mathbb{E}\varphi(q(X^s)) \leq \mathbb{E}\varphi(2q(X)) + \mathbb{E}\varphi(2q(-X))$$

<u>for any</u> $a \geq 0$ <u>and any increasing function</u> $\varphi: \mathbb{R}_+ \to \mathbb{R}_+$.

Proof (a). Let $A = \{x \in E \mid q(x) \leq a\}$ and let $\mu = L(X)$ then we have

$$\mathbb{E}\varphi(q(X^s) + a) \geq \int_A \mathbb{E}\varphi(q(X-x) + a)\mu(ds)$$

so there exist $x_o \in A$ (that is $q(x_o) \leq a$), such that

$$\begin{aligned}\mathbb{E}\varphi(q(X^s) + a) &\geq \mu(A)\ \mathbb{E}\varphi(q(X-x_o) + a)\\ &\geq \mu(A)\ \mathbb{E}\varphi(q(X-x_o) + q(x_o))\\ &\geq \mu(A)\ \mathbb{E}\varphi(q(X))\end{aligned}$$

since q is subadditive.

(b) By subadditivity of q and monotonicity of φ we have

$$\begin{aligned}\varphi(q(X^s)) &= \varphi(q(X) + q(-X))\\ &\leq \varphi(2q(X)) + \varphi(2q(-X))\end{aligned}$$ □

Theorem 4.2. Let $X = (X_n)$ be a symmetric E^∞-valued random sequence, and $q: E^\infty \to \overline{\mathbb{R}}_+$ a measurable quasiconvex function. Let

$$S_n = q(\pi_n X), \qquad M_n = \max_{1\leq j<n} S_j, \qquad M = \sup_j S_j$$

If $\varphi: \mathbb{R}_+ \to \mathbb{R}_+$ is increasing and $\varphi^-(x) = \sup_{y<x} \varphi(y)$ then we have

(a) $\mathbb{E}\varphi(M_n) \leq 2\ \mathbb{E}\varphi(S_n) \quad \forall\ n\geq 1$

(b) $\mathbb{E}\varphi^-(M) \leq 2 \liminf_{n\to\infty} \mathbb{E}\varphi(S_n)$

(c) $\{S_n\}$ stochastic bounded $\Leftrightarrow$ $M < \infty$ a.s.

Moreover if $S_n \to S$ in law, then we have

(d) $\mathbb{E}\varphi(S) \leq \mathbb{E}\varphi(M) \leq 2\ \mathbb{E}\varphi(S)$.

Proof. Let $t \geq 0$ be given, and define the stopping time T (w.r.t. (X_n)), by

$$T = \inf\{j \mid S_j > t\} \qquad (\inf \emptyset = \infty)$$

Then $\{T \leq n\} = \{M_n > t\}$. For $1 \leq j \leq n$ we put

$$Z_{nj} = 2\pi_j X - \pi_n X = (X_1, \dots, X_j, -X_{j+1}, \dots, -X_n, 0, 0 \dots)$$

and we have $Z_{jj} = \pi_j Z = \frac{1}{2} Z_{nj} + \frac{1}{2} Z_{nn}$, so by quasiconvexity of q we have

$$S_j = q(Z_{jj}) \leq \max\{q(Z_{nj}), S_n\}$$

If $T = j$, then $S_j > t$, so either $q(Z_{nj}) > t$ or $S_n > t$, and hence we find

(i) $$P(T = j) \leq P(T = j, S_n > t) + P(T = j, q(Z_{nj}) > t)$$

Now we notice that $Z_{nj} \sim Z_{nn}$ and that there exists a set $A_j \subseteq E^\infty$ so that

$$\{T = j, S_n > t\} = \{Z_{nn} \in A_j\}$$

$$\{T = j, q(Z_{nj}) > t\} = \{Z_{nj} \in A_j\}$$

Hence the two probabilities on the right side of (i) are equal and summing over $j = 1, \dots, n$, gives

(ii) $$P(M_n > t) = \sum_1^n P(T = j) \leq 2\, P(S_n > t)$$

So (a) follows from (1.3).

Since φ^- is left continuous we have, $\varphi^-(M) = \lim_{n\to\infty} \varphi^-(M_n)$, so (b) follows from (a), since $\varphi^- \leq \varphi$.

(c): If $\{S_n\}$ is stochastic bounded, then (ii) shows that $M < \infty$ a.s., and the converse is trivial.

(d): By (a) with $\varphi = 1_{[t,\infty[}$ we have

$$P(S>t) \leq \liminf_{n\to\infty} P(S_n>t) \leq P(M>t) \leq \limsup_{n\to\infty} P(M_n \geq t)$$

$$\leq 2 \limsup_{n\to\infty} P(S_n \geq t) \leq 2P(S\geq t)$$

From which (d) follows partial integration. □

Theorem 4.3. Let $X = (X_n)$ be an E^∞-valued sequence of independent random vectors, and let $q: E^\infty \to \overline{\mathbb{R}}_+$ be an even, subadditive, quasiconvex, measurable function. Let

$$S_n = q(\pi_n X), \qquad M_n = \max_{1\leq j\leq n} S_j, \qquad M = \sup_j S_j$$

If $\varphi: \mathbb{R}_+ \to \mathbb{R}_+$ is increasing and $\varphi^-(x) = \sup_{y<x} \varphi(y)$, then we have

(a) $P(M_n \leq a)\ \mathbb{E}\varphi(M_n) \leq 4\ \mathbb{E}\varphi(2S_n+a)$

(b) $P(M \leq a)\ \mathbb{E}\varphi^-(M) \leq 4 \liminf_{n\to\infty} \mathbb{E}\varphi(2S_n+a)$

(c) $\{S_n\}$ stochastic bounded $\Leftrightarrow$ $M<\infty$ a.s.

Moreover if $S_n \to S$ in law, then we have

(d) $P(M\leq a)\ \mathbb{E}\varphi(M) \leq 4\ \mathbb{E}\varphi(2S+a)$

(e) $\mathbb{E}\varphi(S) \leq \mathbb{E}\varphi(M)$

for any $a\geq 0$.

Proof. Let $X^s = (X_n^s) = (X_n - X_n')$ be a symmetrization of X, and let S_n^s, M_n^s and M^s be defined as above with X substituted by X^s. Then by Lemma 4.1 and Theorem 4.2 we have

$$P(M_n \leq a)\ \mathbb{E}\varphi(M_n) \leq \mathbb{E}\varphi(M_n^s+a) \leq 2\ \mathbb{E}\varphi(S_n^s+a)$$

$$\leq 4\ \mathbb{E}\ \varphi(2S_n+a)$$

since q is even. This proves (a) and (b) follows similarly.

(c): Clearly $M < \infty$ implies that $\{S_n\}$ is stochastic bounded, so suppose that $\{S_n\}$ is stochastic bounded. Then by Lemma 4.1 we have that $\{S_n^s\}$ is stochastic bounded and so by Theorem 4.2 we have:

$$\infty > P(M^s < \infty) = \int_{E^\infty} P(q^*(X-x) < \infty)\mu(dx)$$

where $\mu = L(X)$. So for some $x_o \in E$, we have that $q^*(X-x_o) < \infty$ a.s. Hence we can find $a > 0$, so that

$$P(q^*(X-x_o) \le a) > \tfrac{1}{2}, \qquad P(S_n \le a) > \tfrac{1}{2} \quad \forall\ n \ge 1$$

But then the event:

$$\{S_n \le a\} \cap \{q^*(X-x_o) \le a\}$$

has positive probability and so it contains at least one point ω_n for each $n \ge 1$. And we have

$$\begin{aligned} M = q^*(X) &\le q^*(X-x_o) + q^*(x_o) \\ &\le q^*(X-x_o) + \sup_n\{q(\pi_n(X(\omega_n) - x_o)) + S_n(\omega_n)\} \\ &\le q^*(X-x_o) + 2a < \infty \quad \text{a.s.} \end{aligned}$$

since $S_n(\omega_n) \le a$ and $q(\pi_n(X(\omega_n) - x_o) \le q^*(X(\omega_n) - x_o) \le a$.

(d): From (a) with $\varphi = 1_{[t,\infty[}$ we have

$$\begin{aligned} P(M \le a)\ P(M > t) &\le \limsup_{n\to\infty} P(M_n \le a)\ P(M_n \ge t) \\ &\le 4 \limsup_{n\to\infty} P(2S_n + a \ge t) \le 4\ P(2S + a \ge t) \end{aligned}$$

so (d) follows by partial integration.

(e): Since $S_n \le M$ for all n (e) follows as above. □

Lemma 4.4. Let $X = (X_n)$ be an independent symmetric E^∞-valued random sequence, and $q: E^\infty \to \overline{\mathbb{R}}_+$ a measurable, quasiconvex, subadditive function. Let

$$S_n = q(\pi_n X), \quad M_n = \max_{1 \le j \le n} S_j, \quad M = \sup_j S_j$$

$$T_n = q(p_n X_n), \quad N_n = \max_{1 \le j \le n} T_j, \quad N = \sup_j T_j$$

Then we have

(a) $$P(S_n > s+t+u) \le P(N_n > s) + 2P(S_n > u)P(M_n > t)$$

(b) $$P(M > s+t+u) \le 2P(N > s) + 4P(M > u)P(M > t)$$

for all $s,t,u \in \mathbb{R}_+$.

Proof. Again we consider the stopping time:

$$T = \inf\{j \mid S_j > t\} \qquad (\inf \emptyset = \infty)$$

Then $S_n > t+s+u$ implies $T \le n$, and so we have

(i) $$P(S_n > t+s+u) = \sum_{j=1}^{n} P(T = j, S_n > t+s+u)$$

Let $1 \le j \le n$, then $\pi_n X = (\pi_n X - \pi_j X) + \pi_{j-1} X + p_j X$, so by subadditivity of q we find

$$S_n = q(\pi_n X) \le q(\pi_n X - \pi_j X) + S_{j-1} + N_n$$

Hence if $T = j$, $N_n \le s$ and $S_n > t+s+u$, then we have $S_{j-1} < t$, and

$$Y_{nj} = q(\pi_n X - \pi_j X) > u$$

moreover Y_{nj} and $\{T = j\}$ are independent, and so we have

(ii) $$P(T = j, S_n > t+s+u) \le P(T=j, N_n > s) + P(T=j)P(Y_{nj} > u)$$

If we apply Theorem 4.2 to the function $q_o(x) = q(x_n \dots x_1, 0 \dots)$ and to the vector $Y = (X_n, \dots, X_1, 0, 0 \dots)$, we find:

(iii) $$P(Y_{nj} > u) \le 2P(S_n > u)$$

Now if we combine (i), (ii) and (iii) we find

$$P(S_n > t+s+u) \le P(N_n > s) + 2P(S_n > u) \sum_{j=1}^{n} P(T = j)$$

$$= P(N_n > s) + 2P(S_n > u) P(M_n > t)$$

$$\le P(N > s) + 2P(M > u) P(M > t)$$

So (a) is proved and (b) follows from Theorem 4.2(b) with $\varphi = 1_{]t+s+u,\infty[}$. □

Corollary 4.5. Let $X = (X_n)$ be an independent E^∞-valued random sequence, and $q: E^\infty \to \overline{\mathbb{R}}_+$ a measurable, even, quasi-convex, subadditive function. Let

$$S_n = q(\pi_n X), \quad M = \sup_j S_j, \quad N = \sup_n q(p_n X_n)$$

Then we have

(a) $$P(M \le a)\ P(M > 2s+2t+2u+a)$$

$$\le 8P(N > s) + 32P(M > t)\ P(M > u)$$

for all $a, s, t, u \in \mathbb{R}_+$. Moreover there exists a decreasing function $F: \mathbb{R}_+ \to [0,1]$, so that

(b) $P(M \le a)\ P(M > t+a) \le F(t)$ $\quad \forall\, t, a \ge 0$

(c) $F(2s+t+u) \le 4P(N > s) + 4F(t)F(u)$ $\quad \forall\, t, s, u \ge 0$

(d) $F(t) \le 2P(M > \frac{1}{2}t)$ $\quad \forall\, t \ge 0$

Proof. Let (X_n^s) be a symmetrization of (X_n) and define M^s and N^s as above for the sequence (X_n^s). Let

$$F(t) = P(M^s > t) \qquad G(t) = P(N^s > t)$$

Then (b) and (d) holds by Lemma 4.1, and

$$F(t+2s+u) \leq 2G(2s) + 4F(t)F(u)$$

by Lemma 4.4; and since

$$G(2s) \leq 2P(N > s)$$

by Lemma 4.1 we see that (c) holds, and (a) is an easy consequence of (b), (c), and (d). □

Theorem 4.6. Let $X = (X_n)$ be an independent E^∞-valued random sequence and $q: E^\infty \to \overline{\mathbb{R}}_+$ a measurable, even, quasiconvex, subadditive function. Let

$$S_n = q(\pi_n X), \quad M = \sup_n S_n, \quad N = \sup_n q(p_n X_n)$$

and suppose that $M < \infty$ a.s.

If $\varphi: \mathbb{R}_+ \to \mathbb{R}_+$ is increasing and satisfies: $\varphi(2t) \leq K\varphi(t)$ for $t \geq t_o$, then the following statements are equivalent:

(a) $\mathbb{E}\,\varphi(M) < \infty$

(b) $\sup_n \mathbb{E}\,\varphi(S_n) < \infty$

(c) $\mathbb{E}\,\varphi(N) < \infty$

And if $S_n \to S$ in law then (a)-(c) is equivalent to:

(d) $\mathbb{E}\,\varphi(S) < \infty$

Proof. Take $a > 0$ so that $P(M \leq a) \geq \frac{1}{2}$ then by Theorem 4.3 (b) we have

$$\mathbb{E}\,\varphi^-(M) \le 8 \sup_n \mathbb{E}\,\varphi(2S_n+a)$$

And since the condition: $\varphi(2t) \le K\varphi(t)$ for $t \ge t_o$, implies $\varphi(2t+a) \le C\varphi(t) + C$ and $\varphi(t) \le C\varphi^-(t) + C$ for some $C > 0$, we find that (a) and (b) are equivalent.

It is obvious that (a) implies (c), so suppose that $\mathbb{E}\,\varphi(N) < \infty$. Now we can find a constant $K_o > 0$ so that

(i) $$\varphi(6t + a) \le K_o\varphi(t) + K_o \quad \forall\ t \ge 0$$

where a is chosen so hat $P(M \le a) \ge \frac{1}{2}$. Let us then choose $b \ge a$ so that $P(M>b) \le (64K_o)^{-1}$. If $\xi \equiv b$, and $L = (M-a)^+/6$, then we have

$$\begin{aligned} P(L > t) &\le P(M > 6t + a) \\ &\le 8P(N > t) + 32P(M > t)^2 \\ &\le 8P(N > t) + 32P(\xi > t) + \alpha P(M > t) \end{aligned}$$

where $\alpha = (2K_o)^{-1}$ (cf. Corollary 4.5 (a)). Now put $\varphi_c(x) = \varphi(x)$ for $x \le c$ and $\varphi_c(x) = \varphi(c)$ for $x \ge c$. Then φ_c is increasing, bounded and it is easily seen that φ_c satisfies (i). So by partial integration we find

$$\mathbb{E}\,\varphi_c(L) \le 8\mathbb{E}\,\varphi(N) + 32\varphi(b) + (2K_o)^{-1}\mathbb{E}\,\varphi_c(M)$$

And since $M \le 6L+a$ we find that

$$\begin{aligned} \mathbb{E}\,\varphi_c(M) &\le K_o\mathbb{E}\,\varphi_c(L) + K_o \\ &\le K_1 + \tfrac{1}{2}\mathbb{E}\,\varphi_c(M) \end{aligned}$$

where $K_1 = 8K_o\mathbb{E}\,\varphi(N) + 32K_o\varphi(b) + K_o$. So we have $\mathbb{E}\,\varphi_c(M) \le 2K_1$ for all $c > 0$. Now letting $c \to \infty$ we find $\mathbb{E}\,\varphi(M) \le 2K_1 < \infty$. Hence (c) implies (a).

If $S_n \to S$ in law, then it follows from Theorem 4.3 (d) + (e) that (a) and (d) are equivalent. □

Theorem 4.7. *Let* $X = (X_n)$ *be an independent* E^∞*-valued random sequence and* $q: E^\infty \to \overline{\mathbb{R}}_+$ *a measurable, even, subadditive, quasiconvex function. As before let*

$$M = \sup_n q(\pi_n X), \qquad N = \sup_n q(p_n X_n)$$

and suppose that $M < \infty$ *a.s.*

Let f *and* g *be increasing continuous functions*: $\mathbb{R}_+ \to \mathbb{R}_+$ *with* $f(\infty) = g(\infty) = \infty$, *and satisfying*:

(a) $$P(N > t) \le K_1 \exp(-g(t)) \qquad \forall\ t \ge t_o$$

(b) $$f(I(t)) \le K_2\, g(t) + K_2 \qquad \forall\ t \ge t_o$$

where t_o, K_1 *and* K_2 *are positive finite constants, and* I *is given by*

(c) $$I(t) = \int_{t_o}^{t} \frac{g(t)}{g(s)}\, ds$$

Then there exists constants $K > 0$, $\varepsilon > 0$, $\delta > 0$, *so that*

(d) $$P(M > t) \le K \exp(-\varepsilon f(\delta t)) \qquad \forall\ t \ge t_1.$$

Proof. We may assume that t_o is taken so large that $P(M > \frac{1}{2}t_o) \le \frac{1}{2}$. Let $A(t) = 8F(t)$ and $B(t) = 64\, P(N > t)$, where F is the function from Corollary 4.5. If $t \ge t_o$ then $t - \frac{1}{2}t_o \ge \frac{1}{2}t$, so from Corollary 4.5 (with $a = \frac{1}{2}t_o$) we find

$$P(M > t) \le 2F(t - \tfrac{1}{2}t_o) \le \tfrac{1}{4}A(\tfrac{1}{2}t)$$

$$\begin{aligned} A(2t+2s) &\le 32P(N>t) + 32P(M>t)^2 \\ &= \tfrac{1}{2}B(t) + \tfrac{1}{2}A(t)^2 \\ &\le \max\{B(t),\ A(t)^2\} \end{aligned}$$

So if we put

$$\alpha(t) = -\log A(t), \quad \beta(t) = g(t) - \log(64K_1)$$

Then by assumption (a) we have

(i) $$\alpha(2t+2s) \geq \min\{\beta(s), 2\alpha(t)\} \quad \forall\ t,s \geq 0$$

(ii) $$P(M > t) \leq 2\exp(-\alpha(\tfrac{1}{2}t)) \quad \forall\ t \geq t_o$$

Since $g(\infty) = \infty$ we may assume that $g(t) \leq 2\beta(t)$ for $t \geq t_o$, and so by (b) we have

(iii) $$f(I(t)) \leq 2K_2\beta(t) + K_2 \quad \forall\ t \geq t_o$$

Since β increases to $+\infty$ and is continuous, we can find $t_o = \sigma_o < \sigma_1 \cdots$, so that

(iv) $$\beta(\sigma_n) = 2^n\beta(\sigma_o) \quad \forall\ n \geq 0$$

And since α increases to $+\infty$, we can find a $\tau_o \geq t_o$ so that

(v) $$\alpha(\tau_o) \geq \tfrac{1}{2}\beta(\sigma_o)$$

Then we define

(vi) $$\tau_n = 2^n(\tau_o + \sum_o^{n-1} 2^{-j}\sigma_j) = 2\tau_{n-1} + 2\sigma_{n-1}$$

So by successive use of (i) we find

$$\begin{aligned}\alpha(\tau_n) &\geq \min\{\beta(\sigma_{n-1}), 2\alpha(\tau_{n-1})\} \\ &\geq \min\{\beta(\sigma_{n-1}), 2\beta(\sigma_{n-2}), \ldots, 2^{n-1}\beta(\sigma_o), 2^n\alpha(\tau_o)\} \\ &= \min_{0 \leq j \leq n}\{2^{n-j-1}\beta(\sigma_j)\}\end{aligned}$$

since $2^n\alpha(\tau_o) \geq 2^{n-1}\beta(\sigma_o)$ by (v). Now from the choice of σ_j it follows that we have (see (iv)

(vii) $\alpha(\tau_n) \geq 2^{n-1}\beta(\sigma_o) = \frac{1}{2}\beta(\sigma_n)$

Now let us estimate τ_n. Using summation by parts we obtain:

$$\sum_{o}^{n-1} 2^{-j}\sigma_j = 2(\sum_{o}^{n-1} (2^{-j}-2^{j-1})\sigma_j)$$

$$= 2(\sigma_o - \sigma_{n-1}2^{-n} + \sum_{1}^{n-1} 2^{-j}(\sigma_j - \sigma_{j-1}))$$

$$\leq K_3 + K_3 \sum_{1}^{n-1} \int_{\sigma_{j-1}}^{\sigma_j} g(s)^{-1}\, ds$$

$$= K_3 + K_3 \int_{\sigma_o}^{\sigma_{n-1}} g(s)^{-1}\, ds$$

since $g(s)^{-1} \geq \frac{1}{2}\beta(s)^{-1} \geq 2^{-j-1}\beta(\sigma_o)$ for $s \leq \sigma_j$ (cf. (iv)). Since $\sigma_1 > \sigma_o$, we then find for $n \geq 2$:

$$\tau_n = 2^n(\tau_o + \sum_{o}^{n-1} 2^{-j}\sigma_j) \leq K_4\, 2^n \int_{t_o}^{\sigma_{n-1}} g(s)^{-1}\, ds$$

and since $2^{n-1}\beta(\sigma_o) = \beta(\sigma_{n-1}) \leq g(\sigma_{n-1})$ we have

(viii) $\tau_n \leq K_5\, I(\sigma_{n-1}) \quad \forall\, n \geq 2$

Let $t \geq K_5\, I(\sigma_1)$, then we can find $n \geq 2$, so that $K_5 I(\sigma_{n-1}) \leq t \leq K_5 I(\sigma_n)$, so by (iii), (vii) and (viii) we have

$$\alpha(t) \geq \alpha(\tau_n) \geq \frac{1}{2}\beta(\sigma_n)$$

$$f(t/K_5) \leq f(I(\sigma_n)) \leq 2K_2\beta(\sigma_n) + K_2$$

which gives $\alpha(t) \geq \varepsilon f(\delta t) - K_6$ for some $\varepsilon > 0$ $\delta > 0$ and $K_6 < \infty$. So (d) is then a consequence of (ii). □

Corollary 4.8. Let $X = (X_n)$, $q\colon E^\infty \to \overline{\mathbb{R}}_+$, M and N be as in Theorem 4.7. And suppose that $M < \infty$ a.s. and

(a) $$P(N>t) \le K_1 \exp(-g(t)) \quad \forall\, t \ge t_o$$

<u>where</u> $g: \mathbb{R}_+ \to \mathbb{R}_+$ <u>is continuous and increasing</u>.

<u>If</u> p <u>is an upper exponent for</u> g, <u>that is if</u>:

(b) $$g(ts) \le K_2\, s^p\, g(t) \quad \forall\, s \ge 1 \quad \forall\, t \ge t_o$$

<u>then we have</u>

(c) $$P(M>t) \le \begin{cases} K \exp(-\varepsilon g(t)) & \text{if } 0<p<1 \\ K \exp(-g(\frac{t}{\log t})) & \text{if } p=1 \\ K \exp(-\varepsilon g(t^{1/p})) & \text{if } p>1 \end{cases}$$

<u>In particular if</u> $g(t) = \alpha t^p$, <u>then we have</u>

(d) $$P(M>t) \le \begin{cases} K\, e^{-\varepsilon t^p} & \text{if } 0<p<1 \\ K \exp(-\frac{t}{\log t}) & \text{if } p=1 \\ K\, e^{-\varepsilon t} & \text{if } p>1 \end{cases}$$

<u>If</u> $\int_{t_o}^{t} g(s)^{-p} ds < \infty$, <u>then we have</u>

(e) $$P(M>t) \le \begin{cases} K\, e^{-\varepsilon t^p} & \text{if } 0<p\le 1 \\ K\, e^{-\varepsilon t} & \text{if } p \ge 1 \end{cases}$$

<u>Proof</u>. Suppose that (b) holds. Then

$$I(t) = \int_{t_o}^{t} \frac{g(t)}{g(s)} ds \le K_2 \int_{t_o}^{t_o} (\frac{t}{s})^p ds =$$

$$= \begin{cases} K_2 (1-p)^{-1} (t - t^p t_o^{\,1-p}) & p \neq 1 \\ K_2 t \log(t/t_o) & p=1 \end{cases}$$

If $0<p<1$, then $(1-p)>0$ and $I(t) \leq K_3 t$. So $f(t) = g(t/K_3)$ satisfies (b) in Theorem 4.7. If $p = 1$ then $I(t) \leq K_3 t \log t$, so $f(t) = g(\frac{t}{K_3 \log t})$ satisfies (b) in Theorem 4.7. If $p>1$, then $(1-p)<0$ and $I(t) \leq K_3 t^p$, so $f(t) = g(t^{1/p} K_3^{-1/p})$ satisfies (b) in Theorem 4.7. Hence (c) follows from Theorem 4.7 by noting that (b) implies

$$g(\delta t) \geq K_2^{-1}\, \delta^{-p} g(t) \quad \forall\ t \geq t_o \quad \forall\ 0<\delta<1$$

Now suppose that $K_3 = \int_{t_o}^{\infty} g(s)^{-p} ds < \infty$, then we have

$$I(t) \leq K_3\, g(t) \qquad \text{if} \quad p \leq 1$$

so $f(t) = t$ satisfies (b) in Theorem 4.7. And if $p>1$ then

$$I(t) = \int_{t_o}^{t} \frac{g(t)}{g(s)}\, ds \leq \int_{t_o}^{t} \left(\frac{g(t)}{g(s)}\right)^p ds \leq K_3 g(t)^p$$

So $f(t) = t^{1/p}$ satisfies (b) in Theorem 4.7. Hence (e) follows from Theorem 4.7. □

<u>Lemma 4.9</u>. Let $(E, \|\cdot\|)$ <u>be a Banach space and</u> $\{X_n\}$ <u>independent identical distributed random vectors in</u> E, <u>and let</u> $S_n = X_1 + \cdots + X_n$ <u>for</u> $n \geq 1$.

<u>If</u> $a_n \uparrow \infty$ <u>and</u> $\varphi\colon \mathbb{R}_+ \to \mathbb{R}_+$ <u>is an increasing function, such that</u>

(a) $\quad \varphi(a_n) \leq Kn$

(b) $\quad \{S_n/a_n\}$ <u>is stochastic bounded</u>.

<u>Then for some constants</u> $K_o>0$, $a>0$, $\varepsilon_o>0$ <u>we have</u>

(c) $\quad P(\|X_1\| > t+a) \leq \dfrac{K_o}{\varphi(\varepsilon_o t)} \qquad \forall\ t \geq 0$

If we in addition to (a) and (b) assume that $\{a_n\}$ is submultiplicative, that is:

(d) $$a_{n\cdot m} \leq C\, a_n a_m \quad \forall\ n,m \geq 1$$

for some constant $C > 0$. Then there exists constants $K_1 > 0$, $a > 0$ and $\varepsilon_1 > 0$ so that

(e) $$P(S_n > a_n(t+a)) \leq \frac{K_1}{\varphi(\varepsilon_1 t)} \quad \forall\ t \geq 0 \quad \forall\ n \geq 1$$

Proof. By use of a standard symmetrization procedure, we may assume that X_n is symmetric. Now according to (b) we may choose $T > 0$ so that

(i) $$P(\|S_n\| > a_n T) \leq \frac{1}{4} \quad \text{for } n \geq 1$$

Then by Theorem 4.2 (a) (with $\varphi = 1_{]t,\infty[}$) we have

$$P(\|X_1\| \leq t)^n = P(\max_{1\leq j\leq n} \|X_j\| \leq t)$$

$$\geq 1 - P(\max_{1\leq j\leq n} \|S_j\| > \tfrac{1}{2} t)$$

$$\geq 1 - 2P(\|S_n\| > \tfrac{1}{2}t)$$

So choosing $t = 2a_n T$ gives

(ii) $$P(\|X_1\| > 2a_n T) \leq 1 - 2^{-1/n} \leq \frac{\log 4}{n+1} \quad \forall\ n \geq 0$$

(where we put $a_o = 0$). If $t \geq 0$ then we can find $n \geq 1$ so that $2a_{n-1}T \leq t \leq 2a_n T$, and so

$$P(\|X_1\| > t) \leq P(\|X_1\| > 2Ta_{n-1}) \leq \frac{\log 4}{n}$$

$$\varphi(t/2T) \leq \varphi(a_n) \leq K\, n$$

So we find:

(iii) $$P(\|X_1\| > t) \leq \frac{K_o}{\varphi(\varepsilon_o t)} \quad \forall\ t \geq 0$$

where $K_o = K \log 4$ and $\varepsilon_o = (2T)^{-1}$.

Now suppose that (d) holds. Let $k \geq 1$ be given and define

$$Y_n^k = (S_{n\cdot k} - S_{(n-1)\cdot k})a_k \quad \forall\ n = 1,2,\ldots$$

Then $Y_1^k, Y_2^k \cdots$ are independent identical distributed random vectors in E, and

$$a_n^{-1} \|\sum_1^n Y_j\| = a_n^{-1} a_k^{-1} \|S_{n\cdot k}\| \leq C\, a_{nk}^{-1} \|S_{n\cdot k}\|$$

So if T is chosen as before (that is so that (i) holds) then we have

(iv) $$P(\|\sum_1^n Y_j^k\| > C\,T\,a_n) \leq \frac{1}{4} \quad \forall\ n \geq 1$$

Hence by (iii) we have

(v) $$P(\|Y_1^k\| > t) \leq \frac{K_o}{\varphi(\varepsilon_1 t)} \quad \forall\ t \geq 0 \quad \forall\ k \geq 1$$

where $K_o = K \log 4$ and $\varepsilon_1 = (2CT)^{-1}$. But

$$Y_1^k = S_k/a_k$$

and so the theorem is proved. □

Let $(E, \|\cdot\|)$ be a Banach space and X a random E-valued vector. Then X is said <u>to belong to the domain of normal attraction if</u>

$$Z_n = (X_1 + \cdots + X_n)/\sqrt{n}$$

converges in law, where $X_1, X_2, \ldots$ are independent copies of X; and for any random vector X, we define:

$$c(X) = \sup_n \mathbb{E}\,\|Z_n\|$$

The set of $X \in L_E^0$ for which $c(X) < \infty$ is denoted CLT, and it is easily seen that

(4.1) (CLT, $c(\cdot)$) is a Banach space

(4.2) If $X \in \mathrm{CLT}$, then $X \in L_E^1$ and $\mathbb{E}X = 0$.

Moreover from Lemma 4.9 we find

Theorem 4.10. Let $(E, \|\cdot\|)$ be a Banach space. Then there exists $K > 0$ so that

(a) $P(\|X\| > t) \leq K c(X)^2 t^{-2} \quad \forall\, t \geq 0 \quad \forall\, X \in \mathrm{CLT}$

(b) $\mathrm{CLT} \subseteq L_E^p \quad \forall\, 0 \leq p < 2$

(c) If X is in the domain of normal attraction then $X \in \mathrm{CLT}$.

Proof. If $X \in \mathrm{CLT}$, then $\{Z_n\} = \{S_n/\sqrt{n}\}$ is stochastic bounded. So by Lemma 4.9 (with $a_n = \sqrt{n}$ and $\varphi(t) = t^2$) we have

$$P(\|X\| > t) \leq K(X)\, t^{-2} \qquad \forall\, t \geq 0$$

for some finite constant $K(X)$. Now let us consider the Laurent space $L_E^{(2)} = L^{(2)}(\Omega, F, P, E)$ (see Chapter I §2). Then $\mathrm{CLT} \subseteq L_E^{(2)}$ and since the topologies on CLT and on $L_E^{(2)}$ both are stronger than the L_E^1-topology we have that the injection $\mathrm{CLT} \to L_E^{(2)}$ has a closed graph, and so it is continuous by the closed graph principle. So we have

$$\lambda_2(X) \leq K c(X)^{2/3} \qquad \forall\, x \in \mathrm{CLT}$$

since λ_2 is $\frac{2}{3}$-homogeneous. Now (a) is a simple consequence of the definition of $\lambda_2(\cdot)$

(b) is an immediate consequence of (a)

(c): If X belongs to the domain of normal attraction, then $(S_n/\sqrt{n})$ is stochastic bounded and by Lemma 4.9 with $a_n = \sqrt{n}$ and $\varphi(t) = t^2$ we have

$$P(\|S_n\| > \sqrt{n}\ t) \leq K\ t^{-2} \qquad \forall\ t \geq 0$$

for some constant K. But then

$$\mathbb{E}\|Z_n\| = \int_0^\infty P(\|S_n\| > \sqrt{n}\ t)dt$$

$$\leq 1 + \int_1^\infty K\ t^{-2}\ dt = K+1$$

and so $c(X) \subseteq K+1 < \infty$. □

5. Series in a Banach space

In this section we shall apply the result of §2 and §4 to Banach spaces.

So let $(E,\|\cdot\|)$ be a Banach space and $X = (X_n)$ a random sequence in E. Recall that by convention any Banach space-valued random vector is separably valued, so we may assume E to be separable, and $(E,\mathcal{B}(E))$ is then a measurable linear space

In Chap. I §4 we defined weak convergence of Radon measures on a completely regular Hausdorff space. Applying Lemma I.4.1 to H equal to the set of functions:

$$f(x) = g(<x_1',x>\dots,<x_n',x>)$$

with $n \geq 1$, $x_1'\dots x_n' \in E'$ and $g \in C(\mathbb{R}^n)$, gives:

Lemma 5.2. If μ_n and μ are Radon measures on the Banach space E, such that $\hat{\mu}(x') = \lim_{n\to\infty} \hat{\mu}_n(x')$ for all $x' \in E'$, then $\mu_n \to \mu$ $\sigma(E,E')$-weakly. □

Theorem 5.3. Let (X_n) be independent E-valued random vectors, and put $S_n = \sum_1^n X_j$. Now suppose that there exists a Radon probability μ on E, such that

(a) $\hat{\mu}(x') = \lim_{n\to\infty} \mathbb{E}\exp(i<x',S_n>) \quad \forall\, x' \in E'$

Then there exists a sequence $\{a_n\} \subseteq E$, with the properties

(b) $\{S_n - a_n\}$ converges a.s.

(c) $\{a_n\}$ is weakly convergent in E.

Moreover in each of the following 6 cases we can conclude that $\{S_n\}$ converges a.s.

(1) X_n <u>is symmetric</u> $\forall\ n\geq 1$

(2) $\sup_n \mathbb{E}\|S_n\| < \infty$, <u>and</u> $\mathrm{cl}\{\mathbb{E}S_n \mid n\geq 1\}$ <u>is compact</u>

(3) $\mathbb{E}(\sup_n \|X_n\|) < \infty$, <u>and</u> $\mathrm{cl}\{\mathbb{E}S_n \mid n\geq 1\}$ <u>is compact</u>

(4) $\int_E \|x\|\,\mu(dx) < \infty$, <u>and</u> $\mathrm{cl}\{\mathbb{E}S_n \mid n\geq 1\}$ <u>is compact</u>

(5) $\exists K$ <u>compact</u> $\subseteq E$, <u>so that</u> $\inf_n P(S_n \in K) > 0$.

(6) $\{S_n\}$ converges in probability.

<u>Proof</u>. We may without loss of generality assume that E is separable.

<u>Case (1)</u>: Suppose that X_n is symmetric for all $n\geq 1$. Since μ is a Radon probability we can find compact convex, symmetric sets $K_1, K_2, \ldots$, so that $\mu(K_n) \geq 1-2^{-n}$. Let $a_n = \sup_{x\in K_n} \|x\|$ and put

$$K = \{\sum_{j=1}^{\infty} 2^{-j}(a_j+1)^{-1}x_j \mid x_j \in K_j \quad \forall j\}$$

Then K is a continuous linear image of $\prod_1^{\infty} K_j$, so K is symmetric, convex and compact. Moreover $K_n \subseteq 2^n a_n K$, so if q is the seminorm:

$$q(x) = \inf\{\lambda\geq 0 \mid x \in \lambda K\} \qquad \text{for } x \in E,$$

then $E_q = \{q < \infty\}$ has μ-measure 1 and $K = \{q\leq 1\}$.

From the real-valued version of the equivalence theorem (see e.g. [81] Theorem B p.251), we have that $s(x') = \lim_{n\to\infty} \langle x', S_n\rangle$ exists a.s. for all $x' \in E'$. Now by separability of E there exists a countable set $\{x_j'\} \subseteq K^o$ (= the polar of K), such that

(i) $$q(x) = \sup_j |\langle x_j', x\rangle| \qquad \forall\ x \in E$$

Now let $q_k: E^\infty \to \overline{\mathbb{R}}_+$ be given by

$$q_k(x) = \begin{cases} \max\limits_{1\le i\le k} |\langle x_i', \sum_1^\infty x_j\rangle| & \text{if } \sum_1^\infty x_j \text{ converges} \\ \infty & \text{otherwise} \end{cases}$$

Then $q_k(\pi_n X) \xrightarrow[n\to\infty]{a.s.} \max\limits_{1\le i\le k} s(x_i')$, so by Theorem 4.2 (d) we have

$$P(\sup_n \max_{1\le i\le k} |\langle x_i', S_n\rangle| > t) \le 2P(\max_{1\le i\le k} |s(x_i')| > t)$$

$$= 2\mu(x \in E \mid \max_{1\le i\le k} |\langle x_i', x\rangle| > t) \le 2\mu(q>t)$$

Since $L(s(x_1'),\dots,s(x_n')) = \mu_{x_1',\dots,x_n'}$ by assumption (a). Letting $k \to \infty$ it follows from (i) that we have

$$P(\sup_n q(S_n) > t) \le 2\mu(q>t) \qquad \forall\ t\ge 0$$

and since $\mu(q<\infty) = 1$, we have that

(ii) $$M = \sup_n q(S_n) < \infty \quad \text{a.s.}$$

Now let F' be a countable subset of E', which separates points of E, then set

$$\Omega_o = \{M<\infty\} \cap \{\lim_{n\to\infty} \langle x', S_n\rangle \text{ exist } \forall\ x' \in F'\}$$

has probability 1. Moreover, if $\omega \in \Omega_o$, then

$$S_n(\omega) \in M(\omega)K$$

$$\lim_{n\to\infty} \langle x', S_n(\omega)\rangle \quad \text{exists for all } x' \in F'$$

Hence $\{S_n(\omega)\}$ is $\|\cdot\|$-compact, and since F separates points of E, we have that $\{S_n(\omega)\}$ converges for all $\omega \in \Omega_o$, and case (1) is proved.

The general case: Let $X^s = (X_n^s)$ be a symmetrization of X, and let $S_n^s = \sum_1^n X_j^s$, then

$$\mathbb{E}\exp(i\langle x',S_n^s\rangle) = |\mathbb{E}\exp(i\langle x',S_n\rangle)|^2$$

$$\xrightarrow[n\to\infty]{} |\hat{\mu}(x')|^2 = \hat{\rho}(x')$$

where ρ is the Radon probability given by

$$\rho(A) = \int_E \mu(A+x)\mu(dx) \quad \forall A \in \mathcal{B}(E)$$

So by (i) we have that

$$1 = P(\{S_n^s\} \text{ converges})$$

$$= \int_{E^\infty} P(\{S_n - \sum_1^n x_j\} \text{ converges})\, Q(dx)$$

where $Q = L(X)$. So there exists $\{a_n\} \subseteq E$, such that $T = \lim_{n\to\infty} (S_n - a_n)$ exists a.s., and by the real-valued equivalence theorem (see e.g. [81] Theorem B p. 251) we have $\lim_{n\to\infty}\langle x',S_n\rangle$ eixst a.s. Hence we can find a linear map $f: E' \to \mathbb{R}$ with

$$f'(x) = \lim_{n\to\infty} \langle x',a_n\rangle \qquad \forall x' \in E'$$

$$\hat{\nu}(x') = \exp(-i\,f(x'))\,\hat{\mu}(x') \qquad \forall x' \in E'$$

where $\nu = L(T)$. Now since ν and μ are Radon measures, we have that $\hat{\mu}$ and $\hat{\nu}$ are Makey-continuous, and $\hat{\mu}(0) = \hat{\nu}(0) = 1$. Hence

$$\lim_\alpha \exp(i\,t\,f(x'_\alpha)) = 1 \quad \text{uniformly for} \quad |t| \le 1$$

whenever $x'_\alpha \to 0$ in the Makey-topology. But it is easily checked that $e^{itu_\alpha} \xrightarrow[\alpha]{} 1$ for $t \in [-1,1]$ implies $u_\alpha \xrightarrow[\alpha]{} 0$. So f is Makey-continuous, and hence $f(x') = \langle x',a\rangle$ for some $a \in E$. That is $\{a_n\}$

is weakly convergent in E. This concludes the proof of the general case.

Now assume that $a_n \to a$ weakly, and $S_n - a_n \to T$ a.s. Then $S_n \to T+a$ a.s. in the weak topology so we have

(iii) $$M = \sup_n \|S_n\| < \infty \text{ a.s.}$$

(iv) $$\alpha = \sup_n \|a_n\| < \infty$$

Now let us look at the 4 remaining cases:

Case (2): In this case it follows from Theorem 4.6 that $\mathbb{E}\,M < \infty$, so by (iv) and Lebesgue's dominated convergence theorem we have

$$\mathbb{E}\,(S_n - a_n) \to \mathbb{E}\,T \quad (\text{in } \|\cdot\|)$$

and since $a_n = \mathbb{E}\,S_n - \mathbb{E}\,(S_n - a_n)$, it follows that $\{a_n\}$ is norm compact and weakly convergent. So $\{a_n\}$ is norm convergent, and $\{S_n\}$ converges a.s.

Case (3): Again in this case it follows from Theorem 4.6 that $\mathbb{E}\,N < \infty$, and we conclude that $\{S_n\}$ converges exactly as in Case (1).

Case (4): Since $\mathcal{L}(T+a) = \mu$ we have

$$\mathbb{E}\,\|T\| = \int_E \|x-a\|\,\mu(dx) \leq \|a\| + \int_E \|x\|\,\mu(dx) < \infty$$

So from Theorem 4.6 we find

$$\mathbb{E}\,(\sup_n \|S_n - a_n\|) < \infty$$

But $M \leq \alpha + \sup_n \|S_n - a_n\|$, and hence $\mathbb{E}\,M < \infty$. And we conclude that $\{S_n\}$ converges a.s. exactly as in case (2).

Case (5): Let $\delta = \inf_n P(S_n \in K)$, where K is the compact set in condition (5). We may of course assume that K is taken so large that

$$P(T \in K) > 1 - \tfrac{1}{2}\delta$$

Let $\varepsilon > 0$ be given, then we can cover $K-K$ by balls, $B(x_j, \frac{1}{2}\varepsilon)$ $j = 1,\ldots,k$, with centers in x_j and radius $\frac{1}{2}\varepsilon$. And we may determine an $N \geq 1$ so that

$$P(\|S_p - a_p - T\| \leq \tfrac{1}{2}\varepsilon \ \ \forall\, p \geq N) > 1 - \tfrac{1}{2}\delta$$

Hence the set

$$\{S_n \in K\} \cap \{T \in K\} \cap \{\|S_p - a_p - T\| \leq \tfrac{1}{2}\varepsilon \ \forall\, p \geq N\}$$

has probability > 0, and we can find $\omega_n \in \Omega$ with $S_n(\omega_n) \in K$, $T(\omega_n) \in K$ and

$$\|S_p(\omega_n) - T(\omega_n) - a_p\| \leq \tfrac{1}{2}\varepsilon \ \forall\, p \geq N$$

Let $z_p = S_p(\omega_p) - T(\omega_p)$, then $z_p \in K-K$ and $\|a_p - z_p\| \leq \frac{1}{2}\varepsilon$ for $p \geq N$. That is

$$a_p \in \bigcup_{j=1}^{k} B(x_j, \varepsilon) \quad \forall\, p \geq N$$

$$a_p \in B(a_p, \varepsilon) \qquad \forall\, p < N$$

And we see that $\{a_p\}$ is precompact, and weakly convergent. But this implies that $\{a_p\}$ is norm convergent and $\{S_n\}$ converges a.s.

Case (6): In this case $a_n = S_n - (S_n - a_n)$, so $\{a_n\}$ converges in probability, but a_n being non-random this implies that $\{a_n\}$ converges and so $\{S_n\}$ converges a.s. □

Remarks (1): Of course some condition is necessary to assure that $a_n \to a$ in $\|\cdot\|$, e.g. if $X_j = a_j - a_{j-1}$ $(a_o = 0)$, where $a_n \to a$ weakly but not in $\|\cdot\|$, then $S_n = a_n$ and $\{S_n\}$ does not converge in $\|\cdot\|$. □

(2): Note that conditions (5) or (6) are also necessary for a.s. convergence of $\{S_n\}$. And that conditions (2), (3) or (4) are necessary for L^1_E - convergence of $\{S_n\}$. □

(3): If F' is a norming linear subspace of E', that is

$$\|x\| = \sup\{|\langle x',x\rangle| : x' \in F', \|x'\| \le 1\}$$

then $\hat{\mu}(x') = \lim_{n\to\infty} \mathbb{E}\exp(i\langle x',S_n\rangle)$ for $x' \in F'$, implies (b) and (c), with $\{a_n\}$ converging in $\sigma(E,F')$ instead of weakly converging. And $\{S_n\}$ converges a.s. in each of the 6 listed cases in Theorem 5.3. □

(4): From the proof it follows that in case (1) we need not to assume the X_n's to be independent. □

Theorem 5.4. Let (X_n) be a symmetric E-valued random sequence, so that $S = \sum_1^\infty X_j$ exists a.s., and let $\varphi: \mathbb{R}_+ \to \mathbb{R}_+$ be a continuous increasing function. Then the following 5 statements are equivalent

(a) $\sup_n \mathbb{E}\varphi(\|S_n\|) < \infty$

(b) $\mathbb{E}\varphi(\sup_n\|S_n\|) < \infty$

(c) $\mathbb{E}\varphi(\|S\|) < \infty$

(d) $\mathbb{E}\varphi(\|S\|) < \infty, \quad \lim_{n\to\infty} \mathbb{E}\varphi(\|S-S_n\|) = \varphi(0)$

Proof. The first 3 are equivalent by Theorem 4.2. Clearly (d) implies (c), and (b) implies (d) by Lebesgue's theorem on dominated convergence. □

Theorem 5.5. Let (X_n) be independent E-valued random vectors, so that $S = \sum_1^\infty X_j$ exists a.s., and let $\varphi: \mathbb{R}_+ \to \mathbb{R}_+$ be increasing continuous, and satisfying: $\varphi(2t) \leq K\varphi(t)$, then the following 5 statements are equivalent

(a) $\mathbb{E}\,\varphi(\sup_n \|X_n\|) < \infty$

(b) $\mathbb{E}\,\varphi(\sup_n \|S_n\|) < \infty$

(c) $\sup_n \mathbb{E}\,\varphi(\|S_n\|) < \infty$

(d) $\mathbb{E}\,\varphi(\|S\|) < \infty$

(e) $\mathbb{E}\,\varphi(\|S\|) < \infty$ and $\lim_{n\to\infty} \mathbb{E}\,\varphi(\|S-S_n\|) = \varphi(0)$.

Proof. The first 4 statements are equivalent by Theorem 4.6 and evidently (e) implies (d) and (b) implies (e). □

Theorem 5.6. Let (ξ_n) and (η_n) be sequences of real random variables, and (X_n) a symmetric random sequence in E, so that

(a) $(\xi_1,\dots,\xi_n) \vdash (\eta_1,\dots,\eta_n) \quad \forall\, n \geq 1$

(b) X and ξ, and X and η are independent.

Then we have

(c) $\{\sum_1^n \eta_j X_j\}$ bounded a.s. $\Rightarrow \{\sum_1^n \xi_j X_j\}$ bounded a.s.

(d) $\sum_1^\infty \eta_j X_j$ converges a.s. $\Rightarrow \sum_1^\infty \xi_j X_j$ converges a.s.

Proof. Immediate consequence of Theorem 2.15. □

Theorem 5.7. Let (η_n) be a sequence of real random variables, and (X_n) a symmetric random sequence in E, so that

(a) $\lim_{n\to\infty} \eta_n = 0$ a.s.

(b) X and η are independent

(c) $\{\sum_1^n X_j\}$ is bounded in probability

Then we have that $\sum_{1}^{\infty} \eta_j X_j$ converges a.s.

Proof. Let $N_p = \sup_{j \geq p} |\eta_j|$, then by Theorem 2.15 (with $\varphi = 1_{]t,\infty[}$) we have

$$P(\|\sum_{j=p}^{n} \eta_j X_j\| > 5t) \leq 6P(N_p \|\sum_{j=p}^{n} X_j\| > t)$$

for $n \geq p$. Now let

$$\beta(t) = \sup_{1 \leq p \leq n < \infty} 6P(\|\sum_{j=p}^{n} X_j\| > t)$$

Then $0 \leq \beta(t) \leq 1$, and $\beta(t) \to 0$ as $t \to \infty$. If $\mu_p = L(N_p)$, then we have

$$P(\|\sum_{j=p}^{n} \eta_j X_j\| > 5t) \leq \int_0^{\infty} 6\, P(\|\sum_{j=p}^{n} X_j\| > t/x)\mu_p(dx)$$

$$\leq \int_0^{\infty} \beta(t/x)\mu_p(dx)$$

$$= \mathbb{E}\, \beta(t/N_p)$$

And since $t/N_p \to \infty$ a.s. for $t > 0$, we find by the dominated convergence theorem that

$$\limsup_{p \to \infty} \sup_{n \geq p} P(\|\sum_{j=p}^{n} \eta_j X_j\| > 5t) = 0 \qquad \forall\ t > 0$$

Hence $\sum_{1}^{\infty} \eta_j X_j$ converges a.s. □

Theorem 5.8. Let (ξ_n) be a sequence of independent real random variables, which is bounded away from 0 in probability, (see (2.19)), and let (X_n) be a symmetric random sequence, which is independent of (ξ_n). Then we have

(a) $\{\sum_{1}^{n} \xi_j X_j\}$ bounded a.s. $\Rightarrow \{\sum_{1}^{n} X_j\}$ bounded a.s.

(b) $\{\sum_{1}^{\infty} \xi_j X_j\}$ converges a.s. $\Rightarrow \sum_{1}^{\infty} X_j$ converges a.s.

Proof. (a): Let $a,p>0$ be chosen so that (2.23) holds, and let $\beta = (\beta_n)$ be a sequence of independent random variables with distributions given by:

$$P(\beta_n = a) = p \qquad P(\beta_n = 0) = 1-p$$

and such that β, ξ and X are independent.

Then $\beta_j \vdash \xi_j$ for all $j = 1,\dots,n$, hence by Lemma 2.1 we have $(\beta_1,\dots,\beta_n) \vdash\!\!\!- (\xi_1,\dots,\xi_n)$ for all $n \geq 1$. So from Theorem 5.6 we conclude that $\sup_n \|\sum_1^n \beta_j X_j\| < \infty$ a.s., and so we have $\sup_j \|\beta_j X_j\| < \infty$ a.s. That is by (1.6) exists a $t>0$ with

$$\infty > \sum_1^\infty P(\|\beta_j X_j\| > t) = p \sum_1^\infty P(\|X_j\| > t/a)$$

So we have that $\sup_j \|X_j\| = N < \infty$ a.s. (cf. (1.6)). Now let

$$X_j^* = X_j/(N+1)$$

Then (X_j^*) is a symmetric sequence, since N does not depend on the signs of the X_j's. We shall consider

$$q(t) = \begin{cases} \mathbb{E}\|\sum_1 t_j X_j^*\| & \text{if } t \in \mathbb{R}^{(\infty)} \\ \infty & \text{if } t \notin \mathbb{R}^{(\infty)} \end{cases}$$

where $\mathbb{R}^{(\infty)}$ is the set of $t = (t_j) \in \mathbb{R}^\infty$ with $t_j \neq 0$ for atmost finitely many j's. Then

$$N_o = \sup_n q(p_n \beta_n) = \sup_n \|\beta_n X_n^*\| \leq a$$

$$M_o = \sup_n q(\pi_n \beta) = \sup_n \|\sum_1^n \beta_j X_j^*\| < \infty \text{ a.s.}$$

Now q is a seminorm so by Theorem 4.6 (with $\varphi(t) = t$) we have that $\mathbb{E} M_0 < \infty$. Note that $\mathbb{E}\beta_n = ap$, so Jensen's inequality gives:

$$\mathbb{E}\{a p \,\|\sum_1^n X_j^*\|\} \le \mathbb{E}\|\sum_1^n \beta_j X_j^*\| \le \mathbb{E}\, M$$

Hence $\{\sum_1^n X_j^*\}$ is bounded in L_E^1 and so a.s. bounded (cf. Theorem 4.2(c)). But

$$\sum_1^n X_j = (N+1) \sum_1^n X_j^*$$

so $\{\sum_1^n X_j\}$ is a.s. bounded.

(b) is proved similarly. □

The 3 theorems above go under the name the <u>comparison principle</u>. Using Theorem 2.11 it is possible to prove similar comparison principles for boundedness and convergence in L_E^p ($1 \le p < \infty$). We shall leave it to the reader to state and prove these.

6. The type and cotype of a Banach space

Let $(E,\|\cdot\|)$ be a Banach space and $\xi = (\xi_n)$ a sequence independent nonzero random variables, that is

(6.1) $$P(\xi_n = 0) < 1 \qquad \forall\ n\geq 1,$$

Then for $0\leq p\leq\infty$ we define

$$B_E^p(\xi) = \{(x_j)\in E^\infty \mid \{\sum_1^n \xi_j x_j\} \text{ is bounded in } L_E^p\}$$

$$C_E^p(\xi) = \{(x_j)\in E^\infty \mid \sum_1^\infty \xi_j x_j \text{ converges in } L_E^p\}$$

$$|||x_p||| = \sup_n \|\sum_1^n \xi_j x_j\|_p \qquad \forall\ x = (x_j)\in B_E^p(\xi)$$

It is then a matter of routine to check that we have:

(6.2) $(B_E^p(\xi), |||\cdot|||_p)$ is a Fréchet space for $0\leq p\leq 1$, and a a Banach space for $1\leq p<\infty$

(6.3) $|||\cdot|||_p$-topology is stronger than the product topology

(6.4) If $(x_j)\in B_E^p(\xi)$, then $x_j = 0$ whenever $\xi_j \notin L^p$

Now let

$$F_E^p(\xi) = \{(x_j)\in E^{(\infty)} \mid x_j = 0 \quad \forall\ j:\ \xi_j\notin L^p\}$$

where $E^{(\infty)}$ denotes the set of sequences in E with at most finitely many nonzero coordinates. Then we have:

Theorem 6.1. $C_E^p(\xi)$ is the closure of $F_E^p(\xi)$ in $(B_E^p(\xi), |||\cdot|||_p)$. In particular $C_E^p(\xi)$ is a Fréchet space for $0\leq p<1$ and a Banach space for $1\leq p<\infty$.

Proof. Clearly $F_E^p(\xi)\subseteq C_E^p(\xi)$. And if $x = (x_j)\in C_E^p(\xi)$, then $x^n\to x$ and $x^n\in F_E^p(\xi)$, where $x^n = (x_1,\dots,x_n,0,0,\dots)$. Hence

$$F_E^p(\xi) \subseteq C_E^p(\xi) \subseteq cl(F_E^p(\xi))$$

Now suppose that $x \in cl(F_E^p(\xi))$, then there exists $y \in F_E^p(\xi)$ with $|||x-y|||_p < \varepsilon$, where $\varepsilon > 0$ is any given number. Now there exist $N \geq 1$, so that $y_j = 0$ for $j \geq N$.

If $m \geq n \geq N$, then we have

$$\| \sum_{j=n}^{m} \xi_j x_j \|_p = \| \sum_{j=n}^{m} \xi_j (x_j - y_j) \|_p$$

$$\leq \| \sum_{j=1}^{m} \xi_j (x_j - y_j) \|_p + \| \sum_{j=1}^{n} \xi_j (x_j - y_j) \|_p$$

$$\leq 2\varepsilon$$

So $\sum_1^\infty \xi_j x_j$ converges in L_E^p, and we have

$$cl(F_E^p(\xi)) \subseteq C_E^p(\xi)$$

from which the theorem follows. □

We shall not here pursue the properties of $C_E^p(\xi)$ and $B_E^p(\xi)$ but refer the interested reader to [40].

The simplest non-trivial sequence of independent random variables is <u>the Bernouilli sequence</u> $\varepsilon = (\varepsilon_j)$, i.e. $\varepsilon_1, \varepsilon_2, \ldots$ are independent and their law is given by: $P(\varepsilon_j = \pm 1) = \frac{1}{2}$ for all $j \geq 1$. From Theorem 5.5 and Lemma 1.3 we have that $B_E^p(\varepsilon) = B_E^o(\varepsilon)$ and $C_E^p(\varepsilon) = C_E(\varepsilon)$ for all $0 \leq p < \infty$. Hence we may introduce the notation:

$$B_E = B_E^p(\varepsilon), \quad C_E = C_E^p(\varepsilon) \qquad (0 \leq p < \infty)$$

Since any symmetric sequence (X_n) is a mixture of sequences $(\varepsilon_j x_j)$, with $(x_j) \in E^\infty$, we have if (X_j) is symmetric then

$$(6.5)\quad \begin{cases} P(\sum_{1}^{\infty} X_n \text{ converges}) = P(X \in C_E) \\ P(\{\sum_{1}^{n} X_j\} \text{ bounded}) = P(X \in B_E) \end{cases}$$

So even though the series $\sum_{1}^{\infty} \varepsilon_j x_j$ are the simplest possible non-trivial random series in E, there are enough of them to determine convergence and boundedness of any series, $\sum_{1}^{\infty} X_j$, of symmetric random vectors in E.

<u>Theorem 6.2</u>. <u>Let</u> $\xi = (\xi_n)$ <u>be a sequence of independent random variables, which is totally non-degenerated, then we have</u>

(a) $$B_E^o(\xi) \subseteq B_E \quad \text{and} \quad C_E^o(\xi) \subseteq C_E$$

<u>Proof</u>. Let $\varepsilon = (\varepsilon_j)$ be a Bernouilli sequence, which is independent of $\xi^s = (\xi_n^s)$, where ξ^s is a symmetrization of ξ. Then clearly we have

$$B_E^o(\xi) \subseteq B_E^o(\xi^s) = B_E^o(\eta)$$

where $\eta = (\varepsilon_j \xi_j^s)$. Let $x \in B_E^o(\eta)$ then it follows from Theorem 5.8 (put $X_j = \varepsilon_j x_j$), that $x \in B_E$. The second inclusion is proved similarly. □

From the Khinchine inequalities (see (I.2.23)) we find

$$(6.6)\quad B_{\mathbb{R}} = C_{\mathbb{R}} = \ell^2$$

If $E = L^p(S,\Sigma,\mu)$ for some measure space (S,Σ,μ) and some $p \in [1,\infty[$, then by integration of the Khinchine inequalities we find

$$(6.7)\quad B_E = C_E = \{(f_j) \mid \int_S \{\sum_{j=1}^{\infty} f_j(s)^2\}^{p/2} \mu(ds) < \infty\}$$

$$= L^p(S,\Sigma,\mu,\ell^2)$$

For an arbitrary Banach space E, we have $\ell^1_E \subseteq C_E \subseteq B_E \subseteq \ell^\infty_E$, and if $1 \le p,q \le \infty$, we shall say that E is of <u>type</u> p, if $\ell^p_E \subseteq B_E$ and of <u>cotype</u> q if $C_E \subseteq \ell^q_E$. So we have

(6.8) Every Banach space is of type 1 and of cotype $+\infty$.

From (6.7) it follows easily, that we have

(6.9) $L^p(S,\Sigma,\upsilon)$ is of type $\min(2,p)$ and of cotype $\max(2,p)$.

From (6.6) it follows that if E is of type p (cotype q) then $1 \le p \le 2$ $(2 \le q \le \infty)$. And if E is of type p (cotype q), then E is of type p' for all $1 \le p' \le p$ (cotype q', for all $q' \ge q$).

Since the injections $\ell^p_E \to B_E$ and $C_E \to \ell^q_E$ has closed graphs, it follows from the closed graph theorem that we have

(6.10) E is of type $p \Leftrightarrow \exists\, K>0$: $\mathbb{E}\, \|\sum_1^n \varepsilon_j x_j\|^p \le K \sum_1^n \|x_j\|^p$

$$\forall\, n \ge 1 \ \forall\, x_1,\ldots,x_n \in E$$

(6.11) E is of cotype $q \Leftrightarrow \exists\, k>0$: $\mathbb{E}\, \|\sum_1^n \varepsilon_j x_j\|^q \ge k \sum_1^n \|x_j\|^q$

$$\forall\, n \ge 1\ \forall\, x_1,\ldots,x_n \in E$$

This shows that the property of being of type p or of cotype q is only of property of the finite dimensional subspaces of E. Hence we have

<u>Proposition 6.3</u>. <u>If</u> E <u>is of type</u> p <u>(cotype</u> q) <u>and</u> F <u>is finitely representable in</u> E, <u>then</u> F <u>is of type</u> p <u>(cotype</u> q). □

Now we may define the numbers $p(E)$ and $q(E)$ by

$$p(E) = \sup\{p \in [1,2] \mid E \text{ is of type } p\}$$

$$q(E) = \inf\{q \in [2,\infty] \mid E \text{ is of cotype } q\}$$

Note that Proposition 6.3 and Theorem I.3.5 show that $p(E) = p(E'')$ and $q(E) = q(E'')$.

<u>Proposition 6.4</u>. <u>If</u> E <u>is of type</u> p, <u>then</u> E' <u>is of cotype</u> q, <u>where</u> $\frac{1}{p} + \frac{1}{q} = 1$. <u>In particular we have</u>

(a) $$\frac{1}{p(E)} + \frac{1}{q(E')} \geq 1$$

<u>Note</u> that $p(c_o) = 1$, $q(\ell^1) = 2$, $p(\ell^\infty) = 1$, so in the inequality in (a) may be strict, and the converse of Proposition 6.4 is false in general.

<u>Proof</u>. Let $x_1', \ldots, x_n' \in E'$, and choose $x_1, \ldots, x_n \in E$, so that $\|x_j\| = 1$ and

(i) $$\langle x_j', x_j\rangle \geq \tfrac{1}{2}\|x_j'\| \quad \forall\, j = 1, \ldots, n$$

If we put $t_j = \|x_j'\|^{q-1} = \|x_j'\|^{q/p}$, then we have

$$\sum_{j=1}^{n} \|x_j'\|^q = \sum_{j=1}^{n} \|x_j'\|\, t_j \leq 2 \sum_{j=1}^{n} \langle x_j', t_j x_j\rangle$$

$$= 2\,\mathbb{E}\Big(\sum_{j=1}^{n} \sum_{i=1}^{n} \varepsilon_j \varepsilon_i \langle x_j', t_i x_i\rangle\Big)$$

$$= 2\,\mathbb{E}\Big\langle \sum_1^n \varepsilon_j x_j', \sum_1^n \varepsilon_i t_i x_i\Big\rangle$$

$$\leq 2\,\mathbb{E}\Big\{\Big\|\sum_1^n \varepsilon_j x_j'\Big\| \ \Big\|\sum_1^n \varepsilon_i t_i x_i\Big\|\Big\}$$

$$\leq 2\Big(\mathbb{E}\Big\|\sum_1^n \varepsilon_j x_j'\Big\|^q\Big)^{1/q} \Big(\mathbb{E}\Big\|\sum_1^n \varepsilon_j t_j x_j\Big\|^p\Big)^{1/p}$$

$$\leq 2K\Big(\mathbb{E}\Big\|\sum_1^n \varepsilon_j x_j'\Big\|^q\Big)^{1/q} \Big(\sum_1^n t_j^p \|x_j\|^p\Big)^{1/p}$$

$$= 2K\Big(\mathbb{E}\Big\|\sum_1^n \varepsilon_j x_j'\Big\|^q\Big)^{1/q} \Big(\sum_1^n \|x_j'\|^q\Big)^{1/p}$$

where K is constant appearing in (6.10). And since $\frac{1}{q} = 1 - \frac{1}{p}$ we find

$$(\sum_1^n \|x_j'\|^q)^{1/q} \le 2K(\mathbb{E}\|\sum_1^n \varepsilon_j x_j'\|^q)^{1/q}$$

which shows that E' is of cotype q. □

Theorem 6.5. Let $\xi = (\xi_n)$ be a sequence of independent real random variables satisfying

(a) (ξ_n) is totally non-degenerated

(b) $\mathbb{E}\,\xi_n = 0 \qquad \forall\, n \ge 1$

(c) $\sup_n |\xi_n| \in L^s$

for some $s \in [1,\infty[$. Then we have

(d) $B_E = B_E^r(\xi) \qquad \forall\ 0 \le r \le s$

(e) $C_E = C_E^r(\xi) \qquad \forall\ 0 \le r \le s$

Remark. We shall later show (see Theorem 7.6) that if E is of cotype q, for some $q < s$ then the theorem holds when (c) is substituted by much weaker condition:

(c*) $\sup_n \mathbb{E}|\xi_n|^s < \infty$

Proof. Let $N = \sup_n |\xi_n|$, then we have

$$(\xi_1, \ldots, \xi_n) \longmapsto (\varepsilon_1 N, \ldots, \varepsilon_n N) \qquad \forall\, n$$

So by Theorem 2.11 we have

$$\mathbb{E}\|\sum_1^n \xi_j x_j\|^s \le \mathbb{E}\|4N \sum_1^n \varepsilon_j x_j\|^s$$
$$= 4^s\, \mathbb{E}(N^s)\ \mathbb{E}\|\sum_1^n \varepsilon_j x_j\|^s$$

Hence we find

$$B_E \subseteq B_E^s(\xi); \qquad C_E \subseteq C_E^s(\xi)$$

And from Theorem 6.2 we have

$$B_E^s(\xi) \subseteq B_E^r(\xi) \subseteq B_E^o(\xi) \subseteq B_E$$

for $r \in [0,s]$. So (d) holds and (e) follows similarly. □

Theorem 6.6. *Let* $\xi = (\xi_n)$ *be a sequence of independent real random variables, satisfying*

(a) (ξ_n) *is totally non-degenerated*

(b) $\mathbb{E}\,\xi_n = 0$

(c) $\sup_n \mathbb{E}\,|\xi_n|^p < \infty$

where p *belongs to* [1,2]. *Then the following statements are equivalent*

(1) E *is of type* p

(2) $\exists\, C > 0$ so that $\mathbb{E}\|\sum_1^n X_j\|^p \le C \sum_1^n \mathbb{E}\|X_j\|^p$ *for all independent random vectors* $X_1,\dots,X_n \in L_E^p$ *with mean* 0

(3) $C_E^p(\xi) \supseteq \ell_E^p$

(4) $B_E^o(\xi) \supseteq \ell_E^p$

Proof. (1) ⇒ (2): Let $X_1,\dots,X_n \in L_E^p$ be independent and have mean 0, and let $\varepsilon = (\varepsilon_j)$ be a Bernouilli sequence independent of $(X_1,\dots,X_n)$, then by Theorem 2.11:

$$\mathbb{E}\|\sum_1^n X_j\|^p \le 4^p\ \mathbb{E}\|\sum_1^n \varepsilon_j X_j\|^p$$

$$= 4^p \int_{E^n} \mathbb{E}\|\sum_1^n \varepsilon_j x_j\|^p \mu(dx_1,\ldots,dx_n)$$

where $\mu = L(X_1,\ldots,X_n)$. Hence from (6.10) we have

$$\mathbb{E}\|\sum_1^n X_j\|^p \le 4^p\ K \sum_{j=1}^n \mathbb{E}\|X_j\|^p$$

So (2) holds with $C = 4^p K$, where K is the constant from (6.10).

(2) ⇒ (3): Let $x_1,\ldots,x_n \in E$. If (2) holds then we have

$$\mathbb{E}\ \|\sum_1^n \xi_j x_j\|^p \le C \sum_1^n \mathbb{E}|\xi_j|^p\ \|x_j\|^p$$

$$\le C \sup_j \mathbb{E}\ |\xi_j|^p \sum_1^n \|x_j\|^p$$

and so $\ell_E^p \subseteq C_E^p(\xi)$.

(3) ⇒ (4): Obvious.

(4) ⇒ (1): Easy consequence of Theorem 6.2. □

<u>Theorem 6.7</u>. <u>Let</u> $\xi = (\xi_n)$ <u>be a sequence of independent real random variables, satisfying</u>

(a) (ξ_n) <u>is totally non-degenerated</u>

(b) $\mathbb{E}\,\xi_n = 0 \quad \forall\ n$

(c) $\sup_n |\xi_n| \in L^q$

<u>where</u> q <u>belongs to</u> $[2,\infty]$. <u>Then the following statements are equivalent</u>

(1) E <u>is of cotype</u> q

(2) $\exists\ C > 0$ <u>so that</u> $\sum_{j=1}^n \mathbb{E}\|X_j\|^q \le C\,\mathbb{E}\|\sum_1^n X_j\|^q$

for all independent random vectors $X_1,\dots,X_n \in L^q_E$ with mean 0.

(3) $B^o_E(\xi) \subseteq \ell^q_E$

(4) $C^q_E(\xi) \subseteq \ell^q_E$

Remark. We shall later show (see Theorem 7.7 and the remark to Theorem 6.5) that the theorem holds if we substitute (c) by the condition:

(c*) $\exists\, r > q$ so that $\sup_n \mathbb{E}\,|\xi_n|^r < \infty$

Proof. The proof is exactly as the proof of Theorem 6.6, except that we use Theorem 6.5 to conclude that (4) implies (1). □

7. Geometry and type

We shall now see that there is an intimate connection between the type, the cotype and the geometric notions introduced in §3 of chapter I. We start with the problem of boundedness and convergence:

Theorem 7.1. Let E be a Banach space, then the following 3 statements are equivalent

(a) $B_E \subseteq c_o(E)$

(b) $B_E = C_E$

(c) E does not contain c_o

Proof. (a) $\Rightarrow$ (b): If $x \in B_E \setminus C_E$, then we can find $1 = n_1 < n_2 < \cdots$, and $a > 0$ so that

$$\mathbb{E}\| \sum_{n_k \le j < n_{k+1}} \varepsilon_j x_j \| \ge a \quad \forall\, k \ge 1$$

Now let

$$X_k = \sum_{n_k \le j < n_{k+1}} \varepsilon_j x_j$$

Then $X_1, X_2, \ldots$ are independent symmetric random variables, so that $M = \sup_n \| \sum_1^n X_k \| < \infty$ a.s. Hence by (6.5) we have

(i) $$P((X_n) \in B_E) = 1$$

Moreover since $\|X_k\| \le 2M$, $\mathbb{E} M < \infty$ and $\mathbb{E}\|X_k\| \ge a$, we have

(ii) $$P(X_k \to 0) < 1$$

So from (i) and (ii) we see that $B_E \nsubseteq c_o(E)$. So we have proved "(a) $\Rightarrow$ (b)".

(b) ⇒ (c): Let T be a bounded linear map: $c_o \to E$, and let $f_j = Te_j$ where e_j is the j-th unit vector in c_o. Then we have

$$\left\| \sum_{j=1}^{n} \varepsilon_j(\omega) f_j \right\| \leq \|T\| \quad \forall\, \omega \quad \forall\, n \geq 1$$

so $(f_j) \in B_E = C_E$. Hence $f_j \to 0$, and T is not an isomorphism.

(c) ⇒ (a): Let (ε_j) be a Bernouilli sequence and let $(x_j) \in B_E$. Then $X_j = \varepsilon_j x_j$ are vectors in L^1_E, and since $(x_j) \in B_E$, we have that (X_j) has unconditionally bounded partial sums (see §3, chapter I). Now by Theorem I.3.12 we know that c_o is not contained in L^1_E, so by Theorem I.3.13 we have

$$\|x_j\| = \mathbb{E}\|X_j\| = \|X_j\|_1 \longrightarrow 0 \qquad \square$$

Corollary 7.2. *Let (X_j) be a sequence of independent E-valued random vectors, so that the partial sums: $S_n = \sum_1^n X_j$ are bounded. If E does not contain c_o, then there exists a bounded non random sequence (a_n) of vectors in E so that*

(a) $\{S_n - a_n\}$ *is a.s. convergent*

And in each of the following 3 cases we have that $\sum_1^\infty X_j$ converges a.s.:

(1) (X_j) *is a symmetric sequence.*

(2) $\mathbb{E}X_j = 0$ *and* $\sup \mathbb{E}\|S_n\| < \infty$

(3) $\mathbb{E}X_j = 0$ *and* $\mathbb{E}(\sup \|X_n\|) < \infty$

Proof. Case (1) is an immediate consequence of (6.5) and Theorem 7.1. The general case then follows by a standard symmetrization procedure. And the cases (2) and (3) then follows easily from Theorem 5.5. $\square$

Theorem 7.3. Let E be a Banach space. Then $\ell^1 \to \ell^p$ is mimicked through E for all $p \geq p(E)$, but is not mimicked through E for any $1 \leq p < p(E)$.

Remark. In particular we see that $p(E) = 1$ if and only if E mimicks ℓ^1.

Proof. Suppose that $\ell^1 \to \ell^p$ is mimicked through E. Then there exists $x_1^n, \ldots, x_n^n$, so that

$$\|x_j^n\| \leq 1; \quad (\sum_1^n |t_j|^p)^{1/p} \leq 2 \|\sum_1^n t_j x_j^n\|$$

So putting $t_j = \varepsilon_j$ we find

$$n^{1/p} \leq 2\, \mathbb{E} \|\sum_1^n \varepsilon_j x_j^n\| \leq 2K_r \, (\sum_1^n \|x_j^n\|^r)^{1/r}$$

$$\leq 2K_r \, n^{1/r}$$

for any $r < p(E)$. Hence $p \geq r$ for all $r < p(E)$ and so $p \geq p(E)$. That is $\ell^1 \to \ell^p$ is not mimicked through E for any $1 \leq p < p(E)$.

Let us make a small digression in order to study two important functions $\lambda(n)$ and $\nu(n)$, which also will be of use in our study of the law of large numbers.

(7.1) $$\lambda(n) = n^{-1} \sup\{\min_{\pm} \|\sum_1^n \pm x_j\| : \|x_j\| \leq 1 \;\; \forall j = 1, \ldots, n\}$$

(7.2) $$\nu(n) = n^{-\frac{1}{2}} \sup \{ (\mathbb{E}\| \sum_{j=1}^n \varepsilon_j x_j \|^2)^{\frac{1}{2}} : \sum_1^n \|x_j\|^2 \leq 1\}$$

where (ε_j) as usual is a Bernouilli sequence. Then clearly $\lambda(n)$ and $\nu(n)^2$ are the smallest numbers for which we have

(7.3) $$\min_{\pm} \|\sum_1^n \pm x_j\| \leq n\lambda(n) \max_{1 \leq j \leq n} \|x_j\|$$

(7.4) $$\mathbb{E}\,\|\sum_1^n \varepsilon_j x_j\|^2 \leq n\,\nu(n)^2 \sum_1^n \|x_j\|^2$$

for all $x_1,\ldots,x_n$. Hence we have

(7.5) $\sqrt{n}\ \nu(n)$ and $n\,\lambda(n)$ are increasing in n and $\nu(1) = \lambda(1) = 1$.

By integrating (7.4) we find

(7.6) $$\mathbb{E}\,\|\sum_1^n X_j\|^2 \leq n\,\nu(n)^2 \sum_1^n \mathbb{E}\,\|X_j\|^2$$

whenever $(X_1,\ldots,X_n)$ is symmetric. From (7.6) it then easily follows that we have

(7.7) $$\nu(nk) \leq \nu(n)\,\nu(k) \qquad \forall\ n,k \geq 1$$

And since

$$\min_{\pm} \|\sum_1^n \ x_j\| \leq (\mathbb{E}\,\|\sum_1^n \varepsilon_j x_j\|^2)^{\frac{1}{2}} \leq \sqrt{n}\ \nu(n)\ (\sum_1^n \|x_j\|^2)^{\frac{1}{2}}$$

$$\leq n\,\nu(n) \max_{1\leq j\leq n} \|x_j\|$$

we have

(7.8) $$\lambda(n) \leq \nu(n) \qquad \forall\ n\geq 1$$

The next two propositions are of more nontrivial nature:

(7.9) If $\nu(m) = m^{-\alpha}$ for some $m\geq 2$ and some $\alpha>0$, then $\alpha\leq\frac{1}{2}$ and $p(E) \geq (1-\alpha)^{-1}$.

(7.10) $$\frac{\nu(n)}{1+\sqrt{2n(1-\nu(n)^2)}} \leq \sqrt{2^{-n}\lambda(n)^2 + 1-2^{-n}} \qquad \forall\, n$$

<u>Proof of (7.9)</u>. By (7.5) we have $\nu(m) \geq m^{-\frac{1}{2}}$ so $\alpha \leq \frac{1}{2}$. If $m^{k-1} \leq n \leq m^k$ for some $k \geq 1$, then we have by (7.5) and (7.7):

$$\nu(n) \leq \{m^k/n\}^{\frac{1}{2}}\, \nu(m^k) \leq \sqrt{m}\, \nu(m)^k = \sqrt{m}\, m^{-\alpha k}$$

Hence

$$\text{(i)} \qquad \nu(n) \leq \sqrt{m}\, n^{-\alpha} \qquad \forall\, n \geq 1$$

Now let $x_1,\dots,x_n \in E$ and $1 \leq p < (1-\alpha)^{-1}$. Then we split the x_j's in groups of almost the same norm:

$$A_k = \{1 \leq j \leq n \mid \beta 2^{-k-1} < \|x_j\| \leq \beta 2^{-k}\} \qquad k \geq 0$$

where $\beta = (\sum_1^n \|x_j\|^p)^{1/p}$. Then $A_o, A_1, \dots$ is a disjoint partition of $\{1,\dots,n\}$. If $\sigma(k) = \# A_k$ then we have

$$\|\sum_1^n \varepsilon_j x_j\|_2 \leq \sum_{k=o}^{\infty} \|\sum_{j \in A_k} \varepsilon_j x_j\|_2$$

$$\leq \sum_{k=o}^{\infty} \sigma(k)^{\frac{1}{2}}\, \nu(\sigma(k))\, (\sum_{j \in A_k} \|x_j\|^2)^{\frac{1}{2}}$$

$$\leq \sum_{k=o}^{\infty} \sigma(k)^{1-\alpha} 2^{-k} \beta \sqrt{m}$$

Now $\sigma(k)$ may be estimated as follows:

$$\beta^p = \sum_{j=1}^n \|x_j\|^p \geq \sum_{j \in A_k} \|x_j\|^p \geq \beta^p 2^{-p(k+1)} \sigma(k)$$

So $\sigma(k) \leq 2^{p(k+1)}$. Hence

$$\|\sum_1^n \varepsilon_j x_j\|_2 \leq C \beta \sum_{k=o}^{\infty} 2^{-k(1-p(1-\alpha))} = K\{\sum_{j=1}^n \|x_j\|^p\}^{1/p}$$

and since $1-p(1-\alpha) > 0$, K is finite and independent of $x_1,\dots,x_n \in E$. Hence E is of type p for any $p < (1-\alpha)^{-1}$ that is $p(E) \geq (1-\alpha)^{-1}$. □

<u>Proof of (7.10)</u>. Let $\alpha < \nu(n)$, then there exists $x_1,\dots,x_n \in E$, so that

(ii) $$\sum_1^n \|x_j\|^2 = n$$

(iii) $$\alpha n \le (\mathbb{E}\|\sum_1^n \varepsilon_j x_j\|^2)^{\frac{1}{2}}$$

Let $1 \le \nu \le n$, then we have

$$\sum_{j=1}^n (\|x_\nu\| - \|x_j\|)^2 \le \sum_{i=1}^n \sum_{j=1}^n (\|x_i\| - \|x_j\|)^2$$

$$= 2n \sum_{j=1}^n \|x_j\|^2 - 2(\sum_{j=1}^n \|x_j\|)^2 \le 2n^2 - 2\,\mathbb{E}\,\|\sum_1^n \varepsilon_j x_j\|^2$$

$$\le 2n^2(1-\alpha^2)$$

So we have

$$\sqrt{n} = (\sum_{j=1}^n \|x_j\|^2)^{\frac{1}{2}} \ge (\sum_{j=1}^n \|x_\nu\|^2)^{\frac{1}{2}} - (\sum_{j=1}^n (\|x_\nu\| - \|x_j\|)^2)^{\frac{1}{2}}$$

$$\ge \sqrt{n}\,\|x_\nu\| - n\sqrt{2(1-\alpha^2)}$$

That is

(iv) $$\max_{1\le\nu\le n} \|x_\nu\| \le 1 + \sqrt{2n(1-\alpha^2)}$$

Hence we find

$$\max_{1\le\nu\le n} \|x_\nu\| \{1 + \sqrt{2n(1-\alpha^2)}\}^{-1} \alpha n$$

$$\le \alpha n \le (\mathbb{E}\,\|\sum_1^n \varepsilon_j x_j\|^2)^{\frac{1}{2}}$$

$$= \{2^{-n} \sum_{\pm} \|\sum_1^n \pm x_j\|^2\}^{\frac{1}{2}}$$

$$\le \{2^{-n} \min_{\pm} \|\sum_1^n \pm x_j\|^2 + (1-2^{-n})\, n^2 \max_{1\le j\le n} \|x_j\|^2\}^{\frac{1}{2}}$$

$$\le \{2^{-n} \lambda(n)^2 + 1 - 2^{-n}\}^{\frac{1}{2}}\, n \max_{1\le j\le n} \|x_j\|$$

And so

$$\alpha\{1 + \sqrt{2n(1-\alpha^2)}\}^{-1} \leq \{2^{-n}\lambda(n)^2 + 1 - 2^{-n}\}^{\frac{1}{2}}$$

for all $\alpha < \nu(n)$. Letting $\alpha \to \nu(n)$ we have proved (7.10). □

Next we show:

(7.11) E mimicks ℓ^1 if and only if $\lambda(n) = 1$ for all $n \geq 1$.

If E mimicks ℓ^1, then for every $\varepsilon > 0$ and every $n \geq 1$, there exists $x_1^n, \ldots, x_n^n$, so that $\|x_j^n\| = 1$, and

$$\|\sum_1^n t_n x_j^n\| \geq (1-\varepsilon) \sum_1^n |t_j| \qquad \forall\ t_1, \ldots, t_n \in \mathbb{R}$$

Hence

$$\min_{\pm} \|\sum_1^n \pm x_j^n\| \geq (1-\varepsilon) n$$

which shows that $\lambda(n) = 1$. If E does not mimick ℓ^1, then for some $m \geq 2$ and some $\gamma < 1$, we have

$$\min\{\|\sum_1^m t_j x_j\| : \sum_1^n |t_j| = 1\} \leq \gamma$$

for all $x_1, \ldots, x_m \in E$ with $\|x_j\| \leq 1$. Now let $x_1, \ldots, x_m$ be vectors in E, with $\|x_j\| \leq 1$, and choose $t_1, \ldots, t_m \in \mathbb{R}$ so that

$$\sum_1^m |t_j| = 1 \quad \text{and} \quad \|\sum_1^m t_j x_j\| \leq \gamma$$

Let $\alpha_j = \operatorname{sign}(t_j)$, then we have

$$\begin{aligned}\|\sum_1^m \alpha_j x_j\| &= \|\sum_1^m (\alpha_j(1-|t_j|)x_j) + t_j x_j\| \\ &\leq \sum_1^m (1-|t_j|)\|x_j\| + \|\sum_1^m t_j x_j\| \\ &\leq m - 1 + \gamma\end{aligned}$$

Hence we have $\lambda(m) \leq 1-(1-\gamma)/m < 1$. So (7.11) is proved. □

End of the proof of Theorem 7.3. If $p(E) = 2$ then we have by Theorem I.3.7 that $\ell^1 \to \ell^{p(E)}$ factorizes through E. We shall here only prove the theorem in the other extreme case: $p(E) = 1$. So we assume that $p(E) = 1$, and we have to prove that E mimicks ℓ^1.

Suppose to the contrary that E does not mimick ℓ^1. Then by (7.11) we have $\lambda(m) < 1$ for some $m \geq 2$, and by (7.10) we then have $\nu(m) < 1$. But then $p(E) \geq (1-\alpha)^{-1} > 1$, where

$$\alpha = -\log \nu(m)/\log m$$

by (7.9). So are led to do a contradiction, and so E mimicks ℓ^1.

The general case $(p(E) \geq 1)$ is much more complicated, and we refer the interested reader to [89]. □

Theorem 7.4. Let E be a Banach space. Then the injection $\ell^p \to \ell^\infty$ is mimicked through E, if $1 \leq p \leq q(E)$, but not mimicked through E if $q(E) < p \leq \infty$.

Remark. Note that the injection $\ell^p \to \ell^\infty$ is the same as $\ell^p \to c_o$ for $p < \infty$. So we have $q(E) = \infty$, if and only if E mimicks c_o.

Proof. Exactly as in the easy part of the proof of Theorem 7.3 one shows that $\ell^p \to \ell^\infty$ is not mimicked through E for $p > q(E)$.

So let us then assume that $\ell^p \to \ell^\infty$ is not mimicked through E. By Theorem I.3.9 and Theorem I.3.12, there exists a $q < p$, so that $\ell^q \to \ell^\infty$ is not mimicked through L_E^2. Now let $(x_j) \in B_E$ and let (ε_j) be a Bernoulli sequence. Then $(\varepsilon_j x_j)$ has unconditionally bounded partial sums in L^2_E so by Corollary I.3.11 we have $(x_j) \in \ell_E^q$

That is $B_E \subseteq \ell_E^q$, and so we have $q(E) \leq q < p$, and Theorem 7.4 is proved. □

Corollary 7.5. If $p(E) > 1$ or $q(E) < \infty$ then we have

$$B_E = C_E \subseteq c_o(E) \quad \square$$

Theorem 7.6. Let $\xi = (\xi_n)$ be a sequence of independent real random variables satisfying

(a) $\mathbb{E}\, \xi_n = 0$

(b) $\sup \mathbb{E}\, |\xi_n|^q < \infty$

(c) $\{\xi_n\}$ are totally non degenerated

for some $q \in [2,\infty[$. If E is a Banach space with $q(E) < q$, then we have

(d) $B_E = C_E = B_E^r(\xi) = C_E^r(\xi) \qquad \forall\ 0 \leq r \leq q$

Proof. By Theorem 7.4 we have that $\ell^q \to \ell^\infty$ is not mimicked through E. So by Theorem I.3.12 it is not mimicked through L_E^2, and by Theorem I.3.10 there exists a $K > 0$ so that for all $f_1,\dots,f_n$ there exists $\alpha_1,\dots,\alpha_n \in \mathbb{R}_+$, with $\sum_1^n \alpha_j = 1$ and:

$$\|\sum_1^n t_j f_j\|_2 \leq K \max_{\pm} \|\sum_1^n \pm f_j\|_2 \quad (\sum_1^n \alpha_j |t_j|^q)^{1/q}$$

Applying this to $f_j = \varepsilon_j x_j$, where (ε_j) is a Bernoulli sequence and $x_1,\dots,x_n \in E$, gives:

$$\mathbb{E}\,\|\sum_1^n t_j\varepsilon_j x_j\|^q \le C\,\|\sum_1^n t_j\varepsilon_j x_j\|_2^q$$

$$\le C\,K^q\ \|\sum_1^n \varepsilon_j x_j\|_2^q\ \sum_1^n |t_j|^q\,\alpha_j$$

Integrating this w.r.t. $L(\xi_1,\ldots,\xi_n)$ gives

$$\mathbb{E}\,\|\sum_1^n \xi_j\varepsilon_j x_j\|^q \le CK^q\,\|\sum_1^n \varepsilon_j x_j\|_2^q\ \sum_1^n \mathbb{E}\,|\xi_j|^q\ \alpha_j\ .$$

$$\le CK^q\ \sup_j\ \mathbb{E}\,|\xi_j|^q\ \ \|\sum_1^n \varepsilon_j x_j\|_2^q$$

Now $(\xi_1,\ldots,\xi_n) \vdash\!\!- (\varepsilon_1\xi_1,\ldots,\varepsilon_n\xi_n)$, so by Theorem 2.11 we have

$$\mathbb{E}\,\|\sum_1^n \xi_j x_j\|^q \le 4^q\ \mathbb{E}\,\|\sum_1^n \varepsilon_j\xi_j x_j\|^q$$

$$\le C(4K)^q\ \sup_j\ \mathbb{E}\,|\xi_j|^q\ \|\sum_1^n \varepsilon_j x_j\|_2^q$$

And so we have

$$C_E \subseteq C_E^q(\xi) \qquad\qquad B_E \subseteq B_E^q(\xi)$$

and since $q(E) < q < \infty$ we have $B_E = C_E$ by Corollary 7.5. Now the conclusion follows easily from Theorem 6.2. □

<u>Theorem 7.7</u>. <u>Let</u> $\xi = (\xi_n)$ <u>be independent real random variables, satisfying</u>

(a) $\mathbb{E}\,\xi_n = 0 \qquad \forall\ n \ge 1$

(b) $\sup\ \mathbb{E}\,|\xi_n|^r < \infty$

(c) $C_E^r(\xi) \subseteq \ell_E^q$

<u>where</u> $2 \le q < r$. <u>Then</u> E <u>is of cotype</u> q.

Proof. Let us first show that $q(E) < r$. From the closed graph theorem and (c) it follows that for some constant $C > 0$ we have

(i) $$\left(\sum_{j=1}^{n} \|x_j\|^q\right)^{1/q} \leq C\,\{\mathbb{E}\,\|\sum_{j=1}^{n} x_j\xi_j\|^r\}^{1/r}$$

for all $x_1,\ldots,x_n \in E$, and all $n \geq 1$.

If $q(E) \geq r$, then there exists $x_1^n,\ldots,x_n^n \in E$ with $\|x_j^n\| \geq 1$ and

$$\|\sum_{j=1}^{n} t_j x_j^n\|^r \leq 2 \sum_{1}^{n} |t_j|^r$$

(cf. Theorem 7.4 and Proposition I.3.6). Integrating this with respect to $L(\xi_1,\ldots,\xi_n)$ gives

$$n^{r/q} \leq \{\sum_{1}^{n} \|x_j^n\|^q\}^{r/q} \leq C\,\mathbb{E}\,\|\sum_{j=1}^{n} x_j\xi_j\|^r$$

$$\leq 2C \sum_{1}^{n} \mathbb{E}\,|\xi_j|^r \leq 2n\,C \sup_j \mathbb{E}\,|\xi_j|^r$$

But this is impossible since $r/q > 1$. So we have $q(E) < r$.

But the proof of the previous theorem shows that $C_E \subseteq C_E^r(\xi) \subseteq \ell_E^q$, so E is of cotype q.

CHAPTER III

The two pearls of probability

1. The law of large numbers

The first law of large numbers was stated and proved by James Bernoulli (about 1695; published in 1713 in "Ars Conjectandi" 8 years after the death of James Bernoulli). The study of this theorem has ever since been an important part of probability. In this section we shall study its validity in Banach spaces.

Let (X_n) be a sequence of E-valued random vectors, then we define the average, $\bar{X}_n$, by

$$\bar{X}_n = n^{-1} \sum_{j=1}^{n} X_j$$

And we say that $\{X_n\}$ satisfies the strong law of large numbers if $\{\bar{X}_n\}$ is a.s. convergent.

In the real case $(E = \mathbb{R})$ we have the following 3 well-known versions of the law of large number:

(1.1) If (X_n) are independent integrable and identical distributed, then $\bar{X}_n \to \mathbb{E}\, X_1$ a.s.

(1.2) If (X_n) are independent, have mean 0, and $\sup_n \mathbb{E}\,|X_n|^2 < \infty$, then $\bar{X}_n \to 0$ a.s.

(1.3) If (X_n) are independent, have mean 0, and $\sum_1^\infty n^{-p}\, \mathbb{E}\,|X_n|^p$ for some $p \geq 1$, then $\bar{X}_n \to 0$ a.s.

These results are evidently also valid for $\dim E < \infty$ (use the real versions on each coordinate!).

We shall now generalize these propositions to general Banach spaces. A main tool to do this is Kronecker's lemma:

(1.4) $$\sum_1^\infty n^{-1} x_n \text{ convergent} \Rightarrow \lim_{n\to\infty} n^{-1} \sum_{j=1}^{n} x_j = 0$$

which is wellknown if $\dim E = 1$, and is valid for arbitrary Banach spaces (the same proof as in the real case works!)

Theorem 1.1. Let (X_n) be independent identical distributed random vectors in E. Then (X_n) satisfies the strong law of large numbers if and only if $\mathbb{E}\|X_1\| < \infty$, and if so then $\bar{X}_n \to \mathbb{E} X_1$ a.s.

Proof. The "only if" part is contained in Theorem II.1.5.

So suppose that $X_1 \in L^1_E$. We may without loss of generality assume that $\mathbb{E} X_1 = 0$. If $\mu = L(X_1)$, then we can find a simple Borel function, $f: E \to E$, so that

$$\int_E f(x)\mu(dx) = 0, \qquad \int_E \|x-f(x)\| \mu(dx) \le \varepsilon$$

where $\varepsilon > 0$ is a given number. Now let $Y_n = f(X_n)$ then $Y_1, Y_2, ..$ are independent, have mean 0 and the same distribution, and $Y_n \in E_o = \operatorname{span} f(E)$, which is finite dimensional. So by (1.1) we have

$$n^{-1} \sum_{j=1}^{n} Y_j \to 0 \quad \text{a.s.}$$

Now $\xi_j = \|X_j - Y_j\|$ are independent, identical distributed real random variables, so we have

$$n^{-1} \sum_{j=1}^{n} \|X_j - Y_j\| \xrightarrow{\text{a.s.}} \mathbb{E}\|X_1 - Y_1\| \le \varepsilon$$

Hence we find

$$\limsup_{n\to\infty} \|\bar{X}_n\| \le \limsup_{n\to\infty} \{\|\bar{Y}_n\| + n^{-1} \sum_{j=1}^{n} \|X_j - Y_j\|\}$$

$$\le \varepsilon$$

a.s., and since $\varepsilon > 0$ is arbitrary, we have $\bar{X}_n \to 0$ a.s. □

So for the identitcal distributed case, there is no difference between $\mathbb{R}$ and general Banach spaces. However, this is not so for (1.2) and (1.3).

Let us recall the definition of $\lambda(n)$ (see (II.7.1)) in the proof of Theorem II.7.3):

$$\lambda(n) = \sup\{\min_{\pm} n^{-1} \|\sum_{1}^{n} \pm x_j\| : \max_{1\le j\le n} \|x_j\| \le 1\}$$

A Banach space E is called <u>B-convex</u>, if there exists $n\ge 2$ so that $\lambda(n) < 1$, that is if there exists $n\ge 2$ and $\lambda_o<1$, so that

(1.5) $$\min_{\pm} \|\sum_{1}^{n} \pm x_j\| \le \lambda_o n \qquad \forall\, x_1,\ldots,x_n \in B$$

where B is the unit ball in E. With this definition we have the following version of (1.2):

<u>Theorem 1.2</u>. <u>Let</u> E <u>be a Banach space then the following 7 statements are equivalent</u>

(a) E <u>is</u> <u>B-convex</u>

(b) E <u>does not mimick</u> ℓ^1

(c) E <u>does not parody</u> ℓ^1

(e) $p(E) > 1$

(f) $\lim_{n\to\infty} \lambda(n) = 0$

(g) <u>For all independent mean</u> 0 <u>random vectors in</u> E, <u>with</u> $\sup_n \mathbb{E}\|X_n\|^2 < \infty$, <u>we have</u> $\bar{X}_n \to 0$ a.s.

(h) $n^{-1}\sum_{1}^{n} \varepsilon_j x_j \to 0$ <u>in</u> L_E^o $\forall (x_j) \in \ell_E^\infty$

Proof. (a) - (f) are equivalent by Theorem I.3.8, Theorem II.7.3 and (II.7.7) - (II.7.11).

Suppose that $p(E) > 1$. Then there exists a $1<p\le 2$ so that E is of type p. Hence for some constant $K>0$ we have

$$\begin{aligned}\mathbb{E}\left\|\sum_{j=n}^{m} j^{-1}X_j\right\|^p &\le K \sum_{j=n}^{m} j^{-p}\,\mathbb{E}\|X_j\|^p \\ &\le K \sum_{j=n}^{m} j^{-p}(\mathbb{E}\|X_j\|^2)^{p/2} \\ &\le K \sup_j (\mathbb{E}\|X_j\|^2)^{p/2} \sum_{j=n}^{\infty} j^{-p}\end{aligned}$$

whenever (X_n) satisfies the hypotheses in (g). Hence we have that $\sum_1^\infty j^{-1}X_j$ converges a.s. and in L_E^p (cf. Theorem II.5.3 case (6)). So from (1.4) we have $\bar{X}_n \to 0$ a.s. (and in L_E^p). That is (e) implies (g).

Clearly (g) implies (h).

(h) ⇒ (a): Suppose that (a) does not hold, that is $\lambda(n) = 1$ for all $n\ge 1$. Then we can find $x_j \in E$ with $\|x_j\| \le 1$ and

$$\min_{\pm}\left\|\sum_{3^k<j\le 3^{k+1}} \pm x_j\right\| \ge \frac{3}{4}\,(3^{k+1} - 3^k) \quad \forall\ k\ge 0$$

Let (ε_j) be a Bernoulli sequence, and let $\omega\in\Omega$ then $\varepsilon_j(\omega) = \pm 1$, so we have

$$\begin{aligned}\left\|\sum_{j=1}^{3^k} \varepsilon_j(\omega)x_j\right\| &\ge \left\|\sum_{3^{k-1}<j\le 3^k} \varepsilon_j(\omega)x_j\right\| - \sum_{j=1}^{3^{k-1}} \|x_j\| \\ &\ge \frac{3}{4}(3^k - 3^{k-1}) - 3^{k-1} \\ &= \frac{1}{2}\, 3^{k-1}\end{aligned}$$

Hence $(x_j) \in \ell_E^\infty$, but

$$\left\|\frac{1}{n}\sum_{j=1}^{n}\varepsilon_j(\omega)x_j\right\| \geq 1/6 \qquad \forall\, \omega\in\Omega \qquad \forall\, n = 1,3,9,27,\ldots$$

and so $n^{-1}\sum_1^n \varepsilon_j x_j \not\to 0$ in L_E^0. Hence (h) does hot hold. □

<u>Theorem 1.3</u>. <u>Let</u> E <u>be a Banach space and</u> $1\leq p\leq 2$. <u>Then the following 3 statements are equivalent</u>:

(a) E <u>is of type</u> p

(b) <u>For all independent mean 0 random vectors</u> (X_n) <u>with</u> $\sum_1^\infty n^{-p}\,\mathbb{E}\|X_n\|^p<\infty$ <u>we have</u> $\bar{X}_n \to 0$ a.s.

(c) $n^{-1}\sum_1^n \varepsilon_j x_j \to 0$ <u>in</u> L_E^0 <u>for all</u> $(x_j)\in E^\infty$ <u>with</u> $\sum_1^\infty n^{-p}\|x_n\|^p<\infty$

<u>Proof</u> (a) ⇒ (b): This can be done exactly as the proof of "(e) ⇒ (g)" in Theorem 1.2.

(b) ⇒ (c): Evident!

(c) ⇒ (a): Let us define

$$G = \{(x_j)\in E^\infty \mid q(x) = \left\{\sum_1^\infty n^{-p}\|x_n\|^p\right\}^{1/p} < \infty\}$$

$$F = \{(x_j)\in E^\infty \mid r(x) = \sup_n \left\|\frac{1}{n}\sum_1^n \varepsilon_j x_j\right\|_p < \infty\}$$

Then (G,q) and (F,r) are Banach spaces and since $|||\cdot|||_p$ is equivalent to $|||\cdot|||_0$ on B_E (cf. Theorem II.5.5), (c) implies that $G\subseteq F$. The injection: $G\to F$ clearly has a closed graph so by the closed graph theorem, there exists a constant $K<\infty$ with

$$\|\mathbb{E}\sum_1^n \varepsilon_j x_j\|^p \leq K\, n^p \sum_{j=1}^n j^{-p}\|x_j\|^p$$

for $n\geq 1$ and all $x_1,\ldots,x_n\in E$.

Applying this to the vector $(0,\dots,0,x_1,\dots,x_n)$ (m zeros), we find

$$\mathbb{E}\|\sum_1^n \varepsilon_j x_j\|^p \leq K\ (n+m)^p \sum_{j=1}^n (j+m)^{-p}\|x_j\|^p$$

$$\leq K\ \left(\frac{n+m}{1+m}\right)^p \sum_{j=1}^n \|x_j\|^p$$

for all $n,m\geq 1$ and all $x_1,\dots,x_n \in E$. Letting $m \to \infty$ gives

$$\mathbb{E}\|\sum_1^n \varepsilon_j x_j\|^p \leq K \sum_{j=1}^n \|x_j\|^p \qquad \forall\ x_1,\dots,x_n \in E$$

so E is of type p. □

2. The central limit theorem

The first version of the central limit theorem was proved by de Moivre in 1733 (published in his book: "Doctrine of Chance", 3rd ed. 1756). And the study of this theorem has been a major subject of probability theory ever since.

If $(E, \|\cdot\|)$ is a B-space and X is a random vector, then X is said to belong to the domain of normal attraction (see Chap. II, §4) if

$$(2.1) \qquad Z_n = (X_1 + \cdots + X_n)/\sqrt{n}$$

converges in law whenever $X_1, X_2, \ldots$ are independent copies of X. The domain of normal attraction is denoted DNA.

In Chap.II, §4 we defined $c(X)$ and CLT by

$$c(X) = \sup_n \mathbb{E}\, \|n^{-\frac{1}{2}} \sum_{j=1}^{n} X_j\|$$

$$\mathrm{CLT} = \{X \in L_E^0 \mid c(X) < \infty\}$$

where $X_1, \ldots, X_n, \ldots$ are independent copies of X. And we saw (see Theorem II.4.10)

$$(2.2) \qquad \mathrm{DNA} \subseteq \mathrm{CLT} \subseteq L_E^{(2)} \qquad \text{(cf. Chap. I, §2)}$$

$$(2.3) \qquad \lambda_2(X) \leq K\, c(X)^{2/3} \qquad \text{(cf. Chap. I, (2.11))}$$

$$(2.4) \qquad \mathbb{E}\, X = 0 \qquad \forall\, X \in \mathrm{CLT}$$

If $X \in \mathrm{DNA}$, then it is easy to determine the limit distribution of Z_n given by (2.1): By the real-valued central limit theorem we have

$$(2.5) \qquad \hat{\nu}(x') = \exp\{-\tfrac{1}{2}\, E\langle X, x'\rangle^2\} \qquad \forall\, x' \in E$$

if $\nu = \lim_n L(Z_n)$. That is ν is the Gaussian Radon measure with mean 0 and the same covariance function as X. So the first problem is to determine whether there exists such a measure and then secondly to determine whether $\{Z_n\}$ converges in law to this measure.

Inspired by these considerations we shall say that X is <u>pregaussian</u> if $\langle X,x'\rangle \in L^2$ for all $x' \in E'$ and if there exists a gaussian Radon measure ν satisfying (2.5). The set of all pregaussian random vectors is denoted PG. Clearly we have

(2.6) $$DNA \subseteq PG$$

From Lemma 2.1 in [86] it follows easily that we have:

<u>Preposition 2.1</u>. <u>Let</u> ν <u>be a gaussian Radon measure on</u> E <u>with Fourier transform</u>:

$$\hat{\nu}(x') = \exp(-\tfrac{1}{2} R(x'))$$

<u>If</u> X <u>is any random vector satisfying</u>

$$\mathbb{E}\langle X,x'\rangle^2 \leq R(x') \qquad \forall\ x' \in E'$$

<u>then</u> X <u>is pregaussian</u>. □

If $X,Y \in PG$, then we have

$$\mathbb{E}\langle X+Y,x'\rangle^2 \leq 2\,\mathbb{E}\langle X,x'\rangle^2 + 2\,\mathbb{E}\langle \bar{Y},x'\rangle^2$$

and we deduce from Proposition 2.1:

(2.7) PG is a linear subspace of L^o_E.

We shall later introduce a norm on PG.

Proposition 2.2. DNA is a closed linear subspace of (CLT,c).

Proof. Let X belong to the closure of DNA under the norm $c(\cdot)$. Let $\varepsilon > 0$ be given, then we can find $Y \in$ DNA with

$$c(X-Y) \leq \varepsilon^2$$

Let (X_j) and (Y_j) be independent copies of X respectively Y, and put

$$U_n = n^{-\frac{1}{2}} \sum_{j=1}^{n} X_j \quad ; \qquad \mu_n = L(U_n)$$

$$V_n = n^{-\frac{1}{2}} \sum_{j=1}^{n} Y_j \quad ; \qquad \nu_n = L(V_n)$$

Let ρ be the Prohorov metric on the set of probability measures on E (cf. Chap. I, §4), then by (I.2.16) and (I.4.4) we find

$$\rho(\mu_n,\nu_n) \leq \lambda_1(U_n-V_n) \leq \sqrt{\mathbb{E}\|U_n-V_n\|} \leq \sqrt{c(X-Y)}$$

since $c(X-Y) = \sup_n \mathbb{E}\|U_n-V_n\|$. So for $n,m \geq 1$ we have

$$\rho(\mu_n,\mu_m) \leq \rho(\mu_n,\nu_n) + \rho(\nu_n,\nu_n) + \rho(\nu_m,\mu_m)$$

$$\leq 2\varepsilon + \rho(\nu_n,\nu_m)$$

And since $\{\nu_n\}$ is a ρ-Cauchy sequence, it follows that $\{\mu_n\}$ is a ρ-Cauchy sequence. Hence X belongs to the domain of normal attraction (cf. (I.4.2)), and DNA is closed.

To see that DNA is linear we first note that evidently we have $aX \in$ DNA, whenever $X \in$ DNA and $a \in \mathbb{R}$. Now suppose that $X', X'' \in$ DNA, and let $X = X' + X''$. Then we put

$$Z'_k = k^{-\frac{1}{2}} \sum_{1}^{k} X'_j, \qquad Z''_k = k^{-\frac{1}{2}} \sum_{1}^{k} X''_j, \quad Z_k = Z'_k + Z''_k$$

where $(X_1', X_1''), (X_2', X_2''), \dots$ are independent copies of (X', X'').

Since $\{Z_k'\}$ and $\{Z_k''\}$ converges in law it follows from (I.4.9), that for any given $\varepsilon > 0$ we can find K compact $\subseteq E$, such that

$$P(Z_k' \notin K) < \varepsilon, \qquad P(Z_k'' \notin K) \leq \varepsilon \qquad \forall\ k \geq 1$$

But then

$$P(Z_k \notin K+K) \leq 2\varepsilon \qquad \forall\ k \geq 1$$

and $K+K$ is compact. Hence $\{L(Z_k)\}$ is uniformly tight, and since $\{X_j' + X_j''\}$ are independent copies of X, and X is pre-gaussian, we have that the only possible limit point of $\{L(Z_k)\}$ is the gaussian Radon measure with mean 0 and covariance $= \mathbb{E}\langle X, x'\rangle^2$. Hence from (I.4.8) we deduce that $\{Z_k\}$ converges in law, and $X = X' + X'' \in DNA$. □

<u>Theorem 2.3</u>. <u>Let</u> (M_n) <u>be an</u> E-<u>valued martingale, such that</u>

(a) $\lim_{n\to\infty} M_n = X$ <u>exists a.s. and in</u> L_E^1

(b) M_n <u>and</u> X <u>belongs to</u> DNA <u>for all</u> $n \geq 1$

<u>Then we have:</u> $\lim_{n\to\infty} c(M_n - X) = 0$.

<u>Proof</u>. Let $(M_n^1), (M_n^2), \dots$ be independent copies of (M_n), and let $X^j = \lim_{n\to\infty} M_n^j$, which of course exists a.s. and in L_E^1 by (a). Let

$$Z_k = k^{-\frac{1}{2}} \sum_{j=1}^{k} X^j, \qquad Z_{kn} = k^{-\frac{1}{2}} \sum_{j=1}^{k} M_n^j$$

Since (M_n) is a martingale we have

$$\mathbb{E}\langle M_n, x'\rangle^2 = \sum_{j=1}^{n} \mathbb{E}\langle D_j, x'\rangle^2 \qquad \forall\ x' \in E'$$

where $D_1 = M_1$ and $D_j = M_j - M_{j-1}$ for $j \geq 2$. Now let us choose independent gaussian random vectors, $U_1, U_2, \ldots$, with mean 0 and covariance equal to the covariance of $D_1, D_2, \ldots$

Since $\langle X, x' \rangle \in L^2$, we have that

$$\mathbb{E}\langle X, x' \rangle^2 = \sum_1^\infty \mathbb{E}\langle D_j, x' \rangle^2 \qquad \forall\, x' \in E'$$

And since X is pregaussian it follows from Theorem II.5.3, that

$$U = \sum_{j=1}^\infty U_j$$

converges a.s., and U is a gaussian random vector.

Now if $U^n = \sum_{j=n+1}^\infty U_j$, then U^n is gaussian with mean 0 and covariance given by:

$$\sum_{j=n+1}^\infty \mathbb{E}\langle D_j, x' \rangle^2 = \mathbb{E}\langle X - M_n, x' \rangle^2$$

Since X and $X-M_n$ belongs to DNA (cf. Proposition 2.2), we have

(i) $$L(Z_k) \xrightarrow[n\to\infty]{w} L(U)$$

(ii) $$L(Z_k - Z_{kn}) \xrightarrow[n\to\infty]{w} L(U^n)$$

From Theorem II.3.4, it follows that we have $\mathbb{E}(\sup_n \|U^n\|) < \infty$ and so

(iii) $$\lim_{n\to\infty} \mathbb{E}\|U^n\| = 0$$

From (a) we find

(iv) $$\lim_{n\to\infty} \mathbb{E}\|Z_k - Z_{kn}\| = 0 \qquad \forall\, k \geq 1$$

Since $\{\|Z_k - Z_{kn}\| : k \geq 1\}$ is equiintegrable for any n by Theorem II.4.10, we deduce from (ii) and Proposition I.4.2:

(v) $$\lim_{k\to\infty} \mathbb{E}\|Z_k - Z_{kn}\| = \mathbb{E}\|U^n\| \qquad \forall\, n \geq 1$$

Let $\varepsilon > 0$ be given, then by (iii) there exists $M \geq 1$ so that

$$\mathbb{E}\,\|U^M\| < \varepsilon\,.$$

By (v) we can then find $m \geq 1$ so that

(vi) $$\mathbb{E}\,\|Z_k - Z_{kM}\| < \varepsilon \quad \forall\ k \geq m$$

Finally by (iv) we find $N \geq M$, so that

(vii) $$\mathbb{E}\,\|Z_k - Z_{kn}\| < \varepsilon \quad \forall\ n \geq N \qquad \forall\ 1 \leq k \leq m$$

If $n \geq M$, then

$$Z_k - Z_{kn} = (Z_k - Z_{kM}) - (Z_{kn} - Z_{kM})$$

$$= (Z_k - Z_{kM}) - \mathbb{E}\,(Z_k - Z_{kM} \mid F_{nk})$$

where $F_{nk} = \sigma\{Z_{k1}, \ldots, Z_{kn}\}$. Since $Z_{k1}, \ldots, Z_{kn}, \ldots$ is a martingale which converges a.s. and in L^1_E to Z_k. Hence by (vi) we have

$$\mathbb{E}\,\|Z_k - Z_{kn}\| \leq 2\,\mathbb{E}\,\|Z_k - Z_{kM}\| \leq 2\varepsilon \quad \forall\ n \geq M \quad \forall\ k \geq m$$

and combining this with (vii) gives

$$c(X - M_n) = \sup_k \mathbb{E}\|Z_k - Z_{kn}\| \leq 2\varepsilon \quad \forall\ n \geq N\,. \quad \square$$

Corollary 2.4. DNA *is equal to the closure of* S_o *in* (CLT,c), *where* S_o *is the set of simple random vectors with mean* 0. *I.e.* X *belongs to the domain of normal attraction, if and only if there exists a sequence of simple random vectors,* (X_n) *with mean zero and with* $c(X - X_n) \to 0$.

Proof. Let $F_1 \subseteq F_2 \subseteq \cdots$ be finite σ-algebras so that $\sigma(X) \subseteq \sigma(\bigcup_1^\infty F_n)$. And put $M_n = \mathbb{E}\,(X \mid F_n)$. If $X \in$ DNA, then M_n

exists and is simple, since $DNA \subseteq L^1_E$. Moreover, it is easy to check that (a) and (b) in Theorem 2.3 is satisfied. □

Let us conclude this section with an example of a general nature.

Example 2.5. Let $q > 2$, and let (ξ_j) be independent real random variables, with mean 0 and $\mathbb{E}\,\xi_j^2 = \sigma_j^2 < \infty$, so that

(2.8) $$\sum_{j=1}^{\infty} P(|\xi_j| > a) < \infty$$

(2.9) $$\sum_{j=1}^{\infty} \int_{|\xi_j| \le a} |\xi_j|^q \, dP < \infty$$

Then by the 2-series theorem, we have that $X = (\xi_j)$ is an ℓ^q-valued random vector.

We shall now study this random vector more closely. Put

$$N = \|X\|_\infty = \sup_j |\xi_j|$$

$$S = \|X\|_q = \left(\sum_1^\infty |\xi_j|^q\right)^{1/q}$$

Then (2.8) is equivalent to $N < \infty$ a.s. (cf. (II.1.6)). And if $\varphi: \mathbb{R}_+ \to \mathbb{R}_+$ is continuous increasing, and satisfies

(2.10) $$\varphi(2t) \le K\,\varphi(t) \quad \forall\ t \ge 0$$

then we have (cf. Theorem II.5.5 and Lemma II.1.2)

(2.11) $$\mathbb{E}\,\varphi(S) < \infty \Leftrightarrow \exists t > 0: \sum_{j=1}^{\infty} \int_{|\xi_j| \ge t} \varphi(|\xi_j|)\,dP < \infty$$

Let $U = (\gamma_j)$ be a sequence of independent gaussian random variables with mean zero, and $\mathbb{E}\,\gamma_j^2 = \sigma_j^2 = \mathbb{E}\,\xi_j^2$. Then U and

X has the same convariance function, and by Theorem II.3.4 we have that $\|U\|_q < \infty$ a.s. if and only if

$$\sum_{j=1}^{\infty} \mathbb{E}\, |\gamma_j|^q < \infty$$

So we find

$$X \in PG \Leftrightarrow \sum_{j=1}^{\infty} (\sigma_j)^q < \infty \tag{2.12}$$

Now suppose that $\sum_j \mathbb{E}\,|\xi_j|^q = K < \infty$, and let $\xi_{j1},\ldots,\xi_{jk},\ldots$ be independent copies of ξ_j. By the Khintchine's inequality we know that (see (I.2.24), $K = 2^q K(q)$)

$$\mathbb{E}\,\Big|\sum_{i=1}^{k} \xi_{ji}\Big|^q \leq K\, k^{q/2}\; \mathbb{E}\,|\xi_j|^q$$

Let

$$X_i^N = (\xi_{1i},\ldots,\xi_{Ni},0\ \cdots)$$

$$Z_k^N = k^{-\frac{1}{2}} \sum_{i=1}^{k} X_i^N$$

$$Z_k = Z_k^{\infty}$$

Then we have by Khichine's inequality:

$$\mathbb{E}\,\|Z_k - Z_k^N\|^q = k^{-q/2} \sum_{j=N+1}^{\infty} \mathbb{E}\,\Big|\sum_{i=1}^{k} \xi_{ji}\Big|^q$$

$$\leq K \sum_{j=N+1}^{\infty} \mathbb{E}\,|\xi_j|^q$$

So if $X^N = (\xi_1,\ldots,\xi_N,0\ \cdots)$, we find

$$c(X - X^N) \leq \{K \sum_{j=N+1}^{\infty} \mathbb{E}\,|\xi_j|^q\}^{1/q} \xrightarrow[N\to\infty]{} 0$$

But X_n but has finite dimensional range, and so $X_n \in \mathrm{DNA}$. Hence by Proposition 2.2 we conclude:

(2.13) If $\sum_{j=1}^{\infty} \mathbb{E}|\xi_j|^q < \infty$ then $X \in \mathrm{DNA}$

Case 1. Let us assume that ξ_j only takes the values a_j, 0 and $-a_j$ with probabilities $\frac{1}{2}p_j$, $1-p_j$ and $\frac{1}{2}p_j$, where

$$\sum_{j=1}^{\infty} p_j < \infty$$

Then (2.8) and (2.9) are trivially satisfied.

Now let us choose:

$$p_j = (j+1)^{-1} (\log(j+1))^{-2}$$

$$a_j = (j+1)^{\alpha}$$

where $\alpha = \frac{1}{2} - \frac{1}{q}$ (note that $\alpha > 0$). Then we have

$$\sigma_j = a_j\sqrt{p_j}, \qquad \sigma_j^q = (j+1)^{-1} (\log(j+1))^{-q}$$

So by (2.12) we have $X \in \mathrm{PG}$. If $t>1$, and $k \geq 2$ is chosen so that $(k-1)^{\alpha} \leq t < k^{\alpha}$, then we have

$$\sum_{j=1}^{\infty} \int_{|\xi_j|>t} \log|\xi_j| = \sum_{j=k}^{\infty} \log(a_{j-1})p_{j-1}$$

$$= \sum_{j=k}^{\infty} \alpha(\log j)^{-1} j^{-1} = \infty$$

Hence by (2.11) we have

(2.14) $X \in \mathrm{PG}$ but $\mathbb{E}\{\log^+ \|X\|_q\} = \infty$

Case 2. Let us now assume that $\xi_j = j^{-\frac{1}{2}}\eta_j$, where $\eta_1, \eta_2, \ldots$ are identically distributed random variables with mean 0 and finite variance. Then $\xi_j \to 0$ a.s. so $N < \infty$ a.s. and (2.8) holds.

Let $p = q/2$, and $A_i = \{t\sqrt{i-1} < |\eta| \le t\sqrt{i}\}$, then we have

$$\sum_{j=1}^{\infty} \int_{|\xi_j|\le t} |\xi_j|^q dP = \sum_{j=1}^{\infty} \sum_{i=1}^{j} \int_{A_i} j^{-p}|\eta|^q dP$$

$$= \sum_{i=1}^{\infty} \int_{A_i} |\eta|^q \sum_{j=i}^{\infty} j^{-p}\, dP$$

$$\le \frac{p}{p-1} \sum_{i=1}^{\infty} \int_{A_i} |\eta|^q\, i^{-p+1}\, dP$$

$$\le \frac{q}{q-2} \sum_{i=1}^{\infty} \int_{A_i} |\eta|^q\, t^{q-2}\, |\eta|^{2-q}\, dP$$

$$= \frac{q\, t^{q-2}\, \mathbb{E}|\eta|^2}{q-2}$$

since $i \ge t^{-2}|\eta|^2$ on A_i. Hence (2.9) holds and we see that X is an ℓ^q-valued random vector. And since $\{S\le a\} \subseteq \{|\xi_j|\le a\}$ for all $j\ge 1$, we have actually shown:

$$\int_{\{S\le t\}} S^q\, dP \le K\, t^{q-2}\, \mathbb{E}|\eta|^2$$

where $K = q(q-2)^{-1}$. Now we note that

$$1 = q\, s^q \int_s^{\infty} x^{-q-1}\, dx \qquad \forall\, s > 0$$

So for $t > 0$ we have

$$P(S\ge t) = \int_{\{S\ge t\}} 1\, dP = \int_{\{S\ge t\}} dP \int_{S(\omega)}^{\infty} q\, x^{-q-1}\, S(\omega)^q dx$$

$$\le \int_t^{\infty} q\, x^{-q-1}\, dx \int_{\{S\le x\}} S^q dP$$

$$\le q\, K\, \mathbb{E}|\eta|^2 \int_t^{\infty} x^{-3}\, dx$$

$$= \tfrac{1}{2}\, q\, K\, \mathbb{E}|\eta|^2\, t^{-2}$$

So by (I.2.11) and (I.2.19) we have

$$\mathbb{E}\, S \le 2\, \lambda_2(S)^{3/2} \le 2(\tfrac{1}{2}q\ \ K)^{\frac{1}{2}}\ (\mathbb{E}\,|\eta|^2)^{\frac{1}{2}}$$

Hence we find

$$\mathbb{E}\, \|X\|_q \le C(\mathbb{E}\,|\eta|^2)^{\frac{1}{2}}$$

where $C = \sqrt{2}\ 2(q-2)^{-\frac{1}{2}}$. And since

$$\mathbb{E}\, |\, k^{-\frac{1}{2}}\ (\eta_1 + \cdots + \eta_k)\,|^2 = \mathbb{E}\,|\eta|^2$$

we conclude that $X \in \mathrm{CLT}$ and

$$\text{(2.15)} \qquad c(X) \le C(\mathbb{E}\,|\eta|^2)^{\frac{1}{2}}$$

Now if $\eta \in L^q$, then $\sum_1^\infty \mathbb{E}\,|\xi_j|^q < \infty$, and so $X \in \mathrm{DNA}$ by (2.13). But L^q is dense in L^2 so (2.15) shows that $X \in \mathrm{DNA}$ whenever $\eta \in L^2$, (cf. Proposition 2.2).

By (2.11) we have that $\mathbb{E}\, S^2 < \infty$ if and only if there exists a $t > 0$ with:

$$\infty > \sum_{j=1}^\infty \int_{\xi_j > t} |\xi_j|^2\, dt = \sum_{j=1}^\infty \int_{\eta > t\sqrt{j}} j^{-1} |\eta|^2\, dP$$

Now we note that if

$$f(x) = \sum_{j=1}^\infty j^{-1}\ 1_{]t\sqrt{j},\infty[}\ (x)$$

then $\log(k+1) \le f(x) \le 1 + \log k$, where k is determined by $t\sqrt{k} < x \le t\sqrt{k+1}$. But then we have

$$\log t + \tfrac{1}{2} \log k < \log x \le \log t + \tfrac{1}{2} \log(k+1)$$

so we find

$$2 \log x - 2 \log t \le f(x) \le 1 + 2 \log x - 2 \log t$$

and since

$$\sum_{j=1}^{\infty} \int_{|\eta|>t\sqrt{j}} |\eta|^2 dP = \mathbb{E}\ \{ f(|\eta|)\eta^2 \}$$

we have proved:

(2.16) $X \in \mathrm{DNA}$ if $\mathbb{E}|\eta|^2 < \infty$, but $\mathbb{E}\ \|X\|_q^2 < \infty$ if and only if $\mathbb{E}\,(\eta^2 \log^+ \eta) < \infty$.

3. Stochastic integration

Recall that a gaussian linear space $G \subseteq L_E^0$ is a linear space $G \subseteq L_E^0$, so that $\mathbb{E}X = 0$ and $L(X)$ is gaussian for all $X \in G$. Clearly we have

(3.1) If G is gaussian, then so is its L_E^0-closure.

And from Theorem II.3.4 it follows that

(3.2) $G \subseteq L_E^{(\Phi)}$, and the L_E^0-topology coincides with the $L_E^{(\Phi)}$-topology

whenever G is a gaussian linear space, and

$$\Phi(t) = e^{-t^2}$$

In particular we have

(3.3) All the L_E^p-topologies $(0 \leq p < \infty)$ coincide on a gaussian linear space $G \subseteq L_E^0$.

We shall now construct an E-valued integral with respect to a white noise:

Let (S,Σ,μ) be a finite positive measure space, then a white noise, W, with variance μ, is a stochastic process $\{W(A) \mid A \in \Sigma\}$, satisfying

(3.4) $\{W(A)\ A \mid A \in \Sigma\}$ is a gaussian process with mean $.0$.

(3.5) $\mathbb{E}\, W(A)\, W(B) = \mu(A \cap B)\ \forall\ A,B \in \Sigma$

It is wellknown (and easy to verify!) that if $A_1, A_2, \ldots$ are disjoint sets from Σ, then

(3.6) $W(A_1), W(A_2), \ldots$ are independent

(3.7) $W(\bigcup_1^\infty A_n) = \sum_1^\infty W(A_n)$ a.s.

Let S_E denote the set of simple measurable functions: $S \to E$. If $f = \sum_1^n x_j 1_{A_j} \in S_E$ then we define

$$\int_S f\, dW = \sum_1^n x_j W(A_j)$$

A standard argument (using (3.7)) shows that $\int f\, dW$ does not depend on the representation $f = \sum_1^n x_j 1_{A_j}$, and that the map

$$f \rightsquigarrow \int_S f\, dW$$

is a linear map from S_E into L_E^0. The range of this map, $G \subseteq L_E^0$, is clearly a gaussian linear space, and so is its closure which we denote

$$G_E(W) = \text{cl}\{ \int_S f\, dW \mid f \in S_E \}$$

where the closure is taken in the L_E^0-topology. Now by (3.2) and (3.3) we know that

$$G_E(W) \subseteq L_E^p \subseteq L_E^{(\Phi)} \quad \forall\ 0 \le p < \infty$$

and all the L_E^p-topologies $(0 \le p < \infty)$ coincide and coincide with the $L_E^{(\Phi)}$-topology.

The following 3 propositions are easy and their proofs are left to the reader:

(3.8) $\mathbb{E} \exp (i \langle x', \int_S f\, dW\rangle) = \exp(-\tfrac{1}{2} \int_S \langle x', f\rangle^2 d\mu)$

(3.9) $\mathbb{E} \langle x', \int_S f\, dW\rangle\langle y', \int_S g\, dW\rangle = \int_S \langle x', f\rangle\langle y', g\rangle d\mu$

(3.10) $\|f\|_2^* \le \{ \mathbb{E} \| \int_S f\, dW\|^2 \}^{\frac{1}{2}}$

where $\|f\|_2^*$ is defined by

$$\|f\|_2^* = \sup_{\|x'\|\leq 1} \{ \int_S \langle x', f\rangle^2 d\mu\}^{\frac{1}{2}}$$

Let $L_E^p(\mu)$ denote the space $L_E^p(S,\Sigma,\mu)$, and recall that $L_E^p = L_E^p(\Omega,F,P)$, where (Ω,F,P) is our basic probability space. Then we define $L_E^p(W)$ $(0\leq p<\infty)$ by: $f\in L_E^p(W)$ if and only if there exists $\{f_n\} \subseteq S_E$, so that

$$f_n \to f \quad \text{in} \quad L_E^p(\mu)$$

$$\{\int_S f_n \, dW\} \quad \text{converges in} \quad L_E^2$$

It is then a matter of routine (using (3.8)) to see that

$$\lim_{n\to\infty} \int_S f_n \, dW = \int_S f \, dW$$

does not depend on $\{f_n\} \subseteq S_E$ as long as $f_n \to f$ in L_E^o. Hence we may extend the integral with respect to W to all of $L_E^o(W) \supseteq L_E^p(W)$ for $0\leq p<\infty$. An obvious continuity argument shows that (3.8), (3.9) and (3.10) holds for all $f\in L_E^o(W)$.

Proposition 3.1. *Let* $f_n \in L_E^p(W)$, *such that*

(a) $\quad f_n \to f$ in $L_E^p(\mu)$, $\quad \{\int_S f_n \, dW\}$ converges in L_E^2

Then $f\in L_E^p(W)$, *and we have*

(b) $$\int_S f \, dW = \lim_{n\to\infty} \int_S f_n \, dW$$

Proof. We can find $g_n \in S_E$, so that $\|f_n - g_n\|_p \leq 2^{-n}$ and

$$\|\int_S f_n \, dW - \int_S g_n \, dW\|_2 \leq 2^{-n}$$

Then $g_n \to f$ in $L^p_E(\mu)$, and

$$\int_S g_n \, dW \to \lim_{n\to\infty} \int_S f_n \, dW \qquad \text{in } L^2_E$$

So $f \in L^p_E(W)$ and (b) holds. □

<u>Proposition 3.2</u>. <u>If</u> $f \in L^p_E(W)$ <u>and</u> $\varphi \in L^\infty(\mu)$, <u>then</u> $\varphi f \in L^p_E(W)$ <u>and</u>

(a) $$\mathbb{E}\, q(\| \int_S \varphi f \, dW \|) \le 6 \mathbb{E}\, q(\|\varphi\|_\infty 5 \| \int_S f \, dW \|)$$

<u>for all increasing continuous functions</u> $q: \mathbb{R}_+ \to \mathbb{R}_+$
<u>If</u> q <u>is convex then</u> (a) <u>holds without the</u> <u>6</u> <u>and</u> <u>5</u>.

<u>Proof</u>. Suppose that $\varphi = \sum_1^n t_j 1_{A_j}$, with $A_1, \dots, A_n$ disjoint. Then

$$\|\varphi\|_\infty = \max t_j$$

$$\varphi f = \sum_1^n t_j 1_{A_j} f$$

A standard "simple function"-argument shows that $1_{A_j} f \in L^p_E(W)$, and that the random variables:

$$X_j = \int_{A_j} f \, dW \qquad j = 1, \dots, n$$

are independent (cf. (3.6)), and

$$\int_S \varphi f \, dW = \sum_1^n t_j X_j$$

So by Theorem II.2.15 we have that (a) holds. The general case follows from the special case by choosing simple functions φ_n so that $\|\varphi_n - \varphi\|_\infty \to 0$, and then applying Proposition 3.1. □

<u>Proposition 3.3</u>. $L^p_E(W) = L^0_E(W) \cap L^p_E(\mu)$.

Proof. The inclusion "$\subseteq$" is evident. Now suppose that $f \in L^0_E(W) \cap L^p_E(\mu)$. Then there exists $f_n \in S_E$ with $f_n \to f$ pointwise and

$$\int_S f_n \, dW \to \int_S f \, dW \qquad \text{in } L^2_E$$

Now let

$$A_n = \{s \in S \mid \|f_k(s)\| \leq 1 + \|f(s)\| \qquad \forall\, k \geq n\}$$

then $A_n \uparrow S$ and

$$g_n = 1_{A_n} f_n \to f \quad \text{in } L^p_E(\mu)$$

by the dominated convergence theorem. For $n \leq m$ it follows by Proposition 3.2, that we have

$$\|\int_S (g_n - g_m)\, dW\|_2 \leq \|\int_{A_m} (f_n - f_m)\, dW\|_2 + \|\int_{A_m \setminus A_n} f_n \, dW\|_2$$

$$\leq \|\int_S (f_n - f_m)\, dW\|_2 + \|\int_{S \setminus A_n} f_n \, dW\|_2$$

Let

$$\nu_n(A) = \int_A f_n \, dW, \qquad \nu(A) = \int_A f \, dW$$

then ν_n and ν are L^2_E-valued measures on (S, Σ), and $\nu_n(A) \to \nu(A)$ for all $A \in \Sigma$ by Proposition 3.2. So from the Vitali-Saks theorem (see e.g. Theorem IV. . in [19]) we conclude that

$$\lim_{n \to \infty} \|\nu_n(S \setminus A_n)\|_2 = 0$$

since $S \setminus A_n \downarrow \emptyset$. Hence it follows that $\{\int_S g_n \, dW\}$ converges in L^2_E, and so $f \in L^p_E(W)$. □

A standard "simple function"-argument shows that the conditional integral $\mu(f|\Sigma_o)$ exists for all $f \in L^1_E(\mu)$ and all σ-algebras $\Sigma_o \subseteq \Sigma$, and it satisfies (see e.g. [14])

(3.11) $\mu(f|\Sigma_o)$ is Σ_o-measurable: $S \to E$

(3.12) $\int_A f\, d\mu = \int_A \mu(f|\Sigma_o) d\mu \quad \forall A \in \Sigma_o$

(3.13) $\|\mu(f|\Sigma_o)\| \leq \mu(\|f\| \mid \Sigma_o)$

(3.14) If $\Sigma_n \uparrow$ and $\Sigma_o = (\bigcup_1^\infty \Sigma_n)$, then

$$\lim_{n\to\infty} \mu(f|\Sigma_n) = \mu(f|\Sigma_o)$$

μ - a.e. and in $L^p_E(\mu)$, if $1 \leq p < \infty$ and $f \in L^p_E(\mu)$

<u>Proposition 3.4</u>. <u>Let</u> $\Sigma_o \subseteq \Sigma$ <u>be a</u> σ-<u>algebra and let</u> $f \in L^1_E(W)$. <u>If</u> $F_o = \sigma\{W(A) \mid A \in \Sigma_o\}$ <u>then we have</u>

(a) $\mu(f \mid \Sigma_o) \in L^1_E(W)$

(b) $\int_S \mu(f|\Sigma_o) dW = \mathbb{E}(\int_S f\, dW \mid F_o)$

<u>Proof</u>. <u>Case 1: $E = \mathbb{R}$.</u> Let

$$f_o = \mu(f \mid \Sigma_o), \quad X = \int_S f\, dW, \qquad X_o = \mathbb{E}(X|F_o)$$

If π_o is the projection of $L^2(\mu)$ onto

$$H_o = \overline{\text{span}}\,\{W(A) \mid A \in \Sigma_o\}$$

then by Proposition I.2.1 we have $X_o = \pi_o X$. Now we note that $L^1_{\mathbb{R}}(W) = L^2(\mu)$ and

$$H_o = \{\int_S f\, dW \mid f \in L^2(S, \Sigma_o, \mu)\}$$

Hence

$$Y_o = \int_S f_o \, dW \in H_o$$

and if $Y = \int_S g \, dW \in H_o$ for some $g \in L^2(S,\Sigma_o,\mu)$ we have

$$\mathbb{E}(Y_o Y) = \int_S f_o \, g \, d\mu = \int_S f g \, d\mu = \mathbb{E}(XY)$$

since g is Σ_o-measurable. But this shows that $Y_o = \pi_o X = X_o$.

<u>Case 2: E is general</u>. If $f = \sum_1^n x_j g_j$ for $g_j \in L^2(\mu)$, then $f \in L^1_E(W)$ and

$$\mu(f|\Sigma_o) = \sum_1^n x_j \, \mu(g_j|\Sigma_o)$$

so $\mu(f|\Sigma_o) \in L^1_E(W)$ and from Case 1 we have

$$\int_S \mu(f|\Sigma_o) dW = \sum_1^n x_j \int_S \mu(g_j|\Sigma_o) dW$$

$$= \sum_1^n x_j \, \mathbb{E}(\int_S g_j \, dW \mid F_o)$$

$$= \mathbb{E}(\int_S f \, dW \mid F_o)$$

In general there exist $f_n \in S_E$ with $f_n \to f$ in $L^1_E(\mu)$ and $\int_S f_n \, dW \to \int_S f \, dW$ in L^2_E. Hence (cf. (3.13))

$$\mu(f_n \mid \Sigma_o) \to \mu(f \mid \Sigma_o) \quad \text{in } L^1_E$$

$$\mathbb{E}(\int_S f_n \, dW \mid F_o) \to \mathbb{E}(\int_S f \, dW \mid F_o) \quad \text{in } L^2_E$$

Now by the argument above we have $\mu(f_n|\Sigma_o) \in L^1_E(W)$ and

$$\int_S \mu(f_n \mid \Sigma_o) dW = \mathbb{E}(\int_S f_n \, dW \mid F_o)$$

Hence by Proposition 3.1, we have that (a) and (b) holds. □

Corollary 3.5. Let $f \in L_E^1(W)$, and let $H = \sigma\{W(A) \mid A \in \sigma(f)\}$, then we have

(a) $$\int_S f\,dW \text{ is } H\text{-measurable}$$

Moreover if $\Sigma_o \subseteq \Sigma$ is a σ-algebra and $F_o = \sigma\{W(A) \mid A \in \Sigma_o\}$, then

(b) $$\int_S (f-\mu(f|\Sigma_o))dW \text{ and } F_o \text{ are independent. } \square$$

Theorem 3.6. Let $f \in L_E^p(\mu)$ for some $p \in [0,\infty[$ then $f \in L_E^p(W)$ if and only if f satisfies:

(a) $\langle x', f(\cdot)\rangle \in L^2(\mu) \quad \forall\, x' \in E'$

(b) $R(x',y') = \int_S \langle x',f\rangle\langle y',f\rangle d\mu$ is the covariance function of a gaussian Radon measure on E.

Proof. If $f \in L_E^p(W)$ then (a) and (b) follows immediately from (3.9) and (3.10). Now suppose that (a) and (b) holds.

Suppose that $f \in L_E^1(\mu)$ and (a) and (b) holds, then we have that $\Sigma_\infty = \sigma(f)$ is countably generated. Hence we can find finite σ-algebras $\Sigma_1 \subseteq \Sigma_2 \subseteq \cdots \subseteq \Sigma_n \subseteq \cdots$ so that

$$\Sigma_\infty = \sigma\left(\bigcup_1^\infty \Sigma_n\right)$$

Now put $f_n = \mu(f|\Sigma_n)$. Then $f_n \in S_E$ so we may define

$$S_n = \int_S f_n\,dW \qquad S_o = 0$$

$$X_n = S_n - S_{n-1} = \int_S (f_n - \mu(f_n|\Sigma_{n-1}))\,dW$$

since $f_{n-1} = \mu(f \mid \Sigma_{n-1}) = \mu(f_n \mid \Sigma_{n-1})$. Let $F_n = \sigma\{W(A) \mid A \in \Sigma_n\}$. Then we have

(i) X_n is F_n-measurable

(ii) X_n is independent of F_{n-1}

(cf. Corollary 3.5). Hence $\{X_n\}$ are independent gaussian random variables, and

$$S_n = \sum_1^n X_j$$

$$\mathbb{E}\exp(i\langle x',S_n\rangle) = \exp(-\tfrac{1}{2}\int_S \langle x',f_n\rangle^2 d\mu)$$

$$\xrightarrow[n\to\infty]{} \exp(-\tfrac{1}{2}R(x',x'))$$

So by Theorem II.5.3 (case (1)) and by assumption (b) we have that $\{S_n\}$ converges a.s. Now from (3.14) we deduce:

$$f_n = \mu(f|\Sigma_n) \to \mu(f|\Sigma_\infty) = f \quad \text{in } L_E^1(\mu)$$

and we have just seen that $\{\int_S f_n\, dW\}$ converges in L_E^0 (and so in L_E^2 by (3.3)). Hence $f \in L_E^1(W)$.

Now suppose that $f \in L_E^p(\mu)$ and satisfies (a) and (b). Let $A_n = \{s \mid \|f(s)\| < n\}$, and let $B_n = A_n \setminus A_{n-1}$ for $n \geq 1$. If $f_n = 1_{B_n} f$, then $f_n \in L_E^1(\mu)$, and

$$\int_S \langle x',f_n\rangle^2 d\mu \leq \int_S \langle x',f\rangle^2 d\mu$$

Since f satisfies (a) and (b), then so does f_n by Proposition 2.1. Hence $f_n \in L_E^1(W)$ by the argument above, and we may define

$$U_j = \int_S f_j dW, \qquad S_n = \sum_1^n U_j$$

Since $B_1,\ldots,B_n,\ldots$ are disjoint we have that $U_1,U_2,\ldots$ are independent, and if $g_n = 1_{A_n} f$, then (S_n) has Fourier transform:

$$\hat{\nu}_n(x') = \exp(-\tfrac{1}{2}\int_S \langle x',g_n\rangle^2 d\mu)$$

But by (a) we have

$$\int_S \langle x' g_n\rangle^2 d\mu \to \int_S \langle x', f\rangle^2 d\mu \qquad \forall\, x'$$

So by (b) and Theorem II.5.3 we have that $\{S_n\}$ converges a.s., and by (3.3) and dominated convergence theorem we find

$$\{\int_S g_n \, dW\} \text{ converges in } L^2_E$$

$$g_n \to f \text{ in } L^p_E(\mu)$$

So from Proposition 3.1 we deduce that $f \in L^p_E(W)$. □

<u>Theorem 3.7</u>. <u>If</u> E <u>is of type 2, then</u> $L^2_E(\mu) \subseteq L^2_E(W)$. <u>Conversely</u> if $L^2(\mu)$ <u>is of infinite dimension and</u> $L^2_E(\mu) \subseteq L^2_E(W)$, <u>then</u> E <u>is of type 2</u>.

<u>Proof</u>. Suppose that E is of type 2, and that $f = \sum_1^n x_j 1_{A_j} \in S_E$ where $A_1,\dots,A_n \in \Sigma$ are disjoint. Then by Theorem II.6.6 we have

$$\begin{aligned}\mathbb{E}\,\|\int_S f\, dW\|^2 &= \mathbb{E}\|\sum_1^n W(A_j)x_j\|^2 \\ &\leq C \sum_1^n \mathbb{E}|W(A_j)|^2\|x_j\|^2 \\ &= C\sum_1^n \mu(A_j)\,\|x_j\|^2 \\ &= C\int_S \|f\|^2\, d\mu\end{aligned}$$

And since S_E is dense in $L^2_E(\mu)$, we have $L^2_E(\mu) \subseteq L^2_E(W)$ and

$$\mathbb{E}\,\|\int_S f\, dW\|^2 \leq C\int_S \|f\|^2\, d\mu \quad \forall f \in L^2_E(\mu) \tag{3.15}$$

Now suppose that $L^2_E(\mu) \subseteq L^2_E(W)$, then by the closed graph theorem we have that (3.15) holds for some constant $C > 0$. Since

$L^2(\mu)$ is infinite dimensional, there exist disjoint sets $A_1, A_2, \ldots$ so that

$$\lambda_j = \mu(A_j) > 0 \qquad \forall\ j \geq 1$$

Now let $f = \sum_{j=1}^{\infty} \lambda_j^{-\frac{1}{2}} x_j 1_{A_j}$ where

$$\sum_{j=1}^{\infty} \|x_j\|^2 < \infty$$

Then we have

$$\int_S \|f\|^2 d\mu = \sum_{j=1}^{\infty} \lambda_j^{-1} \|x_j\|^2 \mu(A_j) < \infty$$

So $f \in L_E^2(W)$, and we have

$$\int_S f\, dW = \sum_{j=1}^{\infty} x_j \gamma_j$$

where $\gamma_j = \lambda_j^{-\frac{1}{2}} W(A_j)$. But then (γ_j) are independent gaussian random variables with mean 0 and variance 1. So we have

$$\sum_{j=1}^{\infty} x_j \gamma_j$$

converges a.s. whenever $x = (x_j) \in \ell_E^2$. That is E is of type 2 (cf. Theorem II.6.6). □

<u>Theorem 3.8</u>. <u>If</u> E <u>is of cotype 2, then</u> $L_E^0(W) \subseteq L_E^2(\mu)$. <u>Conversely if</u> $L^2(\mu)$ <u>is infinite dimensional, and if</u> $L_E^p(W) \subseteq L_E^2(\mu)$ <u>for some</u> $p < 2$, <u>then</u> F <u>is of cotype 2</u>.

<u>Proof</u>. The first part is proved exactly as the first part of Theorem 3.7.

So suppose that $L_E^p(W) \subseteq L_E^2(\mu)$ for some $p < 2$. Then we may and shall assume that $p \geq 1$. Let $L_E^p(W)$ be equipped with the norm:

$$|||f|||_p = ||f||_p + ||\int_S f\,dW||_1$$

Then by Proposition 3.1 we have that $(L_E^p(W), |||\cdot|||_p)$ is a Banach space, and the injection: $L_E^p(W) \to L_E^2(\mu)$ clearly has a closed graph. So by the closed graph theorem there exists a constant $C > 0$, such that

$$\text{(i)} \qquad ||f||_2 \leq C|||f|||_p \qquad \forall\ f \in L_E^p(W)$$

Now let $A_1, A_2, \ldots, A_j, \ldots$ be disjoint sets from Σ, so that $\mu(A_j) > 0$ for all $j \geq 1$.

Let $\lambda_j = \mu(A_j)^{-\frac{1}{2}}$, and $x_1, \ldots, x_n$ be elements of E. Then we put

$$f_k = \sum_{j=1}^{n} \lambda_{j+k}\, x_j\, 1_{A_{j+k}} \qquad k = 1,2,\ldots$$

If (γ_j) is a sequence of independent real gaussian random variables with mean 0 and variance 1, we have

$$||\int_S f_k\,dW||_1 = \mathbb{E}\,||\sum_{j=1}^{n} x_j \lambda_{j+k}\, W(A_{j+k})||$$

$$= \mathbb{E}||\sum_{j=1}^{n} \gamma_j\, x_j||$$

$$||f_k||_p = \{\sum_{j=1}^{n} ||x_j||^p\, \mu(A_{j+k})^{2-p}\}^{1/p}$$

$$||f_k||_2 = \{\sum_{j=1}^{n} ||x_j||^2\}^{\frac{1}{2}}$$

Hence by (i) we have

$$\{\sum_1^n ||x_j||^2\}^{\frac{1}{2}} \leq C\,||f_k||_p + C\,\mathbb{E}||\sum_{j=1}^{n} \gamma_j x_j||$$

for all $k \geq 1$. Since $p<2$ and the A_j's are disjoint we have $\mu(A_{j+k})^{2-p} \xrightarrow[k\to\infty]{} 0$, so

$$\lim_{k\to\infty} \|f_k\|_p = 0$$

So we find

$$\{\sum_1^n \|x_j\|^2\}^{\frac{1}{2}} \leq C\ \mathbb{E}\|\sum_1^n \gamma_j x_j\|$$

And from Theorem II.7.7, it then follows that E is of cotype 2. □

Theorem 3.9. Let $0 \leq r < p \leq 2$ and suppose that μ satisfies:

(a) μ is not atomic

(b) $L_E^r(W) \subseteq L_E^p(\mu)$

Then E is of cotype 2.

Proof. Let S_o be the μ-continuous part of S, that is $\mu|S_o$ is non-atomic. Then by (a) we have that $a = \mu(S_o) > 0$. We may of course assume that $r > 0$, then the closed graph theorem shows that there exists a constant K with

(i) $$\left(\int_S \|f\|^p d\mu\right)^{1/p} \leq K\left(\int_S \|f\|^r d\mu\right)^{1/r} + K\ \mathbb{E}\|\int_S f\, dW\|$$

Now let $x_1 \cdots x_n \in E$ and let $0 \leq t \leq a$, then we put

$$\sigma = \sqrt{t}\ \left(\sum_1^n \|x_j\|^2\right)^{-\frac{1}{2}}, \quad r_j = \sigma\|x_j\|$$

Since $\sum_1^n r_j^2 = t \leq a = \mu(S_o)$, there exist disjoint sets $A_1, \ldots, A_n \in \Sigma$, so that

$$\mu(A_j) = r_j^2 \qquad \forall\ 1 \leq j \leq n$$

Now we put

$$f = \sum_1^n r_j^{-1}\, x_j\, 1_{A_j}$$

and we find

$$(\int_S \|f\|^p d\mu)^{1/p} = (\sum_1^n \|x_j\|^p \mu(A_j) r_j^{-p})^{1/p}$$

$$= (\sum_1^n \|x_j\|^p r_j^{2-p})^{1/p}$$

$$= t^{1/p-1/2} (\sum_1^n \|x_j\|^2)^{\frac{1}{2}}$$

and similarly

$$(\int_S \|f\|^r d\mu)^{1/r} = t^{1/r-1/2} (\sum_1^n \|x_j\|^2)^{1/2}$$

More if (γ_j) are independent $N(0,1)$-variables, then

$$\mathbb{E}\|\int_S f\, dW\| = \mathbb{E}\ \|\sum_{j=1}^n \gamma_j x_j\|$$

So from (i) we find

$$(\sum_{j=1}^n \|x_j\|^2)^{1/2}\ t^{1/p-1/2}(1-K t^{1/r-1/p}) \leq K\,\mathbb{E}\,\|\sum_1^n \gamma_j x_j\|$$

for all $t \in [0,a]$. Since $\frac{1}{r} - \frac{1}{p} > 0$, there exists a $t_o \in [0,a]$ with

$$K\ t_o^{\,1/r-1/p} \leq \frac{1}{2}$$

Hence we have

$$(\sum_{j=1}^n \|x_j\|^2)^{\frac{1}{2}} \leq K_1\,\mathbb{E}\,\|\sum_1^n \gamma_j x_j\|$$

and E is of cotype 2 by Theorem II.7.7. □

4. The central limit theorem revisited

Let us return to the central limit theorem, and the problems around this theorem.

Let $PG_p = PG \cap L_E^p$ $(0 \leq p < \infty)$, and let $X \in PG_p$. We can then consider the measure space (S, Σ, μ), where $S = E$, $\Sigma = \mathcal{B}(E)$ and $\mu = L(X)$. If W_X is a white noise with variance μ, then by Theorem 3.6 we have that $f(x) = x$ belongs to $L_E^p(W_X)$, and

$$U = \int_E x\, W_X(dx)$$

is a gaussian random vector with mean 0 and covariance function $\mathbb{E}\langle X, x'\rangle^2$. So we may define

$$u_p(X) = \|X\|_p + \{\mathbb{E}\, \|\int_E x\, W_X(dx)\|^2\}^{\frac{1}{2}}$$

It is then easily verified that we have:

(4.1) $(PG_p, u_p(\cdot))$ is a Banach space for $p \geq 1$ and a Fréchet space for $0 \leq p < 1$.

Note that $PG_o = PG$.

If E and F are Banach spaces, and T is a continuous linear operator: $E \to F$, then T is said to be of type p $(1 \leq p \leq 2)$ if one of the following 5 equivalent statements are satisfied:

(4.2) $$(Tx_j) \in B_F \quad \forall\ (x_j) \in \ell_E^p$$

(4.3) $$\exists\ K > 0:\ \mathbb{E}\|\sum_1^n \varepsilon_j T x_j\|^p \leq K \sum_{j=1}^n \|x_j\|^p$$

(4.4) $$\exists\ K > 0:\ \mathbb{E}\|\sum_1^n T X_j\|^p \leq K \sum_{j=1}^n \mathbb{E}\, \|X_j\|^p \quad \text{for all}$$

independent mean 0 random vectors, $X_1, \ldots, X_n \in L_E^p$

(4.5) $(Tx_j) \in C^p_F(\xi) \qquad \forall\ (x_j) \in \ell^p_E$

(4.6) $(Tx_j) \in B^o_F(\xi) \qquad \forall\ (x_j) \in \ell^p_E$

where (ε_j) is a Bernoulli sequence, and $\xi = (\xi_j)$ is a sequence of independent real random variables satisfying (a), (b) and (c) in Theorem II.6.6. It is then clear that we have

(4.7) E is of type p if and only if the identity operator: $E \to E$ is of type p.

And the equivalence of (4.2)-(4.6) is proved exactly as if T = identity.

Similarly we say that T is of cotype q $(2 \leq q \leq \infty)$, if T satisfies one of the following 5 equivalent statements

(4.8) $(Tx_j) \in \ell^q_F \qquad \forall\ (x_j) \in C_E$

(4.9) $\exists K>0: \quad \sum_{j=1}^{n} \|Tx\|^q \leq K\ \mathbb{E}\ \|\sum_{1}^{n} \varepsilon_j x_j\|^q$

(4.10) $\exists K>0: \quad \sum_{j=1}^{n} \mathbb{E}\|TX_j\|^q \leq K\ \mathbb{E}\|\sum_{1}^{n} X_j\|^q$ for all independent mean 0 random vectors: $X_1,\ldots,X_n \in L^q_E$.

(4.11) $(Tx_j) \in \ell^q_F \qquad \forall\ (x_j) \in B^o_E(\xi)$

(4.12) $(Tx_j) \in \ell^q_F \qquad \forall\ (x_j) \in C^r_E(\xi)$ for some $r>q$

where (ε_j) is a Bernoilli sequence, and $\xi = (\xi_j)$ is an independent sequence of real random variable satisfying (a) - (b) of Theorem II.7.7 and $\inf \mathbb{E}\ |\xi_j|^q > 0$. Again we have

(4.13) E is of cotype q if and only if the identity operator: $E \to E$ is of type q.

Theorem 4.1. *Let* $T: E \to F$ *be a bounded linear operator, then the following statements are equivalent*

(a) T *is of type* 2

(b) $TX \in DNA$ *for any random vector with mean* 0 *and* $\mathbb{E}\,\|X\|^2 < \infty$

(c) $TX \in PG$ *for any symmetric, discrete (i.e. countably valued), random vector with* $\|X(\omega)\| = 1$ *for all* ω.

Remark. Putting $T = I_E$ we get two new characterizations of type 2 spaces.

Proof. (a) ⇒ (b): So let T be of type and let $X_1, X_2, \ldots$ be independent identically distributed random vectors, with

$$\mathbb{E}\,X_1 = 0, \qquad \mathbb{E}\,\|X_1\|^2 < \infty$$

Let $Z_n = (X_1 + \cdots + X_n)/\sqrt{n}$, then by (4.4) we have

$$\mathbb{E}\,\|T Z_n\| \le (\mathbb{E}\|T Z_n\|^2)^{\frac{1}{2}} \le \sqrt{K}\,(\mathbb{E}\,\|X_1\|^2)^{\frac{1}{2}}$$

so we find $c(TX) \le \sqrt{K}\|X\|_2$. And so $TX \in CLT$, but the simple functions are dense in L_E^2, so by Proposition 2.2 we have $TX \in DNA$ for $X \in L_E^2$, and $\mathbb{E}\,X = 0$.

(b) ⇒ (c): Obvious.

(c) ⇒ (a): Let $(x_j) \in \ell_E^2$, we shall then show that $(Tx_j) \in C_F^O(\gamma)$, where $\gamma = (\gamma_j)$ are independent $N(0,1)$-variables (cf. (4.5)). We may clearly assume that $x_j \neq 0$ for all j and

$$1 = \sum_{j=1}^{\infty} \|x_j\|^2$$

Now let X be a random vector whose distribution is given by

$$P(X = y_j) = P(X = -y_j) = \tfrac{1}{2} \|x_j\|^2$$

where $y_j = x_j/\|x_j\|$. Then X is symmetric, discrete and $\|X(\omega)\| = 1$ for all ω. Hence $T X \in PG$, and so there exists a gaussian Radon measure with

$$\hat{\nu}(y') = \exp(-\tfrac{1}{2} \mathbb{E} \langle y', T X \rangle) \qquad \forall\ y' \in F'$$

Now we note that

$$\mathbb{E} \langle y', T X \rangle^2 = \sum_{j=1}^{\infty} \langle y', Tx_j \rangle^2 = \lim_{n\to\infty} \mathbb{E} \langle y' \sum_{j=1}^{n} \gamma_j T x_j \rangle$$

Hence by Theorem II.5.3 we have that $\sum_1^{\infty} \gamma_j\ T x_j$ converges a.s., and so $(Tx_j) \in C_E^o(\gamma)$. □

Let PG_p^o denote the set of $X \in PG_p$ satisfying $\mathbb{E}\langle x', X\rangle = 0$ for all $x' \in E'$. Then we have (cf. (2.2), (2.4) and (2.6))

(4.14) $$DNA \subseteq PG_r^o \qquad \forall\ 0 \le r < 2$$

The converse inclusion holds if and only if E is of cotype 2, which is seen from the following theorem

Theorem 4.2. Let $0 \le r < p \le 2$ be given then the following statements are equivalent

(a) $PG_r \subseteq L_E^p$ (i.e. if X is pregaussian, then $\mathbb{E}\ \|X\|^r < \infty \Rightarrow \mathbb{E}\ \|X\|^p < \infty$)

(b) E is of cotype 2.

(c) $PG_r^o \subseteq DNA$ (i.e. any pregaussian mean 0 random vector, with finite r-th moment, belongs to the domain of normal attraction).

Remark. (1): Since (b) is independent of p and r we have that all forms of (a) with r and p running over the region: $0 \le r < p \le 2$ are equivalent. And all the forms of (c) with r running through $[0,2[$ are equivalent.

(2): A similar theorem (with similar proof) holds for co-type 2 operator. I shall leave the formulation and the proof to the reader.

(3): It can be shown (see [96]) that (a)-(c) is equivalent to

(d) $DNA \subseteq L_E^2$ (i.e. any random vector in the domain of normal attraction has finite second moment).

Proof of Theorem 4.2. (a) ⇒ (b): Let X be a random vector with a non-atomic distribution law μ, and let W be a white noise with variance μ.

If $f \in L_E^r(W)$, then by Theorem 3.6 we have that $Y = f(X) \in PG_r$, so by (a) we have

$$L_E^r(W) \subseteq L_E^p(\mu)$$

Hence from Theorem 3.9 it follows that E is of cotype 2.

(b) ⇒ (c): Let $X \in PG_r^o$, and put $\mu = L(X)$. If W is a white noise with variance μ, then $f(x) = x \in L_E^r(W)$, by Theorem 3.6. If $g = \sum_1^n x_j 1_{A_j}$ is a Borel measurable simple function: $E \to E$, then since E is of cotype 2 we have

$$\int_E \|g\|^2 d\mu = \sum_1^n \|x_j\|^2 \mu(A_j)$$

$$\le K\, \mathbb{E}\|\sum_1^n x_j\, W(A_j)\|^2$$

$$\le K\, \mathbb{E}\|\int_E g\, dW\|^2$$

where K is some finite constant. Now let (g_n) be simple functions, so that $g_n \to f$ a.s. and

$$\int_E g_n \, dW \to \int_E f \, dW \qquad \text{in } L^1_E$$

Then by Fatou's lemma we have

$$\begin{aligned}\int_E \|x\|^2 \, \mu(dx) &\le \liminf_{n\to\infty} \int_E \|g_n(x)\|^2 \mu(dx)\\ &\le K \lim_{n\to\infty} \mathbb{E} \left\| \int_E g_n \, dW \right\|^2 \\ &= K \, \mathbb{E} \left\| \int_E x \, dW \right\|^2\end{aligned}$$

That is $X \in L^2_E$ and

(i) $$\mathbb{E} \|X\|^2 \le K \, \mathbb{E} \|U_X\|^2 \qquad \forall \, X \in PG^o_r$$

where U_X is a gaussian random vector with mean 0 and covariance: $\mathbb{E} \langle x', X\rangle^2$.

Now let $X_1, \dots, X_n, \dots$ be independent copies of X and put $Z_n = (X_1 + \cdots + X_n)/\sqrt{n}$, then

$$\mathbb{E} \langle x', Z_n\rangle = 0 \qquad \forall \, x'$$

$$\mathbb{E} \langle x', Z_n\rangle^2 = \mathbb{E} \langle x', X\rangle^2 \qquad \forall \, x'$$

So by (i) we have

$$\mathbb{E} \|Z_n\| \le (\mathbb{E} \|Z_n\|^2)^{\frac{1}{2}} \le (K \mathbb{E} \|U_X\|^2)^{\frac{1}{2}}$$

That is $X \in CLT$, and

(ii) $$c(X) \le \sqrt{K \, \mathbb{E} \|U_X\|^2} \le \sqrt{K} u_r(X) \qquad \forall \, X \in PG^o_r$$

But the simple functions are dense in PG^o_r, by definition of the stochastic integral, so from (ii) and Proposition 2.2 we deduce that $PG_r^O \subseteq DNA$.

(c) ⇒ (a): Immediate consequence of (2.2). □

5. Some operators of type 2

I shall now give some examples of operators of type 2.

Let us begin with the space $C(S)$, where S is a compact metric space. If ρ is a continuous metric on S, then we define

$$|||f|||_\rho = \|f\|_\infty + \sup_{t \neq s} \frac{|f(t) - f(s)|}{\rho(t,s)}$$

$$C^\rho(S) = \{f \in C(S) \mid |||f|||_\rho < \infty\}$$

$$C_o^\rho(S) = \{f \in C^\rho(S) \mid \lim_{(t,s)\to(a,a)} \frac{|f(t)-f(s)|}{\rho(t,s)} = 0 \ \forall a\}$$

Then we have

Theorem 5.1. $(C^\rho(S)\,|||\cdot|||_\rho)$ is a Banach space and $C_o^\rho(S)$ is closed separable subspace of $C^\rho(S)$.

Proof. A standard argument shows that $|||\cdot|||_\rho$ is complete, and that $C_o^\rho(S)$ is closed. Let

$$(Rf)(t,s) = \begin{cases} \dfrac{f(t)-f(s)}{\rho(t,s)} & \text{if } t \neq s \\ 0 & \text{if } t = s \end{cases}$$

Then R is a continuous linear map: $C_o^\rho(S) \to C(S \times S)$, and if we put

$$Sf = (Rf, f)$$

then S is an isometry: $C_o^\rho(S) \to C(S \times S) \times C(S)$ if we equip $C(S \times S) \times C(S)$ with the norm:

$$\|(f,g)\| = \|f\|_\infty + \|g\|_\infty$$

Hence separability of $C_o^\rho(S)$ follows from separability of $C(S \times S)$ and $C(S)$ (S is a compact metric space!) □

A continuous metric ρ on S, is said to be <u>pregaussian</u> if and only if any gaussian process $\{X(t) \mid t \in S\}$ with

(5.1) $$\mathbb{E}\, X(t) = 0 \qquad \forall t$$

(5.2) $$\sqrt{\mathbb{E}\,(X(t) - X(s))^2} \leq \rho(t,s) \qquad \forall\, t,s$$

has a version with continuous sample path. That is, ρ is pregaussian, if any nonnegative definite function R on $S \times S$, satisfying

(5.3) $$\sqrt{R(t,t) + R(s,s) - 2R(t,s)} \leq \rho(t,s) \qquad \forall\, t,s$$

is the covariance function of a gaussian Radon measure on $C(S)$.

From Lemma 2.1 in [86] we have

(5.4) If X is a gaussian proces on S with mean 0 and continuous sample paths, then

$$\rho(t,s) = \sqrt{\mathbb{E}\,(X(t) - X(s))^2}$$

is pregaussian.

From Theorem 3.1 in [21], we have

(5.5) If $\int_0^1 \sqrt{H_\rho(t)}\, dt < \infty$, then ρ is pregaussian

where H_ρ is the <u>entropy</u> of ρ:

$$H_\rho(t) = \log\left\{\begin{array}{l}\text{minimal number of balls of diameter}\\ \leq 2t, \text{ which covers } S\end{array}\right\}$$

If (f_j) is a sequence in $C(S)$, and $\gamma = (\gamma_j)$ is a sequence of independent normalized real gaussian variables, then by Theorem II.5.3 we have

(5.6) $(f_j) \in C(\gamma)$ if and only if the metric:

$$\rho(t,s) = \sqrt{\sum_{j=1}^{\infty} |f_j(t) - f_j(s)|^2}$$

is pregaussian.

Theorem 5.2. Let E be a Banach space and T a continuous linear operator: $E \to C(S)$. If $T(E) \subseteq C^{\rho}(S)$ for some pregaussian metric ρ, then T is of type 2.

Proof. By the closed graph we have that $T: E \to (C^{\rho}(S), |||\cdot|||_{\rho})$ is continuous. Now let $(x_j) \in \ell_E^2$ and put $f_j = Tx_j$, then

$$\sum_{j=1}^{\infty} |f_j(t) - f_j(s)|^2 \leq \sum_{j=1}^{\infty} \rho(t,s)^2 |||f_j|||^2$$

$$\leq K \left(\sum_{j=1}^{\infty} \|x_j\|^2\right) \rho(t,s)^2$$

where K is the norm of T as an operator from E into $(C^{\rho}(S), |||\cdot|||_{\rho})$. So the theorem follows from (5.6). □

Proposition 5.3. Let $R: E \to F$, $S: F \to G$ and $T: G \to H$ be continuous linear operators. If S is of type 2, then so is TSR.

Proof. Obvious. □

Corollary 5.4. If the domain or the range of a continuous linear operator T is of type 2, then so is T. □

Corollary 5.5. Let $\{X(t) \mid t \in S\}$, be a stochastic process, and M a random variable satisfying

(a) $P(|X(t) - X(s)| \leq M\rho(t,s)) = 1 \quad \forall\, t,s \in S$

(b) $P(|X(t)| \leq M) = 1 \quad \forall\, t \in S$

(c) $P(X(\cdot) \in C_o^\rho(S)) = 1$

(d) $\mathbb{E}\, M^2 < \infty$

for some pregaussian metric ρ. Then X belongs to the domain of normal attraction on $C(S)$.

Proof. We know that X is a $C(S)$-valued random vector, with $X \in C_o^\rho(S)$ a.s. By separability of $C_o^\rho(S)$ (cf. Theorem 5.1) we have that X is a $C_o^\rho(S)$-valued random vector. But the injection: $C_o^\rho(S) \to C(S)$ is of type 2 by Theorem 5.2, so $X \in \mathrm{DNA}$ by Theorem 4.1, since $|||X|||_\rho \leq M$, and $\mathbb{E}\, M^2 < \infty$.

Remark. $C^\rho(S)$ is separable only if S is finite. So (c) cannot be substituted by $X \in C^\rho(S)$ a.s.

However, if $X \in C^\rho(S)$, and if there exists a pregaussian metric δ, satisfying

(5.7) $$\lim_{(t,s)\to(a,a)} \frac{\rho(t,s)}{\delta(t,s)} = 0 \qquad \forall\, a \in S$$

(5.8) $$\rho(t,s) \leq K\delta(t,s) \qquad \forall\, t,s$$

Then clearly $X \in C_o^\delta(S)$, and

$$|||X|||_\delta \leq (K+1)\, |||X|||_\rho$$

It is an open problem whether any pregaussian metric admits a pregaussian metric δ satisfying (5.7) and (5.8).

If ρ satisfies (5.5), it is easy to construct a δ satisfying (5.5), (5.7) and (5.8): Let d be the ρ-diameter of S. Then we choose a decreasing continuous function, $g:]0,d] \to]0,\infty]$, satisfying

$$g(0) = \infty, \quad \int_0^d g(t) \sqrt{H_\rho(t)}\, dt < \infty$$

If

$$h(t) = \int_0^t g(s)ds$$

then

$$h(t+s) = \int_0^t g(u)du + \int_0^s g(u+t)du \le h(t) + h(s)$$

So $\delta(t,s) = h(\rho(t,s))$ is a metric. And since any ρ-ball of diameter r is a δ-ball of diameter $h(r)$, we have

$$H_\delta(h(t)) = H_\rho(t) \quad \forall\ t > 0$$

Hence

$$\begin{aligned}\int_0^{h(d)} \sqrt{H_\delta(t)}\, dt &= \int_0^d h'(t) \sqrt{H_\delta(h(t))}\, dt \\ &= \int_0^d g(t) \sqrt{H_\rho(t)}\, dt \\ &< \infty\end{aligned}$$

and

$$\frac{\rho(t,s)}{\delta(t,s)} \xrightarrow[\rho(t,s)\to 0]{} \frac{1}{g(0)} = 0$$

$$\rho(t,s) \le \delta(t,s)/g(d)$$

So (5.5), (5.7) and (5.8) holds.

J. Zinn has shown in [117], that if ρ satisfies (5.4), then there exists a pregaussian metric satisfying (5.7) and (5.8).

As corollaries to these remarks we have

Corollary 5.6. *Let* $\{X(t) \mid t \in S\}$ *be a stochastic process with continuous sample path, and let* ρ *be a continuous metric on* S, *such that*

(a) $$\mathbb{E}\, |||X|||_\rho^2 < \infty$$

(b) $$\int_0^d \sqrt{H_\rho(t)}\, dt < \infty$$

Then X *belongs to the domain of normal attraction on* $C(S)$. □

Corollary 5.7. *Let* $\{X(t) \mid t \in S\}$ *be a stochastic process with continuous sample paths, such that*

(a) $$\mathbb{E}\, |||X|||_\rho^2 < \infty$$

for some metric ρ *given by*

$$\rho(t,s) = \sqrt{\mathbb{E}\,(Z(t)-Z(s))^2}$$

where $Z(t)$ *is a mean 0 gaussian process with continuous sample paths. Then* X *belongs to the domain of normal attraction.* □

Theorem 5.8. *Let* (S,Σ,μ) *be a finite measure space, and let* $1 \le p \le 2 \le q \le \infty$. *Then the injection:* $L^q(\mu) \to L^p(\mu)$ *is of type 2.*

Proof. Follows from Proposition 5.3 and the factorization:

$$L^q(\mu) \to L^2(\mu) \to L^p(\mu) \quad □$$

Corollary 5.9. *Let* (S,Σ,μ) *be a finite measure space and* $\{X(t) \mid t \in S\}$ *a measurable stochastic process. Let* $q \in [2,\infty]$, *and suppose that*

(a) $X(\cdot) \in L^q(\mu)$ a.s.

(b) $\{X(\cdot,\omega) \mid \omega \in \Omega\}$ <u>is separable in</u> $L^q(\mu)$

(c) $\mathbb{E}\, \|X\|_q^2 < \infty$

<u>Then</u> X <u>belongs to the domain of normal attraction on any</u> $L^p(\mu)$ <u>for</u> $1 \leq p \leq q$. □

BIBLIOGRAPHIE

[1] T.W. Anderson, *The integral of a symmetric unimodal function over a symmetric convex set and some probability inequalities*, Proc.Amer.Math.Soc.6(1955), 170-176.

[2] A. Arajao, *On the central limit theorem for* $C(I^k)$*-valued random variable*, Preprint Stat.Dept.,Univ.of Calif.,Berkeley, (1973).

[3] A. Badrikan, *Prolegomene au calcul des probabilitēs dans les Banach*, Springer Lecture Notes in Math.,539(1976), 1-165.

[4] A. Beck, *On the strong law of large numbers, Ergodic Theory*, Proc.Int.Symp. New Orleans 1961 (ed.: F.B. Wright), Academic Press.

[5] A. Beck, *A convexity condition in normed linear spaces and the strong law of large numbers*, Proc. Amer. Math.Soc., 13(1962), 329-334.

[6] A. Beck, *Conditional independence*, Bull. Amer.Math.Soc., 80(1974), 1169-1172.

[7] A. Beck and D.P. Giesy, *P-uniform convergence and vector-valued strong law of large numbers*, Trans.Amer.Math.Soc., 147(1970), 541-559.

[8] C. Bessaga and A. Pelczynski, *On basis and unconditional convergence of series in Banach spaces*, Stud.Math., 17(1958), 151-164.

[9] P. Billingsley, *Convergence of probability measures*, John Wiley and Sons, New York (1968).

[10] C. Borell, *Convex set functions in* d-*space*, Period.Math.Hung. 6(1975), 111-136.

[11] C. Borell, *Convex measures on locally conves spaces*, Ark.Math., 120(1974), 390-408.

[12] C. Borell, *The Brunn-Minkovski inequality in Gauss space*, Invent.Math., 30(1975), 207-216.

[13] C. Borell, *Gaussian measures on locally convex spaces*, Math. Scand. (to appear).

[14] S.D. Chatterji, *Martingale convergence and the Radon-Nikodym theorem in Banach spaces*, Math.Scand. 22(1968), 21-41.

[15] S.D. Chatterji, *Martingales of Banach-value random variables*, Bull.Amer.Math.Soc., 66(1960), 395-398.

[16] S.D. Chatterji, *A note on the convergence of Banach space valued martingales*, Math.Ann., 153(1964), 142-149.

[17] K.L. Chung, *Note on some strong laws of large numbers*, Amer.J.Math., 69(1947), 189-192.

[18] J. Delporte, *Fonction aléatoires présque surement continues sur une intervalle fermé*, Ann. Inst. H. Poincaré, 1(B) (1964), 111-215.

[19] N. Dunford and J.T. Schwartz, *Linear operators, vol. I*, Interscience, New York (1967).

[20] R.M. Dudley, *Metric entropy and the central limit theorem in* C(S), Ann.Inst.Fourier 24(1974), 49-60.

[21] R.M. Dudley, *The sizes of compact subsets of Hilbert space and continuity of gaussian Processes*, J.Funct.Anal., 1(1967), 290-330.

[22] R.M. Dudley, *Sample functions of the gaussian process*, Ann.Prob., 1(1973), 66-103.

[23] R.M. Dudley and M. Kanter, *Zero-one laws for stable measure*, Amer.Math.Soc., 45(1974), 245-252.

[24] R.M. Dudley and V. Strassen, *The central limit theorem and ε-entropy*, Springer Lecture notes in Math. 89(1969), 224-231.

[25] T. Figiel and G. Pisier, *Séries aléatoires dans les espaces uniformémenet convexes ou uniformémenet lisses*, C.R. Acad.Sci.Paris, 279(1974), 611-614.

[26] X. Fernique, *Integrabilité des vecteurs gaussiens*, C.R. Acad.Sci. Paris, 270(1970), 1698-1699.

[27] X. Fernique, *Régularité de trajéctoires des fonctions aléatoires gaussiennes*, Springer Lecture notes 480(1975), 2-95.

[28] X. Fernique, *Une démonstration simple du théorème de R.M. Dudley et M. Kanter sur les lois zero-un pour les mesures stables*, Springer Lecture Notes Math., 381(1974).

[29] M.R. Fortet and E. Mourier, *Les fonctions aléatoires commes éléments aléatoires dans les espaces de Banach*, Stud.Math., 15(1955), 62-79.

[30] M.R. Fortet and E. Mourier, *Resultats complementaires sur les élémenets aléatoires prenant leurs valeur dans un espace de Banach*, Bull. Sci. Math., 78(1965), 14-30.

[31] D.J.H. Garling, *Functional limit theorems in Banach spaces*, Ann. Prob. 4(1976), 600-611.

[32] E. Giné, *On the central limit theorem for sample continuous processes*, Ann.Prob. 2(1974), 629-641.

[33] E. Giné, *A note on the central limit theorem in* C(S), preprint.

[34] D.P. Giesy, *On a convexity condition in normed linear spaces*, Trans.Amer.Math.Soc., 125(1966), 114-146.

[35] M. Hahn, *Central limit theorem for* D[0,1]*-valued random variable*, Ph.D. thesis, M.I.T. (1975).

[36] M. Hahn, *Conditions for sample continuity and the central limit theorem*, (to appear).

[37] M. Hahn and M.J. Klass, *Sample continuity of square integrable processes*, (to appear).

[38] B. Heinkel, *Théorème central-limite et loi du logarithme itéré dans* C(S), C.R. Acad.Sci.Paris, 282(1976), 711-713.

[39] B. Heinkel, *Mesures majorantes et théor`eme de la limite centrale dans* C(S), (preprint).

[40] J. Hoffmann-Jørgensen, *Sums of independent Banach space valued random variables*, Aarhus Universitet, preprint (1972-73), No. 15.

[41] J. Hoffmann-Jørgensen, *Sums of independent Banach space valued random variables*, Studia. Math., 52(1974), 159-186.

[42] J. Hoffmann-Jørgensen, *Integrability of seminorms, the 0-1 law and the affine kernel for product measures*, Stud.Math. (to appear).

[43] J. Hoffmann-Jørgensen, *On the modules of smoothness and the* G_a*-condition in* B*-spaces*, (preprint).

[44] J. Hoffmann-Jørgensen and G. Pisier, *The law of large numbers and the central limit theorem in Banach spaces*, Ann. Prob. 4(1976), 587-599.

[45] K. Ito and M. Nisio , *On the convergence of sums of independent Banach space valued random variables*, Osaka Math. J., 5(1968), 35-48.

[46] N.C. Jain, *Central limit theorem in a Banach space*, Springer Lecture Notes in Math., 526 1976.

[47] N.C. Jain, *An example concerning* CLT *and* LIL *in Banach spaces*, Ann. Prob. 4(1976), 690-694.

[48] N.C. Jain, *Central limit theorem and related questions in Banach space*, Proc. AMS symp. Urbana 1976 (to appear).

[49] N.C. Jain, *A zero-one law for gaussian processes*, Proc.Amer.Math.Soc. 29(1971), 585-587.

[50] N.C. Jain, *Tail probabilities for sums of independent Banach space valued random variables*, (preprint).

[51] N.C. Jain and G. Kallianpur, *Note on uniform convergence of stochastic processes*, Ann. Math. Stat., 41(1970), 1360-1362.

[52] N.C. Jain and G. Kallianpur, *Norm convergent expansions for gaussian processes in Banach spaces*, Proc.Amer.Math.Soc., 25(1970), 890-895.

[53] N.C. Jain and M.B. Marcus, *Integrability of infinite sums of independent vector-valued random variables*, Trans. Amer.Math.Soc., 212(1975), 1-36.

[54] N.C. Jain and M.B. Marcus, *Central limit theorems for* C(S)-*valued random variables*, J. Funct. Anal., 19(1975), 216-231.

[55] N.C. Jain and M.B. Marcus, *Sufficient conditions for the continuity of stationary gaussian processes and applications to random series of functions*, Ann. Inst. Fourier, 24(1974), 117-141.

[56] R.C. James, *A non reflexive Banach space, which is uniformly non octahedral*, Israel J. Math. (to appear).

[57] J.P. Kahane, *Some Random Series*, D.C. Heath, Lexington (1968).

[58] G. Kallianpur, *Abstract Wiener spaces and their reproducing kernel Hilbert spaces*, Z. Wahr Verw.Geb., 17(1971), 113-123.

[59] G. Kallianpur, *Zero-one laws for gaussian processes*, Trans.Amer. Math.Soc., 149(1970), 199-211.

[60] W. Krakowiak, *Comparison theorems for and exponential moments of random series in Banach spaces*, (preprint).

[61] J. Kuelbs, *Strassen law of the iterated logarithm*, Ann. Inst. Fourier, 2(1974), 169-177.

[62] J. Kuelbs, *A strong convergence theorem for Banach space valued random variables*, Ann. Prob. (to appear)

[63] J. Kuelbs, *The law of the iterated logarithm and related strong convergence theorems for Banach space valued random variables*, Springer Lecture Notes in Math. 539(1976).

[64] J. Kuelbs, *Kolmogorov law of the iterated logarithm for Banach space valued random variables*, Ill.J.Math. (to appear).

[65] J. Kuelbs, *The law of the iterated logarithm in* C[0,1], Z. Wahr. Verw. Geb., 33(1976), 221-235.

[66] J. Kuelbs, *The law of the iterated logarithm in* C(S), (preprint).

[67] J. Kuelbs, *A strong convergence theorem for Banach space valued random variables*, Ann. Prob., 4(1976), 744-771.

[68] J. Kuelbs, *The law of iterated logarithm for Banach space valued random variables*, (preprint).

[69] J. Kuelbs, *An inequality for the distribution of a sum of certain Banach space valued random variables*, Stud.Math., 52(1974), 69-87.

[70] J. Kuelbs, *A counter example for Banach space valued random variables*, (preprint)

[71] J. Kuelbs and R. LePage, *The law of the iterated logarithm for Brownian motion in Banach space*, (to appear).

[72] T. Kurtz, *Inequalities for the law of large numbers*, Ann. Math. Stat., 43(1972), 1874-1883.

[73] S. Kwapień, *A theorem on the Rademacher series with vector valued coefficients*, Springer Lecture Notes in Math., 526(1976).

[74] S. Kwapień, *Isomorphic caracterization of inner product spaces by orthogonal series with vector valued coefficients*, Studia. Math. 44(1972) 583-595.

[75] S. Kwapień, *On Banach spaces containing* c_o, Stud.Math. 52(1974), 159-186.

[76] T.L. Lai, *Reproducing Kernel Hilbert spaces and the law of the iterated logarithm for gaussian processes*, Ann. Prob. (to appear).

[77] H.J. Landau and L.A. Shepp, *On the supremum of a Gaussian process*, Sankhya Ser. A, 32(1971), 369-378.

[78] R. LePage, *Loglog law for gaussian processes*, Z. Wahr. Verw. Geb., 25(1973), 103-108.

[79] W. Linde and A. Pietsch, *Mappings of gaussian cylindrical measures in Banach spaces*, Theor.Prob.Appl. 19(1974), 445-460.

[80] J. Lindenstrauss and L. Tzafriri, *Classical Banach spaces*, Springer Lecture Notes in Math., 338(1973).

[81] M. Loève, *Probability theory*, 3rd ed., Van Nostrand, New York, London, Toronto, (1963).

[82] M.B. Marcus, *Continuity of gaussian processes and Random Fourier Series*, Ann.Prob. 1(1975), 968-981.

[83] M.B. Marcus, *Some new results of limit theorems for* C(S)-*valued random variables*, (to appear).

[84] M.B. Marcus, *Uniform convergence of random Fourier series*, (preprint).

[85] M.B. Marcus, *Uniform estimates for certain Rademacher sums*, (preprint).

[86] M.B. Marcus and L.A. Shepp, *Sample behavior of Gaussian processes*, Proc. Sixth Berkeley Symp. on Math.Stat. and Prob. vol.2(1972), 423-441.

[87] B. Maurey, *Espaces de cotype* p, $0<p\leq 2$,
Seminaire Maurey-Schwarz 1972-73, Ecole Polytechnique, Paris.

[88] B. Maurey, *Théorèmes de factorisation pour les opérateurs linéaires à valeur dans un espace* L^p,
Astérique No. 11(1974), Soc.Math.France.

[89] B. Maurey and G. Pisier, *Series de V.A. Vectorielles indépendentes et propriétés géométriques des espaces de Banach*,
Studia Math., 58(1976), 45-90.

[90] B. Maurey and G. Pisier, *Caractérisation d'une classe d'espaces de Banach par de propriétés de séries aléatoires vectorielles*,
C.R. Acad.Sci.Paris, 277(1973), 687-690.

[91] E. Mourier, *Eléments aléatoires dans un espace de Banach*,
Ann.Inst. H. Poincaré, 13(1952), 159-244.

[92] K. Musial and W.A. Woyczynski, *Un principe de contraction pour convergence presque sure de séries aléatoires vectorielles*,
C.R. Acad.Sci. Paris, (to appear).

[93] G. Nordlander, *On sign-independent and almost sign-independent convergence in normed linear spaces*,
Arkiv för Mat. 4, 21(1961), 287-296.

[94] K.R. Parthasarathy, *Probability measures on metric spaces*,
Academic Press, New York.

[95] G. Pisier, *Sur la loi du logarithme itéré dans les espace de Banach*,
Springer Lecture notes in Math., 526(1976).

[96] G. Pisier, *Le theorème de la limite centrale et la loi du logarithme itéré dans les espaces de Banach*,
Seminaire Maurey-Schwarz 1975-76, Ecole Polytechnique, Paris.

[97] G. Pisier, *Sur la loi du logarithme*, (to appear).

[98] G. Pisier, *Martingales à valeurs dans espaces uniformément convexes*, C.R. Acad.Sci. Paris, (to appear).

[99] G. Pisier, *Type des espaces normés*, C.R. Acad.Sci. Paris, 276(1973), 1673-1676.

[100] G. Pisier, *Martingales with values in uniformly convex spaces*, Israel J.Math. (to appear).

[101] G. Pisier, *Sur les espaces de Banach qui ne contiennent pas uniformémenet de* ℓ^1_n, C.R. Acad.Sci. 277(1973), 991-994.

[102] G. Pisier, *Sur les espaces qui ne contiennent pas de* ℓ^∞_n *uniformement*, Seminaire Maurey-Schwarz, Ecole Polytechnique 1972-73.

[103] Y.V. Prohorov, *Convergence of random processes and limit theorems in probability*, Teor. Veroy. Prim., 1(1956), 177-238.

[104] P. Révész, *The laws of large numbers*, Academic Press, New York, 1968.

[105] C. Ryll-Nardzewski and W.A. Woyczynski, *Bounded multiplier convergence in measure of random vector series*, Proc.Amer.Math. Soc., 52(1975), 96-98.

[106] L. Schwarz, *Les espaces de cotype 2 d'apres B. Maurey, et leurs applications*, Ann. Inst. Fourier, 24(1974), 179-188.

[107] V. Strassen, *An invariance principle for the law of the iterated logarithm*, Z. Wahr. Verw. Geb. 3(1964), 211-226.

[108] V. Strassen, *Probability measures with given marginals*, Ann. Math. Stat., 36(1965), 423-439.

[109] S. Swaminathan, *Probabilistic characteirzation of reflexive spaces*, An. Acad.Brasil Cienc.,(1973), 345-347.

[110] J. Szarek, *On the best constant in the Khintchine inequality*, (to appear).

[111] T. Topsøe, *Topology and measure*, Springer Lecture Notes in Math. B3(1970).

[112] S.R.S. Varadhan, *Limit theorem for sums of independent random variables with valued in a Hilbert space*, Sankhya 24(1962, 213-238.

[113] W.A. Woyczynski, *Random series and laws of large numbers in some Banach space*, Teory Prob.Appl. 18(1973), 361-367.

[114] W.A. Woyczynski, *Strong laws of large numbers in certain Banach spaces*, Ann. Inst. Fourier, 24(1974), 205-223.

[115] W.A. Woyczynski, *A central limit theorem for martingales in Banach spaces*, Bull.Acad.Pol.Sci., 23(1975), 917-920.

[116] W.A. Woyczynski, *Geometry and martingales in Banach spaces*, Springer Lecture Notes in Math., 472(1975), 229-275.

[117] J. Zinn, *A note on the central limit theorem in Banach space*, (to appear).

[118] J. Zinn, *Zero-one laws for non-gaussian measures*, Proc.Amer.Math.Soc. 44(1974), 179-185.

REGULARITE DE FONCTIONS ALEATOIRES NON GAUSSIENNES

PAR X. FERNIQUE

Originally published in: *Ecole d'Eté de Probabilités de Saint-Flour XI – 1981*, Lecture Notes in Mathematics, Vol. **976**, 1–74, DOI: 10.1007/BFb0067985, © Springer-Verlag Berlin Heidelberg 1983, Reprint by Springer-Verlag Berlin Heidelberg 2012

INTRODUCTION

On se propose de montrer dans ce cours que la plupart des propriétés des fonctions aléatoires gaussiennes découvertes ces quinze dernières années s'appliquent à des classes plus larges de fonctions aléatoires qui peuvent donc être utilisées simplement. On étudie dans le premier chapitre les structures de majoration ; les nombres liant entropie et fonctions aléatoires y jouent un rôle clef comme l'ont montré entre autres les travaux de R.M. Dudley dans le cas gaussien et de G. Pisier dans le cas non gaussien. Dans le second chapitre, on étudie certaines structures liées à l'indépendance et à la symétrie ; les travaux de De Acosta, Marcus et Pisier sont à l'origine de ce chapitre.

Le lecteur constatera l'importance des propriétés des familles symétriques de variables aléatoires à valeurs vectorielles. Nous l'invitons à se reporter aux pages 46 à 55 de l'article de M.B. Marcus et G. Pisier "Random Fourier series with applications to harmonic Analysis".

Dans tout ce cours et sauf mention expresse, les variables aléatoires seront construites sur un espace probabilisé complet noté $(\Omega,\mathcal{G},P)$.

Ce cours ne contient guère de résultats originaux. Dans le domaine qu'il traite, on a vu déjà ou on verra prochainement paraître des articles ou d'autres cours présentant des résultats nouveaux ou des synthèses d'exposition et dus principalement à M. Marcus et G. Pisier qui ont été ici très largement utilisés. Alors que leurs publications visent plutôt à appliquer l'étude des fonctions aléatoires en Mathématiques Pures, je tente ici de montrer qu'elles sont aussi assez simples à manier pour les Mathématiques Appliquées. Par leur existence même, ces deux points de vue complémentaires prouvent me semble-t-il que la théorie des fonctions aléatoires atteint sa maturité.

CHAPITRE I

STRUCTURES DE MAJORATION DES FONCTIONS ALEATOIRES.

Continuité des trajectoires des écarts aléatoires, applications aux fonctions.

Sommaire : Nous étudions la régularité des fonctions aléatoires

$$D = \{D(\omega;s,t)\ ,\ \omega\in\Omega\ ,\ (s,t)\in T\times T\}$$

vérifiant pour tout triplet (s,t,u) d'éléments de T les relations

$$0 = D(\omega;t,t) \leq D(\omega;s,t) = D(\omega;t,s) \leq D(\omega;t,u) + D(\omega;u,s)\ ,\ \text{p.s.}$$

Nous donnons des conditions suffisantes, en termes d'entropie ou de mesures majorantes, pour que toute version séparable de D ait p.s. ses trajectoires continues. Nous appliquons ensuite les résultats aux fonctions aléatoires de la forme $\varphi(d(X(s),X(t)))$ où φ est une fonction sous-additive sur $\mathbb{R}^+$ et X une fonction aléatoire sur T à valeurs dans un espace métrique (P,d) ; ceci donne des conditions suffisantes pour la continuité des trajectoires de X qui regroupent et même améliorent les conditions précédemment connues dans le seul cas $P = \mathbb{R}$. Nous donnons enfin des conditions nécessaires ayant des formes voisines. Le cas des fonctions aléatoires stables à valeurs dans un espace de Banach séparable est spécialement étudié.

1. Introduction, Notations, Enoncé du résultat principal.

1.1. Nous notons (T,δ) un espace muni d'un écart continu ; sauf mention expresse, T sera compact. Pour tout $u>0$, $N(u)$ sera le plus petit nombre de δ-boules fermées de rayon u recouvrant T (l'usage voudrait que l'on utilise plutôt les δ-boules ouvertes, ça ne change pas grand chose ; je n'y vois que des inconvénients techniques) ; soit Φ une fonction de Young, c'est-à-dire une fonction positive d'une variable positive, continue, paire, convexe et vérifiant :

$$\lim_{x\to 0}\frac{\Phi(x)}{x} = 0\ ,\ \lim_{x\to\infty}\frac{\Phi(x)}{x} = \infty\ ;$$

nous notons $\mathcal{E}(\Phi)$ la classe des fonctions aléatoires sur T, séparables pour δ, $X = \{X(\omega,t), \omega \in \Omega, t \in T\}$ à valeurs dans $\mathbb{R}$ vérifiant :

$$(1) \qquad \forall (s,t) \in T \times T, \quad E\,\Phi\{\frac{|X(s)-X(t)|}{\delta(s,t)}\} \leq 1 .$$

Dans certains cas particuliers, R.M. Dudley ([1]), $\Phi(x) = e^{x^2} - 1)$, C. Nanopoulos et P. Nobelis ([8], $\Phi(x) = e^{x^\alpha} - 1)$, G. Pisier ([9], $\Phi(x) = x^p$, $p > 1)$ ont montré par des méthodes successives différentes et adaptées à ces cas que si l'intégrale $\int_0 \Phi^{-1}(N(u))du$ est convergente, alors tout élément X de $\mathcal{E}(\Phi)$ a p.s. ses trajectoires continues ; ces résultats amélioraient des résultats d'un type voisin valables dans $\mathbb{R}$ ou dans $\mathbb{R}^d$ seulement et associés aux fonctions x^p ([4], [5], [6]). Nous présentons ici le résultat général pour toute fonction de Young Φ.

Dans une note récente ([10]) et dans le cours parallèle, M. Weber montre que toute fonction aléatoire séparable X liée à une variable aléatoire X_o par la relation :

$$(2) \qquad \forall (s,t) \in T \times T, \ \forall u > 0, \ P\{|X(s)-X(t)| \geq u\,\delta(s,t)\} \leq P\{|X_o| \geq u\}$$

a, sous certaines conditions d'intégrabilité liant X_o à N p.s. ses trajectoires bornées et est p.s. continue en chaque point de T ; il donne alors des évaluations de $\sup_T |X|$. Nous généralisons et précisons ce résultat. Soit en effet $X_o = \{X_o(\omega), \omega \in]0,1]\}$ une fonction positive et décroissante sur $\{]0,1], d\omega\}$; nous notons $\mathcal{F}(X_o)$ la classe des fonctions aléatoires sur T, séparables pour δ, $X = \{X(\omega,t), \omega \in \Omega, t \in T\}$ à valeurs dans $\mathbb{R}$ et vérifiant :

$$(3) \qquad \forall (s,t) \in T \times T, \ \forall u > 0, \ E\{|X(s)-X(t)|\,I_{|X(s)-X(t)| \geq u}\} \leq \delta(s,t) \int_0^{P\{|X(s)-X(t)| \geq u\}} X_o(\omega)\,d\omega ;$$

nous montrons que sous certaines conditions d'intégrabilité liant X_o à N, tout élément X de $\mathcal{F}(X_o)$ a p.s. ses trajectoires continues ; le résultat concernant la classe $\mathcal{E}(\Phi)$ en est un corollaire.

1.2. Les hypothèses (1), (2) ou (3) associent à la fonction aléatoire X sur T la fonction aléatoire $D(s,t) = |X(s) - X(t)|$ sur $T \times T$; les manipulations techniques des preuves des résultats annoncés opèrent uniquement sur D , mais nécessitent pour tout couple (s,t) l'intégrabilité de D(s,t) ; il s'agit là d'une condition très restrictive sur la loi de X . En fait, ces manipulations peuvent opérer sur d'autres fonctions aléatoires sur $T \times T$, par exemple $|X(s) - X(t)|^{\alpha}, \alpha \in]0,1]$, suffisamment sous-additive. Cette remarque nous amène à situer l'étude dans un cadre plus général.

Soit $D = \{D(\omega; s,t), \omega \in \Omega, (s,t) \in T \times T\}$ une fonction aléatoire sur $T \times T$; nous disons que D <u>est un écart ou une pseudo-distance aléatoire</u> si pour tout triplet (s,t,u) d'éléments de T , elle vérifie :

(4) $$0 = D(\omega; t,t) \leq D(\omega; s,t) = D(\omega; t,s) \leq D(\omega; t,u) + D(\omega; u,s) \text{ , p.s.}$$

Pour toute fonction X_o , positive et décroissante sur]0,1] , nous notons $F(X_o)$ la classe des écarts aléatoires séparables D vérifiant :

(5) $$\forall (s,t) \in T \times T, \forall u > 0, E\{D(s,t) I_{D(s,t) \geq u}\} \leq \delta(s,t) \int_0^{P\{D(s,t) \geq u\}} X_o(\omega) d\omega \text{ ;}$$

avec ces notations, le résultat principal sera le suivant :

THEOREME 1.2. : <u>On suppose que l'intégrale</u> $\iint_{\{o < \omega \leq 1 < N(u)\}} X_o(\frac{\omega}{N(u)}) d\omega du$ <u>est finie, alors tout élément</u> D <u>de</u> $F(X_o)$ <u>a p.s. ses trajectoires continues sur</u> $T \times T$ <u>et vérifie, pour toute partie mesurable</u> A <u>de l'espace d'épreuves</u> :

(6) $$E\{[\sup_{T \times T} D] I_A\} \leq 8 \iint_{\{N(u) > 1, o < \omega \leq P(A)\}} X_o(\omega / N(u)) d\omega du .$$

<u>Remarque</u> : Soient D un écart aléatoire séparable sur un espace (T, δ) et X_o une variable aléatoire positive qu'on peut supposer réalisée sur]0,1] et décroissante ; supposons-les reliés par la propriété :

(2') $\forall\ (s,t) \in T \times T\ ,\ \forall\ u>0\ ,\ P\{D(s,t) > u\delta(s,t)\} \leq P\{X_o > u\}$;

on a alors par intégration et pour toute fonction f positive croissante sur R^+ :

$$E\{f(\frac{D(s,t)}{\delta(s,t)}\ I_{\delta(s,t)\neq o})\} \leq Ef(X_o)\ .$$

En particulier, D vérifie la propriété (5) et appartient donc à $F(X_o)$. Une partie des résultats qualitatifs de M. Weber apparaît alors comme corollaire du théorème 1.2 ; les résultats quantitatifs sont de nature différente.

1.3. Alors que dans les travaux précédents, les outils de majoration étaient l'inégalité de Borel-Cantelli, l'inégalité de Jensen ou celle de Young, nous utiliserons ici des techniques bien classiques sur les réarrangements qui se révèlent particulièrement adaptées ; elles ont fait précédemment des apparitions partielles dans le domaine des fonctions aléatoires ([3], [7]) et il me semble qu'elles méritent une utilisation systématique ; nous énonçons ci-dessous leur forme classique, leur adaptation utile et une propriété de variations :

LEMME 1.3 : (a) Soient D une variable aléatoire positive intégrable et $\bar{D}$ la fonction équimesurable décroissante sur $]0,1]$ qui lui est associée ; pour toute variable aléatoire f à valeurs dans $[0,1]$, on a alors :

$$E\{D.f\} \leq \int_{o\leq x\leq E(f)} \bar{D}(x)dx\ .$$

(b) Soit X_o une fonction positive décroissante intégrable sur $]0,1]$; pour tout élément D de $F(X_o)$ et pour les mêmes v.a. f , on a aussi :

(7) $\forall\ (s,t) \in T \times T, E\{D(s,t)f\} \leq \delta(s,t) \int_{o<\omega\leq E(f)} X_o(\omega)d\omega$.

Enfin pour tout entier positif n et tout nombre $a \in [0,1]$, on a :

(8) $\sup\{\sum_{k=1}^{n} \int_o^{p_k} X_o(\omega)d\omega, (p_k) \in [0,1]^n, \sum_1^n p_k = a\} = n\int_o^{\frac{a}{n}} X_o(\omega)d\omega$.

2. Démonstration du lemme 1.3 et du théorème 1.2.

2.1. Le résultat (a) du lemme étant rappelé seulement pour sa forme classique et sa parenté avec (b), le résultat (8) par ailleurs se déduisant immédiatement de la concavité de $\{\int_0^x X_0(\omega)d\omega, x\in[0,1]\}$ et de la symétrie de la fonction

$$\{\sum_{k=1}^{n}\int_0^{p_k} X_0(\omega)d\omega, (p_k)\in[0,1]^n\},$$

nous ne démontrons que le résultat (7) ; nous omettrons les variables s et t.

Notons pour commencer sous les hypothèses (b) du lemme que pour tout nombre réel M et tout couple (λ,μ) de nombres positifs de somme 1, on a :

$$\forall\ \omega\in\Omega,\ (D(\omega)-M)f(\omega)\leq (D(\omega)-M)^+\leq (D(\omega)-M)\Big[\lambda I_{D\geq M}(\omega)+\mu I_{D>M}(\omega)\Big];$$

si on choisit M, λ et μ de sorte que :

$$E(f)=\lambda P\{D\geq M\}+\mu P\{D>M\},$$

on obtiendra alors par intégration en ω :

$$E\{D.f\} = ME(f)+E\{(D-M)f\}\leq \lambda E\{DI_{D\geq M}\}+\mu\lim_{u\downarrow M} E\{DI_{D\geq u}\};$$

puisque D appartient à $F(X_0)$, ce dernier se majore par :

$$\delta\{\lambda\int_0^{P\{D\geq M\}} X_0(\omega)d\omega+\mu\int_0^{P\{D>M\}} X_0(\omega)d\omega\},$$

et la concavité de $\{\int_0^x X_0(\omega)d\omega, x\in[0,1]\}$ majore ensuite par :

$$\delta\int_0^{\lambda P\{D\geq M\}+\mu P\{D>M\}} X_0(\omega)d\omega,$$

c'est le résultat (7).

2.2. La démonstration du théorème aura deux étapes. Dans la première, nous établissons des majorations explicites des trajectoires permettant sous les hypothèses du théorème de montrer qu'elles sont p.s. majorées sur $T\times T$ et vérifient les inégalités (6). La seconde étape utilise des approximations de D par des espérances conditionnelles ; les majorations de la première étape montreront en effet la convergence uniforme presque sûre de certaines de ces espérances.

Dans la première étape, on pourra d'ailleurs se limiter au cas où $P(A)$ est positif, sinon les deux membres de (6) sont nuls, et même où $A = \Omega$; on peut en effet énoncer :

LEMME 2.2.1 : Soient X_o une fonction positive décroissante intégrable sur $]0,1]$ et D un écart aléatoire appartenant à $F(X_o)$ d'espace d'épreuves (Ω,P) ; soit de plus A un sous-ensemble mesurable de Ω non négligeable. On note Q la probabilité $\frac{I_A . P}{P(A)}$ et X'_o la fonction $\{X_o(\omega P(A)), \omega \in]0,1]\}$. Dans ces conditions, l'écart aléatoire D défini sur l'espace d'épreuves (Ω,Q) appartient à $F(X'_o)$ et on a :

$$E_Q\{[\sup_{T\times T} D]\} = \frac{1}{P(A)} E_P\{[\sup_{T\times T} D] I_A\},$$

$$\iint_{\{N(u)>1\}} X'_o\left(\frac{\omega}{N(u)}\right) d\omega\, du = \frac{1}{P(A)} \iint_{\{N(u)>1,\ o<\omega\leq P(A)\}} X_o\left(\frac{\omega}{N(u)}\right) d\omega\, du .$$

Démonstration : les égalités indiquées résultant du changement de variables, il suffit de vérifier que D sur (Ω,Q) appartient à $F(X'_o)$. Soient donc un élément (s,t) de $T\times T$ et u positif, on a par définition de Q :

$$E_Q\{D(s,t) I_{D(s,t)>u}\} = \frac{1}{P(A)} E\{D(s,t) I_{A\cap\{D(s,t)>u\}}\} ;$$

ce dernier membre se majore à partir du lemme 1.3.(b), on obtient :

$$\frac{1}{P(A)}\, \delta(s,t) \int_{o\leq\omega\leq P\{A\cap\{D(s,t)>u\}\}} X_o(\omega) d\omega = \delta(s,t) \int_o^{Q\{D(s,t)>u\}} X'_o(\omega) d\omega$$

et le résultat du lemme est donc établi.

2.2.2. Première étape.

Nous notons u_o la borne supérieure sur R^+ de $\{u : N(u)>1\}$; pour tout entier n, soit S_n une partie de T de cardinal $N(\frac{u_o}{2^n})$ telle que $\{B(s,\frac{u_o}{2^n}), s\in S_n\}$ recouvre T ; nous notons g_n une application de S_{n+1} dans S_n vérifiant :

$$\forall\, s \in S_{n+1}\,,\ s \in B(g_n(s)\,,\frac{u_o}{2^n})\ ;$$

nous choisissons un entier N et pour tout entier $k \in [0,N]$, nous notons f_k l'application de S_{N+1} dans S_k définie par la composition $g_k \circ g_{k+1} \circ \dots \circ g_N$; nous choisissons un entier $J \leq N$ et nous notons τ une application mesurable de Ω dans S_{N+1} vérifiant :

$$D(\tau, f_J(\tau)) = \sup_{t \in S_{N+1}} D(t, f_J(t))\ ;$$

dans ces conditions, on a immédiatement :

$$(9) \qquad E \sup_{S_{N+1} \times S_{N+1}} |D(s,t) - D(f_J(s), f_J(t))| \leq$$

$$2 \sum_{j=J}^{N} \sum_{t \in S_{j+1}} E\{D(t, g_j(t)) I_{\{f_{j+1}(\tau) = t\}}\}\ ;$$

C'est à ce point de la démonstration que les inégalités des réarrangements et plus précisément le lemme 1.3.(b) interviennent de manière cruciale ; chaque terme du second membre de (9) se majore en effet à partir de (7) puisque D appartient à $F(X_o)$; les distances $\delta(t, g_j(t))$ se majorent indépendamment de t et on obtient :

$$\forall\, j \in [J,N]\,,\ \sum_{t \in S_{j+1}} E\{D(t,g_j(t)) I_{\{f_{j+1}(\tau)=t\}}\} \leq \frac{u_o}{2^j} \sum_{t \in S_{j+1}} \int_o^{P\{f_{j+1}(\tau)=t\}} X_o(\omega) d\omega\ ;$$

la somme des bornes supérieures d'intégration vaut alors 1 de sorte que le lemme 1.3.(b), inégalité (8) montre que le maximum du second membre sous cette condition est atteint quand ces bornes sont toutes égales. En regroupant, on obtient :

$$(10) \quad E \sup_{S_{N+1} \times S_{N+1}} |D(s,t) - D(f_J(s), f_J(t))| \leq 2 \sum_{j=J}^{N} \frac{u_o}{2^j} N(\frac{u_o}{2^{j+1}}) \int_o^{1/N(u_o/2^{j+1})} X_o(\omega) d\omega\,.$$

On prend alors $J = 0$ et on utilise l'évaluation intégrale des sommes, l'inégalité (10) fournit :

$$E\{\sup_{S_{N+1}\times S_{N+1}} D(s,t)\} \leq 8 \iint_{o<u\leq u_o, o<\omega\leq 1} X_o\left(\frac{\omega}{N(u)}\right) d\omega\, du .$$

Soient alors $\varepsilon>0$ et Δ une partie finie arbitraire de T de cardinal n_o ; nous choisissons N de sorte que $\frac{u_o}{2^N}$ soit inférieur à $\frac{\varepsilon}{2n_o \int_o^1 X_o(\omega)d\omega}$; on a :

$$E\{\sup_{\Delta\times\Delta} D(s,t)\} \leq 2n_o \sup_{\delta(s,t) < \frac{u_o}{2^N}} E|D(s,t)| + E\{\sup_{S_{N+1}\times S_{N+1}} D(s,t)\} ;$$

l'inégalité (7) montre que le premier terme du second membre est majoré par ε ; on sait majorer le second terme ; faisant tendre ε vers zéro, on obtient :

$$E\{\sup_{\Delta\times\Delta} D(s,t)\} \leq 8 \iint_{o<u\leq u_o, o<\omega\leq 1} X_o\left(\frac{\omega}{N(u)}\right) d\omega\, du ,$$

et l'inégalité (6) pour $\Omega = A$ s'en déduit par la séparabilité de D et pour les autres valeurs de A par le lemme 2.2.1. On en déduit la majoration presque sûre des trajectoires si l'intégrale majorante est finie ; on en déduit aussi dans ce cas la continuité presque sûre de D en tout point (t_o,t_o) de la diagonale de $T\times T$ et donc en tout autre point en appliquant (6) dans les suites $\{B(t_o,\delta_n)\times B(t_o,\delta_n), \delta_n \downarrow 0\}$. Ceci termine la première étape de la démonstration (et même la démonstration si D appartient à une classe pour laquelle la continuité presque sûre implique la p.s. continuité des trajectoires).

2.3. Pour la seconde étape, nous notons $\{\mathcal{Q}_n, n\in\mathbb{N}\}$ une suite croissante de tribus finies engendrant sur Ω la même tribu que D ; il en existe puisque D est séparable. Pour tout couple (s,t) d'éléments de T et tout entier n, nous notons $D_n(s,t)$ une version de $E\{D(s,t)|\mathcal{Q}_n\}$ que nous pouvons choisir puisque $\mathcal{Q}_n$ est finie assez régulière pour que D_n soit un écart aléatoire et ait toutes ses trajectoires continues sur (T,δ) à partir des relations (5). Nous notons $D'_n(s,t)$ la différence $|D_n(s,t)-D(s,t)|$; puisque D appartient à $F(X_o)$, alors pour tout élément A de $\mathcal{Q}$, on a :

$$E\{D_n(s,t)I_A\} = E\{D(s,t)E\{I_A|G_n\}\} = E\{D(s,t)f\} ,$$

où f à valeurs dans $[0,1]$ a $P(A)$ pour espérance ; le lemme 1.3.(b) montre que ceci vaut $\delta(s,t)\int_0^{P(A)} X_o(\omega)d\omega$, c'est-à-dire que D_n est aussi un élément de $F(X_o)$ auquel on peut appliquer les résultats de la première étape de la preuve. Dans ces conditions, fixant les entiers n , N et $J \leq N$, on a :

$$E\{\sup_{S_{N+1}\times S_{N+1}} D_n'\} \leq E\{\sup_{S_J\times S_J} |D-D_n|\} + E\{\sup_{S_{N+1}\times S_{N+1}} |D-D(f_J,f_J)|\} +$$

$$+ E\{\sup_{S_{N+1}\times S_{N+1}} |D_n-D_n(f_J,f_J)|\} .$$

Les deux derniers termes se majorent par l'inégalité (10) ; laissant n et J fixes, utilisant la séparabilité de D_n' et sa continuité dans L^1 comme à la fin de la première étape, on en déduit :

$$E\{\sup_{T\times T} D_n'\} \leq N^2(\frac{u_o}{2^J}) \sup_{S_J\times S_J} E(D_n') + 16 \iint_{o<\omega\leq 1\,,\, o<u\leq \frac{u_o}{2^J}} X_o(\frac{\omega}{N(u)})\, d\omega\, du .$$

Pour tout $\varepsilon > 0$, on peut donc sous l'hypothèse du théorème choisir J de sorte que le dernier terme soit majoré, indépendamment de n , par $\frac{\varepsilon}{2}$; le théorème de convergence des martingales dans L^1 permet alors, J étant ainsi fixé, l'ensemble S_J étant donc un ensemble fini fixe, de choisir n_o tel que :

$$\forall\, n \geq n_o , \forall\, t \in S_J , \forall\, s \in S_J , E\{D_n'(s,t)\} \leq \frac{\varepsilon}{2N^2(\frac{u_o}{2^J})} ,$$

et par suite :

$$\forall\, n \geq n_o , E\{\sup_{T\times T} D_n'\} \leq \varepsilon .$$

Ceci signifie que :

$$\lim_{n\to\infty} E\{\sup_{T\times T} D_n'\} = 0 ,$$

et les techniques habituelles des sous-martingales montrent que la suite $\{(D_n' = |D_n-D|) , n \in \mathbb{N}\}$ converge uniformément p.s. vers zéro. Ceci implique le résultat du théorème.

Remarque : Le point important dans la deuxième étape est qu'il suffit d'y utiliser le théorème de convergence des martingales dans L^1 et non pas dans un espace vectoriel lié à X_o.

3. Applications.

Dans ce paragraphe, nous énonçons les corollaires du théorème qui fournissent et étendent les résultats précédents cités dans l'Introduction.

COROLLAIRE 3.1 : Soit Φ une fonction de Young, on suppose que l'intégrale $\int_{N(u)>1} \Phi^{-1}(N(u))du$ est finie ; soit de plus D un écart aléatoire séparable (resp. X une fonction aléatoire séparable) tel que :

(11) $\qquad \forall (s,t) \in T \times T\ ,\ E\,\Phi\{\frac{D(s,t)}{\delta(s,t)}\}\ \ (\text{resp. } E\,\Phi\{\frac{|X(s)-X(t)|}{\delta(s,t)}\}) \le 1\ .$

Dans ces conditions, D (resp. X) a p.s. ses trajectoires continues et vérifie :

(12) $\quad \forall A \in \mathcal{A},\ E\{\sup_{T\times T} D.I_A\}\ (\text{resp.} E \sup_{T\times T} |X(s)-X(t)|I_A) \le 8P(A)\int_{N(u)>1} \Phi^{-1}\{\frac{N(u)}{P(A)}\}\,du\ .$

Démonstration (dans le cas de l'écart aléatoire D) : L'hypothèse (11) permet à partir des inégalités d'Orlicz, de majorer $E\{D(s,t)I_A\}$ pour tout couple (s,t) d'éléments de T et tout élément A de $\mathcal{A}$:

(13) $$E\{D(s,t)I_A\} \le \delta(s,t)P(A)\Phi^{-1}\{\frac{1}{P(A)}\}\ .$$

Puisque Φ est une fonction de Young, la fonction $\{p\Phi^{-1}(\frac{1}{p})\ ,\ p \in]0,1]\}$ est positive, croissante, concave ; le comportement de Φ à l'infini montre que $\lim_{p\downarrow 0} p\Phi^{-1}(\frac{1}{p})$ est nul. Il existe donc une fonction positive et décroissante X_o sur $]0,1]$ telle que :

$$\forall\ p \in]0,1]\ ,\ \int_o^p X_o(\omega)d\omega = p\Phi^{-1}(\frac{1}{p})\ ,$$

et l'inégalité (13) signifie que D appartient à $F(X_o)$. Par ailleurs, la construction de X_o montre que l'intégrale $\iint_{\{N(u)>1\ ,\ o<\omega\le P(A)\}} X_o(\frac{\omega}{N(u)})d\omega du$

s'écrit exactement $\int_{N(u)>1} P(A)\Phi^{-1}(\frac{N(u)}{P(A)})du$; dans ces conditions, l'application à D du théorème 1.2 est justifiée et fournit le corollaire.

Remarque 3.1.1 : Supposons que X soit une fonction aléatoire gaussienne séparable et normalisée sur (T,δ) c'est-à-dire que pour tout couple (s,t) d'éléments de T, on ait :

$$EX(t) = 0\ ,\ E(X(s)-X(t))^2 = \delta^2(s,t)$$

de sorte que :

$$E\{\exp(\frac{3}{8}\ \frac{(X(s)-X(t))^2}{\delta^2(s,t)}) - 1\} = 1\ ;$$

le corollaire indique que si l'intégrale $\int_{N(u)>1}\sqrt{\log(1+N(u))}du$ est fini, alors p.s. les trajectoires de X sont continues et de plus :

$$(13)\ \forall A\in\mathcal{C}\ ,\ E\{\sup_{T\times T}|X(s)-X(t)|I_A\} < 8\sqrt{\frac{8}{3}}\ P(A)\int_{N(u)>1}\sqrt{\log(1+\frac{N(u)}{P(A)})}\,du\,.$$

Si le résultat qualitatif est bien connu, le résultat quantitatif est singulièrement simple et maniable.

Remarque 3.1.2 : Supposons de même que X soit une fonction aléatoire séparable sur (T,δ) vérifiant pour un nombre $p>1$,

$$\forall\ (s,t)\in T\times T\ \ EX(t) = 0\ ,\ E|X(s)-X(t)|^p \le \delta^p(s,t)\ .$$

Le corollaire indique que si l'intégrale $\int_{N(u)>1} N(u)^{\frac{1}{p}}du$ est convergente, alors p.s. les trajectoires de X sont continues et de plus :

$$(14)\qquad \forall A\in\mathcal{C}\ ,\ E\{\sup_{T\times T}|X(s)-X(t)|I_A\} \le 8\ P(A)^{1-\frac{1}{p}}\int_{N(u)>1} N(u)^{\frac{1}{p}}du\,.$$

Là encore la formule (14) peut être utile ; en utilisant par exemple l'ensemble $A = \{|X(s)-X(t)|>u\}$ et l'inégalité de Čebičev, elle fournit :

$$(15)\qquad \forall\ u>0\ ,\ P\{\sup_{T\times T}|X(s)-X(t)|>u\} \le (\frac{8}{u})^p\int_{N(u)>1} N(u)^{\frac{1}{p}}du\,.$$

COROLLAIRE 3.2 : Soit X une fonction aléatoire sur T à valeurs dans un espace polonais (P,d) ; on suppose que $d(X(s),X(t))$ est séparable. Soit de plus X_o une fonction positive décroissante sur $]0,1]$; on suppose que $d(X(s),X(t))$ appartient à $F(X_o)$ et que l'intégrale $\iint_{o<\omega<1<N(u)} X_o(\omega/N(u))\,d\omega\,du$ est finie. Dans ces conditions, X a p.s. ses trajectoires continues sur P.

Ce corollaire ne nécessite pas de démonstration puisque c'est la réduction à un cas particulier du théorème.

COROLLAIRE 3.3. Soient $\alpha \in]0,1]$, Φ une fonction de Young et X une fonction aléatoire sur T à valeurs dans un espace de Banach séparable $(E,\|.\|)$; on suppose $\|X(s)-X(t)\|$ séparable et les deux conditions suivantes vérifiées :

(a) $\int_{N(u)>1} \Phi^{-1}(N(u))du<\infty$, (b) $\forall (s,t)\in T\times T$, $E\,\Phi\{\frac{\|X(s)-X(t)\|^{\alpha}}{\delta(s,t)}\} \le 1$;

Dans ces conditions, X a p.s. ses trajectoires continues et vérifie :

(16) $\quad \forall A\in \mathcal{G}$, $E\{\sup_{T\times T} \|X(s)-X(t)\|^{\alpha}\, I_A\} \le 8P(A) \int_{N(u)>1} \Phi^{-1}(\frac{N(u)}{P(A)})\,du$.

Ce corollaire résulte immédiatement des précédents puisque $(E,\|.\|^{\alpha})$ est un espace polonais. On constatera qu'il nécessite seulement des hypothèses faibles d'intégrabilité sur les variables aléatoires $\|X(s)-X(t)\|$.

3.3. Application aux fonctions aléatoires stables. Dans la suite de ce paragraphe, nous appliquons les résultats précédents aux fonctions aléatoires stables générales d'indice $\alpha \in]0,2[$. Nous nous limitons au cas des fonctions aléatoires symétriques puisque toute fonction aléatoire séparable continue en probabilité et dont la symétrisée a p.s. ses trajectoires continues, a p.s. elle-même ses trajectoires continues par les inégalités fortes de symétrisation, la continuité en probabilité contrôlant les médianes des accroissements. Soit X une fonction aléatoire séparable sur T , symétrique stable d'indice $\alpha \in]0,2[$; supposons pour commencer que X soit à valeurs dans $\mathbb{R}$; il existe alors une fonction d positive sur $T\times T$ telle que les accroissements $|X(s)-X(t)|$

aient chacun même loi que $d(s,t)|\theta_\alpha|$ où θ_α est une v.a. de fonction caractéristique $\exp\{-|u|^\alpha\}$. Si $\alpha \in]1,2[$, $d(s,t)$ est proportionnel à $E|X(s)-X(t)|$ si bien que d est un écart sur $T \times T$. Si $\alpha \in]0,1]$, pour tout $\beta \in]0,\alpha[$, $d^\beta(s,t)$ est proportionnel à $E|X(s)-X(t)|^\beta$ si bien que d^β et même d^α sont des écarts sur $T \times T$. Dans l'un et l'autre cas, nous notons $N_d(u)$ le cardinal minimal des parties S de T telles que la famille $\{t \in T, d(s,t) \le u\}$, $s \in S$ soit un recouvrement de T. Dans le cas $\alpha \in]1,2[$, $N_d(u)$ est égal au nombre $N(u)$ défini par l'écart d ; dans le cas $\alpha \in]0,1]$, le nombre $N(u)$ défini par l'écart d^α est égal à $N_d(u^{1/\alpha})$. Nous rappelons que dans tous les cas, on a :

(17) $$0 < \lim_{M \to \infty} M^\alpha P\{|\theta_\alpha| > M\} < \infty ;$$

dans le cas $\alpha \in]1,2[$, l'inégalité (14) fournit :

(18) $$E\{|\theta_\alpha| I_{|\theta_\alpha| > M}\} \le C_\alpha P\{|\theta_\alpha| > M\}^{1-\frac{1}{\alpha}} ;$$

dans le cas $\alpha \in]0,1]$, la même inégalité fournit pour tout $\beta \in]0,\alpha[$:

(18') $$E\{|\theta_\alpha|^\beta I_{|\theta_\alpha| > M}\} \le C_{\alpha,\beta} P\{|\theta_\alpha| > M\}^{1-\frac{\beta}{\alpha}},$$

les constantes ne dépendant que de leurs indices.

3.3.1. Si la fonction aléatoire X symétrique stable d'indice $\alpha \in]0,2[$ prend ses valeurs dans un espace de Banach $(B, \| \ \|)$, la situation est moins classique ; nous supposons la fonction aléatoire $\|X(s)-X(t)\|$ séparable. Les variables aléatoires $X(s)-X(t)$ à valeurs dans B sont alors aussi symétriques stables d'indice α et la forme de leurs lois est précisée par le lemme suivant :

LEMME 3.3.1 : Soit θ une v.a. symétrique stable d'indice $\alpha \in]0,2[$ à valeurs dans un espace de Banach séparable $(B, \| \ \|)$; on note m le quartile supérieur de $\|\theta\|$. Alors pour tout $\beta \in]0,\alpha[$, $\|\theta\|^\beta$ est intégrable et vérifie :

(19) $$\forall M \in \mathbb{R}^+,\ E\{\|\theta\|^\beta I_{\|\theta\| > M}\} \le C_{\alpha,\beta} P\{\|\theta\| > M\}^{1-\frac{\beta}{\alpha}} m^\beta .$$

<u>Pour tout couple</u> $\beta,\beta' \in]0,\alpha[$, <u>il existe donc des constantes</u> $C^{\alpha}_{\beta,\beta'}$, $C^{\alpha}_{\beta',\beta}$ <u>telles que</u> :

(20) $$0 < \frac{1}{C^{\alpha}_{\beta'\beta}} \leq \frac{(E\|\theta\|^{\beta})^{1/\beta}}{(E\|\theta\|^{\beta'})^{1/\beta'}} \leq C^{\alpha}_{\beta\beta'} < \infty$$

(les constantes ne dépendant que de leurs indices).

<u>Démonstration</u> : Soit $\{\theta_n, n \in \mathbb{N}\}$ une suite de copies de θ indépendantes ; la stabilité implique que $\sum_1^n \theta_k$ a même loi que $n^{1/\alpha}\theta$; l'inégalité de Levy montre :

$$\forall\, n>0 \,,\ \forall\, M \geq 0 \,,\ P\{\sup_1^n \|\theta_k\| > Mn^{1/\alpha}\} \leq 2P\{\|\theta\| > M\} \,;$$

l'inégalité de Borel-Cantelli implique alors :

$$\forall\, n>0 \,,\ \forall\, M \geq m \,,\ nP\{\|\theta\| > Mn^{1/\alpha}\} \leq 4(\ln 2)P\{\|\theta\| > M\} \,;$$

par interpolation, on en déduit :

(21) $$\forall\, M \geq m \,,\ \forall\, T \geq 1 \,,\ P\{\|\theta\| > MT\} \leq \frac{8\ln 2}{T^{\alpha}} P\{\|\theta\| > M\} \,,$$

l'intégrabilité annoncée en résulte.

Pour établir l'inégalité (19), supposons d'abord $M \geq m$; par intégration en T , l'inégalité (21) fournit une constante $C_{\alpha,\beta}$ telle que :

$$\forall\, M \geq m \,,\ E\{\|\theta\|^{\beta} I_{\|\theta\|>M}\} \leq C_{\alpha,\beta} M^{\beta} P\{\|\theta\| > M\} \,,$$

et l'inégalité (21) fournit encore :

$$\forall\, M \geq m \,,\ M \leq \frac{(2\ln 2)^{1/\alpha} m}{P\{\|\theta\| > M\}^{1/\alpha}} \,,$$

en reportant dans l'avant-dernière inégalité, on en déduit (19) dans ce premier cas. Pour $M \leq m$, on aura :

$$E\{\|\theta\|^{\beta} I_{\|\theta\|>M}\} \leq m^{\beta} P\{\|\theta\| > M\} + E\{\|\theta\|^{\beta} I_{\|\theta\|>m}\} \,,$$

le second membre se majore par :

$$m^{\beta}\, P\{\|\theta\| > M\}^{1-\frac{\beta}{\alpha}} + C_{\alpha,\beta}\, m^{\beta}\, P\{\|\theta\| > m\}^{1-\frac{\beta}{\alpha}},$$

d'où la formule générale (19) avec un facteur numérique un peu plus grand. La formule (19), la définition de m et l'inégalité de Cebicev fournissent ensuite :

$$E\|\theta\|^{\beta} \leq C_{\alpha,\beta}\, m^{\beta} \leq 4C_{\alpha,\beta}\, E\|\theta\|^{\beta},$$

qui suffit à établir (20).

Dans ces conditions, nous fixons un $\beta \in]0,\alpha[\cap]0,1]$ et nous munissons $T \times T$ de la fonction $d(s,t) = \{E\|X(s)-X(t)\|^{\beta}\}^{1/\beta}$. Si $\alpha \in]1,2[$, nous choisissons en fait $\beta = 1$ et d est un écart ; si $\alpha \in]0,1]$, d^{α} est un écart. Dans l'un et l'autre cas, $N_d(u)$ sera défini comme précédemment dans le cas réel.

3.3.2. Dans le cas $\alpha \in]1,2[$, les inégalités (18) ou (19) fournissent :

$$E\{\|X(s)-X(t)\| I_{\|X(s)-X(t)\| > M}\} \leq C_{\alpha}\, d(s,t) P\{\|X(s)-X(t)\| > M\}^{1-\frac{1}{\alpha}};$$

l'application du théorème 1.2 à l'écart aléatoire $\|X(s)-X(t)\|$ et à la fonction $X_o(\omega) = \frac{C}{\omega^{1/\alpha}}$ implique alors :

COROLLAIRE 3.3.2 : Soit X une fonction aléatoire symétrique stable d'indice $\alpha \in]1,2[$ sur un ensemble T à valeurs dans un espace de Banach séparable ; on définit sur T la topologie associée à $E\|X(s)-X(t)\|$ et on suppose $\|X(s)-X(t)\|$ séparable. On suppose aussi que l'intégrale $\int N(u)^{1/\alpha} du$ est convergente. Dans ces conditions, X a p.s. ses trajectoires continues et bornées ; pour toute partie mesurable A de l'espace d'épreuves, on a :

$$(22) \qquad E\{\sup_{T\times T} \|X(s)-X(t)\| I_A\} \leq K(\alpha) P(A)^{1-\frac{1}{\alpha}} \{\int_{\{N(u)>1\}} N(u)^{1/\alpha} du\}$$

et donc pour tout nombre $M > 0$:

$$(23) \qquad P\{\sup_{T\times T} \|X(s)-X(t)\| > M\} \leq \left[\frac{K(\alpha)}{M} \int_{\{N(u)>1\}} N(u)^{1/\alpha} du\right]^{\alpha}.$$

3.3.3. Dans le cas $\alpha \in]0,1]$, fixant $\beta \in]0,\alpha[$, Les inégalités (18') ou (19) fournissent :

$$E\{\|X(s)-X(t)\|^{\beta} I_{\|X(s)-X(t)\|>M}\} \leq C d^{\beta}(s,t) P\{\|X(s)-X(t)\|>M\}^{1-\frac{\beta}{\alpha}} ;$$

l'application du théorème 1.1 à l'écart aléatoire $\|X(s)-X(t)\|^{\beta}$ et à la fonction $X_o(\omega) = \frac{C}{\omega^{\beta/\alpha}}$ implique alors :

COROLLAIRE 3.3.3 : Soit X une fonction aléatoire symétrique stable d'indice $\alpha \in]0,1]$ sur un ensemble T à valeurs dans un espace de Banach séparable. On définit sur T la topologie associée à la convergence en probabilité pour X et on suppose que $\|X(s)-X(t)\|$ est séparable. On suppose aussi qu'il existe $\beta \in]0,\alpha[$ tel que $\int N_d(u)^{\beta/\alpha} u^{\beta-1} du$ soit convergente. Dans ces conditions, p.s. les trajectoires de X sont continues et bornées ; pour toute partie A de l'espace d'épreuves, on a :

$$(24) \qquad E\{\sup_{T\times T} \|X(s)-X(t)\|^{\beta} I_A\} \leq K(\alpha,\beta) \int_{\{N(u)>1\}} N_d(u)^{\beta} u^{\beta-1} du \, P(A)^{1-\frac{\beta}{\alpha}}$$

et donc pour tout nombre M :

$$(25) \qquad P\{\sup_{T\times T} \|X(s)-X(t)\| > M\} \leq \frac{K(\alpha,\beta)^{\frac{\alpha}{\beta}}}{M^{\alpha}} \{\int_{N(u)>1} N_d(u)^{\beta/\alpha} u^{\beta-1} du\}^{\frac{\alpha}{\beta}} .$$

Remarque : L'inégalité de Hölder montre que l'hypothèse de convergence est d'autant moins forte que β est plus proche de α . Quelque soit le choix de β , l'inégalité (25) donne des évaluations du même ordre, le meilleur possible.

4. Variante : mesures majorantes.

Les techniques employées dans les paragraphes précédents se prêtent bien à l'utilisation des mesures majorantes suivant les schémas de majoration de [3]. Notant, pour toute variable aléatoire positive D , par $\bar{D}$ la fonction équimesurable décroissante sur $]0,1]$ associée, nous définissons pour toute probabilité π sur T et tout écart aléatoire séparable et intégrable D sur $T\times T$, la fonction F_{π} sur $\mathbb{R}^+$ par :

$$(26)\quad \forall\, u>0\,,\ F_\pi(u)=\int d_\pi(t)\Big[\sup_{\substack{s\in B(t,u)\\ s'\in B(t,u)}} \frac{1}{\pi B(s,\frac{u}{2^7})}\int_o^{\pi B(s,\frac{u}{2^7})} \frac{\bar{D}(s,s')(\omega)}{\delta(s,s')}\,d\omega\Big].$$

Dans ces conditions, nous avons :

THEOREME 4.1 : <u>On suppose qu'on a</u>

$$(27)\qquad \sup_{\pi\in\mathcal{M}^{+1}(T)} \int_o^{u_o} F_\pi(u)du<\infty\ ;$$

<u>alors l'écart</u> D <u>a p.s. ses trajectoires bornées sur</u> $T\times T$ <u>et vérifie</u> :

$$(28)\qquad E\{\sup_{T\times T} D\}\leq 2 \sup_{\pi\in\mathcal{M}^{+1}(T)} \int_o^{u_o} F_\pi(u)\,du\,.$$

<u>Si de plus on a</u> :

$$(29)\qquad \lim_{\varepsilon\to o}\ \sup_{\pi\in\mathcal{M}^{+1}(T)} \int_o^{\varepsilon} F_\pi(u)du=0\ ,$$

<u>alors l'écart</u> D <u>a p.s. ses trajectoires continues.</u>

<u>Démonstration</u> : Elle suit la démarche des alinéas 22 et 23 à quelques détails techniques près. Le nombre u_o a la même signification. Pour tout entier $n\geq o$, nous notons S'_n une partie maximale de T vérifiant :

$$\forall\ (s,s')\in S'_n\times S'_n\,,\ s\neq s' \Rightarrow B(s\,,\frac{u_o}{4^n})\cap B(s'\,,\frac{u_o}{4^n})=\emptyset\ ,$$

de sorte que, par la maximalité, $\{B(s\,,\frac{2u_o}{4^n})\,,\ s\in S'_n\}$ est un recouvrement de T . Nous notons g'_n une application de S'_{n+1} dans S'_n telle que :

$$\forall\ s\in S'_{n+1}\,,\ s\in B(g'_n(s)\,,\frac{2u_o}{4^n})\ ,$$

nous choisissons un entier $N>0$ et pour tout entier $k\in[0,N]$, nous posons :

$$f'_k=g'_k\circ g'_{k+1}\circ\ldots\circ g'_N\ ;$$

la suite des dénominateurs $\{4^n\,,\ n\in\mathbb{N}\}$ a été choisie ici pour assurer que :

$$\forall\ k \in [0,N]\ ,\ \forall\ t \in T\ ,\ \delta(t, f'_k(t)) \leq \frac{2u_o}{3.4^{k-1}} < \frac{u_o}{4^{k-1}}\ ,$$

de sorte qu'en fonction de la construction des S'_k , on ait :

(30) $$\forall\ k \in [0,N]\ ,\ \forall\ s \in S'_k\ ,\ B(s\ ,\ \frac{u_o}{3.4^k}) \cap S'_{N+1} \subset (f'_k)^{-1}\{s\}\ .$$

Opérant maintenant comme en 2.2, nous choisissons un entier $J \leq N$ et nous notons τ une application mesurable de Ω dans S'_{N+1} telle que :

$$D(\tau, f'_j(\tau)) = \sup_{t \in S'_{N+1}} D(t, f'_j(t))\ ;$$

on a, comme en (9) :

$$E \sup_{S'_{N+1} \times S'_{N+1}} |D(s,t) - D(f'_J(s), f'_J(t))| \leq 2 \sum_{j=J}^{N} \sum_{t \in S'_{j+1}} \int_o^{P\{f'_{j+1}(\tau) = t\}} D(t, g'_j(t))(\omega) d\omega\ .$$

Nous introduisons ici la loi μ de τ , probabilité discrète sur T concentrée sur S'_{N+1} ; le second membre ci-dessus se majore par :

$$2 \int_{t \in S'_{N+1}} \{ \sum_{j=J}^{N} \frac{2u_o}{4^j} \frac{1}{\mu\{f'_{j+1}(s) = f'_{j+1}(t)\}} \int_o^{\mu\{f'_{j+1}(s) = f'_{j+1}(t)\}} \frac{D(f'_j(t), f'_{j+1}(t)(\omega)}{\delta(f'_j(t), f'_{j+1}(t))} d\omega\} d\mu(t)\ .$$

Utilisant le fait que $\frac{1}{x} \int_o^x \bar{D}(\omega) d\omega$ est décroissant en x et la propriété (26), on en déduit :

$$E \sup_{S'_{N+1} \times S'_{N+1}} |D - D(f'_J, f'_J)| \leq 2 \sum_{j=J}^{N} \frac{2u_o}{4^j} F_\mu\ (\frac{2u_o}{3.4^{j-1}})\ .$$

La démonstration complète se termine alors sans modification notable.

5. Propriétés réciproques.

Dans ce paragraphe, nous précisons dans plusieurs situations successives en quels sens les résultats précédents sont bons. L'espace (T, δ)

ne sera pas nécessairement compact ; nous le supposerons pourtant borné : en effet, si (T,δ) est un espace métrique séparable et si X_o est une fonction positive décroissante non identiquement nulle sur $]0,1]$, alors la fonction aléatoire $\{\delta(t,t_o)X_o(\omega)$, $t \in T$, $\omega \in]0,1]$ appartient à $\mathcal{F}(X_o)$ et n'est p.s. bornée sur T que si (T,δ) est borné. Le cas où X_o est bornée est simple :

PROPOSITION 5.1 : On suppose X_o bornée sur $]0,1]$: sous les conditions ci-dessus, toute fonction aléatoire appartenant à $\mathcal{F}(X_o)$ a p.s. ses trajectoires bornées et continues sur (T,δ) .

Démonstration : Nous supposons X_o bornée par M et X vérifiant (3) ; on a alors :

$$\forall (s,t) \in T\times T, \forall \rho>1, E\{|X(s)-X(t)| I_{|X(s)-X(t)|>\rho\delta(s,t)}\} \leq \delta(s,t) M P\{|X(s)-X(t)| > \rho\delta(s,t)\} ;$$

L'inégalité de Čebičev implique donc :

$$P\{|X(s)-X(t)|>M\delta(s,t)\} = 0$$

et la séparabilité de X implique le résultat.

THEOREME 5.2. Soient (T,δ) un espace séparable et X_o une fonction positive décroissante intégrable sur $]0,1]$; on suppose que toute fonction aléatoire X appartenant à $\mathcal{F}(X_o)$ a p.s. ses trajectoires bornées. Dans ces conditions, on a aussi

$$\sup_{u\in]0,1]} u\, X_o\left(\frac{1}{N(u)}\right) < \infty ; \tag{31}$$

en particulier, si X_o est non bornée, (T,δ) est précompact.

Remarque : On notera la parenté entre le résultat (3.1) et la minoration de Sudakov dans le cas gaussien ([2], 2.3.1) ; les hypothèses par contre sont différentes, la minoration de Sudakov utilisant les inégalités de Slépian conclut à partir des propriétés d'une seule fonction aléatoire.

La démonstration du théorème se fonde sur les deux lemmes 5.2.1 et 5.2.2 :

LEMME 5.2.1 : Si toute fonction aléatoire X appartenant à $\mathfrak{F}(X_o)$ a p.s. ses trajectoires bornées, il existe un nombre réel M tel que :

(32)
$$\forall\ X \in \mathfrak{F}(X_o)\ ,\ P\{\sup_{T\times T} |X(s)-X(t)| > M\} \leq \frac{1}{8}\ .$$

Démonstration : Notons D le diamètre de (T,δ). Pour tout couple (s,t) d'éléments de T et tout élément X de $\mathfrak{F}(X_o)$, la propriété (3) et l'inégalité de Čebičev impliquent que la médiane $\mu(|X(s)-X(t)|)$ est majorée par $2D\int_o^{\frac{1}{2}} X_o(\omega)d\omega$. Supposons alors la conclusion du lemme fausse. Pour tout entier n, il existerait alors un élément X_n de $\mathfrak{F}(X_o)$ tel que :

$$P\{\sup_{T\times T} |X_n(s)-X_n(t)| > 4^n + 2D\int_o^{\frac{1}{2}} X_o(\omega)d\omega\} > \frac{1}{8}$$

et donc :

$$P\{\sup_{T\times T} |X_n(s)-X_n(t)-\mu(X_n(s)-X_n(t))| > 4^n\} > \frac{1}{8}\ ;$$

Notons $\bar{X}_n$ une fonction aléatoire symétrisée de X_n et séparable ; les inégalités fortes de symétrisation fournissent alors :

$$2P\{\sup_{T\times T} |\bar{X}_n(s)-\bar{X}_n(t)| > 4^n\} > \frac{1}{8}\ .$$

Soient $(Y_n\ ,\ n\in\mathbb{N})$ une suite de copies indépendantes des $\bar{X}_n$ et t_o un élément de T ; alors la série $\sum_{n=1}^{\infty} (Y_n - Y_n(t_o))2^{-(n+1)}$ dont les termes vérifient :

$$\forall\ (s,t)\in T\times T\ ,\ \forall\ A\in\mathcal{C}\ ,\ E\{\frac{|Y_n(s)-Y_n(t)|}{2^{n+1}}\ I_A\} \leq \frac{2}{2^{n+1}}\ \delta(s,t)\int_o^{P(A)} X_o(\omega)d\omega$$

converge, p.s. en chaque point de T, vers une fonction aléatoire U séparable appartenant à $\mathfrak{F}(X_o)$. Comme ses termes sont symétriques et indépendants, les inégalités de Lévy impliquent alors pour tout entier n :

$$4P\{\sup_{T\times T}|U(s)-U(t)|>2^{n-1}\}\geq 2P\{\sup_{T\times T}|Y_n(s)-Y_n(t)|>4^n\}>\frac{1}{8}\ ;$$

Ceci signifie que les trajectoires de U ne sont pas p.s. bornées d'où l'absurdité ; le lemme est établi.

LEMME 5.2.2. <u>Soient</u> $u>0$ <u>et</u> S <u>une partie finie de</u> T <u>tels que</u> $\{B(s,\frac{u}{2}), s\in S\}$ <u>soient disjointes ; soient de plus</u> s_o <u>un élément de</u> S <u>et</u> $\{x(s), s\in S\}$ <u>une suite de v.a. indépendantes distribuées comme</u> X_o <u>et indexées par</u> S. <u>On leur associe la fonction aléatoire</u> X <u>définie sur</u> T <u>par</u> :

$$X(t)=0 \quad \text{si} \quad t\notin B(S,\tfrac{u}{2}) \quad \text{ou} \quad t\in B(s_o,\tfrac{u}{2}),$$

$$X(t)=\frac{1}{2}\,\delta(t,T\setminus B(s,\tfrac{u}{2}))x(s) \quad \text{si} \quad t\in B(s,\tfrac{u}{2}) \quad \text{et} \quad s\in S, s\neq s_o\ ;$$

<u>Dans ces conditions,</u> X <u>appartient à</u> $\mathfrak{F}(X_o)$.

<u>Démonstration</u> : On doit prouver que pour tout couple (s,t) d'éléments de T et tout élément A de $\mathcal{A}$, on a :

$$(33)\qquad E\{|X(s)-X(t)|I_A\}\leq \delta(s,t)\int_0^{P(A)} X_o(\omega)d\omega\ .$$

On remarquera pour cela que pour tout élément s de S et tout $A\in\mathcal{A}$, on a

$$E\{x(s)I_A\}\leq\int_0^{P(A)} X_o(\omega)d\omega$$

et on distinguera suivant les positions respectives de s et t dans T. Si s et t appartiennent tous deux à $B(s_o,\frac{u}{2})\cup \complement B(S,\frac{u}{2})$, le premier membre de (33) est nul et l'inégalité vérifiée. Si s appartient à $B(s_o,\frac{u}{2})\cup\complement B(S,\frac{u}{2})$ et si t appartient à $B(t',\frac{u}{2})$ où t' est un élément de S différent de s_o le premier membre de (33) est inférieur à $\frac{1}{2}\,\delta(t,s)E\{x(t')I_A\}$ de sorte que (33) est aussi vérifiée. Si s appartient à $B(s',\frac{u}{2})$ et si t appartient à $B(t',\frac{u}{2})$ où s' et t' sont des éléments de S différents entre eux et de s_o, alors on a :

$$\delta(s,T\setminus B(s',\tfrac{u}{2})) \le \delta(s,t)\ ,$$

$$\delta(t,T\setminus B(t',\tfrac{u}{2})) \le \delta(s,t)\ ,$$

de sorte que le premier membre de (33) est inférieur à

$$\frac{1}{2}\ \delta(s,t)[E\{[x(t')+x(s')]I_A\}]$$

et l'inégalité (33) est encore vérifiée. Si enfin s et t appartiennent à $B(s',\frac{u}{2})$ où s' est un élément de S différent de s_o, on a :

$$|\delta(t,T\setminus B(s',\tfrac{u}{2})) - \delta(s,T\setminus B(s',\tfrac{u}{2}))| \le \delta(s,t)$$

de sorte que le premier membre de (33) est inférieur à $\frac{1}{2}\ \delta(s,t)E\{x(s')I_A\}$; l'inégalité (33) est toujours vérifiée ; ceci résume les différentes éventualités à l'ordre de s et t près de sorte que le lemme est établi.

5.2.3. Démonstration du théorème 5.2. Supposons ses hypothèses vérifiées et construisons le nombre M et la fonction aléatoire X suivant les schémas du lemme 5.2.1 et du lemme 5.2.2. On aura donc :

$$\frac{1}{8} \ge P\{\sup_{s\in S} |X(s)-X(s_o)|>M\} \ge P\{\sup_{\substack{s\in S\\ s\ne s_o}} \frac{u}{4}\,x(s)>M\}\ ;$$

on aura aussi, en utilisant l'indépendance des $x(s)$ et leurs lois et en notant N le cardinal de S :

$$P\{\sup_{\substack{s\in S\\ s\ne s_o}} x(s) \ge X_o(\tfrac{1}{N})\} \ge 1-(1-\tfrac{1}{N})^{N-1}\ .$$

Si nous choisissons maintenant S maximal de sorte que son cardinal N soit supérieur ou égal à $N(u)$, les deux dernières inégalités impliquent pour peu que $N(u)$ soit supérieur ou égal à 2 :

$$\frac{u}{4}\ X_o(\frac{1}{N(u)}) \le M\ ,$$

et donc le résultat du théorème.

5.3. Le théorème suivant généralise les résultats de Hahn Klass ([4]), Kono ([6]) et Pisier ([9]) établis dans le cas où X_o est une fonction puissance ; nous y utiliserons, comme Pisier, les propriétés particulières des séries trigonométriques à coefficients monotones.

THEOREME 5.3 : <u>Soit</u> X_o <u>une fonction positive, décroissante, intégrable sur</u> $]0,1]$; <u>on pose</u> $Y_o(u) = \int_o^u X_o(\omega)d\omega$ <u>et on suppose qu'il existe</u> $\alpha>0$ <u>tel que</u> $\frac{1}{u^\alpha}\int_o^u Y_o(\sigma)\frac{d\sigma}{\sigma}$ <u>soit croissante. Soit de plus</u> φ <u>une fonction positive, croissante, sous-additive et continue sur</u> $[0,1]$; <u>on suppose que l'intégrale</u> $\iint_{\{o<\omega\leq 1<N(u)\}} X_o(\frac{\omega}{N(u)})\,d\omega\,du$ <u>est divergente où</u> $N(u)$ <u>est associée à la distance</u> δ <u>définie par</u> φ <u>sur</u> $[0,1]$. <u>Il existe alors une fonction aléatoire séparable</u> X <u>sur</u> $([0,1],\delta)$ <u>appartenant à</u> $\mathfrak{Z}(X_o)$ <u>et ayant p.s. ses trajectoires non bornées.</u>

La démonstration utilisera le lemme élémentaire suivant :

LEMME 5.3.1 : <u>Soit</u> n <u>un entier</u> >0 , <u>sur</u> $[0,1]$ <u>muni de la mesure de Lebesgue, on définit les variables aléatoires</u> X <u>et</u> X_h , $h\in[0,1]$, <u>par</u> :

$$\forall\, \omega\in[0,1]\,,\ X(\omega) = \Big|\sum_{2^n\leq k<2^{n+1}} e^{i2k\pi\omega}\Big|\ ,$$

$$\forall\, h\in[0,1]\,,\ X_h(\omega) = |X(\omega)-X(\omega+h)|\ ;$$

<u>alors les variables aléatoires équimesurables décroissantes associées vérifient</u> :

$$\bar{X}(\omega)\leq C\,\inf(2^n,\tfrac{1}{2\omega})\ ,$$

$$\bar{X}_h(\omega)\leq C\,\inf(1,2^n h)\,\inf(2^n,\tfrac{1}{2\omega})$$

<u>où</u> C <u>est une constante absolue.</u>

<u>Démonstration</u> : Le nombre des termes de X montre immédiatement qu'elle est majorée par 2^n ; en additionnant les termes, on majore aussi X par $\frac{1}{\sin(\pi\omega)}$ et donc, sur $]0,\frac{1}{2}]$, par $\frac{1}{2\omega}$. La première formule en résulte. Deux calculs

successifs du même type montrent que le module de la dérivée de X se majore sur le même intervalle par 2^{2n} aussi bien que par $\frac{C2^n}{\omega}$ et ceci majore $\bar{X}_h(\omega)$ par $C2^n h\inf(2^n, \frac{1}{2\omega})$; comme $|\bar{X}_h(\omega)|$ se majore aussi par $2|\bar{X}(\omega)|$, on en déduit la deuxième formule.

5.3.2. <u>Démonstration du théoreme 5.3</u>. On considère sur $\Omega = [0,1]$ et $T = [0,1]$, la série aléatoire :

$$\sum_{k=1}^{\infty} \varphi(\frac{1}{2^k})[Y_o(\frac{1}{2^k}) - \frac{1}{2^k} X_o(\frac{1}{2^k})] \sum_{n=2^k}^{2^{k+1}-1} e^{i2\pi n(\omega+t)} ;$$

ses coefficients sont positifs et même décroissants puisque X_o est décroissant ; ils tendent vers zéro de sorte que cette série converge en tout couple (ω,t) de somme non nulle. Nous notons $X(\omega,t)$ sa somme.

Soit A une partie mesurable de l'espace d'épreuves, supposons $P(A) \in]\frac{1}{2^{N+1}}, \frac{1}{2^N}]$; le lemme 5.3.1 montre qu'on a en posant $b_n = Y_o(\frac{1}{2^n}) - \frac{1}{2^n} X_o(\frac{1}{2^n})$:

$$E\{|X(t) - X(s)|I_A\} \leq C \sum_{k=1}^{N} \varphi(\frac{1}{2^k})b_k \inf(1, 2^k|t-s|)2^{k-N}$$

$$+ C \sum_{k=N+1}^{\infty} \varphi(\frac{1}{2^k})b_k \inf(1, 2^k|t-s|)(k+2-N) ;$$

la croissance et la sous-additivité de φ montrent qu'on a :

$$\forall k \geq 1, \forall (t,s) \in T \times T, \varphi(\frac{1}{2^k}) \inf(1, 2^k|t-s|) \leq 2\varphi(|t-s|),$$

on en déduit :

$$E\{|X(t) - X(s)|I_A\} \leq C\varphi(|t-s|)\{\sum_1^N 2^n b_n P(A) + \sum_{N+1}^{\infty} (n+2-N)b_n\},$$

si bien qu'à une constante multiplicative près, X appartiendra à $\mathfrak{F}(X_o)$ si on a :

(34) $$\sum_1^N 2^n b_n \leq C_1 2^N Y_o(\frac{1}{2^N})$$

(35) $$\sum_{N+1}^{\infty} \sum_{n}^{\infty} b_k \le C_2\, Y_o\left(\frac{1}{2^N}\right)$$

et la forme particulière de X démontrera le théorème si on a de plus :

(36) $$\sum_{k=1}^{\infty} 2^k \varphi\left(\frac{1}{2^k}\right) b_k = +\infty .$$

Or le premier membre de (34) se majore par $2\int_{1/2^N}^{1} \frac{Y(u)-uX(u)}{u^2}\,du$ qui s'intègre pour donner (34). Au premier membre de (35) les sommes $\sum_{n}^{\infty} b_k$ se majorent en fonction de l'hypothèse de l'énoncé par $\frac{1}{\log 2}\int_{o}^{1/2^{n-1}} Y_o(u)\,\frac{du}{u}$ et donc par $\frac{2}{\alpha} Y_o\left(\frac{1}{2^{n-1}}\right)$; en réitérant cette majoration, on obtient (35).
Enfin le premier membre de (36) se minore par $\int_{o}^{1/2} \frac{Y_o(\sigma)}{\sigma}\, d\varphi(\sigma) - 2Y_o\left(\frac{1}{2}\right)\varphi\left(\frac{1}{2}\right)$; ce terme intégral se minore, puisque u est inférieur ou égal à $\varphi\left(\frac{1}{N(u)}\right)$, par $\int_{o}^{\varphi(\frac{1}{2})} N(u) Y_o\left(\frac{1}{N(u)}\right) du$; l'hypothèse de divergence de l'énoncé implique donc (36) et finalement le résultat du théorème.

<u>Remarque 5.3.3</u> : Le théorème 5.3 ne s'applique pas pour $X_o(t) = \frac{1}{t(\log \frac{1}{t})^n}$. Il s'applique pour $X_o(t) = \frac{1}{t^{\alpha}}$, $0<\alpha<1$; il couvre donc les classes de fonctions aléatoires vérifiant les inégalités du genre :

$$E\left\{\left|\frac{X(s)-X(t)}{\varphi(|s-t|)}\right|^p\right\} \le 1 \ , \ p>1 ;$$

on obtient alors en corollaire les théorèmes de Hahn-Klass $(p=2)$, Kono $(p>2)$, Ibragimov $(1<p<\infty)$; il s'applique aussi pour $X_o(t) = (\log \frac{1}{t})^{\alpha}$, $\alpha>0$; on obtient alors en corollaire les théorèmes sous-gaussiens ou exponentiels. En un certain sens, il résume donc et simplifie les différents théorèmes connus ; on doit pourtant remarquer qu'il s'agit d'un théorème relativement faible : les fonctions aléatoires construites ne sont pas du type $\Sigma f_n(t)\theta_n(\omega)$ où les θ_n seraient indépendantes. Elles peuvent donc simultanément avoir p.s. leurs trajectoires non bornées (c'est le cas) et non continues et être p.s. continues en chaque point, c'est aussi le cas. Cette remarque s'applique d'ailleurs aux exemples partiels construits par les auteurs cités ci-dessus dans les cas non exponentiels.

THEOREME 5.6 : Soient $\alpha \in]0,2[$ et f une fonction positive décroissante sur $]0,1]$; on suppose que l'intégrale $\int f(u)u^{\alpha-1}du$ est divergente. Il existe alors un ensemble T, une fonction aléatoire X symétrique stable d'indice α sur T p.s. à trajectoires non bornées et telles que :

$$\forall\, u>0\,,\ N(u)\leq f(u)\,. \tag{37}$$

Démonstration : On suppose pour simplifier que pour tout $n\geq 0$, $f(\frac{1}{2^{n/\alpha}})$ est un nombre entier ; on note S_n un ensemble de cardinal $f(\frac{1}{2^{n/\alpha}})$ et g_n une application de S_{n+1} sur S_n. On note $(T,\varphi_n\,,n\in\mathbb{N})$ la limite projective du système $\{S_n,g_n,n\in\mathbb{N}\}$ et $\{\theta_s\,,s\in S_n\,,n\in\mathbb{N}\}$ une suite symétrique stable d'indice α à composantes indépendantes. On définit la fonction aléatoire X sur T en posant :

$$X(t)=\sum_{n=0}^{\infty}\frac{1}{2^{\frac{n+1}{\alpha}}}\,\theta\circ\varphi_n(t)\,. \tag{38}$$

On vérifie alors que $d(t,t')$ est inférieur ou égal à $\frac{1}{2^{n/\alpha}}$ si et seulement si $\varphi_n(t)=\varphi_n(t')$ de sorte que pour tout $u>0$, on a $N(u)\leq f(u)$. Par ailleurs, si p.s. les trajectoires de X sont bornées, l'inégalité de Lévy montre que la somme $\sum_{n=0}^{\infty} f(\frac{1}{2^{n/\alpha}})\,P\{|\theta_\alpha|>M\,2^{\frac{n+1}{\alpha}}\}$ est finie pour tout M assez grand ; ceci implique la convergence de $\sum_{n=0}^{\infty} f(\frac{1}{2^{n/\alpha}})\,\frac{1}{2^n}$; c'est contraire à l'hypothèse du théorème ; les trajectoires de X ne sont donc pas p.s. bornées. On notera d'ailleurs que la forme particulière de X implique alors qu'il existe au moins un élément t_o de T tel que X ne soit pas p.s. continu en t_o.

Remarque : Le théorème 5.6 et les corollaires 3.3.2 et 3.3.3 n'apportent pas de solution définitive pour la régularité des trajectoires des fonctions aléatoires stables. Si $f(u)$ est de la forme u^{-p}, les énoncés sont bons puisque l'hypothèse (37) implique la p.s. continuité des trajectoires si α est supérieur à p (corollaire 3.3.2 et 3.3.3) et est effectivement compatible avec leur irrégularité (théorème 5.6) si α est inférieur ou égal à p. Par contre si $f(u)$ est de la forme $u^{-\alpha}(\log \frac{1}{u})^{-\beta}$, l'hypothèse (37) implique la p.s. continuité des trajectoires si β est supérieur à α et à 1 et n'est certainement compatible avec leur irrégularité (théorème 5.6) que si β est inférieur ou égal à 1.

6. Fonctions aléatoires stables et propriétés de Slépian ([11]).

On pourrait croire à la lecture des pages précédentes que toutes les propriétés simples des fonctions aléatoires gaussiennes peuvent être étendues à des classes très larges d'autres fonctions aléatoires au prix éventuel de manipulations techniques difficiles. Il est pourtant une classe de propriétés qui résiste jusqu'ici à toute extension ; il s'agit des propriétés de Slépian qui expriment que certaines fonctionnelles gaussiennes sont fonction monotone de la distance associée ([2], lemme 2.1.1, théorème 2.1.2). Nous allons montrer dans ce paragraphe que ce type de propriété ne peut sous aucune forme être étendue aux fonctions aléatoires symétriques stables d'indice $\alpha \in]0,2[$. L'élément essentiel de l'étude sera un mode de construction de certaines fonctions aléatoires stables.

6.1. Exemple de constructions de fonctions aléatoires stables.

PROPOSITION 6.1 : Soient $\alpha \in]0,2[$ et G une fonction aléatoire gaussienne sur un ensemble T ; soit de plus U l'ensemble des applications de T dans $\mathbb{R}$ à support fini ; alors la fonction Φ_α sur U définie par :

$$\Phi_\alpha(u) = \exp\{-(E|\sum_{t \in T} u(t)G(t)|^2)^{\alpha/2}\}$$

est la fonction caractéristique d'une fonction aléatoire G_α symétrique stable d'ordre α ; pour tout couple (s,t) d'éléments de T, on a :

$$d_{G_\alpha}(s,t) = d_G(s,t) .$$

On suppose de plus G et G_α séparables sur (T,d_G) ; dans ces conditions,

<u>pour que</u> G_α <u>ait p.s. ses trajectoires continues bornées sur</u> (T,d_G) , <u>il faut et il suffit que</u> G <u>ait la même propriété</u>.

<u>Démonstration</u> : Les propriétés des transformées de Laplace montrent qu'il existe une probabilité μ_α sur R^+ telle que :

$$\forall\, t \in R \quad \exp\{-|t|^\alpha\} = \int \exp\{-\frac{t^2x^2}{2}\}\, d\mu_\alpha(x)\ .$$

On note alors x_α une variable aléatoire positive de loi μ_α et indépendante de la fonction aléatoire G . Notons Φ la fonction caractéristique de $x_\alpha G$; par intégrations successives, on obtient :

$$\forall\, u \in U\,,\ \Phi(u) = E\exp\{i \sum_{t\in T} u(t)x_\alpha G(t)\} = E\exp\{-\frac{(x_\alpha)^2}{2} E|\sum_{t\in T} u(t)G(t)|^2\} =$$

$$= \int \exp\{-\frac{x^2}{2} E|\sum_{t\in T} u(t)G(t)|^2\} d\mu_\alpha(x) = \Phi_\alpha(u)$$

ceci établit la première affirmation ; les autres résultent immédiatement de la construction de G_α.

6.2. <u>Irrégularité de fonctions aléatoires stables et entropie ou distance associée.</u>

6.2.1. On sait que si $\alpha = 2$, la fonction N_X permet d'obtenir des conditions suffisantes ([1]) et nécessaires si X est stationnaire ([2]) pour la régularité des trajectoires de X sur T . Si α est inférieur à 2 , la même fonction permet d'obtenir des conditions suffisantes (corollaires 3.3.2 et 3.3.3) pour la même régularité ; elle permet aussi (théorème 5.6) d'obtenir des conditions nécessaires voisines en un sens faible précisé dans leur énoncé. L'exemple suivant montre qu'il n'est pas possible, contrairement au cas gaussien, de renforcer le sens de cette nécessité :

<u>Exemple 6.2.1</u> : Soit G une fonction aléatoire gaussienne stationnaire sur R continue en probabilité ; nous posons $T = [0,1]$; nous supposons que la

fonction N_G associée vérifie simultanément :

$$\int_0 \sqrt{\log N_G(u)}\, du < \infty \ , \ \int_0 N_G(u) u^{\alpha-1} du = \infty \ ;$$

la première de ces conditions montre que G et G_α ont p.s. leurs trajectoires continues et bornées sur $[0,1]$. Par contre la deuxième condition permet de construire un autre ensemble T' et une autre fonction aléatoire X' symétrique stable de même indice α sur T', p.s. à trajectoires non bornées et vérifiant pourtant :

$$\forall u > 0 \ , \ N_{X'}(u) \leq N_{G_\alpha}(u) \ .$$

Cet exemple montre donc que la régularité des trajectoires des fonctions aléatoires X symétriques stables d'ordre $\alpha < 2$ n'est pas une fonction monotone de N_X.

6.2.2. L'exemple précédent pourrait laisser espérer l'existence de paramètres plus précis que N_X caractérisant la régularité des trajectoires à partir des seules lois marginales des accroissements. C'est bien entendu le cas pour $\alpha = 2$, puisque la loi d'une fonction aléatoire gaussienne est déterminée, à une translation près par les seules lois marginales des accroissements et donc par le système $\{d(s,t), s \in T, t \in T\}$. Au contraire, ce n'est pas le cas pour $\alpha < 2$, comme le montre l'exemple suivant.

<u>Exemple 6.2.2</u>. Nous notons g une application de $\mathbb{N}^*$ dans $\mathbb{N}^*$ et f la fonction définie par $f(n) = \prod_{k=1}^{n} g(k)$. Pour tout $n \in \mathbb{N}^*$, nous notons S_n un ensemble de cardinal $f(n)$ et φ_n une application de S_{n+1} dans S_n telle que pour tout $s \in S_n$, le cardinal de $\varphi_n^{-1}(s)$ soit égal à $g(n+1)$. Enfin, nous notons $(T; \psi_n, n \in \mathbb{N})$ la limite projective de $(S_n; \varphi_n, n \in \mathbb{N})$. Soient $\{\lambda(s), s \in S_n, n \in \mathbb{N}\}$ et $\{\theta(s), s \in S_n, n \in \mathbb{N}\}$ des suites de v.a. indépendantes symétriques réduites, identiquement distribuées, respectivement gaussiennes et stables d'indice α. Nous leur associons trois fonctions aléatoires sur T en posant :

$$G(t) = \sqrt{\frac{3}{8}} \sum_{n=1}^{\infty} \frac{1}{2^n} \lambda \circ \psi_n(t) \ , \ X_1(t) = G_\alpha(t) \ ,$$

$$X_2(t) = [\tfrac{1}{2}(1 - \tfrac{1}{2^\alpha})]^{1/\alpha} \sum_{n=1}^{\infty} \frac{1}{2^n} \theta \circ \psi_n(t) \ ;$$

on vérifie immédiatement que X_1 et X_2 sont symétriques stables d'indice α ; de plus, pour tout couple (s,t) d'éléments de T, soit n le plus grand entier tel que $\psi_n(s) = \psi_n(t)$, on a $d_{X_1}(s,t) = d_{X_2}(s,t) = \frac{1}{2^{n+1}}$; ceci signifie que X_1 et X_2 définissent un même écart sur T et donc que pour chaque couple (s,t), les accroissements $X_1(s) - X_1(t)$ et $X_2(s) - X_2(t)$ ont la même loi. L'espace (T,d) est compact par construction et G est stationnaire de sorte que X_1 aura p.s. ses trajectoires continues ou bornées si et seulement si $\Sigma \frac{1}{2^n} \sqrt{\log N(\frac{1}{2^n})}$ est convergente, c'est-à-dire si et seulement si $\Sigma \frac{1}{2^n} \sqrt{\log g(n)}$ l'est. Par ailleurs si les trajectoires de X_2 sont p.s. bornées, les inégalités de Lévy impliquent comme dans la démonstration du théorème 5.6. la convergence de la série $\sum_{n=1}^{\infty} f(n)2^{-n\alpha}$. Il résulte donc de ces deux évaluations que si $g(n)$ est égal à 4 pour tout n, les trajectoires de X_2 seront p.s. non bornées et celles de X_1 p.s. continues. Nous pouvons donc résumer : <u>Pour tout</u> $\alpha \in]0,2[$, <u>on peut construire un espace compact métrisable</u> (T,d) <u>et deux fonctions aléatoires</u> X_1 <u>et</u> X_2 <u>symétriques stables d'ordre</u> α <u>sur</u> T <u>telles que</u> :

(i) <u>pour tout couple</u> (s,t) <u>d'éléments de</u> T , $X_1(s) - X_1(t)$ <u>et</u> $X_2(s) - X_2(t)$ <u>ont même loi et on a</u> $d_{X_1}(s,t) = d_{X_2}(s,t) = d(s,t)$.

(ii) X_1 <u>est p.s. à trajectoires continues sur</u> (T,d) .

(iii) X_2 <u>est p.s. à trajectoires non bornées sur</u> (T,d) .

7. <u>Conclusion.</u>

L'étude présente montre que les propriétés d'entropie introduites par R.M. Dudley pour l'analyse des fonctions aléatoires gaussiennes ont un champ d'application beaucoup plus vaste. Ces méthodes d'entropie ont vu longtemps leur utilisation liée à des propriétés de convexité dans des espaces vectoriels. C'est inutile pour la majoration des trajectoires comme le montre M. Weber ([10]) aussi bien que pour leur continuité ; nous le montrons ici : elles s'appliquent dans des espaces métriques grâce à des propriétés métriques. Notre étude montre aussi que si pendant ces 15 dernières années, le domaine des fonctions aléatoires gaussiennes a pu sembler particulièrement simple, il apparaît maintenant sous beaucoup d'aspects comme le prototype du domaine des fonctions aléatoires plus générales qui ont les mêmes propriétés simples. En particulier, l'étude de la régularité des fonctions aléatoires stables nous paraît prometteuse.

On notera que l'étude n'aborde pas l'évaluation des modules de continuité uniforme des trajectoires. Dans ce domaine, on ne dispose pas de résultats généraux satisfaisants et les raisons n'en sont pas claires pour l'instant.

REFERENCES DU PREMIER CHAPITRE

[1] DUDLEY R.M. Sample functions of the gaussian process, Ann. of Prob., 1, 1973, 66-103.

[2] FERNIQUE X. Régularité des trajectoires des fonctions aléatoires gaussiennes, Lecture Notes, Springer, 480, 1-91.

[3] FERNIQUE X. Caractérisation de processus à trajectoires majorées ou continues, Lecture Notes, Springer, 649, 691-706.

[4] HAHN M.G., KLASS M.J. Sample continuity of square-integrable processes, Ann. of Prob., 5, 1977, 361-370.

[5] IBRAGIMOV I.A. Properties of sample functions for stochastic processes and embedding theorems, Theory Prob. Appl., 18, 1973, 442-453.

[6] KONO N. Sample path properties of stochastic processes, J. Math. Kyoto Univ., 20-2, 1980, 295-313.

[7] MARCUS M.B. Continuity and the central limit theorem for random trigonometrical series, Z. Wahrscheinlichkeitsth., 42, 1978, 35-56.

[8] NANOPOULOS C., NOBELIS P. Régularité et propriétés limites de fonctions aléatoires, Lecture Notes, Springer, 649, 567-690.

[9] PISIER G. Conditions d'entropie assurant la continuité de certains processus, Séminaire Analyse fonctionnelle, 1979-1980, XIII-XIV, Ecole Polytechnique.

[10] WEBER M. Une méthode élémentaire pour l'étude de la régularité d'une large classe de fonctions aléatoires, CR Acad. Sc. Paris, 292, I, 599-602.

[11] A. EHRHARD et X. FERNIQUE Fonctions aléatoires stables irrégulières, C.R. Acad. Sc. Paris, 292, I, 999-1001.

CHAPITRE II

FONCTIONS ALEATOIRES ET STRUCTURES D'INDEPENDANCE. LES FONCTIONS ALEATOIRES DE TYPE INTEGRAL.

0. Introduction, Mesures aléatoires à valeurs indépendantes ou symétriques.

0.1. Les études réalisées entre 1960 et 1975 sur les fonctions aléatoires gaussiennes ont paru montrer qu'elles étaient exceptionnelles par leur simplicité. En fait, certaines de leurs propriétés (lois zéro-un, intégrabilité par exemple) ont été étendues depuis 10 ans à d'autres fonctions aléatoires comme les séries $\Sigma f_n \lambda_n(\omega)$ à termes indépendants. Nous nous proposons de mettre ici en évidence des classes plus larges de fonctions aléatoires simples. Prenons par exemple un phénomène modélisé par l'équation de la corde vibrante homogène sur $[0,1]$ fixe à ses extrémités et partant de la position d'équilibre avec une répartition aléatoire $V = \{V(\omega,x), \omega \in \Omega, x \in]0,1[\}$ de vitesses initiales ; il peut être souhaitable de pouvoir analyser le phénomène pour une classe de ces répartitions assez large pour pouvoir contenir des répartitions poissonniennes de fonction caractéristique $E\{\exp(i<V,\varphi>)\} = \exp\{-\int_0^1 (1-\cos\varphi(x))d\mu(x)\}$ aussi bien que des répartitions gaussiennes de fonction caractéristique $\exp\{-\frac{1}{2}\int_0^1 \varphi^2(x)d\mu(x)\}$. La classe étudiée ici sera définie par intégration de fonctions certaines par rapport à des mesures aléatoires. Elle contiendra donc des familles très larges de solutions d'équations différentielles ou aux dérivées partielles linéaires à coefficients constants non aléatoires et à données initiales aléatoires. Nous rappelons pour commencer quelques résultats relatifs à ces mesures aléatoires.

0.2.1. Soit $(\mathcal{U},\mathcal{B})$ un espace lusinien muni de sa tribu canonique. Une mesure aléatoire sur $\mathcal{U}$ à valeurs indépendantes (resp. symétriques) est une fonction aléatoire sur $\mathcal{B}$ vérifiant les propriétés suivantes :

(1) $\forall\, b \in \mathcal{B}$, $P\{|m(b)| < \infty\} = 1$,

(2) Pour toute suite $\{b_n, n \in \mathbb{N}\}$ d'éléments de $\mathcal{B}$ disjoints, la

suite $\{m(b_n), n \in \mathbb{N}\}$ est indépendante (resp. symétrique) et sa série $\sum_{\mathbb{N}} m(b_n)$ converge en probabilité vers $m(\bigcup_{\mathbb{N}} b_n)$.

On remarquera que dans l'un et l'autre cas, les séries $\sum_{\mathbb{N}} m(b_n)$ associées à des éléments de $\mathcal{B}$ disjoints convergent presque sûrement. C'est évident dans le cas de l'indépendance ; dans le cas de la symétrie, si $\{\varepsilon_n, n \in \mathbb{N}\}$ désigne une suite de Rademacher indépendante de m, la série $\sum \varepsilon_n m(b_n)$ convergeant en probabilité, pour presque tout ω de l'espace d'épreuves de M la série $\sum \varepsilon_n m(\omega, b_n)$ converge en probabilité ; à termes indépendants, elle converge presque sûrement sur l'espace d'épreuves de $\{\varepsilon_n, n \in \mathbb{N}\}$ et le théorème de Fubini permet de conclure à la convergence presque sûre sur l'espace d'épreuves produit ; la série $\sum m(b_n)$ associée aux mêmes lois par la symétrie converge aussi presque sûrement.

Remarquons aussi ([3], th. I.1.2 et th. III 2.1) que puisque $\mathcal{U}$ est lusinien, il existe un isomorphisme de $\mathcal{U}$ sur un borélien $\mathcal{U}_o$ de $[0,1]$ qui associe aux mesures aléatoires à valeurs indépendantes (resp. symétriques) sur $\mathcal{U}$, les mesures aléatoires à valeurs indépendantes (resp. symétriques) sur $[0,1]$ nulles sur les parties de $\complement\mathcal{U}_o$; on pourra donc toujours supposer que $\mathcal{U} = [0,1]$.

Nous rappelons brièvement comment on définit la variable aléatoire $\int f dm = \{\int f(x) m(\omega, dx), \omega \in \Omega\}$ associée à une fonction mesurable et bornée f et à une mesure aléatoire à valeurs symétriques ou symétrique à valeurs indépendantes. Nous nous appuyerons sur les deux lemmes suivants :

LEMME 0.2.2 : <u>Soient</u> $(\Omega, \mathcal{A})$ <u>un espace mesurable et</u> φ <u>une fonction réelle positive sur</u> $\mathcal{A}$; <u>on suppose qu'il existe un nombre</u> $k > 0$ <u>tel que pour toute partition mesurable</u> $\{A_n, n \in \mathbb{N}\}$ de Ω, on ait :

(3) $$\forall\, b \in \mathcal{A}, \quad k \sum \varphi(b \cap A_n) \leq \varphi(b) \leq \sum \varphi(b \cap A_n) \, ;$$

<u>il existe alors une mesure positive bornée</u> μ <u>sur</u> $(\Omega, \mathcal{A})$ <u>telle que</u> :

(4) $$\forall\, b \in \mathcal{A}, \quad k\mu(b) \leq \varphi(b) \leq \mu(b) \, .$$

<u>LEMME 0.2.3 : Pour toute suite symétrique</u> $\{X_j, 1 \leq j \leq n\}$ <u>de variables aléatoires et tout</u> $u > 0$, <u>on a</u> :

$$(5) \qquad E \inf(u^2, (\sum_{j=1}^{n} X_j)^2) \leq \sum_{j=1}^{n} E \inf(u^2, X_j^2) .$$

<u>De plus, il existe un nombre</u> $k > 0$ <u>tel que pour toute suite</u> $\{X_j, 1 \leq j \leq n\}$ <u>de v.a. indépendantes et symétriques et tout</u> u <u>assez grand pour que</u> $E \inf(1, \frac{1}{u^2} (\sum_{j=1}^{n} X_j)^2) \leq \frac{1}{8}$, <u>on ait</u> :

$$(6) \qquad k \sum_{j=1}^{n} E \inf(u^2, X_j^2) \leq E \inf(u^2, (\sum_{j=1}^{n} X_j)^2) .$$

<u>Démonstration du lemme 0.2.2</u> : Notons $\mathfrak{A}$ l'ensemble des partitions mesurables $A = \{A_n, n \in \mathbb{N}\}$ de Ω ; définissons sur $\mathcal{C}$ la fonction μ en posant :

$$(7) \qquad \forall\, b \in \mathcal{C}, \quad \mu(b) = \sup_{A \in \mathfrak{A}} \sum_{\mathbb{N}} \varphi(b \cap A_n) ;$$

les relations (3) et (7) impliquent $\varphi \leq \mu \leq \frac{1}{k} \varphi$ de sorte que μ est positive bornée et vérifie la relation (4) ; il reste à montrer que c'est une mesure. Pour cela, soient A un élément de $\mathfrak{A}$ et b un élément de $\mathcal{C}$; pour tout $\varepsilon > 0$, la définition (7) implique l'existence d'un élément A' de $\mathfrak{A}$ tel que :

$$\mu(b) \leq \varepsilon + \sum_{j \in \mathbb{N}} \varphi(b \cap A'_j) ;$$

la relation (3) implique alors :

$$\mu(b) \leq \varepsilon + \sum_{j \in \mathbb{N}} \sum_{n \in \mathbb{N}} \varphi(b \cap A'_j \cap A_n) ,$$

c'est-à-dire par la définition des $\mu(b \cap A_n)$:

$$(8.1) \qquad \mu(b) \leq \varepsilon + \sum_{n \in \mathbb{N}} \sum_{j \in \mathbb{N}} \varphi(b \cap A_n \cap A'_j) \leq \varepsilon + \sum_{n \in \mathbb{N}} \mu(b \cap A_n) .$$

Inversement, pour tout $n \in \mathbb{N}$, la définition de $\mu(b \cap A_n)$ implique l'existence d'un élément A'_n de $\mathfrak{A}$ tel que :

$$\mu(b \cap A_n) \leq \frac{\varepsilon}{2^{n+1}} + \sum_{j \in \mathbb{N}} \varphi(b \cap A_n \cap A'^{n}_j) ,$$

et la définition de $\mu(b)$ implique alors :

$$(8.2) \qquad \sum_{n \in \mathbb{N}} \mu(b \cap A_n) \leq \varepsilon + \sum_{(n,j) \in \mathbb{N}^2} \varphi(b \cap A_n \cap A_j'^n) \leq \varepsilon + \mu(b) ,$$

de sorte que (8.1) et (8.2) fournissent la σ - additivité de μ ; c'est une mesure.

<u>Démonstration du lemme 0.2.3</u>. (a) Pour établir la propriété (5), il suffit utilisant la symétrie des lois et une récurrence évidente, de montrer que pour tout couple (x,y) de réels positifs et tout couple $(\varepsilon, \varepsilon')$ de variables de Rademacher indépendantes, on a :

$$E \inf(1, (\varepsilon x + \varepsilon' y)^2) \leq \inf(1, x^2) + \inf(1, y^2) ;$$

or le premier membre est inférieur à $\inf(1, x^2+y^2)$ de sorte que cette inégalité est évidente. (b) Pour démontrer la propriété (6) sous l'hypothèse indiquée, on peut se réduire au cas $u = 1$ et $E \inf(1, (\sum_{j=1}^n X_j)^2) \leq \frac{1}{8}$; nous notons alors $\{f_j, 1 \leq j \leq n\}$ et f les fonctions caractéristiques des termes et de leur somme. Les inégalités élémentaires liant les moments tronqués et les fonctions caractéristiques des variables symétriques permettent d'écrire :

$$(9) \qquad \sum_{j=1}^n E \inf(1, X_j^2) \leq 7 \sum_{j=1}^n \int_o^1 (1 - f_j(t) dt ,$$

aussi bien qu'inversement :

$$\forall\, t \in [0,1] , 1 - f(t) \leq 2(1+t^2) E \inf(1, (\sum_{j=1}^n X_j)^2) \leq \frac{1}{2} ,$$

et donc aussi :

$$\forall\, t \in [0,1] , \sum_1^n (1 - f_j(t)) \leq \ln \frac{1}{\prod_1^n f_j(t)} \leq \ln \frac{1}{f(t)} \leq 2 \ln 2 (1 - f(t)) ,$$

ou encore :

$$\forall\, t \in [0,1] , \sum_1^n (1 - f_j(t)) \leq 4 \ln 2 (1 + t^2) E \inf(1, (\sum_{j=1}^n X_j)^2) .$$

En reportant dans (9), on en déduit (6) avec $k = \frac{3}{112\ln 2}$ ou plus simplement $k = \frac{1}{30}$.

0.3. Intégration par rapport à une mesure aléatoire à valeurs symétriques.

0.3.1. Soient μ une mesure positive et m une mesure aléatoire à valeurs symétriques sur $(\bar{\mathcal{U}}, \mathcal{B})$, nous dirons que μ est une mesure de contrôle pour m si :

(10) $$\forall\, b \in \mathcal{B}, \quad E \inf(1, m^2(b)) \leq \mu(b) ;$$

nous dirons que μ est une mesure de contrôle strict pour m si :

(11) $$\exists\, c > 0, \ \forall\, b \in \mathcal{B}, \ c\mu(b) \leq E \inf(1, m^2(b)) \leq \mu(b) .$$

Nous ignorons si toute mesure aléatoire à valeurs symétriques possède une mesure de contrôle bornée ou une mesure de contrôle strict ; nous pouvons seulement énoncer.

PROPOSITION 0.3.2 : (a) Toute mesure de contrôle strict est bornée ; deux mesures de contrôle strict d'une même mesure aléatoire sont équivalentes.
(b) Toute mesure aléatoire du second ordre (i.e $E\,|\,m^2(\mathcal{U})\,| < \infty$) à valeurs symétriques possède une mesure de contrôle bornée.
(c) Toute mesure aléatoire à valeurs indépendantes et symétriques possède une mesure de contrôle strict.

Démonstration : Les résultats (a) sont immédiats ; (b) Si m est du second ordre, l'application $\{E\, m^2(b),\, b \in \mathcal{B}\}$ est une mesure de contrôle bornée pour m ; (c) Soient m une mesure aléatoire à valeurs indépendantes et symétriques, il existe un nombre u_o assez grand pour que $E\{\inf(1, \frac{m^2(\mathcal{U})}{u_o^2})\}$ soit inférieur à $\frac{1}{16}$; les inégalités de Lévy impliquent alors :

$$\forall\, b \in \mathcal{B},\ E \inf(1, \frac{m^2(b)}{u_o^2}) \leq \frac{1}{8} .$$

La propriété (2) des mesures aléatoires à valeurs indépendantes et symétriques et le lemme 0.2.3 montrent donc que pour toute partition mesurable $\{A_n, n \in \mathbb{N}\}$ de Ω , on a :

$$k \sum_{n=1}^{\infty} E \inf(u_o^2, m^2(b \cap A_n)) \leq E \inf(u_o^2, m^2(b)) \leq \sum_{n=1}^{\infty} E \inf(u_o^2, m^2(b \cap A_n)) .$$

Il existe alors (lemme 0.2.2) une mesure positive bornée μ_o telle que :

$$\forall\, b \in \mathcal{B} \,,\; k\mu_o(b) \leq E \inf(1, \frac{m^2(b)}{u_o^2}) \leq \mu_o(b)$$

on en déduit le résultat annoncé en posant :

$$\mu = \sup(1, u_o^2)\mu_o \;,\; \underline{c} = k \inf(u_o^2, \frac{1}{u_o^2}) > 0 .$$

0.3.3. Soient m une mesure aléatoire à valeurs symétriques et μ une mesure de contrôle pour m ; soit de plus $f = \sum_1^n f_i I_{b_i}$ une fonction étagée mesurable sur $\mathcal{U}$; en appliquant la propriété (5) du lemme 0.2.3, on a :

$$\forall\, \varepsilon > 0 \,,\; E \inf(1, (\int f dm)^2) \leq E \inf(1, (\int_{|f| \leq \varepsilon} f dm)^2) + \\ + \sum_{|f_i| > \varepsilon} \sup(1, f_i^2) E \inf(1, m^2(b_i)) .$$

En appliquant le lemme de contraction des v.a. symétriques pour le premier terme du second membre et la relation (10) pour le second terme, on en déduit :

$$(12) \qquad E \inf(1, (\int f\, dm)^2) \leq 2 E \inf(1, \varepsilon^2 m^2(\mathcal{U})) + \sup(1, \frac{1}{\varepsilon^2}) \int f^2 d\mu .$$

La relation (12) montre que si la suite des fonctions étagées mesurables $\{f_n, n \in \mathbb{N}\}$ converge dans $L^2(\mu)$ vers une fonction f , alors la suite associée $\{\int f_n d_m, n \in \mathbb{N}\}$ converge en probabilité dans (Ω, P) ; on pose alors $\int f\, dm = \lim \int f_n dm$. Dans ces conditions, pour tout $f \in L^2(\mu)$, $\int f\, dm$ est une variable aléatoire vérifiant la relation (12).

Inversement d'ailleurs pour toute fonction étagée mesurable f , on a aussi avec les mêmes notations si μ est une mesure de contrôle strict pour m

$$c\int \inf(1,f^2)d\mu \leq \sum_1^n E\inf(1, f_i^2 m^2(b_i))$$

et donc en appliquant la formule (6) du lemme 0.2.3 dès que $E\inf(1,(\int fdm)^2)\leq\frac{1}{8}$:

$$ck\int \inf(1,f^2)d\mu \leq E\inf(1,(\int fdm)^2) \tag{13}$$

et ceci aussi par prolongement si f appartient à $L^2(\mu)$. La formule (13) montre donc que pour toute suite $\{f_n, n\in\mathbb{N}\}$ d'éléments de $L^2(\mu)$, si les variables aléatoires associées $\{\int f_n dm, n\in\mathbb{N}\}$ convergent en probabilité dans (Ω,P), alors la suite $\{f_n, n\in\mathbb{N}\}$ converge en mesure dans $(\mathcal{U},\mu)$.

0.3.4. Les propriétés classiques des processus à accroissements indépendants montrent que toute mesure aléatoire symétrique m à valeurs indépendantes est la somme de trois mesures aléatoires symétriques à valeurs indépendantes m_1, m_2, m_3 mutuellement indépendantes et possédant les propriétés suivantes :

(1) m_1 est de la forme $\Sigma\mu_n(\omega)\delta_{x_n}$ où les x_n décrivent une suite non aléatoire dans $\mathcal{U}$, les δ_{x_n} sont les mesures de Dirac associées et $\Sigma\mu_n$ est une série p.s. convergente de v.a. symétriques indépendantes.

(2) m_2 est gaussienne sans partie discrète.

(3) m_3 est poissonnienne sans partie discrète : il existe une mesure positive π sur $\mathbb{R}^*\times\mathcal{U}$ vérifiant :

(3a) $\iint_{\lambda\in\mathbb{R}^*, x\in\mathcal{U}} \inf(1,\lambda^2)d\pi(\lambda,x)<\infty$; $\forall x_o\in\mathcal{U}$, $\int_{\lambda\in\mathbb{R}^*} d\pi(\lambda,x_o) = 0$.

(3b) Pour toute fonction f étagée mesurable sur $\mathcal{U}$, on a :

$$E\{\exp(i\int fdm_3)\} = \exp\{\iint[\cos(\lambda f(x))-1]d\pi(\lambda,x)\} .$$

Dans une telle situation, nous noterons $\{m_1^n, n\in\mathbb{N}\}$ la suite des termes de m_1, $\{m_2^n, n\in\mathbb{N}\}$ une décomposition de m_2 en termes indépendants de rang 1 et $\{m_3^n, n\in\mathbb{N}\}$ la décomposition de m_3 en mesures poissonniennes mutuellement indépendantes associées respectivement aux mesures $\pi_n = I_{\{\frac{1}{n+1}\leq\lambda<\frac{1}{n}\}}\pi$.

On notera que pour presque tout $\omega, m_3^n(\omega)$ est <u>combinaison linéaire d'un nombre fini</u> aléatoire de mesures de Dirac.

1. <u>Les fonctions aléatoires de type intégral</u>.

1.0. <u>Définition</u> : Soient $m = \{m(\omega), \omega \in \Omega\}$ une mesure aléatoire à valeurs symétriques sur un espace lusinien $\mathcal{U}$ et $X = \{X(\omega,t), \omega \in \Omega, t \in T\}$ une fonction aléatoire séparable sur un espace métrique séparable (T, δ) ; nous dirons que X est <u>du type intégral associé à</u> m s'il existe une mesure de contrôle μ pour m et un ensemble $\{f_t, t \in T\}$ de fonctions sur $\mathcal{U}$ de carrés intégrables pour la mesure μ tels que X ait même loi temporelle que $\{\int f_t dm, t \in T\}$. Si l'ensemble $\{f_t, t \in T\}$ est de carrés équiintégrables, on dira que X est <u>du type équiintégral</u>.

1.0.1. <u>Remarque</u> : Les classes de fonctions aléatoires introduites ci-dessus sont symétriques. Nous nous limitons à ces classes pour des raisons techniques liées au maniement des mesures aléatoires. Rappelons comme au premier chapitre que les inégalités fortes de symétrisation montrent que pour qu'une fonction aléatoires séparable sur un espace métrique séparable ait p.s. des trajectoires régulières il faut et il suffit que les médianes de ses accroissements et p.s. les trajectoires de ses symétrisées séparables soient régulières.

1.1. <u>Exemples</u> (a) Soit $\{\lambda_n, n \in \mathbb{N}\}$ une suite symétrique de variables aléatoires ; notons $\{\delta_n, n \in \mathbb{N}\}$ la suite des mesures de Dirac sur $\mathbb{N}$. Alors $\Sigma \lambda_n \delta_n$ est une mesure aléatoire à valeurs symétriques sur $\mathbb{N}$ si et seulement si pour presque tout ω, $\Sigma \lambda_n^2(\omega)$ est convergente et donc en particulier si la série $\Sigma E \inf(1, \lambda_n^2)$ est convergente. Sous cette hypothèse, la mesure $\Sigma E \inf(1, \lambda_n^2)\delta_n$ est une mesure de contrôle bornée ; le lemme 0.2.3 montre que c'est une mesure de contrôle strict si la suite $\{\lambda_n, n \in \mathbb{N}\}$ est indépendante. Toute série $\{\Sigma f_n(t)\lambda_n(\omega), t \in T, \omega \in \Omega\}$ sera donc de type intégral associé à $\Sigma \lambda_n \delta_n$ si $\{\Sigma(1 + f_n^2(t)) E \inf(1, \lambda_n^2), t \in T\}$ est convergent et de type équiintégral si le même ensemble est uniformément convergent. En particulier, c'est le cas si les (λ_n) sont indépendants et symétriques et si $\sup_n \|f_n\|_T$ est fini. Pour $T = \mathbb{R}^d$ et $f_n(t) = \exp\{i < a_n, t >\}$, on obtient les séries trigonométriques à coefficients aléatoires classiques.

(b) Toute fonction aléatoire gaussienne centrée séparable sur $\mathbb{R}$ ou $\mathbb{R}^n$ stationnaire est de type équiintégral associé à sa mesure aléatoire spectrale, gaussienne à valeurs indépendantes et symétriques, ayant sa mesure spectrale pour moment du second ordre et donc pour mesure de contrôle strict.

(c) Soit $(\Omega, \mathcal{G}, P)$ un espace probabilisé que nous supposons lusinien de sorte que $L^2(P)$ est séparable. Notons $(\Omega', \mathcal{G}', P')$ une copie indépendante de $(\Omega, \mathcal{G}, P)$, $\{\lambda_n, n \in \mathbb{N}\}$ une suite gaussienne normale et $\{f'_n, n \in \mathbb{N}\}$ une base orthonormale de $L^2(P')$. On peut alors définir une fonction aléatoire sur $\mathcal{G}'$ en posant :

$$\forall A' \in \mathcal{G}', \; p'(A') = \sum_n \Big(\int_{\omega' \in A'} f_n(\omega') dP'(\omega') \Big) \lambda_n ;$$

on vérifie facilement que p' est une mesure aléatoire gaussienne à valeurs indépendantes et symétriques sur Ω' ayant P' pour moment du second ordre et donc pour mesure de contrôle strict. Soit alors X une fonction aléatoire gaussienne centrée séparable, bornée en probabilité, sur un espace métrique (T, δ) ; nous pouvons supposer puisque X est séparable que son espace d'épreuves est lusinien ; nous le notons $(\Omega, \mathcal{G}, P)$ et nous utilisons la construction précédente de p' ayant P' pour mesure de contrôle strict. Les propriétés d'intégrabilité marginale de X borné en probabilité assurent que $\sup_{t \in T} \int X^4(\omega', t) dP'(\omega')$ est fini et donc que toute version séparable de $\{\int_{\Omega'} X(\omega', t) dp(\omega, d\omega'), \omega \in \Omega, t \in T\}$ est de type équiintégral associé à p.
Comme le calcul de la loi temporelle de cette fonction aléatoire montre que pour toute famille finie $(t_1, \dots, t_n)$ d'éléments de T, on a :

$$E\{\exp i [\sum_{j=1}^n a_j \int X(\omega', t_j) dp(\omega, d\omega')]\} = \exp\{-\tfrac{1}{2} \int [\sum_{j=1}^n a_j X(\omega', t_j)]^2 dP(\omega')\},$$

ceci signifie que la fonction aléatoire gaussienne X est de type équiintégral associé à p .

(d) Pour toute mesure aléatoire m à valeurs indépendantes et symétriques sur R ou R^n , les intégrales $\{\int \exp i \langle t,x\rangle dm(\omega,dx)\}$ définissent sur le même espace des fonctions aléatoires de type équiintégral puisque m possède une mesure de contrôle bornée. Ce n'est peut-être pas le cas si on suppose seulement m à valeurs symétriques. De la même manière, nous ignorons si toute fonction aléatoire stable d'indice inférieur à 2 centrée séparable bornée en probabilité est de type équiintégral.

1.2. Continuité en probabilité des fonctions aléatoires de type intégral.

Les propriétés des mesures aléatoires et en particulier les formules (12) et (13) de l'alinéa 0.3.3 permettent d'énoncer (sans démonstration) :

THEOREME 1.2 : Soit X une fonction aléatoire de type intégral associée aux intégrales $\{\int f(x,t)dm(\omega,dx)\ ,\ t\in T\}$. (a) Soit μ une mesure de contrôle pour m ; si l'application $t\to f_t$ de (T,δ) dans $L^2(\mu)$ est continue, alors X est continue en probabilité sur (T,δ) . (b) Réciproquement soit μ une mesure de contrôle strict pour m ; si X est continue en probabilité sur (T,δ) , alors l'application $t\to f_t$ de (T,δ) dans $L^0(\mu)$ est continue. (c) Enfin si X est de type équiintégral et si m possède une mesure μ de contrôle strict, X est continu en probabilité sur (T,δ) si et seulement si l'application $t\to f_t$ de (T,δ) dans $L^0(\mu)$ est continue.

1.3. Propriétés d'oscillation.

Dans ce paragraphe, nous étendons à certaines fonctions aléatoires de type intégral les propriétés simples des oscillations des fonctions aléatoires gaussiennes ([9], [11]) ; le théorème fondamental aura un cadre plus général :

THEOREME 1.3.1 : Soient (T,δ) un espace métrique séparable et X une fonction aléatoire séparable sur T . On suppose qu'il existe une série ΣX_n de fonctions aléatoires réelles indépendantes sur T telles que :

(a) <u>pour tout</u> $t \in T$, <u>la série</u> $\Sigma X_n(t)$ <u>converge presque sûrement</u>,

(b) <u>pour tout</u> $t \in T$, <u>il existe un voisinage</u> $\mathcal{V}$ <u>de</u> T <u>sur lequel chaque</u> X_n <u>a p.s. ses trajectoires uniformément continues</u>,

(c) <u>la somme</u> ΣX_n <u>a même loi temporelle que</u> X .

<u>Dans ces conditions, il existe trois applications</u> α, β_1, β_2 <u>de</u> T <u>dans</u> $\bar{R}^+$, <u>une partie négligeable</u> N <u>de</u> Ω <u>et pour tout élément</u> t <u>de</u> T <u>une partie négligeable</u> N_t <u>de</u> Ω <u>telles que</u> :

(14) $$\forall t \in T , \forall \omega \notin N_t , \liminf_{s \to t} X(\omega,s) = X(\omega,t) - \beta_1(t) ,$$

$$\limsup_{s \to t} X(\omega,s) = X(\omega,t) + \beta_2(t) ,$$

(15) $$\forall \omega \notin N , \forall t \in T , \limsup_{\substack{s \to t \\ s' \to t}} \{X(\omega,s) - X(\omega,s')\} = \alpha(t) = \beta_1(t) + \beta_2(t) .$$

<u>Démonstration</u> : Elle utilise <u>la notion d'oscillation</u> ; soit f une fonction sur T à valeurs dans R ou $\bar{R}$, on appelle <u>oscillation de</u> f et on note $W(f)$ la fonction sur T à valeurs dans R ou $\bar{R}$ définie par :

(16) $$\forall t \in T , W(f,t) = \lim_{\varepsilon \downarrow 0} \sup_{\substack{\delta(s,t) < \varepsilon \\ \delta(s',t) < \varepsilon}} \{f(s) - f(s')\} ;$$

de la même manière, à tout $t \in T$ et tout $u > 0$, nous associons l'oscillation de f sur $\{\delta(s,t) \le u\}$ définie par :

(17) $$V(f,t,u) = \lim_{\varepsilon \downarrow 0} \sup_{\begin{cases} \delta(s,t) < u \\ \delta(s',t) < u \\ \delta(s,s') < \varepsilon \end{cases}} \{f(s) - f(s')\} ;$$

on a immédiatement :

$$W(f,t) = \lim_{u \downarrow 0} V(f,t,u) .$$

Dans la preuve qui suit, nous supposerons que Ω est P-complet et que X est précisément une version séparable de ΣX_n. Dans ces conditions, la séparabilité de X et l'hypothèse (b) montrent que $\limsup_{s\to t}\{X(t)-X(s)\}$, $\limsup_{s\to t}\{X(s)-X(t)\}$ et $V(X,t,u)$ sont des v.a. p.s. positives et $(\bigcap_n \mathcal{B}_n)$-mesurables où $\mathcal{B}_n$ est la tribu complète engendrée par $\{X_k, k \geq n\}$; elles sont donc dégénérées ; nous notons $\beta_1(t), \beta_2(t), \alpha(t,u)$ leurs valeurs presque sûres ; β_1 et β_2 vérifient par construction les relations (14). Soit de plus S une suite dense dans T ; il existe une partie négligeable N de Ω telle que :

$$\text{(18)} \qquad \forall\, \omega \notin N, \ \forall\, s \in S, \ \forall\, u \in \mathbb{Q}^*, \ V(X(\omega),s,u) = \alpha(s,u) .$$

Fixons un élément $\omega \notin N$ et un élément t de T ; les deux fonctions $\alpha(t,.)$ et $V(X(\omega),t,.)$ sont deux fonctions croissantes sur R^+ vérifiant :

$$\text{(19)} \qquad \forall\, u>0, \ \forall\, s \in T, \ V(X(\omega),t,u) \leq V(X(\omega),s,u+\delta(s,t)),$$
$$\alpha(s,u) \leq \alpha(t,u+\delta(s,t)) .$$

Nous allons comparer leurs limites respectives $\alpha(t)$ et $W(X(\omega),t)$ à l'origine ; supposons par exemple que la première limite soit finie ; fixant $\varepsilon>0$, nous déterminons $\eta>0$ tel que :

$$\text{(20)} \qquad 0<u\leq\eta \Rightarrow \alpha(t,u)\leq\alpha(t)+\varepsilon ,$$

nous choisissons un élément s de S et un nombre $u \in]0,\frac{\eta}{3}]$ tels que $\delta(s,t)$ soit inférieur à $\frac{\eta}{3}$ et $u+\delta(s,t)$ soit rationnel ; on aura alors en utilisant (18), (19) et (20) :

$$W(X(\omega),t) \leq V(X(\omega),t,u) \leq V(X(\omega),s,u+\delta(s,t)) \leq \alpha(s,u+\delta(s,t)) \leq \alpha(t,u+2\delta(s,t))$$
$$\leq \alpha(t)+\varepsilon ,$$

ce qui signifie :

$$W(X(\omega),t) \leq \alpha(t) ;$$

on prouve de la même manière l'inégalité inverse si $W(X(\omega),t)$ est fini et donc dans tous les cas l'égalité. En tenant compte des relations (14), ceci fournit (15) et le théorème est établi.

COROLLAIRE 1.3.2 : Soit X une fonction aléatoire continue en probabilité vérifiant les hypothèses du théorème 1.3.1 ; on suppose de plus qu'il existe un sous-ensemble ouvert G de T, une partie dense S de G et un nombre $a>0$ tels que :

(a) $\forall\, t\in S\,,\ \beta_1(t)\geq a\,,$

ou (b) $\forall\, t\in S\,,\ \beta_2(t)\geq a\,.$

Dans ces conditions, on a plus précisément :

$$\forall\, t\in G\,,\ \alpha(t)=+\infty\,.$$

Ce corollaire signifie que sous les hypothèses indiquées, il existe une partie négligeable N de Ω telle que :

$$\forall\, \omega\notin N\,,\ \forall\, t\in G\,,\ \limsup_{\substack{s\to t\\ s'\to t}} X(\omega,s)-X(\omega,s')=+\infty\,;$$

les trajectoires de X sont donc p.s. non bornées au voisinage de tout point de G.

Démonstration : Puisque S est dense dans G et X est continu en probabilité, on peut extraire de S une suite S' séparante pour la restriction de X à G ; on note N' la partie négligeable associée à S' dans cette séparation ; on note de plus N et $\{N_t, t\in T\}$ les parties négligeables définies dans l'énoncé du théorème 1.3.1. Supposons que X vérifie les hypothèses du corollaire et particulièrement (a) ; supposons de plus qu'il existe un élément t de G tel que $\alpha(t)$ soit fini, nous allons prouver la contradiction. Nous choisissons pour cela $\omega\notin N\cup N'\cup\bigcup_{t\in S'} N_t$; par définition de la séparabilité et le résultat (15) du théorème, pour tout $\varepsilon>0$, il existe deux éléments s et s' de S' tels que :

$$\delta(s,t)<\frac{\varepsilon}{2}\,,\ \delta(s',t)<\frac{\varepsilon}{2}\,,\ X(\omega,s)-X(\omega,s')>\alpha(t)-\frac{a}{4}\,;$$

la relation (14) permet alors de construire un couple (u,u') d'éléments de l'ouvert G tels que :

$$\delta(s,u) < \frac{\varepsilon}{2}\ ,\ \delta(s',u') < \frac{\varepsilon}{2}\ ,\ X(\omega,u) - X(\omega,s) > \beta_2(s) - \frac{a}{4}\ ,$$

$$X(\omega,s') - X(\omega,u') > \beta_1(s') - \frac{a}{4}\ ;$$

le couple (u,u') vérifie alors aussi :

$$\delta(t,u) < \varepsilon\ ,\ \delta(t,u') < \varepsilon\ ,\ X(\omega,u) - X(\omega,u') > \alpha(t) + \beta_1(s') - \frac{3a}{4}\ ,$$

on en déduit :

$$\limsup_{\substack{u \to t \\ u' \to t}} \{X(\omega,u) - X(\omega,u')\} \geq \alpha(t) + \frac{a}{4}\ ,$$

ceci contredit la définition de α ; le corollaire est donc établi sous son hypothèse (a) et par symétrie sous son hypothèse (b).

COROLLAIRE 1.3.3 : Soit X une fonction aléatoire vérifiant les hypothèses du théorème 1.3.1 ; on suppose de plus que pour tout $t \in T$, $P\{\lim_{s \to t} X(s) = X(t)\}$ est non nulle. Dans ces conditions, X a p.s. ses trajectoires continues.

Démonstration : Nous y utilisons les notations du théorème 1.3.1. Pour tout élément t de T, l'hypothèse implique l'existence d'une partie non négligeable Ω_t de Ω telle que :

$$\forall\ \omega \in \Omega_t\ ,\ \liminf_{s \to t}\{X(\omega,s) - X(\omega,t)\} = \limsup_{s \to t}\{X(\omega,s) - X(\omega,t)\} = 0\ ;$$

choisissant un élément ω de Ω_t n'appartenant pas à N_t, on obtient en reportant dans (12) :

$$\forall\ t \in T\ ,\ \beta_1(t) = \beta_2(t) = 0\ ;$$

la relation (15) signifie alors que pour tout $\omega \notin N$, la trajectoire $X(\omega)$ est continue.

Nous indiquons maintenant le champ d'application du théorème 1.3.1 :

THEOREME 1.3.4 : (a) Soient X et Y deux fonctions aléatoires indépendantes sur un espace métrique (T,δ) vérifiant les hypothèses du théorème 1.3.1, alors toute version séparable de leur somme les vérifie aussi. (b) Soient

$\{f_n, n \in \mathbb{N}\}$ une suite de fonctions continues sur un espace localement compact métrisable T et $\{\lambda_n, n \in \mathbb{N}\}$ une suite de v.a. indépendantes. On suppose que pour tout $t \in T$, la série $\Sigma f_n(t)\lambda_n$ converge p.s. et on note X une version séparable de sa somme, alors X vérifie les hypothèses du théorème 1.3.1.

(c) Soient m une mesure aléatoire symétrique à valeurs indépendantes sur un espace lusinien $\mathcal{U}$ et μ une mesure de contrôle pour m ; soient de plus (T, δ) un espace localement compact métrisable et $\{t \to f_t\}$ une application de T dans $L^2(\mu)$. On suppose que la mesure extérieure $\mu^*\{x \in \mathcal{U} : t \to f_t(x) \notin C(T)\}$ est nulle. Dans ces conditions, toute fonction aléatoire séparable sur T ayant mêmes lois temporelles que $\{\int f_t dm, t \in T\}$ vérifie les hypothèses du théorème 1.3.1.

Démonstration : Dans ces différents cas, il suffit de mettre en évidence des décompositions indépendantes ΣX_n vérifiant les hypothèses (a) et (b) du théorème 1.3.1. Dans le cas (b), on pose $X_n = \lambda_n f_n$; dans le cas (c), on pose $X_n = \int f(dm_1^n + dm_2^n + dm_3^n)$ où m_1^n, m_2^n, m_3^n ont la signification indiquée en 0.2.4.

1.3.5. Dans le théorème suivant, nous précisons une situation où les résultats du théorème 1.3.1 sont particulièrement puissants :

THEOREME 1.3.5. Soit X une fonction aléatoire séparable de type intégral de la forme $\{\int e^{i<x,t>} dm(\omega,dx), \omega \in \Omega, t \in \mathbb{R}^n\}$ où m est une mesure aléatoire symétrique à valeurs indépendantes. On suppose qu'il existe un élément t_o de $\mathbb{R}^n$ tel que $P\{\limsup_{h\to o} |X(t_o+h)| < \infty\}$ soit positive. Dans ces conditions, X a p.s. ses trajectoires continues sur $\mathbb{R}^n$.

Démonstration : Nous notons U et V les parties réelles et imaginaires de X ; le théorème 1.3.4 montre que U et V vérifient les hypothèses du théorème 1.3.1 et la symétrie de M montre qu'on a $\beta_1^U = \beta_2^U = \frac{\alpha^U}{2}$ et $\beta_1^V = \beta_2^V = \frac{\alpha^V}{2}$. Soit alors r un nombre positif, l'égalité :

$$U(t+r) = \int \{\cos <x,t> \cos <x,r>\} dm(x) - \int \{\sin <x,t> \sin <x,r>\} dm(x)$$

permet puisque $|\cos < x,r >|$ et $|\sin < x,r >|$ sont inférieurs à 1 pour les deux termes du second membre d'utiliser les lemmes de contraction et on en déduit, pour tout couple (σ,τ) d'éléments de $\mathbb{R}^n$:

$$P\{\lim_{h\to o} U(\sigma+h) - U(\sigma) > u\} \le 2P\{\limsup_{h\to o} U(\tau+h) - U(\tau) > \frac{u}{2}\}$$

$$+ 2P\{\limsup_{h\to o} V(\tau+h) - V(\tau) > \frac{u}{2}\}$$

et ceci implique, avec la relation semblable pour V :

$$\sup(\alpha^U(\sigma),\alpha^V(\sigma)) \le 2\sup(\alpha^U(\tau),\alpha^V(\tau)) ,$$

qui montre que si $\alpha^U(\sigma)$ ou $\alpha^V(\sigma)$ était strictement positif, alors $\inf_{\mathbb{R}^n} \sup(\alpha^U,\alpha^V)$ serait aussi strictement positif ; soient dans ces conditions U' et V' des copies, indépendantes entre elles, de U et V et Y une version séparable de leur somme ; le théorème 1.3.4 (a) implique que Y vérifie les hypothèses du théorème 1.3.1 ; les inégalités de Lévy montreraient donc qu'en tout point τ de $\mathbb{R}^n$, $\alpha^{U'+V'}(\tau)$ serait supérieur ou égal à $\sup(\alpha^{U'}(\tau),\alpha^{V'}(\tau))$. Le corollaire 1.3.2 impliquerait alors qu'en tout élément t de $\mathbb{R}^n$ $\alpha^{U'+V'}(t)$ et donc $\sup(\alpha^U(t),\alpha^V(t)$ seraient infinis. Ceci est contradictoire avec l'hypothèse sur t_o : α^U et α^V sont donc nuls en tout point, c'est le résultat du théorème.

Remarque : on notera qu'en général X n'est pas stationnaire.

2. Approximation des fonctions aléatoires de type intégral.

THEOREME 2.1 : Soient m une mesure aléatoire symétrique à valeurs indépendantes sur un espace lusinien $\mathcal{U}$ et μ une mesure de contrôle pour m ; soient de plus (T,δ) un espace compact métrisable et $\{t \to f_t\}$ une application de T dans $L^2(\mu)$. Soient enfin X une version séparable de $\{\int f_t dm, t \in T\}$ et pour tout entier n, X_n une version séparable de $\{\int f_t d(m_1^n + m_2^n + m_3^n), t \in T\}$ au sens 0.2.4. On suppose que X a p.s. ses trajectoires continues ; dans ces conditions, la série ΣX_n converge p.s. vers X au sens de la convergence uniforme sur T.

Démonstration : C'est une propriété générale des séries de vecteurs aléatoires indépendants et symétriques. Pour détailler, nous prenons quelques précautions liées au fait qu'il n'est pas évident que les sommes partielles $\sum_{k=o}^{n} X_k$ soient séparables : l'hypothèse sur les trajectoires de X implique pour tout $\varepsilon > 0$, l'existence de $\eta > 0$ et $M < \infty$ tels que pour toute partie finie S de T, on ait :

$$P\{\sup_{\substack{\delta(s,t)<\eta \\ s,t \in S\times S}} \frac{|X(s)-X(t)|}{\varepsilon} \vee \sup_{s\in S} \frac{|X(s)|}{M} > 1\} < \varepsilon ;$$

les inégalités de Lévy en dimension finie impliquent alors :

$$\forall n \in \mathbb{N},\ P\{\sup_{\substack{\delta(s,t)<\eta \\ s,t \in S\times S}} \frac{|X_n(s)-X_n(t)|}{\varepsilon} \vee \sup_{s\in S} \frac{|X_n(s)|}{M} > 1\} < 2\varepsilon ,$$

de sorte que la séparabilité de X_n montre que p.s. ses trajectoires sont continues et il en est de même des sommes partielles $\sum_{k=o}^{n} X_k$. Les inégalités de Lévy applicables alors directement sur T montrent :

$$\forall n \in \mathbb{N},\ P\{\sup_{\delta(s,t)<\eta} \frac{|\sum_1^n (X_k(s)-X_k(t))|}{\varepsilon} \vee \sup_T \frac{|\sum_1^n X_k|}{M} > 1\} < 2\varepsilon$$

de sorte que les sommes partielles $\{\sum_1^n X_k,\ n \in \mathbb{N}\}$ forment un ensemble relativement compact pour la convergence en loi dans $C(T)$. Le théorème de Ito et Nisio montre alors que la série $\sum_1^\infty X_k$ converge p.s. dans $C(T)$ vers X ; c'est le résultat.

On démontre suivant un schéma identique :

THEOREME 2.2 : Soient m une mesure aléatoire symétrique à valeurs indépendantes sur un espace lusinien $\mathcal{U}$ et $\mathcal{P} = \{p_n,\ n \in \mathbb{N}\}$ une partition mesurable et dénombrable de $\mathcal{U}$; on note μ une mesure de contrôle pour m. Soient de plus (T,δ) un espace compact métrisable et $\{t \to f_t\}$ une application de T dans

$L^1(\mu)$. Soient enfin X une version de $\{\int f_t dm, t\in T\}$ ayant p.s. ses trajectoires continues et pour tout entier n , X_n une version séparable de $\{\int_{P_n} f_t dm, t\in T\}$. Dans ces conditions, la série ΣX_n converge p.s. vers X au sens de la convergence uniforme sur T .

3. Majoration des lois, propriétés d'intégrabilité.

Les propriétés d'intégrabilité des vecteurs aléatoires gaussiens ([13], [4], [2]) ont déjà été adaptées aux séries de vecteurs aléatoires indépendants et intégrables ([10]). Elles s'étendent aussi aux fonctions aléatoires de type intégral et peuvent dans ce cas donner lieu à des évaluations très maniables. Le schéma d'étude, différent des schémas gaussiens, dérive des techniques de Yurinskii ([17]), Kuelbs ([12]), de Acosta ([1]) dans le domaine des propriétés limites des vecteurs aléatoires. Le lemme fondamental sera le suivant :

LEMME 3.1 : Soient $\mathcal{B}_1, \mathcal{B}_2, \mathcal{B}_3$ trois tribus indépendantes et X une v.a. intégrable et mesurable par rapport à la tribu engendrée par $\mathcal{B}_1$ et $\mathcal{B}_3$; alors X a même espérance conditionnelle relativement à $\mathcal{B}_1$ ou relativement à la tribu engendrée par $\mathcal{B}_1$ et $\mathcal{B}_2$.

Démonstration : Les arguments habituels de réduction montrent qu'il suffit de prouver le résultat si X est positive étagée ou même si X est l'indicatrice I_A d'un élément $A = A_1\cap A_3$, $A_1\in\mathcal{B}_1$, $A_3\in\mathcal{B}_3$ de la semi-algèbre engendrée par $\mathcal{B}_1$ et $\mathcal{B}_3$; on a alors :

$$E\{X|\mathcal{B}_1\} = I_{A_1}.P(A_3) \quad \text{p.s.}$$

et on doit montrer que pour tout élément B de la tribu engendrée par $\mathcal{B}_1$ et $\mathcal{B}_2$, on a :

$$E\{XI_B\} = E\{I_{A_1}.P(A_3)I_B\} ;$$

il suffit en fait de vérifier cette égalité si $B = B_1\cap B_2$, $B_1\in\mathcal{B}_1$, $B_2\in\mathcal{B}_2$ appartient à la semi-algèbre engendrée par $\mathcal{B}_1$ et $\mathcal{B}_2$. Le calcul montre alors que les deux nombres à comparer valent $P(A_1 \cap B_1)P(B_2)P(A_3)$ et sont donc égaux, ce qui établit le lemme.

THEOREME 3.2 : Soit X une fonction aléatoire de type intégral associée aux intégrales $\{\int_{\mathcal{U}} f(x,t)dm(\omega,dx)\ ,\ t\in T\}$; on suppose que la fonction f, à valeurs réelles ou complexes, vérifie :

(21) $$\forall\ x\in\mathcal{U},\ \forall\ t\in T,\ |f(x,t)|\leq 1\ ;$$

on suppose aussi que X a p.s. ses trajectoires bornées sur T. Dans ces conditions, pour tout $p>0$, $\sup_T|X|^p$ est intégrable si et seulement si $|m(\mathcal{U})|^p$ l'est. De plus, on a :

(22) $$\sigma^2\{\inf(u,\sup_T(X))\}\leq C_o\, E\inf(u^2,|m(\mathcal{U})|^2)\quad \text{pour tout } u>0 \text{ tel que}$$
$$E\inf\left(1,\frac{1}{u^2}|m(\mathcal{U})|^2\right)\leq\frac{1}{8}\ ,$$

(23) $$E\{|\sup_T|X|-E\sup_T|X||^p\}\leq C_p E|m(\mathcal{U})|^p\quad \text{pour tout } p\geq 2 \text{ tel que}$$
$$E|m(\mathcal{U})|^p<\infty\ ,$$

où les constantes C_p ne dépendent que de leurs indices et $C_2 = 1$.

Remarque 3.2.1 : La formule (2.2) s'utilise quand $|m(\mathcal{U})|$ est peu intégrable, la formule (23) dans le cas contraire ; l'une et l'autre sont des formules bilatères qui donnent l'ordre de grandeur de la concentration de $\sup_T|X|$ autour de certain paramètre de sa loi, donc aussi de tout autre paramètre de cette loi, sa médiane par exemple. Elles évaluent cette concentration à partie de la seule loi de $|m(\mathcal{U})|$; elles ne permettent pas d'évaluer les paramètres de centrage, ce sera dans certains cas l'objet des paragraphes 4 et 5. L'aspect qualitatif du théorème est une simple extension des théorèmes précédents sur les séries de vecteurs aléatoires indépendants. L'aspect quantitatif est plus important par sa simplicité ; on pourra constater au cours de la preuve du théorème comment la formule (22) apparemment plus compliquée que (23) puisque le centrage y dépend de u se manie sans peine.

3.3. Démonstration du théorème 3.2.

3.3.1. Supposons pour commencer que X vérifie la propriété (22) ; alors, en notant u_o un nombre assez grand pour que $E \inf(1, \frac{1}{u_o^2}|m(\mathcal{U})|^2) \leq \frac{1}{8}$, on a pour tout $u \geq u_o$ et tout $x > 0$:

$$P\{|\inf(u, \sup_T |X|) - E\inf(u, \sup_T |X|)| \geq x\} \leq \frac{C_o}{x^2} E\inf(u^2, |m(\mathcal{U})|^2) ;$$

Soit alors μ une médiane de $\sup_T |X|$; si μ est inférieur à u, c'est aussi une médiane de $\inf(u, \sup_T |X|)$ de sorte que l'inégalité ci-dessus implique :

$$\forall\, u \geq u_1 = \sup(\mu, u_o) ;\ |\mu - E\inf(u, \sup_T |X|)|^2 \leq 2C_o E\inf(u^2, |m(\mathcal{U})|^2) ;$$

en reportant dans (22), on en déduit :

$$(22)' \qquad \forall\, u \geq u_1,\ E\inf(u^2, \sup_T |X|^2) \leq 4C_o E\inf(u^2, |m(\mathcal{U})|^2) + 3u_1^2 .$$

Dans ces conditions, la propriété élémentaire des moments de toute v.a. λ :

$$\forall\, p \in]0,2[,\ E|\lambda|^p = \frac{p(2-p)}{2} \int_0^\infty E\inf(u^2, \lambda^2) u^{p-3}\, du ,$$

montre immédiatement par intégration de (22') l'intégrabilité annoncée si $p \in]0,2[$ et donc en particulier si $p = 1$; plus précisément, on a :

$$\forall\, p \in]0,2] \quad E\sup_T |X|^p \leq 4C_o E|m(\mathcal{U})|^p + 3u_1^p .$$

3.3.2. Supposons maintenant l'espace T fini. Dans ces conditions, toutes les intégrabilités de l'énoncé sont évidentes puisque les propriétés de contraction des v.a. symétriques montrent, sous l'hypothèse (21) :

$$\forall\, u \geq 0,\ P\{\sup_T |X| > u\} \leq 2\ \mathrm{Card}(T) P\{|m(\mathcal{U})| > u\} ;$$

il suffit donc dans ce cas pour établir le théorème de prouver les propriétés

(22) et (23). Nous supposerons pour commencer la famille de fonctions f étagée de sorte qu'il existe une partition finie $\{b_i, 1 \le i \le n\}$ de $\mathcal{U}$ et une suite $\{\varphi_i, 1 \le i \le n\}$ de fonctions sur T telles que :

$$\forall t \in T, \int f_t \, dm = \sum_{i=1}^{n} \varphi_i(t) m(b_i), |\varphi_i(t)| \le 1 .$$

Notons $\mathcal{B}_k$ la tribu engendrée par les $\{m(b_j), 1 \le j \le k\}$; l'indépendance de ces v.a. et le lemme 3.1 montrent qu'on a :

$$\forall u \ge 0, (E^{\mathcal{B}_k} - E^{\mathcal{B}_{k-1}})[\inf(u, \sup_T |X - \varphi_k m(b_k)|)] = 0 ,$$

et aussi, si $|m(\mathcal{U})|$ est intégrable :

$$(E^{\mathcal{B}_k} - E^{\mathcal{B}_{k-1}})[\sup_T |X - \varphi_k m(b_k)|] = 0 ;$$

nous posons alors :

$$\eta_k = \inf(u, \sup_T |X|) - \inf(u, \sup_T |X - \varphi_k m(b_k)|),$$

$$\zeta_k = \sup_T |X| - \sup_T |X - \varphi_k m(b_k)| ,$$

on en déduit dans le premier cas :

$$\forall u \ge 0, \inf(u, \sup_T |X|) - E \inf(u, \sup_T |X|) = \sum_{k=1}^{n} (E^{\mathcal{B}_k} - E^{\mathcal{B}_{k-1}}) \eta_k ,$$

et dans le second cas :

(24) $$\sup_T |X| - E \sup_T |X| = \sum_{k=1}^{n} (E^{\mathcal{B}_k} - E^{\mathcal{B}_{k-1}}) \zeta_k .$$

On intègre alors les carrés des deux membres en utilisant le fait que les $(E^{\mathcal{B}_k} - E^{\mathcal{B}_{k-1}})$ sont des opérateurs de projections mutuellement orthogonales ; on obtient suivant les cas

$$\forall u \ge 0, \sigma^2 \inf(u, \sup_T |X|) \le \sum_{k=1}^{n} E|\eta_k|^2 \le \sum_{k=1}^{n} E \inf(u^2, |m(b_k)|^2) ,$$

$$\sigma^2 \sup_T |X| \le \sum_{k=1}^{n} E|\zeta_k|^2 \le \sum_{k=1}^{n} E|m(b_k)|^2 ;$$

le lemme 0.2.3 donne donc dans ce cas (T fini, f étagée) les relations (22) et nous avons aussi établi (23) pour $p = 2$ avec $C_2 = 1$. Pour $p > 2$, les inégalités de Burkholder permettent à partir de (24) d'écrire :

$$E|\sup_T |X| - E\sup_T |X||^p \le A_p\, E[\sum_{k=1}^{n} |(E^{\mathcal{B}_k} - E^{\mathcal{B}_{k-1}})\zeta_k|^2]^{p/2} ;$$

en majorant $|\zeta_k|$ par $|m(b_k)|$, on en déduit :

$$\{E|\sup_T |X| - E\sup_T |X||^p\}^{\frac{1}{p}} \le B_p\{E[\sum_1^n |m(b_k)|^2]^{\frac{p}{2}}\}^{\frac{1}{p}} + B_p\{\sum_1^n E|m(b_k)|^2\}^{\frac{1}{2}} ;$$

puisque la famille $\{(m(b_k)), 1 \le k \le n\}$ est symétrique, les relations de Khintchine donnent alors la formule (23) pour tout $p > 2$ (T fini, f étagée).

3.3.3. Supposons toujours l'espace T fini, mais la fonction f, non nécessairement étagée, vérifiant les inégalités (21). Il existe alors une suite $\{f^n, n \in \mathbb{N}\}$ de fonctions étagées vérifiant (21) telles que :

$$\forall\, t \in T,\ \int f_t^n\, dm \xrightarrow[n\to\infty]{p.s} \int f_t\, dm \text{ et donc } \sup_T \int f^n\, dm \xrightarrow[n\to\infty]{p.s} \sup_T \int f\, dm ;$$

pour tout $u \ge 0$, la suite $(\inf\{u, \sup_T \int f^n\, dm\}, n \in \mathbb{N})$ majorée par u converge alors dans $L^2(P)$ vers $\inf\{u, \sup_T \int f dm\}$ et la formule (22) dans ce cas en résulte ; supposons de plus qu'il existe $p \ge 2$ tel que $E|m(\mathcal{U})|^p$ soit fini, alors la formule (22') montre quand u y tend vers l'infini que $E\{\sup_T |\int f^n dm|^2\}$ est majorée si bien que $\sup_T \int f^n\, dm$ converge vers $\sup_T \int f\, dm$ dans $L^1(P)$; le lemme de Fatou donne alors :

$$E|\sup_T |X| - E\sup_T |X||^p \le \liminf_{n\to\infty} E\{|\sup_T |\int f^n\, dm| - E\sup_T |\int f^n\, dm||^p\}$$

et le résultat 3.3.1 implique alors la propriété (23) dans ce cas aussi.

3.3.4. Le résultat général d'intégrabilité pour $p < 2$ et l'inégalité (22) pour T arbitraire se déduisent du résultat 3.3.3 appliqué aux parties finies de T et de la séparabilité de X. Ceci montre que s'il existe $p \ge 2$ tel que $E|m(\mathcal{U})|^p$ soit fini, alors $E\sup_T |X|$ est aussi fini de sorte que l'inégalité

(23) se déduit ensuite des mêmes arguments.

3.4. Le résultat du théorème 3.3. est utile même dans le cas où X est une fonction aléatoire gaussienne stationnaire. En le combinant avec les résultats de C. Borell, on obtient par exemple ([7]).

COROLLAIRE 3.4 : <u>Soient X une fonction aléatoire gaussienne centrée séparable et stationnaire sur R^d et T une partie de R^d sur laquelle X soit p.s. bornée ; on a alors pour tout $x \geq 2$:</u>

(25) $$P\{|\sup_T|X| - E\sup_T|X|| \geq x\sqrt{E|X(0)|^2}\} \leq \frac{1}{\sqrt{2\pi}}\int_{x-2}^{\infty} e^{-\frac{u^2}{2}}\,du\,.$$

<u>Démonstration</u> : Puisque X est stationnaire, on peut écrire :

$$X(t) = \int \cos tx\, dm(x) + \int \sin tx\, d\bar{m}(x)\,,\ E|m(R^d)|^2 = E|\bar{m}(R^d)|^2 = 1\,,$$

où m et $\bar{m}$ sont deux mesures aléatoires gaussiennes symétriques à valeurs indépendantes sur R^d, mutuellement indépendantes et de même loi. Appliquant le théorème 3.3, on peut donc majorer la variance de $\sup_T|X|$ par $2E|X(0)|^2$. Soit alors S une suite séparante pour X sur T ; nous notons A la partie de l'espace de Banach séparable $\ell^\infty(S)$ définie par :

$$A = \{x \in \ell^\infty(S) : |\sup_{\mathbb{N}}|x_n| - E\sup_T|X|| \leq 2\sqrt{E|X(0)|^2}\}\ ;$$

en confondant X et sa restriction à S, l'inégalité de Čebičev montre :

$$P\{X \notin A\} \leq \frac{1}{2}\,,$$

et l'inégalité de Borell implique alors :

$$\forall\, t \geq 0\,,\ P\{X \in A + t\theta_X\} \geq \frac{1}{\sqrt{2\pi}}\int_{-\infty}^{t} e^{-\frac{u^2}{2}}\,du$$

où θ_X est une partie de $\ell^\infty(S)$ vérifiant :

$$\forall\, x \in \theta_X\,,\ \sup|x| \leq \sqrt{E|X(0)|^2}\,.$$

Les propriétés de A et θ_X et la séparabilité de X fournissent donc l'inégalité annoncée.

4. Etude locale des trajectoires.

4.0. Dans ce paragraphe, nous présentons certains résultats de Marcus ([14]), Fernique ([5]), Marcus et Pisier ([15], [16]) sur la régularité des trajectoires des fonctions aléatoires X de type intégral de la forme

$$\{\int_{x \in \mathbb{R}^n} e^{i<x,t>} dm(\omega, dx) \, , \, t \in \mathbb{R}^n\}$$

où m est une mesure aléatoire sur $\mathbb{R}^n$. Bien que les résultats des auteurs cités ne soient pas liés à la symétrie, nous supposerons que m est symétrique, cette situation suffit en effet pour présenter la technique générale et l'essentiel du résultat (cf. remarque 1.0.1). Par contre nous ne supposons pas que m ait des moments. Les théorèmes 1.3.1, 1.3.4(c) et 1.3.5. montrent que si m est symétrique à valeurs indépendantes et X est borné au voisinage d'un point t_o avec probabilité non nulle, alors X a p.s. ses trajectoires continues sur $\mathbb{R}^n$; nous visons à préciser des conditions suffisantes pour cette propriété. Nous utiliserons essentiellement les résultats gaussiens sous la forme suivante :

THEOREME 4.0.1 : (a) *Soit* X *une fonction aléatoire séparable sur* $\mathbb{R}^n$ *à valeurs réelles ou complexes ; notons* δ *un écart mesurable sur* $\mathbb{R}^n$ *stable par translation ; on suppose que* :

$$\forall \, z \in \mathbb{C}, \forall \, (s,t) \in \mathbb{R}^d \times \mathbb{R}^d , \, E|\exp[z(X(s)-X(t))]| \leq \exp[\frac{\delta^2(s,t)}{2}|z|^2] \, .$$

Dans ces conditions, on a pour tout $T > 0$:

$$(26) \quad E \sup_{\substack{|s| \leq T \\ |t| \leq T}} |X(s)-X(t)| \leq A\sqrt{n}\{D(T) + \int_0^\infty \sqrt{\log \frac{(2T)^n}{\lambda\{s : |s| \leq T, \delta(0,s) \leq u\}}} \, du\} \, ,$$

où λ *est la mesure de Lebesgue normalisée,* A *une constante absolue et*

$$D(T) = \sup_{|s| \leq T} \delta(0,s) \, .$$

(b) *Pour tout entier* $n \geq 1$ *, il existe un nombre* $B > 0$ *tel que pour*

<u>toute fonction aléatoire gaussienne</u> X <u>stationnaire sur</u> $\mathbb{R}^n$ <u>centrée à trajectoires continues, on ait</u> :

$$(27)\quad \forall\, T>0\,,\ E \sup_{|t|\leq T} X(t) \geq B\{D_X(T) + \int_0^\infty \sqrt{\log \frac{(2T)^n}{\lambda\{s : |s| \leq T, \delta_X(0,s) \leq u\}}}\, du\}\,,$$

<u>où</u> δ_X <u>et</u> D_X <u>sont définis par</u> :

$$\delta_X^2(s,t) = E|X(s) - X(t)|^2\,,\ D_X(T) = \sup_{|s|\leq T} \delta_X(0,s)\,.$$

<u>Démonstration</u> : (a) Le théorème 6.1.1 de [6] fournit la majoration :

$$E \sup_{\substack{|s|\leq T\\ |t|\leq T}} |X(s) - X(t)| \leq 300 \sup_{|t|\leq T} \int_0^{2D(T)} \sqrt{\log(1 + \frac{(4T)^n}{\lambda\{s : |s| \leq 2T, \delta(s,t) \leq u\}})}\, du\,;$$

dans ce dernier terme, puisque $|t| \leq T$, le dénominateur se minore par $\lambda\{s : |s| \leq T, \delta(0,s) \leq u\}$; ceci donne la majoration (26) avec $A \leq 640$.

(b) Supposons que la propriété annoncée soit fausse ; alors pour tout entier $k \geq 1$, il existe un nombre $T_k > 0$ et une fonction aléatoire gaussienne X_k stationnaire sur $\mathbb{R}^n$ centrée et à trajectoires continues tels que :

$$4^k E \sup_{|t|\leq T_k} X_k(t) \leq D_{X_k}(T_k) + \int_0^\infty \sqrt{\log \frac{(2T_k)^n}{\lambda\{s : |s| \leq T_k, \delta_k(0,s) \leq u\}}}\, du\,;$$

on peut supposer la suite $\{X_k, k \geq 1\}$ indépendante et par homogénéité :

$$T_k = 1\,,\ E \sup_{|t|\leq 1} X_k(t) = 1\,,\ D_k(1) \leq \sqrt{2\pi}\,;$$

on définit alors une fonction aléatoire gaussienne stationnaire Y sur $\mathbb{R}^n$ à trajectoires continues en posant :

$$Y(t) = \sum_{k=1}^\infty \frac{1}{2^k} X_k(t)\,,$$

et on a pour tout $k \geq 1$:

$$\int_0^{\sqrt{\pi}} \sqrt{\log(1 + \frac{2^n}{\lambda\{s : |s| \leq 1, \delta_Y(0,s) \leq u\}})}\, du \geq \int_0^\infty \sqrt{\log \frac{2^n}{\lambda\{s : |s| \leq 1, \delta_{X_k}(0,s) \leq 2^k u\}}}\, du\,;$$

les hypothèses faites sur la suite $\{X_k, k \geq 1\}$ minorent ce dernier terme par $\frac{4^k - \sqrt{2\pi}}{2^k}$ qui tend vers l'infini avec k ; le premier membre est donc une intégrale divergente ; ceci est contradictoire ([5], th. 8.1.1) avec la continuité des trajectoires de Y, d'où l'absurdité et la minoration de l'énoncé.

4.1. Inégalités intégrales [5].

Dans cet alinéa, nous énonçons des inégalités, mises en lumière sous une autre forme ([14]) par M. Marcus et que nous utiliserons pour étudier les variations du second membre de (23) en fonction de δ :

LEMME 4.1.1. Soient T une v.a. positive sur $(\Omega, \mathcal{G}, P)$ et λ un nombre compris entre zéro et un ; on pose :

$$\varphi_\lambda(x) = (\lambda - x) I_{0 \leq x \leq \lambda}, \; A(\lambda) = \{f \in \mathcal{L}_0(\Omega, P) : 0 \leq f \leq 1, \int f dP = \lambda\},$$

$$F_T(u) = P\{T \leq u\}.$$

On a alors :

$$\int_0^\infty \varphi_\lambda \circ F_T(u) du = \inf\{\int fTdP, \; f \in A(\lambda)\}. \tag{28}$$

Démonstration : (a) Posons $\theta = \sup\{u : F_T(u) > \lambda\}$ et notons I le premier membre de (28) ; on a alors :

$$I = \theta\{\lambda - P\{T < \theta\}\} + \int_{T(\omega) < \theta} T(\omega) dP(\omega).$$

On définit presque sûrement une variable aléatoire f_T en posant :

$$f_T(\omega) = 1 \text{ si } T(\omega) < \theta, \; f_T(\omega) = 0 \text{ si } T(\omega) > \theta,$$

$$f_T(\omega) = \frac{\lambda - P\{T < \theta\}}{P\{T = \theta\}} \text{ si } T(\omega) = \theta ;$$

on constate que f_T appartient à $A(\lambda)$ et que de plus I est égal à $\int f_T T dP$.

(b) Soit maintenant f un élément arbitraire de $A(\lambda)$, on a :

$$\int(f-f_T)TdP = \int_{\substack{F_T(u)\le\lambda \\ u\ge 0}} [F_T(u)-\int_{T(\omega)\le u} fdP]du + \int_{\substack{F_T(u)>\lambda \\ u\ge 0}} [\lambda-\int_{T(\omega)\le u} fdP]du .$$

Dans le second membre, les deux intégrandes sont positifs puisque f appartient à $A(\lambda)$; le résultat s'ensuit.

PROPOSITION 4.1.2 : Soient $\delta = \{\delta_\omega(t), \omega\in\Omega, t\in T\}$ une v.a. positive sur un produit $(\Omega, \mathcal{C}, P)\times(T, \mathcal{J}, \lambda)$ d'espaces probabilisés et $D = \{D(\omega), \omega\in\Omega\}$ une v.a. positive sur le premier facteur ; soit de plus φ une fonction $]0,1]\to R$ positive décroissante convexe, on a alors :

$$(29) \qquad \int_0^{E(D)} \varphi\circ\lambda\{t: E(\delta(t))\le u\}du \ge E[\int_0^D \varphi\circ\lambda\{t:\delta(t)\le u\}du] .$$

Démonstration : (a) Nous démontrons d'abord (29) si $D=+\infty$ et si φ est l'un des φ_m, $m\in[0,1]$. Utilisant les notations du lemme 4.1.1, nous introduisons la fonction f_T associée à $T = E(\delta)$, v.a. positive sur $(T, \mathcal{J}, \lambda)$; on a alors :

$$\int\varphi_m\circ\lambda\{t: E\delta(t)\le u\}du = \inf_{f\in A(m)} \int f(t)E\delta(t)d\lambda(t) \ge$$

$$\ge E[\inf_{f\in A(m)} \int f(t)\,\delta(t)\,d\lambda(t)] \ge E[\int\varphi_m\circ\lambda\{t:\delta(t)\le u\}du] ;$$

c'est le résultat dans ce premier cas. (b) Si $D=+\infty$ et $\varphi(1)=0$, alors φ peut s'écrire $\int\varphi_m d\pi(m)$ où π est une mesure positive sur $]0,1]$ et la formule (29) dans ce cas se déduit du résultat précédent par intégration par rapport à $\pi(m)$. (c) Si $\varphi(1)=0$ et D arbitraire, la formule (29) se déduit du résultat (b) appliqué aux v.a. $\inf(\delta, D)$; le résultat général s'ensuit immédiatement.

4.2. Le théorème de continuité.

THEOREME 4.2.1 : Soit X une f.a. séparable sur R^n de type intégral de la

<u>forme</u> $\{\frac{1}{2}\int \exp(2i<x,t>)\,dm(\omega,dx)\,,\ \omega\in\Omega\,,\ t\in\mathbb{R}^n\}$ <u>où</u> m <u>est une mesure aléatoire sur</u> $\mathbb{R}^n$ <u>à valeurs symétriques ; soit</u> μ <u>une mesure de contrôle bornée pour</u> m . <u>On suppose que l'intégrale</u> :

$$I(\mu) = \int_0 \sqrt{\log \frac{2^n}{\lambda\{s\in[-1,+1]^n : \int \sin^2<x,s>d\mu(x)\le u^2\}}}\,du$$

<u>est convergente. Alors</u> X <u>est p.s. à trajectoires continues et on a</u> :

$$(30)\quad E\inf(1, \sup_{\substack{|s|\le 1\\|t|\le 1}} |X(s)-X(t)|) \le K\sqrt{n}\{\sqrt{\mu(\mathbb{R}^n)} + \int_0^\infty \sqrt{\log \frac{2^n}{\lambda\{|s|\le 1, \int \sin^2<x,s>d\mu(x)\le u^2\}}}\,du\}$$

<u>où</u> K <u>est une constante absolue.</u>

<u>Démonstration</u> : (a) Nous démontrerons d'abord que X vérifie l'inégalité (30) ; pour cela nous introduisons les notations suivantes : $\{\varepsilon_n, n\in\mathbb{N}\}$ est une suite de v.a. de Rademacher indépendantes entre elles et de m . Pour tout entier $k\ge 1$, A_k est une partition finie $\{a_{j,k}, 0\le j\le J(k)\}$ de $\mathbb{R}^n$ par des parties mesurables vérifiant :

$$\mu\{a^o_{o,k}\} \le \frac{2}{k}\|\mu\|\ ,\quad \sup_{j=1}^{J(k)} |a_{j,k}| \le \frac{1}{\sqrt{k}}\ ;$$

$\{x_{j,k}, 1\le j\le J(k)\}$ est une suite d'éléments respectifs des $a_{j,k}$; les fonctions aléatoires X_k, Y_k, Z_k sont définies par :

$$2X_k(t) = \sum_{1\le j\le J(k)} e^{2i<x_{j,k},t>}\, m(a_{j,k})\ ,$$

$$2Y_k(t) = \sum_{1\le j\le J(k)} e^{2i<x_{j,k},t>}\, \varepsilon_j \inf(1,|m(a_{j,k})|)\ ,$$

$$2Z_k(t) = \sum_{1\le j\le J(k)} e^{2i<x_{j,k},t>}\, \varepsilon_j [\,|m(a_{j,k})|-1]^+\ .$$

Pour tout élément t de $\mathbb{R}^n$, on a :

$$\frac{1}{4}\int \left| e^{2i<x,t>} - \sum_{j=1}^{J(k)} e^{2i<x_{jk},t>} I_{x\in a_{jk}} \right|^2 d\mu \le \frac{(|t|^2+1)\|\mu\|}{k}$$

et ceci montre (alinéa 0.3.3 relation (12)) que $\{X_k, k\geq 1\}$ converge en probabilité vers X sur $[-1,+1]^n$. La séparabilité de X montre donc qu'il suffit pour établir (30) d'établir :

$$(30') \quad \lim_{k\to\infty} E\inf(1, \sup_{\substack{|s|\le 1\\|t|\le 1}} |X_k(s)-X_k(t)|) \le K\sqrt{n}\,\{\sqrt{\mu(R^n)} + \int_0^\infty \sqrt{\log \frac{2^n}{\lambda\{|s|\le 1,\ \int \sin^2<x,s>d\mu(x)\le u^2\}}}\,du\}.$$

On remarquera aussi que X_k a même loi que $Y_k + Z_k$. On utilisera enfin que l'hypothèse du théorème implique la convergence de l'intégrale

$$\int_0 \sqrt{\log \frac{2^n}{\lambda\{s\in[-1,+1]^n,\ \int \sin^2<x,s>d\mu(x)+|s|^2\le u^2\}}}\,du .$$

(b) Nous majorons maintenant $E\inf(1, \sup_{\substack{|s|\le 1\\|t|\le 1}} |X_k(s)-X_k(t)|)$; elle est inférieure à $P\{Z_k\neq 0\} + E\sup_{\substack{|s|\le 1\\|t|\le 1}} |Y_k(s)-Y_k(t)|$; le premier terme s'évalue à partir de l'inégalité de Lévy et le deuxième terme par deux intégrations successives ; on obtient :

$$P\{Z_k\neq 0\} \le 2P\{|m(R^n)|\ge 1\},$$

$$2E\sup_{\substack{|s|\le 1\\|t|\le 1}} |Y_k(s)-Y_k(t)| \le \int dP(\omega)\int dP(\varepsilon) \sup_{\substack{|s|\le 1\\|t|\le 1}} \sum_{j=1}^{J(k)} (e^{2i<x_{j,k},t>} - e^{2i<x_{j,k},s>}) \times$$
$$\times \inf(1, |m(\omega, a_{j,k})|)\,\varepsilon_k .$$

Pour effectuer la première intégration du second membre, on utilise le théorème 4.01 (a) ; en posant :

$$\delta_k^2(\omega;s,t) = \sum_{j=1}^{J(k)} \sin^2 <x_{j,k},t> \inf(1,m^2(\omega,a_{j,k}) ,$$

$$D_k^2(\omega) = \sum_{j=1}^{J(k)} \inf(1,m^2(\omega,a,j,k)) ,$$

la formule (26) fournit :

$$E \sup_{\substack{|s|\le 1\\ |t|\le 1}} (Y_k(s)-Y_k(t)| \le A\sqrt{n}\int dP(\omega)\{D_k(\omega) + \int_0^{D_k(\omega)} \sqrt{\log \frac{2^n}{\lambda\{s: |s|\le 1, \delta_k(\omega;o;s)\le u\}}}\, du\}.$$

Pour majorer le second membre, nous appliquons la proposition 4.1.2 à la fonction $\varphi(x) = \sqrt{\log(1+x)}$ qui est inférieure à $1+\sqrt{\log x}$ et on obtient :

$$(31)\quad E \sup_{\substack{|s|\le 1\\ |t|\le 1}} |Y_k(s)-Y_k(t)| \le 2A\sqrt{n}\{\sqrt{\mu(R^n)} + \int_0^{\sqrt{\mu(R^n)}} \sqrt{\log \frac{2^n}{\lambda\{s: |s|\le 1, \delta_k(o,s)\le u\}}}\, du\} ,$$

$$\delta_k^2(0,s) = \sum_{j=1}^{J(k)} \sin^2 <x_{j,k},(t)> \mu(a_{j,k}) ;$$

l'inégalité de Hölder permet d'écrire :

$$\delta_k(0,s) \le \sqrt{\int \sin^2 <x,s> d\mu(x)} + \sqrt{|s|^2 \frac{1}{k}\|\mu\|} ,$$

comme par ailleurs :

$$\lim_{k\to\infty} \delta_k(0,s) = \sqrt{\int \sin^2 <x,s> d\mu(x)} ,$$

on peut utiliser le théorème de convergence dominée en faisant tendre k vers l'infini dans la relation (31) ; ceci établit (30') et donc (30).

(c) Supposant m symétrique à valeurs indépendantes, nous démontrons maintenant que X a p.s. ses trajectoires continues. Nous choisissons pour cela un compact C de R^n tel que

$$K\sqrt{n}\{\sqrt{\mu(R^n\setminus C)} + \int_0^\infty \sqrt{\log \frac{2^n}{\lambda\{|s|\le 1, \int_{x\notin C} \sin^2<x,s> d\mu(u) \le u^2\}}}\, du\} < 1$$

et nous décomposons X en X_C et X'_C suivant les deux intégrales aléatoires associées à C et son complémentaire ; la première intégrale est la transformée de Fourier d'une distribution aléatoire à support C compact et ses trajectoires sont p.s. indéfiniment différentiables et donc continues. On peut appliquer à la seconde intégrale le résultat (b) en substituant à μ sa trace sur le complémentaire de C ; l'inégalité (30) fournissant pour X'_C un second membre strictement inférieur à 1, X'_C a ses trajectoires bornées sur $\{|t| \leq 1\}$ avec probabilité positive et le théorème 1.3.5 montre qu'il a aussi p.s. ses trajectoires continues, d'où le résultat du théorème dans ce cas.

d) Nous établissons enfin le même résultat en supposant seulement m à valeurs symétriques. Pour tout entier $k > 0$, nous choisissons un compact C_k de R^n tel que :

$$K\sqrt{n}\left\{\sqrt{\mu(R^n \setminus C_k)} + \int_0^\infty \sqrt{\log \frac{2^n}{\lambda\{|s| \leq 1, \int_{x \notin C_k} \sin^2 \langle x,s\rangle d\mu(u) < u^2\}}}\, du\right\} < \frac{1}{2^k}$$

et nous décomposons comme ci-dessus X en X_k et X'_k. Les X_k ont p.s. leurs trajectoires continues et l'application du résultat (b) aux X'_k montre que la série $\sum_k \inf(1, \sup_{\substack{|s| \leq 1\\ |t| \leq 1}} |X'_k(s) - X'_k(t)|)$ converge p.s.

Ceci montre donc que $\{X_k, k \in \mathbb{N}\}$ converge p.s. uniformément vers X sur $\{|s| \leq 1\}$, d'où le résultat du théorème dans tous les cas.

<u>Remarque 4.2.2</u> : La formule (30) peut prendre des formes différentes, mais voisines ; soient X une fonction aléatoire et m une mesure aléatoire sur R^n à valeurs symétriques ayant une mesure de contrôle μ bornée ; on suppose X et m liés par les hypothèses du théorème et on note G une fonction aléatoire gaussienne centrée stationnaire sur R^n ayant μ pour mesure spectrale ; alors la formule (30) et le théorème 4.0.1 montrent qu'il existe une constante C_n ne dépendant que de la dimension telle que :

$$(31)\quad E\inf(1, \sup_{\substack{|s|\leq 1\\ |t|\leq 1}} |X(s)-X(t)|) \leq 2P\{|m(R^n)| \geq 1\} + C_n E \sup_{\substack{|s|\leq 1\\ |t|\leq 1}} |G(s) - G(t)| .$$

Par homogénéité et passage à la limite, on en déduit plus précisément <u>si</u> μ <u>est le moment du second ordre de</u> m :

$$(32) \qquad E \sup_{\substack{|s|\leq 1\\ |t|\leq 1}} |X(s)-X(t)| \leq C_n E \sup_{\substack{|s|\leq 1\\ |t|\leq 1}} |G(s)-G(t)| .$$

4.2.3. Les majorations du théorème 4.2.1 peuvent être améliorées si on se restreint à utiliser des classes particulières de mesures aléatoires ; E. Giné, M. Marcus et G. Pisier ont obtenu des meilleures conditions suffisantes de régularité des trajectoires des fonctions aléatoires de type $\{\int e^{i<x,t>} dm(\omega,dx)\}$ où m est une mesure aléatoire à valeurs indépendantes, symétriques et stables d'indice $\alpha \in]0,2[$ ([8], [16]). M. Marcus et G. Pisier viennent d'ailleurs [18] de démontrer la nécessité de ces conditions de régularité ; nous renvoyons le lecteur à leur travail. Dans la généralité, le théorème 4.2.1 est le meilleur possible comme le montrent les énoncés suivants :

THEOREME 4.2.4 : <u>Soit</u> μ <u>une mesure positive bornée sur</u> R^n ; (a) <u>soit</u> M <u>l'ensemble des mesures aléatoires symétriques à valeurs indépendantes contrôlées par</u> μ ; <u>pour tout</u> $m \in M$, <u>on note</u> X_m <u>une version séparable de</u> $\{\int e^{i<x,t>} dm(x) , t \in R^n\}$; <u>on suppose que pour tout</u> $m \in M$, X_m <u>a p.s. ses trajectoires continues ; dans ces conditions, l'intégrale</u> $I(\mu)$ <u>est convergente</u>.
(b) <u>Pour tout</u> $\alpha \in]0,2]$, <u>on note</u> M_α <u>l'ensemble des mesures aléatoires à valeurs symétriques stables d'indice</u> α <u>contrôlées par</u> μ ; <u>on suppose qu'il existe</u> $\alpha \in]0,2]$ <u>tel que pour tout</u> $m \in M_\alpha$, X_m <u>ait p.s. ses trajectoires continues. Dans ces conditions, l'intégrale</u> $I(\mu)$ <u>est aussi convergente</u>.

<u>Démonstration</u> : dans le cas (a), on choisit l'élément m_2 de M gaussien ayant μ pour moment du second ordre et on applique le théorème 4.0.1. Dans le cas (b), on choisit l'élément m_α de M_α obtenu en multipliant m_2 par une v.a. indépendante x_α ayant la loi particulière μ_α utilisée à la proposition 6.1 du premier chapitre.

THEOREME 4.2.5 : Soient $\{a_k, k \in \mathbb{N}\}$ une suite d'éléments de $\mathbb{R}^n$, $\{x_k, k \in \mathbb{N}\}$ une suite de v.a. réelles symétriques indépendantes et $\{\lambda_k, k \in \mathbb{N}\}$ une suite de v.a. de lois $\mathcal{N}(0,1)^{\mathbb{N}}$; on suppose que

$$\sup_{k \in \mathbb{N}} \frac{E\{\inf(1,x_k^2)\}}{[E\{\inf(1,|x_k|)\}]^2} = \rho^2$$

est fini ; on suppose aussi que la série $\frac{1}{2} \sum_{k \in \mathbb{N}} \exp(2i < a_k, t >) x_k$ p.s. convergente pour chaque t possède une version X de sa somme ayant p.s. ses trajectoires continues. Dans ces conditions, la série

$$\frac{1}{2} \sum_{k \in \mathbb{N}} \exp(2i < a_k, t >) \sqrt{E \inf(1,x_k^2)} \lambda_k$$

a aussi une version ayant p.s. ses trajectoires continues et l'intégrale

$$\int_0 \sqrt{\log \frac{2^n}{\{\lambda\{s \in [-1,+1]^n : \sum_{k \in \mathbb{N}} \sin^2 < a_k, s > E \inf(1,x_k^2) \leq u^2\}}}\, du$$

est convergente.

Démonstration : Soient M un nombre positif et (ε_k) une suite de v.a. de Rademacher indépendantes mutuellement et des données précédentes ; nous définissons diverses fonctions aléatoires séparables en posant :

$$\forall\, k \in \mathbb{N} \quad G_{k,1}(t) = \frac{1}{2} \sum_{j=1}^{k} \exp(2i < a_j, t >) \sqrt{E \inf(1,x_j^2)} |\lambda_j| I_{|\lambda_j| \geq M} \varepsilon_j ,$$

$$G_{k,2}(t) = \frac{1}{2} \sum_{j=1}^{k} \exp(2i < a_j, t >) \sqrt{E \inf(1,x_j^2)} |\lambda_j| I_{|\lambda_j| \leq M} \varepsilon_j ,$$

$$G_{k,t} = G_{k,1}(t) + G_{k,2}(t) ,$$

$$G(t) = \lim_{k \to \infty} G_k(t) , \text{ p.s.},$$

$$\bar{X}(t) = \frac{1}{2} \sum_{j=1}^{\infty} \exp(2i < aj, t >) \inf(1, |x_j|)\, \varepsilon_j , \text{ p.s.} .$$

Pour toute fonction aléatoire séparable U sur $[-1,+1]^n$, nous posons :

$$\|U\| = E \sup_{\substack{|s|\le 1\\|t|\le 1}} |U(s)-U(t)| .$$

On notera que l'hypothèse sur X implique, par le théorème des 2 séries, la convergence de la série $\Sigma E \inf(1,x_k^2)$ de sorte que G et $\bar{X}$ sont de type intégral et associées à $\{\frac{1}{2}\int \exp(2i<x,t>)dm(x), t\in R^n\}$ où les mesures aléatoires correspondantes à valeurs symétriques et indépendantes :

$$m_G = \tfrac{1}{2}\sum_1^\infty (\sqrt{E\inf(1,x_k^2)}\,|\lambda_k|\,\varepsilon_k)\,\delta_{a_k} ,$$

$$m_{\bar{X}} = \tfrac{1}{2}\sum_1^\infty (\inf(1,|x_k|)\,\varepsilon_k\,\delta_{a_k} ,$$

sont toutes deux de carré intégrable. La continuité des trajectoires de X , le lemme de contraction et le théorème 3.2 montrent alors que $\|\bar{X}\|$ est fini.

Pour tout $k\ge 0$, les lemmes de contraction et la définition de ρ impliquent :

$$\|G_{k,2}\| \le 2M\rho\|\tfrac{1}{2}\sum_{j=1}^{k} \exp(2i<a_j,t>)\,E\inf(1,|x_j|)\varepsilon_j\| \le 2M\rho\|\bar{X}\| .$$

Par ailleurs, le théorème 4.2.1 sous la forme (32) implique aussi :

$$\|G_{k,1}\| \le C_n\sqrt{E\{|\lambda|^2 I_{|\lambda|\ge M}\}}\,\|G_k\| ;$$

choisissant alors M de sorte que $C_n\sqrt{E\{|X|^2 I_{|\lambda|\ge M}\}}$ soit inférieur à $\frac{1}{2}$, on obtient :

$$\forall\, k\in\mathbb{N},\ \|G_k\| \le 4C_n\rho\|\bar{X}\| ;$$

ceci fournit, en utilisant la séparabilité de G :

$$\|G\| \le 4C_n\rho\|\bar{X}\| ,$$

G a donc p.s. ses trajectoires bornées sur $[-1,+1]^n$; le théorème 4.0.1 montre qu'il a aussi p.s. ses trajectoires continues ; le théorème 4.0.2 (b) conclut alors le théorème.

5. Etude asymptotique des trajectoires ([7]).

5.0. Dans ce paragraphe, nous ne présentons pas l'étude de l'ordre de grandeur à l'infini des fonctions aléatoires très régulières, renvoyant pour cela, dans les cas gaussiens ou non gaussiens, aux travaux classiques basés sur des hypothèses fortes de régularité locale et d'indépendance asymptotique. Nous étudions le comportement asymptotique des trajectoires de larges classes de fonctions aléatoires de type intégral. Nous précisons d'abord dans quelles conditions ces trajectoires restent bornées. Les mesures aléatoires m intervenant dans ce paragraphe seront toutes à valeurs symétriques et indépendantes.

THEOREME 5.1 : Soit X une fonction aléatoire de type intégral de la forme $\{\int_{\mathcal{U}} f(x,t)dm(\omega,dx)\,,\ t\in R^n\}$; on suppose que la fonction f à valeurs réelles ou complexes vérifie :

$$\forall\, x\in\mathcal{U},\ \forall\, t\in R^n,\ |f(x,t)|\le f(x,0)=1\ ;$$

on suppose aussi que X a p.s. ses trajectoires localement bornées. On note pour tout $t\in R^n$, $\mu(t)$ une médiane de $\sup_{|s|\le|t|}|X(s)|$. Dans ces conditions X a p.s. ses trajectoires bornées sur R^n si et seulement si μ est bornée sur R^n.

Démonstration : (a) Supposons que la médiane choisie $\mu(t)$ soit bornée sur R^n par M et fixons un nombre u_o assez grand pour que $E\inf(1,\frac{1}{u_o^2}|m(\mathcal{U})|^2)$ soit inférieur à $\frac{1}{8}$; utilisant alors la démonstration du théorème 3.2 et plus particulièrement l'inégalité (22'), nous obtenons :

$$\forall\, t\in R^n,\ \forall\, u\ge\sup(M,u_o),\ E\{\inf(u,\sup_{|s|\le|t|}|X(s)|\}\le[M+3\sqrt{C_o E\inf(u^2,|m(\mathcal{U})|^2}]\ ;$$

on en déduit :

$$\forall\, u\ge\sup(M,u_o),\ E\inf(1,\frac{1}{u}\sup_{R^n}|X|)\le[\frac{M}{u}+3\sqrt{C_o E\inf(1,\frac{1}{u^2}|m(\mathcal{U})|^2)}]\ ;$$

Le premier membre tend donc vers zéro quand u tend vers l'infini, ceci signifie que $\sup_{\mathbb{R}^n}|X|$ est p.s. fini. (b) La réciproque est immédiate.

Dans le cas où les trajectoires de X ne sont pas p.s. bornées, elles gardent pourtant un comportement asymptotique simple :

THEOREME 5.2 : Soit X une fonction aléatoire de type intégral de la forme $\{\int_{\mathcal{U}} f(x,t)dm(\omega,dx)\ ,\ t \in \mathbb{R}^n\}$; on suppose que la fonction f à valeurs réelles ou complexes vérifie :

$$\forall\ x \in \mathcal{U}, \forall\ t \in \mathbb{R}^n\ ,\ |f(x,t)| \leq 1\ ;$$

on suppose aussi que X a p.s. ses trajectoires localement bornées. On note pour tout $t \in \mathbb{R}^n, \mu(t)$ une médiane de $\sup_{|s|\leq|t|} |X(s)|$. On suppose enfin que μ n'est pas bornée sur $\mathbb{R}^n$. Dans ces conditions, on a :

$$\limsup_{|t|\to\infty} \frac{|X(t)|}{\mu(t)} = 1 \quad \text{p.s.} \tag{33}$$

Démonstration : Nous utilisons la décomposition de m présentée en 0.2.4 et nous posons :

$$m' = m - \Sigma\ \mu_n(\omega) I_{\{|\mu_n|\geq 1\}} \delta_{x_n} - m_3^{\circ}\ ,$$

de sorte que m' est une mesure aléatoire symétrique à valeurs indépendantes de carré intégrable et que, par homogénéité, nous pouvons supposer $P\{m \neq m'\}$ inférieure à $\frac{1}{4}$. Nous posons $E\{|m'(\mathcal{U})|^2\} = M^2$ et nous notons X_1 et X_2 des fonctions aléatoires séparables ayant mêmes lois temporelles respectives que $\int f(x,t)dm'$ et $\int f(x,t)d(m-m')$ de sorte que X_1+X_2 ait même loi temporelle que X . On remarquera que $(m-m')$ est combinaison linéaire d'un nombre fini (aléatoire) de mesures de Dirac si bien que l'hypothèse sur f implique que X_2 a p.s. ses trajectoires bornées et X_1 a p.s. ses trajectoires localement bornées comme X . Sur toute partie bornée T de $\mathbb{R}^n$, on peut donc appliquer le théorème 3.2 ; on obtient :

$$P\{|\sup_T |X_1| - E \sup_T |X_1|| > 2M\} \leq \frac{1}{4}\ ,$$

si bien que :

$$P\{|\sup_T|X| - E\sup_T|X_1|| > 2M\} \leq \frac{1}{4} + P\{m \neq m'\} \leq \frac{1}{2} ;$$

on en déduit pour tout élément t de $\mathbb{R}^n$

$$|\mu(t) - E\{\sup_{|s|\leq|t|}|X_1(s)|\}| \leq 2M$$

et ceci implique :

(34) $$\limsup_{|t|\to\infty} \frac{|X(t)|}{\mu(t)} = \limsup_{|t|\to\infty} \frac{|X_1(t)|}{E\{\sup_{|s|\leq|t|}|X_1(s)|\}} \text{ , p.s. .}$$

Nous calculons maintenant le second membre de la dernière relation. Pour tout entier positif k et tout nombre $\rho > 1$, nous notons pour cela $J_k(\rho)$ l'ensemble $\{t \in \mathbb{R}^n : E\{\sup_{|s|\leq|t|}|X_1(s)|\} \in [\rho^k, \rho^{k+1}[\}$; on a bien entendu :

(35) $$\rho^{k+1} - \rho^k \leq E\{\sup_{J_k}|X_1|\} \leq \rho^{k+1} ;$$

Le théorème 3.2 montre que pour tout $\varepsilon > 0$, on a :

$$\sum_{k=1}^{\infty} P\{|\sup_{J_k}|X_1| - E\sup_{J_k}|X_1|| > \varepsilon\rho^k\} \leq \frac{M^2}{\varepsilon^2} \sum_{k=1}^{\infty} \frac{1}{\rho^{2k}} < \infty ,$$

on en déduit, en utilisant (32) et la définition de J_k :

$$\exists\, k_o < \infty \text{ p.s. , } \forall k \geq k_o \text{ , } \forall t \in J_k ,$$

$$|X_1(t)| \leq \rho^k(\rho+\varepsilon) \leq (\rho+\varepsilon) E \sup_{|s|\leq|t|}|X_1(s)| ;$$

on en déduit aussi, à partir des mêmes propriétés :

$$\exists\, k_1 < \infty \text{ p.s. , } \forall k \geq k_o \text{ , } \exists\, t \in J_k ,$$

$$|X_1(t)| \geq \rho^{k+1}\left(1 - \frac{1+\varepsilon}{\rho}\right) \geq \left(1 - \frac{1+\varepsilon}{\rho}\right) E \sup_{|s|\leq|t|}|X_1(s)| ,$$

et les deux dernières relations impliquent :

$$\forall\, \rho>1\ ,\ \forall\, \varepsilon>0\ ,\ 1-\frac{1+\varepsilon}{\rho}\le \limsup_{|t|\to\infty} \frac{|X_1(t)|}{E\{\sup_{|s|\le|t|}|X_1(s)|\}}\le \rho+\varepsilon\ .$$

On fait tendre à gauche ρ vers l'infini, puis à droite ρ vers 1 et ε vers zéro ; on en déduit le résultat du théorème à partir de (34).

COROLLAIRE 5.2.1. Soit X une f.a. séparable sur $\mathbb{R}^n$ de type intégral de la forme $\{\frac{1}{2}\int \exp(2i<x,t>)dm(\omega,dx)\ ,\ \omega\in\Omega\ ,\ t\in\mathbb{R}^n\}$ où m est une mesure aléatoire symétrique à valeurs indépendantes sur $\mathbb{R}^n$; soit μ une mesure de contrôle strict pour m . On suppose que l'intégrale

$$\int_0 \sqrt{\log\frac{2^n}{\lambda\{s\in[-1,+1]^n : \int \sin^2<x,s>d\mu(x)\le u^2\}}}\,du$$

est convergente, on suppose de plus que l'intégrale

$$J(t)=\int_0 \sqrt{\log\frac{(2t)^n}{\lambda\{s\in[-t,+t]^n : \int \sin^2<x,s>d\mu(x)\le u^2\}}}\,du$$

est bornée sur $\mathbb{R}^+$; alors X a p.s. ses trajectoires bornées sur $\mathbb{R}^n$. Si au contraire $J(t)$ n'est pas bornée, alors $\limsup_{|t|\to\infty}\frac{|X(t)|}{J(|t|)}$ est p.s. majoré par une constante K qui ne dépend que de la dimension.

COROLLAIRE 5.2.2. Soient $\{a_k, k\in\mathbb{N}\}$ une suite d'éléments de $\mathbb{R}^n$, $\{x_k, k\in\mathbb{N}\}$ une suite de v.a. réelles symétriques indépendantes ; on suppose que $\sup_{k\in\mathbb{N}}\frac{E\inf(1,x_k^2)}{[E\inf(1,|x_k|)]^2}$ est fini ; soit de plus f une fonction strictement positive croissante sur $\mathbb{R}^+$. On suppose que la série Σx_k est p.s. convergente et on note X une version séparable de $\frac{1}{2}\Sigma\exp(2i<a_k,t>)x_k$. Dans ces conditions, pour que $\frac{|X(t)|}{f(|t|)}$ soit p.s. borné sur $\mathbb{R}^n$, il faut et il suffit que

$$\frac{1}{f(t)}\int_0 \sqrt{\log\frac{(2t)^n}{\lambda\{s\in[-t,+t]^n : \sum_{k\in\mathbb{N}}\sin^2<a_k,s>E\inf(1,x_k^2)\le u^2\}}}\,du$$

le soit aussi.

REFERENCES DU CHAPITRE 2

[1] A. de ACOSTA — Inequalities for B-valued random vectors with applications to the strong law of large numbers.

[2] C. BORELL — The Brunn-Minkowski inequality in Gauss space, Inv. Math., 30, 1975, 207-216.

[3] C. DELLACHERIE et P.A. MEYER — Probabilités et Potentiel, Hermann Paris 1975, Actualités Sci. et Ind. 1372, et 1980 A.S.I 1385.

[4] X. FERNIQUE — Intégrabilité des vecteurs gaussiens, C.R. Acad. Sci., Paris, A, 270, 1970, pp. 1698-1699.

[5] X. FERNIQUE — Continuité et théorème central limite pour les transformées de Fourier des mesures aléatoires du second ordre, Z.W.v.G., 42, 57-66, 1978.

[6] X. FERNIQUE — Régularité des trajectoires des fonctions aléatoires gaussiennes, Lecture Notes in Math., 480, Springer 1975.

[7] X. FERNIQUE — L'ordre de grandeur à l'infini de certaines fonctions aléatoires, Colloque International C.N.R.S., St Flour 1980, à paraître.

[8] E. GINE et M.B. MARCUS — Some results on the domain of attraction of stable measures in C(K), manuscrit, 1980.

[9] K. ITO et M. NISIO — On the oscillation of Gaussian processes, Math. Scand., 22, 1968, p. 209-223.

[10] N.C. JAIN et M.B. MARCUS — Integrability of infinite sums of independent vector valued random variables, Trans. Amer. Math. Soc., 212, 1975, 1-36.

[11] N.C. JAIN et M.B. KALLIANPUR Norm convergent expansions for gaussian processes in Banach spaces. Proc. Amer. Math. Soc., 25, 1970, 890-895.

[12] J. KUELBS et J. ZINN Some stability results for vector valued random variables, Ann. Prob., 7, 1979, 75-84.

[13] H.J. LANDAU et L.A. SHEPP On the supremum of a gaussian process, Sankhya, A, 32, 1971, 369-378.

[14] M.B. MARCUS Continuity and the central limit theorem for random trigonometric series, Z.W., 42, 1978, 35-56.

[15] M.B. MARCUS et G. PISIER Necessary and sufficient conditions for the uniform convergence of random trigonometric series, Lecture Notes Series, Aarhus University, 50, 1978.

[16] M.B. MARCUS et G. PISIER Random Fourier series with applications to harmonic Analysis, preprint.

[17] V.V. YURINSKII Exponential bounds for large deviations, Th. Prob. Appl., 19, 1974, 154-155.

UNIVERSITE LOUIS PASTEUR
Institut de Recherche Mathématique Avancée
Laboratoire Associé au C.N.R.S.
rue du Général Zimmer
F-67084 STRASBOURG CEDEX